U0683428

"十四五"职业教育国家规划教材

机械制造工艺与工装

（第五版）

JIXIE ZHIZAO GONGYI YU GONGZHUANG

主　编　刘晓红　张鹏飞
副主编　时　虹　刘赣华　段慧云
　　　　彭福官　陈宏胜

新形态
教材

中国教育出版传媒集团
高等教育出版社·北京

内容提要

本书是"十四五"职业教育国家规划教材,是在第四版的基础上,依据教育部最新印发的《高等职业学校专业教学标准》中关于本课程的教学要求,参照相关国家职业技能标准及有关行业、企业职业技能鉴定规范修订而成的。

本书共有九章,主要内容包括零件毛坯制造方法、金属切削加工基本知识、常用机械加工方法、机械加工工艺规程的制订、机床夹具设计基础、机械加工精度、机械加工表面质量、典型零件加工工艺、机械装配工艺基础。

本书为新形态一体化教材,配套丰富的数字化资源,助学助教。本书可作为高等职业院校装备制造类相关专业的教学用书,也可作为相关行业技术人员的参考用书。

图书在版编目(CIP)数据

机械制造工艺与工装/刘晓红,张鹏飞主编.—5
版.—北京:高等教育出版社,2024.1(2025.7重印)
ISBN 978 - 7 - 04 - 059937 - 4

Ⅰ.①机… Ⅱ.①刘… ②张… Ⅲ.①机械制造工艺
-高等职业教育-教材②金属切削-工艺装备-高等职业
教育-教材 Ⅳ.①TH16

中国国家版本馆 CIP 数据核字(2023)第 252876 号

| 策划编辑 | 张尕琳 | **责任编辑** | 张尕琳 班天允 | **封面设计** | 张文豪 | **责任印制** | 高忠富 |

出版发行	高等教育出版社	网 址	http://www.hep.edu.cn
社 址	北京市西城区德外大街 4 号		http://www.hep.com.cn
邮政编码	100120	网上订购	http://www.hepmall.com.cn
印 刷	上海叶大印务发展有限公司		http://www.hepmall.com
开 本	787 mm×1092 mm 1/16		http://www.hepmall.cn
印 张	26	版 次	2003 年 7 月第 1 版
字 数	617 千字		2024 年 1 月第 5 版
购书热线	010 - 58581118	印 次	2025 年 7 月第 3 次印刷
咨询电话	400 - 810 - 0598	定 价	58.00 元

本书如有缺页、倒页、脱页等质量问题,请到所购图书销售部门联系调换
版权所有 侵权必究
物 料 号 59937-00

配套学习资源及教学服务指南

二维码链接资源

本书配套视频、动画等学习资源，在书中以二维码链接形式呈现。手机扫描书中的二维码进行查看，随时随地获取学习内容，享受学习新体验。

打开书中附有二维码的页面 → **扫描二维码** → **查看相应资源**

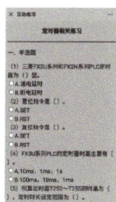

在线自测

本书提供在线交互自测，在书中以二维码链接形式呈现。手机扫描书中对应的二维码即可进行自测，根据提示选填答案，完成自测确认提交后即可获得参考答案。自测可以重复进行。

打开书中附有二维码的页面 → **扫描二维码开始答题** → **提交后查看自测结果**

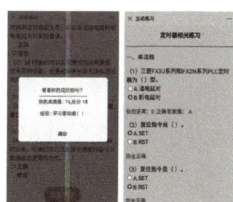

教师教学资源索取

本书配有课程相关的教学资源，例如，教学课件、应用案例等。选用教材的教师，可扫描以下二维码，关注微信公众号"高职智能制造教学研究"，点击"教学服务"中的"资源下载"，或电脑端访问地址（101.35.126.6），注册认证后下载相关资源。

云书展
样书索取
资源下载
免费试卷
最新目录

师资培训　教学服务　在线购书

★如您有任何问题，可加入工科类教学研究中心QQ群：243777153。

本书二维码列表

页码	类型	名 称	页码	类型	名 称
1	视频	大国工匠——夏立	125	视频	卧式镗铣加工中心
9	动画	砂型铸造工艺	125	视频	铣刀
11	动画	熔模铸造工艺	126	视频	面铣刀
13	动画	离心铸造	128	视频	机用虎钳
33	视频	落料和冲孔	128	视频	回转工作台
35	视频	拉深	129	视频	万能分度头
39	动画	手工焊条电弧焊	135	视频	孔加工方法
41	动画	埋弧焊	136	视频	台式钻床
42	动画	钨极氩弧焊	141	视频	铰孔
42	动画	CO_2 气体保护焊	144	视频	镗削
43	动画	电阻点焊	157	视频	纵磨法磨外圆
45	动画	摩擦焊	161	视频	无心外圆磨削
50	互动练习	第一章复习思考题	164	视频	珩磨孔
52	动画	切削运动	166	视频	在车床上研磨外圆
57	动画	车刀角度	168	视频	电火花加工
71	动画	车圆柱螺纹传动原理	170	视频	熔丝堆积成型
97	视频	前角的选择	172	视频	激光打孔
97	视频	后角的选择	173	视频	超声波加工
98	视频	主偏角的选择	174	视频	超高压水射流切割
98	视频	刃倾角的选择	178	互动练习	第三章复习思考题
102	互动练习	第二章复习思考题	180	视频	大国工匠——谭文波
106	视频	卧式车床	181	视频	工艺过程
106	视频	立式车床	181	视频	工序
107	视频	转塔车床	187	视频	大国工匠——方文墨
108	视频	落地车床	196	动画	成形法
109	视频	车刀	196	动画	直接找正
115	视频	跟刀架的应用	196	动画	划线找正
116	视频	可胀心轴	196	动画	夹具装夹
122	视频	卧式万能铣床	198	视频	开合螺母
124	视频	立式数控铣床	209	视频	渗碳淬火
124	视频	立式加工中心	229	互动练习	第四章复习思考题

前言 Preface

党的二十大报告指出,推进新型工业化,加快建设制造强国、质量强国、航天强国、交通强国、网络强国、数字中国,推动制造业高端化、智能化、绿色化发展。本书修订响应党的二十大报告中提到的制造强国战略,以习近平新时代中国特色社会主义思想为指导,以提高人才自主培养质量为目标,着力造就拔尖创新人才。

随着机械制造技术的发展和职业院校"三教"改革的深入,深化产教融合,提高教学的针对性和实用性,提升人才培养水平已成为当前教育教学改革的重点。作为课程建设与教学改革的重要载体,教材建设是更新教学内容,推进教学改革创新,提高人才培养质量的重要措施之一。

本书是"十四五"职业教育国家规划教材,是在第四版的基础上,对接职业标准,根据智能制造技术的发展,从专业群岗位知识结构和技术技能的需要出发,按照"必备和拓展相结合"的原则,在内容和结构上进行了必要的修改。同时引进智能识别、互联网等信息技术手段,配套了丰富的数字化教学资源。

本书以培养学生实践能力、生产现场问题解决能力和工匠精神为根本,以加强技术应用、注重实践为原则,着眼岗位群综合能力,将毛坯制造、金属切削加工、机械加工工艺、机床夹具和机械加工质量等方面知识有机结合,形成机械产品制造过程和质量保证过程的内容体系。本书主要包括零件毛坯制造方法、金属切削加工基本知识、常用机械加工方法、机械加工工艺规程的制订、机床夹具设计基础、机械加工精度、机械加工表面质量、典型零件加工工艺、机械装配工艺基础等内容。

本书具有以下特点:

1. 服务产业发展,对接职业标准,以满足生产为导向;融入机械制造的新技术、新工艺、新流程、新规范等生产管理和质量管理的基本要求及方法,以适应职业需求和产业发展。

2. 以"精密机械制造基础"和"机械制造技术"两门省级精品在线开放课程建设成果为基础,配套丰富教学资源,应用二维码链接等信息化技术手段,助力线上线下混合式教学。

3. 将机械制造相关证书的培训内容与专业课程有机融合,书证融通、课证融通,方便统筹安排教学,实现职业资格培训与专业教学过程的一体化。

本书由江西职业技术大学刘晓红、张鹏飞担任主编,江西职业技术大学时虹、刘赣华、段慧云、彭福官,池州职业技术学院陈宏胜担任副主编,江铃汽车股份有限公司智能装备中心王志芳、宁波职业技术大学金璐玫、江西职业技术大学李明华、何七荣、蔺晓雪参与了编写。具体分工如下:第一章第一、三节由张鹏飞编写;第一章第二节,第二章第一、二、三节由李明华编写;第二章第四节,第三章第一节由刘赣华编写;第三章第二、三、四、五节由时虹编写;第三章第六节,第四章第一、二、三、四节由蔺晓雪编写;第四章第五至第十一节由何七荣编写;第五章由刘晓红和陈宏胜编写;第六章、第七章由彭福官编写;第八章由段慧云编写;第九章由金璐玫编写。王志芳负责全书案例的确定和工艺审定,全书由刘晓红、张鹏飞统稿。

限于编者水平,编写和修改时间仓促,不当之处在所难免,敬请读者批评指正。

编　者

目 录 Contents

绪　论 Introduction

随着经济的发展和科学技术的进步,制造技术在现代工业中的地位越来越重要。机械制造工艺与工装是机械制造技术的重要内容和核心技术,智能制造、精密加工和高速加工等先进制造技术就是以制造工艺与工装为基础的。

机械制造是各种机械、机床、仪器和仪表制造过程的总称。机械制造过程是将原材料经过工艺系统中各种方法的加工,转变为机械产品的过程。"机械制造工艺与工装"课程就是以制造过程为主线,介绍零件加工方法和技术,是包括毛坯制造、机械加工与装配、机床夹具设计和产品制造质量控制等基本内容的一门应用技术综合课程。课程主要目的是培养学生根据要求确定加工方法、选择切削用量、编制加工工艺、设计工装夹具和控制加工质量等专业能力,提升机械工艺职业素养,塑造一丝不苟、追求卓越、精益求精的工匠精神。

视频

大国工匠
——夏立

● 一、本课程特点

1. 实践性强　本课程的学习与机械制造过程中的工艺实践有着紧密的关系。有些学生在学习过程中掌握不了要领,在设计工作中常常力不从心。一方面是因为对本课程的重要性理解不深,没有在实践中理解课程中的核心内容;另一方面在学习工艺知识过程中没有生产实践的感性认识,因此,在课程教学过程中,学生应进行相关内容的生产实习,之后还应该进行一周以上的含有工艺规程和夹具设计内容的课程设计,使学生熟悉生产流程,养成提高质量和生产率,降低成本的意识。

2. 创新性强　尽管机械制造工艺知识和技能是机械产品生产一线的产业工人、技术人员对机械加工时间的高度概括与总结,但机械制造内容与生产现场诸多要素联系密切,任何生产条件的变化都会影响工艺过程的变化。因此,生产过程中的创新意识会直接影响工艺过程的进一步优化。在教学过程中,应组织开展创新意识教育,启发学生的创新思维和开拓意识。

3. 具有应用灵活性　大生产中的实际问题,往往是千差万别的,生产的产品不同、批量不同,现场生产条件不同,其制造方法也不一样,要求灵活应用课程知识和实践经验,转化为技术应用能力,解决机械制造各行业中生产现场遇到的各种问题。

● 二、本课程基本学习要求和学习重点

第一章 了解毛坯的类型和制造方法,掌握根据机械零件材料、结构、用途和批量等条件确定毛坯的方法。

第二章 了解金属切削的基本概念,如工件表面、切削用量等;了解金属切削原理,掌握其在金属切削过程中的应用;了解金属切削刀具的类型,理解刀具几何角度的定义,熟练掌握刀具材料和刀具几何参数的选择。通过在机械加工中金属切削规律的应用讨论,形成尊重规律的责任意识和安全意识。

第三章 了解常用机械加工方法的工艺类型和装备,能根据工件材料、表面类型、加工要求和批量等条件合理选择加工方法及机床、刀具、夹具等工艺装备。

第四章 了解生产过程的基本概念,了解生产类型和工艺过程的关系,熟练掌握机械加工过程中的有关概念,如工序、工步等。掌握制订工艺规程的原则、步骤,牢固掌握制订工艺规程的几个核心问题,如定位基准选择、加工余量确定、工艺路线拟定、工序尺寸及公差确定等,了解机械加工生产率和经济性的基本知识,如时间定额及其确定方法等。

第五章 了解夹具类型和结构,掌握定位原理、定位误差分析和计算、夹紧力确定方法,并熟悉典型夹具结构。

第六章 掌握机械加工精度和加工误差的概念、加工误差的来源和获得加工精度的方法。学会分析加工过程中产生加工误差的各种因素,掌握加工误差的统计方法和单因素分析法,掌握提高加工精度的主要途径。建议在教学过程中引进企业一线工程技术人员,组织学生进行讨论。通过解读误差产生的原因,培养学生实事求是、打破砂锅问到底的科学探究精神。

第七章 掌握机械零件表面质量的基本概念,了解表面质量对产品性能影响规律,掌握提高表面质量的工艺途径。

第八章 通过输出轴、主轴箱、连杆、圆柱齿轮工艺过程及分析,掌握相关典型零件工艺及分析方法。建议根据学时和学生需要组织学生讨论有关轴套类零件、盘盖类零件、叉架类零件、箱体类零件的工艺过程和质量分析方法,培养学生的科学思维和习惯。

第九章 掌握装配的基本概念和基本内容,深刻理解装配精度和零件精度之间的关系,理解机械产品质量,不仅与每个零件的加工质量有关,而且与零件之间的牢固连接、良好配合有关。只有每个"零部件"的团队协作,甘愿奉献,才能保证装配起来的"机器"正常运行。掌握保证精度的方法,学会根据生产情况选择装配方法。

第一章　零件毛坯制造方法

综述与要求

　　机械制造加工方法有热加工和冷加工两大类。热加工方法包括铸造、金属塑性成形、焊接等，冷加工方法包括车、铣、刨、磨、钻镗、拉、切等。一般通过热加工方法获得一定的毛坯，采用冷加工的方法对金属毛坯进行切削加工，以获得零件的精度和表面结构要求。通过学习，掌握铸造、金属塑性成形、焊接的工艺方法及应用，能够合理选择毛坯成形方法，以提高生产率、降低成本，树立强烈的质量意识和成本控制意识。

第一节　铸造

一、概述

　　铸造，是制造与零件形状相适应的铸型，将熔融金属浇入铸型中，待其冷却凝固后获得毛坯或零件的方法。 用铸造方法制造的毛坯或零件称为铸件。

　　铸造的实质是材料的液态成形。由于液态金属具有流动性，金属材料都能用铸造方法制成具有一定形状和尺寸的铸件，并使其形状、尺寸与零件接近，这样可以节约金属，减少加工余量，降低成本。铸造在机械制造工业中占有重要地位。一般的机器设备中，铸件占机器总重量的 $45\%\sim80\%$，而铸件成本仅占机器总成本的 $20\%\sim25\%$。但是，由于液态金属在冷却凝固过程中形成的晶粒粗大，易产生气孔、缩孔和裂纹等缺陷，而且生产工序多，质量不稳定，废品率高，所以铸件的力学性能较相同材料的锻件差。

　　当前铸造技术发展的趋势是，在加强铸造基础理论研究的同时，发展铸造新工艺，研制新设备，在稳定提高铸件质量、精度、减小表面粗糙度值的前提下，发展专业化生产，实现铸造生产过程的机械化、自动化，降低成本。

　　与其他成形方法相比，铸造成形具有以下特点：

　　（1）适合生产形状复杂，尤其是复杂型腔的铸件；

　　（2）原材料来源广泛，可直接利用成本低廉的切屑或废机件；

　　（3）加工余量较小，节省金属，降低成本；

（4）生产周期长，劳动条件差，质量不稳定，力学性能较差。

● 二、合金的铸造

1. 铸造合金的结晶过程

金属由液态转变为固态的过程称为凝固。铸造时由于固态金属均为晶体，因此，金属的凝固过程又称为结晶。铸造合金的结晶通过晶核的形成和晶核的长大两个基本过程来实现。

晶核的形成称为形核。液态金属中的一些原子自发地聚集在一起，按金属晶体的固有规律排列起来，形成晶核的过程称为自发形核（又称均质形核）；有的液态金属，因一些外来的微细固态质点形成晶核的过程称为非均质形核。非均质形核所需能量较小，在较小的过冷度下能形成比较多的晶核，这是孕育（变质）处理技术可获得细晶铸件的条件。铸造合金的结晶大多以非均质方式形核。

晶轴。晶体长大是合金液体中的原子不断向晶核表面堆砌的过程，也是液—固界面不断向液体中推进的过程。晶体各个方向的生长速度是不一样的，主要沿生长线速度最大的方向发展，这样就形成了晶轴。晶轴继续长大，并在其上长出许多小晶轴，发展为树枝状。在晶体长大的同时新的晶核又陆续出现，同样形成晶体，这样就有许多晶体不同程度地长大。当它们长大到与相邻的晶体相抵触时，这个方向的长大就停止了。当全部长大的晶体都相互抵触时，液态金属全部耗尽，结晶过程结束。合金结晶过程如图1-1所示。

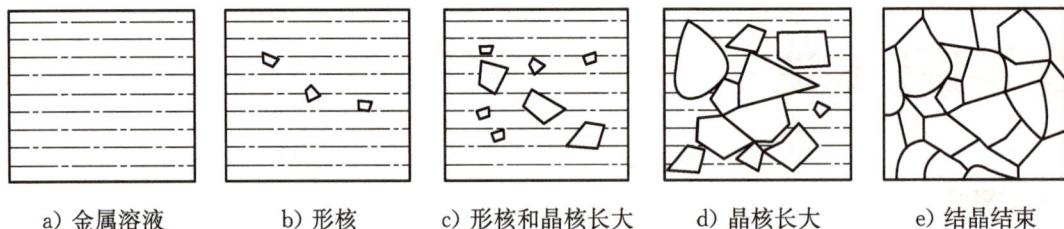

| a) 金属溶液 | b) 形核 | c) 形核和晶核长大 | d) 晶核长大 | e) 结晶结束 |

图1-1　合金结晶过程

铸件的质量和机械性能主要取决于柱状晶和等轴晶所占的比例。

凝固条件不同，晶体形态不一样。铸型型壁处传热快，型壁表面有促进形核的作用，使达到液相线温度的部分液体合金在型壁上产生大量晶核。在型壁"激冷"及液体合金热对流的综合作用下，晶体形成一层很薄的等轴细晶区。等轴细晶区形成的同时，铸型温度升高，液体合金的冷却速度降低，过冷度减小，形核率降低，那些与传热最快方向相反、与型壁垂直的晶核，优先长大并顺利长入液体合金；而其他方向的晶核受相邻晶体的阻碍生长较慢。此过程继续下去，就形成了向液体合金内部平行长大的柱状晶区。铸型心部，过冷度减小，温度梯度小，传热逐渐无方向性，晶体向各个方向充分、均匀长大，形成了粗大的等轴晶区。

2. 合金的铸造性能

合金的铸造性能，是指在铸造生产过程中获得优质铸件的能力。铸造性能通常用充型能力、收缩性等指标来衡量。影响铸造性能的因素除合金元素的化学成分外，还有工艺因素。

（1）合金的充型能力

液态合金的充型能力，是指熔融金属充满型腔，形成轮廓清晰、形状完整铸件的能力。影响液态合金充型能力的因素有两个：一是合金的流动性，二是外界条件。

1）合金的流动性

铸造合金流动性的好坏通常以螺旋形流动性试样的长度来衡量。金属液浇入图 1-2 所示的螺旋形试样的铸型中，在相同的铸型及浇注条件下，得到的螺旋形试样越长，表示该合金的流动性越好。不同种类合金的流动性差别较大，见表 1-1。铸铁和硅黄铜的流动性最好，铝硅合金次之，铸钢最差。在铸铁中，流动性随碳、硅含量的增加而提高。同类合金的结晶温度范围越小，结晶时固液两相区越窄，对内部液体的流动阻力越小，合金的流动性也越好。

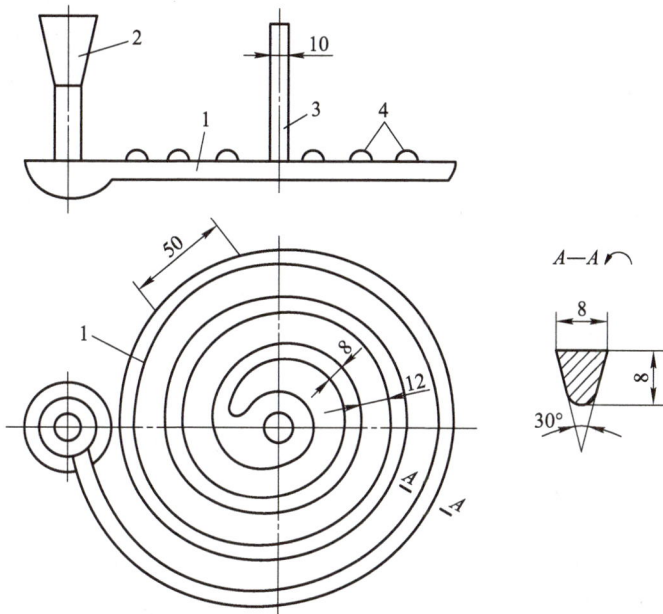

1—试样；2—浇口杯；3—冒口；4—试样凸点。

图 1-2　螺旋形流动性试样示意图

表 1-1　常见合金的流动性

合　　金	造型材料	浇注温度/℃	螺旋线长度/mm
铸铁（$w_{C+Si}=6.2\%$） （$w_{C+Si}=5.9\%$） （$w_{C+Si}=5.2\%$） （$w_{C+Si}=4.2\%$）	砂型	1 300 1 300 1 300 1 300	1 800 1 300 1 000 600
铸钢（w_C，0.4%）	砂型	1 600 1 640	100 200
铝硅合金	金属型（300 ℃）	690～720	100～800
镁合金（Mg-Al-Zn）	砂型	700	400～600
锡青铜（w_{Sn}，9%～11%） （w_{Zn}，2%～4%） 硅黄铜（w_{Si}，1.5%～4.5%）	砂型	1 040 1 100	420 1 000

流动性好的合金，充型能力强，易得到形状完整、轮廓清晰、尺寸准确、薄而复杂的铸件；反之，容易产生浇不足、冷隔等缺陷。流动性好，还有利于金属液中的气体、非金属夹杂物的上浮与排出，有利于补充铸件凝固过程中的收缩，避免产生气孔、夹渣、缩孔、缩松等缺陷。

2) 外界条件

影响充型能力的外界因素有铸型条件、浇注条件和铸件结构等。这些因素主要是通过影响金属与铸型之间的热交换条件，改变金属液的流动时间，或通过影响金属液在铸型中的流动速度来影响合金充型能力。如果能够使金属液的流动时间延长，或加快流动速度，就可以改善金属液的充型能力。

① 铸型条件

铸型的导热速度越大或对金属液流动阻力越大，金属液流动时间越短，合金的充型能力就越差。例如，液态合金在金属型中的充型能力比在砂型中差。砂型铸造时，型砂中水分过多，排气不好，浇注时产生大量气体，会增加充型的阻力，使合金的充型能力变差。

② 浇注条件

一般情况下，对于薄壁复杂铸件的浇注温度取上限，厚大铸件的浇注温度取下限。

在一定温度范围内，提高浇注温度，可使液态合金黏度下降，流动速度加快，铸型温度升高，金属散热速度变慢，这大大提高了金属液的充型能力。但浇注温度过高，容易产生黏砂、缩孔、气孔、粗晶等。因此，在保证金属液体具有足够充型能力的前提下，应尽量降低浇注温度。例如铸钢的浇注温度范围为 1 520～1 620 ℃，铸铁的浇注温度范围为 1 230～1 450 ℃，铝合金的浇注温度范围为 680～780 ℃。

③ 铸件结构

当铸件壁厚过小、壁厚尺寸变化太大、结构太复杂以及有大的水平面等结构时，都使液态金属的流动困难，流动性变差。

（2）合金的收缩性

铸件在冷却过程中，体积和尺寸缩小的现象称为收缩。合金的收缩量通常用体收缩率和线收缩率来表示。金属从液态到常温的体积改变量称为体收缩，金属固态从高温到常温的线性尺寸改变量称为线收缩。铸件的收缩与合金成分、温度、收缩系数和相变体积改变等因素有关，也与结晶特性、铸件结构以及铸造工艺等有关。

1) 收缩阶段

铸造合金收缩要经历三个相互联系的收缩阶段：液态收缩—凝固收缩—固态收缩，如图1-3所示。

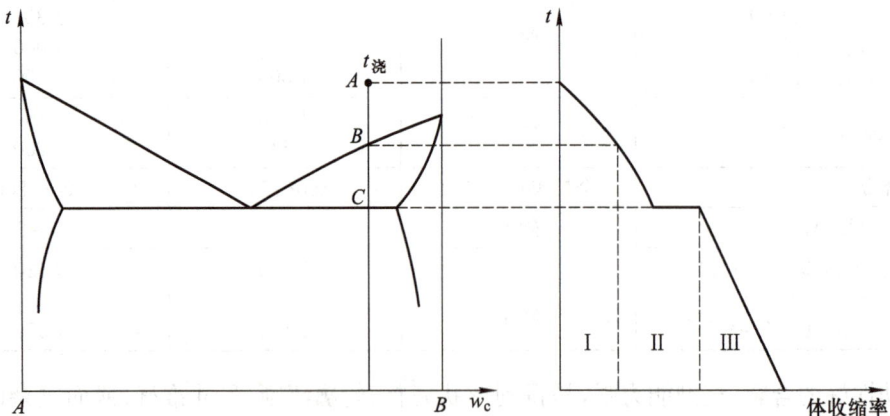

Ⅰ—液态收缩；Ⅱ—凝固收缩；Ⅲ—固态收缩。

图 1-3　铸造合金的收缩阶段

① 液态收缩是合金从浇注温度 $t_{浇}$（A 点）冷却至开始凝固温度（B 点）之间的收缩。金属液体的过热度越高，液态收缩越大。

② 凝固收缩是合金从开始凝固（B 点）至凝固结束（C 点）之间的收缩。结晶温度范围越宽，凝固收缩越大。液态收缩和凝固收缩，一般表现为铸型空腔内金属液面的下降，是铸件产生缩孔或缩松的基本原因。

③ 固态收缩是合金在固态下冷却至室温的收缩。它使铸件的形状、尺寸发生变化，是导致铸造应力、铸件变形、产生裂纹的主要原因。

常见的金属材料中，铸钢收缩最大，非铁金属次之，灰口铸铁最小。灰口铸铁收缩小是因析出石墨而引起体积膨胀的结果。

2）影响收缩的因素

合金的收缩是液态收缩、凝固收缩和固态收缩三个阶段的收缩之和，它和金属本身的化学成分、浇注温度、铸型条件、铸件结构等因素有关。

① 化学成分

不同化学成分的金属，其收缩率不同，如非合金钢随碳含量的增加，凝固收缩率增加，而固态收缩率略减。灰铸铁中，碳、硅含量越高，硫含量越低，收缩率越小。

② 浇注温度

浇注温度主要影响液态收缩率。浇注温度升高，合金液态收缩率增大，则总收缩量相应增大。为减小合金液态收缩及氧化吸气，并且兼顾流动性，浇注温度一般控制在高于液相线温度 $50\sim150\ ℃$。

③ 铸件结构与铸型条件

铸件收缩并非自由收缩，而是受阻收缩。其阻力来源于两个方面：一是铸件壁厚不均匀，各部分冷却速度不同，收缩先后不一致，而相互制约产生阻力；二是铸型和型芯对收缩的机械阻力。铸件收缩时受阻越大，实际收缩率就越小。因此，在设计和制造模样时，应根据合金的种类和铸件的受阻情况，考虑对收缩率的影响。

3）收缩对铸件质量的影响

① 缩孔与缩松

铸件的液态收缩和凝固收缩得不到合金液体的补充，铸件最后凝固的某些部位会出现孔洞。大而集中的孔洞称为缩孔，细小而分散的孔洞称为缩松。

缩孔产生的基本原因：合金的液态收缩和凝固收缩值远大于固态收缩值。缩孔形成的条件是金属在恒温或很小的温度范围内结晶，铸件壁是以逐层凝固方式进行凝固的，如纯金属、共晶成分的合金。图 1-4 为缩孔形成过程示意图。液态合金注满铸型型腔后，开始冷却阶段，液态收缩可以从浇注系统得到补偿，如图 1-4a 所示。随后，由于型壁的传热，使得与型壁接触的合金液温度降至其凝固点以下，铸件表层凝固成一层细晶薄壳，并将内浇口堵塞，使尚未凝固的合金封闭在薄壳内，如图 1-4b 所示。温度继续下降，薄壳产生固态收缩，液态合金产生液态收缩和凝固收缩，而且远大于薄壳的固态收缩，致使合金液面下降，并与硬壳顶面分离，形成真空空穴，在负压及重力作用下，壳顶向内凹陷，如图 1-4c 所示。温度继续下降，上述过程重复进行，凝固的硬壳逐层加厚，孔洞不断增大，直至整个铸件凝固完毕。这样，铸件最后凝固的部位形成一个倒锥形的孔洞，如图 1-4d 所示。铸件冷至室温后，由于固态收缩，缩孔的体积略有减小,如图 1-4e 所示。通常缩孔产生的部位是在铸件最后凝固区域,如壁的上部或中心处,以及铸件两壁相交处。如果在铸件顶部设置冒口,缩孔将移至冒口,防止产品中出现缩孔,如图 1-4f 所示。

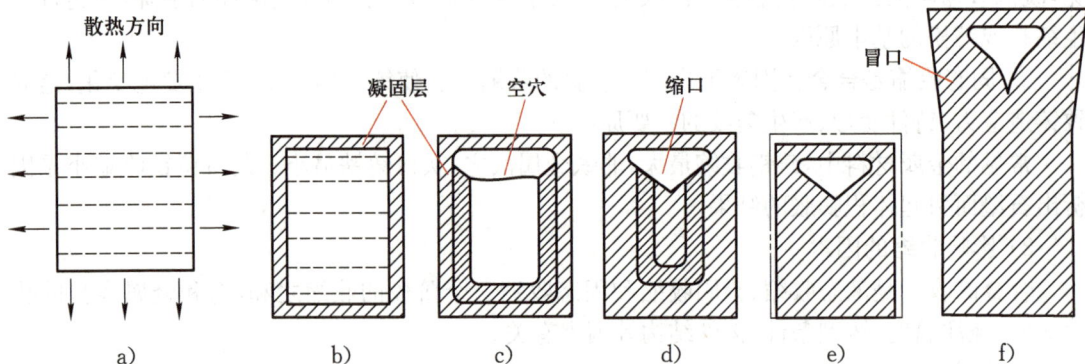

图 1-4 缩孔形成过程示意图

缩松形成的原因与缩孔形成的原因相同,但形成条件不同。缩松主要出现在结晶温度范围宽、呈糊状凝固方式的铸造合金中。

图 1-5 为缩松形成过程示意图。这类合金倾向于糊状凝固或中间凝固方式,凝固区液固交错,枝晶交叉,将尚未凝固的液体合金彼此分隔成许多孤立的封闭液体区域。此时,如同形成缩孔一样,在继续凝固收缩时得不到新的液体合金补充,枝晶分叉间形成许多小而分散的孔洞,形成缩松。它分布在整个铸件断面上,一般出现在铸件壁的轴线区域、热节处、冒口根部和内浇口附近,也常分布在集中缩孔的下方。

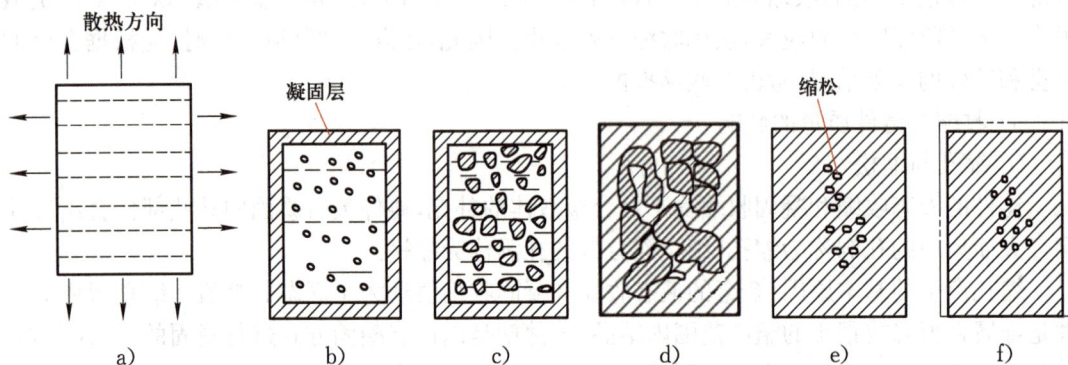

图 1-5 缩松形成过程示意图

缩孔与缩松都使铸件的力学性能、气密性和物理化学性能大为降低,以致成为废品。所以,缩孔和缩松是有害的铸造缺陷,必须设法防止。

铸造常采用"顺序凝固"的方式。所谓"顺序凝固",就是在铸件上可能出现缩孔的厚大部位通过安放冒口等工艺措施,使铸件远离冒口的部位先凝固,其次是冒口的部位凝固,最后是冒口本身凝固。这样,先凝固的收缩由后凝固部位的金属液体补缩,后凝固部位的收缩由冒口的金属液补缩,铸件各部位的收缩均得到金属液补缩,而缩孔则移至冒口,最后将冒口切除即可。顺序凝固适于收缩比较大的合金铸件,如铸钢件、可锻铸铁件、铸造黄铜件等,还适于壁厚悬殊以及对气密性要求高的铸件。顺序凝固的不足是铸件的温差大、热应力大、变形大,容易引起裂纹,必须妥善处理。

② 铸造应力、变形和裂纹

铸件在冷凝过程中,由于各部分金属冷却速度不同,使得各部位的收缩不一致。再加上铸型和型芯的阻碍作用,铸件的固态收缩受到制约,就产生铸造应力。在应力作用下,铸件容易产生变形,甚至开裂。

● 三、铸造方法

根据铸型的方法不同,铸造方法分为砂型铸造和特种铸造两大类。目前,砂型铸造是最基本、最常用的铸造方法。

1. 砂型铸造

砂型铸造是指在砂型中生产铸件的铸造方法。主要工序有制造木模样、芯盒、制备型砂、芯砂,造型,造芯,合型,浇注,落砂清理和检验等。砂型铸造工艺如图 1-6 所示。

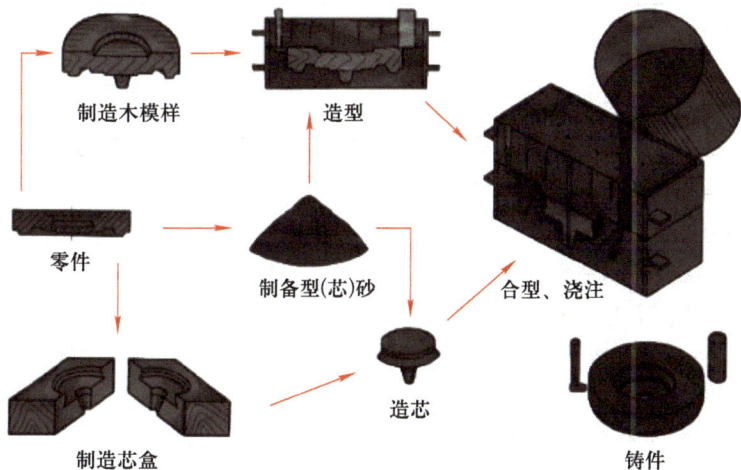

动画

砂型铸造
工艺

图 1-6　砂型铸造工艺

砂型铸造适用于各种形状、大小、批量及各种常用合金铸件的生产。采用砂型铸造生产的铸件约占铸件总产量的 80%,是工业生产中应用最广泛的一种铸造方法。

砂型铸造的工艺流程如图 1-7 所示:

（1）型砂、芯砂

型砂、芯砂是制造砂型和砂芯的造型材料。型砂、芯砂通常由砂子、黏结剂、辅助附加材料及水混制而成。用于制造砂型的称为型砂,用于制造型芯的称为芯砂。制造型砂、芯砂需具备以下特点:

1）透气性:透气性表征型砂紧实后透过气体的能力。

2）强度:指型、芯砂紧实后在外力作用下产生破坏时单位面积上所承受的力。

3）耐火性:指型、芯砂抵抗高温热作用的能力。

9

```
零件图 ────→ 铸造工艺图 ────→ 模样图、芯盒图、铸型装配图
                                          │
                                          ↓
                                   制造模样及芯盒
                                          │
         ┌────────────────┐                            ┌────────────────┐
         │ 混制型砂 │←──── 预处理造型材料 ────→│ 混制型砂 │
         └────────────────┘                            └────────────────┘
              │                                              │
              ↓                                              ↓
           造型                                            制芯
              │                湿型    湿芯                  │
              ↓                                              ↓
         烘干铸型                                        烘干芯子
              │        干型          合型          干芯      │
              └────────────→                   ←────────────┘
  准备炉料 → 熔炼金属 ──→                ↓
              │                         浇注
              ↓                          │
            化验            落砂、清理 → 检验 → 铸件热处理 → 合格铸件
```

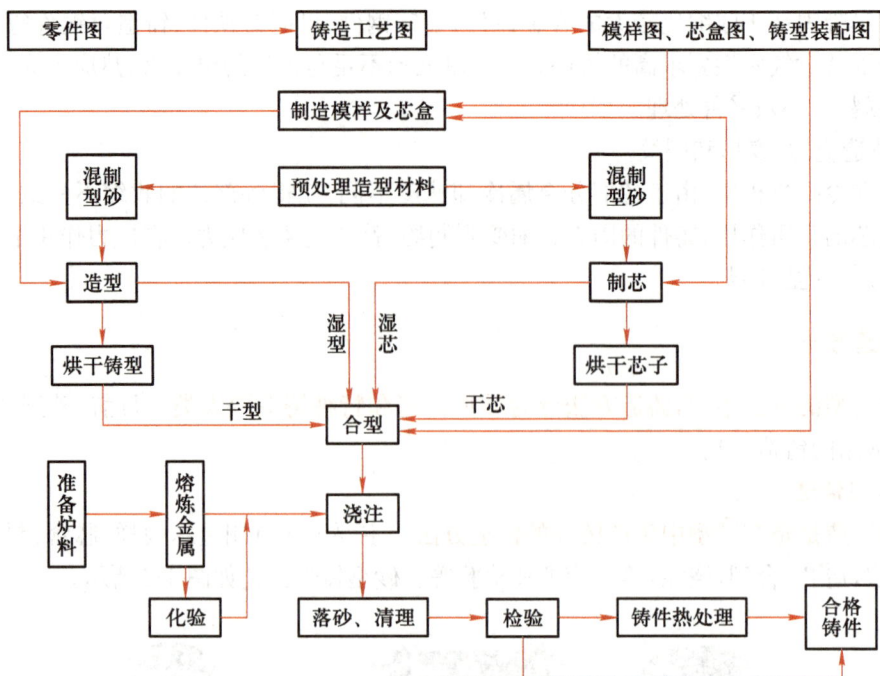

图 1-7　砂型铸造工艺流程

4）退让性：指型、芯砂在铸件冷却收缩过程中，体积可被压缩的能力。

5）溃散性：指型、芯砂浇注后落砂清理过程中溃散的性能。溃散性好，便于铸件除砂。

（2）砂型制造

用型砂、芯砂及模样制造铸型的过程称为造型。造型过程是铸造生产的主要工艺过程，包括填砂、紧实、起模、下芯、合箱及砂箱的搬运。

造型方法可分为手工造型和机器造型两大类，手工造型主要用于单件或小批生产，机器造型主要用于大批大量生产。

造型方法选择是否合理，对于铸件质量、生产率和成本有着重要影响。

1）手工造型

手工造型是全部用手工或手工工具紧实型砂的方法。手工造型适用于重型铸件和形状复杂铸件的单件、小批生产。手工造型的特点是：操作简单、灵活；模型、芯盒及砂箱等工艺装备简单；生产准备时间短；适应性强，适于各种大小、形状的铸件。对于工人的技术水平要求高，劳动生产率低；铸件质量不稳定，铸件缺陷率较高；以手工操作为主，劳动强度大。

2）机器造型

机器造型，使紧砂和起模两个重要工序实现了机械化，生产率高，铸件质量好；但设备投资大，适用于中、小型铸件的成批量生产。

2. 特种铸造

（1）熔模铸造

熔模铸造又称失蜡铸造，是用易熔材料（石蜡）制成模样，在模样表面涂敷若干层耐火涂料和砂粒，制成型壳硬化；再将模样熔化排出型壳，从而获得无分型面的铸型，经高温焙烧、浇

注和落砂获得铸件的方法。熔模铸造工艺过程如图 1-8 所示。

熔模铸造的特点：

1）熔模铸造属于一次成形，又无分型面，所以铸件精度高，表面质量好。

2）可以制造出用砂型铸造、切削加工等方法难以制造的形状复杂的零件，最小壁厚可达 0.5 mm，最小孔径可达 1.5 mm。

3）适应各种铸造合金，尤其适于生产高熔点和难以加工的合金铸件。

4）铸造工序复杂，生产周期长，铸件成本高，铸件尺寸和质量受到限制，一般不超过 25 kg。

熔模铸造适用于制造形状复杂，难以加工的高熔点合金及有特殊要求的精密铸件。目前，主要用于汽轮机、燃气轮机叶片，仪表元件等零件的生产。

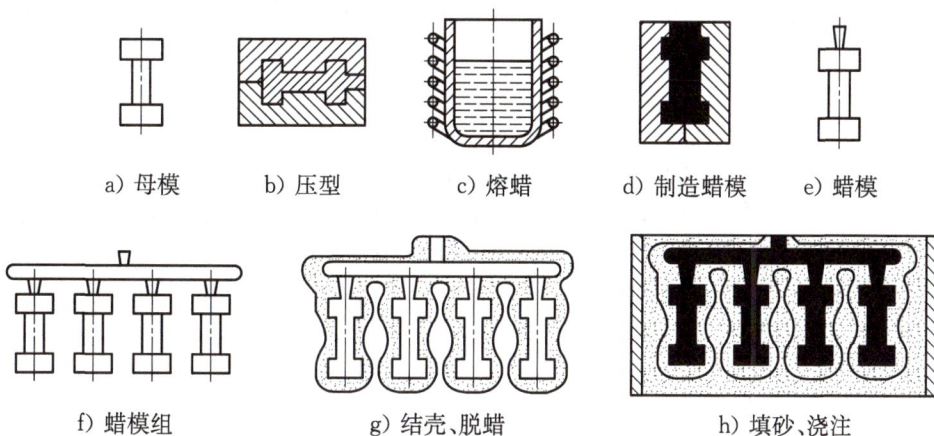

a) 母模　　b) 压型　　c) 熔蜡　　d) 制造蜡模　　e) 蜡模

f) 蜡模组　　　　g) 结壳、脱蜡　　　　h) 填砂、浇注

图 1-8　熔模铸造工艺过程

动画

熔模铸造
工艺

（2）金属型铸造

金属型铸造是把液体金属浇入用金属制成的铸型内而获得铸件的方法。一般金属型用铸铁或耐热钢制造，由于金属型可重复使用多次，故又称为永久型。按照分型面的位置不同，金属型分为整体式、垂直分型式、水平分型式和复合分型式。图 1-9 所示为水平分型式和垂直分型式结构简图，其中垂直分型式便于布置浇注系统，铸型开合方便，容易实现机械化，应用较广。

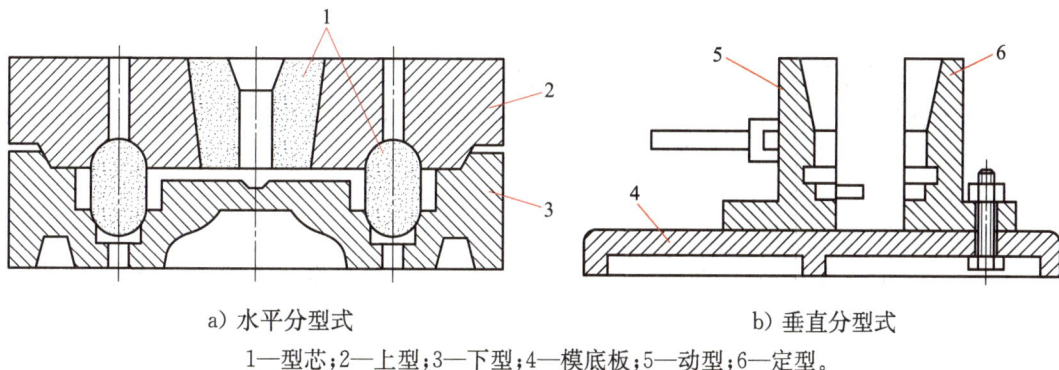

a) 水平分型式　　　　　　b) 垂直分型式

1—型芯；2—上型；3—下型；4—模底板；5—动型；6—定型。

图 1-9　金属型铸造

金属型导热快,无退让性和透气性,铸件容易产生浇注不足、冷隔、裂纹、气孔等缺陷。此外,在高温金属液的冲刷下型腔易损坏。需要采取如下工艺措施:浇注前预热,浇注过程中适当冷却,使金属型在一定温度范围内工作;型腔内刷耐火涂料,以起到保护铸型、调节铸件冷却速度、改善铸件表面质量的作用;在分型面上做通气槽、出气孔等;掌握好开型的时间,以利于取件和防止铸件产生裂纹等。

金属型铸造的特点和应用范围:

1)铸件冷却速度快,组织致密,力学性能好。

2)铸件精度和表面质量较高。

3)实现了"一型多铸",工序简单,生产率高,劳动条件好。

4)金属型铸造成本高,制造周期长,铸造工艺规程要求严格。

金属型铸造适用于大批量生产形状简单的非铁金属铸件,如铝活塞、气缸、缸盖、泵体、轴瓦、轴套等。

(3)压力铸造

压力铸造是指熔融金属在高压下快速压入铸型,并在压力下凝固而获得铸件的方法。压力铸造是通过压铸机完成的,图1-10为立式压铸机工作过程示意图。合型后把金属液浇入压室(图1-10a),压射活塞向下推进,将液态金属压入型腔(图1-10b),保压冷凝后,压射活塞退回,下活塞上移顶出余料,动型移开,利用顶杆顶出铸件(图1-10c)。

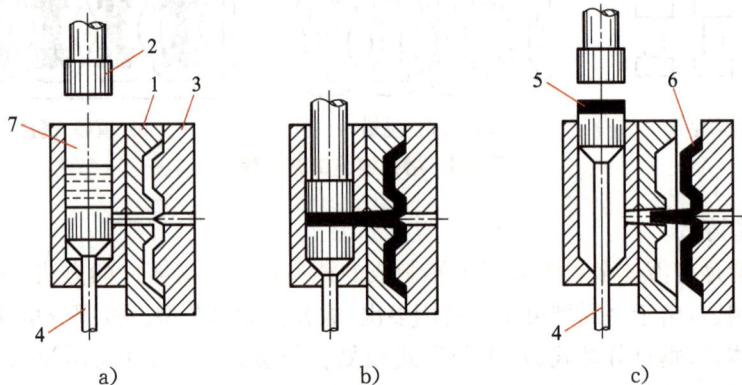

1—定型;2—压射活塞;3—动型;4—下活塞;5—余料;6—压铸件;7—压室。

图1-10 立式压铸机工作过程示意图

压力铸造的特点和应用范围:

1)铸件尺寸精度高,表面质量好,一般不需机加工即可直接使用。

2)压力铸造在快速、高压下成形,可压铸出形状复杂、轮廓清晰的薄壁精密铸件,铝合金铸件最小壁厚可达0.5 mm,最小孔径0.7 mm。

3)铸件组织致密,力学性能好,其强度比砂型铸件提高25%～40%。

4)生产率高,劳动条件好。

5)设备投资大,费用高,周期长。压力铸造主要用于大批量生产低熔点合金的中小型铸件,如铝、锌、铜等合金铸件,在汽车、航空、仪表、电器等部门应用广泛。

(4)离心铸造

离心铸造是将液体金属浇入高速旋转的铸型中,使其在离心力作用下凝固成形的铸造方法。根据铸型旋转轴空间位置不同,离心铸造机可分为立式和卧式两大类,如图 1-11 所示。立式离心铸造机的铸型绕垂直轴旋转(图 1-11a),由于离心力和液态金属本身重力的共同作用,使铸件的内表面成为一回转抛物面,造成铸件上薄下厚,而且铸件越高,壁厚差越大。因此,它主要用于生产高度小于直径的圆环类铸件。卧式离心铸造机的铸型绕水平轴旋转(图 1-11b),由于铸件各部分冷却条件相近,故铸件壁厚均匀,适于生产长度较大的管、套筒类铸件。

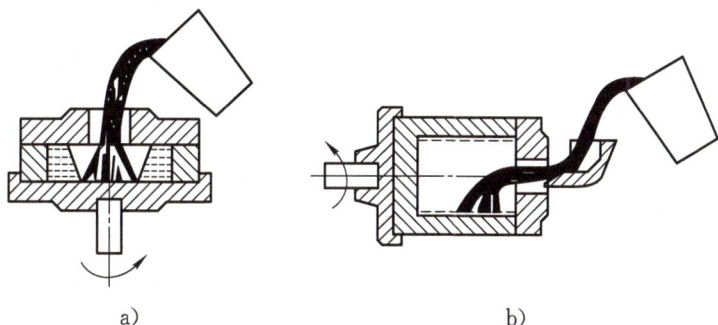

动画

离心铸造

a)   b)

图 1-11　离心铸造

离心铸造的特点和应用范围:

1) 铸件在离心力作用下结晶,组织致密,无缩孔、缩松、气孔、夹渣,力学性能好。

2) 铸造圆形中空铸件时,可省去型芯和浇注系统,简化工艺,节约金属。

3) 便于制造双金属铸件,如钢套镶铸铜衬。

4) 离心铸造内表面粗糙,尺寸不易控制,需要增加加工余量来保证铸件质量,且不适宜生产易偏析的合金。

5) 离心铸造是生产管、套筒类铸件的主要工艺,如铸铁管、铜套、汽缸套、滚筒等。

四、铸造常见缺陷

由于铸造生产工序较多,铸件很容易出现缺陷。为了减少铸件缺陷,应正确判断缺陷类型,找出缺陷产生的主要原因,以便采取相应的预防措施。常见铸造缺陷及产生原因见表 1-2。

表 1-2　常见铸造缺陷及产生原因

类别	名称	图例和特征	产生原因
形状类缺陷	错型		① 合型时,上、下砂箱未对准; ② 上、下砂箱未夹紧; ③ 上、下半模有错移
	偏型	 铸件上孔偏斜或轴心线偏移	① 型芯放置偏斜或变形; ② 浇口位置不对,液态金属冲歪了型芯; ③ 合型时碰歪了型芯; ④ 制模样时,型芯头偏心

续　表

类别	名称	图例和特征	产生原因
形状类缺陷	变形	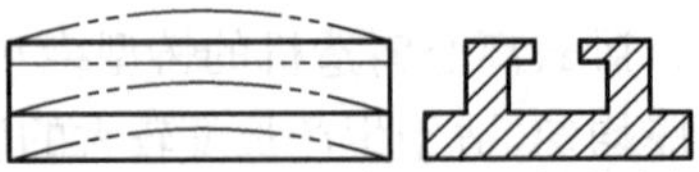 铸件向上、向下或向其他方向弯曲或扭曲	① 铸件结构设计不合理,壁厚不均匀; ② 铸件冷却不当,冷缩不均匀
	浇不足	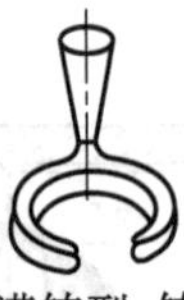 液态金属未充满铸型,铸件形状不完整	① 铸件壁太薄,铸型散热太快; ② 合金流动性不好或浇注温度太低; ③ 浇口太小,排气不畅; ④ 浇注速度太慢; ⑤ 浇包内液态金属不够
	冷隔	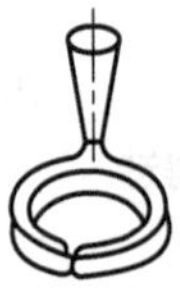 铸件表面似乎融合,实际未融透,有浇坑或接缝	① 铸件设计不合理,铸件壁较薄; ② 合金流动性差; ③ 浇注温度太低,浇注速度太慢; ④ 浇口太小或布置不当,浇注曾有中断
孔洞类缺陷	缩孔	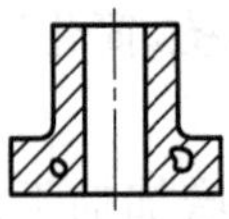 铸件的厚大部分有不规则的粗糙孔形	① 铸件结构设计不合理,壁厚不均匀,局部过厚; ② 浇、冒口位置不对,冒口尺寸太小; ③ 浇注温度太高
	气孔	 析出气孔多而分散,尺寸较小,位于铸件各断面上 侵入气孔数量较少,尺寸较大,存在于局部地方	① 熔炼工艺不合理、金属液吸收了较多的气体; ② 铸型中的气体侵入金属液; ③ 起模时刷水过多,型芯未干; ④ 铸型透气性差; ⑤ 浇注温度偏低; ⑥ 浇包工具未烘干
夹渣类缺陷	砂眼	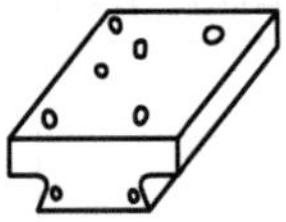 铸件表面或内部有型砂充填的小凹坑	① 型砂、芯砂强度不够,紧实较松,合型时松落或被液态金属冲垮; ② 型腔或浇口内散砂未吹净; ③ 铸件结构不合理,无圆角或圆角太小
	夹渣	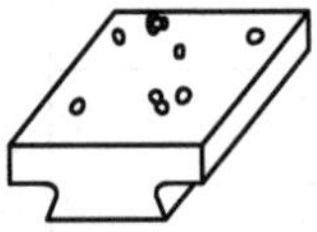 铸件表面上有不规则并含有融渣的孔眼	① 浇注时挡渣不良; ② 浇注温度太低,熔渣不易上浮; ③ 浇注时断流或未充满浇口,渣和液态金属一起流入型腔

续　表

类别	名称	图例和特征	产生原因
裂纹类缺陷	裂纹	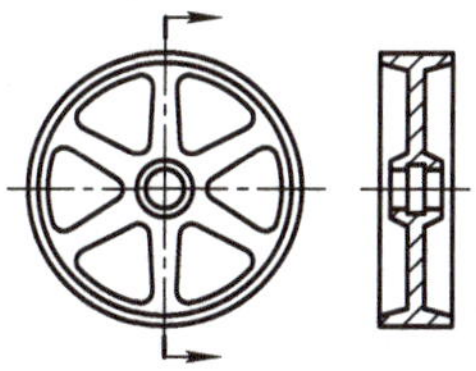 在夹角处或厚薄交接处的表面或内层产生裂纹	① 铸件厚薄不均,冷缩不一; ② 浇注温度太高; ③ 型砂、芯砂退让性差; ④ 合金内含硫、磷较高
表面缺陷	黏砂	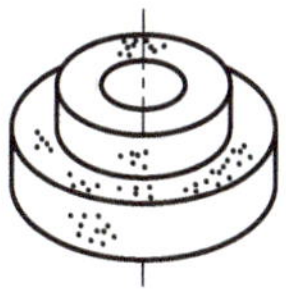 铸件表面黏砂粒	① 浇注温度太高; ② 型砂选用不当,耐火度差; ③ 未刷涂料或涂料太薄

● 五、铸造工艺设计

铸造生产要根据铸件结构的特点、技术要求、生产批量、生产条件等进行铸造工艺设计,绘制铸造工艺图。铸造工艺图是根据零件图利用各种铸造工艺符号、各种工艺参数,把制造模样和铸型所需的资料直接绘制在图纸上。图中应标示出铸件的浇注位置,分型面,型芯的形状、数量、尺寸、固定方式,浇注系统、铸造工艺参数(机械加工余量、起模斜度、铸造圆角、收缩率等)。这既是指导铸造生产和管理技术的文件,也是铸件验收和经济核算的依据。

1. 浇注位置

浇注位置是指浇注时铸件在铸型中所处的位置。确定浇注位置应考虑以下原则:

(1) 铸件的重要表面朝下或处于侧面

气孔、夹渣等缺陷多出现在铸件上表面,而底部和侧面组织致密,缺陷少,质量好。因此,将铸件的重要表面朝下或处于侧面,可保证质量要求。个别加工表面必须朝上时,可采用增大加工余量的方法保证质量要求。

(2) 铸件的宽大平面朝下

对于平板类铸件,大平面朝下既可避免气孔、夹渣,也可防止型腔上表面经受强烈烘烤而产生夹砂结疤的缺陷。

(3) 铸件的薄壁部分朝下,厚大部分朝上

为保证铸件的充型,防止产生浇不足、冷隔缺陷。铸件的薄壁部分朝下,厚大部分朝上,这样便于补缩容易形成缩孔的铸件,尤其是流动性差的合金,这尤为重要。厚大部分朝上,也便于安置冒口,实现自下而上的定向凝固,防止产生缩孔。

(4) 浇注位置应利于减少型芯,便于安装型芯

型芯通常用来获得内孔和内腔,有时也为了获得局部外形,采用型芯会使造型工艺复杂,成本增加。因此,选择浇注位置应有利于减少型芯数目。

2.选择分型面

砂箱与砂箱之间的结合面称为分型面。就同一铸件而言,可以有几种不同的分型方案,应选出起模方便、造型工艺简单的最佳方案。选择原则如下:

(1) **铸件位于同一铸型内**。铸件加工面和加工基准面应尽量位于同一砂箱,保证铸件尺寸精度,避免合型不准产生错型。

(2) **减少分型面**。减少分型面的数量,保证铸件精度,简化造型操作。

(3) **分型面平直**。平直的分型面可简化造型工艺和模板制造,保证铸件精度。

(4) **型腔和主要型芯位于下砂箱**。型腔和主要型芯位于下砂箱,便于造型、下芯、合型,便于检验铸件壁厚。

3.确定铸造主要工艺参数

铸造工艺参数是指铸造工艺设计时需要确定的参数。主要包括加工余量、起模斜度、铸造收缩率、型芯头尺寸、铸造圆角等。这些工艺参数与浇注位置、模样、造芯、下芯及合型的工艺过程有关。

在铸造过程中,为了便于制作模样和简化造型操作,在确定工艺参数前要根据零件的形状特征简化铸件结构。例如,单件小批量生产条件下,铸件孔径小于 30 mm、凸台高度或凹槽深度小于 10 mm,零件上的小凸台、小凹槽、小孔等可以不铸出,后续通过切削等方法进行加工。

(1) 加工余量

铸件工艺设计时,铸造收缩及铸件的部分表面需要进行机械加工,在铸件表面预留的金属层的厚度称为加工余量。但加工余量不能随意确定,加工余量过大,浪费金属材料,切削工作量加大;过小则使铸件因留有黑皮而导致报废。根据 GB/T 6414—2017《铸件尺寸公差、几何公差与机械加工余量》的规定,确定加工余量之前,需先确定铸件的尺寸公差等级和加工余量等级。

(2) 起模斜度

起模斜度是指平行于模样或芯盒起模方向的侧壁上的斜度,用 a 或者 α 表示。起模斜度设置形式有三种形式:增加铸件尺寸形式(图 1-12a)、增加和减少铸件尺寸形式(图 1-12b)、减少铸件尺寸形式(图 1-12c)。

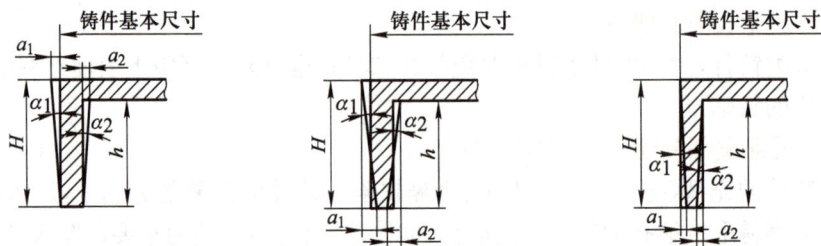

a) 增加铸件尺寸形式　　b) 增加和减少铸件尺寸形式　　c) 减少铸件尺寸形式

h、H—内、外测量面高度;a_1、a_2—添加起模斜度后使铸件增加或减少的尺寸;
α_1、α_2—添加起模斜度后使铸件表面形成的倾斜角度。

图 1-12　起模斜度

在铸件的加工面上,起模斜度应采用增加铸件尺寸的形式。在铸件不与其他零件配合的非加工表面上,起模斜度可采用增加铸件尺寸、增加和减少铸件尺寸或者减少铸件尺寸的形式。在铸件与其他零件配合的非加工表面上,起模斜度应采用减少铸件尺寸或者增加和减少铸件尺寸的形式。

起模斜度的大小取决于模样的起模高度、造型方法、模样材料等因素。一般情况下,金属模样比木模样斜度小;立壁越高,斜度越小;机器造型比手工造型斜度小。起模斜度值见表 1-3。

表 1-3　起模斜度

测量面高度 (mm)	模样外表面的起模斜度				模样内表面的起模斜度			
	金属模样		木模样		金属模样		木模样	
	α_1、α_2	a_1、a_2 (mm)	α_1、α_2	a_1、a_2 (mm)	α_1、α_2	a_1、a_2 (mm)	α_1、α_2	a_1、a_2 (mm)
≤10	≤2°20′	≤0.4	≤2°30′	≤0.5	≤4°35′	≤0.8	≤5°0′	≤0.9
>10~40	≤1°10′	≤0.8	≤1°10′	≤0.8	≤2°20′	≤1.6	≤2°30′	≤1.7
>40~100	≤0°30′	≤1.0	≤0°30′	≤1.0	≤1°10′	≤2.0	≤1°10′	≤2.0
>100~160	≤0°25′	≤1.2	≤0°25′	≤1.2	≤0°45′	≤2.2	≤0°50′	≤2.3
>160~250	≤0°20′	≤1.6	≤0°20′	≤1.6	≤0°40′	≤3.0	≤0°40′	≤3.0
>250~400	≤0°20′	≤2.4	≤0°20′	≤2.4	≤0°40′	≤4.6	≤0°40′	≤4.6
>400~630	≤0°20′	≤3.8	≤0°20′	≤3.8	≤0°30′	≤5.5	≤0°30′	≤5.6
>630~1 000	≤0°15′	≤4.4	≤0°15′	≤4.4	≤0°20′	≤6.0	≤0°20′	≤6.0
>1 000	—	—	≤0°13′	≤6.0	—	—	—	≤6.0

（3）收缩率

因铸件收缩的影响,铸件冷却后其尺寸要比模样的尺寸小,为了保证铸件要求的尺寸,必须加大模样的尺寸。通常灰铸铁的收缩率为 0.7%~1.0%,铸钢为 1.6%~2.0%,非铁金属及其合金为 1.0%~1.5%。

（4）芯头设计

型芯在铸型中的位置一般是用型芯头来固定的,芯头就是型芯端头的延伸部分,有垂直芯头和水平芯头,如图 1-13 所示。垂直型芯一般都有上、下芯头,但短而粗的型芯也可省去上芯头。芯头必须留有一定的斜度。下芯头的斜度应小一些(5°~10°),上芯头的斜度为 6°~15°。水平芯头的长度取决于型芯头直径及型芯的长度。为便于铸型的装配,型芯头与铸型型芯座之间应留有 1~4 mm 的间隙。

（5）铸造圆角

在设计和制造模型时,对相交壁的交角要做成圆弧过渡,该圆弧称为铸造圆角。其目的是防止铸件交角处产生黏砂、缩孔以及由于应力集中而产生裂纹等。一般的小型铸件,外圆角半径取 2～8 mm,内圆角半径取 4～16 mm。

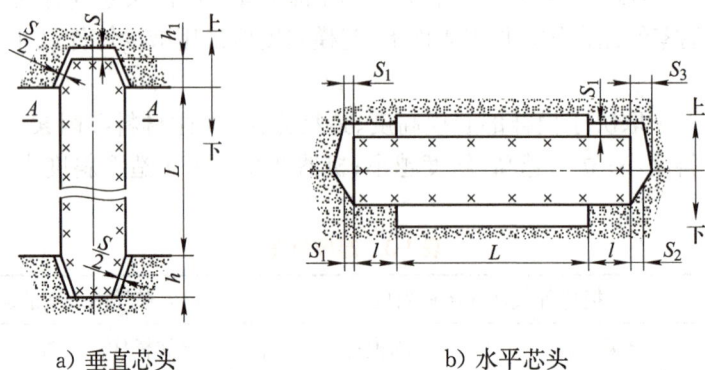

a) 垂直芯头　　　　　　b) 水平芯头

图 1-13　芯头

4. 确定浇注系统

浇注系统是金属液流入铸型型腔的通道。由浇口杯、直浇道、横浇道和内浇道组成,如图 1-14 所示。它使金属液均匀、平稳地充满型腔,能防止熔渣和气体卷入。铸铁件浇注系统设计主要是选择浇注系统类型,确定内浇道开设位置、各组元截面积、形状和尺寸等。按照内浇道在铸件上开设的位置不同,浇注系统类型可分为顶注式、底注式、中间注入式和分段注入式,如图 1-15 所示。

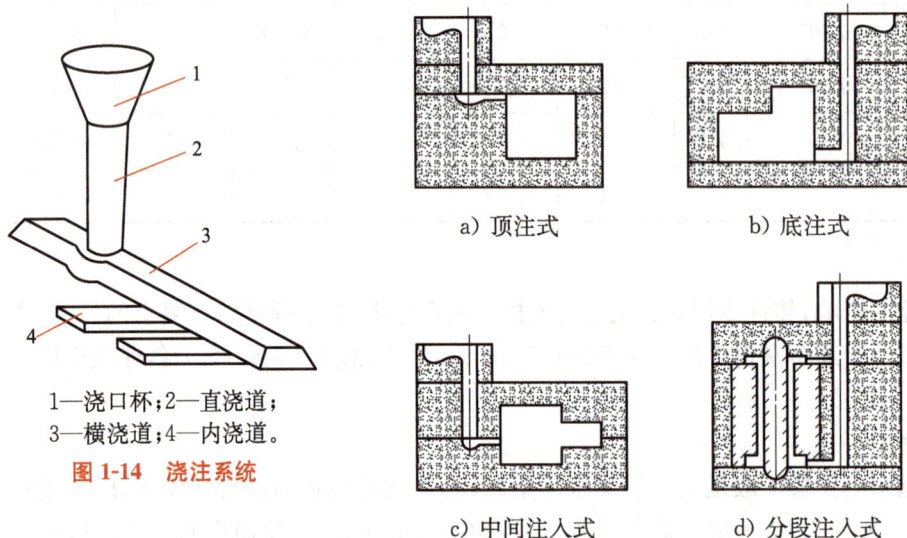

1—浇口杯;2—直浇道;
3—横浇道;4—内浇道。

图 1-14　浇注系统

a) 顶注式　　　　　　b) 底注式

c) 中间注入式　　　　d) 分段注入式

图 1-15　浇注系统类型

5. 绘制铸造工艺图

铸造工艺设计,要绘制铸造工艺图。它是在零件图上用规定的工艺符号标示铸造工艺内容的图形,它决定了铸件的形状、尺寸、生产方法和工艺过程,也是制造模样、芯盒、造型、造芯和检验铸件的依据。铸造工艺图用红、蓝铅笔直接标注在零件图样上,见表 1-4。

表 1-4　铸造工艺符号和表示方法

名称	工艺符号和表示方法	名称	工艺符号和表示方法
分型线	用红线表示,红色字体标出"上中下" 两箱造型 三箱造型 示例: 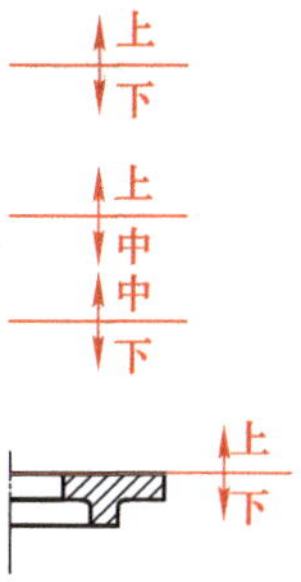	分模线	用红线表示,在任一断面用"<"表示 示例: 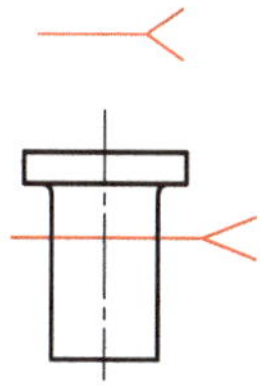
分型分模线	用红线表示 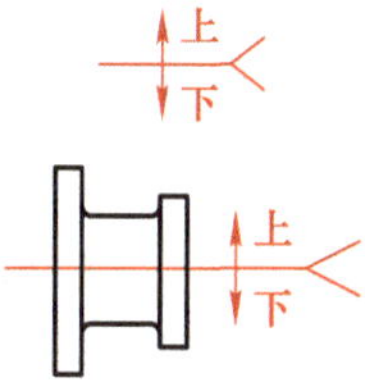	机加工余量	用红线表示,在加工符号附近注明加工余量数值 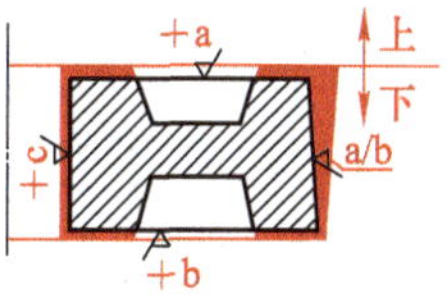
不铸出孔与槽	不铸出的孔和槽用红线打叉 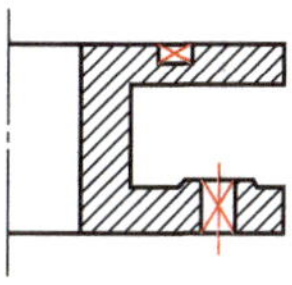	浇注系统位置与尺寸	用红色线或红色双线表示,并注明各部分尺寸 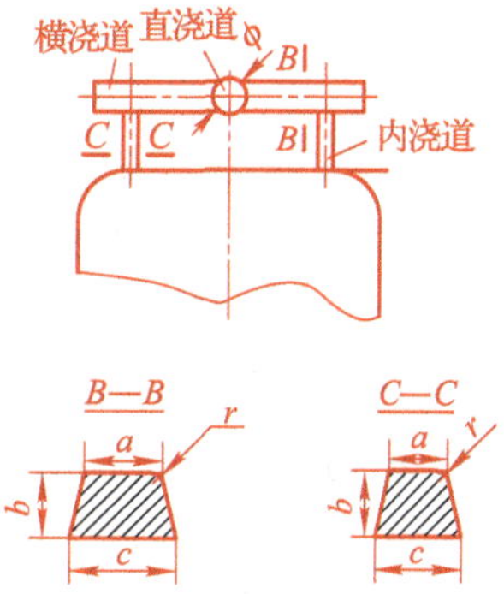
芯头斜度与芯头间隙	用蓝线表示,并注明斜度和间隙数值,有两个以上的型芯时,用"1#"、"2#"等标注 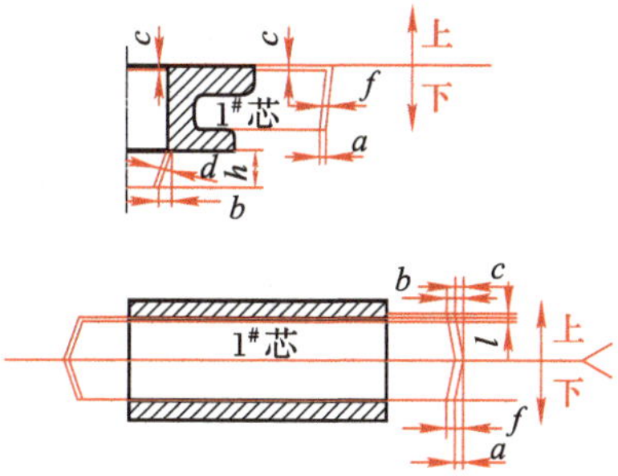		

六、铸件结构工艺性

铸件结构工艺性是指铸件的结构在满足使用要求的前提下,还要满足铸造性能和铸造工艺对铸件结构要求的一种特性。它是衡量铸件设计质量的一个重要依据。合理的铸件结构不仅能保证铸件质量,满足使用要求,而且还可以简化工艺,提高生产率,降低成本。

1. 铸造性能对铸件结构的要求

(1) 铸件壁厚合理

浇注的铸件壁厚存在一个最小值,见表1-5。壁厚小于该最小值,会产生浇不到、冷隔缺陷。铸件壁厚过大,铸件壁的中心冷却慢,晶粒粗大,容易引起缩孔、缩松。铸件的最大临界壁厚约为最小壁厚的三倍。因此不能单纯用增加壁厚的方法提高铸件强度。通常采用加强肋或合理的截面结构(丁字形、工字形、槽形)满足薄壁铸件的强度要求,如图1-16所示。

表 1-5　在砂型铸造条件下铸件的最小壁厚值　　　　　　　　　　　　mm

铸件尺寸	铸钢	灰铸铁	球墨铸铁	可锻铸铁	铝合金	铜合金
<200×200	6~8	5~6	6	5	3	3~5
200×200~500×500	10~12	6~10	12	8	4	6~8
>500×500	15	15	—	—	5~7	—

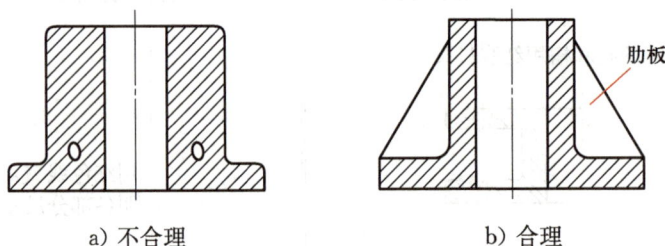

a) 不合理　　　　　　　　　　b) 合理

图 1-16　采用加强肋减小壁厚

(2) 铸件壁厚要均匀

铸件各部分壁厚差异过大,不仅厚壁处因金属聚集产生缩孔、缩松等,还因冷却速度不一致而产生较大的热应力,使薄壁和厚壁的连接处产生裂纹。设计时应尽可能使壁厚均匀,避免过大热节存在(在凝固过程中,铸件内比周围金属凝固缓慢的节点或局部区域称为热节)。铸件上的筋条分布应尽量减少交叉,以防形成较大的热节。

(3) 铸件内壁应薄于外壁

铸件内壁和肋的散热条件较差,内壁薄于外壁,可使内、外壁均匀冷却,减小内应力,防止裂纹。内、外壁厚相差值为10%~30%。

(4) 铸件壁连接要合理

为减少热节,防止缩孔,减少应力,防止裂纹,壁间连接应有铸造圆角。不同壁厚的连接应逐步过渡,以防接头处热量聚集和应力集中,见表1-6。铸件上的肋或壁的连接应避免十字交叉和锐角连接。

表 1-6　铸件壁连接形式

	不合理	合理
壁厚突变		
直角相交		
十字交叉		
锐角连接		

(5) 避免铸件收缩受阻

铸件收缩受到阻碍,产生的内应力超过材料的抗拉强度,会产生裂纹。

图 1-17 所示为手轮铸件。图 1-17a 为直条形偶数轮辐,在合金线收缩时,手轮轮辐中产生的收缩力相互抗衡,容易出现裂纹。可改用奇数轮辐(图 1-17b)或弯曲轮辐(图 1-17c),这样可借助轮缘、轮毂和弯曲轮辐的微量变形自行减缓内应力,防止开裂。

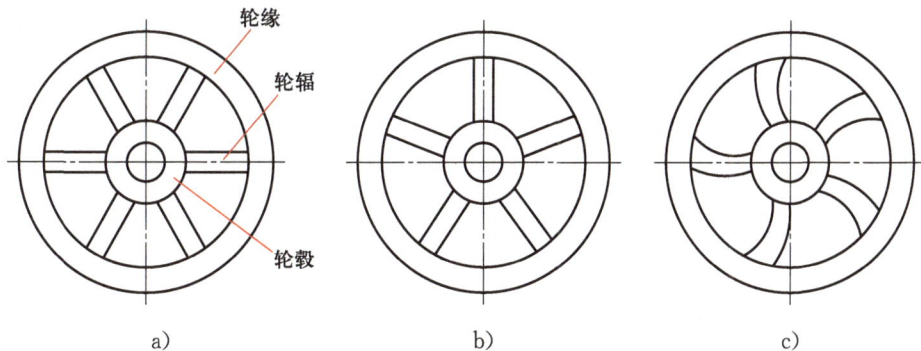

a)　　　　　　　　　　b)　　　　　　　　　　c)

图 1-17　手轮轮辐的设计

(6) 防止铸件翘曲变形

细长形或平板类铸件在收缩时易产生翘曲变形,如图 1-18 所示。改为不对称结构为对称结构或采用加强肋,提高其刚度,均可有效地防止铸件变形。

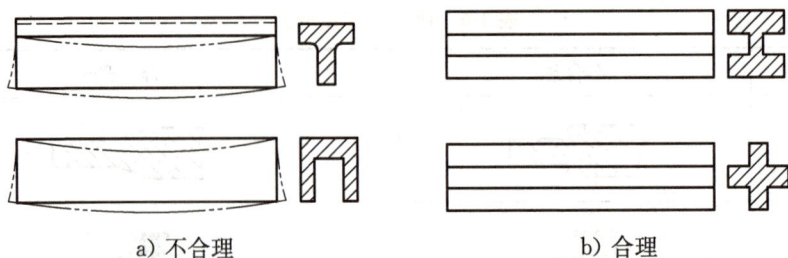

a) 不合理 b) 合理

图 1-18 减小铸件变形设计

2. 铸造工艺对铸件结构的要求

从工艺上考虑,铸件的结构设计,应有利于简化铸造工艺,有利于避免产生铸造缺陷,便于后续加工。注意以下几个方面:

(1) 铸件外形力求简单

在满足铸件使用要求的前提下,尽量简化外形,减少分型面,方便造型。

(2) 铸件内腔设计

铸件内腔结构常采用型芯来形成,但使用型芯会增加材料消耗,且工艺复杂,成本提高,因此,设计铸件内腔应尽量少用或不用型芯。

(3) 铸件的结构斜度

为了便于起模,垂直于分型面的非加工表面应设计结构斜度,如图 1-19 所示。

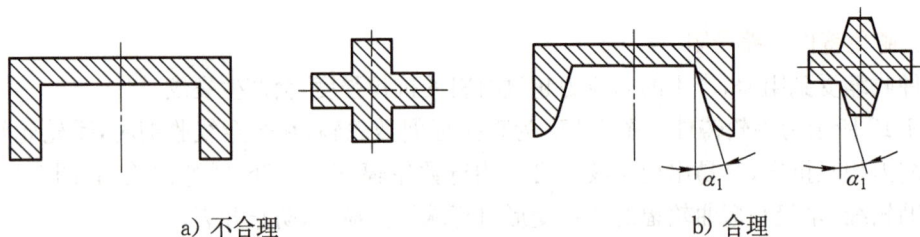

a) 不合理 b) 合理

图 1-19 结构斜度设计

第二节 金属塑性成形

● 一、概述

金属塑性成形是利用金属材料所具有的塑性变形规律,在外力作用下,通过塑性变形,获得具有一定形状、尺寸和力学性能的零件或毛坯的加工方法。由于外力多数情况下是以压力的形式出现的,因此也称为金属压力加工。金属塑性成形的基本生产方式有自由锻、模锻、冲裁、弯曲、拉深等。

1. 塑性变形的特点

由于各类钢和非铁金属都具有一定的塑性,可以在冷态或热态下进行压力加工,加工后的零件或毛坯组织致密,比同材质的铸件力学性能好。因此,塑性成形加工在机械制造、军工、航空、轻工、家用电器等行业得到了广泛应用。塑性成形与其他成形方法比较,具有以下特点。

(1)改善金属的组织,提高金属的力学性能。金属材料经压力加工后,其组织、性能都得到改善和提高。塑性成形能消除金属铸锭内部的气孔、缩孔和树枝状晶体。由于金属的塑性变形和再结晶,可使粗大晶粒细化,得到致密的金属组织,从而提高金属的力学性能。在零件设计时,正确选用零件的受力方向与纤维组织方向,可以提高零件的抗冲击性能。

(2)提高材料的利用率。金属塑性成形主要是靠金属塑性变形时改变形状,体积重新分配,而不需要切除金属,因而材料利用率高。

(3)生产率高。塑性成形加工一般是利用压力机和模具进行成形加工的,生产率高。

(4)精度高。材料发生塑性变形时,其体积基本上保持不变。应用先进的技术和设备压力加工时,坯料经过塑性变形可获得较高的精度,可实现少切削或无切削加工。

(5)不能加工脆性材料和形状特别复杂或体积特别大的零件或毛坯。

2. 金属塑性变形的实质

金属塑性变形的实质,是在外力的作用下,金属内部的原子沿一定的晶面和晶向产生了滑移的结果。金属在外力作用下,内部产生应力,使原子离开原来的平衡位置,从而改变原子间的距离,金属发生变形,并引起原子位能的增高。处于高位能的原子具有返回到原来低位能平衡位置的倾向。因此当外力停止作用后,应力消失,变形也随之消失。金属的这种变形称为弹性变形。当外力增大到使金属的内应力超过该金属的屈服强度之后,即使外力停止作用,金属的变形也不会消失,这种变形称为塑性变形。

一般情况下,金属是多晶体,多晶体的变形与各个晶粒的变形行为有关。为了便于研究,先通过单晶体的塑性变形来掌握金属塑性变形的基本规律。

(1)单晶体的塑性变形

晶体只有在切应力作用下才会发生塑性变形。单晶体的塑性变形过程如图 1-20 所示。图 1-20a 为晶体未受外力的原始状态;当晶体受到外力作用时,晶格将产生弹性畸变,如图 1-20b 所示,此为弹性变形阶段;若外力继续增加,超过一定限度后,晶格的畸变程度超过了弹性变形阶段,晶体的一部分将会相对另一部分发生滑移,如图 1-20c 所示;晶体发生滑移后,去除外力,晶体的变形将不能全部恢复,因而产生了塑性变形,如图 1-20d 所示。

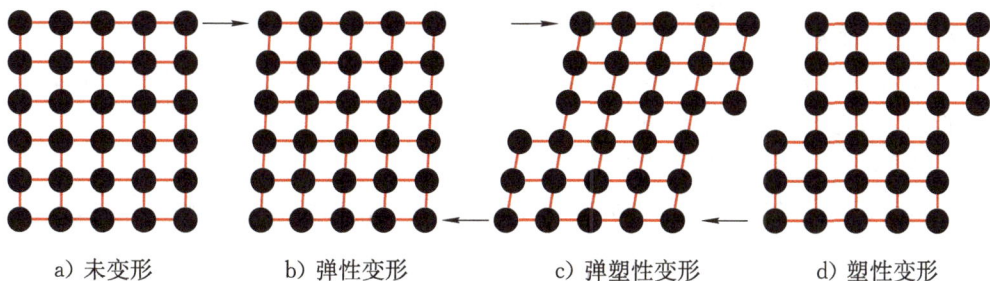

a) 未变形   b) 弹性变形   c) 弹塑性变形   d) 塑性变形

图 1-20　单晶体的变形过程

(2)多晶体的塑性变形

生产中的金属材料是由不同的晶粒组成的,每个晶粒在塑性变形时,将受到周围位向不同的晶粒及晶界的影响与约束,即每个晶粒不是处于独立的自由变形状态。晶粒变形时既要克服晶界的阻碍,又需要其周围晶粒同时发生相适应的变形来协调配合,以保持晶粒间的结合和晶体的连续性,否则将导致晶体破裂。大量实验结果表明,多晶体的塑性变形正是由于存在着晶界和各晶粒的位向差别,其变形抗力要比同种金属的单晶体高得多。

3. 金属的塑性变形规律

(1) 最小阻力定律

金属在塑性变形过程中,其质点都将沿着阻力最小的方向移动,称为最小阻力定律。金属内部某一质点塑性变形时移动的最小阻力方向,就是该质点向金属变形部分的周边所作的最短法线方向。因为质点沿这个方向移动时路径最短而阻力最小,所需做功也最小。

(2) 体积不变定理

金属塑性成形加工中,金属变形前后的体积保持不变的规律,称为体积不变定理(或称为质量恒定定理)。

金属塑性变形是金属流向及形状变化,如图 1-21 所示。实际上,金属在塑性变形过程中总有微小体积变化,如锻造钢材时,由于气孔、疏松的锻合,密度略有提高;加热过程中因氧化生成氧化皮产生耗损。然而,这些变化对比整个金属坯件是相当微小的,一般可忽略不计。因此,在塑性成形中,坯料一个方向尺寸减小,必然在其他方向尺寸有所增加。所以,根据体积不变定理,可以确定金属塑性成形的毛坯尺寸和各工序之间尺寸的变化。

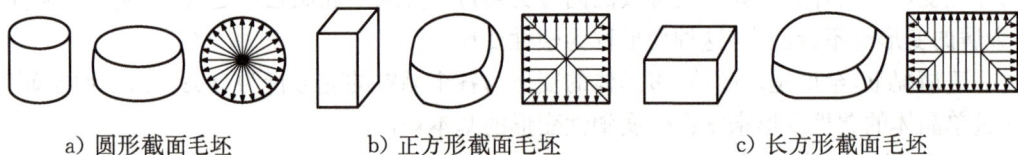

a) 圆形截面毛坯　　　b) 正方形截面毛坯　　　c) 长方形截面毛坯

图 1-21　金属塑性变形的金属流向及形状变化

4. 塑性变形对金属组织与性能的影响

(1) 冷变形对金属组织与性能的影响

1) 冷变形后的金属微观组织。冷变形会使金属的微观组织发生明显改变,最初的等轴晶粒沿主变形方向被拉长,变形量越大,晶粒的伸长程度越明显。

2) 加工硬化。金属冷变形时,随着变形量的增加,金属的强度和硬度提高,塑性和韧性下降,这一现象称为加工硬化。

3) 残余应力。残余应力是指金属材料除去变形外力后,残余在内部的应力,主要是金属在外力作用下变形不均匀而引起的。

(2) 热变形对金属组织与性能的影响

1) 消除缺陷与细化组织。热变形可以焊合铸锭中未被氧化的气孔、疏松等,使金属材料的致密度提高。

2) 动态回复和动态再结晶。在热变形中,金属材料的加工硬化过程、回复与再结晶软化过程同时发生。再结晶可以消除塑性变形所引起的硬化现象,改善晶粒,力学性能比塑性变形前更好。

3) 锻造流线。铸锭内如果存有不溶于基体金属的非金属化合物,在压力加工过程中,脆性杂质被破碎,顺着金属主要伸长方向呈碎粒状或链状分布,塑性杂质随晶粒伸长方向呈带状分布。这种具有方向性的组织称为锻造流线(也称流纹),它使金属的机械性能在不同方向上呈各向异性。锻造流线使锻件的塑性和韧性在纵向上增加,在横向上降低;强度在不同方向上差别不大。设计和制造零件时,应使零件工作时的最大正应力方向与流线方向平行,最大切应力方向与流线方向垂直,流线的分布应与零件外轮廓相符而不被切断。

二、金属的塑性成形性能

金属的锻造性能可以衡量金属材料利用锻压加工方法成形的难易程度,是金属的工艺性能指标之一。金属的锻造性能常用金属的塑性和变形抗力两个指标来衡量。金属塑性好,变形抗力低,则锻造性能好,反之则差。影响金属材料塑性和变形抗力的主要因素有以下几个方面。

1. 化学成分

纯金属的塑性成形性能好于合金。钢的碳含量对钢的塑性成形性能影响大,低碳钢的塑性优于高碳钢。碳的质量分数小于0.15%的低碳钢,主要以铁素体为主,塑性好。碳的质量分数增加,钢中的珠光体量逐渐增多,硬而脆的网状渗碳体出现,钢的塑性下降,塑性成形性能随之下降。

合金元素会形成合金碳化物和硬化相,钢的塑性变形抗力增大,塑性下降。通常合金元素含量越高,钢的塑性成形性能越差。

2. 金属组织

纯金属及单相固溶体合金的塑性成形性能较好;钢中有碳化物和多组织时,塑性成形性能变差;具有均匀细小等轴晶粒的金属,其塑性成形性能比晶粒粗大的柱状晶粒的金属好;当工具钢中有网状二次渗碳体存在时,其塑性大为下降。

3. 加工条件

(1) 变形温度

随温度升高,金属塑性提高,塑性成形性能得到改善。变形温度升高到再结晶温度以上时,加工硬化不断被再结晶软化消除,金属的塑性成形性能进一步提高。

(2) 变形速度

变形速度指单位时间内变形程度的大小。变形速度增大,金属在冷变形时的冷变形强化增加;变形速度超大时,热能来不及散发,会使变形金属的温度升高,这种现象称为"热效应",它有利于提高金属的塑性,变形抗力下降,塑性变形能力变好。

(3) 应力状态

在三向应力状态下,压应力成分越多,其塑性越好;而拉应力成分越多,其塑性越差。

综合上述,金属的塑性和变形抗力是受金属的本质与变形条件等因素制约的。在选用锻压加工方法进行金属成形时,要依据金属的本质和成形要求,充分发挥金属的塑性,尽可能降低其变形抗力,用最少的能耗获得合格的锻压件。

三、锻造

将金属坯料放在上、下砧铁或锻模之间,使之受到冲击力或压力而变形的加工方法叫锻造。

锻造是金属零件的重要成形方法之一。锻造可以分为自由锻造和模型锻造(模锻)两种类型。

1. 自由锻造

自由锻造(自由锻)是利用冲击力或压力,使金属在上、下砧铁之间产生塑性变形,从而获得所需形状、尺寸以及内部质量的锻件。自由锻造时,除与上、下砧铁接触的金属部分受到约束外,金属坯料其他各个方向因不受外界限制而自由变形,故无法精确控制变形的发展。自由锻造分为手工锻造和机器锻造两种。手工锻造只能生产小型锻件,生产率较低。机器锻造是自由锻的主要方法。

自由锻所用的工具简单,具有很强的通用性,主要有铁砧、大锤、手锤、夹钳、冲子、錾子和型锤等。自由锻造准备周期短,因而应用较为广泛。自由锻件的质量范围可从 1 kg 到 300 t。对于大型锻件,自由锻是唯一的加工方法,这使得自由锻造在重型机械制造中具有特别重要的作用,例如多拐曲轴、水轮机主轴、大型连杆等零件。由于自由锻件的形状与尺寸主要靠人工操作来控制,所以锻件的精度较低,加工余量大,劳动强度大,生产率低。自由锻主要应用于单件、小批生产,大型锻件的生产及修配,新产品的试制等方面。

(1)自由锻造工序

根据作用与变形要求不同,自由锻造的工序分为基本工序、辅助工序和修整工序三类。

1)基本工序

改变坯料的形状和尺寸,以达到锻件基本成形的工序,称为基本工序,包括镦粗、拔长、冲孔、弯曲、切割、扭转、错移等工步。

镦粗是使坯料高度减小、横截面积增大的工序,是自由锻造生产中最常用的工序。它适用于块状、饼状等锻件的生产。

拔长是使坯料横截面减小、长度增加的工序。它适用于轴类、杆类锻件的生产。为达到规定的锻造比和改变金属内部组织结构,锻制以型材为坯料的锻件时,拔长经常与镦粗交替使用。

冲孔是在坯料上冲出通孔或不通孔的工序。圆环类锻件冲孔后还应进行扩孔工作。

弯曲是使坯料轴线产生一定曲率的工序。

扭转是使坯料的一部分相对于另一部分绕其轴线旋转一定角度的工序。

错移是使坯料的一部分相对于另一部分平移错开,但仍保持轴心平行的工序。它是生产曲拐或曲轴类锻件所必需的工序。

切割是分割坯料或切除锻件余量的工序。

锻接是将两个分离工件加热到高温,在锻压设备产生的冲击力或压力作用下,两者在固相状态下结合成一牢固整体的工序。

2)辅助工序

辅助工序是为了方便基本工序的操作,而使坯料预先产生某些局部变形的工序,如倒棱、压肩等工步。

3)修整工序

修整工序是修整锻件的最后尺寸和形状,提高锻件表面质量,使锻件达到图样要求的工序,如修整鼓形、平整端面、校直弯曲等工步。

（2）自由锻锻件的结构工艺性

自由锻只限于使用简单的通用工具成形，因此，自由锻件外形结构的复杂程度受到很大限制。自由锻工步简图见表1-7。

表1-7　自由锻工步简图

基本工序	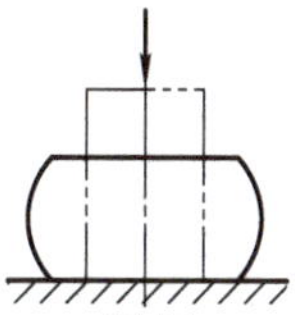 墩粗	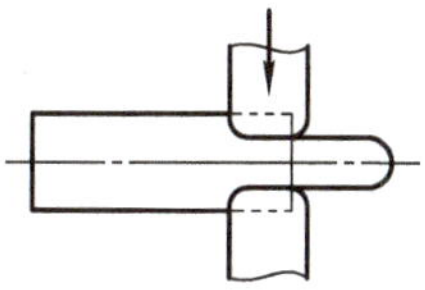 拔长	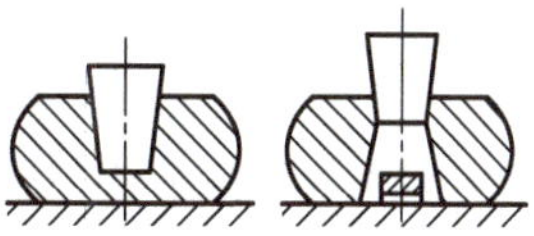 冲孔
	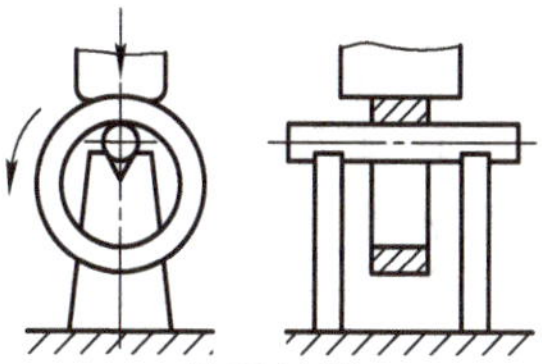 芯轴扩孔	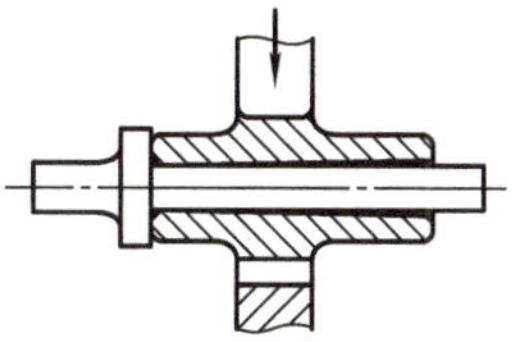 芯轴拔长	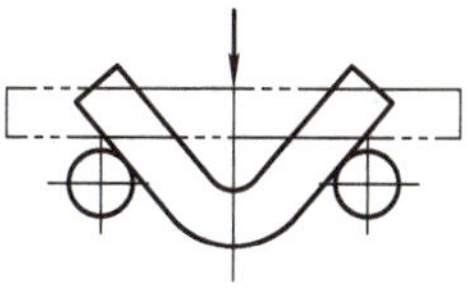 弯曲
	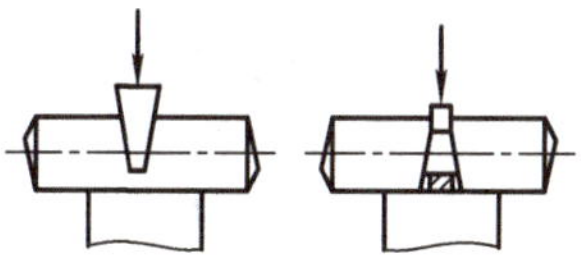 切割	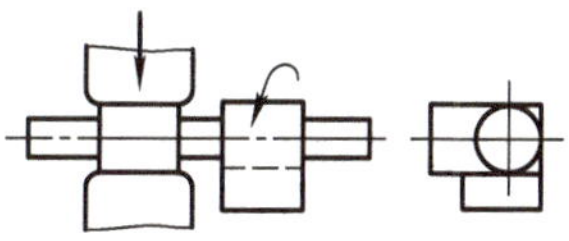 扭转	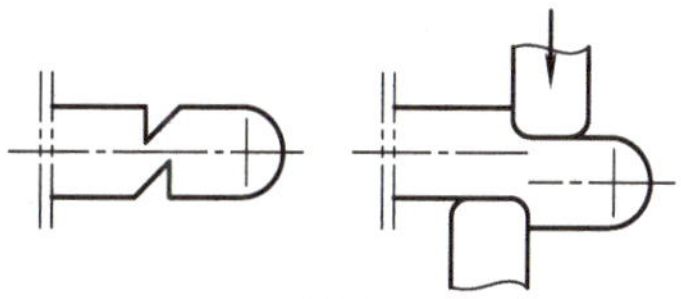 错移
辅助工序	 倒棱	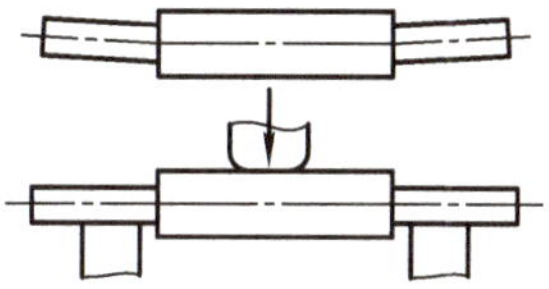 校正	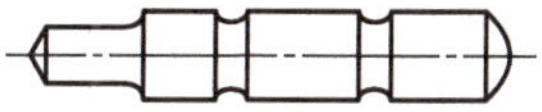 压痕
	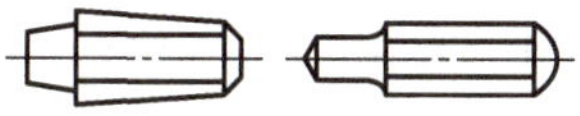 压钳把	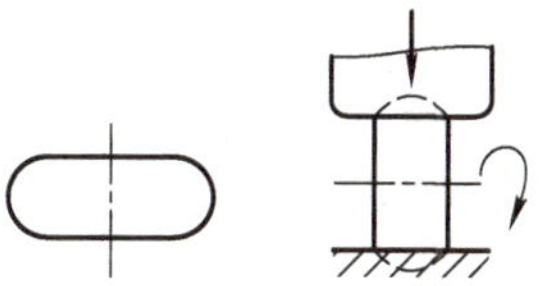 滚圆	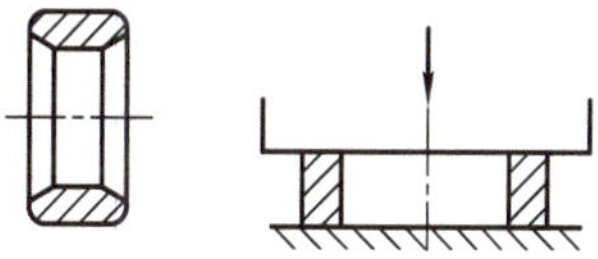 平整

设计自由锻锻件，除满足使用性能要求外，还应考虑锻造是否可行，是否方便和经济，即零件结构要符合自由锻的工艺性要求。自由锻零件的结构工艺性要求见表1-8。

表 1-8　自由锻零件的结构工艺性

序号	工艺要求	合理结构	不合理结构
1	尽量避免锥体或斜面结构	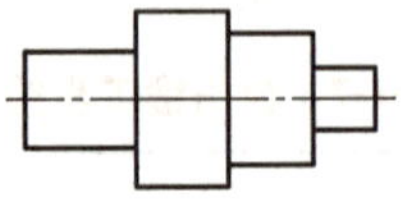	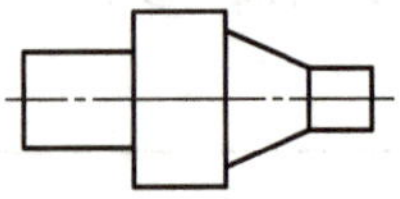
2	应避免圆柱面与圆柱面相交	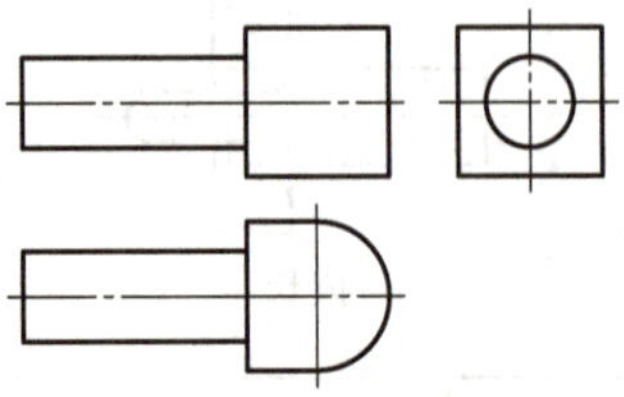	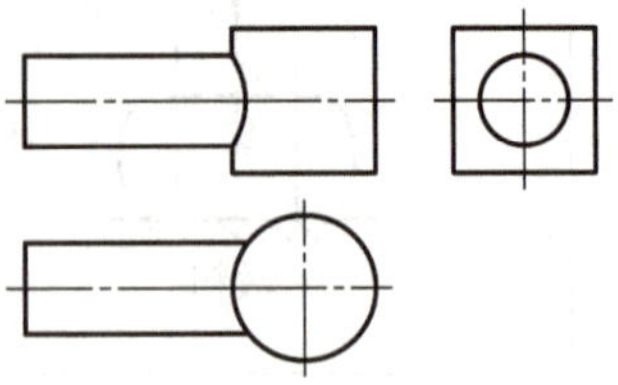
3	避免椭圆形、工字形或其他非规则形状截面及非规则外形	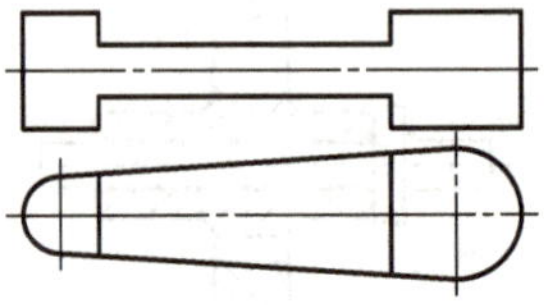	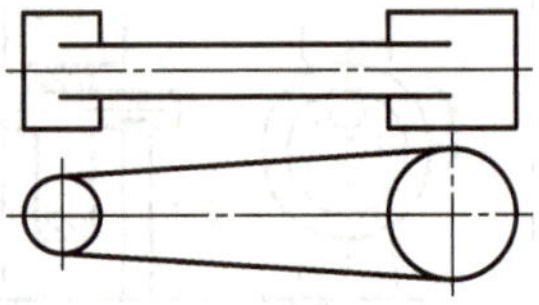
4	避免加强筋和凸台等结构	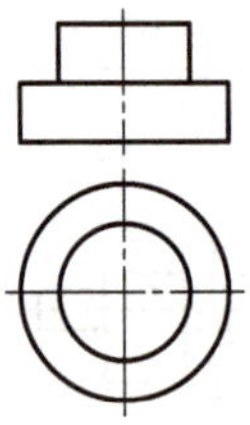	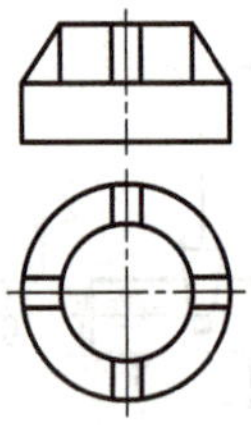
5	复杂件应设计成为由简单件构成的组合体	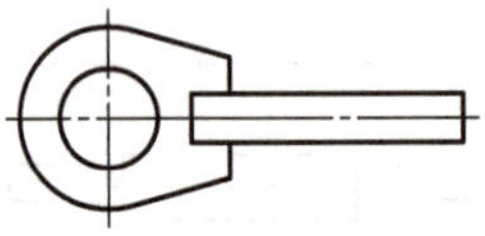	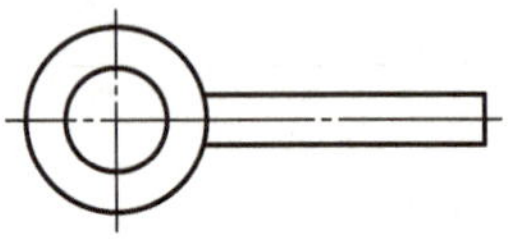

2. 模锻

模锻是将加热后的坯料放在锻模模膛内,通过锻压力作用使坯料变形而获得锻件的一种加工方法。坯料变形时,金属的流动受到模膛的限制和引导,从而获得与模膛形状一致的锻件。与自由锻相比,模锻的优点是:

① 由于有模膛引导金属的流动,锻件的形状更精密;

② 锻件内部的锻造流线按锻件轮廓分布,提高了零件的机械性能和使用寿命;

③ 锻件表面光洁、尺寸精度高,节约材料和切削加工工时;

④ 生产率高;

⑤ 操作简单,便于机械化生产。

由于模锻是整体成形,金属流动与模膛之间产生很大的摩擦阻力,因此所需设备吨位大,设备费用高;锻模加工工艺复杂、制造周期长、费用高,模锻适用于中、小型锻件的成批或大量生产。随着计算机辅助设计与制造技术(CAD/CAE/CAM)的飞速进步,锻模的制造周期将大大缩短。

（1）模锻分类

按结构分类，锻模可分为开式模锻和闭式模锻。

1）开式模锻

开式模锻也称有飞边模锻。开式模锻模具在锻造毛坯最大外廓处有分型面，分型面垂直于打击方向，坯料四周在锻造过程中始终敞开。流动或多余的金属在锻打过程中能从分型面溢出形成横向飞边，如图1-22a所示。开式模锻具有以下特点：

① 通过制坯和预锻，能进行复杂形状锻件的锻造，工艺适应性强，应用广泛，能在所有锻造设备上进行生产；

② 飞边既能帮助锻件充满模膛，也可简化毛坯体积和工艺参数的设计；

③ 模具结构较简单，模具设计与制造成本低；

④ 锻件尺寸精度不高，有一定的工艺废料，需切边工序。

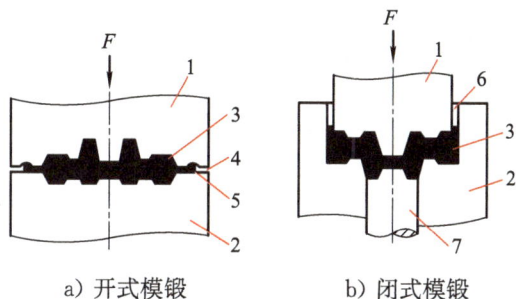

a）开式模锻　　　　b）闭式模锻

1—上模；2—下模；3—锻件；4—分模面；5—毛边和毛边槽；6—间隙；7—顶斜杆。

图1-22　模锻示意图

2）闭式模锻

闭式模锻也称无飞边模锻，模具结合面平行于打击方向。锻造过程中，上模和下模的间隙不变，坯料在封闭的模膛中成形，无横向飞边，少量的多余材料会形成纵向飞刺，飞刺在后续工序中除去，如图1-22b所示。

（2）模锻件的结构工艺性

设计模锻零件时，应根据模锻特点和工艺要求，使其结构与模锻工艺相适应，便于模锻生产和降低成本。

锻件结构的原则：

1）模锻零件应具有合理的分模面，以便金属充满模膛，模锻件易于取出，且工艺余块最少，锻模容易制造。

分模面是指上下锻模在模锻件上的分界面。它在锻件上的位置是否合适，关系到锻件成形、锻件出模、材料利用率及锻模加工等一系列问题。选定分模面的原则是：

① 保证模锻件能从模膛中取出来。如图1-23所示。分模面选定在a—a面时，已成形的模锻件就无法取出。分模面应选在模锻件的最大截面处。

② 选定的分模面制成锻模后，上下两模分模面的模膛轮廓一致。在安装锻模和生产中发现错模现象，应及时调整锻模位置。图1-23中的c—c面，就不符合此原则。

③ 分模面在模膛深度最浅的位置上。这样有利于金属充满模膛,有利于取件,有利于锻模的制造。图 1-23 中的 b—b 面就不适合作分模面。

④ 分模面应使零件上所加的敷料最少。图 1-23 的 b—b 面选作分模面时,零件中间的孔不能锻出来,孔部金属都是工艺余块,既浪费金属,又增加了切削加工的工作量。

⑤ 分模面应在一个平面。这便于锻模的制造,防止在锻造过程中上下锻模错动。按上述原则综合分析,图 1-23 中的 d—d 面是最合理的分模面。

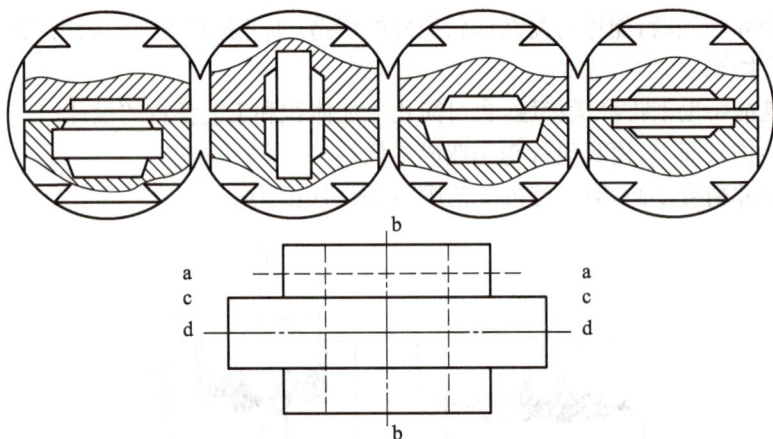

图 1-23 分模面选择

2) 模锻零件,除与其他零件配合的表面外,均应设计为非加工表面。这是因为模锻件的尺寸精度较高,表面粗糙度值较小。模锻件的非加工表面之间形成的角应设计模锻圆角,与分模面垂直的非加工表面,应设计出模锻斜度。

3) 零件的外形,应力求简单、平直、对称,避免零件截面间差别过大,或具有薄壁、高肋等不良结构。零件的最小截面与最大截面之比不小于 0.5,否则不易于模锻成形。如图 1-24a 所示,零件的凸缘太薄、太高,中间下凹太深,金属不易充型。如图 1-24b 所示,零件过于扁薄,薄壁部分金属模锻时容易冷却,不易锻出,对保护设备和锻模也不利。

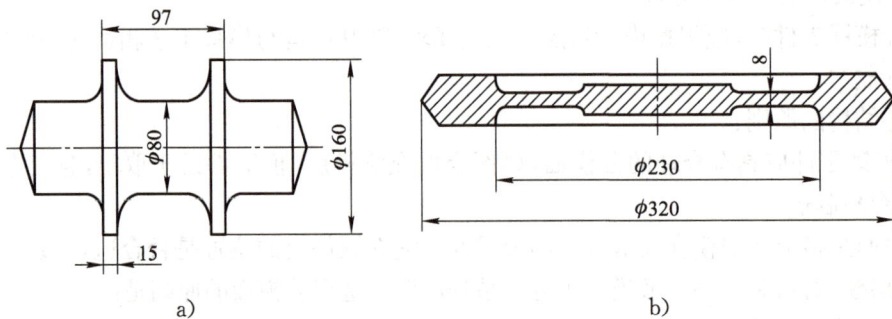

图 1-24 模锻件结构工艺性

4) 在零件结构允许的条件下,避免深孔或多孔结构。孔径小于 30 mm 或孔深大于直径两倍时,锻造困难。

5）复杂锻件，为减少工艺余块，简化模锻工艺，在可能条件下，应采用锻造—焊接或锻造—机械连接组合工艺。

● 四、冲压

板料冲压是通过安装在压力机上的模具对板料施压，使板料产生分离或变形，从而获得一定形状、尺寸和性能的零件或毛坯的加工方法。板料冲压的坯料是比较薄的金属板料，冲压时不需加热，故又称为薄板冲压或冷冲压，简称冷冲或冲压。只有当板料厚度超过 8 mm 或材料塑性较差时才采用热冲压。

1. 板料冲压的特点

① 它是在常温下通过塑性变形对金属板料进行加工的，原材料必须具有足够的塑性和较低的变形抗力。

② 金属板料经过塑性变形的冷变形强化作用，并获得一定的几何形状后，具有结构轻巧、强度和刚度较高的优点。

③ 冲压件尺寸精度高、质量稳定、互换性好，不再切削加工即可作零件使用。

④ 冲压生产操作简单，生产率高，便于机械化和自动化生产。

⑤ 冲压模具结构复杂、精度要求高、制造费用高，在大批量生产的条件下，采用冲压加工方法，经济合理。

因冲压加工有上述优点，所以应用范围极广，几乎在所有金属制造成品的工业部门中都被广泛采用。它在汽车、家用电器、仪器仪表、飞机、导弹、兵器以及日用品生产中占有重要地位。

板料冲压所用原材料，特别是制造中空的杯状产品时，必须具有足够的塑性。常用的金属板料有低碳钢、高塑性的合金钢、不锈钢、铜合金、铝合金、镁合金等。非金属材料中的石棉板、硬橡胶、皮革、绝缘纸、纤维板等也广泛采用冲压成形工艺。

2. 冲压基本工序

冲压基本工序包括分离工序和成形工序。分离工序分为落料、冲孔、切断、切边、刨切、切舌，见表 1-9；成型工序分为弯曲、卷边、拉深、翻边、缩口、胀形、起伏成形、旋压、冷挤压，见表 1-10。

表 1-9　分离工序

工序名称	工序简图	工序特点及应用范围
落　　料	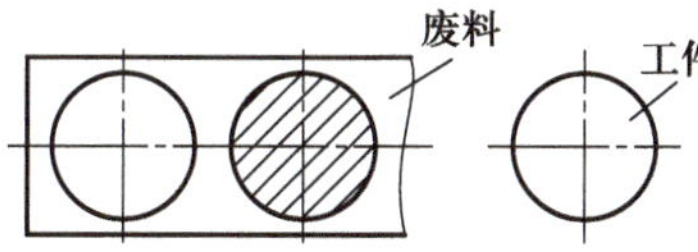	将板料沿封闭轮廓分离，冲下部分是工件
冲　　孔	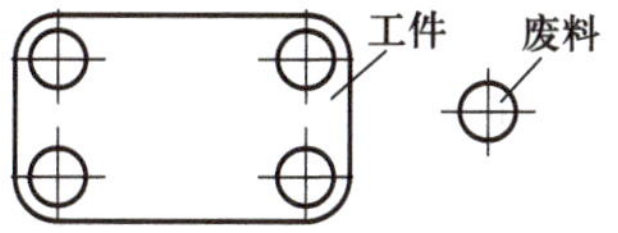	将板料沿封闭轮廓分离，冲下部分是废料

工序名称	工序简图	工序特点及应用范围
切　断	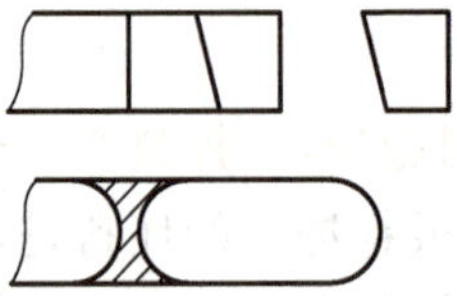	将板料沿不封闭轮廓分离
切　边	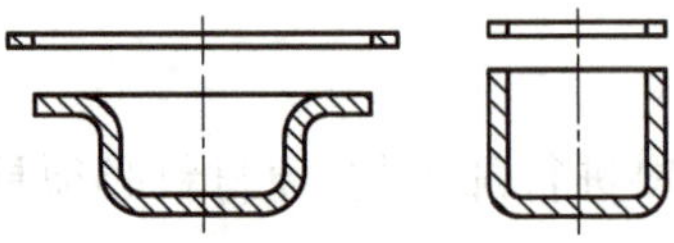	将工件边缘的多余材料冲切下来
刨　切	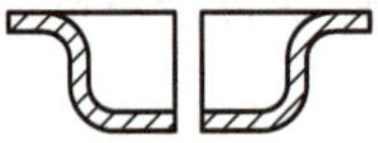	将冲压成形的半成品切开成为两个或两个以上工件
切　舌	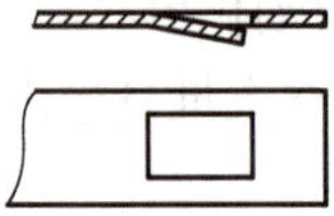	沿不封闭轮廓将部分板料切开并使其下弯

表 1-10　变形工序

工序名称	工序简图	工序特点及应用范围
弯　曲		将材料沿弯曲线弯成各种角度和形状
卷　边	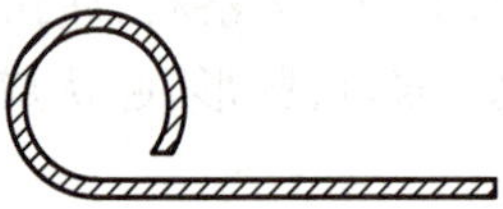	将条料端部弯成接近封闭的圆筒形
拉　深		将板料毛坯冲制成各种开口空心件
翻　边	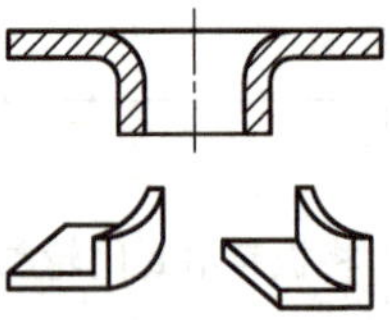	将工件的孔边缘或工件的外缘翻成竖立的直边

续　表

工序名称	工序简图	工序特点及应用范围
缩　口	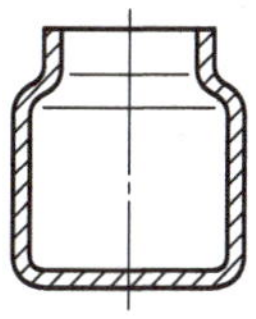	将空心件或管状毛坯的径向尺寸缩小
胀　形	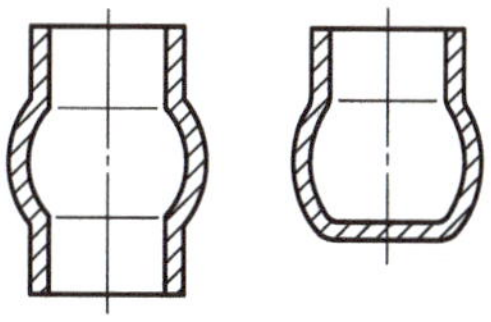	将空心件或管状毛坯的局部向外扩张,胀出所需要的凸起曲面
起伏成形	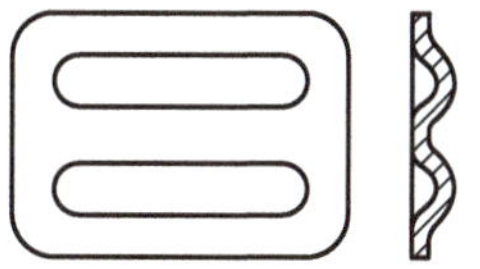	在板料或工件表面上制成各种形状的凸起或凹陷
旋　压	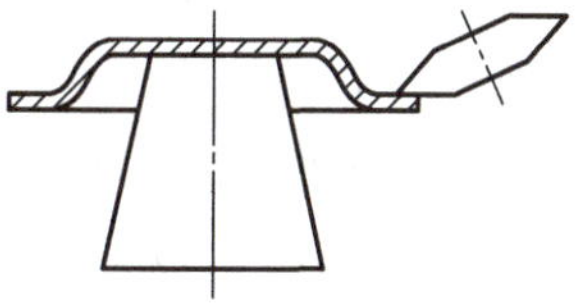	在旋转状态下用辊轮使毛坯逐步成形的方法
冷成形	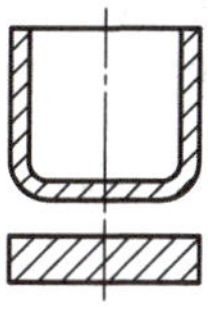	金属沿凸、凹模间隙或凹模模口流动,使毛坯转变为薄壁空心件或横断面不等的半成品

（1）冲裁

冲裁是使板料沿封闭的轮廓线分离的工序,包括冲孔和落料。这两个工序的坯料变形过程和模具结构都是一样的,二者的区别在于冲孔是在板料上冲出孔洞,被分离的部分为废料,周边是带孔的成品;落料是被分离的部分是成品,周边是废料。

1）冲裁变形过程

冲裁时板料的变形和分离过程对冲裁件质量有很大影响。其过程可分为以下三个阶段,如图 1-25 所示。

① 弹性变形阶段

冲头(凸模)接触板料向下运动的初始阶段,板料产生弹性压缩、拉伸与弯曲等变形。板料中的应力值迅速增大。此时,凸模下的板料略有弯曲,凸模周围的板料向上翘,间隙越大,弯曲和上翘越明显。

视频

落料和冲孔

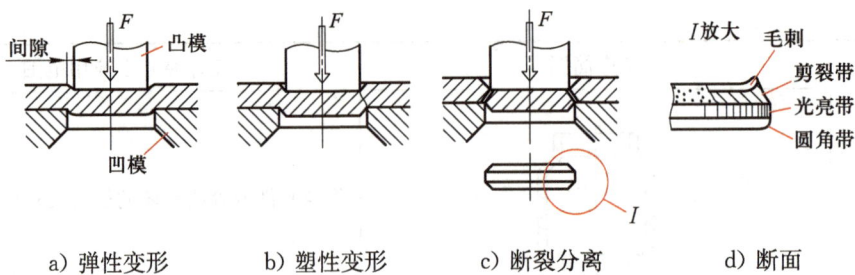

a) 弹性变形　　　b) 塑性变形　　　c) 断裂分离　　　d) 断面

图 1-25　冲裁过程

② **塑性变形阶段**

冲头继续向下运动,板料的应力值达到屈服极限,板料金属产生塑性变形。变形达到一定程度,位于凸、凹模刃口处的金属硬化加剧,出现微裂纹。

③ **断裂分离阶段**

冲头继续向下运动,已形成的上下裂纹逐渐扩展。上下裂纹相迎重合后,板料被剪断分离。冲裁件分离面的质量主要与凸凹模间隙、刃口锋利程度有关,同时也受模具结构、材料性能及板料厚度等因素影响。

2) 凸凹模间隙

凸凹模间隙不仅严重影响冲裁件的断面质量,也影响模具寿命、卸料力、推件力、冲裁力和冲裁件的尺寸精度。冲裁断面特征如图 1-25d 所示。冲裁断面明显分为圆角带、光亮带、剪裂带和毛刺四个部分。冲裁间隙合理时,凸、凹模刃口冲裁所产生的上下剪裂纹会基本重合,获得的工件断面较光洁,毛刺最小;冲裁间隙过小,上下剪裂纹向外错开,冲裁件断面会形成毛刺和叠层;冲裁间隙过大,材料中拉应力增大,塑性变形阶段过早结束,裂纹向里错开,不仅光亮带小,毛刺和剪裂带均较大。冲裁间隙对断面质量的影响如图 1-26 所示。冲裁间隙对模具的寿命也有影响,间隙越小,摩擦越严重,模具的寿命降低。冲裁间隙还对卸料力、推件力有明显的影响,间隙越大,则卸料力和推件力越小。因此,正确选择合理的间隙值对冲裁生产至关重要。当冲裁件断面质量要求较高时,应选取较小的间隙值。对冲裁件断面质量无严格要求时,应尽可能加大间隙,以利于提高冲模寿命。

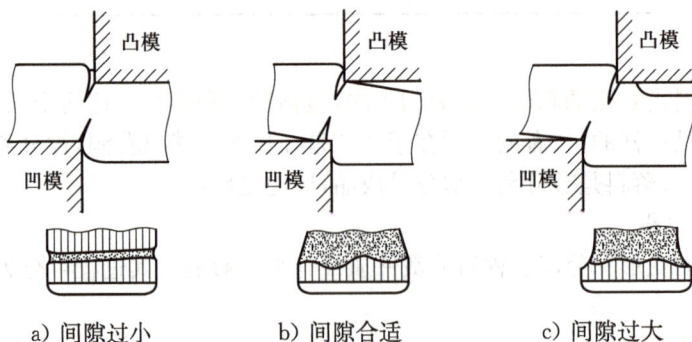

a) 间隙过小　　　　b) 间隙合适　　　　c) 间隙过大

图 1-26　冲裁间隙对断面质量的影响

(2) 弯曲

弯曲是将平直板料弯成一定角度和圆弧的工序,如图 1-27 所示。弯曲时,坯料外侧的金属受拉应力作用,发生伸长变形;坯料内侧金属受压应力作用,产生压缩变形。这两个应力-应变区之间存在一个不产生应力和应变的中性层,其位置在板料的中心部位。当外侧的拉应力超过材料的抗拉强度时,将产生弯裂现象。坯料越厚、内弯曲半径 r 越小,坯料的压缩和拉伸应力越大,越容易弯裂。为防止弯裂,弯曲模的弯曲半径要大于限定的最小弯曲半径 r_{min},通常取 $r_{min}=(0.25\sim1)\delta$。此外,弯曲时,应尽量使弯曲线和坯料纤塑性弯曲和任何的塑性变形一样,在外加载荷的作用下,板料产生的变形,由弹性变形和塑性变形两部分组成。当外载荷去除后,塑性变形保留下来,而弹性变形部分则要恢复,从而使板料产生与弯曲方向相反的变形,这种现象称为回弹,如图 1-28 所示。回弹后,弯曲角减小(由 α 变为 α'),弯曲半径增大(由 r 变为 r')。回弹的程度通常以弹复角 $\Delta\alpha$ 表示:

$$\Delta\alpha=\alpha-\alpha'$$

回弹会影响弯曲件的尺寸精度。弹复角与材料的机械性能、弯曲半径、弯曲角等因素有关。材料的屈服强度越高、弯曲半径越大(即弯曲程度越轻),在整个弯曲过程中,弹性变形所占的比例越大,弹复角则越大。这就是曲率半径大的零件不易弯曲成形的道理。此外,在弯曲半径不变的条件下,弯曲角越大,变形区的长度就越大,因而,弹复角也越大。

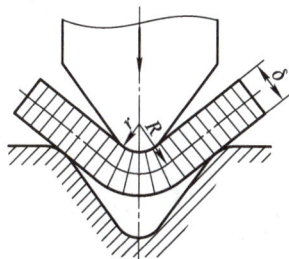

图 1-27 弯曲过程

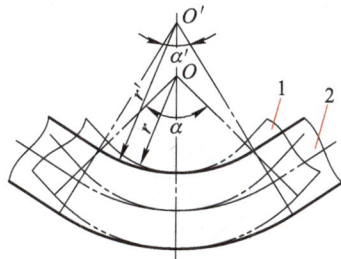

1—回弹前;2—回弹后。

图 1-28 回弹

为了克服弹复现象对弯曲零件尺寸的影响,通常利用回弹规律,增大凸模压下量,或适当改变模具尺寸,使弹复后达到零件要求的尺寸。此外,也可通过改变弯曲时应力状态,把弹复现象限制在最小范围内。

(3)拉深

拉深是利用拉深模使平面板料变为开口空心件的冲压工序,又称拉延。拉深可以制成筒形、阶梯形、球形及其他复杂形状的薄壁零件。拉深过程如图 1-29 所示。原始直径为 D 的板料,经拉深后变成外径为 d 的杯形零件。凸模压入过程中,伴随着坯料变形和厚度的变化。拉深件的底部一般不变形,厚度基本不变。其余环形部分坯料经变形成为空心件的侧壁,厚度有所减小。侧壁与底之间的过渡圆角部位被拉薄最严重。拉深件的法兰部分厚度有所增加。拉深件的成形是金属材料产生塑性流动的结果,坯料直径越大,空心件直径越小,变形程度越大。

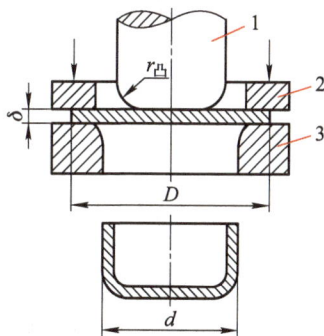

视频

拉深

1—冲头;2—压板;3—凹模。

图 1-29 拉深过程示意图

拉深件最容易产生的缺陷是拉裂和起皱。拉裂产生时最危险的部位是侧壁与底的过渡圆角处。为使拉深过程正常进行,必须把底部和侧壁的拉应力限制在不使材料发生塑性变形的限度内,而环形区内的径向拉应力,则应达到和超过材料的屈服极限。并且,任何部位的应力总和都必须小于材料的强度极限,否则,就会造成如图 1-30a 所示的拉裂缺陷。起皱是拉深时坯料的法兰部分受到切向压应力的作用,整个法兰产生波浪形的连续弯曲现象。环形变形区内的切向压应力大,容易使板料产生如图 1-30b 所示的起皱现象,从而造成废品。为此,必须采取以下措施:

① 拉深模具的工作部分,必须加工成圆角。圆角半径 $r_凹 = 10\delta$, $r_凸 = (0.6 \sim 1)r_凹$。

② 控制凸模和凹模之间的间隙 $Z = (1.1 \sim 1.5)\delta$。间隙过小,容易擦伤工件表面,降低模具寿命。

③ 正确选择拉深系数。板料拉深时的变形程度通常以拉深系数 m 表示($m = d/D$),拉深系数 m 越小,拉深件直径越小,变形程度越大,越容易产生拉裂废品。拉深系数 m 一般不小于 $0.5 \sim 0.8$,塑性好的材料可取下限值。

④ 为了减少由于摩擦引起的拉深件内应力的增加及减少模具的磨损,拉深前要在工件上涂润滑剂。

⑤ 为防止产生起皱,通常都用压边圈将工件压住。压边圈上的压力不宜过大,能压住工件不致起皱即可。

a) 拉裂　　　　　　　　　　b) 起皱

图 1-30　拉深废品

第三节　焊接

● 一、概述

焊接是一种永久性连接金属材料的工艺方法。焊接过程的实质是利用加热或加压力等手段,使用或不使用填充材料,借助金属原子的结合与扩散作用,使分离的金属材料牢固地连接起来。

焊接主要用于制造金属结构件,如压力容器、船舶、桥梁、建筑、管道、车辆、起重机、海洋结构、冶金设备;生产机器零件或毛坯,如重型机械和冶金设备中的机架、底座、箱体、轴、齿轮等。对于一些单件生产的特大型零件或毛坯,可通过焊接以小拼大,简化工艺。还能修补铸、锻件的缺陷和局部损坏的零件。这在生产中具有很大的经济意义。世界上主要工业国家每年生产的焊接结构约占钢产量的 45%。

焊接有连接性能好、省工省料、成本低、重量轻、简化工艺、焊缝密封性好等优点。但同时也存在一些不足之处,如结构不可拆,更换修理不方便;焊接接头组织性能变坏;存在焊接应力,容易产生焊接变形;容易出现焊接缺陷等。有时焊接质量成为突出问题,焊接接头往往是压力容器等重要结构的薄弱环节,实际生产中应特别注意。

焊接方法的主要特点:

① 节省材料,减轻重量。焊接的金属结构件可比铆接件节省材料 10%~25%;采用点焊的飞行器结构重量明显减轻,油耗降低,运载能力提高。

② 焊接方法灵活。可化大为小,以简拼繁,加工快,工时少,生产周期短。许多结构都以铸-焊、锻-焊的形式组合,简化了加工工艺。

③ 适应性强。焊接方法多样化,几乎可焊接所有的金属材料和部分非金属材料。焊接范围较广,连接性能较好,焊接接头可达到与工件金属等强度或相应的特殊性能。

④ 满足特殊连接要求。不同材料焊接在一起,能使零件的不同部分或不同位置具备不同的性能,达到使用要求,如防腐容器的双金属筒体焊接、钻头工作部分与柄的焊接、水轮机叶片耐磨表面堆焊等。

⑤ 降低劳动强度,改善劳动条件。尽管如此,焊接加工在应用中仍存在某些不足。例如,不同焊接方法的焊接性能有较大差别,焊接接头的组织不均匀,焊接热过程所造成的结构应力与变形以及各种裂纹问题等,都有待进一步研究和完善。

1. 焊接分类

焊接方法根据能量载体形式、母材种类、焊接目的、焊接过程、生产形式分为不同类别,见表 1-11。按照焊接过程特点、焊接方法可分为熔焊、压焊、钎焊。

表 1-11 焊接类别

能量载体形式	母材种类	焊接目的	焊接过程的特点	生产形式
气体(火焰) 电流 气体放电 能量束	金属 塑料 复合材料	连接(焊接) 堆焊	熔化焊 压力焊 钎焊	手工焊 半机械化焊 全机械化焊接 自动焊

2. 焊接接头的组成

焊接接头由焊缝、熔合区、影响区组成,如图 1-31 所示。

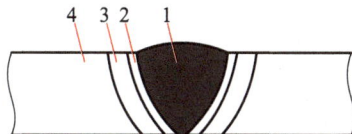

1—焊缝;2—熔合区;3—热影响区;4—母材。
图 1-31 焊接接头组成示意图

(1) 焊缝

焊接时,母材及填充金属被熔化后形成熔池,随着热源的移动,熔池冷却凝固后形成焊缝。焊缝组织是液体金属结晶的铸态组织,晶粒粗大,成分偏析,组织不致密。但是,由于焊接熔池小,冷却快,化学成分控制严格,碳、硫、磷都较低,还通过渗合金调整焊缝化学成分,使其含有一定的合金元素。因此,焊缝金属的强度容易达到性能要求。

(2)熔合区

熔合区是熔化区和非熔化区之间的过渡部分。熔合区化学成分不均匀,组织粗大,是粗大的过热组织或粗大的淬硬组织,性能是焊接接头中最差的。熔合区和热影响区中的过热区(或淬火区)是焊接接头中机械性能最差的薄弱部位,会严重影响焊接接头的质量。

(3)热影响区

焊接时,焊缝附近的金属尽管没有熔化,但吸收的热量使该区域金属的微观组织发生了变化,从而导致性能发生了改变,这一区域称为热影响区。

3. 焊接位置

焊接位置简称焊位。施焊时,焊缝对于施焊者的相对空间位置有平焊、横焊、立焊和仰焊等位置,见表1-12。平焊是指施焊者俯首进行的水平焊接,故又称俯焊。横焊是指施焊者进行大致与手臂同高度的水平焊接。立焊是指施焊者进行由下而上的垂直焊缝焊接。仰焊是指施焊者仰首进行的水平焊缝焊接。平焊最易保证焊接质量,横焊次之,立焊又次之,仰焊最难保证质量,应尽量避免。

表1-12 焊接位置示意图

名　称	对接焊缝图示	角焊缝图示
平　焊		
横　焊	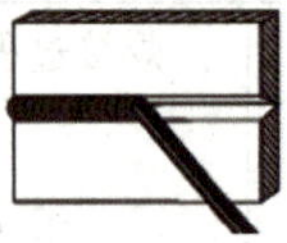	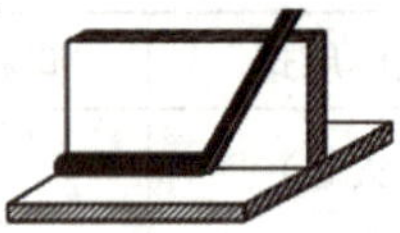
立向上焊	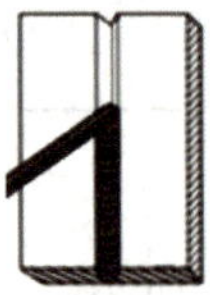	
立向下焊	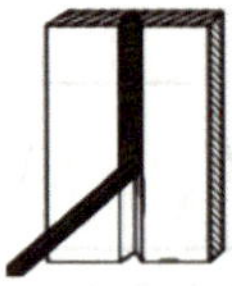	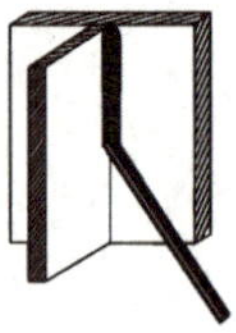
仰　焊		

二、焊接方法

1. 手工电弧焊

手工焊条电弧焊是熔化焊中最基本的一种焊接方法,它是利用手工操纵焊条进行焊接的方法。它所需要的设备简单、操作灵活,可以对不同焊接位置、不同接头形式的焊缝进行焊接,是目前应用最为广泛的焊接方法。

焊条电弧焊可以在室内、室外、高空和各种焊接位置进行,设备简单,容易维护,焊钳小,使用灵便,适于焊接高强度钢、铸钢、铸铁和非铁金属,其焊接接头可与工件(母材)的强度相近。

(1) 手工焊条电弧焊的焊接过程

如图 1-32 所示,电弧在焊条和被焊工件间燃烧,电弧热使工件和焊条同时熔化形成溶池,也使焊条药皮熔化和分解,药皮熔化后与液态金属发生物理化学反应,所形成熔渣不断从熔池中浮起;药皮受热分解产生大量的 CO_2 和 H_2 等保护气体,围绕在电弧周围,熔渣和气体能防止空气中氧和氮的侵入,保护熔化金属。

动画

手工焊条
电弧焊

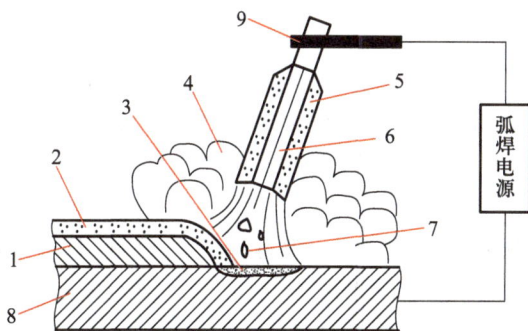

1—已凝固的焊缝金属;2—熔渣;3—熔化金属(熔池);4—焊条药皮燃烧产生的保护气体;
5—焊条药皮;6—焊条焊芯;7—金属熔滴;8—母材;9—焊钳。

图 1-32 手工焊条电弧焊示意图

当电弧向前移动时,工件和焊条不断熔化汇成新的熔池。原来的熔池则不断冷却凝固,构成连续的焊缝。覆盖在焊缝表面的熔渣也逐渐凝固成为固态渣壳。这层熔渣和渣壳对焊缝成形的质量和减缓金属的冷却速度有着重要的作用。焊缝质量由很多因素决定,如母材金属和焊条的质量、焊前的清理程度、焊接时电弧的稳定情况、焊接操作技术、焊后冷却速度以及焊后热处理等。

(2) 焊条电弧焊工艺特点及适用范围

焊条电弧焊特点如下:

1) 焊条电弧焊设备简单,操作灵活方便,适应性强;

2) 可焊金属广泛;

3) 焊接头装配要求低;

4) 劳动条件差,熔敷速度慢,生产率低。

焊条电弧焊适用范围如下:

1) 可焊工件厚度范围：一般在 3～40 mm 之间。

2) 可焊金属范围：能焊的金属有碳钢、低合金钢、不锈钢、耐热钢、铜、铝及其合金；能焊但可能需预热、后热或两者兼用的金属有铸铁、高强度钢、淬火钢等；不能焊的金属有低熔点金属，如 Zn、Pb、Sn 及其合金；难熔金属，如 Ti、Nb、Zr 等。

3) 最合适的产品结构和生产性质：结构复杂的产品、具有各种空间位置、不易实现机械化或自动化焊接的焊缝，单件或小批的焊接产品及安装或修理部位。

（2）焊条

焊条按用途不同可分为结构钢焊条、钼和铬钼耐热钢焊条、低温钢焊条、不锈钢焊条、堆焊焊条、铸铁焊条、镍及镍合金焊条、铜及铜合金焊条、铝及铝合金焊条、特殊用途焊条等。焊条由焊芯和药皮两部分组成，焊芯是金属丝，药皮是压涂在焊芯表面的涂料层。

1）焊芯

焊芯的作用，一是作为电极传导电流，二是熔化后作为填充金属与母材形成焊缝。焊芯的化学成分和杂质含量直接影响焊缝质量。

2）药皮

药皮作用如下：

① 提高电弧的稳定性

电弧稳定燃烧，必须使电弧空间气体呈电离状态。气体容易电离的方法之一，是在药皮中加入易电离的物质，如碳酸钾（K_2CO_3）、大理石（$CaCO_3$）、钾（钠）水玻璃（$Na_2O \cdot SiO_2 \cdot H_2O$）等电弧稳定剂，电弧能持续而稳定地燃烧。

② 造渣和造气

药皮中加入造气剂（如木屑、纤维素、大理石等）和造渣剂（如大理石、萤石、钛铁矿等），在焊接过程中能起到很好保护熔池的作用；造气剂产生大量的还原性气体（如 CO、H_2 等），在电弧和熔池周围形成一层很好的保护气层，保护焊接区，阻隔空气中氧气、氮气的侵入；造渣剂形成的熔渣，覆盖在焊缝的表面，保护焊缝金属不受空气的影响，防止焊缝快速冷却，决定焊缝的成形，改善结晶条件，促进焊缝气体排出。

③ 脱氧

由于焊缝本身含有一定量的氧，而且焊接中还有少量氧的侵入，容易使金属氧化，合金元素烧损。为此在焊条药皮中加入易于脱氧的物质，如硅、锰等，保证焊缝金属顺利脱氧，以提高焊缝金属的质量。

④ 渗入合金元素

由于焊接高温作用，焊缝金属中某些元素会被烧损（氧化或氮化），降低焊缝的力学性能。因此在药皮中加入铁合金或铬、锰、钼等合金元素，使之随药皮熔化而过渡到焊缝中去，以补偿合金元素的烧损，提高焊缝金属的力学性能。渗入合金元素，可使焊缝金属的合金元素赶上甚至超过基本金属。

2. 埋弧焊

埋弧自动焊简称埋弧焊，其焊接过程如图 1-33 所示。焊接电源两极分别接在导电嘴和工件上。颗粒状焊剂由漏斗流出后，均匀地堆敷在装配好的焊件上。由送丝电机驱动的送丝滚轮，靠摩擦力把焊丝盘上的焊丝经导电嘴往下送进。连续送进的焊丝在颗粒状焊剂覆盖下引燃电弧,电弧热使焊丝、焊剂、母材熔化以致部分蒸发,在电弧区形成蒸气空腔,电弧在空腔内稳定燃烧,底部是金属熔池,顶部是熔渣,随着电弧向前移动,电弧力将液态金属推向后方并逐渐冷却凝固成焊缝,熔渣凝固成渣壳覆盖在焊缝表面。

为了实现电弧的自动移动,送丝机构、焊丝盘、焊剂漏斗和控制盘等全都装在一台小车上。焊接时,只要按下启动按钮,整个焊接过程(包括引弧、稳弧、送进焊丝、移动电弧及焊接结束时填满弧坑等)都将自动进行。

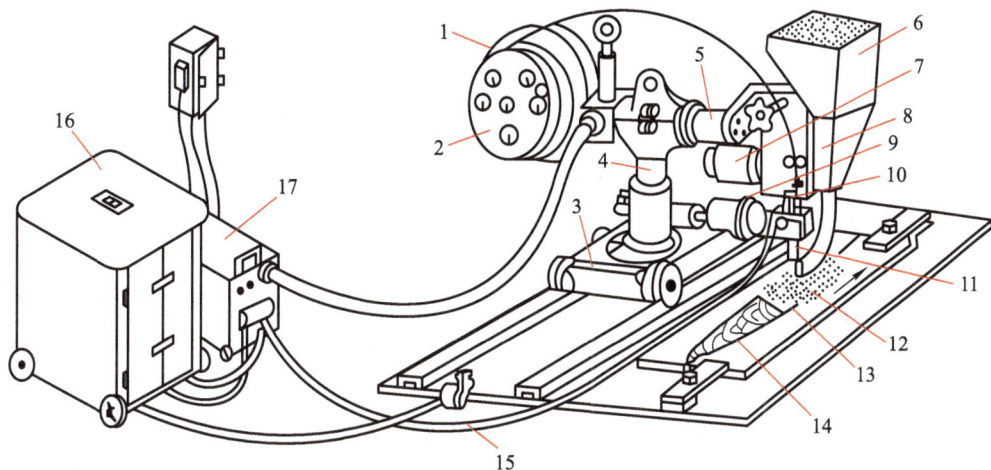

1—焊丝盘;2—操纵盘;3—车架;4—立柱;5—横梁;6—焊剂漏斗;7—送丝电机;8—送丝轮;9—小车电机;10—机头;11—导电嘴;12—焊剂;13—渣壳;14—焊缝;15—焊接电缆;16—焊接电源;17—控制箱。

图 1-33　埋弧焊示意图

(1)埋弧焊特点

1)焊接速度高,生产率高;

2)焊接质量好,焊缝金属的性能容易通过焊剂和焊丝的选配调整,焊缝表面光洁,焊后无须修磨焊缝表面;

3)容易实现机械化、自动化;

4)每层焊道焊接后必须清除焊渣;

5)设备一次性投资大,需采用辅助装置。

(2)焊丝焊剂

埋弧焊时,焊丝的作用相当于焊芯,焊剂的作用相当于焊条药皮。在焊接过程中,焊剂能隔离空气,使焊缝金属免受空气侵害,同时对熔池金属起到类似焊条药皮的冶金作用。因此,焊丝和焊剂是决定焊缝金属成分和性能的主要因素,应合理选用。

3. 钨极氩弧焊

采用熔点较高的钍钨棒或铈钨棒作为电极,焊接过程中电极本身不熔化,故属非熔化极电弧焊。氩弧焊焊接如图 1-34 所示。钨极惰性气体保护焊只能使用惰性气体作为保护气体,因为灼热的钨极是不允许产生化学反应的,所使用的惰性气体为氩气(Ar)、氦气(He)、氩气和氦气以及氢气(H_2)的混合气体。

动画

钨极氩弧焊

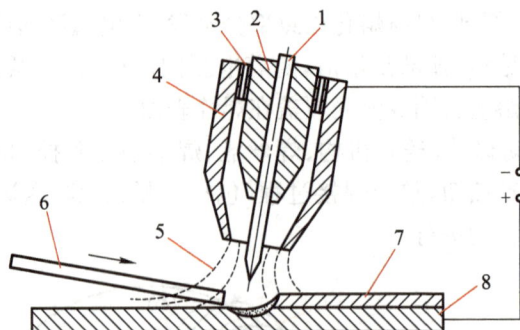

1—钨极；2—导电嘴；3—绝缘套；4—喷嘴；5—氩气；6—焊丝；7—焊缝；8—工件。

图 1-34　钨极氩弧焊示意图

钨极氩弧焊的电流种类与极性的选择原则是：焊接铝、镁及其合金时，采用交流电；焊其他金属（低合金钢、不锈钢、耐热钢、钛及钛合金、铜及铜合金等）时，采用直流正接。由于钨极的载流能力有限，其电功率受到限制，钨极氩弧焊一般只适于焊接厚度小于 6 mm 的工件。

钨极惰性气体保护焊可应用于重要领域，如空间技术、精密机械、化工设备及压力容器等。

4. CO_2 气体保护焊

CO_2 气体保护焊是利用廉价的 CO_2 作为保护气体的电弧焊，CO_2 保护焊还可使用 Ar 和 CO_2 气体混合保护。CO_2 保护焊的焊接装置如图 1-35 所示。它是利用焊丝作电极，焊丝由送丝机构通过软管经导电嘴送出。电弧在焊丝与工件之间产生。CO_2 气体从喷嘴中以一定的流量喷出，包围电弧和熔池，从而防止空气对液体金属的伤害。CO_2 保护焊可分为自动焊和半自动焊。目前应用较多的是半自动焊。

动画

CO_2 气体
保护焊

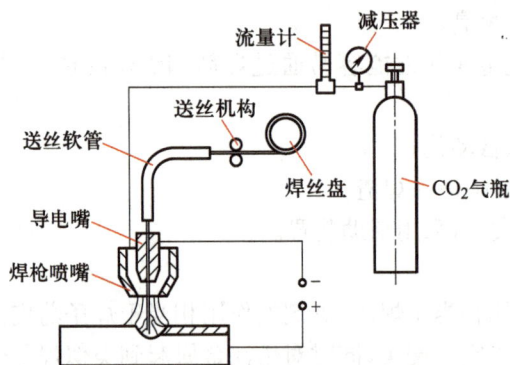

图 1-35　CO_2 气体保护焊的焊接装置

CO_2 气体保护焊的优点：

成本低。焊接成本仅是埋弧焊和焊条电弧焊的 40% 左右。

生产率高。机械化或自动化操作，电流密度较大，电弧热量集中，焊接速度较快，焊后没有渣壳，节省了清渣时间，效率可比焊条电弧焊生产率提高 1～3 倍。

操作性能好。焊接中可清楚地看到焊接过程，容易发现问题并及时调整处理，适用于各种位置的焊接。

质量较好,电弧在气流下燃烧,热量集中,焊接热影响区小,变形和产生裂纹的倾向性小。

CO_2 保护焊的缺点:

CO_2 气体是氧化性气体,高温时可分解成 CO 和氧原子,易造成合金元素烧损,焊缝吸氧,导致电弧稳定性差、飞溅较多、弧光强烈、焊缝表面成形不够美观等。若控制或操作不当,还容易产生气孔。为保护焊缝的合金元素,须采用含锰、硅较高的焊接钢丝或含有相应合金元素的合金钢焊丝。

CO_2 保护焊目前广泛用于轮船、汽车、农业机械等工业制造,主要用于焊接 30 mm 以下厚度的低碳钢和部分低合金结构钢焊件,尤其适用于薄板焊接。

5. 电阻焊

电阻焊是以焊件及其接触面产生的电阻热作热源,将焊件局部加热到塑性或熔融状态,然后在压力下形成焊接接头的一种焊接方法。

根据焦耳-楞次定律,电阻焊在焊接过程中产生的热量为 $Q = 0.24I^2Rt$,由于电阻 R(包括工件本身电阻和工件间接触电阻)有限,为使工件在极短的时间(从十毫秒至几秒)内迅速加热到焊接温度,减少散热损失,须采用大的焊接电流,因此电阻焊设备的特点是低电压、大功率。

与其他焊接方法相比,电阻焊具有生产率高、焊件变形小、劳动条件好、不需填充材料和易于实现自动化等特点。但设备复杂,耗电量大,适用的接头形式和可焊工件厚度受到限制,且焊前清理要求高。

电阻焊分为点焊、缝焊、对焊三种形式,示意图如图 1-36 所示。

动画

电阻点焊

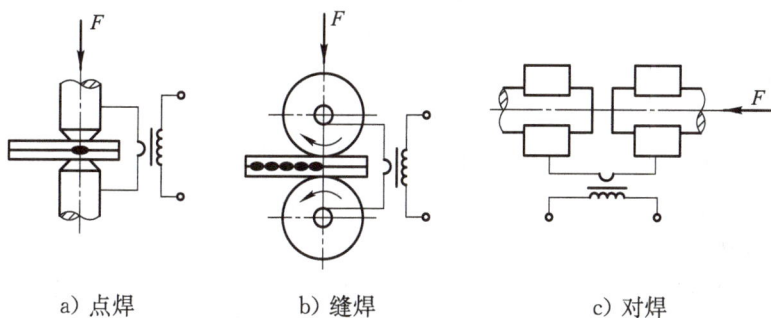

a) 点焊　　　　b) 缝焊　　　　c) 对焊

图 1-36　电阻焊示意图

(1) 点焊

点焊是利用柱状电极在两块搭接工件接触面之间形成焊点,将工件焊在一起的焊接方法,如图 1-36a 所示。点焊的焊接过程分预压、通电加热和断电冷却几个阶段。

1) 预压

将表面已清理好的工件叠合起来,置于两电极之间预压夹紧,使工件与焊处紧密接触。

2) 通电加热

由于电极内部通水,电极与被焊工件之间产生的电阻热被冷却水带走,热量主要集中在两工件接触处,将该处金属迅速加热到熔融状态而形成熔核,熔核周围的金属被加热到塑性状态,在压力作用下发生较大塑性变形。

3）断电冷却

塑性变形量达到一定程度后，切断电源，并保持一段时间的压力，使熔核在压力作用下冷却结晶，形成焊点。

焊接完后，移动工件焊接第二点，这时候有一部分电流流经已焊接好的焊点，这种现象称为分流。分流会使第二焊点处电流减小，影响焊接质量，因而两点间应有一定距离。被焊材料的导电性越好，焊件厚度越大，分流现象越严重，两点间的距离就应该越大。

点焊主要用于薄板结构，板厚一般在 4 mm 以下，特殊情况下可达 10 mm。这种焊接方法广泛用于汽车车厢、飞机外壳等轻型结构。

（2）缝焊

缝焊过程与点焊基本相似。缝焊焊缝是由许多焊点相互依次重叠而形成的连续焊缝。由于缝焊机的电极是两个可以旋转的盘状电极，所以缝焊又称滚焊。如图 1-36b 所示，当两工件的搭接处被两个圆盘电极以一定的压力夹紧并反向转动时，自动开关按一定的时间间隔断续送电，两工件接触面间就形成许多连续而彼此重叠的焊点，这样就获得了缝焊焊缝，焊点相互重叠率在 50% 以上。缝焊在焊接过程中分流现象严重。因此缝焊只适于焊接 3 mm 以下的薄板焊件。

缝焊焊缝表面光滑美观，气密性好。缝焊广泛应用于家用电器（如电冰箱壳体）、交通运输（如汽车、拖拉机油箱）及航空航天（如火箭燃料贮箱）等工业部门中要求密封的焊件的焊接。

（3）对焊

对焊是利用电阻热将两工件端部对接起来的一种压力焊接方法，如图 1-36c 所示。根据焊接过程不同，对焊又可分为电阻对焊和闪光对焊。

1）电阻对焊

把工件装在对焊机的两个电极夹具上，对正、夹紧，并施加预压力，使两工件的端面挤紧，然后通电。两工件接触处实际接触面积较小，电阻较大，当电流通过时，会在此产生大量的电阻热，接触面附近金属迅速加热到塑性状态，然后增大压力，切断电源，使接触处产生一定的塑性变形而形成接头。

电阻对焊具有接头光滑、毛刺小、焊接过程简单等优点，但接头的机械性能较低。焊前必须对焊件端面进行除锈、修整，否则焊接质量难以保证。电阻对焊主要用于截面尺寸小且截面形状简单（如圆形、方形等）的金属型材的焊接。

2）闪光对焊

闪光对焊时，将工件装在电极夹头上夹紧，接通电源，然后逐渐靠拢。由于工件接头端面比较粗糙，开始只有少数几个点接触，当强大的电流通过接触面积很小的几点时，会产生大量的电阻热，接触点处的金属迅速熔化甚至气化，熔化的金属在电磁力和气体爆炸力作用下连同表面的氧化物一起向四周喷射，产生火花四溅的闪光现象，继续推进焊件，闪光现象在新的接触点产生，待两工件的整个接触端面有一薄层金属熔化时，迅速加压并断电，两工件便在压力作用下冷却凝固而焊接在一起。

闪光对焊对工件端面的平整度要求不高，接头质量也较电阻对焊好，但操作比较复杂，对环境也会造成一定污染。

6. 钎焊

钎焊是通过加热,使被焊工件接头处温度升高,但不熔化,同时使熔点较低的钎料熔化并渗入到被焊工件的间隙之中,冷却凝固后将两工件连接起来。

(1)钎焊过程

将表面清洗好的工件以搭接形式装配在一起,把钎料放在接头间隙附近或接头间隙之间。把工件与钎料加热到稍高于钎料熔点温度后,钎料熔化(工件未熔化),借助毛细管作用被吸入和充满固态工件间隙之间,液态钎料与工件金属相互扩散溶解,冷凝后即形成钎焊接头。

(2)钎焊的特点及应用

与其他焊接方法相比,钎焊的加热温度较低,焊件的应力和变形较小,对材料的组织和性能影响很小,设备简单,成本低,但焊接接头的强度低,耐热性较差。因此,钎焊在仪器仪表、航空等机械制造业中得到广泛应用。

(3)钎焊的分类

根据使用钎料熔点的不同,钎焊可分为硬钎焊和软钎焊两类。软钎焊指钎料熔点低于450 ℃的钎焊,硬钎焊指钎料熔点高于450 ℃的钎焊。

7. 摩擦焊

摩擦焊是利用工件端面相互摩擦产生的热量使之达到塑性状态,然后在压力作用下完成焊接的方法。摩擦焊可分为连续驱动摩擦焊、惯性摩擦焊、线性摩擦焊、径向摩擦焊、搅拌摩擦焊等。

8. 真空电子束焊接

真空电子束焊接(EBW)是将电子加速到很高速度形成密集的电子流,撞击在工件接缝处,动能转化为热能,工件迅速熔化而达到焊接的目的,如图 1-37 所示。

真空电子束焊接的能量密度高,焊接变形小,焊接接头质量好,在航空航天、原子能、国防及军工等领域,以及汽车工业、机械工业、电气电工仪表等行业有广泛应用。

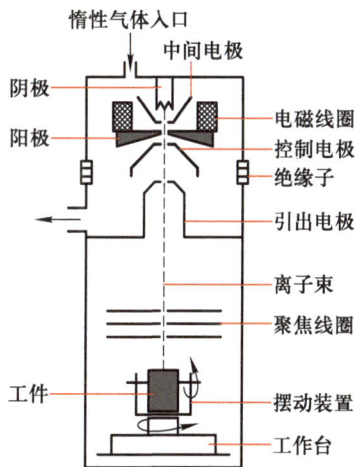

动画

摩擦焊

图 1-37 真空电子束焊接示意图

三、焊接结构工艺设计

1. 焊缝布置

合理的焊缝位置是焊接结构设计的关键,与产品质量、生产率、成本及劳动条件密切相关。工艺设计原则如下:

(1)焊缝布置应尽量分散。焊缝密集或交叉,会造成金属过热,加大热影响区,使接头组织恶化。

(2)焊缝的位置应尽量对称。焊缝位置偏离截面中心,并在同一侧,焊缝收缩,会造成大的弯曲变形。焊缝位置对称,焊后不会出现明显的变形。

(3)焊缝应尽量避开最大应力断面和应力集中位置。对于受力较大、结构复杂的焊接构件,在最大应力断面和应力集中位置不应该布置焊缝。

（4）焊缝应尽量避开机械加工表面。有些焊接结构是一些零件，需要进行机械加工，焊缝位置的设计要距离加工表面远一些。

（5）焊缝位置便于焊接操作，布置焊缝时，要考虑到足够的操作空间。埋弧焊结构要考虑接头处在施焊中存放焊剂和熔池保持问题。点焊与缝焊应考虑电极伸入方便。

（6）焊缝应尽量处于平焊位置。

总之，焊缝的布置要根据实际情况综合而定，以简化装配过程，节省场地面积，减少焊接变形，提高生产率。

2. 焊接方法的选择

各种焊接方法都有其特点及适用范围，选择焊接方法要根据焊件的结构形状及材质、焊接质量要求、生产批量和现场设备等而定。在综合分析焊件质量、经济性和工艺可能性之后，确定最适宜的焊接方法。常用焊接方法的特点及适用范围见表 1-13。

表 1-13　常用焊接方法的特点及适用范围

焊接方法	焊接热源	可焊位置	适用板厚/mm	焊缝成形性	生产率	设备费用	可焊材料	适用范围及特点
气焊	氧－乙炔或其他可燃气体	全位置	1～3	较差	低	低	碳钢、低合金钢、铸铁、铝及铝合金、铜及铜合金	薄板、薄管焊件，灰铸铁补焊，铝、铜及其合金薄板结构件的焊接、补焊。焊件变形大，焊接质量差
焊条电弧焊	电弧	全位置	>1 常用 2～10	较好	中等	较低	非合金钢、低合金钢、不锈钢、铸铁等	成本低，适应性强，可焊各种空间位置的短、曲焊缝
埋弧焊	电弧	平焊	>3 常用 4～60	好	高	较高	非合金钢、低合金钢等	中厚板长直焊缝和直径＞250 mm 环焊缝
氩弧焊	电弧	全位置	0.5～25	好	中等	较高	铝、铜、钛、镁及其合金、不锈钢、耐热钢	焊接质量好，成本高
CO_2 气体保护焊	电弧	全位置	0.8～50 常用于薄板	较好	高	较高	非合金钢、低合金钢	生产率高，无渣壳，成本低，宜焊薄板，也可焊中厚板，长直或短曲焊缝
点焊	电阻热	全位置	常用 0.5～6	好	很高	—	非合金钢、低合金钢、铝及铝合金	焊接薄板，搭接接头
缝焊		平焊	<3			较高		焊接有密封要求的薄板容器和管道，搭接接头
对焊		—			高	—		焊接杆状零件，对接接头

续　表

焊接方法	焊接热源	可焊位置	适用板厚/mm	焊缝成形性	生产率	设备费用	可焊材料	适用范围及特点
钎焊	各种热源（常用烙铁和氧-乙炔焰）	平焊立焊	—	好	高	较低	一般为金属材料	适用电子元件、仪器、仪表及精密机械零件的焊接，以及异种金属间焊接。但接头强度较低，接头形式多为搭接接头
摩擦焊	摩擦热	—	—	好	高	高	除一般的金属材料外，可焊接异种金属，如铜-不锈钢、铝-铜、铝-钢等	具有优质、高效、节能的特点，应用于航空、航天、核能、汽车、电力等新技术和传统产业
真空电子束焊	高能束流	全位置	0.05—200	好	高	高	除一般的金属材料外，可焊接高熔点金属材料	具有焊缝不易氧化、焊接变形小、熔深大的优点，应用于航空航天、原子能、国防及军工、汽车和仪器仪表等行业

选择焊接方法时应依据下列原则：

（1）焊接接头使用性能及质量要符合结构技术要求

选择焊接方法时既要考虑焊件能否达到力学性能要求，又要考虑接头质量能否符合技术要求。如点焊、缝焊都适于薄板轻型结构焊接，这才能焊出有密封要求的焊缝。又如氩弧焊和气焊虽能焊接铝材容器，但接头质量要求高，应采用氩弧焊。又如焊接低碳钢薄板，若要求焊接变形小，应选用 CO_2 焊或点（缝）焊，而不宜选用气焊。

（2）提高生产率，降低成本

板材为中等厚度时，选择焊条电弧焊、埋弧焊和气体保护焊均可，平焊长直焊缝或大直径环焊缝，批量生产，应选用埋弧焊。位于不同空间位置的短曲焊缝，单件或小批生产，采用焊条电弧焊。氩弧焊几乎可以焊接各种金属及合金，但成本较高，主要用于铝、镁、钛合金及不锈钢的焊接。焊接铝合金工件，板厚＞10 mm 采用熔化极氩弧焊，板厚＜6 mm 采用钨极氩弧焊。板厚＞40 mm 钢材直立焊缝，采用电渣焊。

（3）焊接现场设备条件及工艺可能性

选择焊接方法，要考虑现场是否具有相应的焊接设备，野外施工有没有电源；拟定的焊接工艺能否实现。例如，无法采用双面焊工艺又要求焊透的工件，采用单面焊工艺，若先用钨极氩弧焊打底焊接，就能保证焊接质量。

3. 接头设计

焊接接头设计，包括焊接接头形式设计和坡口形式设计。设计接头形式主要考虑焊件的结构形状、板厚和接头使用性能要求；设计坡口形式主要考虑焊缝能否焊透、坡口加工难易程度、生产率、焊条消耗量、焊后变形大小等因素。

(1) 焊接接头形式设计

焊接接头按其结合形式分为对接接头、盖板接头、搭接接头、T形接头、十字接头、角接接头和卷边接头等,如图1-38所示。其中常见的焊接接头形式有对接接头、搭接接头、角接接头和T形接头。

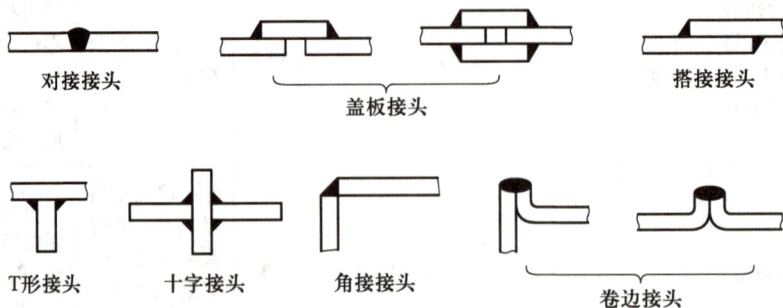

| 对接接头 | 盖板接头 | 搭接接头 |

| T形接头 | 十字接头 | 角接接头 | 卷边接头 |

图1-38 接头形式

对接接头应力分布均匀,节省材料,易于保证质量,是焊接结构中应用较多的一种,但对下料尺寸和焊前定位装配尺寸要求精度高。锅炉、压力容器等焊件常采用对接接头。搭接接头不在同一平面,接头处部分相叠,应力分布不均匀,会产生附加弯曲力,降低疲劳强度,多耗费材料,但对下料尺寸和焊前定位装配尺寸要求精度不高,且接头结合面大,增加了承载能力。薄板、细杆焊件(如厂房金属屋架、桥梁、起重机吊臂等桁架结构)常用搭接接头。点焊、缝焊工件的接头为搭接,钎焊也多采用搭接接头,以增加结合面。角接接头和T形接头根部易出现未焊透,引起应力集中,因此接头处常开坡口,以保证焊接质量。角接接头多用于箱式结构。对于1~2 mm厚的薄板,气焊或钨极氩弧焊时,为避免接头烧穿又节省填充焊丝,可采用卷边接头。

(2) 焊接接头坡口形式设计

开坡口的目的是为使接头根部焊透,同时也使焊缝成形美观,此外,通过控制坡口大小,能调节焊缝中母材金属与填充金属的比例,使焊缝金属达到所需的化学成分。加工坡口的常用方法有气割、切削加工(车或刨)和碳弧气刨等。对接接头、角接接头和T形接头中有各种形式的坡口,常见坡口形式见表1-14。

表1-14 常见坡口形式

接头形式	坡口名称	坡口形式
对接接头	I形	
	Y形	
	U形	
	双面Y形	

接头形式	坡口名称	坡口形式
对接接头	双面U形	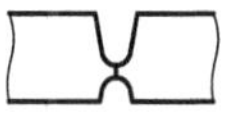
	UY形	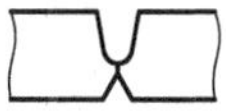
角接接头	I形	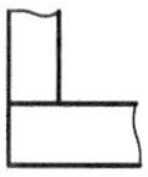
	单边V形	
	Y形	
	双面单边V形	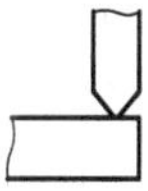
T形接头	I形	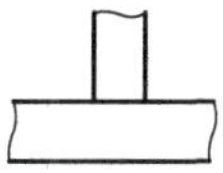
	单面V形	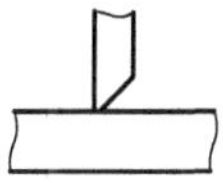
	单面J形	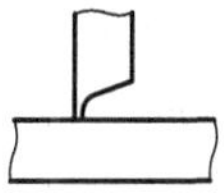
	双面单边V形	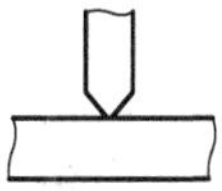
	双面J形	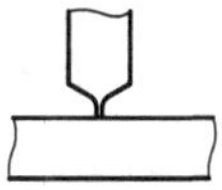

　　采用焊条电弧焊焊接厚度＜6 mm 的板材时，一般采用 I 形坡口；但重要结构件板厚＞3 mm 就需开坡口，以保证焊接质量。板厚在 6～26 mm 之间可采用 Y 形坡口，这种坡口加

工简单,但焊后角变形大。板厚在 12～60 mm 之间可采用双 Y 形坡口;同等板厚情况下,双 Y 形坡口比 Y 形坡口需要的填充金属量约少一半,且焊后角变形小,但需双面焊。带钝边 U 形坡口比 Y 形坡口省焊条,省工时,但坡口加工麻烦,需切削加工。

埋弧焊焊接厚度<12 mm 的板材,采用 I 形坡口,焊剂与焊件贴合,接缝处可留一定间隙。焊接较厚的板材,需要开坡口。

坡口形式的选择既取决于板材厚度,也要考虑加工方法和焊接工艺性,如要求焊透的受力焊缝,能双面焊尽量采用双面焊,以保证接头焊透,变形小,但生产率下降。若不能双面焊,可开单面坡口焊接。对于不同厚度的板材,为保证焊接接头两侧加热均匀,接头两侧板厚截面应尽量相同或相近。不同焊接方法推荐的坡口形式及尺寸可参考标准 GB/T 985.1—2008。

复习思考题

互动练习

第一章
复习思考题

1. 名词解释

(1) 透气性;(2) 耐火性;(3) 退让性;(4) 自由锻造;(5) 冲裁;(6) 落料;(7) 拉深;(8) 弯曲;(9) 焊接性;(10) 焊接电弧

2. 砂型铸造制作有哪几道工序?

3. 什么是离心铸造? 离心铸造有哪些优点? 最适于生产哪类铸件?

4. 什么是铸件的结构工艺性? 应从哪几个方面保证铸件有较好的结构工艺性?

5. 金属型铸造有何特点? 它为何不能广泛代替砂型铸造?

6. 压力铸造有何特点? 它与熔模铸造的适用范围有何明显不同?

7. 大批量生产铝活塞、汽轮机叶片、车床床身、气缸套、摩托车气缸体、齿轮铣刀、大口径污水管铸件,选用什么铸造方法为宜?

8. 影响冲压件结构工艺性的因素主要有哪些?

9. 常用的锻压方法有哪些?

10. 纤维组织是怎样形成的? 生产中应如何合理考虑纤维组织的分布?

11. 什么叫金属的锻造性能? 它受哪些因素影响?

12. 自由锻有哪些主要工序? 为什么重要的大型锻件必须采用自由锻的方法制造?

13. 锤上模锻选择分模面的原则是什么?

14. 何谓板料冲压? 板料冲压有何特点?

15. 何谓弯曲工艺? 因为弯曲时存在回弹现象,设计弯曲模具的角度时应注意什么问题?

16. 何谓拉深工艺? 为保证拉深件的质量,应注意哪些问题?

17. 常见的焊缝缺陷有哪些?

18. 手工电弧焊有何特点?

19. 埋弧焊的特点和应用场合有哪些?

20. 用直径 6 mm 的低碳钢制作圆环链,小批生产和大批量生产时各采用什么焊接方法?

21. 说明防止或减小焊接应力和变形的措施?

22. 熔化焊、压力焊和钎焊是怎样分类的?

23. 随着钢中碳含量的增加,焊接性有何变化? 从焊接工艺方面采取哪些措施才能获得优质的接头?

第二章 金属切削加工基本知识

综述与要求

　　金属切削加工是指在机床上,利用刀具,通过刀具与工件按一定的规律作相对运动,从工件上切除多余的金属层,形成切屑和已加工表面,使加工表面的形状、尺寸、相互位置精度和表面质量达到设计要求的一种加工方法。通过学习,掌握各种机床的结构特点和成形运动,熟悉各类刀具性能和使用特点,了解切削过程中的物理现象及其变化规律,合理选择机床、刀具、夹具等以及切削用量,达到减少能量损耗,提高生产率、促进生产技术发展、尊重规律,锻炼辩证思维的目的。

第一节 切削运动与切削要素

一、切削运动

　　金属切削过程中,刀具和工件之间有相对运动,这种相对运动称为切削运动。切削运动可以分为两种运动形式:主运动和进给运动。切削运动如图 2-1 所示。

1. 主运动

　　主运动是由机床提供的刀具和工件之间的主要相对运动。主运动使刀具切削刃及组成表面切入工件材料,被切削层转变为切屑。

　　在切削加工方法中,主运动速度最高、消耗功率最大。主运动可以是刀具的运动(如钻削时钻头的旋转),也可以是工件的运动(如车削时工件的旋转);可以是旋转运动(如磨削时砂轮的旋转),也可以是直线运动(如刨削时刨刀的直线运动)。

2. 进给运动

　　进给运动是由机床或人力提供的刀具和工件之间的附加相对运动,它和主运动一起,保证切削依次或连续不断地进行,从而得到具有几何特征的已加工表面。同样地,进给运动可以是刀具的运动(如车削时车刀的运动),也可以是工件的运动(如铣削、磨削时工件的运动);可以是连续运动(如车削),也可以是断续运动(如刨削、铣削)。

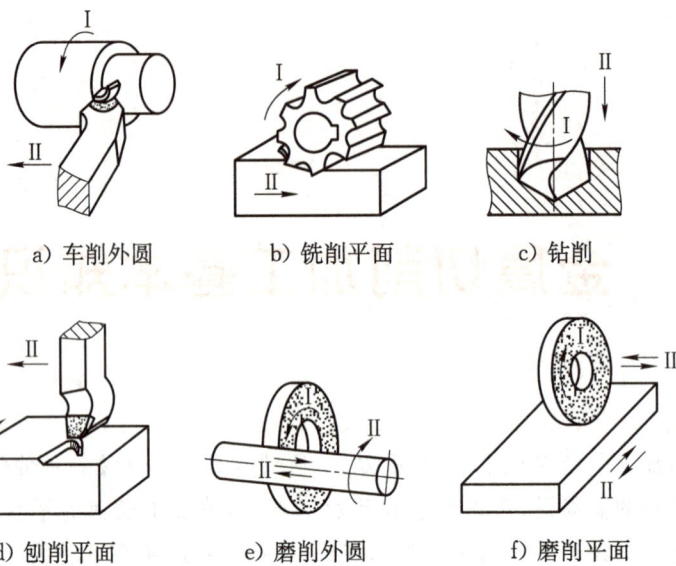

a) 车削外圆　　　　b) 铣削平面　　　　c) 钻削

动画

切削运动

d) 刨削平面　　　　e) 磨削外圆　　　　f) 磨削平面

Ⅰ—主运动；Ⅱ—进给运动

图 2-1　切削运动

一般情况下,主运动只有一个,进给运动可以是一个或多个,也可以为 0 个。如磨削外圆时,砂轮的旋转是主运动,而进给运动可以分为切向进给、轴向进给和径向进给三种。进给运动的速度较低,消耗的功率也较少。

● 二、切削时产生的表面

在切削过程中,工件上有三个不断变化的表面,如图 2-2 所示。

待加工表面:工件待被切除的表面。

过渡表面:切削刃正在切削的表面。该表面的位置始终在待加工表面和已加工表面之间不断变化。

已加工表面:经刀具切削后形成的表面。

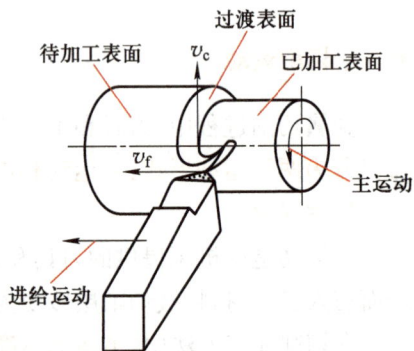

图 2-2　工件上的表面

● 三、切削要素

切削要素可以分为切削用量要素和切削层横截面要素。

1. 切削用量要素

切削用量是切削速度、进给量和背吃刀量的总称,也称为切削用量三要素,如图 2-3 所示。它是调整机床,计算切削力、切削功率、时间定额及核算工序成本等所必需的参数。

(1) 切削速度 v_c 是切削刃上选定点相对于工件的主运动的瞬时速度,即主运动的线速度,单位为 m/min 或 m/s。以车削为例,切削速度为

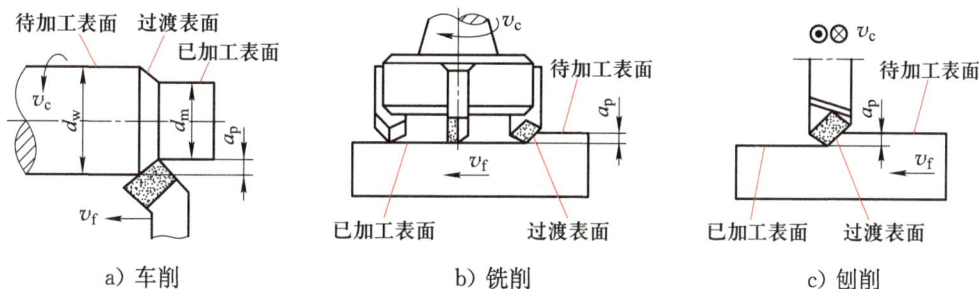

a) 车削　　　　　　　　b) 铣削　　　　　　　　c) 刨削

图 2-3　切削用量三要素

$$v_c = \frac{\pi d_w n}{1\,000 \times 60} \tag{2-1}$$

式中　v_c——切削速度，m/min 或 m/s；

　　　n——工件转速，r/min 或 r/s；

　　　d_w——工件待加工表面直径，mm。

计算时，应以最大的切削速度为准。车削，以待加工表面直径的数值进行计算，此处速度最高，刀具磨损最快。

(2) 进给量 f　是刀具在进给运动方向上相对于工件的位移量，用刀具或工件每转或每行程的位移量来表述和度量，单位为 mm/r 或 mm/行程。以车削为例，进给量是指主轴带动工件每转一周，车刀在进给运动方向相对于工件的位移(mm/r)。

每齿进给量 f_z 是指铣刀、铰刀等多齿刀具在每转或每行程中每个刀齿相对于工件在进给运动方向上的位移量，单位为 mm/z。

进给速度 v_f 是指切削刃上选定点相对于工件的进给运动瞬时速度，单位为 mm/s 或 mm/min。显然有

$$v_f = nf = nf_z \tag{2-2}$$

(3) 背吃刀量 a_p　指已加工表面和待加工表面间的垂直距离，单位为 mm。车削外圆时

$$a_p = \frac{d_w - d_m}{2} \tag{2-3}$$

式中　d_w——工件待加工表面直径，mm；

　　　d_m——工件已加工表面直径，mm。

2. 切削层横截面要素

切削刃在一次进给中从工件待加工表面上切除的金属层，称为切削层。切削层参数是在与主运动方向相垂直的平面内度量的切削层截面尺寸。如图 2-4 所示，在纵车外圆时，切削刃由位置 Ⅰ 移到位置 Ⅱ，若副切削刃与进给运动方向平行，主切削刃与进给运动方向夹角为 κ_r，Ⅰ、Ⅱ 两位置之间的这层截面为平行四边形的金属层就是切削层。切削层的截面形状和尺寸直接决定切削负荷。

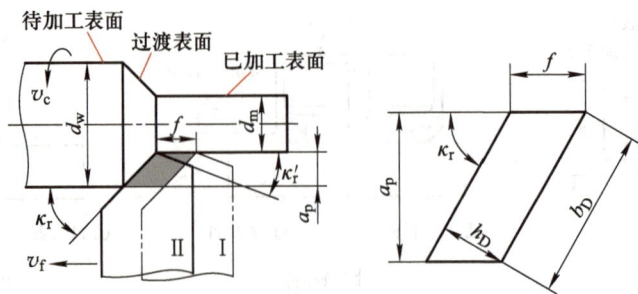

图 2-4 切削层参数

切削层的参数有以下几个：

（1）切削层公称厚度 h_D　它是通过切削刃上选定点，在该点主运动方向垂直的平面内，垂直于过渡表面度量的切削层尺寸，如图 2-4 所示，单位为 mm。

$$h_D = f \sin \kappa_r \tag{2-4}$$

（2）切削层公称宽度 b_D　它是通过切削刃上选定点，在该点主运动方向垂直的平面内，平行于过渡表面度量的切削层尺寸，如图 2-4 所示，单位为 mm。

$$b_D = a_p / \sin \kappa_r \tag{2-5}$$

（3）切削层公称横截面积 A_D　它是通过切削刃上选定点，在该点主运动方向垂直的平面内度量的切削层横截面积，如图 2-4 所示，单位为 mm^2。

$$A_D = h_D b_D = a_p f \tag{2-6}$$

分析上述公式可知，切削层公称厚度 h_D 与切削层公称宽度 b_D 随主偏角 κ_r 的改变而变化，当 $\kappa_r = 90°$ 时，$h_D = h_{Dmax} = f$、$b_D = b_{Dmin} = a_p$。切削层公称横截面积只由切削用量 f、a_p 决定，不受主偏角 κ_r 变化的影响。但是切削层公称横截面形状则与主偏角、刀尖圆弧半径有关。两块面积相等的切削层公称横截面，由于主偏角、刀尖圆弧半径不同，引起切削层公称厚度 h_D 与切削层公称宽度 b_D 很大变化，从而对切削过程产生较大影响。

第二节　金属切削刀具

金属切削刀具直接参与切削过程，它影响着加工质量和劳动生产率，在切削加工中占有重要地位。根据工件和机床的不同，刀具选用的类型、结构、材料和几何参数也不相同。

一、刀具类型

刀具种类很多，根据用途和加工方法不同，可分类如下：

按加工方式分为车刀、铣刀、钻头、铰刀、镗刀、拉刀、螺纹刀具、齿轮刀具、砂轮等。

按结构方式分为整体式、焊接式、机夹式、可转位式等。

按刀具的刃形分为单刃刀具、多刃刀具、成形刀具等。

按国家标准分为标准刀具、非标准刀具。

● 二、刀具切削部分几何参数

金属切削刀具的种类繁多,构造各异,较简单、典型的是车刀,其他刀具的切削部分都可以看作是由车刀的基本形态演变而成的,如图 2-5 所示。

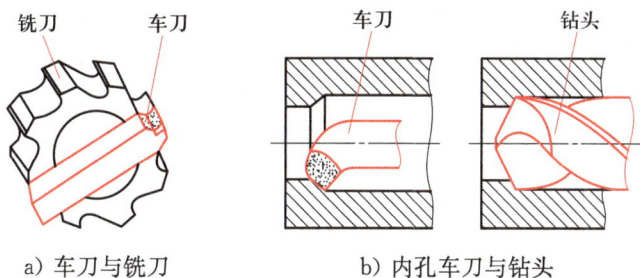

a) 车刀与铣刀　　　　　　b) 内孔车刀与钻头

图 2-5　车刀与其他刀具的比较

车刀的种类很多,按用途分为外圆车刀、端面车刀、切断刀等;按结构分为整体式车刀、焊接式车刀、机夹可转位车刀,如图 2-6 所示;按切削部分材料可分为高速钢车刀、硬质合金车刀和陶瓷车刀。

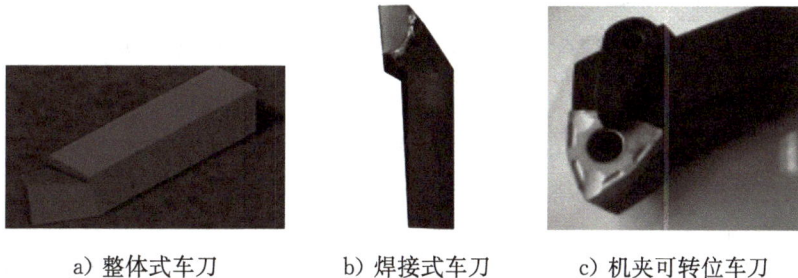

a) 整体式车刀　　　b) 焊接式车刀　　　c) 机夹可转位车刀

图 2-6　车刀

1. 车刀组成

车刀中最常见的是外圆车刀,它由刀杆和刀头(刀体和切削部分)组成。刀头用于切削,刀杆是刀具上的夹持部分。其切削部分(刀头)包括一尖、二刃、三面几个部分,如图 2-7 所示。

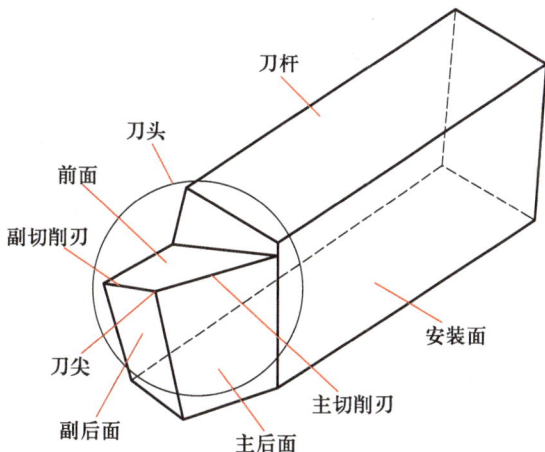

图 2-7　车刀组成(刀头和刀杆一体)

前面 A_γ：刀具上切屑流经的刀面。

主后面 A_α：切削过程中，刀具上与过渡表面相对的刀面。

副后面 A'_α：切削过程中，刀具上与已加工表面相对的刀面。

主切削刃 S：刀具前面与主后面的交线，它担负着主要的切削工作。至少有一段切削刃在工件上切出过渡表面。

副切削刃 S'：刀具前面与副后面的交线。它配合主切削刃完成切削工作，并形成已加工表面。

刀尖：主、副切削刃的连接处相当少的一部分切削刃，它可以是一个点、直线或圆弧形状的一小部分切削刃。在实际应用中，为增加刀尖的强度和耐磨性，刀尖处磨出直线或圆弧形的过渡刃，如图 2-8 所示。

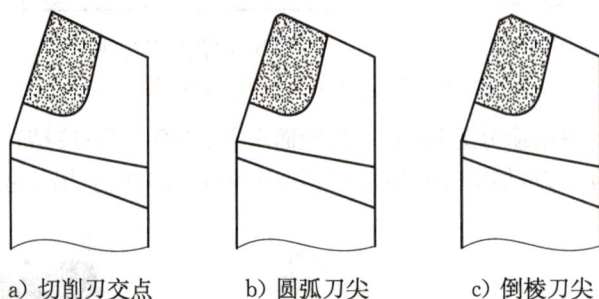

a) 切削刃交点　　　　b) 圆弧刀尖　　　　c) 倒棱刀尖

图 2-8　车刀刀尖形式(刀头是硬质合金,刀体是碳钢)

不同类型的刀具，其刀面、切削刃数量不同。但组成刀具的最基本单元是两个面和一条切削刃。任何复杂的刀具都可以将其分解为若干个基本单元进行分析。

2. 车刀几何角度

刀具要完成切削工作，就应该具有一定的几何形状。刀具几何参数是确定刀具几何形状和切削性能的重要参数。通过一组角度值可以确定刀具切削部分各表面的空间位置，确定刀具的几何形状。这组角度值和其他必要的参数就是刀具的几何参数。现以外圆车刀为例，介绍刀具的几何角度。

为确定刀具切削部分各表面和切削刃的空间位置，需要建立平面参考系，以组成坐标系的基准。参考系可分为刀具静止角度参考系和刀具工作参考系。

(1) 刀具静止角度参考系及其角度标注

1) 刀具静止角度参考系

在设计、制造、刃磨和测量时，用于定义刀具几何角度的参考系称为刀具静止角度参考系。它是刀具零件图上标注刀具几何参数的基准，也称标注参考系。在该参考系中定义的角度称为刀具的静止角度，也称为标注角度。静止角度参考系的建立有两个前提条件，一是不考虑进给运动的大小，只考虑其方向，这时合成切削运动方向就是主运动方向；二是刀具的安装定位基准与主运动方向平行或垂直，刀柄的轴线与进给运动方向平行或垂直。静止角度参考系可分为正交平面参考系、法平面参考系、背平面及假定工作平面参考系。其中最常用的是正交平面参考系，如图 2-9 所示。正交平面参考系由三个在空间互相垂直的平面组成。

① 基面 P_r　通过切削刃上选定点，垂直于该点主运动方向的平面。通常平行于车刀的

安装面(底面)。

② 切削平面 P_s　通过切削刃上选定点,垂直于基面并与主切削刃相切的平面。

③ 正交平面 P_o　通过切削刃上选定点,同时与基面和切削平面垂直的平面。

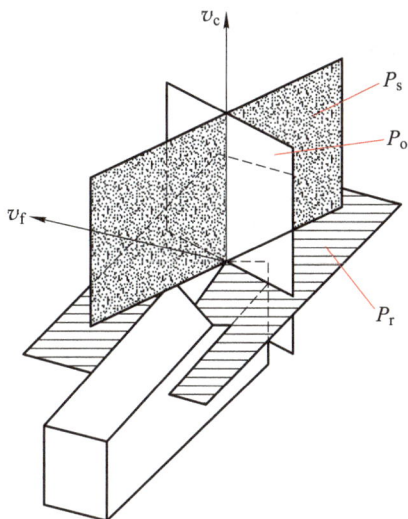

图 2-9　正交平面参考系的组成　　　图 2-10　标注角度参考系内的刀具角度标注

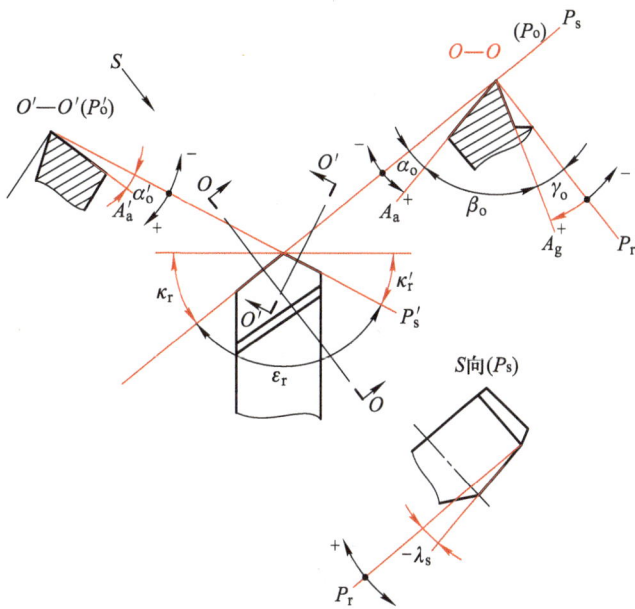

2)正交平面参考系标注的刀具角度

建立正交平面参考系的目的,是将构成刀具切削部分的形状要素(刀面、刀刃)在空间的位置确定下来。通常是用刀具几何角度来描述刀刃、刀面在空间的位置,如图 2-10 所示。

① 在基面测量的刀具角度

在基面上可以看到刀具切削部分(前面、主切削刃和副切削刃)的正投影。在基面内可以标注或测量主切削刃或副切削刃的偏斜程度。在基面内可以测量或标注的角度有主偏角、副偏角、刀尖角。

主偏角 κ_r　为主切削刃在基面上的投影与进给运动速度 v_f 方向之间的夹角。

副偏角 κ_r'　为副切削刃在基面上的投影与进给运动速度 v_f 反方向之间的夹角。

刀尖角 ε_r　为主、副切削刃在基面上的投影之间的夹角,它是派生角度,从图 2-10 中可以看出

$$\varepsilon_r=180°-(\kappa_r-\kappa_r') \tag{2-7}$$

② 在正交平面测量的刀具角度

前角 γ_o　在正交平面中测量的前面与基面之间的夹角。

后角 α_o　在正交平面中测量的主后面与切削平面之间的夹角。

楔角 β_o　在正交平面中测量的前面与主后面之间的夹角,它是派生角,与前角、后角有如下关系:

$$\beta_o=90°-(\gamma_o+\alpha_o) \tag{2-8}$$

动画

车刀角度

57

前角、后角有正负之分，如图 2-11 所示，当前面与基面重合时前角为零；前面与切削平面夹角小于 90°时，基面在前面之上时前角为正，反之为负；主后面与基面夹角小于 90°时，后角为正，反之为负。

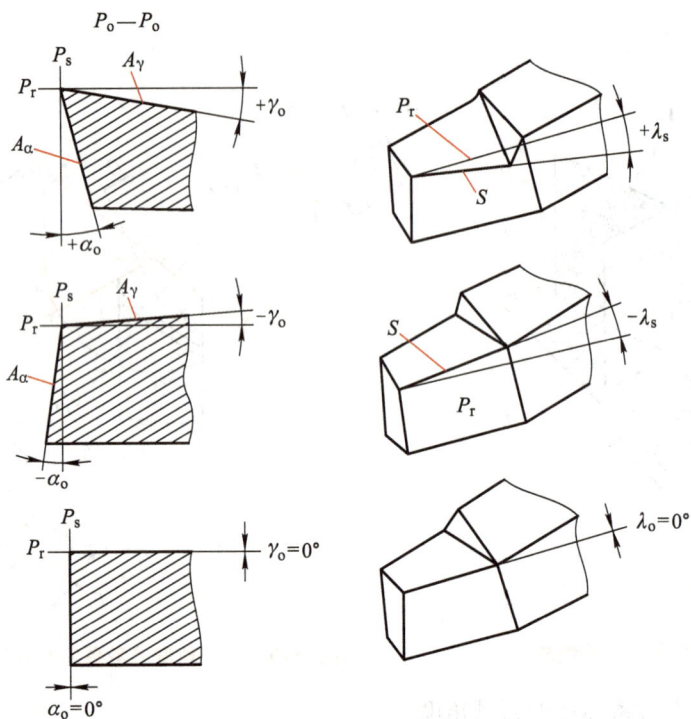

图 2-11　前角的正负标注

③ 在切削平面测量的刀具角度

在切削平面上可以描述刃口的倾斜程度，即主切削刃与基面之间的夹角，定义为刃倾角 λ_s。它在切削平面内标注或测量，有正负之分。如图 2-12 所示，当主切削刃与基面重合时，$\lambda_s=0°$；当刀尖相对于基面处于主切削刃的最高点时为正值，即 $\lambda_s>0°$；反之为负值，$\lambda_s<0°$。

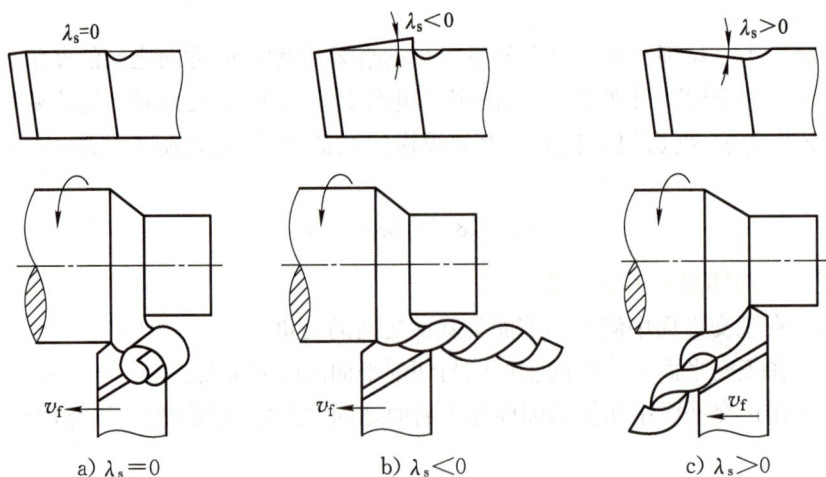

a) $\lambda_s=0$　　　　　b) $\lambda_s<0$　　　　　c) $\lambda_s>0$

图 2-12　刃倾角正、负的标注

用前角 $\gamma_{\rm o}$、后角 $\alpha_{\rm o}$、主偏角 $\kappa_{\rm r}$、刃倾角 $\lambda_{\rm s}$ 就能确定车刀主切削刃及其前、后面的方位。其中前角 $\gamma_{\rm o}$、刃倾角 $\lambda_{\rm s}$ 确定前面的方位;后角 $\alpha_{\rm o}$、主偏角 $\kappa_{\rm r}$ 可以确定后面的方位;主偏角 $\kappa_{\rm r}$、刃倾角 $\lambda_{\rm s}$ 可确定主切削刃的方位。

同理,副切削刃及其相关的刀面在空间的位置也需要四个角度,即副前角 $\gamma_{\rm o}'$、副刃后角 $\alpha_{\rm o}'$、副偏角 $\kappa_{\rm r}'$、副刃倾角 $\lambda_{\rm s}'$。它们的定义与主切削刃四角相似。

对于普通外圆车刀,由主偏角 $\kappa_{\rm r}$、副偏角 $\kappa_{\rm r}'$、前角 $\gamma_{\rm o}$、后角 $\alpha_{\rm o}$、副刃后角 $\alpha_{\rm o}'$、刃倾角 $\lambda_{\rm s}$ 六个角度就可以确定其切削部分的几何形状,这六个角度就是普通外圆车刀的基本角度。

(2)刀具的工作角度

刀具的静止角度参考系是在两个假定条件下建立的。为了较合理地表达切削过程中起作用的刀具角度,按合成运动方向来定义和确定刀具的参考系及其角度,即刀具工作参考系和工作角度。

进给速度远小于主运动速度,常规安装情况下,刀具的工作角度近似等于标注角度,因此,普通车削、镗孔、端铣等不计算工作角度,也不考虑其影响。

特殊情况下,如车螺纹、车丝杠、铲削加工等角度变化值较大时,需要计算工作角度。以刀具切削时的合成切削运动方向为依据,建立工作基准坐标平面所组成的参考系,这种参考系称为工作参考系。用工作参考系定义的刀具角度称为工作角度。工作参考系各坐标平面的定义与静止参考系相同,只需要用合成运动方向代替主运动方向,如:

工作基面 $P_{\rm re}$ 通过切削刃选定点,垂直于合成运动方向的平面;

工作切削平面 $P_{\rm se}$ 通过切削刃选定点,与切削刃相切且垂直于工作基面的平面;

工作正交平面 $P_{\rm oe}$ 通过切削刃选定点,同时垂直于工作基面 $P_{\rm re}$ 和工作切削平面 $P_{\rm se}$ 的平面。

1)刀具安装对工作角度的影响

① 刀柄偏斜对工作主、副偏角的影响,如图 2-13 所示。车刀随四方刀架逆时针转动 G 角后,工作主偏角将增大:

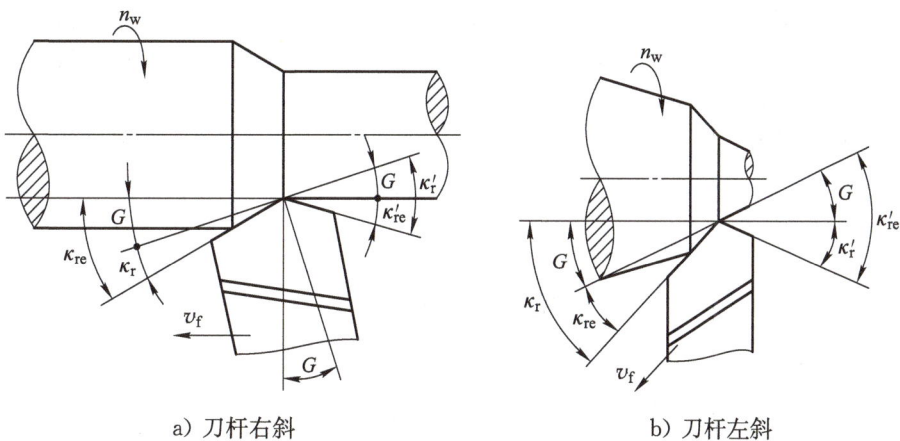

a) 刀杆右斜   b) 刀杆左斜

图 2-13 刀柄偏斜对工作主、副偏角的影响

$$\kappa_{\rm re} = \kappa_{\rm r} + G \tag{2-9}$$

工作副偏角将减小：

$$\kappa'_{re} = \kappa'_r - G \tag{2-10}$$

在实际生产中，根据切削工作的需要，在安装刀具时调整主偏角、副偏角的数值。如需要降低径向抗力，应增大主偏角；若要减小表面粗糙度值，应减小副偏角。

② 刀刃安装高、低于工件中心对工作前、后角的影响如图 2-14 所示。车刀切削刃选定点 A 高于工件中心 h 时，将引起工作前、后角的变化，工作前角增大 N，工作后角减少 N。其中

$$\sin N = 2h/d \tag{2-11}$$

同理，切削刃选定点 A 低于工件中心时，h 值与 N 值均为负值，将引起工作前角减小、工作后角增大。在实际生产中，粗车外圆时常将车刀刀尖装高一个 h 值（$d_w/100 \sim d_w/50$），精车外圆时常将车刀刀尖装低一个 h 值。

加工内表面时，情况与加工外表面相反。

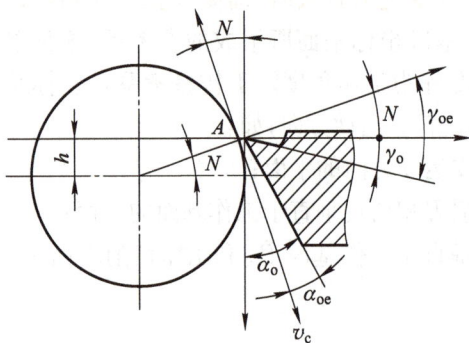

图 2-14　刀刃高于工件中心对工作前、后角的影响

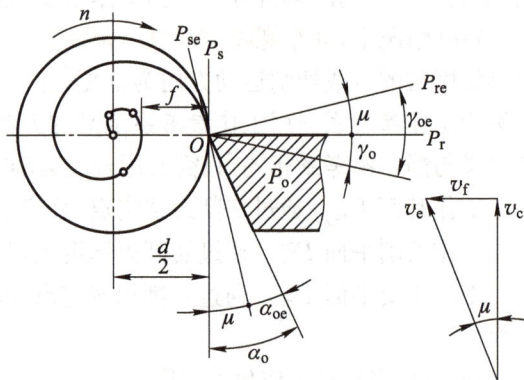

图 2-15　横向进给运动对工作角度的影响

2) 进给运动对工作角度的影响

① 横车　刀具作横向切削，以切断刀为例，如图 2-15 所示，在不考虑进给运动时，刀具基面为 P_r，切削平面为 P_s，标注角度为 γ_o 和 α_o；切断时由于进给量较大，切削刃选定点相对于工件的主运动轨迹为一平面的阿基米德螺线，工作基面为 P_{re}，工作切削平面为 P_{se}，相应角度变化为 η，此时工作角度 γ_{oe} 和 α_{oe} 为

$$\gamma_{oe} = \gamma_o + \eta \tag{2-12}$$

$$\alpha_{oe} = \alpha_o + \eta \tag{2-13}$$

$$\tan \eta = f/(\pi d_\omega) \tag{2-14}$$

式中　f——进给量；

　　　d_ω——切削刃选定点处工件的旋转直径（变值）。

显然，在横向进给切削时，由于进给运动的影响，刀具工作前角增大，刀具工作后角减小。而且，随着进给量的增大和刀具向工件中心接近，η 也在增大。故横向车削时，不宜采用大的进给量，否则易使刀刃崩碎或工件挤断。同时，应适当增大 α_o，补偿进给运动的影响。

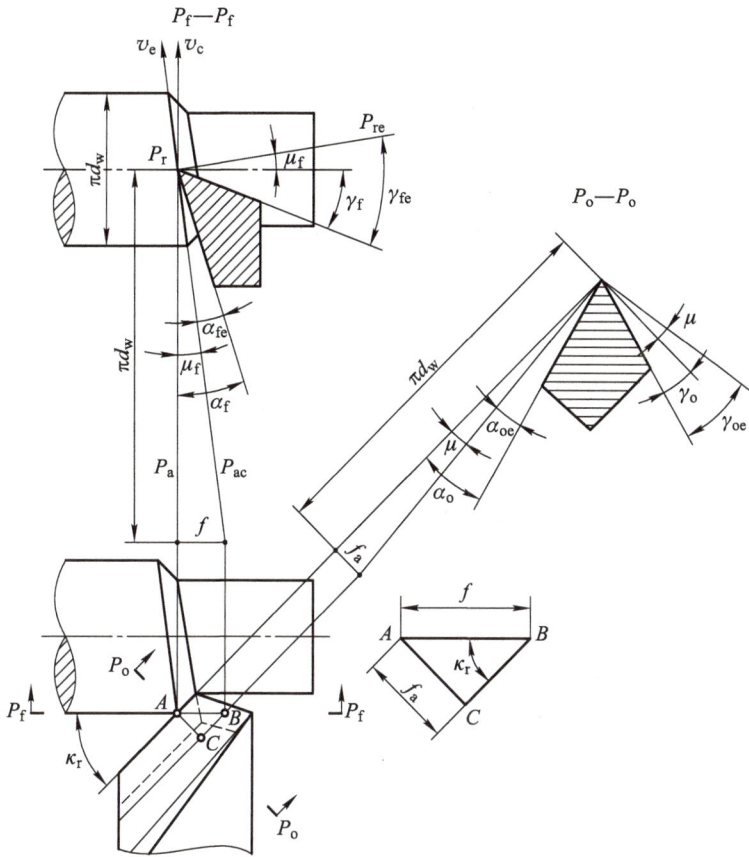

图 2-16　纵向进给运动对工作角度的影响

② 纵车　刀具作纵向切削,如图 2-16 所示,在纵向进给车削时,若进给量较大,如车削螺纹尤其是车削多线螺纹时,进给运动使合成切削运动方向与主运动方向之间形成 μ_f 角。使工作基面和工作切削平面转动 μ_f 角。假定工作平面内车刀的工作前角 γ_{fe} 和工作后角 α_{fe},将发生变化,即

$$\gamma_{fe} = \gamma_f + \mu_f \tag{2-15}$$

$$\alpha_{fe} = \alpha_f - \mu_f \tag{2-16}$$

$$\tan \mu_f = f/(\pi d_\omega) \tag{2-17}$$

式中　f——进给量;

　　　d_ω——切削刃选定点处工件的旋转直径。

显然,随着 f 的增大和 d_ω 的减小,μ_f 值随之增大。实际上,一般车削外圆时 $\mu_f = 30' \sim 1°$,可忽略不计。但在车削螺纹尤其是多线螺纹时,μ_f 值很大,必须进行工作角度计算。

● 三、刀具材料

刀具材料是指刀具切削部分的材料。在金属切削过程中,刀具的切削部分直接承担切削工作,是在较大的切削压力、较高的切削温度以及剧烈摩擦条件下工作的,受到很大的冲击。刀具材料不仅是影响刀具切削性能的重要因素,还对切削加工生产率、刀具耐用度、刀具消耗

和加工成本、加工精度及表面质量等起着决定性的作用。

1. 刀具材料应具备的性能

（1）**高的硬度和耐磨性。** 高硬度是刀具材料最基本的性能，要完成切削加工，刀具切削部分材料的硬度应高于工件材料的硬度。室温下，刀具材料的硬度应高于 60 HRC，工件材料的硬度增加，刀具材料的硬度相应提高。

耐磨性是刀具材料抵抗摩擦和磨损的能力，是决定刀具耐用度的主要因素。硬度越高耐磨性越好，同时，耐磨性还取决于材料的强度、化学成分和组织结构。刀具材料组织硬质点硬度越高，数量越多，晶粒越细，分布越均匀则耐磨性越好。

（2）**足够的强度和韧性。** 在切削过程中，刀具要承受切削力、冲击和振动。为了防止刀具崩刃和碎裂，必须具有足够的抗弯强度和冲击韧度。

（3）**较好的化学稳定性。** 化学稳定性是指刀具材料在高温下不易和工件材料及周围介质发生化学反应的能力。化学稳定性越好，刀具的磨损越慢。

（4）**良好的工艺性和经济性。** 为了便于制造，刀具材料应具有良好的锻造、焊接、热处理和磨削加工性能，同时又要资源丰富、价格低廉，以降低材料成本。

2. 常用的刀具材料

刀具切削部分的材料主要有工具钢、硬质合金、陶瓷和超硬材料四大类。目前，我国应用较多的是硬质合金和高速钢。各类材料的主要物理力学性能见表 2-1。

表 2-1　各类刀具材料的物理力学性能

材料种类	硬度	抗弯强度/GPa	冲击韧度/(kJ/m²)	热导率/(W/m·K)	耐热性/℃
高速钢	63～70 HRC	1.96～5.88	98～588	16.7～25.1	600～700
硬质合金	89～94 HRA	0.9～2.45	29～59	16.7～87.9	600～1 000
陶瓷	91～95 HRA	0.45～0.8	5～12	19.2～38.2	1 200
立方氮化硼	8 000～9 000 HRA	0.45～0.8	—	19.2～38.2	1 400
金刚石	10 000 HV	0.21～0.48	—	19.2～38.2	1 200

（1）高速钢

高速钢是含有较多的 W、Mo、Cr、V 等元素的高合金工具钢。高速钢有较高的强度和韧性，抗弯强度为 3～3.4 GPa，为硬质合金的 2～3 倍；冲击韧度为 98～588 kJ/m²，为硬质合金的几十倍；常温硬度为 63～70 HRC，耐热性为 600～700 ℃，切削速度可比碳素工具钢高 1～3 倍，这也是高速钢名称的来由。又因高速钢刃磨时切削刃易锋利，故在生产中常称为"锋钢"，磨光的高速钢亦称作"白钢"。因为综合性能较好，适用于制造各种结构复杂的刀具，如成形车刀、铣刀、钻头、拉刀、齿轮刀具等。

高速钢按化学成分可分为钨系高速钢和钼系高速钢（含钼 2% 以上），按切削性能可分为普通高速钢和高性能高速钢，按制造工艺方法不同可分为熔炼高速钢和粉末冶金高速钢。

1）普通高速钢　用来加工普通工程材料的高速钢。普通高速钢具有一定的硬度和耐磨性、较高的强度和韧性与塑性，可用于制造各类复杂刀具。切削钢料时速度一般不高于 50～60 m/min，不适用于高速切削和硬材料切削。常用的牌号有 W18Cr4V 和 W6Mo5CrV2 等。

W18Cr4V 属钨系高速钢,是最常用的牌号之一,性能稳定,刃磨及热处理工艺控制方便,适用于制造各种复杂刀具,但不适合做大截面刀具。

W6Mo5CrV2 属钼系高速钢,具有比 W18Cr4V 高的强度和韧性,具有热塑性、磨削性能好的优点,但其热处理工艺较难掌握。适于做尺寸较大、抗冲击的刀具,如麻花钻。

2) 高性能高速钢 在普通高速钢的基础上,通过增加 C、V 的含量和添加 Co、Al 等合金元素而得到的耐热性、耐磨性更高的钢种。它使用 50～150 m/min 的切削速度;具有高的热稳定性:在 630～650 ℃时仍保持 60 HRC 的硬度;耐磨性是普通高速钢的 1.5～3 倍。高性能高速钢典型的牌号有高碳高速钢 9W18Cr4V、高钒高速钢 W6Mo5Cr4V3、钴高速钢 W6Mo5CrV2Co8、铝高速钢 W6Mo5CrV2Al 等。其中铝高速钢 W6Mo5CrV2Al 又称为超硬高速钢,是我国独创钢种,具有良好的综合性能,能接近钴高速钢而价格低廉。但其热处理工艺较难掌握。

(2) 硬质合金

硬质合金是由硬度很高的难熔金属碳化物 WC、TiC、TaC、NbC 等和金属黏结剂 Co、Ni、Mo 等用粉末冶金工艺烧结而成的。金属黏结剂的含量决定了硬质合金刀具材料的强度和韧性。金属碳化物的含量决定了材料的硬度和耐磨性。

硬质合金的常温硬度高达 86～94 HRA,耐磨性好,能耐 800～1 000 ℃的高温。允许的切削速度为高速钢的 5～10 倍。但抗弯强度低,怕冲击和振动,制造工艺性差。

硬质合金现已成为主要刀具材料之一,目前车削刀具大部分采用硬质合金,其他刀具采用硬质合金也日益增多,如硬质合金铣刀、拉刀等。随着涂层材料的出现,硬质合金的使用越来越广泛。

1) 钨钴类硬质合金(WC＋Co) 代号为 YG,其中"YG"是"硬、钴"两字的汉语拼音字首,属 K 类,以红色标记。这类硬质合金具有较好的强度,但硬度和耐磨性较差,主要用于加工铸铁和非铁金属及非金属材料。常用的牌号有 YG3、YG6、YG8 等。牌号中数字表示 Co 的平均含量百分数。钴的含量越高,韧性越好,适合于粗加工,反之适用于精加工。YG 类硬质合金有粗晶粒 YG8C、中晶粒 YG6、细晶粒 YG6X、超细晶粒 YS2 之分。晶粒越细,硬度和耐磨性越高,而强度和韧性越低。因此,细晶粒钨钴类硬质合金适合于加工硬铸铁、奥氏体不锈钢、耐热合金等材料。

2) 钨钛钴类硬质合金(WC＋TiC＋Co) 代号为 YT,其中"YT"是"硬、钛"两字的汉语拼音字首,属 P 类,以蓝色标记。由于加入 TiC,与 YG 类硬质合金相比较,YT 类硬质合金的硬度、耐磨性明显提高,但强度、韧性下降,主要用于加工钢料。但是因为 Ti 元素的亲和作用较强,不适合加工含 Ti 元素的不锈钢。常用的牌号有 YT5、YT15、YT30 等,数字代表 TiC 的平均含量百分数,含 TiC 越多的 YT 类硬质合金,含 Co 量就越少,耐磨性、耐热性就越好,强度、韧性下降,适合精加工。

3) 新型硬质合金 在前两类硬质合金的基础上,添加某些碳化物可以使其性能提高。如在 YG 类中加入 TaC 或 NbC,可细化晶粒,提高硬度和耐磨性,而韧性不变。在 YT 类中加入 TaC 或 NbC,可以提高抗弯强度、冲击韧度、耐热性、耐磨性以及高温强度、抗氧化性等。即可用于加工钢料,又可用于加工铸铁和非铁金属,被称为万能硬质合金,代号为 YW,其中"YW"是"硬、万"两字的汉语拼音字首,属 M 类,以黄色标记,数字是顺序号,如 YW1、YW2。常用硬质合金材料的用途见表 2-2。

表2-2　常用硬质合金用途

牌　　号	常用牌号	用　　途
YG(K)类	YG3(K01)、YG6(K10)、YG8(K20)	铸铁、冷硬铸铁、短切屑可锻铸铁、灰口铸铁等短切屑材料
YT(P)类	YT5(P30)、YT15(P10)、YT30(P01)	钢、铸钢、长切屑可锻铸铁等长切屑材料
YW(M)类	YW1(M10) YW2(M20)	不锈钢、铸钢、锰钢、可锻铸铁、合金钢、合金铸铁等通用合金材料

（3）新型刀具材料

1）涂层刀具材料　在韧性较好的刀具基体上，涂覆一层耐磨性好的难熔金属化合物，能提高刀具的耐磨性，不降低其韧性。涂层材料的基体一般为粉末冶金高速钢或硬质合金。常用的涂层材料有 TiC、TiN、Al_2O_3 和超硬涂层材料。

2）陶瓷刀具材料　陶瓷刀具材料是以 Al_2O_3 或 Si_3N_4 为基体再添加少量金属，在高温下烧结而成的一种刀具材料，其硬度可达 91～95 HRA，耐磨性、耐热性能好。有良好的抗氧化性和稳定性，切削速度比硬质合金高 2～10 倍。其缺点是脆性大、抗弯强度低、冲击韧性差、易崩刃。适合钢、铸铁类零件的车、铣削加工。

3）金刚石刀具材料　金刚石是碳的同素异形体，有天然和人造的两类。除少数超精密和特殊用途外，工业上多使用人造金刚石作刀具和磨具材料。金刚石硬度可达 10 000 HV，耐磨性好，切削刃口锋利，可在纳米级稳定切削。其缺点是热稳定性差、强度低、脆性大，适合微量切削；与铁元素有强烈的化学亲和力，不能用于加工钢材。主要用于加工高硬度的非金属材料、非铁金属以及复合材料的精加工和超精加工，如激光扫描仪和高速摄影机的扫描棱镜等。

4）立方氮化硼　立方氮化硼 CBN 是一种人工合成的新型刀具材料，有很高的硬度和耐磨性，仅次于金刚石。热稳定性比金刚石高一倍，可以高速切削高温合金，有良好的化学稳定性，适用于加工钢铁材料，如淬硬钢、冷硬铸铁。

第三节　金属切削机床

一、机床概述

1. 机床的作用和特点

金属切削机床是用切削加工的方法将金属毛坯加工成机器零件的设备。它提供刀具和工件之间的相对运动，提供加工过程中所需的动力，完成机械加工工艺过程。

机床的质量和性能直接影响机械产品的加工质量和加工的适应范围，随着新型刀具的出现，电气、液压等技术的发展以及计算机的应用，机床的生产率、加工精度和自动化程度也不断提高。

2. 机床的构成及布局

（1）机床的构成

现代金属切削机床依靠大量的机械、电气、电子、液压和气动装置来实现运动和循环。机

床由传动装置、动力装置、执行机构、辅助机构和控制系统组合在一起,形成统一的工艺综合体。它包括以下几个部分:

1)**支承及定位部分**　连接机床上各部件,保持刀具与工件在正确的相对位置。床身、底座、立柱和横梁等都属于支承部件,导轨、工作台、刀具和夹具的定位元件属于定位部分,保证工件几何形状的实现。

2)**运动部分**　为加工过程提供所需的切削运动和进给运动。包括主运动传动系统、进给运动传动系统以及液压进给传动系统等,保证工艺参数所需的切削速度和进给量的实现。如车床主轴箱内主传动系统带动主轴实现主运动,进给箱内进给系统的运动传给滑板箱带动刀架运动。

3)**动力部分**　加工过程和辅助过程的动力源。如带动机械部分运动的电动机,为液压、润滑系统工作提供能源的液压泵等。

4)**控制部分**　用来启动和停止机床的工作,完成为实现给定的工艺过程所需的刀具和工件的运动。包括机床的各种操纵机构、电气电路、调整机构和检测装置等。

图 2-17 所示为万能升降台铣床 XA6132 的外形图。

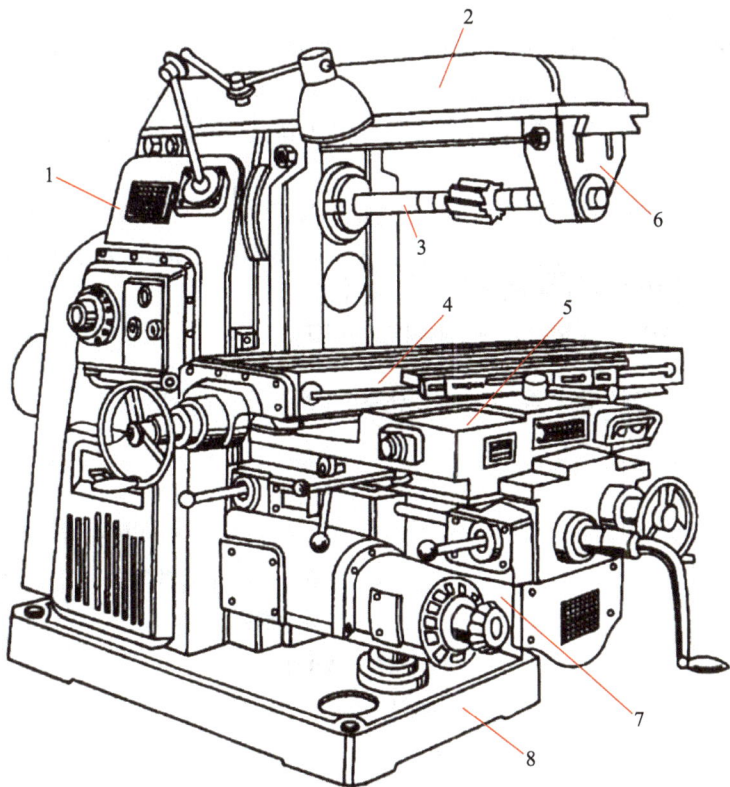

1—床身;2—悬梁;3—铣刀轴;4—工作台;5—床鞍;6—悬梁支架;7—升降台;8—底座。

图 2-17　万能升降台铣床 XA6132

(2)机床布局

机床布局是指合理安排机床组成部件的位置以及相对于被加工零件的位置。几种布局的形式:

1）刀具布置在被加工零件的前面或后面　如车床、外圆磨床等，床身是水平布置的。

2）刀具布置在工件的侧面　如滚齿机、卧式镗床、刨齿机和卧式拉床等，所有主要部件都沿转向布局，宜制成框架结构。

3）刀具布置在工件的上方　如卧式和立式铣床、平面磨床、钻床、插床、插齿机等，为立式布局，便于观察工件和加工过程。

4）刀具相对于工件扇形布置　几把刀从不同的方向同时加工一个零件，如立式车床、龙门刨床和龙门铣床等。此类机床都是刚性框架，在框架上安装刀具（刀架和铣头等）。

3. 机床的分类

根据国家制定的机床型号编制方法（GB/T 15375—2008），机床共分为 11 大类：车床、钻床、镗床、磨床、齿轮加工机床、螺纹加工机床、铣床、刨插床、拉床、锯床及其他机床。在每一类机床中，又按工艺范围、布局形式和结构，分为若干组，每一组又分为若干个系。

同类型机床按通用性程度分为通用机床（或称万能机床）、专门化机床和专用机床三类。通用机床是可以加工多种工件、完成多种多样工序的加工范围广的机床，如卧式车床、万能外圆磨床、摇臂钻床等，用于单件小批生产或修配生产中。专门化机床是用于加工形状相似而尺寸不同的工件的特定工序的机床，如凸轮轴车床、轧辊车床等。专用机床是用于加工特定工序的机床，如加工车床导轨的专用磨床、加工主轴箱的专用镗床以及各种组合机床等。

还可以按自动化程度分为手动、机动、半自动和自动机床。按质量和尺寸分为仪表机床、中型机床、大型机床（质量达 10 t）重型机床（质量达 30 t 以上）和超重型机床（质量在 100 t 以上）。

4. 机床型号编制

机床型号是机床产品的代号，用以简明地表示机床的类型、主要技术参数、性能和结构特点等。GB/T 15375—2008 规定：机床的型号由汉语拼音字母和阿拉伯数字按一定规律排列组成，适用于各类通用机床和专用机床（组合机床除外）。

通用机床的型号用下列方式表示，如图 2-18 所示：

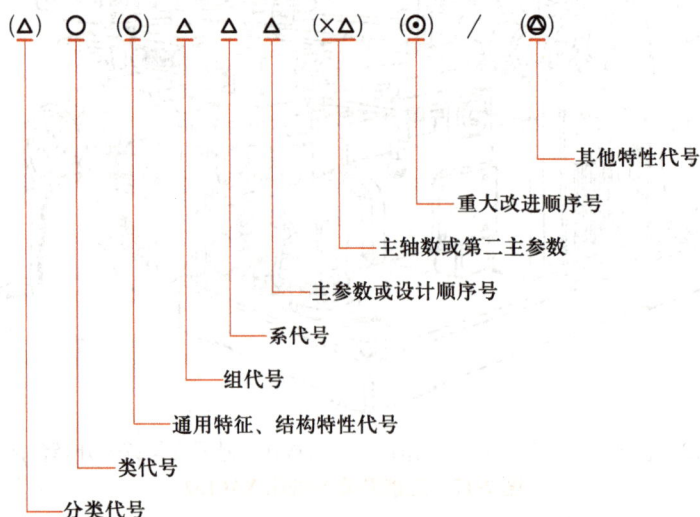

图 2-18　通用机床型号

注：△表示阿拉伯数字；○表示大写汉语拼音字母。◎表示大写汉语拼音字母或阿拉伯数字或两者兼有之。括号中表示可选项，无内容时不表示，有内容时不带括号。

（1）机床的类代号

机床的类代号用大写汉语拼音字母表示。例如："车床"的汉语拼音是"chechuang"，所以用"C"表示，读作"车"。当需要时，每类可分为若干个分类，其表示方法是在类代号前用阿拉伯数字表示，但当分类是"1"时不予表示，例如，磨床分为 M、2M 和 3M 三个分类。机床的类代号如表 2-3 所示。

表 2-3　普通机床的类别代表

类别	车床	钻床	镗床	磨床			齿轮加工机床	螺纹加工机床	铣床	刨插床	拉床	锯床	其他机床
代号	C	Z	T	M	2M	3M	Y	S	X	B	L	G	Q
读音	车	钻	镗	磨	二磨	三磨	牙	丝	铣	刨	拉	割	其

（2）机床的特性代号

机床的特性代号表示机床具有的特殊性能，它包括通用特性和结构特性。

1）通用特性代号　当某种机床除普通形式外，还有某种特性时应在类代号后用字母表示，表 2-4 所示为常用的通用特性代号。

表 2-4　机床的通用特性代号

通用特性	高精度	精密	自动	半自动	数控	加工中心（自动换刀）	仿形	轻型	万能	柔性加工单元	数显	高速
代号	G	M	Z	B	K	H	F	Q	W	R	X	S
读音	高	密	自	半	控	换	仿	轻	万	柔	显	速

2）结构特性代号　无统一规定，也用字母表示，在不同机床中含义也不相同，用于区别主参数相同而结构不同的机床。

（3）机床组别代号和系别代号。每类机床按其结构性能和使用范围划分为十个组，用数字 0～9 表示，每组又分若干系。机床组别和系别代号用两位数字表示，前位表示组别，后位表示系列。表 2-5 所示为机床的类别和组别划分。

表 2-5　机床的类别和组别代号

类别	组别									
	0	1	2	3	4	5	6	7	8	9
车床 C	仪表小型车床	单轴自动车床	多轴自动、半自动车床	回转、转塔车床	曲轴及凸轮轴车床	立式车床	落地及卧式车床	仿形及多刀车床	轮，轴，辊、锭及铲齿车床	其他车床
钻床 Z		坐标镗钻床	深孔钻床	摇臂钻床	台式钻床	立式钻床	卧式钻床	铣钻床	中心孔钻床	其他钻床
镗床 T			深孔镗床		坐标镗床	立式镗床	卧式铣镗床	精镗床	汽车、拖拉机修理用镗床	其他镗床

类别		组别 0	1	2	3	4	5	6	7	8	9
磨床	M	仪表磨床	外圆磨床	内圆磨床	砂轮机	坐标磨床	导轨磨床	刀具刃磨床	平面及端面磨床	曲轴、凸轮轴、花键轴及轧辊磨床	工具磨床
	2M		超精机	内圆珩磨机	外圆及其他珩磨机	抛光机	砂带抛光机及磨削机床	刀具刃磨机及研磨机床	可转位刀片磨削机床	研磨机	其他磨床
	3M		球轴承套圈沟磨床	滚子轴承套圈滚道磨床	轴承套圈超精机		叶片磨削机床	滚子加工机床	钢球加工机床	气门、活塞及活塞环磨削机床	汽车、拖拉机修磨机床
齿轮加工机床Y		仪表齿轮加工机		锥齿轮加工机	滚齿及铣齿机	剃齿及珩齿机	插齿机	花键轴铣床	齿轮磨齿机	其他齿轮加工机床	齿轮倒角及检查机床
螺纹加工机床S					套丝机	攻丝机		螺纹铣床	螺纹磨床	螺纹车床	
铣床X		仪表铣床	悬臂及滑枕铣床	龙门铣床	平面铣床	仿形车床	立式升降台铣床	卧式升降台铣床	床身铣床	工具铣床	其他铣床
刨插床B			悬臂刨床	龙门刨床			插床	牛头刨床		边缘及模具刨床	其他刨床
拉床L				侧拉床	卧式外拉床	连续拉床	立式内拉床	卧式内拉床	立式外拉床	键槽、轴瓦及螺纹拉床	其他拉床
锯床G				砂轮片锯床		卧式带锯机	立式带锯机	圆锯床	弓锯床	锉锯床	
其他锯床Q		其他仪表机床	管子加工机床	木螺钉加工机		刻线机	切断机	多功能机床			

（4）机床主参数

机床的主参数、第二主参数都是用数字表示的。主参数表示机床的规格，是机床最主要的技术参数，反映机床的加工能力，影响机床的其他参数和结构大小，通常以最大加工尺寸或机床工作台尺寸作为主参数。当无法用主参数表示时，采用设计序号表示。第二主参数是为了更完善地表示机床的工作能力和加工范围。第二主参数均用折算系数表示，见表 2-6。

表2-6　各类主要机床的主参数和折算系数

机　床	主参数名称	折算系数
卧式车床	床身上最大回转直径	1/10
立式车床	最大车削直径	1/100
摇臂钻床	最大钻孔直径	1/1
卧式镗床	镗轴直径	1/10
坐标镗床	工作台面宽度	1/10
外圆磨床	最大磨削直径	1/10
内圆磨床	最大磨削孔径	1/10
矩形平面磨床	工作台面宽度	1/10
齿轮加工机床	最大工件直径	1/10
龙门铣床	工作台面宽度	1/100
升降台铣床	工作台面宽度	1/10
龙门刨床	最大刨削宽度	1/100
插床及牛头刨床	最大插削及刨削长度	1/10
拉　床	额定拉力	1/10

5. 机床精度的概念

机床本身的精度直接影响到零件的加工精度。因此,机床的精度必须满足加工的要求。

(1) 机床精度包括几何精度、传动精度和位置精度

几何精度包括床身导轨的直线度、工作台台面的平面度、主轴的旋转精度、刀架和工作台等移动的直线度、车床刀架移动方向与主轴轴线的平行度、主轴的旋转精度、刀架和工作台等移动的直线度、车床刀架移动方向与主轴轴线的平行度等。这都决定刀具和工件之间的相对运动轨迹的准确性,从而也就决定了被加工零件表面形状精度以及表面之间的相对位置精度。传动精度是指机床内联系传动链两端件之间运动关系的准确性,它决定着复合运动轨迹的精度,直接影响被加工表面的形状精度(如螺纹的螺距误差)。位置精度是机床运动部件,如工作台、刀架和主轴箱,从某一起始位置运动到预期的另一位置时到达的实际位置的准确程度。

(2) 机床精度分为静态精度和动态精度

静态精度是在无切削载荷、机床不运动或运动速度很低的情况下检测的。静态精度包括精度检验项目、检验方法和允许的误差范围。动态精度是机床在载荷、温升和振动等作用下的精度。动态精度除了与静态精度密切有关外,还取决于机床的刚度、抗振性和热稳定性等。

● **二、机床传动原理**

机械加工中的各种运动都是由机床实现的,机床的功能决定了所需的运动,反过来一台机床所具有的运动决定了它的功能范围。运动部分是一台机床的核心部分。

1. 机床传动的基本组成部分

机床的传动必须具备以下的三个基本部分:

(1) 运动源 为执行件提供动力和运动的装置,通常为电动机,如交流异步电动机、直流电动机、直流和交流伺服电动机、步进电动机、交流变频调速电动机等。

(2) 传动件 传递动力和运动的零件,如齿轮、链轮、带轮、丝杠、螺母等,除机械传动外,还有液压传动和电气传动元件等。

(3) 执行件 夹持刀具或工件执行运动的部件,常用的执行件有主轴、刀架、工作台等,是传递运动的末端件。

2. 机床的传动链

为了在机床上得到所需要的运动,必须通过一系列的传动件把运动源和执行件,或把执行件与执行件联系起来,以构成传动联系。构成一个传动联系的一系列传动件,称之传动链。根据传动链的性质,传动链可分为两类。

(1) 外联系传动链 联系运动源与执行件的传动链称为外联系传动链。它的作用是使执行件得到预定速度的运动,并传递一定的动力。此外,还起执行件变速、换向等作用。外联系传动链传动比的变化,只影响生产率或表面粗糙度,不影响加工表面的形状。因此,外联系传动链不要求两末端件之间有严格的传动关系。如卧式车床中,从主电动机到主轴之间的传动链,就是典型的外联系传动链。

(2) 内联系传动链 联系两个执行件,以形成复合成形运动的传动链,称为内联系传动链。它的作用是保证两个末端件之间的相对速度或相对位移保持严格的比例关系,以保证被加工表面的性质。如在卧式车床上车螺纹时,连接主轴和刀具之间的传动链,就属于内联系传动链。此时,必须保证主轴(工件)每转一转,车刀移动工件螺纹一个导程,才能得到要求的螺纹导程。又如,滚齿机的范成运动传动链也属于内联系传动链。

为了便于研究机床传动系统的联系,常用图 2-19 所示的简明符号把传动原理和传动路线表示出来,这就是传动原理图,如图 2-20 所示。

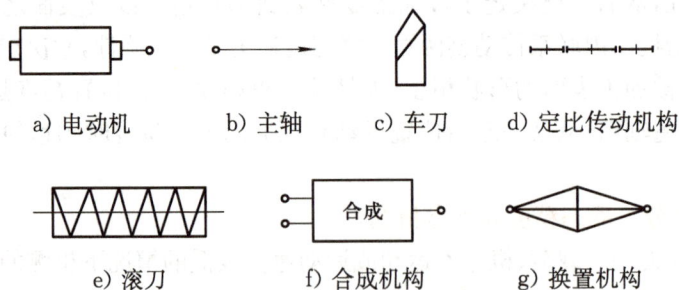

a) 电动机　b) 主轴　c) 车刀　d) 定比传动机构

e) 滚刀　f) 合成机构　g) 换置机构

图 2-19　传动原理常使用的部分符号

图 2-20 所示为铣平面,成形运动由简单的回转运动和直线运动构成,为简单成形运动。有两条外联系传动链:传动链"1—2—u_v—3—4"将运动源(电动机)和执行件(主轴)联系起来,可使铣刀获得旋转运动 B_1;传动链"5—6—u_f—7—8"将运动源(另一台电动机)和执行件(工作台)联系起来,可使工件获得沿直线移动的进给速度 A_2。根据加工要求,需要改变铣刀

的转动速度及工件的进给速度时,可通过换置机构 u_v 和 u_f 来实现。

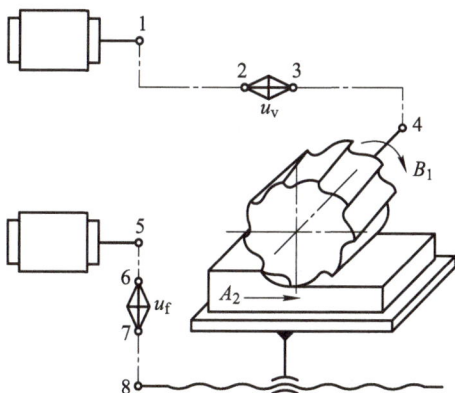

图 2-20   铣平面传动原理图   图 2-21   车圆柱螺纹传动原理图

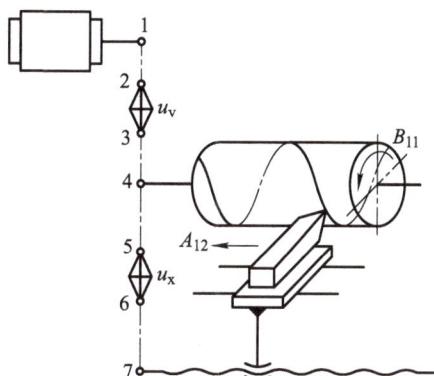

图 2-21 所示为车螺纹,成形运动由工件的回转运动和刀具的直线运动按照一定的运动关系(即工件每转 1 转,车刀准确地移动工件螺纹的一个导程的距离)复合而成,是复合成形运动。有两条传动链:外联系传动链"1—2—u_v—3—4"将运动源和主轴联系起来,内联系传动链"4—5—u_x—6—7"将主轴和刀架联系起来,使工件和车刀保持严格的运动关系。当需要改变工件转速及螺纹导程时,可通过换置机构 u_v 和 u_x 来实现。

从上述分析可知,内联系传动链的两端件具有严格的传动比要求,不能采用传动比不确定或瞬时传动比变化的传动机构(如带传动、链传动和摩擦传动等),在调整换置机构时其传动比必须有足够的精度。外联系传动链无上述要求。

利用传动原理图,可分析机床有哪些传动链及其传动联系情况,一方面由工件的运动参数要求,正确地计算换置机构的传动比,对机床进行运动调整;另一方面,可根据已知的机床运动路线的传动比,计算加工过程的运动参数。

三、机床传动系统

机床传动系统由成形运动和辅助运动的各传动链组成。通常由传动系统图体现,图 2-22 所示为万能升降台铣床 XA6132 的传动系统图,它表示的是机床全部运动关系的示意图。图中各传动元件用简单的规定符号表示(符号见国家标准 GB/T 4460—2013《机械制图 机构运动简图用图形符号》),并标注齿轮和蜗轮的齿数、蜗杆头数、丝杠导程、带轮直径、电动机功率和转速等。图中各传动元件按照运动传递的先后顺序,以展开图的形式画在能反映主要部件相互位置的机床外形轮廓中。

利用传动系统图可分析各传动链,进行机床运动计算。图 2-22 所示的传动链有:

1. 主运动传动链

主运动传动链的两端是电动机(运动源)和主轴 V(执行件),其传动路线为:电动机经弹性联轴器传给轴 I,经轴 I—II 之间的定比齿轮副 $\frac{26}{54}$ 以及轴 II—III、III—IV 和 IV—V 之间的

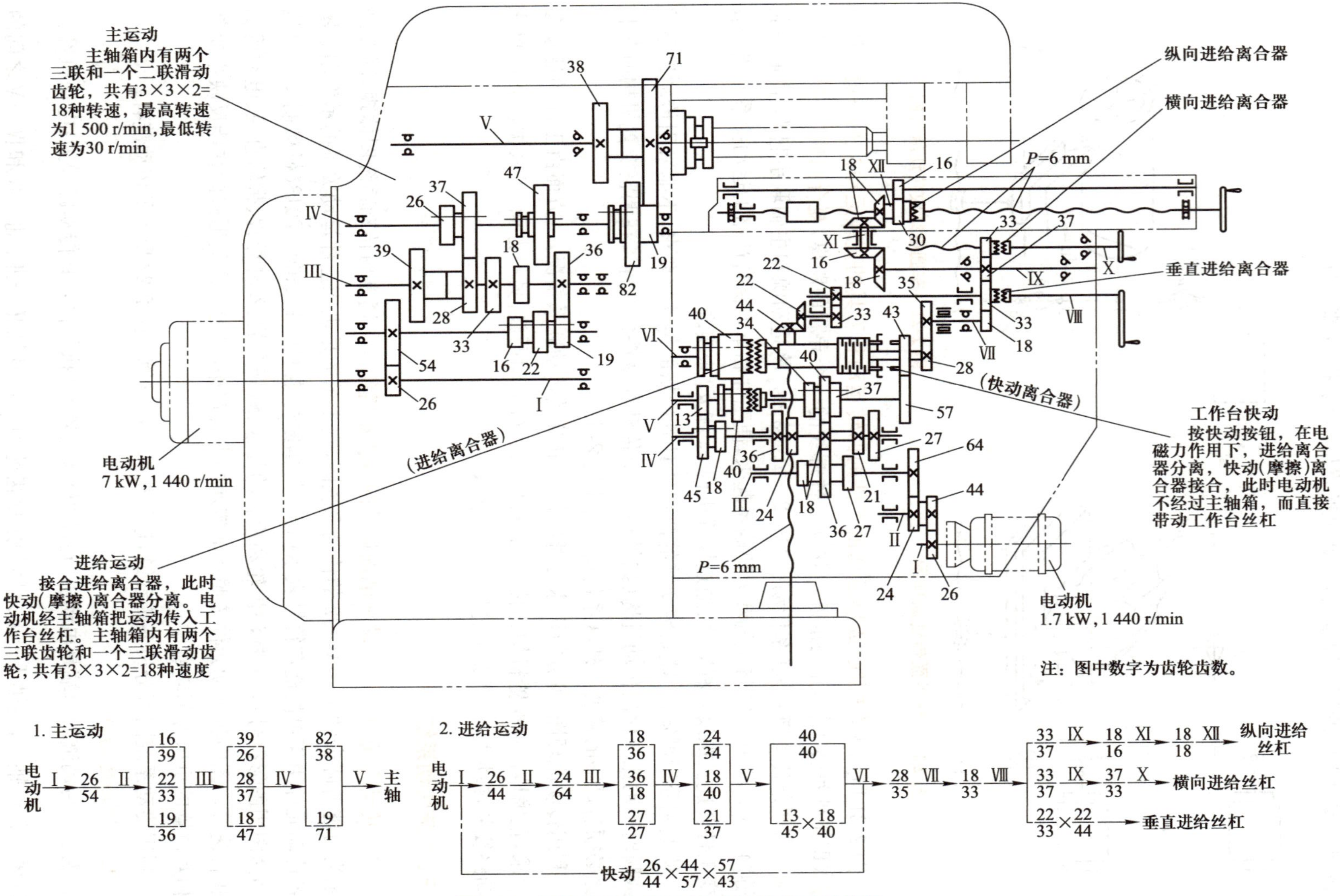

图 2-22　万能升降台铣床 XA6132 的传动系统图

三个滑动齿轮变速机构,使传动轴Ⅴ转动,并获得$3×3×2=18$级不同的转速。主轴旋转运动的开停及转向的改变由电动机的开停和正反转实现。轴Ⅰ右端有多片式制动器M_1,用于主轴停车时进行制动,使主轴迅速而平稳地停止转动。

2. 进给传动链

进给传动链有三条:纵向、横向和垂直进给传动链,三条传动链的一端是进给电动机(运动源),另一端(执行件)分别是工作台、床鞍和升降台。

运动由进给电动机经定比齿轮副传至轴Ⅶ,经轴Ⅶ—Ⅷ、Ⅷ—Ⅸ之间的滑动齿轮变速机构传至轴Ⅸ;运动由轴Ⅸ经过两条不同的线路传至轴Ⅹ,当轴Ⅸ上可滑动齿轮副空套齿轮 z40 处于右端位置(图示位置)与离合器M_2接合时,运动由轴经齿轮副$\frac{40}{40}$和电磁离合器M_3传至轴Ⅹ,当空套齿轮 z40 处于左端与空套在轴Ⅶ上的齿轮 z18 啮合时,轴Ⅸ的运动则经齿轮副$\frac{13}{45}—\frac{18}{40}—\frac{40}{40}$和$M_3$传至轴Ⅹ。轴Ⅹ的运动由定比齿轮副$\frac{28}{35}$和齿轮 z18 传至轴Ⅺ上的空套齿轮 z33,然后由这个齿轮将运动分别传给纵向、横向和垂直进给丝杠,工作台实现纵向、横向、垂直三个方向上的直线进给运动。

三个方向进给运动的开停分别由纵向进给离合器、横向进给离合器和垂直进给离合器控制。利用轴Ⅶ—Ⅷ,Ⅷ—Ⅸ之间的滑动齿轮变速机构和轴Ⅸ—Ⅷ—Ⅹ之间的变速机构,可使工作台变换$3×3×2=18$级不同的进给速度,转向改变由电动机的开停和正反转实现。

3. 快速空行程传动链

这是辅助运动传动链,其两端件与进给传动链相同。由图 2-19 可以看出,接合电磁离合器M_4而脱开M_3,进给电动机的运动便由定比齿轮副$\frac{26}{44}—\frac{44}{57}—\frac{57}{43}$和电磁离合器传给轴Ⅹ,以后再沿着与进给运动相同的传动路线传给工作台、床鞍和升降台。由于这一路线的传动比大于进给路线的传动比,因而获得快速运动。快速运动方向的变换同样由电动机改变旋转方向来实现。

● 四、数控机床概述

1. 数控机床的定义

数控机床是指采用数字形式信息控制的机床。国际信息处理联盟第五技术委员会对数控机床作了如下定义:数控机床是一个装有数控系统的机床,该系统能逻辑地处理具有使用号码或其他符号编码指令规定的程序。数控机床是近代发展起来的、具有广阔发展空间的、新型自动化机床,是高度机电一体化的产品,是现代机床制造水平的重要标志。

数控机床解决了形状复杂、精度高、生产批量不大、生产周期长及产品更换频繁的多品种、小批产品的制造问题,是一种灵活的、高效能的自动化机床,是构成柔性制造系统、计算机集成制造系统的基础单元。常见的数控机床有数控车床、数控钻床、数控镗床、数控铣床、数控磨床、数控加工中心等。

数控机床,首先要将被加工零件图样上的几何信息和工艺信息数字化,按规定的代码和格式编成加工程序,然后把加工程序输入机床数控装置,数控系统把程序进行译码、运算后向机床的各个坐标的伺服装置和辅助控制装置发出指令,驱动机床运动部件并控制所需要的辅助动作,完成零件的加工。

2. 数控机床的组成及分类

(1)数控机床的组成

数控机床包括加工程序、输入装置、数控系统、伺服电动机、辅助控制装置、反馈装置和机床本体。

1)**数控系统**　机床数字控制由数控系统完成,数控系统包括数控装置、可编程控制器和检测装置。其中数控装置是数字控制计算机,其微处理器采用简明指令集运算芯片 RISC 作为主CPU,有些采用大规模和超大规模集成电路,配备多种遥控接口和智能接口,使数控功能可以根据用户要求进行任意组合和扩展,可实现数台数控机床之间的数据通信,并可以同时控制数台数控机床。可编程控制器用于开关量控制,如主轴的开停、刀具更换和切削液开关等。反馈检测装置将位移的实际值检测出来,反馈给数控装置,检测精度决定了数控机床的加工精度。反馈检测装置普遍应用高分辨率的脉冲编码器。

2)**伺服驱动系统**　是以机床移动部件的位置和转速作为控制量的自动控制系统,能快速响应数控装置发出的指令。

3)**程序编制**　是实现数控加工的主要环节,已从脱机编程发展到在线编程,可同时进行特殊工艺信息和几何信息的程序编制。

4)**机床本体**　采用刚性强、热变形小、高精度的新型机床,其外部造型、传动系统及刀具系统等有很大的改进,机电一体化的布局,机床主机和伺服系统实现了机电匹配。

数控机床的机械结构大为简化,机床的功能扩展,自身精度、加工精度和加工效率显著提高。

(2)数控机床的分类

1)按工艺用途分为普通数控机床和数控加工中心。

① 普通数控机床　加工工艺过程的工序上实现数字控制的自动化机床,自动化程度还不够完善,工艺范围和通用机床相似,刀具更换、零件装夹需人工完成。

② 数控加工中心　数控加工中心是带有刀库和自动换刀装置的数控机床,又称多工序数控机床,简称加工中心。一次装夹后,可进行多种工序加工,有效避免由于多次安装造成的定位误差,并提高了加工生产率。

2)按运动轨迹分为点位控制、点位直线控制、轮廓控制数控机床。

① 点位控制数控机床　机床的数控装置只能控制行程终点的坐标值,在移动过程中不能进行切削加工。

② 点位直线控制数控机床　机床不仅要求有准确的定位功能,还要求当机床的位移部件移动时,可沿平行于坐标轴的直线及与坐标轴成 45°的斜线进行加工。

③ 轮廓控制数控机床　机床的控制装置能准确定位,能够控制加工过程中每点的速度

和位置,获得形状复杂的零件轮廓。

3)按伺服系统的控制方式分为开环、闭环和半闭环控制数控机床。

① 开环控制数控机床 如图 2-23a 所示,机床没有检测反馈装置,机床加工精度不高,其精度主要取决于伺服系统的性能。

② 闭环控制数控机床 如图 2-23b 所示,在闭环控制系统的数控机床中增加了检测反馈装置,加工过程中可随时检测机床位移部件的位置,加工精度高。

③ 半闭环控制数控机床 如图 2-23c 所示,半闭环控制数控机床对工作台不进行检测,而是测量伺服电动机的转角,推算工作台实际位移量,把此值与指令值进行比较,用差值实现控制,达到精确定位。这种方式的工作台不包括在控制回路内,调整方便。

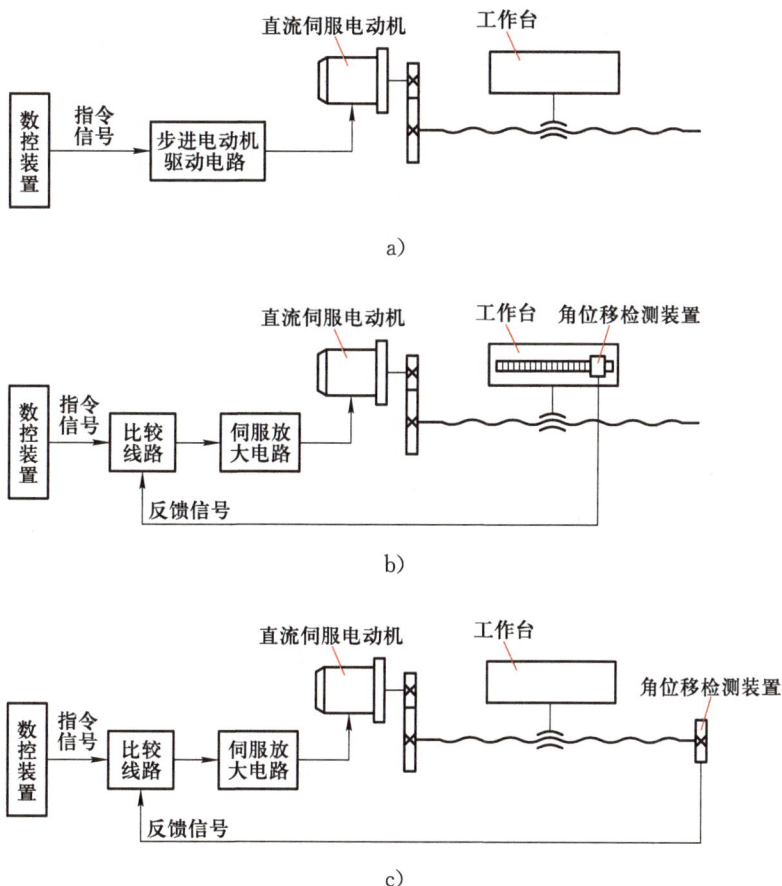

图 2-23 开环、闭环和半闭环控制系统原理

4)其他类型数控机床有金属塑性成形类数控机床及特种加工数控机床。

① 金属塑性成形类数控机床 如数控折弯机、数控弯管机、数控回转头压力机等。

② 特种加工数控机床 如数控切削机床、数控电火花加工机床、数控激光切割机床、数控火焰切割机床、数控三坐标测量机等。此外,还有多坐标联动功能、显示功能、通信功能的数控机床。

3. 数控机床的传动特点

（1）传动系统的各个运动部分均由各自独立的伺服电动机独立驱动。运动的传动链实现了最短的传动路线，传动精度提高。

（2）回转运动由伺服电动机实现无级调速，直线运动由滚珠丝杠传动实现。

（3）机床中所有内联系传动链由数控系统完成。

图 2-24、图 2-25 所示为 JCS-018A 型立式加工中心的外形图和传动系统图。

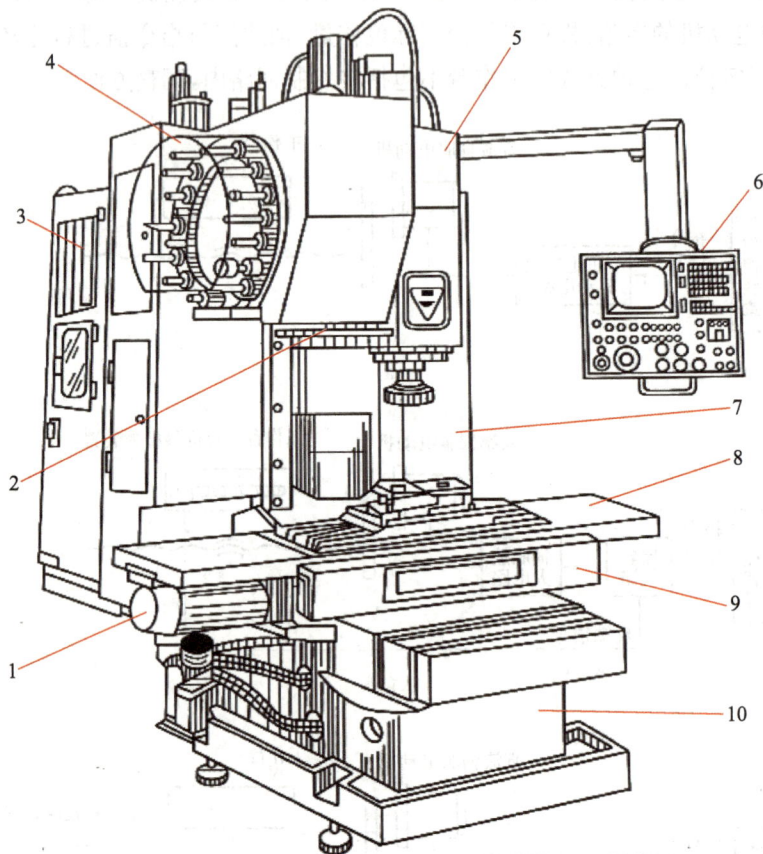

1—伺服电动机；2—换刀机械手；3—数控柜；4—刀库；5—主轴箱；
6—操作面板；7—驱动电源柜；8—工作台；9—滑座；10—床身。

图 2-24　JCS-018A 型立式加工中心外形图

4. 数控机床的加工特点

（1）提高生产率。数控机床能提高生产率 3～5 倍，数控加工中心可提高生产率 5～10 倍。

（2）可以加工复杂形状零件，不需要复杂的专用夹具。

（3）可实现一机多用，减轻劳动强度。

（4）有利于向计算机控制和管理方向发展，有利于机械加工综合自动化的发展。

（5）初期投资及维修技术费用较高，对管理及操作人员的素质要求高。

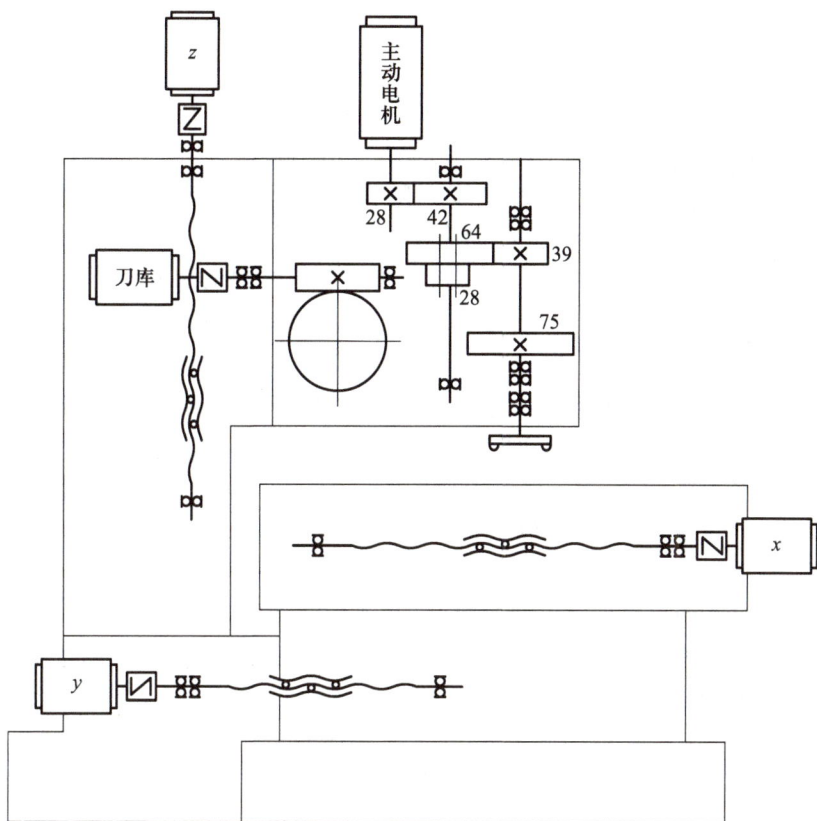

图 2-25　JCS-018A 型加工中心传动系统图

第四节　金属切削过程及应用

金属切削加工时,刀具通过切削运动从工件上切下多余的金属层(切削层)形成切屑,获得需要的加工表面。在切削加工的过程中,刀具与工件之间始终存在切除和反切除这一矛盾,由此产生了一系列的加工现象。本节从加工现象出发,认识切削加工的本质和规律,以便更合理地使用刀具和机床,保证切削加工质量,降低能量消耗,提高生产率。

一、金属切削过程

1. 金属切削过程的变形

切屑是金属切削过程中切削层金属经过刀具的作用而形成的,金属切削过程的一切物理变化和化学变化都是切屑引起的。因此,了解金属切屑的形成过程,对理解切削规律及其本质非常重要。下面以塑性金属材料为例,说明金属切削过程变形区的划分和切屑的形成过程。

(1)金属切削过程变形区的划分

在金属切削过程中,切削层金属受刀具前面挤压产生一系列变形,通常将其划分为三个

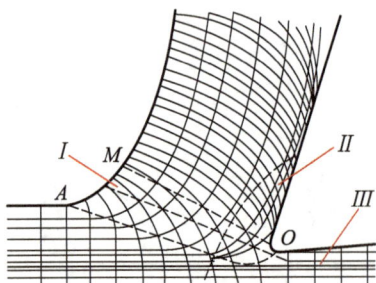

图 2-26 金属切削过程三个变形区示意图

变形区,如图 2-26 所示。

1) 第一变形区

图 2-26 中 I 区(AOM)为第一变形区。在第一变形区内,刀具和工件开始接触,工件材料内部产生切应力和弹性变形,随着刀具切削刃和刀具前面对工件材料的挤压作用增强,工件材料内部的切应力和弹性变形逐渐增大。切应力达到工件材料的屈服强度时,工件材料将沿着与走刀方向成 45°的剪切面滑移,产生塑性变形;当切应力超过工件材料的屈服强度极限时,切削层金属便与工件材料基体分离,形成的切屑沿刀具前面流出。由此可以看出,第一变形区变形的主要特征是沿滑移面的剪切变形,随之产生加工硬化。

实验证明,在切削速度下,第一变形区的宽度仅为 0.02~0.2 mm,切削速度越高,宽度越小,故它可看成一个平面,即剪切面 OM。

2) 第二变形区

图 2-26 中 II 区为第二变形区。切屑底层(与刀具前面接触层)沿刀具前面流动,受到刀具前面的进一步挤压与摩擦,靠近刀具前面处的切削层金属纤维化,产生第二次变形,变形方向基本上与刀具前面平行。

3) 第三变形区

图 2-26 中 III 区为第三变形区。刀具后面与已加工表面间的挤压和摩擦,产生以加工硬化和残余应力为特征的滑移变形,已加工表面产生变形,造成纤维化和加工硬化,构成了第三变形区。完整的金属切削过程包括上述三个变形区,它们汇集在刀具切削刃附近。该处的应力集中而且复杂,切削层金属就在该处与工件材料分离,一部分变成切屑,另外很小一部分留在已加工表面上。这三个变形区互有影响,密切相关。

(2) 切屑的形成

切屑是被切材料受到刀具前面的推挤,沿着某一斜面剪切滑移形成的。金属切削过程是切削层金属受到刀具前面的挤压后,产生以剪切滑移为主的塑性变形而形成切屑的过程。

如图 2-27 所示,切屑形成是在第一变形区内完成的,当切削层移近 OA 面时,切削层金属在正压力 F_N 与摩擦力 F_f 的合力 F_r 作用下,产生弹性变形,进入 OA 面后则产生塑性变形,亦即 OA 面上切应力 τ 达到材料的屈服强度 $\tau_{0.2}$ 而发生剪切滑移。以质点 P 为例,进入 OA 面后,由点 1 剪切滑移至点 2,由点 2 继续滑移至点 3,再由点 3 继续滑移至点 4。随着质点 P 的移动,剪切滑移量和切应力逐渐增大,达到 OE 面时,质点 P 滑移至点 10,此时,切应力最大。剪切滑移结束,切削层金属被刀具切离,形成了切屑。通常 OA 面称为始滑移面,OE 面称为终滑移面,两个滑移面之间很窄,故剪切滑移时间很短,切屑形成过程速度快。

(3) 切削变形程度的度量

1) 切削变形系数 ξ

金属切削过程类似于金属的挤压,这表现在切削前后切削层尺寸的变化上,即切屑长度减小,厚度增大。根据这一事实来衡量切屑的变形程度,得出了切削变形系数 ξ 的概念。切

屑厚度 a_{ch} 与切削层厚度 h_D 之比称为切屑的厚度变形系数,用符号 ξ_a 表示;而切削层长度 l_c 与切屑长度 l_{ch} 之比称为切屑的长度变形系数,用符号 ξ_l 表示。显而易见,切削变形系数 ξ 越大,表示切屑越厚、越短,切削变形越大。

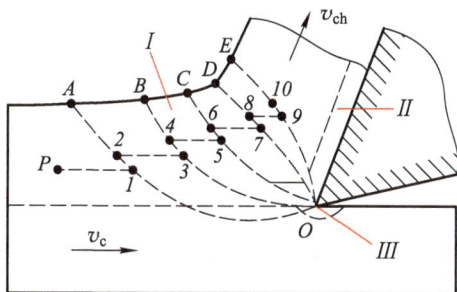

图 2-27 切屑的形成过程

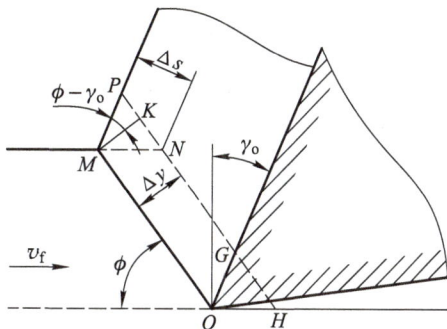

图 2-28 剪切面上的变形

2) 相对滑移 ε

如图 2-28 所示,当刀具向前移动时,切削层单元,即平行四边形 $OHNM$ 产生剪切变形,变为 $OGPM$,那么它的相对滑移 ε 为

$$\varepsilon = \frac{\Delta s}{\Delta y} = \frac{\cos \gamma_0}{\cos(\varphi - \gamma_0)\sin \phi} \tag{2-18}$$

式中　Δs——滑移量;

　　　Δy——滑移层的厚度;

　　　ϕ——剪切角;

　　　γ_0——前角。

当剪切角 ϕ 与前角 γ_0 在通常范围内($\phi = 5° \sim 30°$,$\gamma_0 = -10° \sim 30°$)时,剪切角 ϕ 改变引起 $\sin \phi$ 的变化比 $\cos(\phi - \gamma_0)$ 的变化要大,因此,剪切角 ϕ 越大,相对滑移 ε 越小,即切削变形越小。

切削变形系数是利用切屑尺寸的变化来衡量切削变形程度,相对滑移用来衡量第一变形区的滑移变形程度。

(4) 影响切削变形的主要因素

归纳起来,影响切削变形的主要因素有工件材料、刀具几何参数及切削用量。

1) **工件材料的影响**

工件材料的强(硬)度越高,刀具前面上的法向应力越大,摩擦系数 μ 越小,剪切角 ϕ 越大,切削变形越小。

2) **刀具几何参数的影响**

刀具几何参数中,影响切削变形最大的是刀具前角 γ_0,刀具前角 γ_0 越大,剪切角 ϕ 就越大,切削变形越小。这是刀具前角 γ_0 对切削变形的直接影响。

此外,刀具前角 γ_0 还通过摩擦角 β 间接影响切削变形,即刀具前角 γ_0 越大,作用在刀具前面上的法向应力越小,摩擦角 β 越大,剪切角 ϕ 就越小,切削变形越大。刀具前角 γ_0 的直接影响远大于间接影响,故刀具前角 γ_0 增大,切削变形还是减小。

3)切削用量的影响

① 切削速度的影响　在无积屑瘤的切削速度范围内,切削速度越高,切削变形系数 ξ 越小。

② 进给量的影响　在无积屑瘤情况下,进给量 f 是通过切削层厚度 h_D 来影响切削变形的,切削层厚度 h_D 又完全是通过摩擦系数 μ 来影响切削变形的。进给量 f 越大,切削层厚度 h_D 增大,刀具前面上的法向应力增大,摩擦系数 μ 减小,摩擦角 β 减小,剪切角 ϕ 增大,切削变形系数 ξ 减小。

③ 背吃刀量的影响　背吃刀量 a_p 对切屑变形系数 ξ 基本无影响。

2. 积屑瘤

(1)积屑瘤的形成

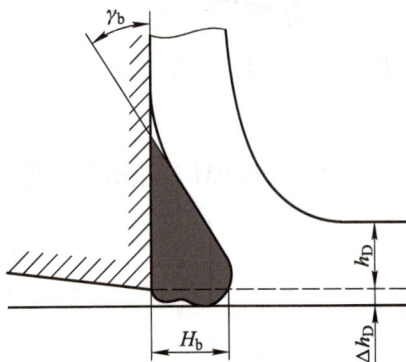

图 2-29　积屑瘤

在切削速度不高而又能形成连续性切屑的情况下,加工钢料或其他塑性材料,常在切削刃口附近黏结一块很硬的金属堆积物,它包围着切削刃且覆盖刀具部分前面,这就是积屑瘤,如图 2-29 所示。

积屑瘤的形成主要是切削加工时,在一定的温度和压力作用下,切屑与刀具前面发生强烈摩擦,致使切屑底层金属流动速度降低而形成滞流层。温度和压力合适,滞流层就与刀具前面黏结而留在其上,由于黏结层经过塑性变形硬度提高,当连续流动的切屑从黏结层上流动时,又会形成新的滞留层,黏结层在前一层的基础上积聚,这样一层又一层地堆积,黏结层越来越大,最后长成积屑瘤。积屑瘤生成时或生成后,在外力、振动等的作用下,会局部断裂或脱落;另外,当切削温度超过工件材料的再结晶温度时,加工硬化消失,金属软化,积屑瘤也会脱落和消失。由此可见,产生积屑瘤的决定因素是切削温度,加工硬化和黏结是形成积屑瘤的必要条件。

积屑瘤的化学成分与工件材料相同,它的硬度是工件材料的 2～3.5 倍,与刀具前面黏结牢固,能担负实际切削工作,但不稳定。

(2)积屑瘤对加工的影响

积屑瘤可代替切削刃进行切削,对切削刃有一定的保护作用,还可增大刀具实际前角,对粗加工有利;但是积屑瘤的顶端从刀尖伸向工件内层,使实际背吃刀量和切削厚度发生变化,影响工件的尺寸精度。积屑瘤的高度变化使已加工表面粗糙度的值变大,易引起振动,精加工时应避免产生积屑瘤。

(3)影响积屑瘤的主要因素与控制

要抑制积屑瘤的生成和发展,必须有效控制切屑底层与刀具前面的黏结和加工硬化。通过热处理降低工件材料塑性,提高其硬度,可抑制积屑瘤的生成。

切削速度是通过切削温度和摩擦系数来影响积屑瘤的。低速切削时,切屑流动慢,切削温度低,切屑与刀具前面摩擦系数小,不易发生黏结,不会形成积屑瘤。用高速钢刀具低速车削或铰削,可获得较小的表面粗糙度值;高速切削时,切削温度高,切屑底层金属软化,加工硬化和变形强化消失,不生成积屑瘤。选择耐热性好的刀具材料进行高速切削,可获得较小的表面粗糙度值；中速切削时，温度为 300～400 ℃，是形成积屑瘤的适宜温度，此时摩擦系数最大，积屑瘤生长最高，表面粗糙度值最大。

减小进给量、增大刀具前角、减小刀具前面的表面粗糙度值、合理使用切削液等，可使切削变形减小、切削力减小、切削温度下降，抑制积屑瘤生成。

3. 切削力

金属切削时，刀具切入工件，被切金属层发生变形成为切屑所需的力称为切削力。研究切削力对刀具、机床、夹具的设计和使用都具有很重要的意义。

（1）切削力的来源、合力及其分力

金属切削时，力来源于两个方面，一是克服切屑形成过程中工件材料对弹性变形和塑性变形的变形抗力，二是克服切屑与刀具前面、已加工表面与刀具后面的摩擦阻力。变形力和摩擦力作用在刀具上形成合力 F_r。切削时，合力 F_r 作用在切削刃空间某个方向，由于大小与方向都不易确定，为了便于测量、计算和反映实际，常将合力 F_r 分解为互相垂直的 F_c、F_f 和 F_p 三个分力，如图 2-30 所示。

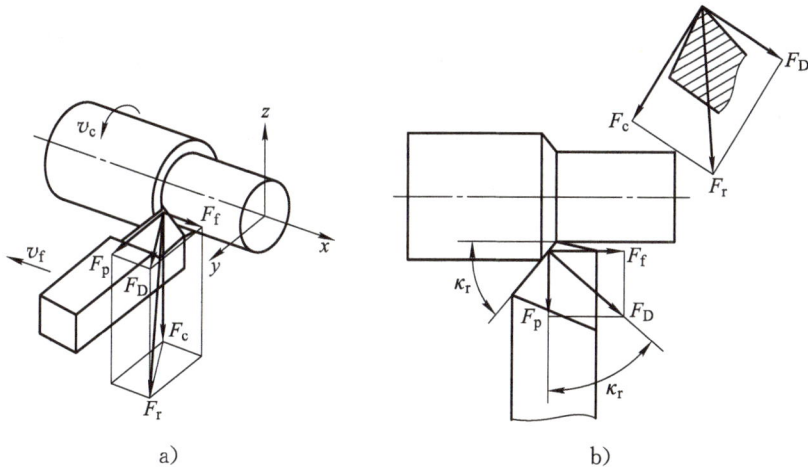

图 2-30 切削合力分解为分力

切削力 F_c（主切削力 F_z）——在主运动方向上的分力，它切于加工表面，并与基面垂直。F_c 是计算刀具强度、设计机床零件、确定机床功率等的主要依据。

进给力 F_f（进给抗力 F_x）——在进给运动方向上的分力，它处于基面内在进给方向上。F_f 是设计机床进给机构和确定进给功率等的主要依据。

背向力 F_p（切深抗力 F_y）——在切深方向上的分力，它处于基面内并垂直于进给运动方向。F_p 是计算工艺系统刚度等的主要依据，也是工件在切削过程中产生振动的力。

（2）切削力的计算

由于金属切削过程的复杂性，通常情况下，工程上采用经验公式来计算切削力，经验公式如下：

$$F_c = C_{Fc} \cdot a_p^{X_{Fc}} \cdot f^{Y_{Fc}} \cdot vc^{Z_{Fc}} \cdot K_{Fc} \tag{2-19}$$

$$F_f = C_{Ff} \cdot a_p^{X_{Ff}} \cdot f^{Y_{Ff}} \cdot vc^{Z_{Ff}} \cdot K_{Ff} \tag{2-20}$$

$$F_p = C_{Fp} \cdot a_p^{X_{Fp}} \cdot f^{Y_{Fp}} \cdot vc^{Z_{Fp}} \cdot K_{Fp} \tag{2-21}$$

式中各种系数、指数和修正系数都可以在切削用量手册中查到,其中:

C_{Fc}、C_{Ff}、C_{Fp}:取决于工件材料和切削条件的系数;

X_{Fc}、Y_{Fc}、Z_{Fc}:切削力分力 F_c 公式中背吃刀量 a_p、进给量 f 和切削速度 v_c 的指数;

X_{Ff}、Y_{Ff}、Z_{Ff}:切削力分力 F_f 公式中背吃刀量 a_p、进给量 f 和切削速度 v_c 的指数;

X_{Fp}、Y_{Fp}、Z_{Fp}:切削分力 F_p 公式中背吃刀量 a_p、进给量 f 和切削速度 v_c 的指数;

K_{Fc}、K_{Ff}、K_{Fp}:实际加工条件与求得经验公式的试验条件不符时,各种因素对各切削分力的修正系数。

（3）影响切削力的主要因素

1）工件材料

工件材料的强度、硬度越高,剪切屈服强度 τ_s 也越高,切削时产生的切削力越大。工件材料的塑性、冲击韧性越高,切削变形越大,切屑与刀具间的摩擦增加,则切削力越大。加工脆性材料时,因塑性变形小,切屑与刀具间摩擦小,切削力较小。

2）刀具几何参数

① 前角 γ_o 对切削力的影响

在刀具几何参数各项中,前角 γ_o 对切削力 F_c 的影响最大。前角 γ_o 越大,切削层的变形越小,故切削力 F_c 越小。切削不同的材料,前角 γ_o 的变化对切削力 F_c 的影响并不相同。切削塑性金属时,前角 γ_o 每变化 1°,切削力 F_c 就改变约 1.5%,金属的塑性越大,改变的幅度越大。

图 2-31 所示是车削 45 钢时前角 γ_o 对切削分力的影响规律曲线。不难看出,前角 γ_o 增大对 F_p、F_f 的影响要比对 F_c 的影响大。

② 主偏角对切削力的影响

主偏角对切削力 F_c 的影响较小,对进给力 F_f 和背向力 F_p 影响较大。如图 2-32 所示,主偏角增大时,F_f 增大,F_p 减小。

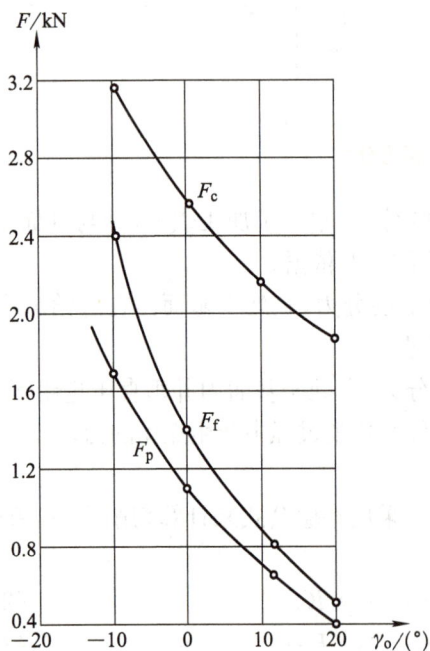

图 2-31　前角对切削力的影响

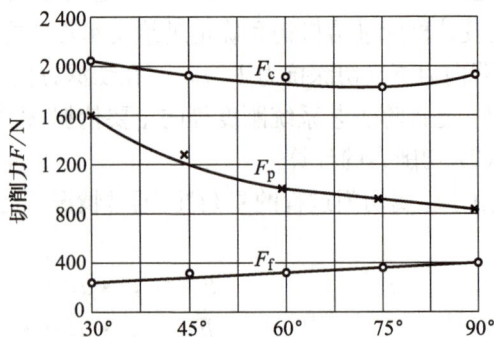

图 2-32　主偏角对 F_p 和 F_f 的影响

③ 刃倾角 λ_s 对切削力的影响

刃倾角 λ_s 在大范围（$-40°\sim+40°$）内变化时，对 F_c 没有影响，但 λ_s 增大时，F_f 增大，F_p 减小。

3）切削用量

切削用量对切削力的影响大，背吃刀量和进给量增加时，切削面积 A_D 成正比增加，变形抗力和摩擦力加大，切削力随之增大。背吃刀量增大一倍时，切削力近似成正比增加。进给量 f 增大一倍时，切削面积 A_D 也成正比增加，但变形程度减小，切削层单位面积切削力减小。切削力只增大 70%～80%，切削塑性材料，切削速度对切削力的影响分为有积屑瘤阶段和无积屑瘤阶段两种情况。如图 2-33 所示，在低速范围内，随着切削速度的增加，积屑瘤逐渐长大，刀具实际前角增大，切削力逐渐减小。在中速范围内，积屑瘤逐渐减小并消失，切削力逐渐增至最大。在高速阶段，切削温度升高，摩擦力逐渐减小，切削力得到稳定的降低。

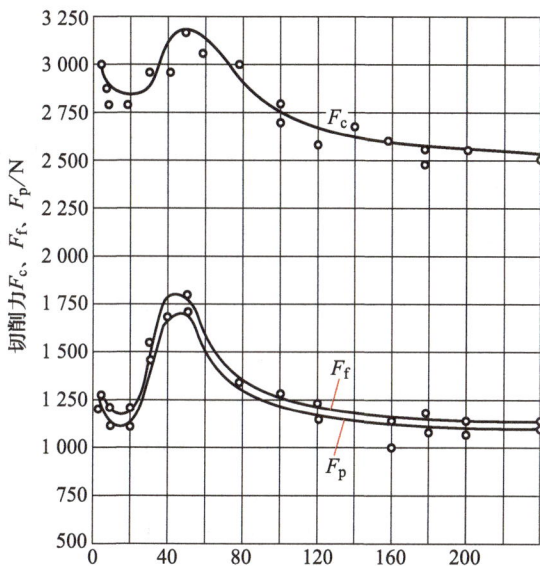

图 2-33　切削速度对切削力的影响

4）其他因素

刀具材料与工件材料之间的摩擦系数 μ 会直接影响到切削力。一般按立方碳化硼刀具、陶瓷刀具、涂层刀具、硬质合金刀具、高速钢刀具的顺序，摩擦系数依次增大，切削力也依次增大。切削液有润滑作用，可减小摩擦系数使切削力降低。切削液的润滑作用越好，切削力的降低越显著。低切削速度下，切削液的润滑作用更为突出。刀具后面磨损带 VB 越大，摩擦越强烈，切削力也越大。VB 对背向力的影响最为显著。

（4）工作功率 P_e

工作功率 P_e 是在切削过程中消耗的总功率。它包括切削功率 P_c 和进给功率 P_f 两部分，前者为主运动消耗功率，后者为进给运动消耗功率。进给功率只占工作功率的 2%～3%，一般只计算切削功率 P_c（单位为 kW）：

$$P_e \approx P_c = F_c \cdot v_c \times 10^{-3}/60 \tag{2-22}$$

式中,切削力 F_c 和切削速度 v_c 的单位分别为 N 和 m/min。

机床所需电动机的功率 P_E(kW) 为

$$P_E = P_c/\eta \tag{2-23}$$

式中　η——机床传动效率,一般为 0.75~0.85。

4. 切削热与切削温度

切削过程中消耗的功绝大部分都转变为切削热,由它产生的切削温度引起金属材料的物理力学性能变化,影响切削过程。尤为重要的是,切削温度对刀具磨损、工件加工精度和表面质量具有明显的影响。因此,研究切削热和切削温度的变化规律,是研究金属切削过程的一个重要内容。

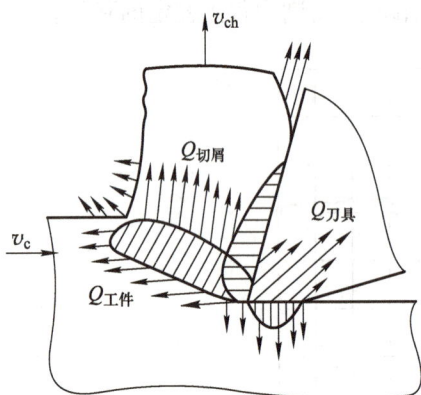

图 2-34　切削热的来源和传导

（1）切削热的产生

金属切削过程中,金属弹性变形的能量以应变能形式储存在变形体中,这部分能量没有消耗,它所占的比例很小(占 1%~2%),可以忽略不计。金属塑性变形的能量全部转变为热能而散失。在金属切削过程中,工件上有三个塑性变形区,每个塑性变形区都是一个热源。因此,切削时共有三个热源,如图 2-34 所示。这三个热源产生热量的比例与工件材料、切削条件等有关。

（2）切削热传出

切削过程中所产生的热量主要由切屑、工件和刀具产生,被周围介质带走的热量很少。传入切屑、工件和刀具的热量比例,除了与三个变形区产生的热量比例有关外,还与工件材料的导热系数、切屑与刀具前面的接触长度及切削条件等有关。钻削时切削热传入工件的比例比车削大得多。钻削属于半封闭式加工,切屑与工件、刀具的接触时间长,自身所带的热量传给了工件和刀具。

（3）切削温度分布

图 2-35 所示为车削时正交平面内切屑、工件和刀具上的温度分布情况。从中可得出切削温度分布的规律。

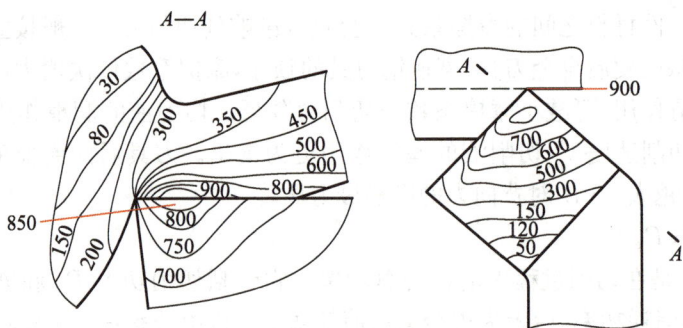

工件材料:GCr15;刀具材料:YT15
切削用量: $v_c = 1.3$ m/s, $f = 0.5$ mm/r, $a_p = 4$ mm

图 2-35　车削时正交平面内切屑、工件、刀具上的温度分布情况

1）剪切平面上各点温度变化不大，几乎相同。

2）刀具前面、主后面上的最高温度处于主切削刃一定距离处（该处称为温度中心）。切削塑性金属，切屑沿刀具前面流出，摩擦热逐步增大，切屑流至黏结与滑动的交界处，切削温度达到最大值，进入滑动区摩擦逐渐减小，热量传出条件改善，切削温度下降。

3）切削底层（同刀具前面相接触的层）温度最高，离切削底层越远温度越低。切削底层金属变形最大，与刀具前面存在摩擦，底层温度高，剪切强度下降，与刀具前面间的摩擦系数减小。

4）塑性越大的工件材料、塑性越大的工件材料，刀具与切屑接触长度越长，切削温度的分布越均匀。

5）导热系数低的工件材料，其刀具前面和主后面的温度就越高，且最高温度区距切削刃近，这是一些高温合金和钛合金难切削、刀具容易磨损的主要原因之一。

（4）影响切削温度的主要因素

切削温度的高低取决于切削热产生的多少和散热条件的好坏。

1）工件材料

工件材料的强（硬）度和导热系数对切削温度影响大。工件材料的强（硬）度越高、切削力越大，切削时消耗的能量越多，产生的切削热量越多，切削温度就越高。工件材料的导热系数直接影响切削热的导出，导热系数越大，工件和切屑传导出去的热量越多，切削温度就越低。

2）刀具几何参数

① 前角的影响

切削温度随前角的增大而降低。因为前角增大时，切削变形减小，单位切削力下降，产生的切削热减少。前角增大到一定幅值时，如果再继续增大前角，则因刀具的楔角太小而使散热体积减小，使切削温度下降的幅度减小，如图 2-36 所示。

② 主偏角的影响

主偏角增大，切削温度升高，因为主偏角增大，切削刃工作长度缩短，切削热相对集中，刀尖角减小，散热条件变差，如图 2-37 所示。

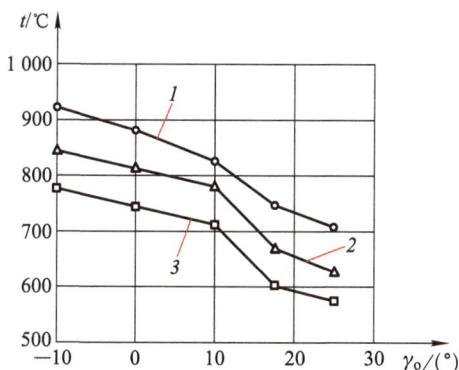

工件材料：45 钢；刀具材料：YT15
切削用量：$f=0.1$ mm/r，$a_p=3$ mm
$1—v_c=135$ m/min；$2—v_c=105$ m/min；
$3—v_c=81$ m/min

图 2-36 前角对切削温度的影响

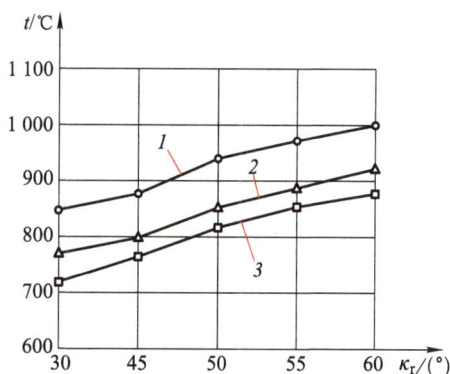

工件材料：45 钢；刀具材料：YT15
切削用量：$f=0.5$ mm/r，$a_p=4$ mm
$1—v_c=135$ m/min；$2—v_c=105$ m/min；
$3—v_c=81$ m/min

图 2-37 主偏角对切削温度的影响

3）切削用量

①切削速度的影响　切削速度对切削温度有较显著的影响。实验证明,切削速度提高,切削温度上升,原因是:提高切削速度,单位时间的金属切除量呈正比例增大。刀具与工件及切屑间的摩擦加剧,此时因为克服金属变形和摩擦而做的功增大,产生大量的热。

②进给量的影响　进给量增大,单位时间的金属切除量增大,消耗的切削能量和由此转化成的热量也增大,切削温度上升。但随着进给量的增大,单位切削力和单位切削功率减小,切除单位体积金属产生的热量也随之减小。此外,当增大进给量后,切屑厚度增大,由切屑带走的热量增大,同时切屑与刀具前面的接触长度增大,散热面积增大。

所以,切削温度随进给量的增大而上升,上升的幅度不如切削速度显著。

③背吃刀量　背吃刀量对切削温度影响很小。因为背吃刀量增大后,切削区产生的热量虽然呈正比例增大,但因切削刃切削工作的长度也呈正比例增大,改善了散热条件,切削温度上升不多。

综上所述,切削用量中切削速度对切削温度的影响较为显著,进给量对切削温度的影响次之,背吃刀量对切削温度的影响最小。为了有效地控制切削温度以提高刀具耐用度,在允许的条件下,选用大的背吃刀量和进给量比选用大的切削速度更为有利。

4）刀具磨损

刀具磨损后,切削刃变钝,切削作用减小,挤压作用增大,切削区的变形增大。同时,磨损后的刀具实际工作后角变成 $0°$,刀具后面与加工表面间的摩擦增大,切削温度上升。这时切削速度越大,刀具磨损值对切削温度的影响越显著。切削合金钢,强(硬)度比非合金钢高,导热系数小,因此,刀具磨损对切削温度的影响比切削非合金钢显著。

5）切削液

切削液对降低切削温度有明显效果。切削液的作用:减小切屑与刀具前面、工件与刀具后面的摩擦;吸收切削热。切削液对切削温度的影响与其导热性能、比热容、流量、浇注方式及本身的温度有关。

5. 刀具磨损与刀具耐用度

刀具切下切屑,本身也发生损坏,损坏到一定程度,要换刀。刀具损坏的形式有磨损和破损两种。

刀具磨损后,切削力增大,切削温度上升,切屑颜色改变,工艺系统振动,加工表面粗糙度值增大,加工精度降低。刀具磨损和耐用度直接关系到切削加工的效率、质量和成本。

刀具磨损取决于工件材料、刀具材料的物理力学性能和切削条件。不同刀具材料的磨损和破损有不同的特点。

（1）刀具磨损的形态

切削时,刀具前面和后面均与工件接触,产生剧烈摩擦,接触区内产生温度和压力,刀具前面和后面发生磨损。此外,刀具的边界也发生磨损。图 2-38 所示为刀具的磨损形态。

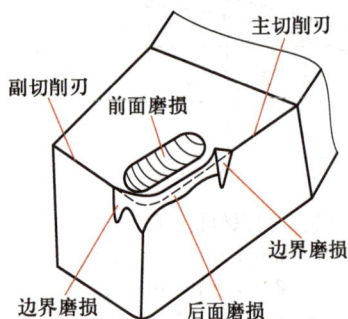

图 2-38　刀具的磨损形态

1）刀具前面磨损

刀具前面磨损也称为月牙洼磨损。刀具切削塑性材料,切削速度和切削厚度大,切屑在刀具前面上磨出月牙洼,位置在刀具前面切削温度最高的地方,月牙洼和切削刃之间有一条小棱边。在磨损过程中,月牙洼的宽度 KB、深度 KT 不断增大,最大深度磨损宽度 KM 也在增大。扩展到一定程度,切削刃的强度削弱,导致崩刃。月牙洼磨损量用最大深度 KT 表示,如图 2-39 所示。

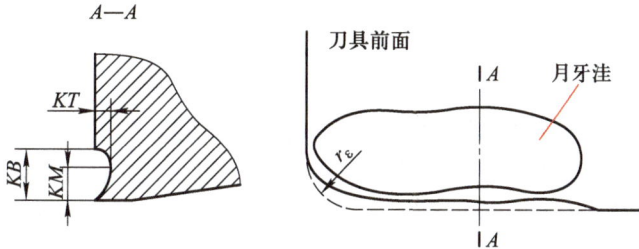

图 2-39　刀具前面的磨损

2) 刀具后面磨损

加工表面和刀具后面间存在强烈摩擦,刀具后面上毗邻切削刃的地方被磨出后角为 0° 的小棱面,这就是刀具后面磨损。在切削速度低、切削厚度较小切削塑性材料及加工脆性材料时,主要是刀具后面磨损,磨损带不均匀,如图 2-40 所示,刀尖部分(C 区)强度较低,散热条件较差,磨损严重,磨损量以最大深度 VC 表示。主切削刃靠近工件外表面最大深度(N 区)处,受上道工序加工硬化层或毛坯表面硬化层影响,主切削刃磨出深沟,其磨损量以最大深度 VN 表示。刀具后面磨损带中间部位(B 区)上,磨损均匀,平均磨损带宽度以 VB 表示,最大磨损带宽度以 VB_{max} 表示。

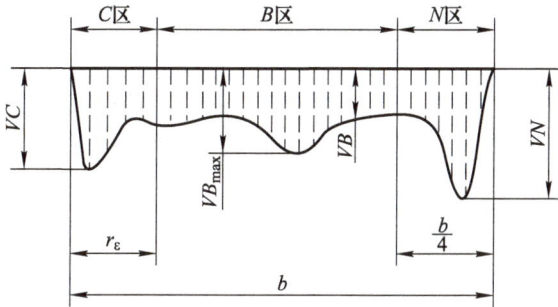

图 2-40　刀具后面的磨损　　　　图 2-41　刀具的边界磨损

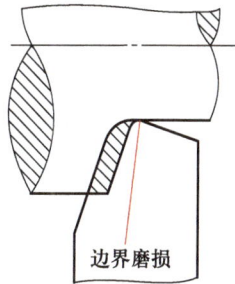

3) 边界磨损

切削钢料时,在主切削刃与工件待加工表面接触处,或副切削刃与工件已加工表面接触处上磨出的沟纹,称为边界磨损,如图 2-41 所示。以下情况下也可能发生边界磨损:

① 上道工序的加工硬化层使刀具副后面上发生边界磨损。

② 加工铸件和锻件等有粗糙硬皮的工件,也容易发生边界磨损。

(2) 刀具磨损的原因

正常磨损主要是机械、热和化学三种作用的综合结果:工件材料中硬质点的刻划作用产生的硬质点磨损,压力和强烈摩擦产生的黏结磨损,高温产生的扩散磨损,氧化作用等产生的化学磨损。

1) 硬质点磨损

切屑、工件材料中含有的一些硬度极高的微小硬质点(如碳化物、氮化物和氧化物等)以及积屑瘤碎片等,在刀具表面刻划出沟纹,这就是硬质点磨损,或称为磨料磨损。高速钢刀具的硬质点磨损显著;硬质合金刀具的硬度高,发生硬质点磨损的概率小。硬质点磨损在各种切削速度下都存在,是低速刀具(如拉刀板牙等)磨损的主要原因。因为此时切削温度较低,其他形式的磨损不显著。

2) 黏结磨损

切屑、工件和刀具前面、后面之间存在压力和强烈的摩擦,形成新鲜表面接触而发生冷焊黏结。由于摩擦面之间的相对运动,冷焊黏结破裂被一方带走,造成冷焊磨损。工件材料或切屑硬度低,冷焊黏结破裂往往发生在工件或切屑这一方。但由于交变应力、疲劳、热应力以及刀具表层结构缺陷等原因,冷焊黏结破裂也可能发生在刀具这一方,刀具表面上的微粒逐渐被切屑或工件黏走,造成刀具的黏结磨损。黏结磨损在中等偏低的切削速度下比较显著。

3) 扩散磨损

在切削高温下,刀具表面与切出的工件、切屑新鲜表面接触,刀具与切屑、刀具和工件双方的化学元素互相扩散给对方,改变了原来材料的成分与结构,削弱了刀具材料的性能,加速了磨损过程。扩散磨损主要发生在高速切削,此时切削温度高,化学元素扩散速率高。随着切削速度(温度)提高,扩散磨损程度加剧。

扩散磨损的快慢程度与刀具材料的化学成分有关,不同元素的扩散速率也不同。硬质合金中,Ti 元素的扩散速率远低于 Co、W 元素,TiC 不易分解,YT 类、合金的抗扩散磨损能力优于 YG 类合金。硬质合金中添加 Ta、Nb 元素后形成固熔体,不易扩散,YW 类合金和涂层合金具有良好的抗扩散磨损性能。

4) 化学磨损

在一定温度下,刀具材料与周围某些介质(如空气中的氧,切削液中的极压添加剂硫、氯等)起化学作用,在刀具表面形成一层硬度较低的化合物,被切屑或工件擦掉而形成磨损,这种磨损称为化学磨损。

空气一般不易进入刀具与切屑的接触区,化学磨损中因氧化而引起的磨损最容易在主切削刃和副切削刃的工作边界处形成,产生较深的磨损沟纹。

除上述磨损原因外,还有热电磨损,即在切削区高温作用下,刀具材料与工件材料形成热电偶,产生热电势,这种热电势有促进扩散的作用,促使刀具磨损。总之,不同的工件材料、刀具材料和切削条件,磨损原因和磨损强度是不同的。

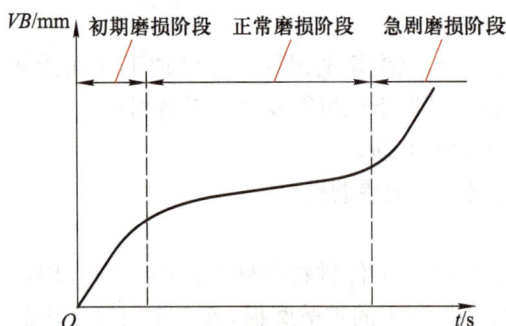

图 2-42 典型的刀具磨损曲线

(3) 刀具磨损过程与磨钝标准

1) 刀具磨损过程

随着切削时间的延长,刀具后面磨损量 VB(或刀具前面月牙洼磨损量 KT)随之增加。图 2-42 所示为典型的刀具磨损曲线,其磨损过程分为初期磨损阶段、正常磨损阶段和急剧磨损阶段。

① 初期磨损阶段

新刃磨的切削刃锋利,刀具后面与加工表面接触面小,压应力大,新刃磨的刀具后面存在一些微观不平等缺陷,这一阶段磨损快。初期磨损量为 0.05～0.1 mm,大小与刀面刃磨质量有关系。研磨过的刀具,初期磨损量较小。

② 正常磨损阶段

初期磨损后,刀具粗糙不平的表面被磨平,刀具进入正常磨损阶段。这个阶段的磨损缓慢均匀,刀具后面的磨损量随切削时间的增长呈正比例增加。该阶段是刀具的有效工作阶段,刀具的使用不应超过这一阶段。正常切削时,该阶段的时间长。

③ 急剧磨损阶段

刀具经过正常磨损阶段后,切削刃变钝,切削力、切削温度迅速增长,磨损速度急剧增大,从而使刀具损坏而失去切削能力。生产中为了合理使用刀具,保证加工质量,应避免达到这个磨损阶段。

2)刀具磨钝标准

刀具磨损到一定限度不能继续使用,这个磨损限度称为磨钝标准。刀具后面磨损,对加工质量、切削力和切削温度的影响比刀具前面磨损的影响显著。

国际标准 ISO 3685：1993 规定以 1/2 切削深度处刀具后面上测定的磨损带宽度 VB 作为刀具磨钝标准的衡量标志。自动化生产中用的精加工刀具,常以沿工件径向的刀具磨损尺寸作为衡量刀具的磨钝标准,称为刀具径向磨损量,以 NB 表示。

生产时,经常卸下刀具测量磨损量不可行,要根据切削过程中的现象判断刀具是否磨钝。精加工时,可观察加工表面粗糙度的变化,测量加工零件的形状与尺寸精度等作为参考,发现异常情况,及时换刀。柔性加工设备,经常用切削力的数值作为刀具磨钝标准,实现对刀具磨损状态的自动监控。制定磨钝标准应考虑被加工对象的特点和加工条件的具体情况。工艺系统刚性较差,应规定较小的磨钝标准,刀具后面磨损后,切削力增大,以径向切削力最为显著;切削难加工材料,切削温度高,应选用较小的磨钝标准;加工一般材料,磨钝标准可以大一些;加工精度及表面质量要求高的,应选用较小的磨钝标准。硬质合金车刀磨钝标准见表 2-7。

表 2-7　硬质合金车刀的磨钝标准

加工条件	磨钝标准 VB/mm
精　　车	0.1～0.3
合金钢粗车、粗车刚性较差的工件	0.4～0.5
粗车钢材	0.6～0.8
精车铸铁	0.8～1.2
钢及铸铁大件粗车	1.0～1.5

（4）刀具耐用度

1）刀具耐用度的概念

一把新刀从开始切削直到磨损量达到磨钝标准为止总的切削时间,或者说是刀具两次刃磨之间总的切削时间,称为刀具耐用度,用符号 T 表示,单位为 min。刀具寿命是指一把新刀从投入切削到报废为止的总切削时间。一把新刀可刃磨多次才报废,因此,刀具的寿命应等于刀具耐用度与刃磨次数的乘积。

刀具耐用度是一个表征刀具材料切削性能优劣的综合指标。相同的切削条件下,刀具耐用度越高,刀具材料的耐磨性越好。比较不同工件材料的切削加工性,刀具耐用度是一个重要指标,刀具耐用度越高,工件材料的切削加工性越好。

2)切削用量与刀具耐用度的关系

切削用量与刀具耐用度有着密切关系,刀具耐用度直接影响机械加工中的生产率和加工成本。切削用量三要素对切削温度有不同影响,因此,在此分别讨论这三要素与刀具耐用度的关系。

工件材料、刀具材料和刀具几何参数选定后,切削速度是影响刀具耐用度的最主要因素,提高切削速度,刀具耐用度就降低。在切削用量三要素中,切削速度对刀具耐用度的影响最大,进给量次之,背吃刀量的影响最小,这与三者对切削温度的影响顺序完全一致。从减少刀具磨损的角度,为了提高切削效率而优选切削用量时,其次序应为:首先应选取大的背吃刀量,其次根据加工条件和加工要求选取尽可能大的进给量,最后在刀具耐用度或机床功率允许的情况下选取切削速度。由于切削温度对刀具磨损具有决定性的影响,因此,凡是影响切削温度的因素都影响刀具磨损,因而也影响刀具耐用度。

3)刀具耐用度的合理选择

刀具磨损到达磨钝标准后即换刀。尤其在自动线、多刀切削及大批量生产中,一般都要求定时换刀。刀具耐用度同生产率和工序成本之间存在着较复杂的关系。若把刀具耐用度选得过高,则切削用量势必被限制在很低的水平,虽然此时刀具的消耗及费用较少,但过低的加工生产率也会使经济效果变得很差;若把刀具耐用度选得过低,虽可采用较高的切削用量使金属切除量有所提高,但由于刀具磨损加快而使换刀、刃磨的工时和费用显著增加,同样达不到高效率、低成本的要求。根据生产实际情况的需要,满足以下三个要求可称为合理耐用度。

① 使该工序的加工生产率最高,即零件的加工时间最短。

② 使该工序的生产成本最低,即所消耗的生产费用最低。

③ 使该工序所获利润最高。

4)刀具耐用度选择的原则

① 根据刀具的复杂程度、制造和刃磨的成本来选择。铣刀、齿轮刀具、拉刀等结构复杂,制造、刃磨成本高,换刀时间长,因此,它们的耐用度应选得高一些;反之,普通机床上使用的车刀、钻头等为简单刀具,因刃磨简便及成本低,因此,它们的耐用度可选得低一些;可转位车刀因具有不需刃磨以及换刀时间短的特点,为充分发挥其切削性能,应将刀具耐用度选得低一些。

② 多刀机床上的车刀和组合机床上的钻头、丝锥、铣刀以及数控加工中心上的刀具,其耐用度应选得高一些。

③ 精加工大型工件时,为避免切削同一表面时中途换刀,所选用刀具的耐用度应规定为至少能完成一次走刀所需的时间。

④ 当车间内某一工序的生产率限制了整个车间的生产率提高时,该工序的刀具耐用度要选得低一些;当某工序单位时间内所分担的全车间开支较大时,该工序的刀具耐用度也应选得低一些。

刀具耐用度推荐的合理数值可在有关手册中查到，表 2-8 所列数据可供参考。

表 2-8　刀具耐用度推荐值

刀具类型	刀具耐用度 T/min
高速钢车刀	30～90
硬质合金焊接车刀	60
高速钢钻头	80～120
硬质合金铣刀	120～180
齿轮刀具	200～300
组合机床、自动机床和自动线刀具	240～480

（5）刀具的破损

刀具破损和磨损一样，也是刀具主要失效形式之一。特别是用陶瓷、超硬刀具材料制成的刀具，进行断续切削，或者加工高硬度材料时，刀具的破损更加严重。刀具破损的形式主要分为脆性破损和塑性破损两类。

1）刀具脆性破损

刀具的脆性破损包括崩刃、碎断、剥落和裂纹。

① 崩刃　崩刃是指切削刃上小的缺口。缺口尺寸与进给量相当或稍大一点时，切削刃还能继续切削，但刃区崩损部分迅速扩大，会使刀具完全失效。用陶瓷刀具切削，常发生崩刃。采用硬质合金刀具断续切削，也常发生崩刃。

② 碎断　碎断是指切削刃上小块碎裂或大块断裂。当发生碎断后，不能正常切削。陶瓷刀具和硬质合金刀具断续切削时，常发生碎断。

③ 剥落　剥落是指刀具前面和后面上平行于切削刃而剥下一层碎片，有时连切削刃一起剥下，有时在离切削刃一小段距离处剥下。陶瓷刀具端铣时常发生剥落。

④ 裂纹破损　裂纹破损是指较长时间断续切削，引起裂纹的一种破损。裂纹破损既有因热冲击引起的热裂纹，也有因机械冲击引起的机械疲劳裂纹。这些裂纹不断扩展合并，引起切削刃的碎裂或断裂。

2）刀具的塑性破损

刀具的塑性破损是指切削时，在高温和高压的作用下，刀具前面、刀具后面，切屑、工件的接触层上，刀具表层材料发生塑性流动而丧失切削能力。

刀具的塑性破损直接与工件材料和刀具材料的硬度比有关。硬度比高，不容易发生塑性破损。陶瓷刀具、硬质合金刀具的硬度高，不容易发生塑性破损，高速钢刀具耐热性差，常发生塑性破损。

● 二、切削过程基本规律的应用

1. 工件材料的切削加工性

材料切削加工性是指某种材料切削加工的难易程度。研究材料加工性的目的是改善材料切削加工性。

(1) 工件材料切削加工性的衡量指标

加工难易程度是相对而言的,不同加工要求,难易程度不同,某种材料对于某种加工要求可能是难加工的,而对另一种加工要求可能就是易加工的。不同的加工要求有不同的评定标准。

1) 刀具耐用度指标

在相同切削条件,一定刀具耐用度 T 下,切削某种工件材料所允许的切削速度 v_{cT} 与加工性能较好的正火状态 45 钢 $(v_{cT})_J$ 相比较,则相对切削加工性 K_r 为

$$K_r = v_{cT}/(v_{cT})_J \tag{2-24}$$

取 $T=60$ min,难加工材料可用 $T=20$ min。

$K_r>1$ 的材料,加工性能好;$K_r<1$ 的材料,加工性能差。工件材料的相对切削加工性及分级见表 2-9。

表 2-9　工件材料的相对切削加工性及分级

加工性等级	名称及种类		相对加工性 K_r	代表性材料
1	容易切削材料	一般非铁金属	>3.0	铜铅合金,铜铝合金,铝镁合金
2	易切削材料	易削钢	2.5~3.0	退火 15Cr
3		较易削钢	1.6~2.5	正火 30 钢
4	普通材料	一般钢及铸铁	1.0~1.6	45 钢,灰铸铁,结构钢
5		稍难切削材料	0.65~1.0	Cr13 调质钢,85 钢轧制钢
6	难切削材料	较难切削材料	0.5~0.65	45Cr 调质钢,60Mn 调质钢
7		难切削材料	0.15~0.5	50CrV 调质钢,1Cr18Ni9Ti、钛合金
8		很难切削材料	<0.15	β 相钛合金,镍基高温合金

2) 切削力、切削温度指标

在相同的切削条件下,切削力大、切削温度高的材料难加工,加工性能差;反之,加工性能好。

3) 加工表面质量指标

精加工,常以此作为指标。凡容易获得好的加工表面质量的材料,其切削加工性好,反之较差。例如,低碳钢的加工性不如中碳钢,纯铝的加工性不如硬铝合金。

4) 断屑难易程度指标

切屑容易控制或容易断屑的材料,其加工性能好,反之较差。在自动线和数控机床上常以此作为切屑加工性指标。

(2) 工件材料的物理力学性能对切削加工性的影响

1) 硬度　硬度越高,加工性越差。

2) 强度　强度越高,加工性越差。

3) 塑性　材料硬度、强度大致相同时,塑性越大,加工性越差。

4) 韧性　韧性越大,加工性越差。

5）导热系数　导热系数越大，加工性越好。

（3）改善材料切削加工性的途径

工件材料的切削加工性满足不了加工要求，需要采取措施，改善切削加工性。

1）适当热处理　通过热处理改变材料的金相组织，改变材料的物理力学性能。例如，低碳钢采用正火处理或冷拔状态以降低其塑性、提高表面加工质量；高碳钢采用退火处理以降低硬度以减少刀具磨损，马氏体不锈钢通过调质处理降低塑性，热轧状态中非合金钢，通过正火处理使其组织和硬度均匀，中碳钢有时也要退火，铸铁件在切削前都要进行退火，降低表层硬度，消除应力。

2）调整工件材料的化学成分　大批量生产，可通过调整工件材料的化学成分改善切削加工性。例如易切钢在钢中适当添加化学元素（S、Pb 等）以金属或非金属夹杂物状态分布，不与钢基体固溶，使得切削力小、容易断屑，刀具耐用度高，加工表面质量好。

3）难加工的工件材料采取相应对策　例如，选择或研制最合适的刀具材料，选择最佳的刀具几何参数，选择合理的切削用量，选择合适的切削液等。

（4）常用材料的切削加工性

1）结构钢

普通非合金钢应用广泛，属于普通材料。由于碳的含量不同，切削加工性有所差异。

低碳钢（$\omega_C < 0.25\%$）中金相组织以铁素体为主，硬度为 140 HBW，塑性和韧性大，切削变形大，切屑分离母体时已加工表面会严重撕扯而产生大量细裂纹（又称鳞刺）。低碳钢容易与刀具前面黏结产生积屑瘤，这两个因素严重影响精加工表面质量。粗加工时，断屑困难，所以低碳钢的切削加工性较差。

中碳钢（$\omega_C = 0.3\% \sim 0.6\%$）的金相组织中铁素体含量减少，珠光体增加，硬度为 180 HBW，综合性能好，加工性好，还可通过正火或调质处理，改善加工过程或加工质量。

高碳钢（$\omega_C = 0.6\% \sim 0.8\%$）的金相组织以珠光体为主，正火后的硬度为 180～230 HBW，切削加工性不如中碳钢。

碳素钢的硬度在 170～230 HBW 范围内切削加工性好，过硬，刀具磨损加剧；过软，不易断屑，影响切削过程与工件的加工质量。合金结构钢的切削加工性低于碳含量相近的非合金结构钢。

2）铸铁

普通铸铁的金相组织是金属基体加游离石墨，塑性和硬度低，切屑易断，组织中的石墨有一定的润滑作用，切削时摩擦系数小，切削力小，功率消耗少，不难加工。但是切屑是从石墨处开始不规则断裂的，深入到已加工表面以下，已加工表面粗糙。切削铸铁时，形成的崩碎切屑，与刀具前面接触长度短，切削力、切削温度集中在刃区，最高温度在靠近切削刃的后面上。

3）非铁金属

普通铝及铝合金的硬度和强度低，导热性好，属易切削材料。切削应选用大的刀具前角（$\gamma_0 > 20°$）和高的切削速度，所用刀具应锋利、光滑，以减少积屑瘤和加工硬化对表面质量的影响。

铜及铜合金的硬度和强度都低，热性能也好，属易切削材料。纯铜和普通黄铜塑性和韧性大，断屑性差，易黏屑，切削应采用大的前角和可靠的断屑措施。铅黄铜和锡青铜的强度和硬度高,由于铅的存在,脆性增加,伸长率降低,切削变形小,形成崩碎切屑,可选用较高的切削速度。

4) 难加工金属材料

随着科学技术的发展,高锰钢、高强度钢、不锈钢、高温合金、钛合金、难熔金属及其合金等难加工金属材料的应用越来越多。这些材料含有一系列合金元素,形成了各种合金渗碳体、合金碳化物、奥氏体、马氏体及带有残余奥氏体的马氏体等,不同程度地提高了硬度、强度、韧性、耐磨性乃至高温强度和硬度。切削加工时,切削力大,切削温度高,刀具磨损剧烈,造成严重的加工硬化和残余拉应力,加工精度降低,材料切削加工性差。

2. 切屑的控制

(1) 切屑的形态

工件材料性质和切削条件不同,切削层变形程度也不同,产生的切屑形态也多种多样,归纳起来有带状切屑、节状切屑、粒状切屑和崩碎切屑四种类型,如图 2-43 所示。

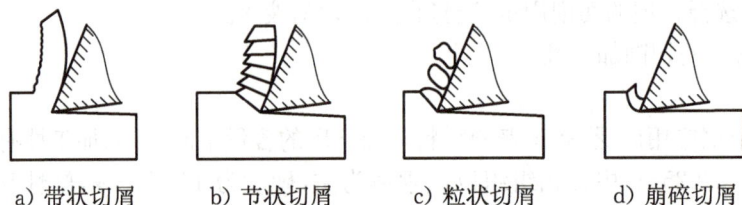

a) 带状切屑   b) 节状切屑   c) 粒状切屑   d) 崩碎切屑

图 2-43 切屑形态

1) **带状切屑**

图 2-43a 所示为带状切屑,切屑延续呈较长的带状,这是最常见的切屑形态。当加工的塑性材料(如软钢、铜、铝)切削厚度小、切削速度高、刀具前角大时,会产生带状切屑。此类切屑底层表面光滑,上层表面毛茸。形成此类切屑时,切削过程比较平稳,切削力波动较小,加工表面质量高,但要及时处理断屑、排屑,保障安全。

2) **节状切屑**

图 2-43b 所示为节状切屑,又称为挤裂切屑。此类切屑底层表面光滑,时有裂纹,上层表面呈明显锯齿状,这是由于切屑形成过程中,第一变形区宽,剪切滑移量大,滑移变形产生加工硬化,剪应力增加,局部地方达到材料断裂强度。

节状切屑常出现在加工塑性较低的金属材料(如黄铜)上,切削速度低、切削厚度大、刀具前角小。工艺系统刚性不足和加工非合金钢材料,更易得到此类切屑。形成切屑时,切削过程不太稳定,切削力波动大,已加工表面质量低。

3) **粒状切屑**

图 2-43c 所示为粒状切屑,又称为单元切屑。切削塑性材料,剪切面上剪应力超过工件材料的破裂强度,节状切屑便被切离成粒状切屑。采用较小的前角、切削速度低、进给量大时,易产生此类切屑。

以上三种切屑均是在切削塑性材料时产生的,只要改变切削条件,三种切屑形态是可以相互转化的。

4) **崩碎切屑**

图 2-43d 所示为崩碎切屑。铅黄铜、锡青铜、铸铁等脆性材料抗拉强度低,刀具切入后,

切削层金属在塑性变形后容易挤裂,或在拉应力状态下脆断,形成不规则的崩碎切屑。工件材料越脆、切削厚度越大、刀具前角越小,越容易产生此类切屑。

切屑类型是由材料特性和变形程度决定的,加工相同塑性材料,选择不同的切削用量和刀具角度可得到不同的切屑。也就是说,在一定条件下,切屑的类型可以相互转化。在实际工作中可利用相互转化原理,得到较为有利的切屑类型。

从加工过程的平稳、保证加工精度和加工表面质量考虑,带状切屑是较好的类型。带状切屑不同的形状如图 2-44 所示。

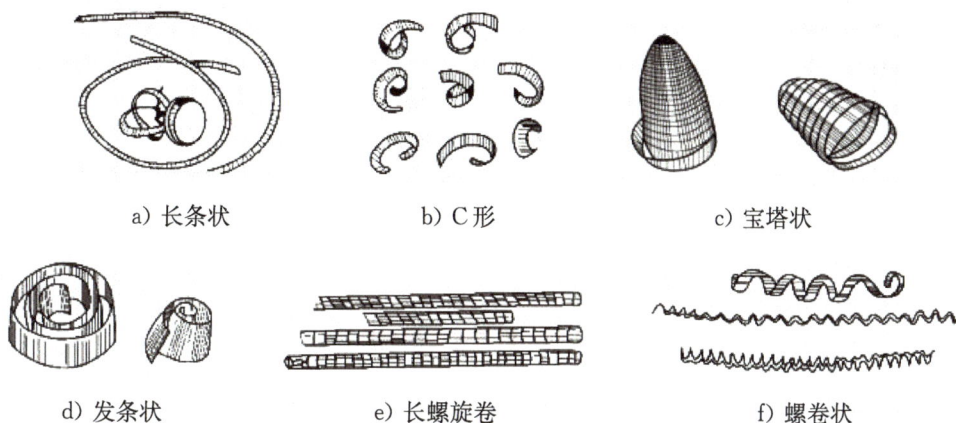

| a) 长条状 | b) C 形 | c) 宝塔状 |
| d) 发条状 | e) 长螺旋卷 | f) 螺卷状 |

图 2-44　带状切屑的形状

从便于处理和运输的角度考虑,长条状切屑不便处理,容易缠绕工件或刀具,影响切削进行,不安全。螺卷状切屑,过程平稳,清理方便;重型机床上用大切削深度、大进给量车钢件,切屑卷曲成发条状,在工件的加工表面上顶断,靠自重坠落,自动线上的切屑不会缠绕,清理方便,是好的屑形;车削铸铁、脆黄铜等脆性材料时,切屑崩碎、飞溅,易伤人,磨损机床的滑动面,应设法使切屑连成螺卷状。

(2)切屑的流向

切屑的流向对工件质量和加工安全有直接影响。切削条件不同,切屑流向的控制目的和方法也不尽相同。以车削外圆为例,刃倾角对切屑的流向影响最大,如图 2-45 所示。当刃倾角 $\lambda_s > 0°$ 时,切屑流向待加工表面;当 $\lambda_s = 0°$ 时,切屑沿主剖面方向流出;当 $\lambda_s < 0°$ 时,切屑流向已加工表面。

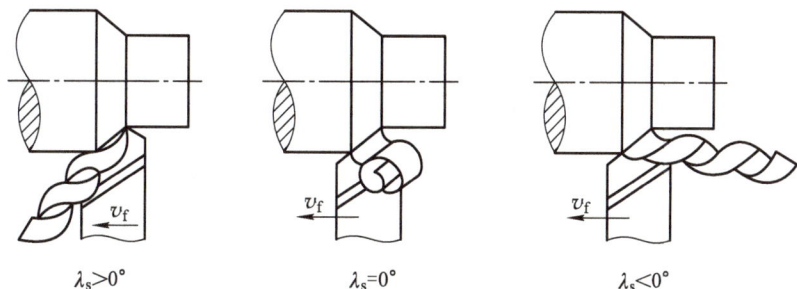

| $\lambda_s > 0°$ | $\lambda_s = 0°$ | $\lambda_s < 0°$ |

图 2-45　刃倾角对切削流向的影响

（3）切屑卷曲

切屑卷曲是由于切屑内部变形或碰到断屑槽等障碍物造成的，如图 2-46 所示，切屑在第Ⅰ变形区剪切变形后，经刀具前面流出，采用断屑槽能使切屑在流经断屑槽时受到外力而产生卷曲，如图 2-46c 所示。

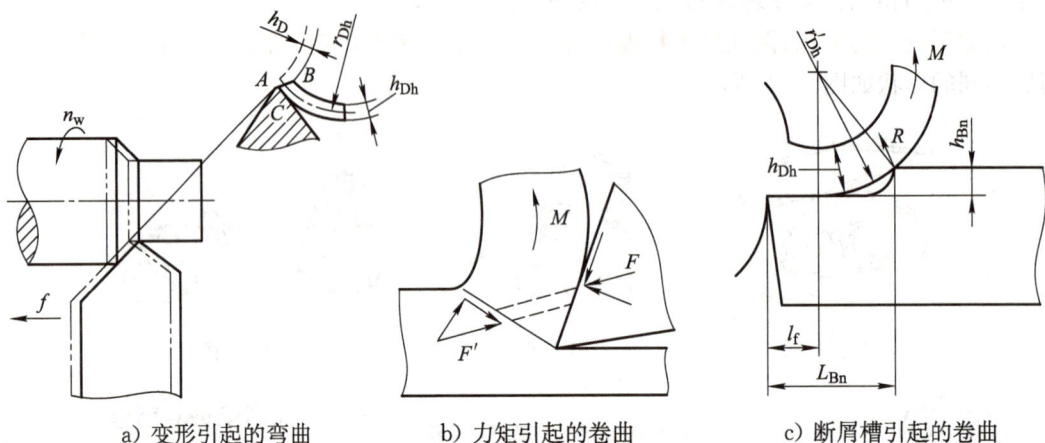

a) 变形引起的弯曲　　　　　b) 力矩引起的卷曲　　　　　c) 断屑槽引起的卷曲

图 2-46　切屑卷曲的成因

（4）切屑折断

1）断屑原因

切屑经第Ⅰ、第Ⅱ变形区的严重变形后，硬度增加，塑性降低，性能变脆，为断屑创造了先决条件。切屑经变形自然卷曲或经断屑槽等障碍物强制卷曲产生的拉应变超过切屑材料的极限应变值，切屑即会折断。

2）断屑措施

① 断屑槽尺寸

常用的磨制断屑槽形式如图 2-47 所示，其中折线形和直线圆弧形适用于加工非合金钢、合金钢、工具钢和不锈钢，全圆弧形前角大，适用于加工塑性大的材料和重型刀具，断屑槽尺寸 L_{Bn}（槽宽）、C_{Bn}（槽深）或 γ_{Bn} 应根据切屑厚度 h_{Dh} 选（h_{Dh} 大则 L_{Bn} 取大，以防产生堵屑现象）。断屑槽在刀具前面上的位置有外斜式、平行式（适用于粗加工）和内斜式（适用于半精加工和精加工）。

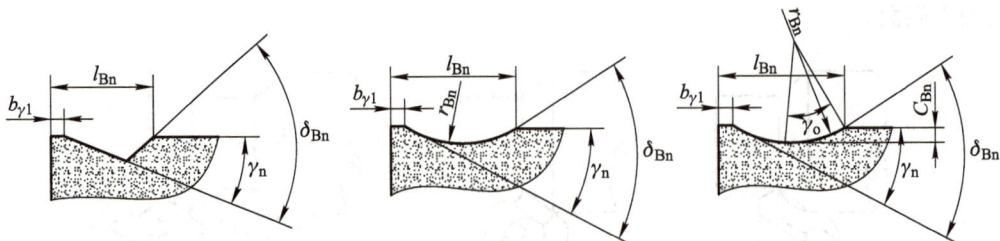

图 2-47　断屑槽的形式

② 刀具角度

主偏角和刃倾角对断屑的影响最大。主偏角越大，切屑厚度越大，切屑卷曲时的弯曲应力越大,易于折断,κ_r 在 75°~90° 范围较好,可改变刃倾角的正、负值,控制切屑流向达到断屑的目的。

③ 切削用量

切削速度提高,易形成带状切屑,不易断屑;增大进给量,切屑厚度增大,切屑易折断;背吃刀量增大不利断屑;h_D/b_D(切削厚度/切削宽度)值小,断屑困难,h_D/b_D 值大时易于断屑。实际生产中,应综合考虑各方面的因素,根据加工材料、已选择的刀具角度和切削用量,选择合理的断屑槽结构和参数。

3. 刀具几何参数的合理选择

刀具的几何参数除包括刀具的切削角度、刀面形式、切削刃形状、刃区形式(切削刃区的剖面形式)等。刀具几何参数对切削金属的变形、切削力、切削温度和刀具磨损有显著影响,影响生产率、刀具寿命、已加工表面质量和加工成本。为充分发挥刀具的切削性能,除正确选用刀具材料外,还应合理选择刀具几何参数。

刀具的"合理"几何参数,是指在保证加工质量的前提下,刀具能够获得最高寿命、切削效率提高、生产成本降低的几何参数。要注意区别"合理"与"能用",全面考虑,综合分析。

(1) 前角的选择

前角的大小决定切削刃的锋利程度和强固程度。增大前角可使刀刃锋利,减小切削变形,减小切削力和切削温度,提高刀具寿命。较大的前角还有利于排除切屑,减小表面粗糙度值。但是,增大前角会使刃口楔角减小,削弱刀刃的强度,散热条件恶化,切削区温度升高,刀具寿命降低,甚至造成崩刃。所以,前角不能太小,也不能太大。

刀具合理的前角通常与工件材料、刀具材料及加工要求有关。首先,工件材料强度、硬度大时,为增加刃口强度,降低切削温度,增加散热体积,应选择较小的前角;材料的塑性大时,选择较大的前角;加工脆性材料,塑性变形小,切屑为崩碎切屑,切削力集中在刀尖和刀刃附近,为增加刃口强度,选用小的前角。加工铸铁,前角取 5°~15°;加工钢材,前角取 10°~20°;加工紫铜,前角取 25°~35°;加工铝,前角取 30°~40°。其次,刀具材料的强度和韧性较高,选择大前角。高速钢强度高,韧性好;硬质合金脆性大,怕冲击;陶瓷刀具比硬质合金刀具的合理前角还要小一些。工件表面的加工要求不同,刀具所选择的前角也不相同。粗加工,增加刀刃的强度,选用小的前角;高强度钢断续切削,为防止脆性材料的破损,采用负前角;精加工时,为增加刀具的锋利性,选择大前角;工艺系统刚性差和机床功率不足时,为使切削力减小,减小振动、变形,选择较大的前角。

(2) 后角的选择

刀具后角的作用是减小切削过程中刀具后面与工件切削表面之间的摩擦。后角增大,可减小刀具后面的摩擦与磨损,刀具楔角减小,刀具变得锋利,可切下薄的切削层;相同的磨损标准 VB 时,磨去的金属体积减小,刀具寿命提高;但是后角太大,楔角减小,刃口强度减小,散热体积减小,刀具寿命减小,故后角不能太大。

刀具合理后角的选择主要依据切削厚度 a_c(或进给量 f)。切削厚度 a_c 增大,刀具前面上的磨损量加大,为增加散热体积,提高刀具寿命,后角应小一些;切削厚度 a_c 减小,磨损主要在刀具后面上,为减小后面的磨损和增加切削刃的锋利程度,应使后角增大。

刀具合理后角还取决于切削条件,原则如下:材料软,塑性大时,已加工表面易产生硬化,

视频

前角的选择

视频

后角的选择

刀具后面摩擦对刀具磨损和工件表面质量影响大,应取大后角;工件材料强度或硬度高时,为加强切削刃的强度,应选取小后角;切削工艺系统刚性差时,易出现振动,后角应减小;对尺寸精度要求高的刀具,应取较小后角。这样磨损掉的金属体积多,刀具寿命增加;精加工,因背吃刀量 a_p 和进给量 f 小,切削厚度小,刀具磨损主要发生在后面,宜取大后角。粗加工或刀具承受冲击载荷时,为使刃口强固,应取小后角;刀具的材料对后角的影响与前角相似。高速钢刀具比同类型的硬质合金刀具的后角大 $2°\sim3°$;车刀的副后角一般与主后角数值相等,有些刀具(如切断刀)受结构限制,只能取小后角。

(3) 主偏角的选择

视频

主偏角的
选择

主偏角 κ_r 影响切削力、切削热和刀具寿命。切削面积 A_c 不变时,主偏角减小,切削宽度 a_w 增大,切削厚度 a_c 减小,使单位长度上切削刃的负荷减小,刀具寿命增加;主偏角减小,刀尖角 ε_r 增大,刀尖强度增加,散热体积增大,刀具寿命提高;主偏角减小,可减少因切入冲击而造成的刀尖损坏;减小主偏角可使工件表面残留面积高度减小,使已加工表面粗糙度值减小。但是,减小主偏角使径向分力 F_p 增大,引起振动及增加工件挠度,刀具寿命下降,已加工表面粗糙度增大,加工精度降低。主偏角还影响断屑效果和排屑方向。增大主偏角,切屑窄而厚,易折断。对钻头而言,增大主偏角,有利于切屑沿轴向顺利排出。主偏角可根据不同加工条件和要求选择使用。

主偏角选择原则如下:粗加工、半精加工和工艺系统刚性差的,为减小振动,提高刀具寿命,选择大的主偏角;加工硬材料,选择小的主偏角;根据工件已加工表面形状,选择主偏角:加工阶梯轴,选 $\kappa_r=90°$;加工 $45°$ 倒角,选 $\kappa_r=45°$ 等;考虑一刀多用,选通用性较好的车刀,如 $\kappa_r=45°$ 或 $\kappa_r=90°$ 等。

(4) 副偏角的选择

副偏角 κ_r' 的作用是减小副切削刃和刀具副后面与工件已加工表面间的摩擦。副偏角对刀具耐用度和已加工表面粗糙度有影响。副偏角减小,会使残留面积高度减小,已加工表面粗糙度值减小;刀具副后面与已加工表面间摩擦增加,径向力增加,易出现振动。但是,副偏角太小,刀尖强度下降,散热体积减小,刀具寿命减小。

副偏角选取原则:精加工 $\kappa_r'=5°\sim10°$;粗加工 $\kappa_r'=10°\sim15°$;有些刀具因受强度及结构限制(如切断车刀),取 $\kappa_r'=1°\sim2°$。

(5) 刃倾角的选择

视频

刃倾角的
选择

刃倾角 λ_s 的作用是控制切屑流出方向、刀头强度和切削刃锋利程度。刃倾角 $\lambda_s>0°$ 时,切屑流向待加工表面;$\lambda_s=0°$ 时,切屑沿主剖面方向流出;$\lambda_s<0°$ 时,切屑流向已加工表面。粗加工采用负刃倾角,可增加刀具强度;断续切削,负刃倾角保护刀尖。$\lambda_s=0°$ 时,切削刃全程与工件同时接触,冲击大;$\lambda_s>0°$ 时,刀尖先接触工件,易崩;$\lambda_s<0°$ 时,离刀尖远处的切削刃先接触工件,保护刀尖。工件刚性差,不宜采用负刃倾角,负刃倾角使径向切削力 F_p 增大。精加工时宜选用正刃倾角,可避免切屑流向已加工表面,保证已加工表面不被切屑碰伤。大刃倾角刀具可使排屑平面的实际前角增大,刃口圆弧半径减小,刀刃锋利,能切下极薄的切削层(微量切削)。刃倾角主要由切削刃强度与流屑方向而定。

4. 切削用量控制

切削用量对切削力、切削功率、刀具磨损、加工质量、生产率和加工成本等均有显著影响。

切削加工中,不同的切削用量有不同的切削效果,必须合理选择切削用量。所谓合理选择,是指在保证工件加工质量和刀具耐用度的前提下,充分发挥机床、刀具的切削性能,提高生产率,降低生产成本。

（1）切削用量选择原则

1）粗加工切削用量的选择原则

根据工件加工余量,选择大的背吃刀量;根据机床进给系统及刀杆的强度和刚度条件,选择大的进给量;根据刀具耐用度确定最佳切削速度,校核机床功率允许的切削用量。

2）精加工切削用量的选择原则

根据粗加工后的加工余量确定背吃刀量;根据已加工表面粗糙度要求,选取小的进给量;在保证刀具耐用度的前提下,选择高的切削速度,校核机床功率允许的切削用量。

（2）切削用量的选择方法

1）背吃刀量的选定

背吃刀量应根据加工余量和工艺系统刚性确定,在保留半精加工和精加工余量的前提下,如果工艺系统刚性允许,应尽量把余量一次切除,只在加工余量太大时,才分两次或几次走刀。通常是：

$$第一次走刀取 a_{p1} = (2/3 \sim 3/4) A_i \tag{2-25}$$

$$第二次走刀取 a_{p1} = (1/4 \sim 1/3) A_i \tag{2-26}$$

其中 A_i 为工序余量。

在中等切削功率的机床上,粗加工背吃刀量可达 $5 \sim 6$ mm,半精加工背吃刀量可取 $0.5 \sim 2$ mm,精加工背吃刀量可取 $0.1 \sim 0.4$ mm。

2）进给量的选定

粗加工,对工件表面质量要求不高,主要考虑机床进给系统及刀杆的强度和刚度等因素。工艺系统的强度和刚度允许条件下,选用大的进给量。工件材料、刀杆尺寸、工件直径和已确定的背吃刀量,可查阅切削用量手册确定,表 2-10 为硬质合金车刀粗车外圆及端面时进给量的选择。需要注意的是：断续切削和受到冲击载荷时,表内进给量乘以修正系数 $k = 0.75 \sim 0.85$;加工耐热钢及其合金时,进给量不大于 1 mm/r;无外皮时,表内进给量乘以修正系数 $k = 1.1$;加工淬硬钢,硬度为 $45 \sim 56$ HRC 时,乘以修正系数 $k = 0.8$,硬度大于 56 HRC 时,乘以修正系数 $k = 0.5$。

半精加工和精加工,进给量对工件的已加工表面粗糙度影响较大,应根据表面粗糙度的要求查阅切削用量手册确定。表 2-11 为精加工时进给量的参考值。

3）切削速度选定

根据已选定的背吃刀量和进给量,按刀具耐用度允许的切削速度公式确定切削速度。粗加工,背吃刀量和进给量大,受刀具耐用度和机床功率的限制,切削速度一般较低;精加工,背吃刀量和进给量取得小,主要受加工质量和刀具耐用度影响,切削速度一般较高。

选择切削速度时,还应考虑工件材料强度、刚度、工件的切削加工性等因素,避开积屑瘤产生的切削速度区域。一般硬质合金车刀应采用高速切削,其速度一般在 $80 \sim 100$ m/min 以上;高速钢刀具一般采用低速切削,其速度可在 $3 \sim 8$ m/min 之间选取。

表 2-10　硬质合金车刀粗车外圆及端面时的进给量

工件材料	车刀刀杆尺寸/mm	工件直径/mm	背吃刀量 a_p/mm				
			≤3	>3~5	>5~8	>8~12	>12
			进给量 f/(mm/r)				
非合金结构钢、合金结构钢及耐热钢	20×30	20	0.3~0.4	—	—	—	—
		40	0.4~0.5	0.3~0.4	—	—	—
		60	0.6~0.7	0.5~0.7	0.4~0.6	—	—
		100	0.8~1.0	0.7~0.9	0.5~0.7	0.4~0.7	—
		400	1.2~1.4	1.0~1.2	0.8~1.0	0.6~0.9	0.4~0.6
铸铁及铜合金	20×30	40	0.4~0.5	—	—	—	—
		60	0.6~0.9	0.5~0.8	0.4~0.7	—	—
		100	0.9~1.3	0.8~1.2	0.7~1.0	0.5~0.8	—
		400	1.2~1.8	1.2~1.6	1.0~1.3	0.9~1.1	0.7~0.9

表 2-11　按表面粗糙度选择进给量的参考值

工件材料	表面粗糙度 Ra/μm	切削速度范围 v_c/(m/min)	刀尖圆弧半径 r_ε/mm		
			0.5	1.0	2.0
			进给量 f/(mm/r)		
铸铁、青铜、铝合金	10~5	不限	0.25~0.40	0.40~0.50	0.50~0.60
	5~2.5		0.15~0.25	0.25~0.40	0.40~0.60
	2.5~1.25		0.10~0.15	0.15~0.20	0.20~0.35
非合金钢及合金钢	10~5	<50	0.30~0.50	0.45~0.60	0.55~0.70
		>50	0.40~0.55	0.55~0.65	0.65~0.70
	5~2.5	<50	0.18~0.25	0.25~0.30	0.35~0.40
		>50	0.25~0.30	0.30~0.35	0.35~0.50
	2.5~1.25	<50	0.10	0.11~0.15	0.15~0.22
		50~100	0.11~0.16	0.16~0.25	0.25~0.35
		>100	0.16~0.20	0.20~0.25	0.25~0.35

　　断续切削,加工大件、细长件、薄壁工件,选用低的切削速度;加工合金钢、高锰钢、不锈钢等材料,切削速度应比普通中碳钢的切削速度低 20%～30%;易发生振动的,切削速度应避开自激振动的临界速度;加工带外皮的工件,适当降低切削速度。

　　5. 切削液的合理选择

　　(1) 切削液的作用

　　合理地选用切削液(冷却润滑液),可以有效地减少切削过程中刀具与切屑、工件加工表面的摩擦,降低切削力和功率的消耗及由此产生的切削热;同时,通过冷却润滑液的循环,吸收、带走切削区域中释放的热量,可提高刀具寿命和已加工表面的质量,有效提高生产率。切削液的具体作用包括以下四个方面:

1) 冷却　切削液以液体形式浇注在切削区,它能带走大量的切削热,降低切削温度,起到冷却作用;使刀具、切屑、工件间的摩擦减小,减少切削热。

2) 润滑　切削液渗入刀具前面、后面与工件表面间,形成一层很薄的油膜,可减少它们之间的摩擦,减少黏结及刀具磨损量,提高加工表面质量。

3) 排屑与清洗　磨削、钻削、深孔加工和自动线等生产,利用浇注或高压喷射切削液,能排除切屑,引导切屑流向。切削液的流动可以冲走切削区域和机床上的细碎切屑、磨粒细粉,防止划伤已加工表面和机床导轨面,减少刀具磨损。

4) 防锈　切削液中加入防锈剂,可在金属表面形成一层保护膜,对工件、机床和刀具都能起到防锈作用。

（2）切削液种类

切削液分为水溶液、乳化液和切削油三大类。

1) 水溶液　水溶液以水为主要成分,加入防锈添加剂和油性添加剂的液体。水溶液主要起冷却作用,润滑性能较差,主要用于粗加工和普通磨削加工。一般较少采用。

2) 乳化液　乳化液是由乳化油加 $95\% \sim 98\%$ 的水稀释成的一种液体,冷却性能好,并具有一定的润滑性能。一般加工常选用乳化液。

3) 切削油　切削油是以矿物油为主要成分,少数采用动植物油或复合油,加入添加剂合成的液体。切削油主要起润滑作用。

（3）切削液选择

根据工件材料、刀具材料、加工方法和技术要求等选择切削液。

1) 粗加工　粗加工加工余量、切削用量较大,产生大量的切削热。采用高速钢刀具切削时,高速钢刀具耐热性较差,要用切削液降温冷却,减少刀具磨损,应采用 $3\% \sim 5\%$ 的乳化液;硬质合金刀具耐热性高,一般不用切削液,若要使用,必须连续、充分浇注,以免在高温状态的硬质合金刀片产生巨大的内应力而出现裂纹。

2) 精加工　精加工要求工件表面粗糙度值小,应采用润滑性能好的切削液,如高浓度的乳化液或含极压添加剂的切削油。高速钢刀具精加工,可用 $15\% \sim 20\%$ 的乳化液,降低刀具磨损,改善工件加工表面质量。

可以根据工件材料的性质选用切削液。切削塑性材料,需用切削液;切削铸铁等脆性材料,一般不加切削液,以免崩碎状切屑黏附机床的运动部件;切削铜合金和非铁金属,不使用含硫化添加剂的切削液,以免腐蚀工件表面;切削铝、镁及其合金,不使用水溶液或水溶性乳化液;贵重精密机床加工工件,不使用水溶性切削液及含硫、氯添加剂的切削油。

综上所述,正确选用切削液,可以减少切削热和加强热传散,抑制切削温度升高,提高刀具耐用度和工件已加工表面质量。实践证明,合理使用切削液可提高金属切削加工效益,经济又简便。

（4）切削液的使用方法

1) 浇注法　直接将充足的低压切削液浇注在切削区。浇注法在生产中较常用,但切削液很难进入最高温度区,影响了它的使用效果。

2) **喷雾法**　用压缩空气以 0.3～0.6 MPa 的压力通过喷雾装置雾化切削液,再高速喷至切削区的方法。喷雾法具有良好的冷却效果。

3) **内冷却法**　以高压力和大流量通过刀体内部,把切削液喷向切削区,将切屑冲刷出来,同时带走热量。内冷却法可大大提高刀具耐用度、生产率和加工质量。

复 习 思 考 题

互动练习

第二章
复习思考题

1. 什么是主运动,什么是进给运动? 各有何特点和作用?

2. 解释下列机床型号的含义:CA6140、X6132、CG6125B、Z3040、MG1432A、Y3150E、T6112、XK5040、CK6132。

3. 什么是外联系传动链,什么是内联系传动链? 其本质区别是什么?

4. 刀具材料应该具备哪些性能? 其硬度和耐磨性之间有什么联系?

5. 用主偏角为 90°的车刀车外圆,工件加工前直径为 74 mm,加工后直径为 66 mm,工件转速 $n=220$ r/min,刀具每秒钟沿工件轴向移动 1.6 mm,试求 f、a_p、v_c、h_D、b_D。

6. 为什么加工奥氏体不锈钢采用 YG 类硬质合金而不用 YT 类硬质合金?

7. 精、粗加工铸铁或钢件时应选用什么牌号的硬质合金刀具?

8. 已知外圆车刀角度:$\kappa_r=75°$、$\gamma_o=10°$、$a_o=8°$、$a_o'=6°$、$\lambda_s=-5°$、$\kappa_r'=15°$,绘制刀具切削部分工作图。

9. 在下图中标出:

(1) 主运动、进给运动;

(2) 工件上的已加工表面、待加工表面、过渡表面;

(3) 工件切削层参数 a_p、a_w、a_c、f;

(4) 标注刀具静态坐标系的坐标平面 P_r、P_s、P_o;

(5) 标注刀具的 κ_r、γ_o、a_o、a_o'、λ_s、κ_r'。

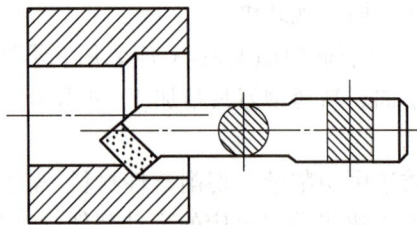

图 2-48

10. 切屑有哪些种类? 各类切屑在什么情况下形成?

11. 分析积屑瘤产生的原因及其对生产的影响。

12. 试述前角 γ_o 和后角 α_o 的作用和选择方法。

13. 试述主偏角 κ_r 和刃倾角 λ_s 的作用和选择方法。

14. 粗加工时切削用量的选择原则是什么,为什么?

15. 粗加工时进给量的选择受哪些因素的限制?

16. 切削力产生的原因是什么？车削时切削力如何分解？

17. 切削用量是如何影响切削力的？

18. 背吃刀量和进给量对切削力和切削温度的影响是否一样？如何影响？

19. 刀具的磨损过程分几个阶段？各阶段的特点是什么？

20. 什么是刀具寿命？刀具寿命与哪些因素有关？

21. 从提高生产率或降低成本的观念看，刀具耐用度是否越高越好，为什么？

22. 如何从磨损原因解释切削钢件时应选 YT 类硬质合金刀具而不选用 YG 类硬质合金刀具？

第三章　常用机械加工方法

综述与要求

　　常用机械加工方法有车削、铣削、刨削、插削、拉削、磨削及钻、铰、镗孔加工等。车削主要是利用车刀对回转体工件进行切削加工的方法,铣削主要是利用铣刀对平面、台阶面、沟槽、成形表面、型腔表面等进行切削加工的方法,刨削主要是利用刨刀对平面和沟槽工件进行切削加工的方法,插削主要是利用插刀对单件或小批生产的工件内表面进行切削加工的方法,拉削主要是利用拉刀对各种截面形状的内孔表面或一定形状的外表面的一种切削加工方法,磨削加工是用磨具高线速度对工件表面进行精加工和超精加工的切削加工方法,钻、铰、镗孔加工主要是利用钻头、铰刀、镗刀在工件上加工孔的方法。随着科学技术的进步,涌现出越来越多的先进加工技术,例如精密加工和超精密加工、特种加工技术、表面处理技术等,显著提升了制造业生产率。通过学习常用机械加工方法,掌握常用机械加工设备、刀具、附件等工艺装备,通过合理选择加工方法,提高产品质量和生产率,降低生产成本。

第一节　车削加工

● 一、车削加工概述

　　车削加工是在车床上以工件的旋转运动作主运动,车刀的直线运动作进给运动,切去工件上多余的金属层,达到图样要求的切削加工。

1. 车削加工的工艺范围

　　车削加工在机械加工中占有重要地位,加工范围广,如图 3-1 所示。如果在车床上安装其他附件和夹具,还可以进行磨削、珩磨、抛光、车多边形等。

2. 车削加工分类

　　车削的工艺范围广,按车削达到的加工精度和表面粗糙度,划分为荒车、粗车、半精车、精车和精细车。要根据加工对象、生产类型、生产率和加工经济性合理选择车削类型。

　　(1) 荒车　毛坯为自由锻件或大型铸件,荒车可切除大部分余量。荒车后工件尺寸精度为 IT18～IT15,表面粗糙度 Ra 高于 80 μm。

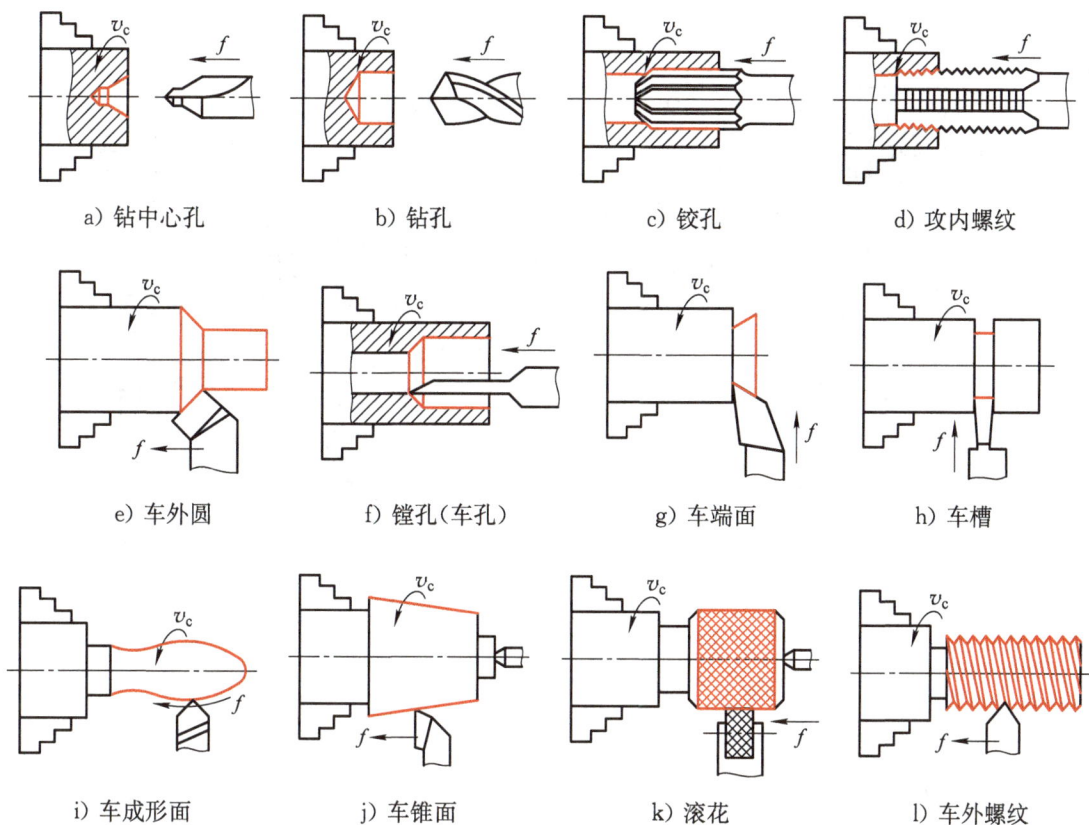

a) 钻中心孔　　　　b) 钻孔　　　　c) 铰孔　　　　d) 攻内螺纹

e) 车外圆　　　　f) 镗孔(车孔)　　　　g) 车端面　　　　h) 车槽

i) 车成形面　　　　j) 车锥面　　　　k) 滚花　　　　l) 车外螺纹

图 3-1　车床上所能完成的主要工作

(2) 粗车　中小型锻件和铸件可直接进行粗车,尺寸精度为 IT13~IT11,表面粗糙度 Ra 为 30~12.5 μm。低精度表面可以粗车作为其最终加工工序。

(3) 半精车　尺寸精度要求不高的工件或精加工工序之前可半精车。尺寸精度为IT10~IT8,表面粗糙度 Ra 为 6.3~3.2 μm。

(4) 精车　最终加工工序或光整加工的预加工工序。尺寸精度为 IT8~IT7,表面粗糙度 Ra 为 1.6~0.8 μm。精度高的毛坯,可不经过粗车而直接进行精车或半精车。

(5) 精细车　用于非铁金属加工或高要求的钢制工件的最终加工。尺寸精度为 IT7~IT6,表面粗糙度 Ra 为 0.4~0.025 μm。

二、车床

车床是车削加工的机床,在金属切削机床中占的比重最大,占金属切削机床总台数的 1/3~1/2。

车床可分为卧式车床、立式车床、转塔车床、落地车床、数控车床、多刀车床、自动车床、半自动车床、仪表车床和车削中心等。

1. 卧式车床

卧式车床是加工范围广的万能性车床,图 3-2 所示为 CA6140 型卧式车床,可完成如图 3-1 所示的加工类型,加工范围广,但自动化程度低,加工生产率低,加工质量受操作者技术水平影响。

视频

卧式车床

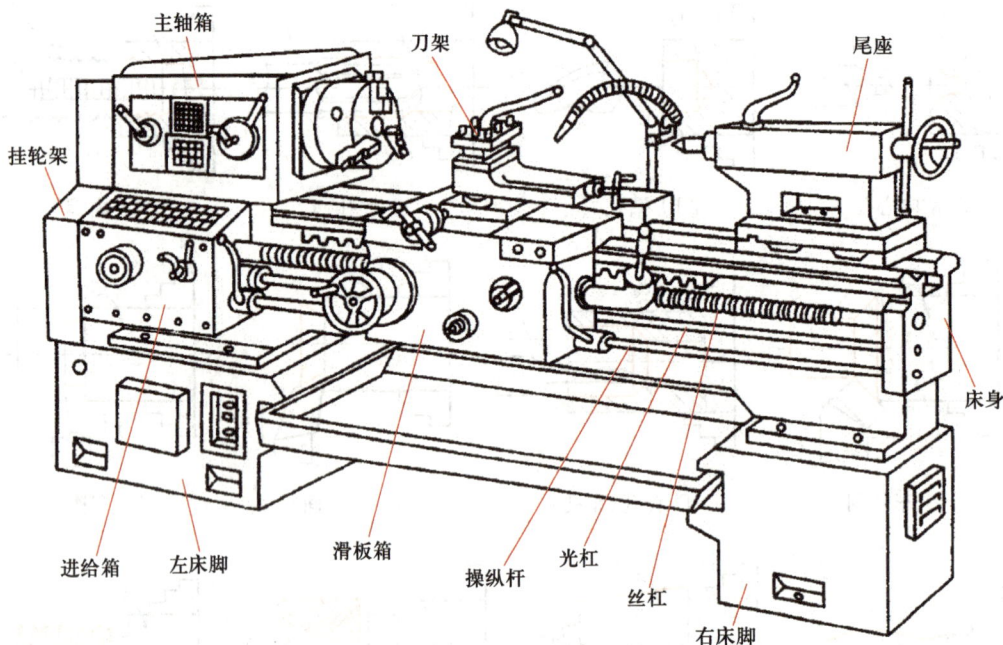

图 3-2　CA6140 型卧式车床

2. 立式车床

立式车床用于加工径向尺寸大、轴向尺寸短、形状复杂的大型或重型零件。立式车床主轴垂直布置,安装工件的圆形工作台直径大,台面呈水平布置,装夹和校正笨重的零件比较方便,分为单立柱和双立柱两种,如图 3-3 所示,前者加工直径小,后者加工直径大。

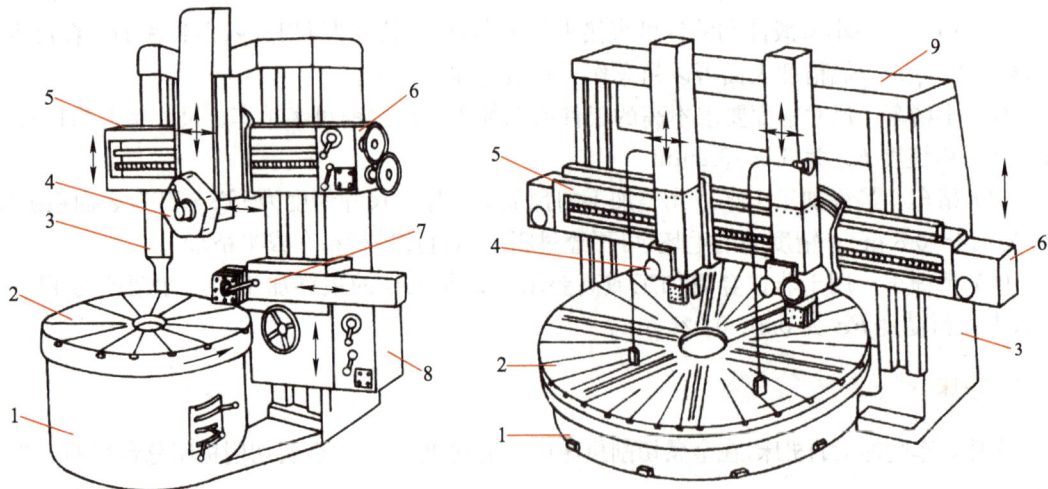

视频

立式车床

a) 单臂立式车床　　　　　　　　b) 双臂立式车床

1—底座;2—工作台;3—立柱;4—垂直刀架;5—横梁;6—垂直刀架进给箱;
7—侧刀架;8—侧刀架进给箱;9—横梁。

图 3-3　立式车床

3. 转塔、回轮车床

和卧式车床相比,转塔、回轮车床没有尾座和丝杠,尾座对应处有纵向移动的多工位刀架,此刀架可装几组刀具,多工位刀架可以转位。不同刀具依次转至加工位置,对工件轮流进行多刀加工。每组刀具的行程终点由可调整的挡块控制,加工时不必对每个工件进行测量,也不需要反复安装刀具,加工图 3-4 所示的工件效率高于卧式车床。

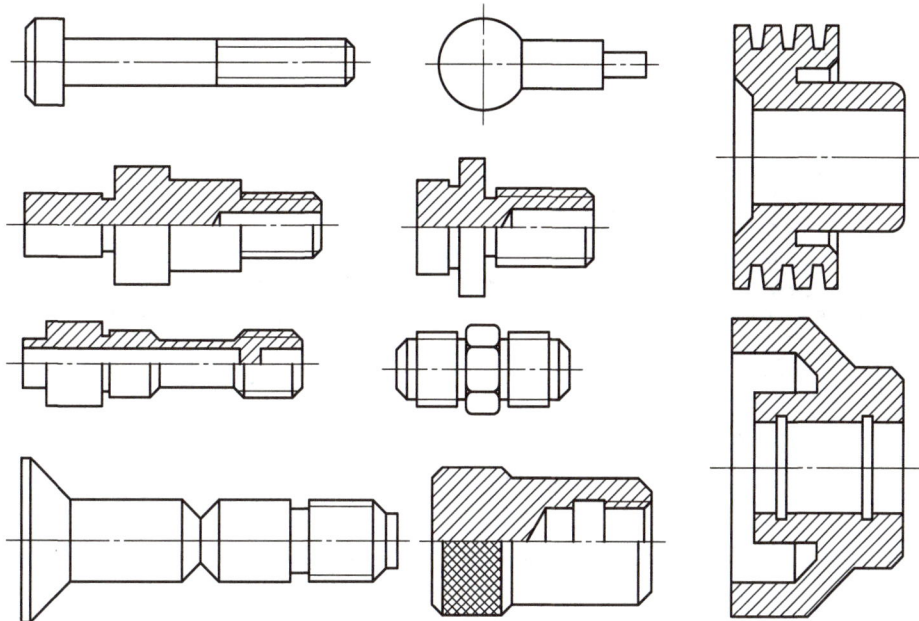

图 3-4　转塔、回轮车床加工的典型工件

视频

转塔车床

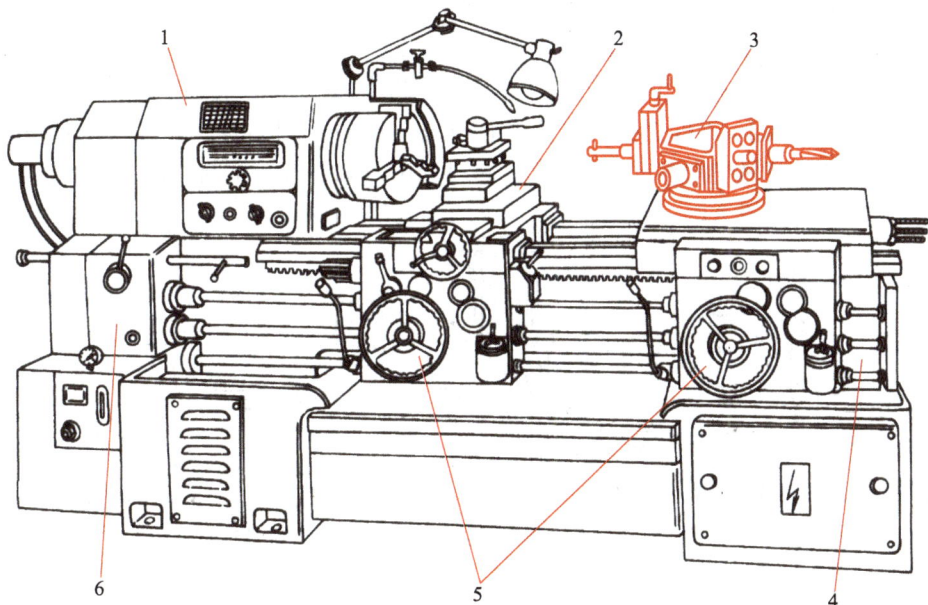

1—主轴箱;2—刀架;3—转塔刀架;4—床身;5—滑板箱;6—进给箱。

图 3-5　转塔车床

转塔车床除前刀架外,还有立式转塔刀架,如图 3-5 所示。前刀架可以纵向、横向移动以便车削大直径圆柱面、内/外端面和沟槽。转塔刀架只能纵向进给,车削外圆柱面以及对内孔进行加工钻、扩、铰、镗加工。

回轮车床没有前刀架,只有轴线与主轴中心线平行的回轮刀架,回轮刀架有安装刀具的孔,如图 3-6 所示。刀具孔转到最上端位置,刚好与主轴轴线同轴。回轮刀架沿机床导轨作纵向进给运动,缓慢旋转可实现切断、切槽和成形车削的横向进给。

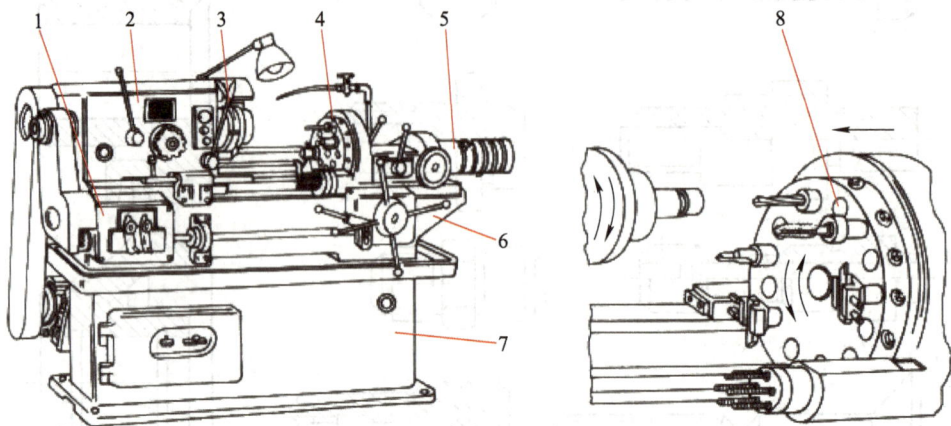

1—进给箱;2—主轴箱;3—夹头;4—回轮刀架;5—挡块轴;6—床身;7—底座;8—安装孔。

图 3-6　回轮车床

4. 落地车床

车削直径大而短的工件,不可能充分发挥卧式车床床身和尾架的作用。这类大直径的短零件通常也没有螺纹,这时,可以在落地车床上加工。

这类机床主轴箱和刀架由单独的电动机驱动,如图 3-7 所示。主轴箱 1 和滑座 8 直接安装在地基和落地平板上,工件夹持在花盘 2 上,刀架(滑板)3 和小刀架 6 可做纵向移动,小刀架座 5 和刀架座 7 可做横向移动,转动转盘 4,可利用刀架 5 或 6 车削圆锥面。

视频

落地车床

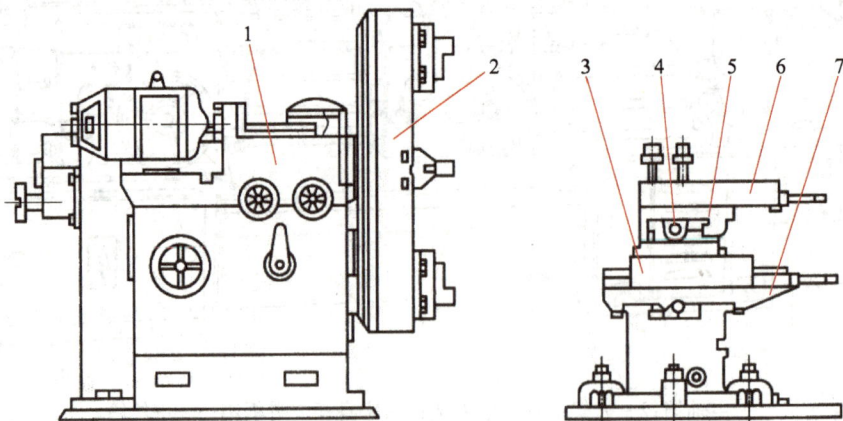

1—主轴箱;2—花盘;3—刀架(滑板);4—转盘;5—小刀架座;6—小刀架;7—刀架座;8—滑座。

图 3-7　落地车床

5. 数控车床

数控车床和普通车床一样,用于加工轴类或盘类回转体零件,适合加工形状复杂的轴类或盘类零件。不同的是整个加工过程(包括自动换刀)由计算机自动控制。

数控车床在结构上与普通车床相似,由床身、主轴箱、进给传动系统、刀架、液压系统、冷却系统、润滑系统等部分组成,图3-8所示为数控车床外形图。数控车床的主轴、尾座等部件的布局形式与普通车床基本一致,刀架和导轨的布局形式有很大变化,这直接影响数控车床的使用性能及机床的结构和外观。另外,数控车床上都设有封闭的防护装置。

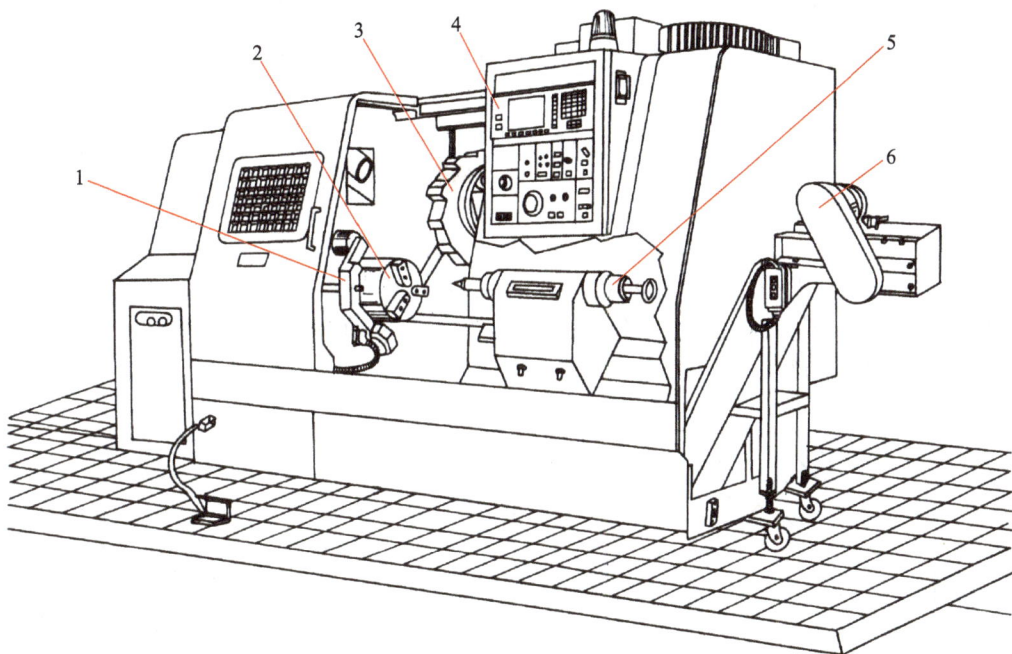

1—对刀架;2—三爪自定心卡盘;3—刀库;4—操作面板;5—尾座;6—自动送料系统。

图3-8　数控车床

三、车刀

车刀是金属切削加工中应用最为广泛刀具之一,它直接参与车削加工过程。车刀的性能取决于刀具的材料、结构和几何参数。车刀性能对车削加工质量、生产率有决定性的影响。

车刀种类多,按用途分类,有外圆车刀、端面车刀、切断刀等;按材料分类,有高速钢车刀、硬质合金车刀、陶瓷车刀和金刚石车刀等;按照结构分类,有整体式、焊接式和机夹式、可转位式等,如图3-9所示。

视频

车刀

1. 整体高速钢车刀

这种车刀是在整体高速钢刀条的基础上,在其一端刃磨出所需的切削部分形状而形成的。这种车刀刃磨方便,可根据需要刃磨成不同用途的车刀,适宜于刃磨各种形状的成形车刀,如切槽刀、螺纹车刀等。刀具磨损后可以多次重磨。整体高速钢车刀适合用于复杂成形表面的低速精车。

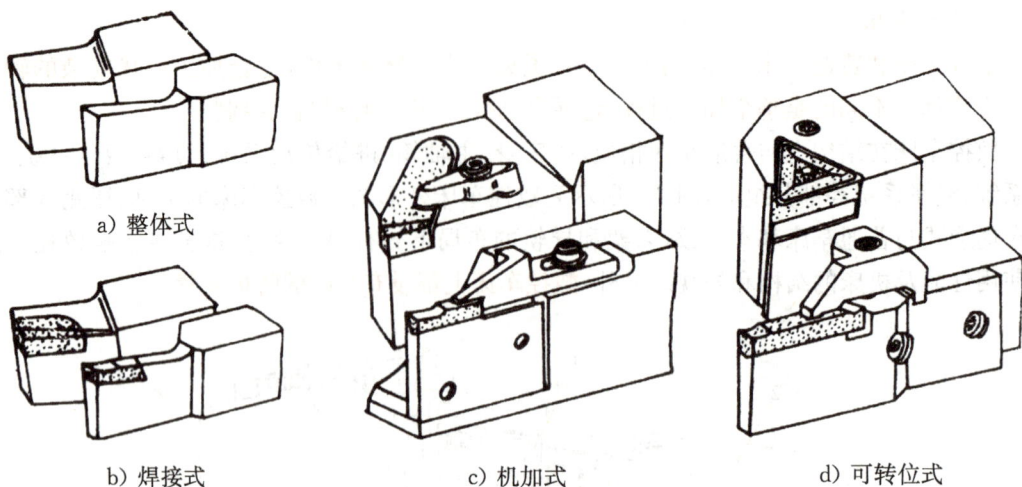

a) 整体式
b) 焊接式
c) 机加式
d) 可转位式

图 3-9　车刀结构类型

2. 硬质合金焊接车刀

硬质合金焊接车刀是将一定形状的硬质合金刀片钎焊到刀杆的刀槽内制成的,结构简单,制造、刃磨方便,刀具材料利用充分,刀杆也能重复使用,在中小批生产和修配生产中应用较多。图 3-10 所示为硬质合金焊接车刀的种类。

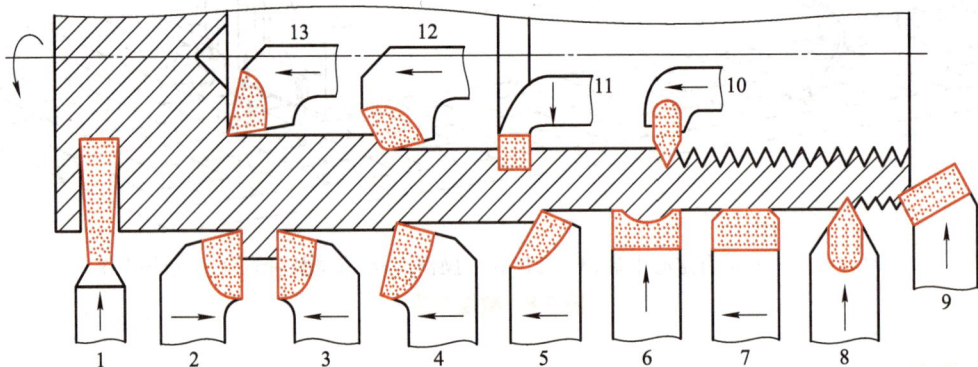

1—切断刀;2—左偏刀;3—右偏刀;4—弯头车刀;5—直头车刀;6—成形车刀;7—宽刃车刀;
8—外螺纹车刀;9—端面车刀;10—内螺纹车刀;11—内槽车刀;12—通孔车刀;13—不通孔车刀。

图 3-10　硬质合金焊接车刀种类

3. 机夹可转位车刀

机夹可转位车刀是用夹紧元件将可转位刀片夹持在刀杆上的车刀,如图 3-9d 所示。

(1)可转位车刀的特点:硬质合金刀片有数条切削刃,一条切削刃用钝后,松开夹紧机构,转位换另外新的切削刃,重新夹紧后就可使用。所有刀片用钝后,只需换上新刀片即可。和焊接车刀相比,具有切削性能好、刀具寿命长、生产率高、经济效益好,有利于新材料应用等特点。

(2)可转位车刀夹紧机构的设计必须满足以下需求:

① 夹紧可靠,刀片在切削过程中承受冲击和振动时不易松动或移位。

② 定位精度高。

③ 转位和更换新刀片操作简便。

④ 结构简单、紧凑，制造容易。

刀片的夹紧机构多，常用的有杠杆式、偏心式、上压式、楔块式和复合式等，见表3-1。

表 3-1　可转位车刀刀片夹紧机构

夹紧方式＼项目	介　绍	特　点	图　示
杠杆式	杠杆式应用杠杆原理对刀片进行夹紧。当旋动螺钉时，通过杠杆产生的夹紧力将刀片定位夹紧在刀槽侧面上；旋出螺钉时刀片松开。	定位精度高，夹固牢靠，受力合理，使用方便，但工艺性较差，适合于专业工具厂大批量的生产。	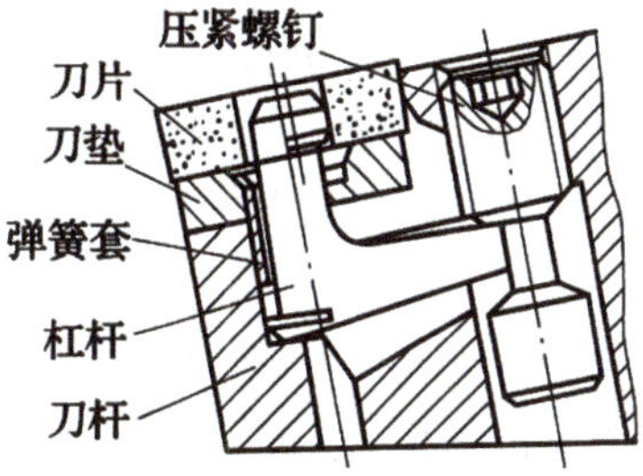 压紧螺钉 刀片 刀垫 弹簧套 杠杆 刀杆
偏心式	偏心式是利用螺钉上端部的一个偏心销，将刀片夹紧在刀杆上。	该结构靠偏心夹紧，靠螺钉自锁，结构简单，操作方便，但不能双边定位。由于偏心量过小，容易使刀片松动，故偏心式夹紧机构一般适用于连续平稳切削的场合。	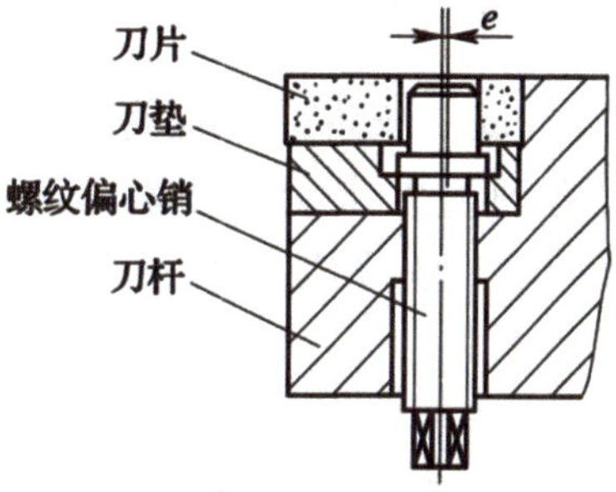 刀片 刀垫 螺纹偏心销 刀杆 e
上压式	上压式是螺钉压板结构，一般多用于带后角而不带孔刀片。夹紧时先将刀片推向刀槽两侧进行定位，再拧紧螺钉下压压板进行夹紧。	夹紧力大，稳定性较好，但切屑在流出时容易受到压板螺钉影响，影响切屑流出。	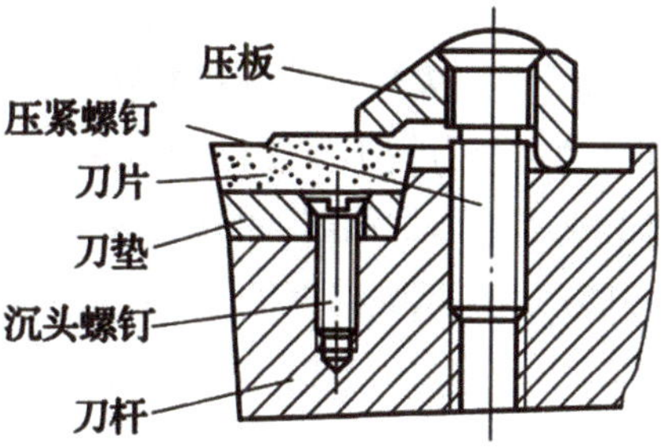 压板 压紧螺钉 刀片 刀垫 沉头螺钉 刀杆
楔块式	楔块式是把刀片通过内孔定位在刀杆刀片槽的销轴上，由压紧螺钉下压带有斜面的楔块，使其一面紧靠在刀杆凸台上，另一面将刀片推往刀片中间孔的圆柱销上，将刀片压紧。	简单易操作，但定位精度较低，且夹紧力与切削力相反。	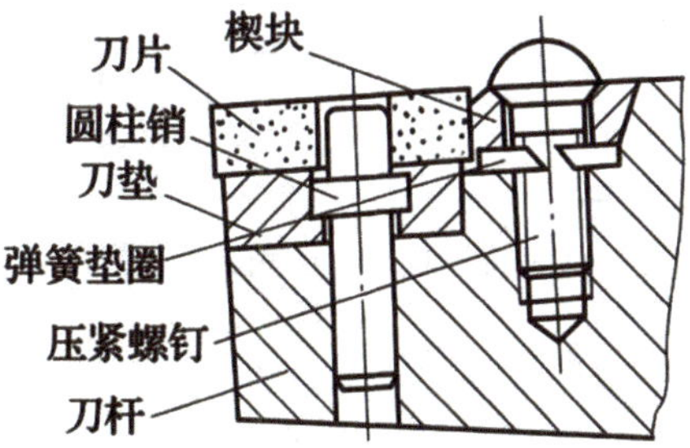 刀片 楔块 圆柱销 刀垫 弹簧垫圈 压紧螺钉 刀杆

续　表

项　目 夹紧方式	介　绍	特　点	图　示
复合式	为增强相应性能,如增加夹紧力,避免刀片震动产生位移;增加重复定位精度,使刀片夹紧可靠,可将上述几种机构综合使用。	取长补短,增强相应性能,避免其他夹紧机构缺点。	 偏心式＋上压式组合

（3）可转位刀片形状很多,机夹可转位车刀刀片结构标记方法见表 3-2。

● 四、车床附件

在车床上安装工件,应使工件相对于车床主轴轴线有一个确定的位置,并能使工件在受到外力(如重力、切削力和离心力等)的作用时,仍能保持其既定位置不变。安装形状各异、大小不同的工件,车床上常备卡盘、花盘、顶尖、中心架、跟刀架等附件。

1. 卡盘

卡盘在主轴前端,有三爪自定心卡盘和四爪单动卡盘两种。

（1）三爪自定心卡盘

三爪自定心卡盘能自动定心,装夹工件不需找正。但由于卡盘本身的制造误差、使用过程中的磨损、安装误差以及铁屑堵塞等原因,三爪自定心卡盘的定心精度不高。三爪自定心卡盘的夹紧力较小,仅适用于夹持表面光滑的圆柱形、正六边形截面的工件。三爪自定心卡盘装夹工件形式如图 3-11a 所示,它夹持圆棒料牢固,一般无须找正。利用卡爪反撑内孔(图 3-11b)、用反爪夹持大工件外圆(图 3-11e),工件端面要贴紧卡爪端面。

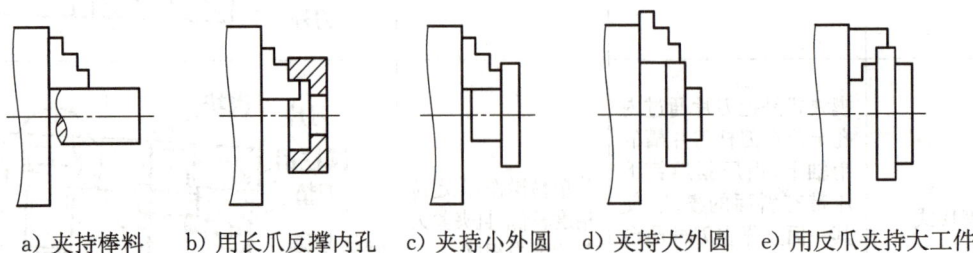

a) 夹持棒料　　b) 用长爪反撑内孔　　c) 夹持小外圆　　d) 夹持大外圆　　e) 用反爪夹持大工件

图 3-11　三爪自定心卡盘装夹工件的形式

（2）四爪单动卡盘

四爪单动卡盘的外形如图 3-12 所示。卡盘体上有四条径向槽,四个卡爪安置在槽内,卡

表3-2 机夹可转位车刀刀片结构标记方法

号位	1	2	3	4	5	6	7	8	9	10
表达特性	刀片形状	后角	偏差等级	类型	刀刃长度	刀片厚度	刀尖圆弧半径	刀口形状	切削方向	卷屑槽型与宽度
举例	T	N	U	M	16	04	08	E	R	A2

号位1 刀片形状：

T	60°
S	90°
F	82°
W	80°
P	108°
R	（圆）
V	35°
D	55°
L	（矩形）

号位2 后角：

A	B	C	D	E	F	G	N	P	O
3°	5°	7°	15°	20°	25°	30°	0°	11°	其他

号位3 偏差等级（内切圆直径 d）：

内切圆直径 d	d(±) G	d(±) M	d(±) U	m(±) G	m(±) M	m(±) U	S(±) G,M,U
6.35	0.025	0.05	0.08	0.025	0.08	0.13	0.13
9.525		0.05	0.08		0.08	0.13	
12.70		0.08	0.13		0.13	0.20	
13.375		0.10	0.18		0.15	0.27	
19.05		0.10	0.18		0.15	0.27	
25.40		0.13	0.25		0.18	0.38	

号位4 类型：

| A | N | R |
| M | G | X 特殊形式 |

号位5 刀刃长度：以主切削刃尺寸整数加一个0，圆刀片用直径表示

| 09 | 9.525 |
| 12 | 12.70 |

号位6 刀片厚度：以刀片厚度尺寸整数加一个0表示

03	3.18
04	4.76
06	6.38
07	7.93

号位7 刀尖圆弧半径：

	圆刀片	尖刀片
00	00	
02		0.2
04		0.4
05		0.5
08		0.8

号位8 刀口形状：

| F | E | T | S |

号位9 切削方向：

| R | L | N |

号位10 卷屑槽型与宽度：

a=1,2,3,4,5,6,7

A	J	M	B
Y	U	W	O
K	Z	G	D
H	V	P	C

爪背面以螺纹与螺杆配合。螺杆端部设有方孔,用卡盘扳手转动某一螺杆,相应的卡爪可移动。卡爪调转180°即成反爪,可根据需要使用一个或两个反爪,其余的仍用正爪。

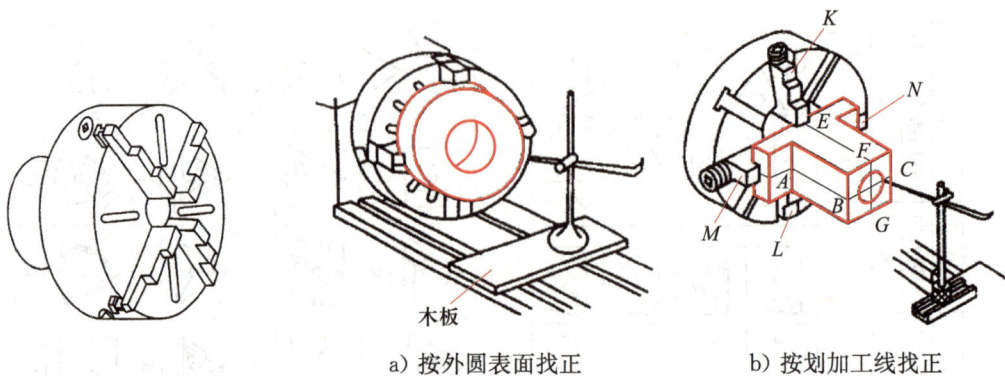

图 3-12　四爪单动卡盘

a) 按外圆表面找正　　　b) 按划加工线找正

图 3-13　四爪单动卡盘装夹时找正工件

四爪单动卡盘不能自动定心必须找正。找正的精度取决于找正工具和找正方法,如图3-13所示。

四爪单动卡盘可装夹截面为正方形、长方形、椭圆形以及其他不规则形状的工件,如图3-14所示。适宜单件、小批生产中工件的装夹。

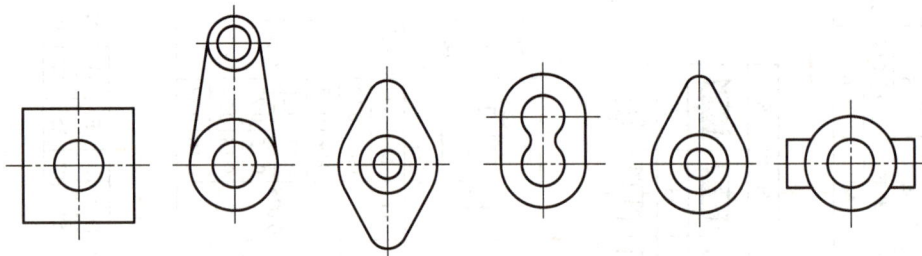

图 3-14　四爪单动卡盘可装夹工件实例

2. 花盘

花盘装在主轴前端,盘面上有几条长短不同的通槽和 T 形槽,方便用螺栓、压板等将工件压紧在工作面上,通常,它用于安装形状比较特别的工件。

在花盘上安装工件,应在预先划好的工件基准线找正,再将工件压紧。不规则的工件,应加平衡块,以免因重心偏移,加工过程产生振动,出现意外事故。

工件被加工表面的回转轴线与基准面垂直时,可将工件直接安装在花盘的工作平面上(图 3-15a);工件被加工表面的回转轴线与基准面平行时,可借助角铁来固定工件(图 3-15b)。花盘上安装的工件应该有较大平面(基准平面),能与花盘或角铁的工作平面贴合或间接贴合。

3. 顶尖、拨盘和鸡心夹头

顶尖有前顶尖和后顶尖之分。顶尖的锥角为 60°。顶尖的作用是确定中心,承受工件的重力和切削力。

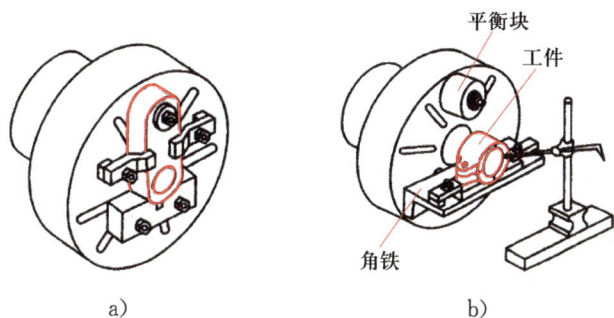

图 3-15　花盘安装工件实例

前、后顶尖不能直接带动工件,必须借助拨盘和鸡心夹头带动工件旋转。拨盘装在车床主轴上,其形式有:带有 U 形槽的拨盘,与弯尾鸡心夹头相配,带动工件旋转(图 3-16a);装有拨杆的拨盘,与直尾鸡心夹头相配,带动工件旋转(图 3-16b)。鸡心夹头的一端与拨盘相配,另一端有方头螺钉,固定工件。

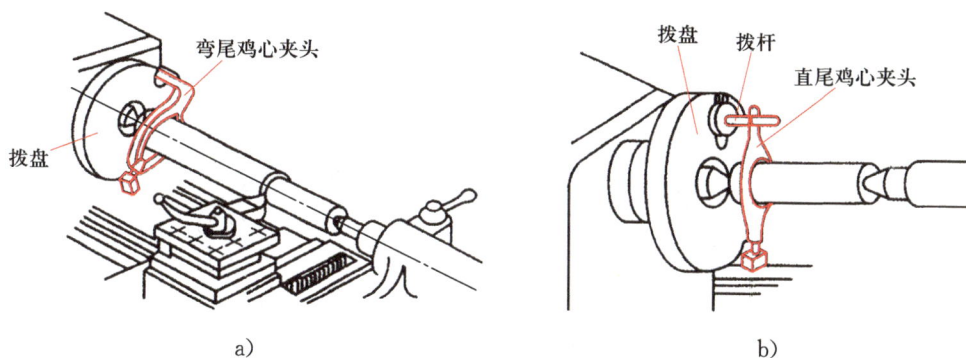

图 3-16　用鸡心夹头装夹工件

4. 中心架与跟刀架

轴类零件长度与直径之比(L/d)大于 20 时,即为细长轴。加工细长轴时,为了防止其弯曲变形,必须使用辅助支承中心架或跟刀架。较长轴类零件在车端面、钻孔或车孔时,无法使用后顶尖,单独依靠卡盘安装,势必会因工件悬伸过长而产生弯曲,安装刚性差,容易引起振动,甚至不能加工。此时,必须用中心架作为辅助支承。中心架或跟刀架作为辅助支承时,都要在工件的支承部位预先车削出定位用的光滑圆柱面,并在工件与支承爪的接触处加机油润滑。

中心架上有三个等分布置并能单独调节伸缩的支承爪。使用时,用压板、螺钉将中心架固定在床身导轨上,调节支承爪,使工件轴线与主轴轴线重合,支承爪与工件表面的接触应松紧适当,如图 3-17 所示。跟刀架的底座用螺钉固定在床鞍侧面,与车刀一起随床鞍作纵向移动,如图 3-18 所示。两个支承爪的跟刀架安装刚性差,加工精度低,不适宜高速切削。三个支承爪的跟刀架安装刚性好,加工精度高,适用于高速切削。

5. 心轴

工件的内外圆表面的位置精度要求较高时,可用心轴夹紧。心轴可以分为实心心轴和胀套心轴两类,实心心轴又分为圆柱形、圆锥形等心轴,如图 3-19 所示。

视频

跟刀架的
应用

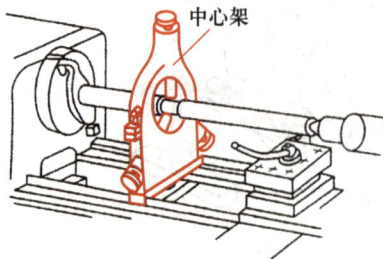

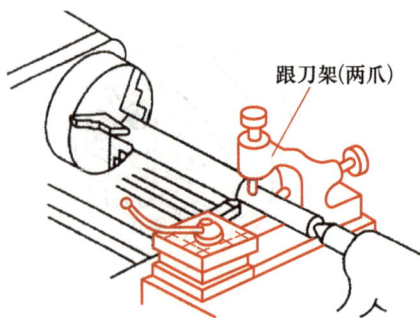

图 3-17　中心架的应用　　　　图 3-18　跟刀架的应用

视频

可胀心轴

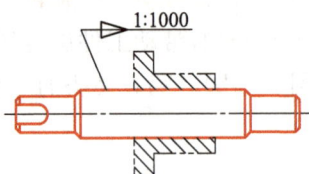

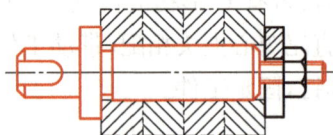

a) 小锥度心轴　　　　　　　　b) 圆柱形心轴

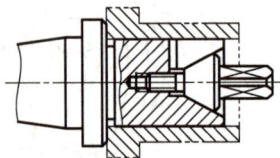

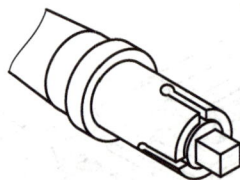

c) 胀套心轴　　　　　　　　d) 胀套的结构

图 3-19　常用心轴

使用心轴装夹工件,应将工件全部粗车完,内孔精车,然后以内孔为精基准定位,用心轴装夹进行外部各表面精加工。

第二节　铣削加工

● 一、铣削加工概述

1. 铣削加工的工艺范围

铣削加工是以铣刀的旋转运动为主运动,同时与工件或铣刀的进给运动相配合,切去工件上多余材料的一种切削加工方法。

（1）铣削工艺范围

铣削加工应用相切法成形原理,用多刃回转体刀具在铣床上对平面、台阶面、沟槽、成形表面、型腔表面、螺旋表面进行加工的一种切削加工方法，是目前应用最广泛的加工方法之一。

铣削加工可以对工件进行粗加工和半精加工，加工精度可达 IT7～IT9，精铣表面粗糙度 Ra 可达 3.2～1.6 μm。

铣削加工时，铣刀的旋转是主运动，工件做进给运动。不同坐标方向运动的配合联动和不同形状刀具相配合，可以实现不同类型表面的加工。图 3-20 所示是铣削加工的主要应用示例。

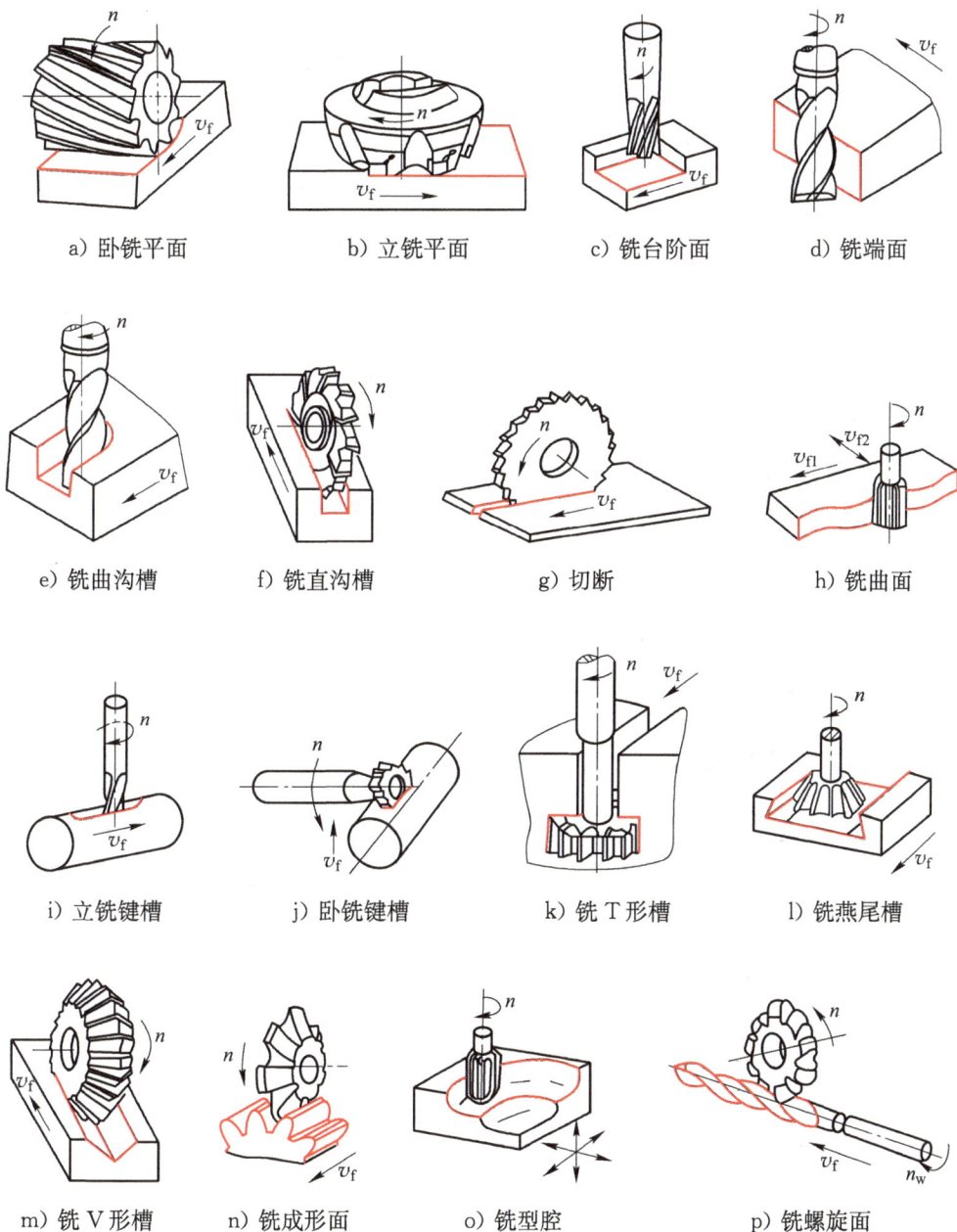

a) 卧铣平面　　　　b) 立铣平面　　　　c) 铣台阶面　　　　d) 铣端面

e) 铣曲沟槽　　　　f) 铣直沟槽　　　　g) 切断　　　　h) 铣曲面

i) 立铣键槽　　　　j) 卧铣键槽　　　　k) 铣 T 形槽　　　　l) 铣燕尾槽

m) 铣 V 形槽　　　　n) 铣成形面　　　　o) 铣型腔　　　　p) 铣螺旋面

图 3-20　铣削加工主要应用示例

2. 铣削加工的工艺特点

（1）铣刀是多刃刀具，加工时，同一时间切削的刀齿多，既可以进行阶梯铣削，又可以进行高速铣削，故铣削加工的生产率高。

（2）铣刀的每一个刀齿相当于一把车刀，铣削时，切削过程是连续的，而每个刀齿的切削都是断续的。刀齿切入或切出工件的瞬间，会产生刚性冲击和振动，当振动频率与机床自振频率一致时，振动加剧，会造成刀齿崩刃，甚至损坏机床零部件。另外，铣削厚度周期性的变化，会导致切削力周期性变化，引起振动，使加工表面的粗糙度值增大，因此，铣削加工主要用于零件的粗加工和半精加工。

（3）铣削时，每个刀齿都是短时间周期性切削，虽然有利于刀齿的散热和冷却，但周期性的热变形会引起切削刃的热疲劳裂纹，造成切削刃剥落和崩碎。

（4）铣刀是多刃刀具，相邻两刀齿之间的空间有限。

（5）同一个被加工表面可以采用不同的铣削方式、不同的刀具，以适应不同工件材料和其他切削条件。

综上所述，铣削加工有较高的生产率、适应性强、排屑容易，但冲击振动大。

铣削加工的应用范围广泛，在平面加工中，是一种生产率高的加工方法，在成批大量生产中，除加工狭长平面以外，几乎都可以用铣代刨。

此外，配上其他附件和专用夹具，在铣床上还可以进行钻孔、铰孔以及铣削球面等。

3. 铣削要素

铣削要素包括铣削用量和铣削层参数。

（1）铣削用量

铣削用量包括铣削速度 $v_c(n)$、进给量 $f(a_f)$、背吃刀量 a_p 和侧吃刀量 a_e 四个要素，如图 3-21 所示。

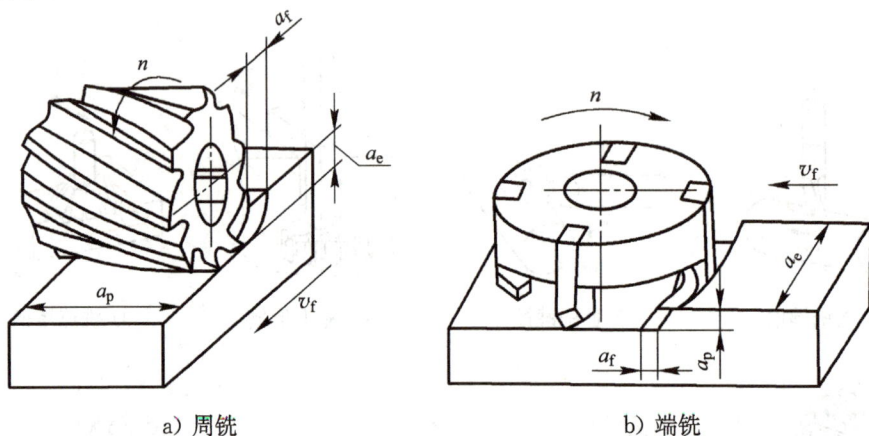

a）周铣   b）端铣

图 3-21　铣削用量要素

1）铣削速度

铣削速度 v_c（m/min）是指铣刀主运动的线速度，即铣刀最大直径处的圆周瞬时线速度，其值按以下公式计算：

$$v_c = \frac{\pi d n}{1\,000}$$

(3-1)

式中　d——铣刀直径,mm；n——铣刀转速,r/min。

2) 铣削进给量

铣削进给量是指工件在进给运动方向上相对于刀具的移动量。铣刀为多刃刀具,可分为每齿进给量 a_f、每转进给量 f 和每分钟进给量 v_f。

① 每齿进给量 a_f　每转一个刀齿,进给方向上工件相对于铣刀的移动量。

② 每转进给量 f　铣刀每转一转,进给方向上工件相对于铣刀的移动量。

③ 每分钟进给量 v_f　表示每分钟时间内,进给方向上工件相对于铣刀的移动量,单位为 mm/min。铣床铭牌上所指出的进给量为每分钟进给量 v_f。

3) 背吃刀量 a_p

背吃刀量是在平行于铣刀轴线方向测量的切削层尺寸,单位为 mm,端铣时为切削层的深度,周铣时为被加工表面的宽度。

4) 侧吃刀量 a_e

侧吃刀量是在垂直于铣刀轴线方向测量的切削层尺寸,单位为 mm,端铣时为被加工表面的宽度,周铣时为切削层的深度。

选择铣削用量的原则:在保证加工质量和工艺系统刚性允许的条件下,首选大的背吃刀量和侧吃刀量,其次是大的进给量,最后是大的铣削速度。

粗加工时,一般选取较大的背吃刀量和侧吃刀量,一次进给尽可能多地切除毛坯余量。在刀具性能允许条件下,应以大的每齿进给量进行切削,提高生产率。

半精加工时,工件的加工余量在 0.5～2 mm,并且无硬皮,加工时主要降低表面粗糙度值,应选择小的每齿进给量,而取大的切削速度。

精加工时,加工余量很小,着重考虑刀具的磨损对加工精度的影响,宜选择小的每齿进给量和铣刀所允许的最大铣削速度。

（2）切削层参数

图 3-22 所示为周铣和端铣时切削层形状。

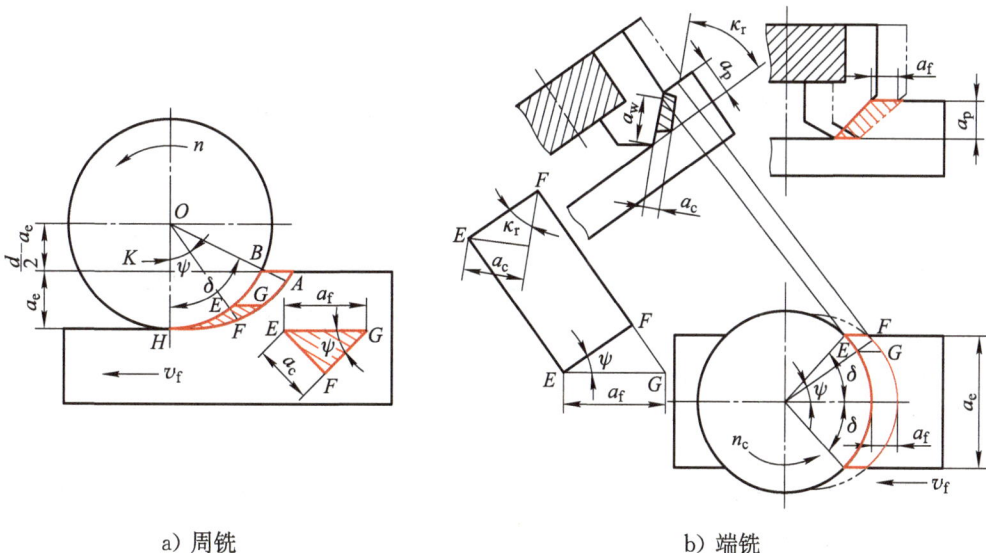

a) 周铣　　　　　　　　　　　　　b) 端铣

图 3-22　铣削时切削厚度

1) 切削厚度 a_c 铣刀上相邻两个刀齿主切削刃形成的过渡表面间的垂直距离。铣削时切削厚度是随时变化的。如圆周铣削时，刀齿在起始点 H，切削厚度为零，是最小值；刀齿即将离开工件到 A 点时，切削厚度为最大值。端铣时，刀齿的切削厚度在刚切入工件时为最小，切入中间位置时为最大，随后逐渐减小。

2) 切削宽度 a_w 切削宽度为主切削刃参与切削的长度，直齿圆柱铣刀的切削宽度等于背吃刀量 a_p。螺旋齿圆柱铣刀的切削宽度是变化的，随着刀齿切入，切出工件，切削宽度逐渐增大，再逐渐减小，如图 3-23 所示，切削过程平稳。

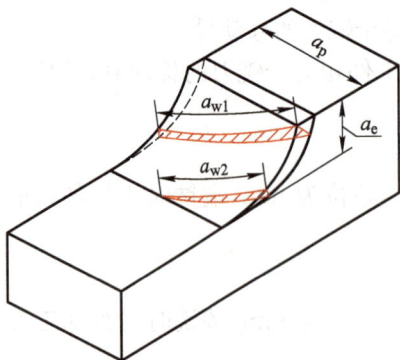

图 3-23 铣削时切削宽度

3) 切削层横截面积 A_c 铣刀同时有几个刀齿参加切削，铣刀的总切削层横截面积，是参加切削刀齿切削层横截面积之和。切削厚度、切削宽度和同时工作的齿数均随时间的变化而变化，为了计算简便，常采用平均切削总面积参数，其定义为

$$A_c = Q/v_c \qquad (3-2)$$

式中 Q——单位时间材料的切除率，mm^3/min。

4. 铣削方式

铣削方式是指铣刀相对于工件的运动和位置关系，它对铣刀寿命、工件加工表面质量及铣削生产率有较大影响。

按铣削类型可以分为圆周铣削和端面铣削，如图 3-21 所示。圆周铣削在卧式铣床上进行；端面铣削在立式铣床上进行，也可以在其他类型的铣床上进行。端面铣削和圆周铣削相比，主轴刚性好，切削用量大，生产率较高。副切削刃参与切削，有修光作用，表面粗糙度值小。因此，在平面铣削中，端面铣削基本代替圆周铣削。圆周铣削主要用于加工成形表面和组合表面。

(1) 圆周铣削

圆周铣削，简称周铣。根据铣刀与工件的相对运动方向，周铣分为顺铣和逆铣两种方式，如图 3-23 所示。

1) 顺铣

铣刀切削速度方向与工件的进给方向相同，称为顺铣，如图 3-24a 所示。顺铣时，每个刀齿的切削厚度由最大变为零，避免了逆铣时刀齿的挤压、滑行现象，切削力始终压向工作台，避免了工件的上下振动，可提高工件的表面质量，铣刀寿命比逆铣提高 2～3 倍。顺铣不适用于加工带硬皮的工件。

2) 逆铣

铣刀切削速度方向与工件的进给方向相反，称为逆铣，如图 3-24b 所示。逆铣时，每个刀齿的切削层厚度从零逐渐增大，过程平稳，铣刀刃口钝圆半径大于瞬时切削厚度，刀具实际切削前角为负值，刀齿在接触工件时要先滑行一段距离，刀具磨损加剧，增加了已加工表面的硬化程度。切削刃直接形成加工表面，加工后的表面由许多近似的圆弧组成，表面粗糙度值大。

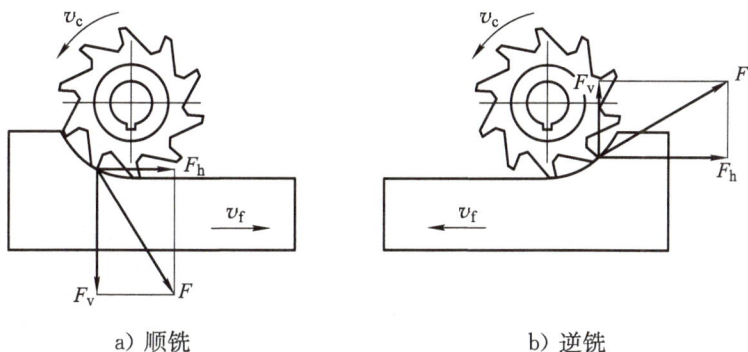

a）顺铣   b）逆铣

图 3-24   圆周铣削方式

如图 3-25 所示，铣床工作台的纵向进给运动依靠丝杠和螺母实现，螺母固定，丝杠带动工作台移动。顺铣时，工作台纵向进给，丝杠与螺母间存在间隙，铣削过程产生振动，进给量不均匀，严重时还会出现扎刀等现象；逆铣时，铣削纵向分力与驱动工作台移动的纵向分力相反，丝杠与螺母传动面始终贴紧，工作台不会发生窜动，切削过程平稳。在没有丝杠螺母间隙消除装置的铣床上，宜采用逆铣加工。

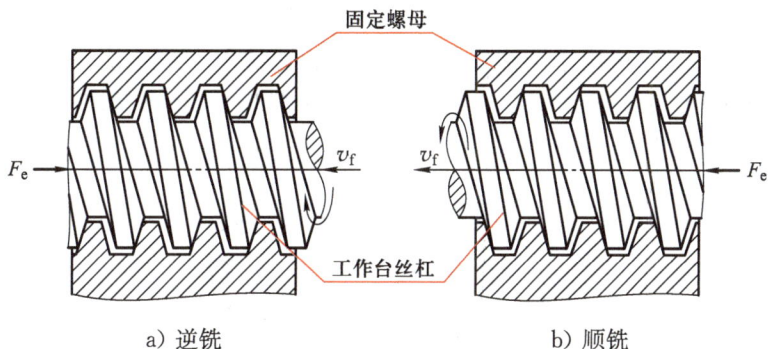

a）逆铣   b）顺铣

图 3-25   顺铣、逆铣及丝杠螺母间隙

（2）端面铣削

端面铣削，简称端铣，根据铣刀和工件相对位置不同，分为对称端铣和不对称端铣，如图 3-26 所示。

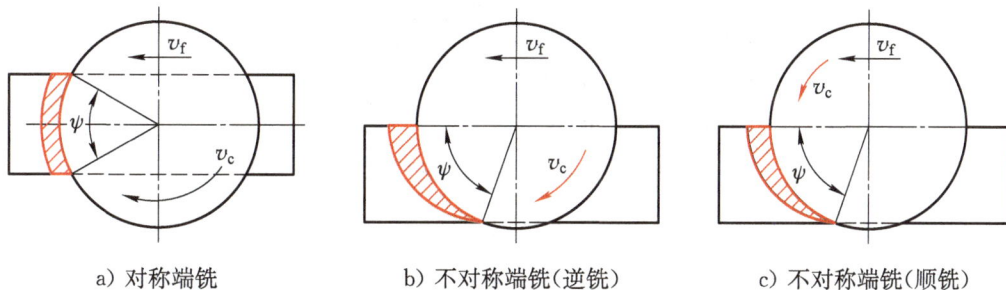

a）对称端铣   b）不对称端铣（逆铣）   c）不对称端铣（顺铣）

图 3-26   端面铣削方式

铣刀轴线位于铣削弧长的对称中心线，铣刀每个刀齿切入与切离工件时切削厚度相等，称为对称端铣，反之称为不对称端铣。

1) 对称端铣　平均铣削厚度大,铣削淬硬钢及机床导轨时,宜采用这种方式。这种铣削方式振动大,机床工艺刚性要求强。铣削较窄的工件时,不宜采用。

2) 不对称端铣　不对称端铣可分为不对称逆铣和不对称顺铣。

不对称逆铣时,刀齿从最小的切削厚度切入工件,从大的切削厚度切出,切入振动小,切削平稳,无滑擦现象,适合加工非合金钢及高强度低合金钢。

不对称顺铣时,刀齿从大的切削厚度切入工件,从小的切削厚度切出,适合加工不锈钢、耐热合金等变形系数大、冷作硬化现象严重的材料。注意:不对称顺铣时,刀齿切入工件时的振动要比不对称逆铣大,应消除工作台进给丝杠与螺母间的间隙,以免由于水平铣削分力(它与工作台的进给方向相同)过大,引起工作台窜动。

二、铣床

铣床的种类很多,常用的有卧式万能升降台铣床、立式万能升降台铣床、龙门铣床、数控铣床和加工中心等。

1. 卧式万能升降台铣床

图 3-27 所示为 XW6132 型卧式万能升降台铣床,结构比较完善,变速范围大,刚性好,操作方便。主轴与工作台面平行,呈水平位置。工作台可以上下、左右、前后移动,能在水平面内转动一个角度(±45°),可用于圆柱铣刀、盘铣刀、成形铣刀和组合铣刀等,加工平面、直导线曲面和各种沟槽;改变工作台移动方向,可加工斜槽、螺旋槽,还可换用立式铣头、插头等附件,扩大机床的加工范围。

视频

卧式万能铣床

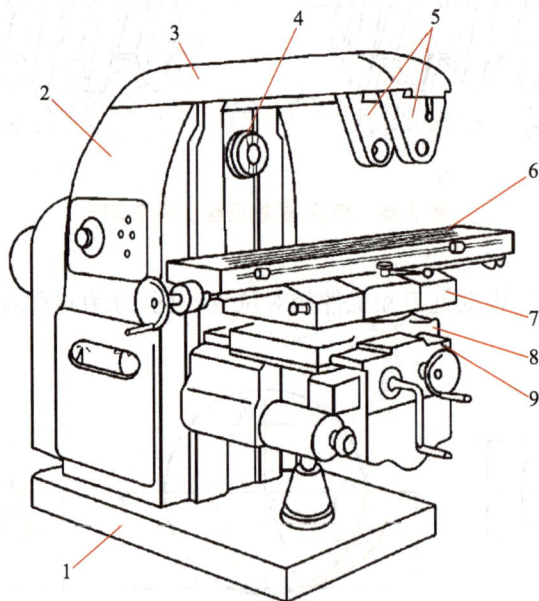

1—底座;2—床身;3—悬梁;4—主轴;5—刀轴支架;6—工作台;7—回转盘;8—床鞍;9—升降台。

图 3-27　XW6132 型卧式万能升降台铣床

2. 立式万能升降台铣床

立式万能升降台铣床与卧式万能升降台铣床的主要区别在于主轴与工作台面垂直,如图

3-28 所示。主轴可以通过手动,在一个不大的范围内(一般为 60～100 mm)作轴向移动,主要用端铣刀或立铣刀进行铣削。有的立式万能升降台铣床的主轴与床身之间有一回转盘,盘上有刻度,主轴可在垂直平面内左右转动 45°,扩大加工范围。如图 3-28b 所示,万能回转头铣床的铣刀轴可向任意方向偏转,工件不同角度位置均需要加工时,可在安装中只改变铣刀倾斜方向就能完成加工。

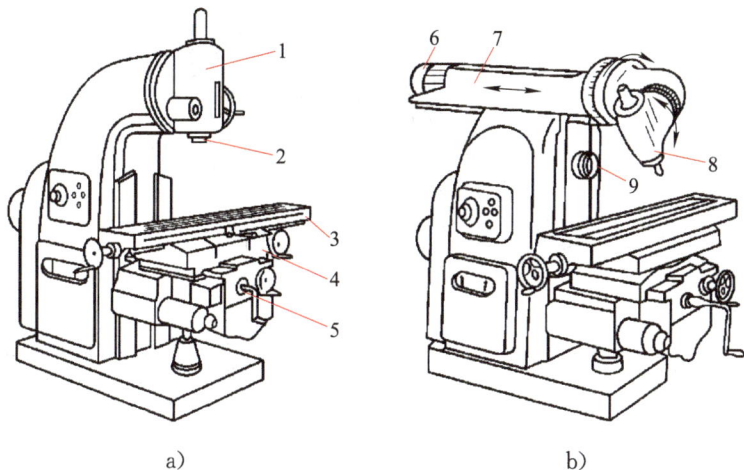

a)   b)

1—铣刀头;2—主轴;3—工作台;4—床鞍;5—升降台;6—电动机;7—滑座;8—万能立铣头;9—水平主轴。

图 3-28　立式万能升降台铣床

3. 龙门铣床

龙门铣床是大型高效通用铣床,如图 3-29 所示。工件固定在工作台上,随工作台一起作纵向运动。立铣头安装在横梁上,可随横梁沿立柱导轨升降,可沿横梁导轨横向移动;卧铣头安装在立柱上,可沿其升降。每个铣头装有独立电动机、变速机构、主轴和操纵机构。龙门铣床能进行多刀、多工位铣削加工,刚度好,适用于强力切削。主要用于铣削大中型工件的平面、斜面、沟槽等,进行粗铣和半精铣、精铣,生产率高。

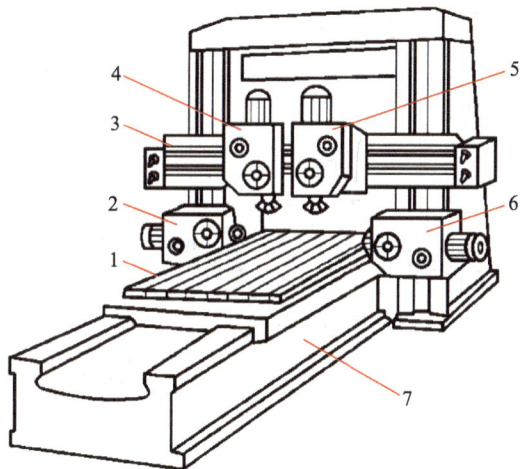

1—工作台;2、6—侧铣头;3—横梁;4、5—立铣头;7—床身。

图 3-29　龙门铣床

4. 数控铣床

数控铣床分为立式数控铣床、卧式数控铣床、龙门数控铣床和数控万能工具铣床。图 3-30 所示为 XK5032 型立式数控铣床外形图。

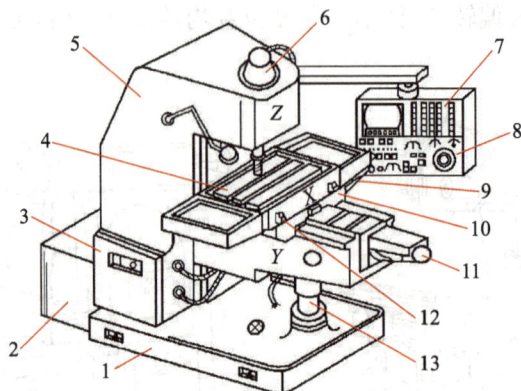

视频

立式数控
铣床

1—底座；2—变压器箱；3—强电柜；4—纵向工作台；5—床身立柱；6—Z 轴伺服电动机；
7—数控操作面板；8—机械操作面板；9—纵向进给伺服电动机；10—横向滑板；
11—横向进给伺服电动机；12—行程限位开关；13—工作台支承（可手动升降）。

图 3-30　XK5032 型立式数控铣床

5. 加工中心

（1）立式加工中心　指主轴轴心线为垂直状态设置的加工中心，图 3-31 所示为 JCS-018 立式镗铣加工中心。立式加工中心结构形式多为固定立柱式，工作台为长方形，无分度回转功能，适合加工盘类零件。工作台上安装水平轴的数控回转台可用于加工螺旋线类零件。立式加工中心结构简单，占地面积小，价格低。

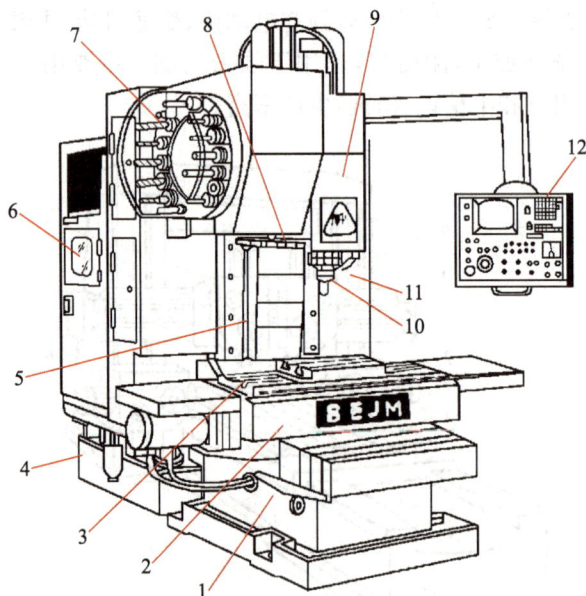

视频

立式加工
中心

1—床身；2—滑座；3—工作台；4—油箱；5—立柱；6—数控柜；7—刀库；
8—机械手；9—主轴箱；10—主轴；11—电柜；12—操作台。

图 3-31　JCS-018 立式镗铣加工中心

（2）卧式加工中心　　指主轴轴线为水平状态设置的加工中心，如图3-32所示。通常都带有可进行分度回转运动的正方形分度工作台。卧式加工中心有3～5个运动坐标，分别是沿X、Y、Z轴方向的3个直线运动坐标和一个回转运动坐标，它使工件在一次装夹后完成除安装面和顶面以外的其余四个面加工，适合加工箱体类零件。与立式加工中心相比，卧式加工中心结构复杂，占地面积大，质量大，价格高。

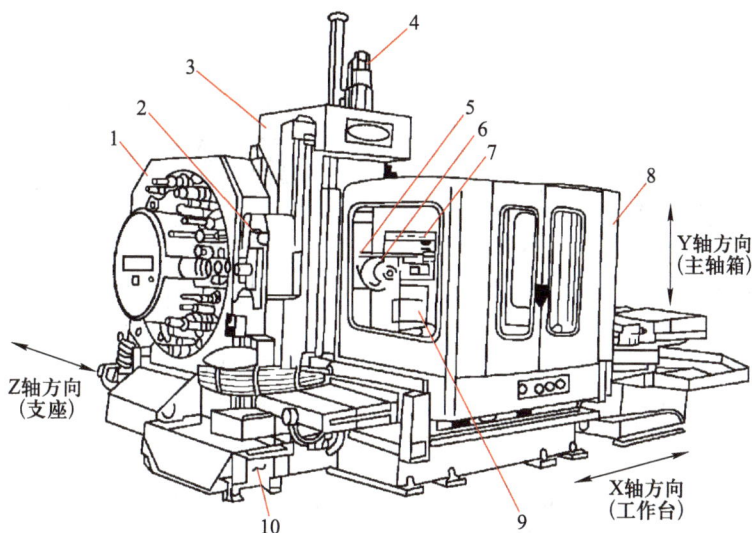

视频

卧式镗铣
加工中心

1—刀库；2—换刀装置；3—支架；4—Y轴伺服电动机；5—主轴箱；6—主轴；
7—数控装置；8—防溅挡板；9—回转工作台；10—切屑槽。

图3-32　卧式镗铣加工中心

（3）复合加工中心　　具有立式和卧式加工中心的功能，工件一次装夹后能完成除安装面外的所有侧面和顶面的加工，也叫五面加工中心。五面加工中心有两种形式：一种是主轴可实现立、卧转换；另一种是主轴不改变方向，工作台带着工件旋转90°完成对工件五个面的加工。

三、铣刀

通用规格的铣刀已标准化，一般均由专业工具厂生产。下面介绍几种常用铣刀的特点及适用范围。

1. 圆柱铣刀

圆柱铣刀如图3-33所示，螺旋形切削刃分布在圆柱表面，没有副切削刃，主要用于卧式铣床上铣平面。螺旋形的刀齿切削时逐渐切入和脱离工件，切削过程平稳，适宜加工宽度小于铣刀长度的狭长平面。

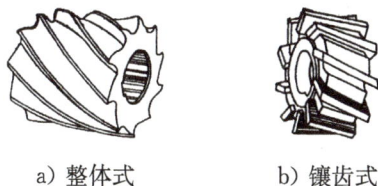

视频

铣刀

a）整体式　　　　b）镶齿式

图3-33　圆柱铣刀

圆柱铣刀用高速钢制成整体,根据加工要求不同有粗齿、细齿之分。粗齿容屑大,用于粗加工;细齿用于精加工。铣刀外径较大时,常制成镶齿的。

2. 面铣刀

面铣刀如图 3-34 所示,切削刃位于圆柱的端部,圆柱(或圆锥)面上的刃口为主切削刃,端面刀刃为副切削刃。铣刀的轴线垂直于被加工表面,适用于立式铣床上加工平面,同时参加切削的刀齿多,又有副切削刃的修光作用,已加工表面粗糙度值小,适用大切削用量,大平面铣削采用面铣刀铣削,生产率高。

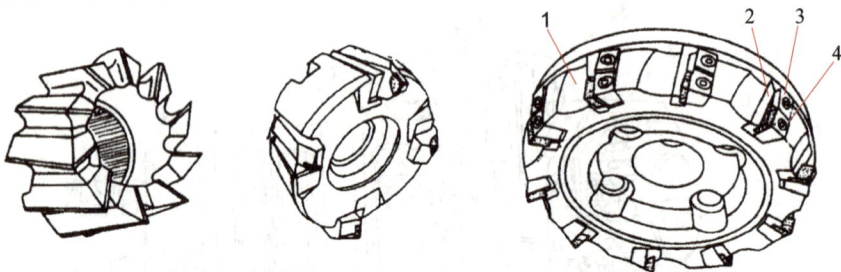

视频

面铣刀

a) 整体式刀片   b) 镶焊式硬质合金刀片   c) 机械夹固式可转位硬质合金刀片
1—不重磨可转位夹具;2—定位座;3—定位座夹板;4—刀片夹板。

图 3-34　面铣刀

小直径面铣刀用高速钢做成整体式的,大直径面铣刀在刀体上装焊接式硬质合金刀,或采用机械夹固式可转位硬质合金刀片。

3. 立铣刀

立铣刀相当于带柄的、在轴端有副切削刃的小直径圆柱铣刀,既可以作圆柱铣刀用,又可利用端部的副切削刃起面铣刀的作用。柄部装夹在立铣头主轴中,可以铣狭窄平面、直角台阶、平底槽等,应用很广。有粗齿大螺旋角立铣刀、玉米铣刀、硬质合金波形刃立铣刀等,直径大,可用于大的进给量,生产率很高,图 3-35 为各种立铣刀的外形示意图。

4. 键槽铣刀

如图 3-36 所示,键槽铣刀主要用于铣轴上的键槽。它的外形与立铣刀相似,不同的是在圆周上只有两个螺旋刀齿,端面刀齿的刀刃延伸至中心。铣两端不通的键槽时,可以作适量的轴向进给。

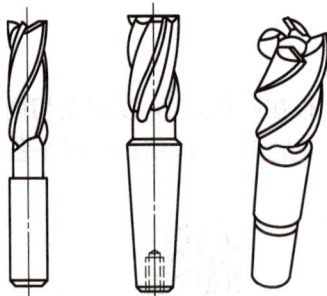

图 3-35　立铣刀　　　　**图 3-36　键槽铣刀**

5. 三面刃铣刀

三面刃铣刀在刀体的圆周上及二侧环形端面上均有刀刃,如图 3-37 所示。它主要用于卧式铣床上加工台阶面和一端或二端贯穿的浅沟槽。三面刃铣刀的圆周刀刃为主切削刃,侧面刀刃是副切削刃,只对加工侧面起修光作用。

三面刃铣刀有直齿(图 3-37a)和交错齿(图 3-37b)两种,后者能改善两侧的切削性能。直径大的三面刃铣刀常采用镶齿结构(图 3-37c)。

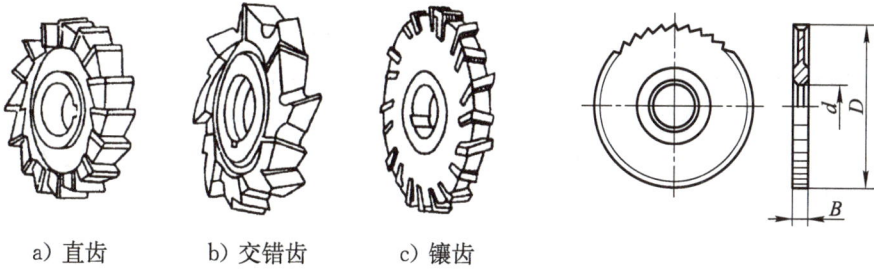

a) 直齿   b) 交错齿   c) 镶齿

图 3-37 三面刃铣刀

图 3-38 锯片铣刀

5. 锯片铣刀

如图 3-38 所示,锯片铣刀本身薄,只在圆周上有刀齿,它用于切断工件和铣狭窄槽。为避免夹刀,其厚度由边缘向中心减薄使两侧形成副偏角。

还有一种切口铣刀,它的结构与锯片铣刀相同,只是外径比锯片铣刀小,齿数多,适宜在较薄的工件上铣狭长的切口。

6. 其他铣刀

其他铣刀有角度铣刀、成形铣刀、T 形槽铣刀、燕尾槽铣刀、仿形铣用指形铣刀等特种铣刀,如图 3-39 所示。

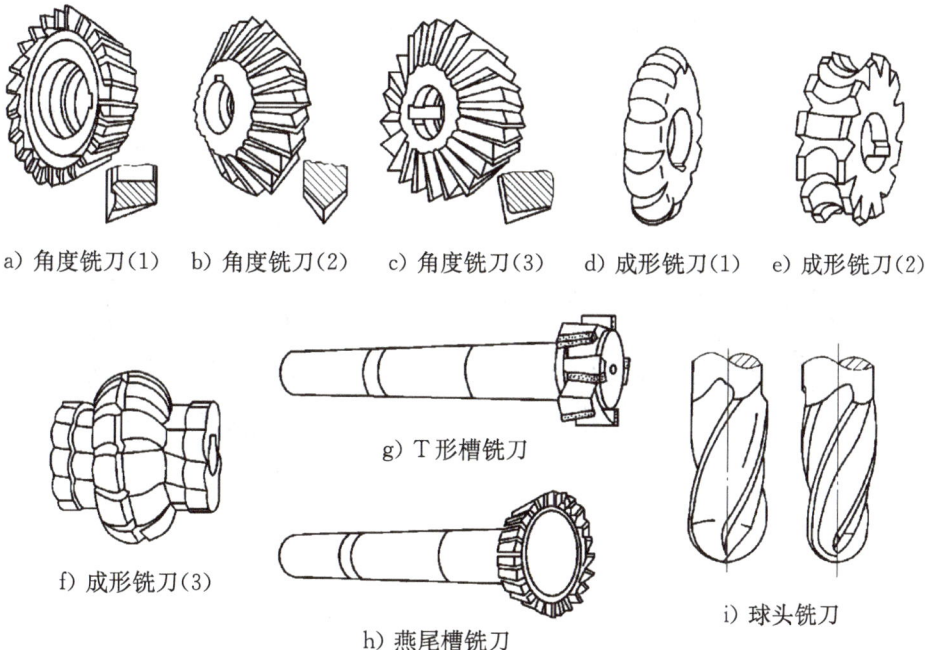

a) 角度铣刀(1)   b) 角度铣刀(2)   c) 角度铣刀(3)   d) 成形铣刀(1)   e) 成形铣刀(2)

g) T 形槽铣刀

f) 成形铣刀(3)

h) 燕尾槽铣刀

i) 球头铣刀

图 3-39 其他铣刀

● 四、铣床附件

为扩大加工范围、提高生产率,常在铣床上配置相应的附件,**主要有平口虎钳、回转工作台、万能分度头、立铣头**等。

1. 平口虎钳

平口虎钳与底座底面的相互位置精度高,底座下面还有两个定位键。安装时,以工作台面上的 T 形槽定位。平口虎钳适用于平面定位和夹紧的中小型零件。常用的平口虎钳有普通平口虎钳和可倾平口虎钳。图 3-40a 所示为普通平口虎钳,钳身可以绕底座中心轴回转 360°。图 3-40b 所示为可倾平口虎钳,钳身除可以绕底座中心轴回转 360°以外,还能倾斜一定的角度。

视频

机用虎钳

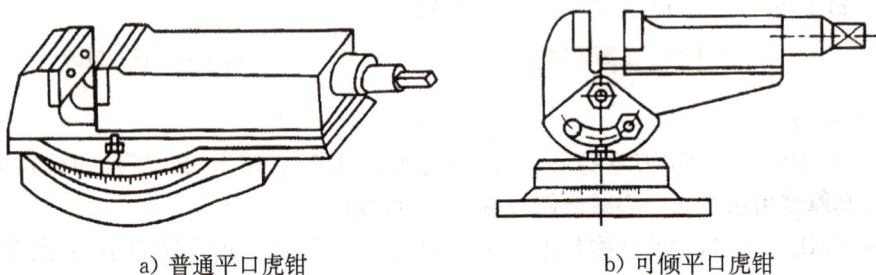

a) 普通平口虎钳   b) 可倾平口虎钳

图 3-40 常用的机床用平口虎钳

平口虎钳的规格是以钳口宽度来确定的,常用的有 100 mm、125 mm、160 mm、200 mm 和 250 mm 等。

2. 回转工作台

回转工作台可辅助铣床完成中小型零件的曲面加工和分度加工。回转工作台有手动和机动两种,如图 3-41 所示。机动回转工作台与手动回转工作台的区别是,在手动结构的基础上,多一个机械传动装置,把工作台的转动与铣床的运动联系起来,工件就可以在铣削时实现自动进给运动。扳动手柄可以接通或切断机动进给运动,机动回转工作台可以手动。

视频

回转工作台

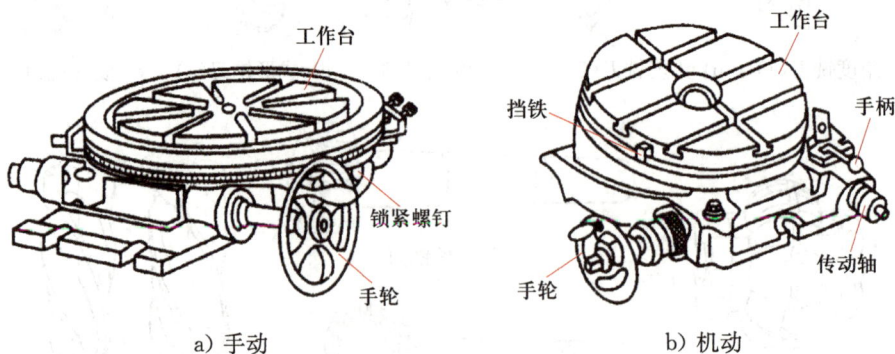

a) 手动   b) 机动

图 3-41 回转工作台

回转工作台的规格是以工作台直径来确定的,常用的有 250 mm、320 mm、400 mm、500 mm 等几种。

3. 万能分度头

万能分度头是铣床的重要附件,如图 3-42 所示,铣床上加工某些零件(如齿轮、花键轴、带螺旋槽的零件等)和切削工具(如丝锥、铰刀、麻花钻等),都要使用万能分度头。万能分度头基座固定在铣床工作台上,基座上有回转体,侧面有分度盘,分度盘两面有若干圈数目不同的等分小孔。转动手柄,通过万能分度头内部的传动机构带动主轴转动,手柄在万能分度盘的孔圈上应转过的圈数和孔数,可以根据工件的需要,进行计算确定,让工件完成等分或不等分分度。

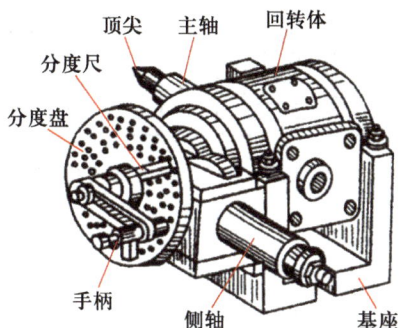

图 3-42　万能分度头

图 3-43　万能分度头的应用

视频

万能分度头

万能分度头主轴可随回转体在 $-6°\sim90°$(水平方向)之间回转任意角度,这样可将工作台面扳成所需要的角度。万能分度头的前端有主轴,主轴前端有标准锥孔,可插入顶尖,外部螺纹可以装卡盘、拨盘和鸡心夹头,夹持不同工件,如图 3-43 所示。

4. 立铣头

立铣头(图 3-44)装在卧式铣床上,可起到立式铣床的作用,扩大了加工范围。立铣头在垂直平面内可回转 $360°$,主轴与铣床主轴之间的传动比为 1:1,两者的转速相同。

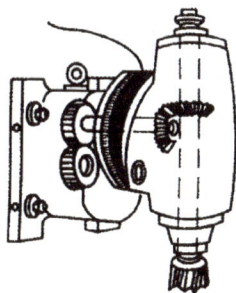

图 3-44　立铣头

第三节　刨削、插削、拉削加工

一、刨削加工

刨削是利用刨刀在刨床上对工件进行切削加工。刨削加工主要用于平面和沟槽加工,可分为粗刨和精刨。精刨后的表面粗糙度 Ra 可达 3.2～1.6 μm,两平面之间的尺寸精度可达 IT9～IT7,直线度可达 0.04～0.12 mm/m。刨削加工范围如图 3-45 所示。

1. 刨床

刨削加工是在刨床上进行的,常用的刨床有牛头刨床和龙门刨床。牛头刨床用于中小型零件的加工,龙门刨床用于加工大型零件或同时加工多个中型零件。

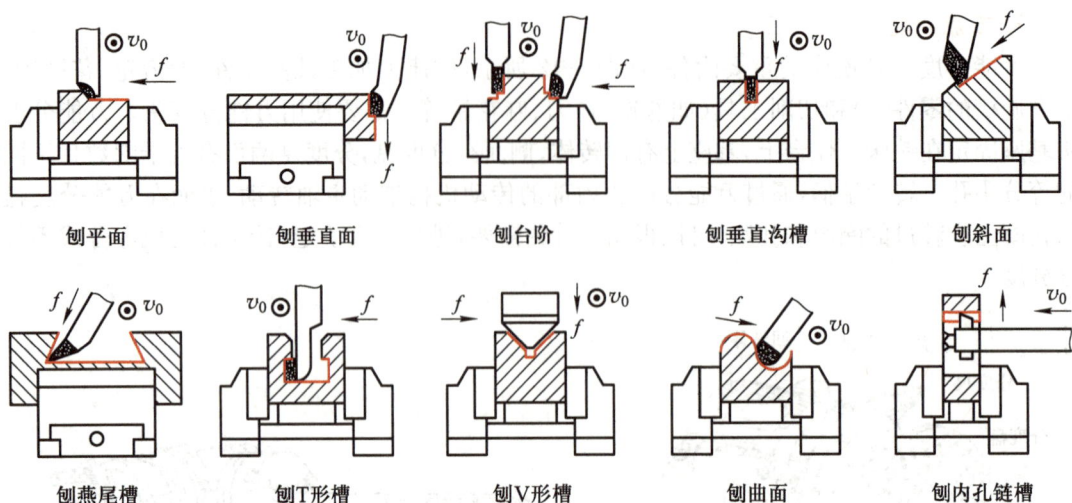

刨平面　　　刨垂直面　　　刨台阶　　　刨垂直沟槽　　　刨斜面

刨燕尾槽　　　刨T形槽　　　刨V形槽　　　刨曲面　　　刨内孔链槽

图 3-45　刨削加工范围

（1）牛头刨床

牛头刨床（图 3-46）是一种作直线往复运动的刨床，由滑枕 3 带着刨刀作水平直线往复运动，刀架 1 可在垂直面内回转一个角度，可手动进给，工作台 6 带着工件作间歇的横向或垂直进给运动。<u>主要用于单件小批生产中刨削中小型工件上的平面、成形面和沟槽。</u>滑枕的返回行程速度大于工作行程速度，单刃刨刀加工，滑枕回程时不切削，生产率较低。机床的主参数是最大刨削长度。

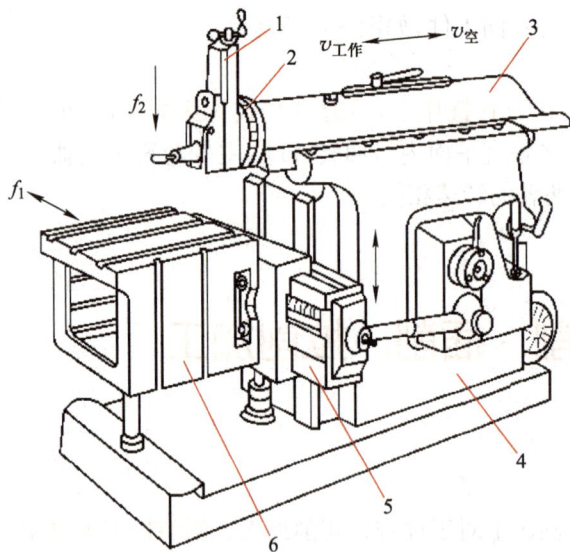

1—刀架；2—转盘；3—滑枕；4—床身；5—横梁；6—工作台。

图 3-46　牛头刨床外形图

（2）龙门刨床

龙门刨床（图 3-47）<u>主要用于刨削大型工件，可在工作台上装夹多个零件同时加工平面、</u>

斜面及沟槽。龙门刨床的工作台带着工件通过门式框架作直线往复运动,空行程速度大于工作行程速度。横梁上装有两个垂直刀架,刀架滑座可在垂直面内回转一个角度,并沿横梁作横向进给运动;刨刀可在刀架上作垂直或斜向进给运动,横梁可在两立柱上作上下调整。

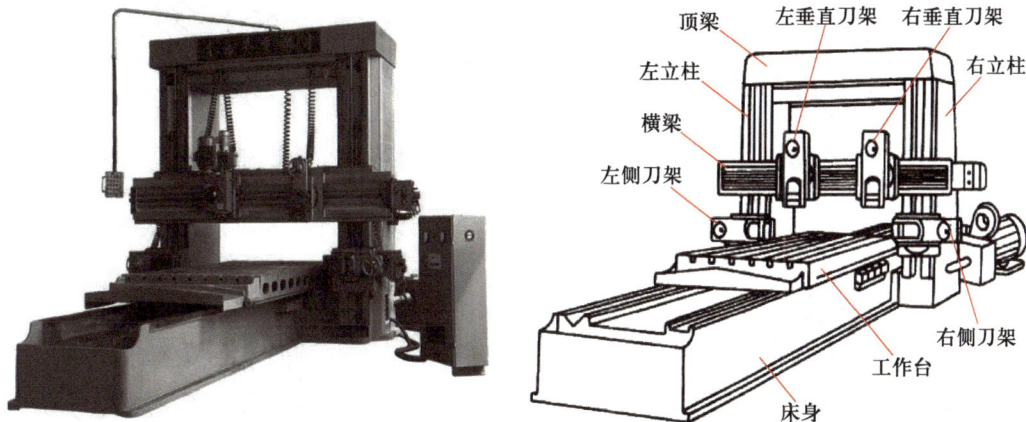

图 3-47 龙门刨床外形图

刨刀的结构与车刀类似,但刨刀是不连续切削,受冲击载荷影响。在切削面积相同时,刨刀刀杆截面尺寸比车刀大 1.25~1.5 倍,常采用负刃倾角($-10°$~$-20°$),以提高切削刃抗冲击载荷性能。为了避免刨刀刀杆在切削力下弯曲变形,通常使用弯头刨刀。

2. 刨削加工特点

刨削和铣削均是以加工平面和沟槽为主的切削加工方法。与铣削加工相比,刨削加工有以下特点:

(1)加工质量 刨削加工精度、表面粗糙度与铣削大致相当,用于零件的粗加工或半精加工。刨削主运动为往复直线运动,只能用中低速切削。

(2)加工范围 刨削加工主要以平面、沟槽和成形面为主,范围不如铣削加工广泛。V形槽、T形槽和燕尾槽加工,铣削受定尺寸铣刀规格尺寸的限制,适宜加工小型的工件,而刨削可加工大型工件。

(3)生产率 刨削加工是断续加工,单刃切削,刨刀返回行程是空行程,不切削加工,生产率低。但对狭长表面的加工效率较高。

(4)加工成本 刨床及刨刀结构不复杂,调整及操作易掌握,生产准备工作方便,加工成本低,在单件小批生产中得到广泛应用。

● **二、插削加工**

插削加工是立式刨削加工,主要用于单件小批生产中加工零件的内表面,例如孔内键槽、方孔、多边形孔和花键孔等;也可用于加工某些不便于铣削或刨削的外表面(平面或成形面)。用得最多的是插削各种盘类零件的内键槽。图 3-48 所示为插削的常见加工范围。

1. 插床

插床的外形如图 3-49 所示,插削时,插刀随滑枕垂直往复直线运动为主运动。工作台带动工件平移或圆周进给。插床与刨床一样,使用单刃刀具(插刀)切削工件,只是刨床是卧式布局,插床是立式布局。插床的主参数是最大插削长度。

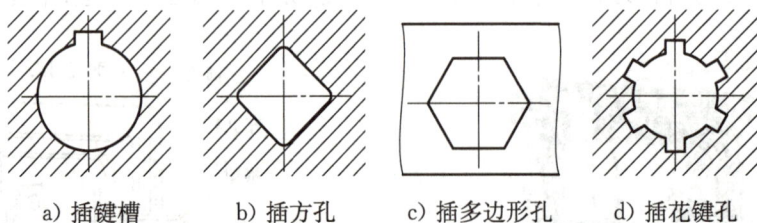

a) 插键槽   b) 插方孔   c) 插多边形孔   d) 插花键孔

图 3-48　插削加工范围

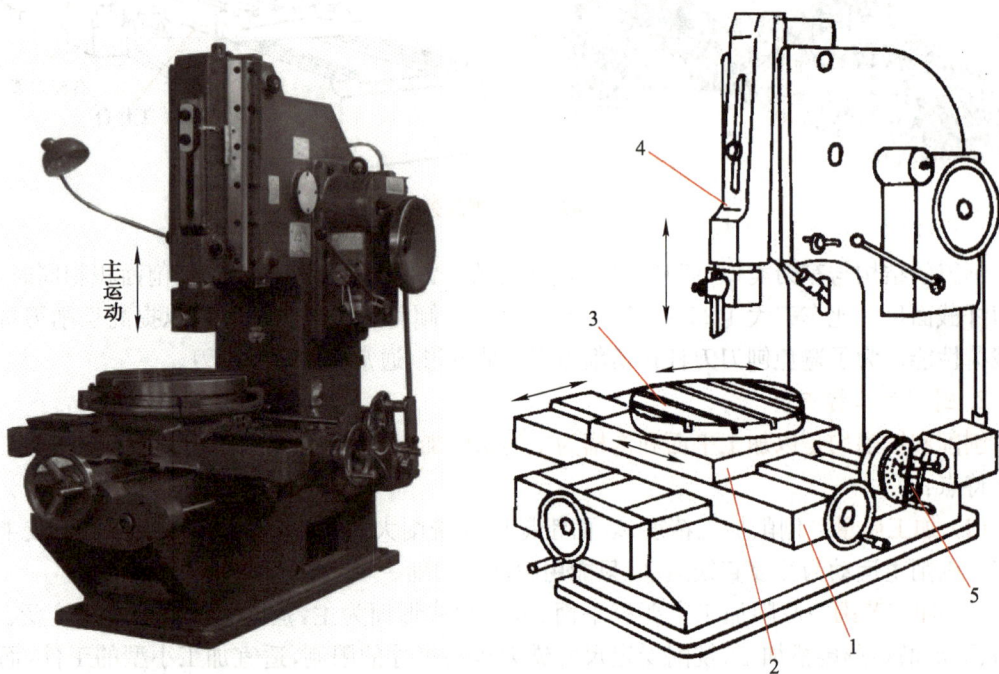

1—床鞍;2—滑枕;3—工作台;4—滑枕;5—分度装置。

图 3-49　插床外形图

2. 插削加工特点

与刨削加工相比,插削加工有以下特点:

(1) 结构简单,与刨削一样,插削时存在冲击和空行程损失。插削的效率和精度不高,批量生产中常用铣削或拉削代替插削。但插刀制造简单,生产准备时间短,适于单件或小批生产。

(2) 行程受刀杆刚性限制,槽长尺寸不宜过大。

(3) 刀架没有抬刀机构,工作台没有让刀机构,插刀在回程时与工件相摩擦,工作条件差。

(4) 加工精度为 IT9~IT7,表面粗糙度 Ra 为 6.3~1.6 μm。

三、拉削加工

拉削加工是一种高效率的加工方法,可以加工各种截面形状的内孔表面及一定形状的外表面,如图 3-50 所示。拉削的孔径为 8～125 mm,孔的深径比不超过 5。拉削不能加工阶梯孔和不通孔。

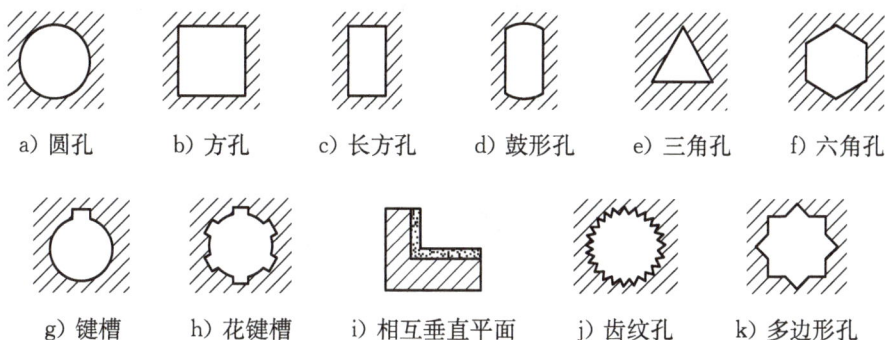

a) 圆孔	b) 方孔	c) 长方孔	d) 鼓形孔	e) 三角孔	f) 六角孔
g) 键槽	h) 花键槽	i) 相互垂直平面	j) 齿纹孔	k) 多边形孔	

图 3-50 拉削加工典型工件截面

1. 拉床

拉床是以拉刀为刀具加工工件通孔、平面、成形表面的机床。拉削能获得较高的尺寸精度和较小的表面粗糙度值,生产率高,适用于成批或大量生产。多数拉床只有拉刀作直线拉削的主运动,没有进给运动。拉床的主参数是额定拉力。拉床按加工表面不同可分为内拉床和外拉床,按结构和布局形式分为立式、卧式、链条式。

卧式内拉床的外形图如图 3-51 所示,水平安装的液压缸 1 通过活塞杆带动拉刀 4 作水平移动,实现拉削的主运动,工件支承座 3 是工件的安装基准。拉削时,工件端面紧靠在支撑座上,也可以采用球面垫圈安装。护送夹头 5 支承拉刀 4。

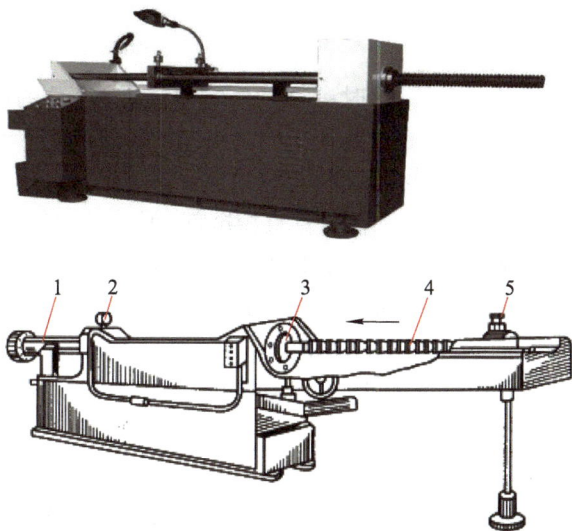

1—液压缸;2—压力表;3—工件支承座;4—拉刀;5—护送夹头。

图 3-51 卧式内拉床

2. 拉削过程及加工特点

（1）拉削过程

拉刀是加工内外表面的多齿高效刀具，它依靠刀齿尺寸或廓形变化切除加工余量，以求达到形状尺寸和表面粗糙度。如图 3-52 所示，拉削时，工件的端面靠在拉床挡壁上，拉刀穿过工件上的孔，然后由机床的刀夹将拉刀前柄部夹住，并将拉刀从工件孔中拉过，拉刀上一圈圈不同尺寸的刀齿，分别逐层从工件孔壁上切除金属，形成与拉刀最后的刀齿同形状的孔。拉刀刀齿的直径依次增大，形成齿升量。拉孔时从孔壁切除的金属层的总厚度等于通过工件孔表面的切削齿的齿升量总和。

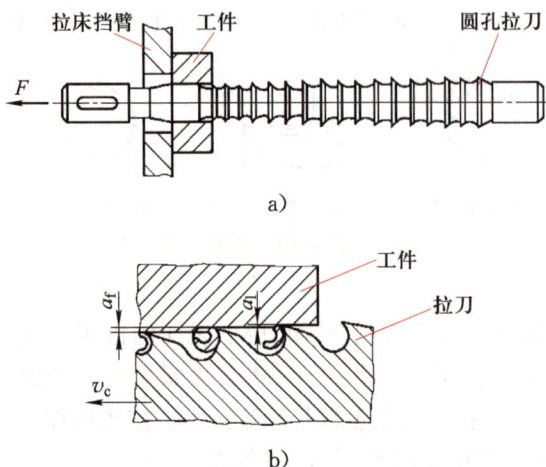

图 3-52 拉削过程

拉削加工只有一个主运动，即拉刀在拉床液压力作用下以切削速度作直线运动。进给运动由拉刀本身的结构实现，即由每个刀齿依次的齿升量代替进给运动。拉削加工的切屑薄、运动平稳，有较高的加工精度和较小的表面粗糙度值。

（2）拉削加工特点

1）**效率较高** 拉刀是多齿刀具，同时参加工作的刀齿数多，总的切削宽度增大，一次行程能够完成粗加工、半精加工和精加工，基本工艺时间和辅助时间短，生产率高。

2）**加工范围广** 拉削各种形状的通孔。

3）**加工精度高、表面粗糙度值低** 拉刀具有校准部，可以进行校准和修光工作。切削速度低（<18 m/min），每个切削齿的切削厚度小，切削过程平稳，可避免积屑瘤的不利影响。拉孔的尺寸精度公差等级为 IT7~IT8，表面粗糙度 Ra 为 0.4~0.8 μm。

4）**结构简单** 拉削只有主运动，操作方便。

5）**拉刀的使用寿命长** 切削速度低，刀具磨损慢，刃磨一次，可以加工数以千计的工件，可以重磨多次。

虽然具有以上优点，但由于拉刀的结构比一般孔加工刀具复杂，制造困难，成本高，所以适用于成批、大量生产。单件、小批生产，某些精度要求高、形状特殊的成形表面，用其他方法加工困难时，也有采用拉削加工的。不通孔、深孔、阶梯孔和有障碍的外表面，不能用拉削加工。

第四节 钻、铰、镗孔加工

一、钻削加工

钻削加工是用钻头或扩孔钻在工件上加工孔的方法。其中,用钻头在实体材料上加工孔的方法称为钻孔。钻孔是孔的粗加工方法,可加工直径 0.05～125 mm 的孔,孔的尺寸精度在 IT10 以下,表面粗糙度只能控制在 Ra 12.5 μm,因此钻孔主要用于加工螺纹底孔、铰削前预加工孔、镗前预加工孔及加工铆钉孔等精度低和表面质量要求不高的孔。

视频

孔加工方法

1. 钻床

钻床是用钻头在工件上加工孔的机床。通常钻头旋转为主运动,钻头轴向移动为进给运动。钻床结构简单,加工精度相对低,可钻通孔、不通孔;更换特殊刀具,可扩孔、锪孔、铰孔、攻螺纹等。图 3-53 所示为钻床典型加工。加工过程中工件不动,刀具移动,刀具中心对正孔中心,刀具转动。钻床的主参数是最大的钻孔直径。

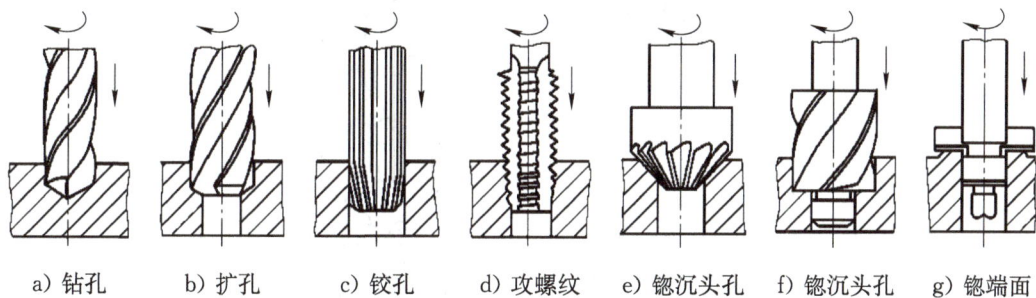

a) 钻孔　　b) 扩孔　　c) 铰孔　　d) 攻螺纹　　e) 锪沉头孔　　f) 锪沉头孔　　g) 锪端面

图 3-53　钻床典型加工

钻床可分为台式钻床、立式钻床、摇臂钻床、深孔钻床、坐标镗钻床、卧式钻床、钻铣床、中心孔钻床、钻削加工中心等九种。常用的主要有以下四种:

（1）台式钻床

台式钻床（图 3-54）是小型钻床,简称台钻,是钳工装配和修理常用的设备。它大多安装在钳台上,一般可钻 12 mm 以内的孔。台钻构造简单,操作容易,调整方便,适用于单件小批生产。台钻的钻削过程,由电动机、塔轮、V 带传动使之变换速度,带动钻头旋转,扳动手柄使钻头直线运动,完成整个钻削工作。

（2）立式钻床

立式钻床（图 3-55）是主轴竖直布置、中心位置固定的钻床,简称立钻,常用于机械制造和修配加工中、小型工件的孔,最大可钻 35 mm 以内的孔。立式钻床加工,须先调整工件在工作台上的位置,被加工孔中心线对准刀具轴线。加工时,工件固定不动,主轴在套筒中旋转并与套筒一起作轴向进给。工作台和主轴箱可沿立柱导轨调整位置,以适应不同高度的工件。

立钻适用于钻削中型工件,它有自动进刀机构,可采用较大的切削用量,生产率高,能得到较高的加工精度,能钻孔、锪孔、铰孔和攻螺纹等加工。

视频

台式钻床

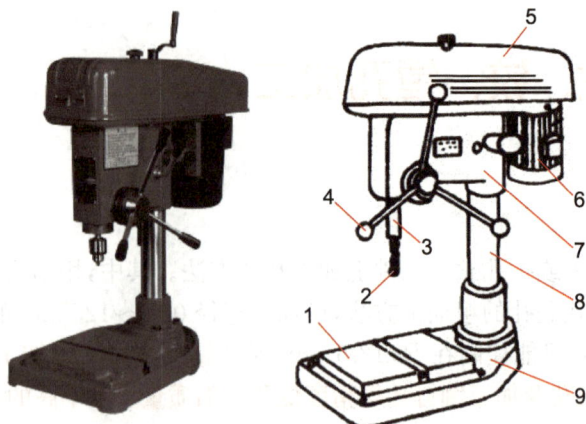

1—工作台；2—钻头；3—主轴；4—进给手柄；5—带罩；6—电动机；7—主轴架；8—立柱；9—底座。

图 3-54　台式钻床外形图

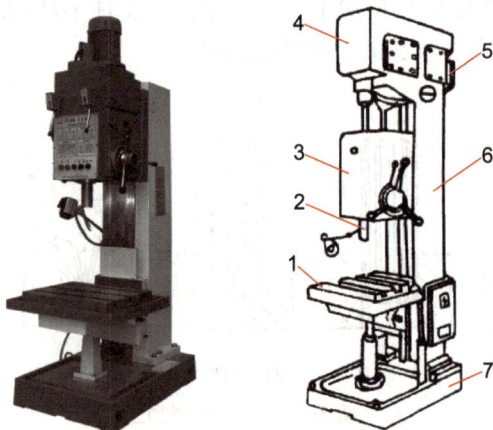

1—工作台；2—主轴；3—进给箱；4—主轴变速箱；5—电动机；6—立柱；7—底座。

图 3-55　立式钻床外形图

图 3-56　钻削加工中心外形图

（3）钻削加工中心

钻削加工中心（图 3-56）又称钻削中心。它可以在工件的一次装夹中实现孔系加工，可自动换刀，实现不同类型和大小孔的加工，具有较高的加工精度和生产率。钻削加工中心适合多孔类零件，尤其是孔数多，且每个孔需经多道工序（如钻、扩、铰或攻螺纹等）加工的零件。

（4）摇臂钻床

摇臂钻床如图 3-57 所示，摇臂钻床是摇臂可绕立柱回转和升降，通常主轴箱在摇臂上作水平移动的钻床。摇臂钻床广泛应用于单件和中小批生产，加工体积和重量较大工件的孔。摇臂钻床加工范围广，可用来钻削大型工件的各种孔、螺纹底孔和油孔等，一般可钻直径 100 mm

以内的孔。摇臂钻床操作方便、灵活,适用范围广,具有典型性,特别适用于单件或批量生产带有多孔大型零件的孔加工,是机械加工车间常见的机床。

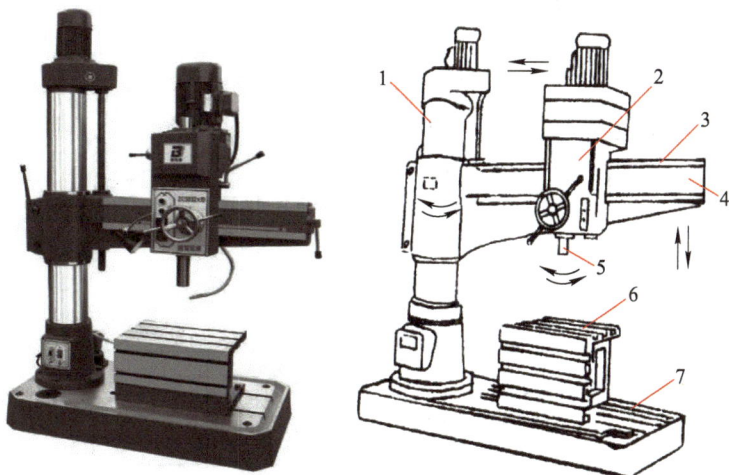

1—立柱;2—主轴变速箱;3—摇臂导轨;4—摇臂;5—主轴;6—工作台;7—底座。

图 3-57　摇臂钻床外形图

(5)深孔钻床

深孔钻床(图 3-58)是一种高精度、高效率、高自动化的深孔加工专用机床。依靠先进的孔加工技术,一次连续的钻削,即可达到一般需钻、扩、铰工序才能达到的加工精度和表面质量。加工孔孔径尺寸精度:IT7～IT11;加工孔偏斜度:≤0.5～1/1 000(加工孔深)。

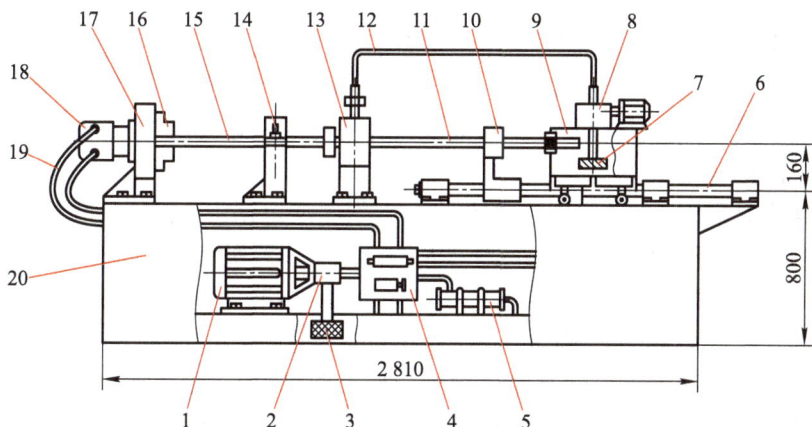

1—电动机;2—液压泵;3—过滤器;4—液压阀集成块;5—冷却器;6—液压缸;7—排屑油过滤器;
8—电动机齿轮泵组;9—随动油箱;10—推进装置;11—钻杆;12—油封头进油软管;13—油封头;
14—对开式轴承座;15—工件;16—三爪自定心卡盘;17—液压马达座;18—液压马达;
19—液压马达油管;20—床身。

图 3-58　深孔钻床结构图

2. 钻头

孔加工用得最多的刀具是钻头。钻头是一种标准刀具,钻孔时,钻头通过两条对称排列的切削刃对材料进行切削,完成孔加工。钻头主要有麻花钻、深孔钻、扩孔钻、锪孔钻等。麻花钻是最常用的钻削刀具。

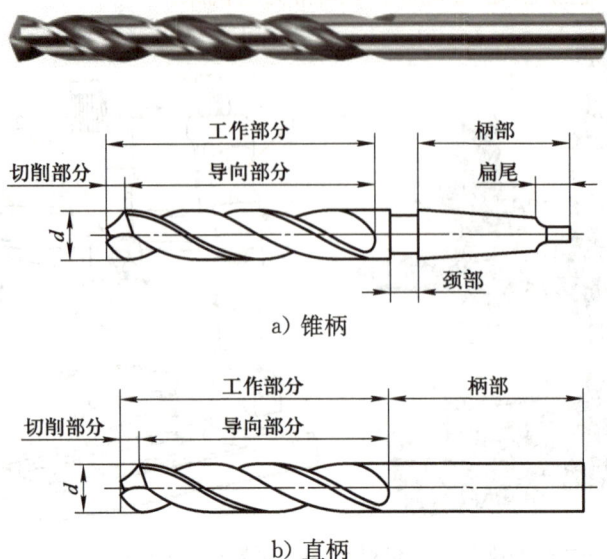

a) 锥柄

b) 直柄

图 3-59　麻花钻结构图

（1）麻花钻

麻花钻是通过相对固定轴线的旋转切削工件圆孔的工具。因其容屑槽呈螺旋状形似麻花而得名。麻花钻可夹持在手动、电动的手持式钻孔工具或钻床、铣床、车床乃至加工中心上。钻头材料一般为高速工具钢或硬质合金。麻花钻由柄部、颈部和工作部分组成，如图 3-59 所示。

柄部为钻头的夹持部分，用来传递扭矩。刀柄有直柄和锥柄两种，直柄多用于小直径钻头，锥柄多用于大直径钻头；颈部在柄部和工作部分中间，用来磨柄部时退砂轮，也可用来打印标记。直柄麻花钻一般不制颈部；工作部分又分为切削和导向两部分，切削部分承担切削工作，导向部分起引导作用。

麻花钻结构参数是指在钻头制造中控制的参数，是决定钻头几何形状的独立参数。

1）直径 d　钻头两刃带间的垂直距离，它按标准尺寸系列或螺孔底径尺寸设计。

2）直径倒锥　直径做成沿钻柄方向逐渐减小的锥度，减少刃对孔壁间摩擦面积，相当于副偏角的作用。中等直径钻头倒锥量为（0.05～0.12）/100。

3）钻心直径　指钻心处与两螺旋槽沟底相切圆的直径，它影响钻头的刚性与容屑沟截面积。为提高钻头刚性，钻心直径做成向钻柄方向逐渐增大的正锥度，尽可能符合等强度的结构。钻心正锥量为（1.4～2）/100。

4）螺旋角 β　指钻头刃带棱边螺旋线展开成直线与钻头轴线的夹角，它相当于副切削刃刃倾角，如图 3-60 所示。麻花钻螺旋角一般为 25°～32°。增大螺旋角有利于排屑，能获得较大前角，切削轻快，但钻头刚性变差。为提高小直径钻头刚性，β 角可设计得小一些。钻软材料（如铝合金）时，为改善排屑效果，β 角可设计得大一些。

5）刃带参数　如图 3-60 所示，它包括刃带宽度 b_f、高度 c 和刃带后角。刃带后角相当于副切削刃后角，一般为 0°。

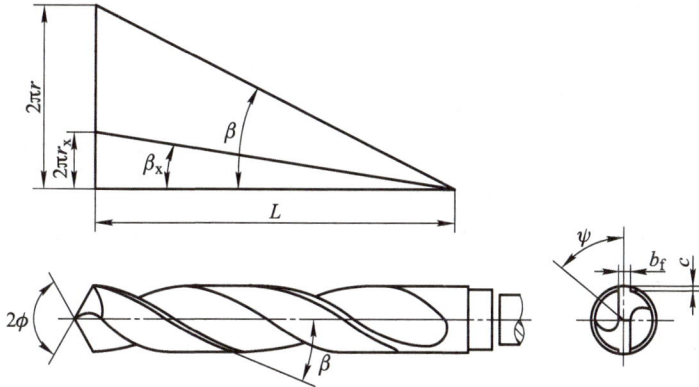

图 3-60　麻花钻螺旋角

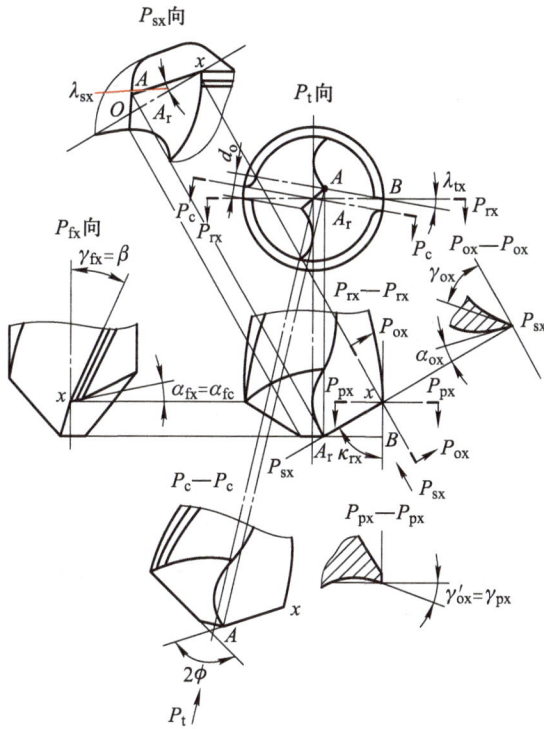

图 3-61　麻花钻的几何角度

6）麻花钻几何角度

麻花钻的几何角度如图 3-61 所示。

① 顶角 2ϕ　它是两主切削刃在中剖面内投影的夹角，是影响钻头刃磨质量的主要参数之一，通常顶角取 118°，顶角对钻头切削效率、耐用度、轴向力等有明显影响。

② 主偏角 κ_r 和端面刃倾角 λ_t　主偏角在基面内测量，切削刃上各点基面不同，主偏角也不相同。主切削刃上不同的点其端面刃倾角 λ_t 是不等的，由内向外绝对值减小；各点端面刃倾角均为负值，切屑向钻尾排出。

③ 副偏角 κ_r'　钻头的副偏角以倒锥量表示，中等直径麻花钻的倒锥量为（0.05～0.12）/100。

④ 前角 γ。 切削刃上各点的螺旋角、端面刃倾角、主偏角不相同,各点的前角 γ_{ox} 也不相同。切削刃上各点的前角变化大,从外缘到钻心前角逐渐减小。

⑤ 后角 α_f 如图 3-61 所示,后角是在柱剖面内测量的,方便反映刀具主后面与过渡表面间的摩擦关系、进给运动对后角的影响。钻头的后角沿主切削刃是变化的,外缘最小($\alpha_f = 8° \sim 10°$),在横刃与主切削刃的交接处最大($\alpha_f = 20° \sim 25°$)。

⑥ 横刃角度 麻花钻后面磨成后,两个后面相交自然形成了横刃。横刃角度包括横刃斜角、横刃前角、横刃后角。

(2) 深孔钻

深孔钻是专门用于加工深孔的钻头,如图 3-62 所示。深孔一般指深径比 $L/d > 5 \sim 10$ 的孔,必须使用特殊结构的深孔钻才能进行加工。相对普通孔来,深孔加工难度大,技术要求高。深孔钻削时,散热和排屑困难,钻杆细长而刚性差,易产生弯曲和振动。一般要借助压力冷却系统解决冷却和排屑问题。

图 3-62　深孔钻外形图

(3) 扩孔钻

扩孔是用扩孔钻对工件已有的孔进行扩大加工,一般用于孔的半精加工或精度要求不高孔的终加工,也用于铰或磨前的预加工或毛坯孔的扩大,有 3 或 4 个刃带,无横刃,前角和后角沿切削刃的变化小,加工导向效果好,轴向抗力小,切削条件优于钻孔,在成批或大量生产时应用较广。

扩孔钻的结构形式有高速整体式(图 3-63a)、镶齿套式(图 3-63b)及硬质合金可转位式(图 3-63c)等。

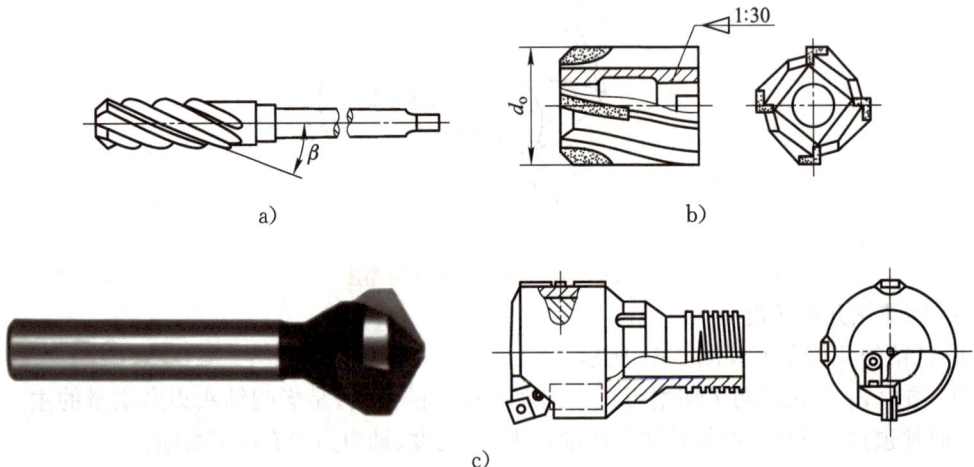

图 3-63　扩孔钻外形结构图

(4) 锪孔钻

锪孔是用锪钻在已加工孔上锪各种沉头孔和锪孔端面的突台平面。图 3-64a 所示为锪圆柱形沉头孔,图 3-64b、c 所示为锪圆锥形沉头孔,图 3-64d 所示为锪孔端面凸台平面。根据锪钻直径的大小,可做成带柄锪钻或套式锪钻,可用高速钢制造,也可镶焊硬质合金刀片。硬质合金锪钻运用最为广泛。

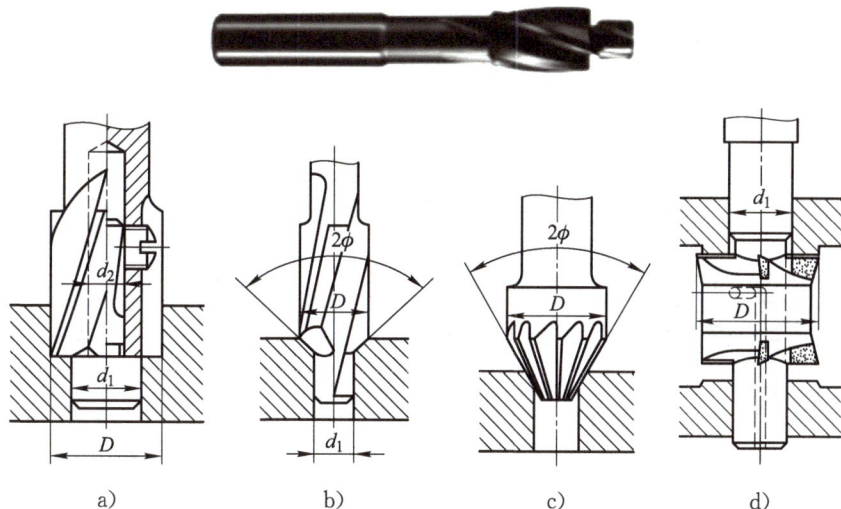

图 3-64 锪孔钻结构图

3. 钻削加工特点

钻孔在机械制造中比重大,受钻头结构和切削条件限制,加工孔的质量不高,适用于粗加工。钻削加工的特点:

(1) **钻头刚性差** 钻头细长,有两条宽而深的容屑槽,刚性差;导向性很差,难定心,开始切削时就容易引偏,切入以后易产生弯曲变形,钻头偏离原轴线。

(2) **排屑困难** 切屑宽,容屑尺寸受限制,排屑时,与孔壁产生很大摩擦和挤压,拉毛和刮伤已加工表面,降低孔壁质量。

(3) **切削热不易传散** 钻削是一种半封闭式的切削,切削产生的大量热量不能及时排出,切削液难以注入切削区,切屑、刀具与工件之间摩擦大,切削温度高,刀具加剧磨损,钻削用量和生产率受限制。

二、铰削加工

铰削是利用铰刀从已加工的孔壁切除薄层金属,获得精确的孔径和几何形状以及较低的表面粗糙度值的切削加工。铰削在钻孔、扩孔、镗孔后进行,用于加工精密的圆柱孔和锥孔,是对中小型孔(一般 $d<40$ mm)进行半精加工和精加工的方法,在钻床、车床和镗床上进行。铰刀的切削刃长,铰削时各刀齿同时参加切削,生产率高,在精加工中应用较广。铰孔加工后孔的公差等级为 IT9~IT7,表面粗糙度为 $0.63\ \mu m<Ra\leqslant 5\ \mu m$。

1. 铰刀

铰刀是有一个或多个刀齿,用以切除已加工孔表面薄层金属的旋转刀具。

(1) 铰刀的种类及结构

按使用方法分类,铰刀分为手用铰刀和机用铰刀。手用铰刀分为整体式和外径可调整式

视频

铰孔

141

两种,柄部为圆柱形直柄,端部制成方头,方便使用扳手,工作部分长,导向作用好。机用铰刀可分为带柄和套式两种。铰刀可加工圆形孔,还可用锥度铰刀加工锥孔。

图 3-65 所示为手用铰刀。铰刀由工作部分、颈部及柄部组成。工作部分主要由切削部分及校准部分构成,其中校准部分又分为圆柱部分与倒锥部分。手用铰刀,为增强导向作用,校准部分长;机用铰刀,为减小机床主轴和铰刀同轴度误差和避免过大的摩擦,校准部分做得短一些。

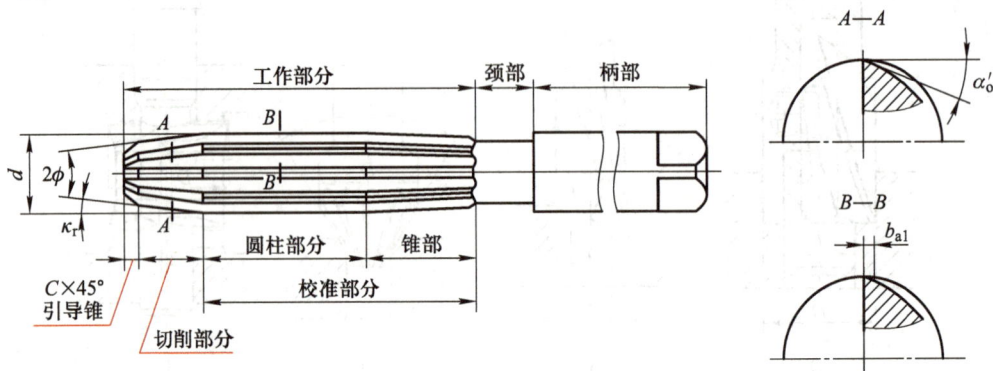

图 3-65　手用铰刀的结构图

(2) 铰刀结构参数

1) **直径和公差**　铰刀是定尺寸刀具,直径和公差的选择取决于被加工孔的直径及精度要求。还要考虑铰刀的使用寿命和制造成本。铰刀的公称直径是指校准部分直径,它等于被加工孔的基本尺寸,公差则与被铰孔的公差、铰刀的制造公差 G、铰刀磨耗备量 N 和铰削过程中孔径的变形性质有关。

2) **齿数 Z 及槽形**　铰刀齿数为 4~12 个齿。齿数多,导向性好,刀齿负荷轻,铰孔质量高。但齿数过多,会降低铰刀刀齿强度,容屑空间减小。通常根据直径和工件材料性质选取铰刀齿数。

(3) 铰刀的几何角度

1) **主偏角**　加工钢等韧性材料取 $k_r = 15°$,加工铸铁等脆性材料取 $k_r = 3°~5°$,粗铰和铰不通孔取 $k_r = 45°$,手用铰刀取 $k_r = 0.5°~1.5°$。

2) **前角**　铰孔时余量很小,切屑很薄,切屑与刀具前面接触长度短,前角的影响不显著。为了制造方便,前角均取 $0°$。加工韧性材料时,为减小切屑变形,前角取 $\gamma_o = 5°~10°$。

3) **后角**　铰刀是精加工刀具,为使其重磨后径向尺寸不致变化太大,铰刀后角取 $\alpha_o = 6°~8°$。

4) **刃倾角**　铰刀刃倾角一般为 $0°$。刃倾角能使切削过程平稳,提高铰孔质量。铰削韧性较大的材料,可在铰刀的切削部分磨出 $\lambda_s = 15°~20°$ 的刃倾角,这样可使铰削切屑向前排出,不至于划伤已加工表面。加工不通孔,可在带刃倾角的铰刀前端开出凹坑,容纳切屑。

2. 铰削加工特点

铰削适宜单件小批的小孔、锥度孔、大批量生产中不宜拉削孔的加工,钻—扩—铰工艺是

中等尺寸、公差等级为 IT7 孔的典型加工方法,其工艺特点有:

(1)铰削切削厚度为 0.01～0.03 mm。

(2)铰削过程采用的切削速度低,切削变形大。加工塑性金属会产生积屑瘤,要使用切削液。

(3)在切削液的润滑作用下,加工表面受到熨压作用,熨压作用越大,表面粗糙度值越小,铰刀钝化愈快。

(4)铰削加工适应性差。铰削能提高尺寸精度和形状精度,不能校正位置误差。

3. 铰孔注意事项

(1)铰刀选择

铰孔精度决定于铰刀尺寸及公差。选择铰刀,应仔细测量铰刀直径是否与被铰孔相符,铰刀刃口必须尖锐,没有崩刃和毛刺。不用时,工作部分用塑料套和软棉布包裹。

(2)铰刀的安装

铰孔是精加工,切削余量小,铰刀安装很关键。铰刀和机床采用浮动连接,浮动夹头如图 3-66 所示。锥柄套 3 装在机床主轴 4 的锥孔中,铰刀锥柄装在浮动套 1 的锥孔中,浮动套 1 和锥柄套 3 之间有一定间隙。只要铰前孔的轴线不偏斜铰刀就能自动循着工作内孔找正定心。主轴的转动通过锥柄套 3 上的螺钉 2 传递给浮动套 1 和铰刀。

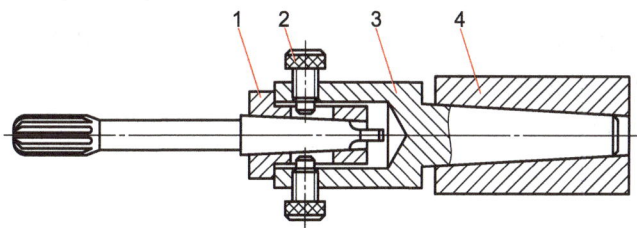

1—浮动套;2—螺钉;3—锥柄套;4—主轴。

图 3-66　铰刀的浮动连接

(3)铰削用量选择

合理选择铰削用量,可以提高孔径尺寸精度及已加工表面质量。精铰,半径上铰削余量为 0.03～0.15 mm,其值取决于工件材料对孔要求的精度和表面粗糙度。余量过小不能把前道工序的加工痕迹去除;余量过大切削负荷增大,容易破坏铰刀工作的稳定性,引起振动从而导致铰孔扩张现象,降低刀具使用寿命。

铰削速度和进给量选择,在保证质量的前提下提高加工效率。提高铰削速度和增大进给量,会使铰孔精度下降,表面粗糙度值增大,铰刀磨损加剧,容易引起振动,甚至使硬质合金刃口崩裂。铰削钢件,切削速度 $v_c = 1.5～5$ mm/min;铰削铸铁件,切削速度 $v_c = 8～10$ mm/min。控制铰孔的进给量时,铰削钢料取 $f = 0.05～0.6$ mm/r,铰削铸铁取 $f = 0.2～2$ mm/r,孔加工要求高及孔径较小时应取小值。铰孔时最应注意的是,无论是铰削还是退刀,都只能按一个方向旋转,绝不允许退刀时反转。

(4)切削液的选用

正确选用切削液。铰削普通钢件，用乳化油和硫化油；铰削铸铁件，选用黏性较小的煤油。

● 三、镗削加工

镗削是用旋转的镗刀把工件上的预制孔扩大到一定尺寸，使之达到要求精度和表面粗糙度的切削加工。镗削一般在镗床、加工中心和组合机床上进行，主要加工箱体、支架和机座等工件上的圆柱孔、螺纹孔、孔内沟槽和端面；采用特殊附件时，也可加工内外球面、锥孔等。镗床镗孔精度可以从 IT11 到 IT7，甚至可以达到 IT6，表面粗糙度 Ra 从 80 μm 到 0.63 μm，甚至更小。

1. 镗床

镗床是用镗刀对工件已有的预制孔进行镗削的机床。镗刀旋转为主运动，镗刀或工件的移动为进给运动。它主要用于高精度孔或孔系的加工，以及与孔有位置精度要求的其他表面（如螺纹、外圆和端面）的加工。使用不同的刀具和附件还可进行钻削、铣削，镗削的加工精度，表面质量要高于钻削。镗床是大型箱体零件加工的主要设备。

镗床的类型：

（1）卧式镗床

卧式镗床是镗床中应用最广泛的一种，如图 3-67 所示。它主要用于孔加工，镗孔精度可达 IT7，卧式镗床还能铣削平面，钻削，加工端面、凸缘的外圆，切螺纹等，主要用于单件小批生产和修理车间。加工孔的圆度误差不超过 5 μm，表面粗糙度为 $Ra0.63\sim1.25$ μm。卧式镗床的主参数为主轴直径。

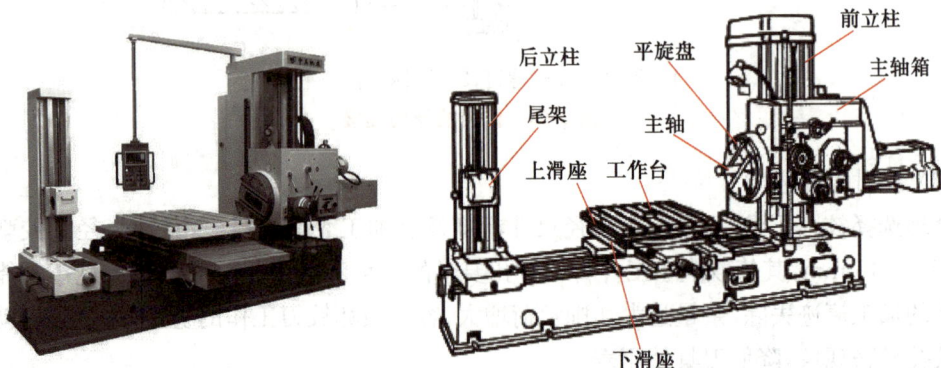

视频

镗削

图 3-67 卧式镗床外形图

加工时，刀具装在主轴、镗杆或平旋盘上，通过主轴箱可获得需要的各种转速和进给量，随着主轴箱沿前立柱导轨上下移动。工件安装在工作台上，工作台可随下滑座和上滑座作纵横向移动，可绕上滑座的圆导轨回转至需要的角度，以适应各种加工情况。镗杆较长，可用后立柱上的尾架来支承一端，增加刚度。加工大孔距工件或长箱体，加大卧式镗床工作台横向行程两倍左右，加大床身主导轨宽度和带辅助导轨，可增加下滑座刚度。

卧式镗床主要应用如图 3-68 所示。

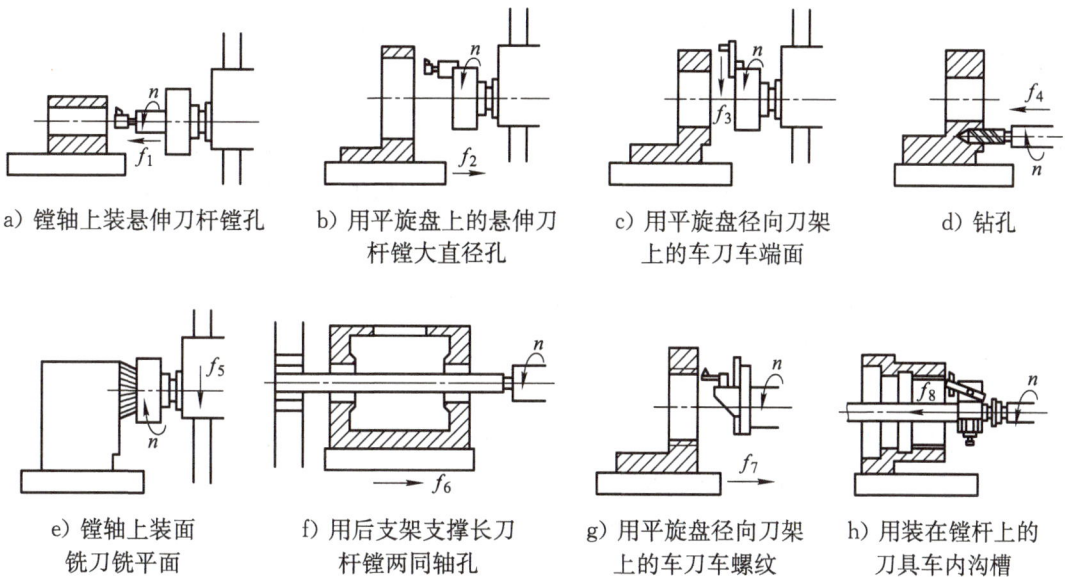

a) 镗轴上装悬伸刀杆镗孔　　b) 用平旋盘上的悬伸刀杆镗大直径孔　　c) 用平旋盘径向刀架上的车刀车端面　　d) 钻孔

e) 镗轴上装面铣刀铣平面　　f) 用后支架支撑长刀杆镗两同轴孔　　g) 用平旋盘径向刀架上的车刀车螺纹　　h) 用装在镗杆上的刀具车内沟槽

图 3-68　卧式镗床主要应用

（2）坐标镗床

坐标镗床是有精密坐标定位装置、用于加工高精度孔或孔系的一种镗床。在坐标镗床上可进行钻孔、扩孔（见钻削）、铰孔（见铰削）、铣削、精密刻线和精密划线等工作，也可作孔距和轮廓尺寸的精密测量。坐标镗床适于加工钻模、镗模和量具等，也用加工精密工件，是用途较广泛的一种高精度机床。它的结构特点是有坐标位置精密测量装置。坐标镗床可分为单柱式坐标镗床、双柱式坐标镗床和卧式坐标镗床。

1）单柱式坐标镗床　如图 3-69a 所示，主轴垂直布置，主轴带动刀具作旋转主运动，主轴套筒带动刀具作上下移动实现垂直进给。有的主轴箱可沿立柱导轨上下移动，适应不同高度的工件。工作台沿滑座作纵向移动，滑座沿床身导轨作横向移动，配合坐标定位。工作台三面敞开，操作方便。中小型坐标镗床大多采用这种布局形式，坐标定位精度为 $2\sim4\ \mu m$。特点：结构简单，操作方便，适宜加工板状零件的精密孔，但刚性较差，适用于中小型坐标镗床。

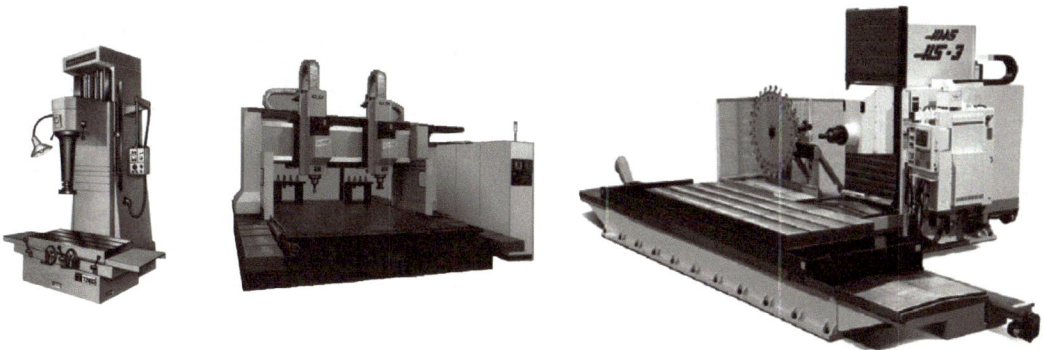

a) 立式单柱坐标镗床　　b) 立式双柱坐标镗床　　c) 卧式坐标镗床

图 3-69　坐标镗床外形图

145

2) 双柱式坐标镗床 如图 3-69b 所示,两立柱上部通过顶梁连接,横梁可沿立柱导轨上下调整位置。主轴箱沿横梁导轨作横向移动,工作台沿床身导轨作纵向移动,配合坐标定位。大型双柱坐标镗床在立柱上配有水平主轴箱,采用双柱框架式结构,刚度高,大中型坐标镗床多为这种形式,坐标定位精度为 $3 \sim 10 \ \mu m$。主轴上安装刀具作主运动,工件安装在工作台上随工作台沿床身导轨作纵向直线移动,刚性较好。双柱式坐标镗床的主参数为工作台面宽度。

3) 卧式坐标镗床 如图 3-69c 所示,主轴平行于工作台面,可在一次安装工件后方便加工箱体类零件四周所有的坐标孔,工件安装方便,生产率高,适合箱体类零件加工。工作台能在水平面内旋转运动,进给运动由工作台纵向移动或主轴轴向移动来实现,加工精度高。

2. 镗刀

镗刀是镗削刀具的一种,一般是圆柄的,也有方刀杆的,有一个或两个切削部分,用于对已有的孔进行粗加工、半精加工或精加工,镗刀可在镗床、车床、铣床上使用。

镗刀类别:按切削刃数量分为单刃镗刀、双刃镗刀和多刃镗刀,按工件加工表面分为通孔镗刀、不通孔镗刀、阶梯孔镗刀和端面镗刀,按刀具结构分为整体式、装配式和可调式。

(1) 单刃镗刀

单刃镗刀只有一条主切削刃在单方向参加切削,结构简单、制造方便、通用性强,但刚性差,镗孔尺寸调节不方便,生产率低,对工人操作技术要求高。加工小直径孔的镗刀通常是整体式的,加工大直径孔镗刀可做成机夹式或机夹可转位式。图 3-70 所示为不同结构的单刃镗刀,图 3-70a、b 所示镗刀分别用于车床上镗通孔和不通孔,图 3-70c、d、e、f 所示镗刀用于镗床上镗通孔和不通孔。可微调单刃镗刀(图 3-71)调节方便,调节精度高,适于坐标镗床、自动线和数控机床使用。

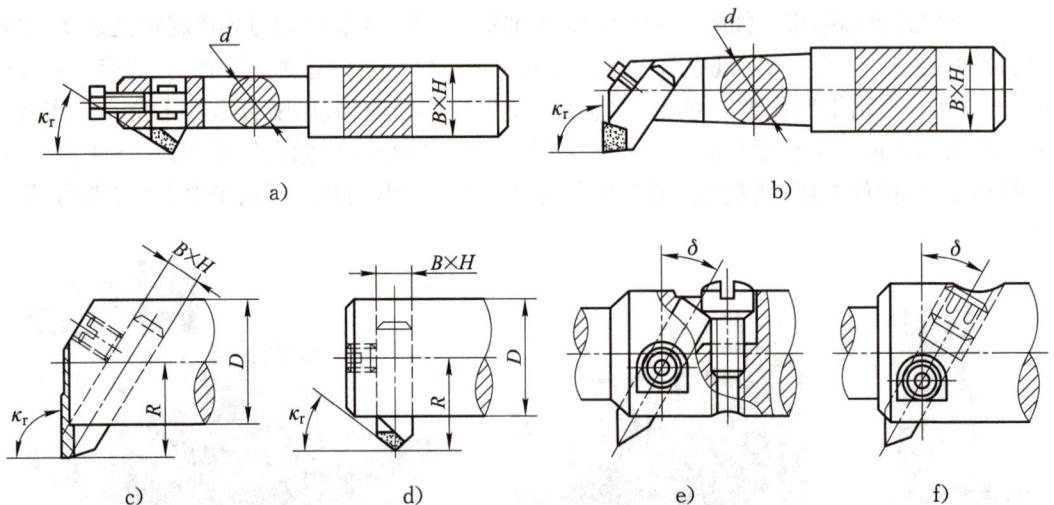

a)   b)

c)   d)   e)   f)

图 3-70 单刃镗刀

(2) 双刃镗刀

双刃镗刀是定尺寸的镗孔刀具,通过改变两刀刃之间的距离,实现对不同直径孔的加工。双刃镗刀有固定式镗刀、可调镗刀和浮动镗刀三种。

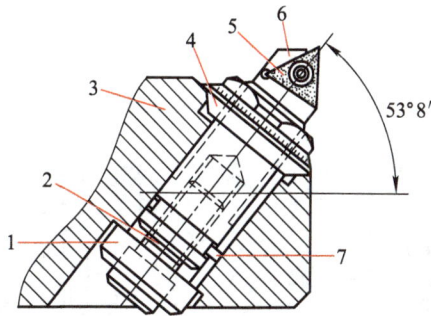

1—垫圈;2—拉紧螺钉;3—镗刀杆;4—调整螺母;5—刀片;6—镗刀头;7—导向链。

图 3-71　可微调单刃镗刀

1) 固定式镗刀　如图 3-72 所示,工作时,镗刀块通过斜楔或者在两个倾斜方向的螺钉等夹紧镗杆。镗刀块相对轴线的位置误差会造成孔径的误差,所以,镗刀块与镗杆上方孔的配合要求较高。刀块安装方孔对轴线的垂直度与对称度误差不大于 0.01 mm。固定式镗刀块用于粗镗或半精镗直径大于 40 mm 的孔。

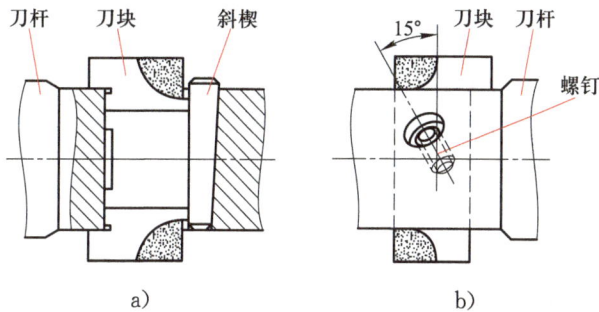

图 3-72　固定式双刃镗刀

2) 可调式双刃镗刀　如图 3-73 所示,采用一定的机械结构调整两刀片之间的距离,使一把刀具可以加工不同直径的孔,补偿刀具磨损的影响。

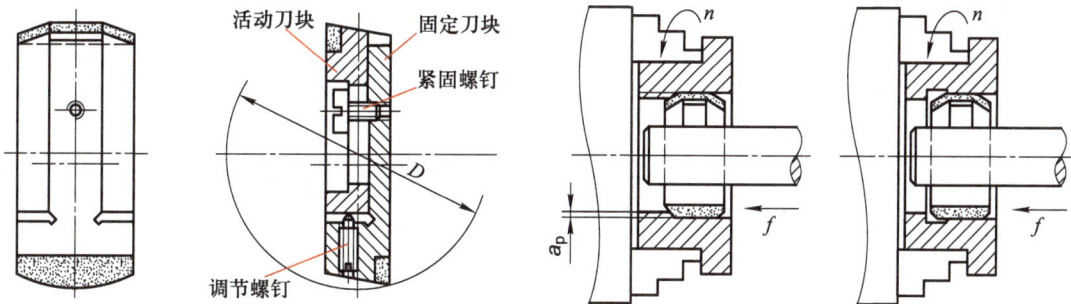

图 3-73　可调式双刃镗刀

3) 浮动镗刀　其特点是镗刀块自由地装入镗杆的方孔中,不需夹紧,通过作用在两个切削刃上的切削力自动平衡切削位置,能自动补偿刀具安装误差、机床主轴偏差造成的加工误差,获得较高的孔直径尺寸精度(IT7～IT6)。

3. 镗削加工特点

（1）可加工机座、箱体、支架等外形复杂的大型零件上直径较大的孔和孔系。如图 3-74 所示，在镗床上利用坐标装置和镗模，加工有位置精度要求的孔和孔系，可保证加工精度。

图 3-74　箱体镗孔

（2）灵活性大、适应性强。在常规加工基础上，还可以车外圆、车端面、铣平面。加工尺寸范围大，对于不同生产类型和精度要求的孔，都可以采用这种加工方法。

（3）操作技术要求高、生产率低。保证工件的尺寸精度和表面质量，取决于所用设备与工人的技术水平，调整机床和刀具的时间长。镗削加工参加工作的切削刃少，生产率低；使用镗模可以提高生产率，但成本增加，一般用于大批量生产。

第五节　磨削加工

一、磨削概述

磨削是用磨具（如砂轮）以较高的线速度对工件表面进行精加工和超精加工的切削加工方法。磨削加工精度等级通常可达 IT6～IT4，表面粗糙度为 $Ra1.25～0.02~\mu m$。精密磨削时标准公差等级可达 IT5 以上，表面粗糙度为 $Ra0.16～0.01~\mu m$。

1. 磨削加工工艺范围

常见的磨削加工工艺范围有外圆磨削、内圆磨削、平面磨削、成形磨削、齿轮磨削、螺纹磨削等，如图 3-75 所示，磨削加工是应用最为广泛的精加工方法。

2. 磨削加工特点

（1）能经济地获得高的加工精度和小的表面粗糙度值。磨削时的切削量极少，磨床一般具有较高的精度，并有精确控制微量进刀的功能，所以能使工件获得高的加工精度。由于磨削的切除能力较低，因此一般要求零件在磨削之前，要用其他切削方法先切除毛坯上的大部分加工余量。

（2）砂轮磨料具有很高的硬度和耐热性，因此，能够磨削一些硬度很高的金属和非金属

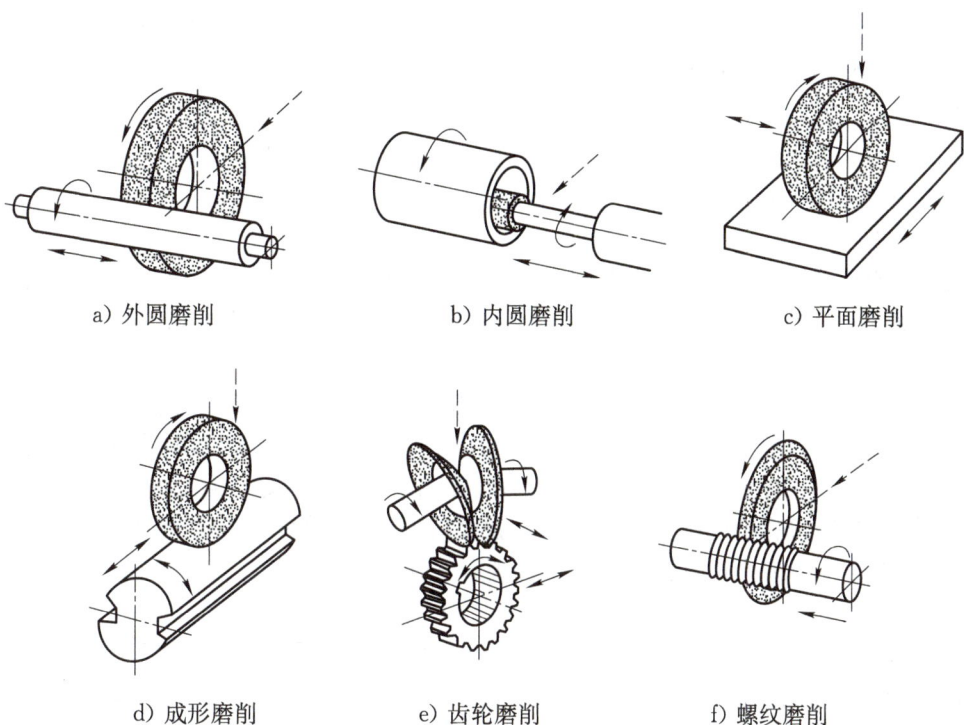

a) 外圆磨削　　　　　　b) 内圆磨削　　　　　　c) 平面磨削

d) 成形磨削　　　　　　e) 齿轮磨削　　　　　　f) 螺纹磨削

图 3-75　磨削加工范围

材料,如淬火钢、硬质合金、高强度合金、陶瓷材料和各种宝石等。这些材料用一般金属切削刀具是难以加工甚至无法加工的。但是,磨削不宜加工软质材料,如钝铜、纯铝等,因为磨屑易将砂轮表面的孔隙堵塞,使之丧失切削能力。

(3) **磨削速度大、磨削温度高。** 磨削时砂轮的圆周速度可达 35～50 m/s,磨粒对工件表面的切削、刻划、滑擦、熨压等综合作用,会使磨削区在瞬间产生大量的切削热。由于砂轮的热导率很差,热量在短时间内难以从磨削区传出,所以该处的温度可达 800～1 000 ℃,有时甚至高达 1 500 ℃。磨削时看到的火花,就是炽热的微细磨屑飞离工件时,在空气中急速氧化、燃烧的结果。

磨削区的瞬时高温会使工件表层力学性能发生改变,如烧伤、脱碳、淬硬工件表面退火、改变金相组织等,影响加工表面质量;还会使热导差的工件表层产生很大的磨削应力,甚至由此产生细小的裂纹。因此,在磨削过程中,必须进行充分的冷却,以降低磨削温度。

(4) **径向磨削分力较大。** 磨削力与其他切削力一样,也可以分解为径向、轴向、切向三个互相垂直的分力。由于砂轮与工件间的接触宽度大,同时参与切削的磨粒多,加之磨粒的负前角切削受影响,径向切削分力很大(为切向分力的 1.5～3 倍)。在其作用下,机床—夹具—砂轮—工件构成的工艺系统会产生弹性变形从而影响加工精度。为消除这一变形所产生的工件形状误差,可在磨削加工最后进行一定次数无径向进给的光磨行程。

(5) **砂轮有自锐性。** 在车、铣、刨、钻等切削加工中,如果刀具磨钝,则必须重新刃磨后才能继续进行加工。而磨削则不然,磨削中,磨粒本身由尖锐逐渐磨钝,使切削作用变差,切削力变大,当切削力超过结合剂强度时,磨钝的磨粒在磨削力的作用下会发生崩裂而形成新的锋利刃口,或自动从砂轮表面脱落下来,露出里层的新磨粒,从而保持砂轮的切削性能,继续进行磨削。砂轮的上述特性称为自锐性。但是,单纯靠自锐性不能长期保持砂轮的准确形状和切削性能,必须在工作一段时间后,专门进行修整,以恢复砂轮的形状和切削性能。

磨削一般用于精加工,随着磨削工具和机床的发展,现在磨削已可作为从粗加工到超精加工范围很广的加工方法。

3. 磨削用量

由于砂轮转动只起基本切削作用,而不参与形成工件表面,因此还需有相应的形成母线及导线的形成运动和切入运动。以外圆纵进磨削为例,其磨削用量相应有 $v_{轮}$、$v_{工}$、$f_{纵}$、a_{p} 四项。

(1) 磨削速度 $v_{轮}$(砂轮圆周速度)

当其他要素不变时,提高砂轮圆周速度 $v_{轮}$ 会使单位时间内参与切削的磨粒数目增多,每一磨粒切去的切屑更微细。同时,工件表面上被切出的凹痕数量增加,相邻两凹痕间的残留高度减小,从而降低了表面粗糙度值。就此而言,砂轮圆周速度越高越好。但是,砂轮圆周速度不能太高,因为它受到砂轮平衡精度和砂轮结合剂强度的限制。一般砂轮的圆周速度不超过 35 m/s,磨床的砂轮主轴转速一般是不变的,所以都规定了最大砂轮直径。

(2) 工件圆周速度 $v_{工}$

工件圆周速度 $v_{工}$ 增加,生产率提高,但磨削厚度、工件表面残留高度、磨削力及工件变形增大,使加工精度和表面质量变差;如过小,则工件表面和砂轮接触时间增长,工件表面温度上升,容易引起工件表面烧伤。

工件圆周速度 $v_{工}$ 可按下式确定:

$$v_{工} = \left(\frac{1}{80} \sim \frac{1}{160} \right) \times 60 v_{轮} \tag{3-3}$$

式中　$v_{工}$——工件圆周速度,m/min;

　　　$v_{轮}$——砂轮圆周速度,m/s。

如:$v_{轮} = 35$ m/s

则:$v_{工} = \left(\frac{1}{80} \sim \frac{1}{160} \right) \times 60 \times 35$ m/s ≈ 26~13 m/min

粗磨时,为了提高生产率,$v_{工}$ 取较大值。精磨时,为了获得小的表面粗糙度值,$v_{工}$ 取低一些。磨削细长轴时,为避免工件因转速高、离心力大产生弯曲变形和引起振动,$v_{工}$ 应更低一些。

(3) 纵向进给量 $f_{纵}$

与 $v_{工}$ 的影响相似,一般粗磨钢件时 $f_{纵} = (0.4 \sim 0.6)B$,精磨钢件时 $f_{纵} = (0.2 \sim 0.3)B$,B 为砂轮宽度。

(4) 横向进给量(磨削深度)a_{p}

磨削深度增加,磨削力增大,工件变形也大,使加工精度降低。一般粗磨时取 $a_{p} = 0.01 \sim 0.06$ mm,精磨时取 $a_{p} = 0.005 \sim 0.02$ mm。钢件取较小值,铸铁取较大值;短粗件取大值,细长件取小值。

● 二、磨具特征与选用

在加工中起磨削、研磨、抛光作用的工具统称磨具。根据所用的磨料不同,磨具分为普通磨具和超硬磨具两大类。

1. 普通磨具

(1) **普通磨具的类型** 普通磨具是指用普通磨料制成的磨具,如刚玉类磨料、碳化硅类磨料和碳化硼磨料制成的磨具。普通磨具按照磨料的结合形式分为固结磨具、涂附磨具和研磨膏。根据不同的使用方式,固结磨具可制成砂轮、油石、砂瓦、磨头、抛磨块等,涂附磨具可制成纱布、砂纸、砂带等。研磨膏可分成硬膏和软膏。

(2) **砂轮的特性及选择** 砂轮是一种用结合剂把磨粒黏结起来,经压坯、干燥、焙烧及车整而成的、多孔隙的、用磨粒进行切削的工具,如图 3-76 所示。可见,砂轮是由磨料、结合剂和孔隙所组成的。砂轮的特性主要由磨料、粒度、结合剂、硬度和组织五个参数决定。

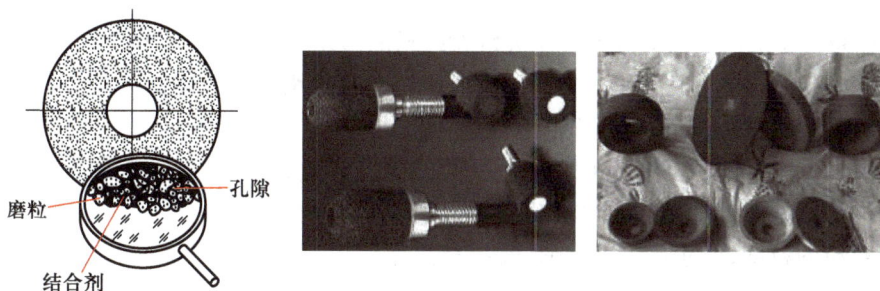

图 3-76 砂轮的构造

1) **磨料** 磨料是构成砂轮的基本材料。它直接担负着切削工作,要经受切削过程中剧烈的挤压、摩擦及高温作用。因此,必须具有高硬度、耐热性、耐磨性和相当的韧性,还应有比较锋利的棱角。

磨料分天然磨料和人造磨料两大类。天然磨料为金刚砂、天然刚玉、金刚石等,天然金刚石价格高昂,其他天然磨料杂质较多,性质随产地而异,质地较不均匀,故主要用人工磨料来制造砂轮。目前常用的磨料有刚玉类、碳化硅类、高硬磨料类三大类。

刚玉类磨料的主要成分为氧化铝(Al_2O_3)。碳化硅类磨料的主要成分是碳化硅(SiC),高硬磨料类主要有人造金刚石(TR)和立方氮化硼(CBN)等。表 3-3 列出了常用磨料的主要性能及应用范围。

表 3-3 常用磨料的主要性能及应用范围

磨料名称		代号	显微硬度 HV	颜色	力学性能	热稳定性	适用磨削范围
刚玉类	棕刚玉	A	2 200～2 280	褐色	韧性好硬度大	2 100 ℃熔融	非合金钢、合金钢、铸铁
	白刚玉	WA	2 200～2 300	白色			淬火钢、高速钢
碳化硅类	黑碳化硅	C	2 840～3 320	黑色		>1 500 ℃氧化	铸铁、黄铜、非金属
	绿碳化硅	GC	3 280～3 400	绿色			硬质合金
高硬磨料类	氮化硼	CBN	8 000～9 000	黑色	高硬度高强度	<1 300 ℃稳定	硬质合金、高速钢
	人造金刚石	D	10 000	乳白色		>700 ℃石墨化	硬质合金、宝石

2）粒度　粒度是指磨料颗粒尺寸的大小程度。粒度分为磨粒和微粉两类,磨料颗粒尺寸大于 40 μm 的称为磨粒,磨粒尺寸小于 40 μm 的称为微粉。磨粒用机械筛分法来区分大小,以其能通过筛网上每英寸长度上的孔数来表示粒度,粒度号为 $4^\#$～$280^\#$,例如 $80^\#$ 粒度是指磨粒刚刚可通过每英寸长度上有 80 个孔眼的筛网,粒度号越大,颗粒尺寸越小。微粉用显微镜测量来确定粒度号,以实测到的最大尺寸并在前面冠以“W”的符号来表示,其粒度号为 W63～W0.5,如 W7,即表示此种微粉的最大尺寸为 7～5 μm,粒度号越小,则微粉的颗粒越细。

磨粒粒度选择的原则如下:

① 精磨时,应选用磨料粒度号较大或颗粒直径较小的砂轮,以减小已加工表面粗糙度值。

② 粗磨时,应选用磨料粒度号较小或颗粒较粗的砂轮,以提高磨削生产率。

③ 砂轮速度较高时,或砂轮与工件接触面积较大时选用颗粒较粗的砂轮,以减少同时参加磨削的颗粒数,以免发热过多而引起工件表面烧伤。

④ 磨削软而韧的金属时,用颗粒较粗的砂轮,以免砂轮过早堵塞;磨削硬而脆的金属时,选用颗粒较细的砂轮,以增加同时参加磨削的磨粒数,提高生产率。

常用磨粒的粒度、尺寸及应用范围见表 3-4。

表 3-4　常用磨粒的粒度、尺寸及应用范围

类别	粒度	颗粒尺寸/μm	应用范围	类别	粒度	粒度尺寸/μm	应用范围
磨粒	8～16	3 150～1 000	荒磨毛坯	微粉	W40～W28	40～28	超精磨、珩磨
	20～36	1 000～400	打磨铸件毛刺		W28～W20	28～20	研磨
	46～60	400～250	粗磨		W20～W14	20～14	研磨
	70～80	250～160	半精磨、精磨		W14～W10	14～10	精细磨
	100～160	160～80	精磨、成形磨		W10～W7	10～7	超精加工
	180～240	80～50	精磨、刀具刃磨		W7～W3.5	7～3.5	镜面磨
	240～280	63～40	超精磨、珩磨		W3.5～W0.5	3.5～0.5	制作研磨膏

3）结合剂　结合剂的作用是将磨粒黏合在一起。结合剂的性能决定了砂轮的强度、耐冲击性、耐蚀性和耐热性。国产砂轮常用的结合剂有四种:陶瓷结合剂、树脂结合剂、橡胶结合剂、金属结合剂。常用结合剂的性能和适用范围见表 3-5。

表 3-5　常用结合剂的性能和适用范围

结合剂	代号	性能	适用范围
陶瓷	V	耐热、耐蚀,孔隙率大,易保持廓形,弹性差	最常用,适用于各种磨削加工
树脂	B	强度较 V 高,弹性好,耐热性差	适用于高速磨削、切断、开槽等
橡胶	R	强度较 B 高,更富有弹性,孔隙率小,耐热性差	适用于切断、开槽
青铜	J	强度最高,导电性好,磨耗少,自锐性差	适用于金刚石砂轮

4）**硬度** 砂轮的硬度是指磨粒在外力作用下从其表面脱落的难易程度,也反映磨粒与结合剂的黏固程度。砂轮硬表示磨粒难以脱落,砂轮软则与之相反。

砂轮的硬度主要取决于结合剂的黏结能力及其在砂轮中所占比例,而与磨料的硬度无关。同一种磨料,可以做出不同硬度的各种砂轮。一般来说,砂轮组织较疏松时,砂轮硬度低一些。树脂结合剂砂轮的硬度比陶瓷结合剂砂轮的硬度低一些。砂轮的硬度等级及代号见表 3-6。

表 3-6 砂轮的硬度等级及代号

大级名称	超软			软			中软		中		中硬			硬		超硬
小级名称	超软			软1	软2	软3	中软1	中软2	中1	中2	中硬1	中硬2	中硬3	硬1	硬2	超硬
代号	D	E	F	G	H	J	K	L	M	N	P	Q	R	S	T	Y

砂轮硬度的选用原则如下:

① 工件材料越硬,应选用越软的砂轮。这是因为硬材料易使磨粒磨损,需用较软的砂轮以使磨钝的磨粒及时脱落。磨削软材料时磨粒不易变钝,应采用较硬的砂轮,以充分利用磨粒的切削能力,延长砂轮的耐用度。

② 砂轮与工件磨削接触面积大时,磨粒参加切削的时间较长,较易磨损,应选用较软的砂轮。

③ 半精磨和粗磨时,需用较软的砂轮,以免工件发热烧伤。但精磨和成形磨削时,为了在较长时间内保持砂轮的形状,则应选择较硬的砂轮。

④ 磨削热导率差的材料(如不锈钢、硬质合金)及薄壁、薄片零件时,为避免工件烧伤或变形,应选较软的砂轮。

在机械加工时,常用的砂轮硬度等级一般为 H 至 N(软 2～中 2)。

5）**组织** 砂轮的组织是指砂轮中磨粒、结合剂和孔隙三者体积的比例关系。磨粒在砂轮总体积中所占有的体积百分数(即磨粒率)称为砂轮的组织号。磨料的粒度相同时,组织号越大,磨粒所占的比例越大,孔隙越小,砂轮的组织越紧密;反之,组织号越小,则组织疏松,如图 3-77 所示。

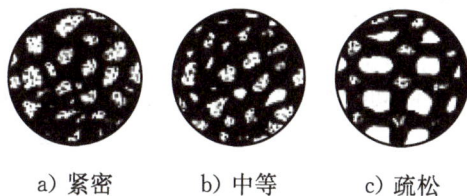

a)紧密　　b)中等　　c)疏松

图 3-77 砂轮的组织

砂轮组织的疏密,影响磨削加工的生产率和表面质量。砂轮组织号小,组织紧密的砂轮,磨粒之间的容屑空间小,排屑困难,砂轮易被堵塞,磨削效率低,但砂轮单位面积上磨粒数目多,可承受较大磨削压力,易保持形状,并可获得较小的表面粗糙度值,故适用于重压力下磨削,如手工磨削、成形磨削和精密磨削。砂轮组织号大,组织疏松的砂轮,不易被磨屑堵塞,切削液和空气能带入磨削区域,可降低磨削区域的温度,减少工件因发热引起的变形和烧伤,故适用于粗磨、平面磨、内圆磨等磨削接触面积较大的工序,以及磨削热敏感性较强的材料、软金属和薄壁工件。

当所磨材料软而韧(如银钨合金)或硬而易裂(如硬质合金)时,最好采用大孔隙砂轮,如图 3-78 所示,这种砂轮的孔隙尺寸可达 0.7~1.4 mm。砂轮的组织号及使用范围见表 3-7。

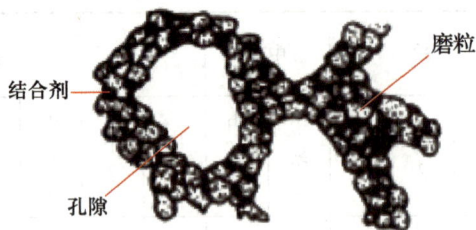

结合剂　磨粒　孔隙

图 3-78　大孔隙砂轮

表 3-7　砂轮的组织号及使用范围

组织号	0	1	2	3	4	5	6	7	8	9	10	11	12	13	14
磨粒率/(%)	62	60	58	56	54	52	50	48	46	44	42	40	38	36	34
疏密程度	紧密				中等				疏松					大孔隙	
适用范围	重负荷、成形、精密磨削,加工脆性材料				外圆、内孔、无心磨及工具磨,淬硬工件及刀具刃磨等				粗磨及磨削韧性大、硬度低的工件,适应磨削薄壁、细长工件等					非铁金属及塑料、橡胶等	

(3) 砂轮的形状、尺寸与标注　为了适应不同类型的磨床上磨削各种形状工件的需要,砂轮有许多形状和尺寸。常见的砂轮形状、代号及用途见表 3-8。

表 3-8　常见的砂轮形状、代号及用途

砂轮名称	代号	断面形状	主要用途	砂轮名称	代号	断面形状	主要用途
平形砂轮	1		外圆磨、内圆磨、平面磨、无心磨、工具磨	蝶形一号砂轮	12a		磨铣刀、铰刀、拉刀,磨齿轮
薄片砂轮	41		切断及切槽	双斜边砂轮	4		磨齿轮及螺纹
筒形砂轮	3		端磨平面	杯形砂轮	6	磨平面、内圆,刃磨刀具
碗形砂轮	11		刃磨刀具、磨导轨				

砂轮的标记印在砂轮端面上,应包括以下顺序内容:磨具名称、产品标准号、基本形状代号、圆周型面代号(若有)、尺寸(包括型面尺寸)、磨料牌号(可选性的)、磨料种类、磨料粒度、硬度等级、组织号(可选性的)、结合剂种类、最高工作速度。例如:平形砂轮,外径300 mm,厚度50 mm,孔径75 mm,棕刚玉,粒度60,硬度L,5号组织,陶瓷结合剂,最高工作线速度35 m/s 的平形砂轮,其标记为

$$平形砂轮\ GB/T\ 2484\ 1\text{-}300×50×75\text{-}A60L5V\text{-}35\ m/s$$

小尺寸的砂轮(直径小于90 mm)一般可只在砂轮上标志粒度和硬度。

三、磨削规律及应用

1. 磨削过程分析

如图 3-79 所示,砂轮上的磨料是形状很不规则的多面体,不同粒度号磨粒的顶尖角在 $90°\sim120°$ 之间,并且尖端均带有若干 μm 的尖端圆角半径 r_β。磨粒尖端在砂轮上的分布,无论在方向、高低、间距方面,在砂轮的轴向与径向方面都是随机分布的,其形貌取决于磨粒的粒度号、砂轮的组织号以及砂轮的修整情况。经修整后的砂轮,磨粒前角可达 $-80°\sim-85°$。因此,磨削过程与其他切削方法相比具有自己的特点。

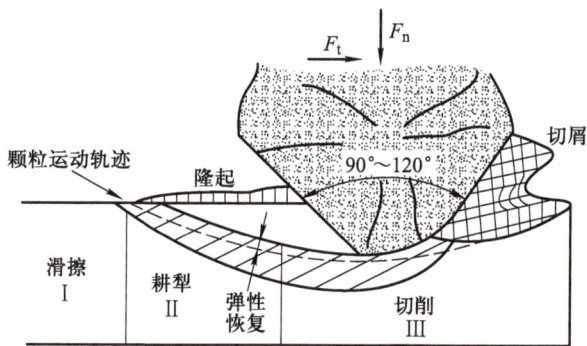

图 3-79 磨粒切入过程

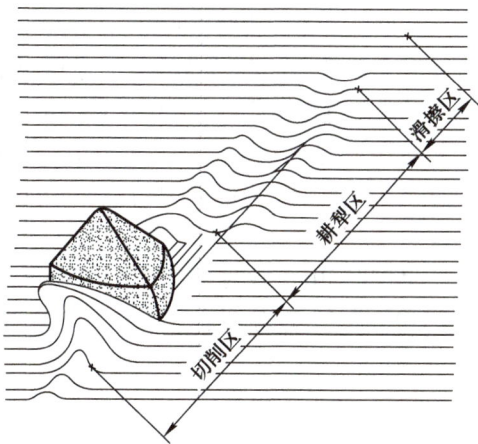

图 3-80 磨削过程中隆起现象

磨削时,如图 3-79 所示,切削厚度由零开始逐渐增大,由于磨粒具有很大负前角和较大尖端圆角半径 r_β,当磨粒开始切入工件时,只能在工件表面上进行滑擦,这时切削表面产生弹性变形。当磨粒继续切入工件,磨粒作用在工件上的法向力 F_n 增大到一定值时,工件表面产生塑性变形,使磨粒前方受挤压的金属向两边塑性流动,在工件表面上耕犁出沟槽,而沟槽的两侧微微隆起,如图 3-80 所示。当磨料继续切入工件,其切削厚度增大到一定数值后,磨粒前方的金属在磨粒的挤压作用下,发生滑移而成为切屑。

2. 磨削阶段

磨削时,由于径向分力较大,引起工件、夹具、砂轮、磨床系统产生弹性变形,使实际磨削深度与每次的径向进给量有所差别。所以,实际磨削过程分为三个阶段,如图 3-81 所示。

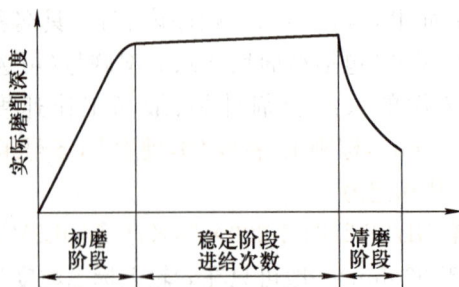

图 3-81 磨削过程的三个阶段

(1) 初磨阶段

在砂轮最初的几次径向进给中,由于机床、工件、夹具工艺系统的弹性变形,实际磨削深度比磨床刻度盘所显示的径向进给量小。工件、夹具、砂轮、磨床刚性越差,此阶段越长。

(2) 稳定阶段

随着径向进给次数的增加,机床、工件、夹具系统的弹性变形抗力也逐渐增大。直至上述工艺系统的弹性变形抗力等于径向磨削力时,实际磨削深度等于径向进给量,此时进入稳定阶段。

(3) 清磨阶段

当磨削余量即将磨完时,径向进给运动停止。由于工艺系统的弹性变形逐渐恢复,实际磨削深度大于零。为此,在无背吃刀量情况下,增加进给次数,使磨削深度逐渐趋于零,磨削火花逐渐消失。这个阶段称为清磨阶段。清磨阶段主要是提高磨削精度,减小表面粗糙度值。

掌握了这三个阶段的规律,在开始磨削时,可采用较大径向进给量,压缩初磨和稳定阶段以提高生产率,最后阶段应保持适当清磨时间,以保证工件的表面质量。

3. 磨削温度

磨削时,由于磨削速度很高,切削厚度很小,切削刃很钝,所以切除单位体积切削层所消耗的功率为车、铣等切削方法的 10～20 倍,磨削所消耗能量的大部分转变为热能,使磨削区形成高温。

磨削时,不同位置的磨削温度有很大差别。通常把磨削温度用磨粒磨削点温度和砂轮磨削区温度来表示。磨削点温度是指磨削时磨粒切削刃与工件、磨屑接触点处温度。磨削点温度非常高(可达 1 000～1 400 ℃),它不仅影响加工表面质量,而且对磨粒磨损以及与切屑熔着现象也有很大影响。砂轮磨削区温度就是通常所说的磨削温度,是指砂轮与工件接触面上的平均温度,在 400～1 000 ℃ 之间,它是产生磨削表面的烧伤、残余应力和表面裂纹的原因。

磨削过程中产生大量的热,使被磨削表面层金属在高温下产生相变。其硬度与塑性发生变化,这种表层变质现象称为表面烧伤。高温的磨削表面生成一层氧化膜,氧化膜的颜色决定于磨削温度和变质层深度。所以可以根据表面颜色来推断温度和烧伤程度,如淡黄色为 400～500 ℃,烧伤深度较浅;紫色为 800～900 ℃,烧伤层较深。轻微的烧伤需经酸洗才会显示出来。

表面烧伤损坏了零件表层组织,影响零件的使用寿命。避免烧伤的办法是减少磨削热和加速磨削热的传散,具体可采取以下措施:

（1）合理选用砂轮

要选择硬度较软、组织较疏松的砂轮，并及时修整。大孔隙砂轮散热条件好，不易堵塞，能有效地避免表面烧伤。树脂结合剂砂轮退让性好，与陶瓷结合剂砂轮相比，不易使工件表面烧伤。

（2）合理选择磨削用量

磨削时砂轮切入量 f_r，对磨削温度影响最大。提高砂轮速度，使摩擦速度增大、消耗功率增多，从而使磨削温度升高。提高工件的圆周进给速度 v_w 和工件轴向进给量 f_a，使工件与砂轮的接触时间减少，虽然每个磨粒的磨削厚度大，但磨削温度仍能降低，可以减轻或避免表面烧伤。

（3）采取良好的冷却措施

选用冷却性能好的切削液，采用较大的流量，使用能使切削液喷入磨削区的效果较好的喷嘴，或采用喷雾冷却等方法，可以有效地避免表面烧伤。

4. 磨削应用

根据工件被加工表面的形状和砂轮与工件的相对运动，磨削加工有外圆磨削、内圆磨削、平面磨削、无心磨削等主要加工类型。此外，还可对凸轮、螺纹和齿轮等零件进行磨削。

（1）外圆磨削

1）外圆磨削加工类型 外圆磨削是用砂轮外圆周面来磨削工件的外回转表面的磨削方法。如图 3-82 所示，它不仅能加工圆柱面，还能加工圆锥面、端面、球面和特殊形状的外表面等。磨削精度等级一般可达 IT6～IT5，表面粗糙度 $Ra=1.25～0.08\ \mu m$。

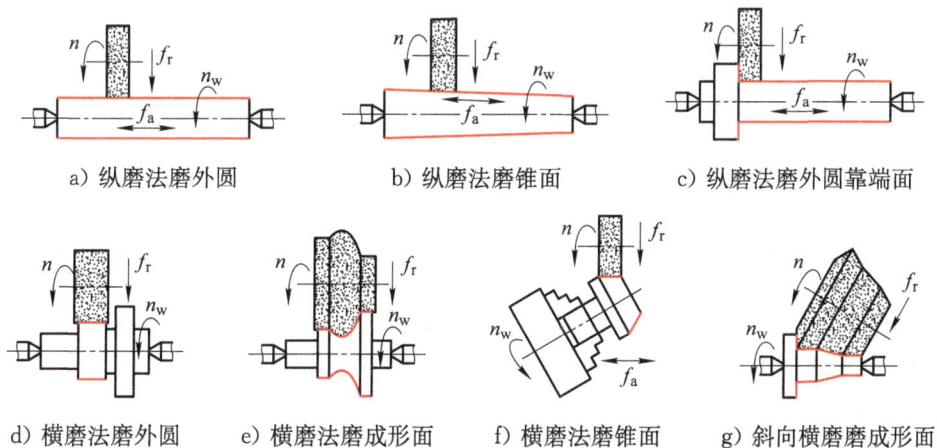

a) 纵磨法磨外圆 b) 纵磨法磨锥面 c) 纵磨法磨外圆靠端面

d) 横磨法磨外圆 e) 横磨法磨成形面 f) 横磨法磨锥面 g) 斜向横磨磨成形面

图 3-82　外圆磨削加工类型

2）外圆磨削方式 外圆磨削按照不同的进给方向可分为纵磨法和横磨法两种方式。

① **纵磨法** 磨削外圆时，砂轮的高速旋转为主运动，工件作圆周进给运动，同时随工作台作纵向进给运动。每单行程或每往复行程终了时，砂轮作周期性横向进给运动，从而逐渐磨去工件的全部余量。采用纵磨法每次的横向进给量少，磨削力小，散热条件好，并且能以光磨次数来提高工件的磨削精度和表面质量，是目前生产中使用最广泛的方法。

② **横磨法** 采用这种磨削方式，在磨削外圆时工件不需作纵向进给运动，砂轮以缓慢的速度连续或断续地沿工件径向作横向进给运动，直至达到精度要求。因此，要求砂轮的宽度比工件的磨削宽度大，一次行程就可完成磨削加工的全过程，所以加工效率高，同时它也适用于成形磨削。然而，在磨削过程中，砂轮与工件接触面积大，磨削力大，必须使用功率大、刚性好的机床。此外，磨削热集中，磨削温度高，势必影响工件的表面质量，必须给予充分的切削

视频

纵磨法磨
外圆

液来降低磨削温度。

3) M1432A 型万能外圆磨床　万能外圆磨床与普通外圆磨床的不同之处在于它不但能磨削外圆柱面、外圆锥面,还可使用机床上附设的内圆磨头来磨削内圆柱面、内圆锥面等。此外,头架还能偏转一定角度以磨削大锥面。磨削精度等级一般可达 IT7～IT6,表面粗糙度 Ra 为 $1.25～0.08~\mu m$。

图 3-83 所示为 M1432A 型万能外圆磨床,由床身、工作台、头架、砂轮架、内圆磨头、尾架、控制箱等部件组成。

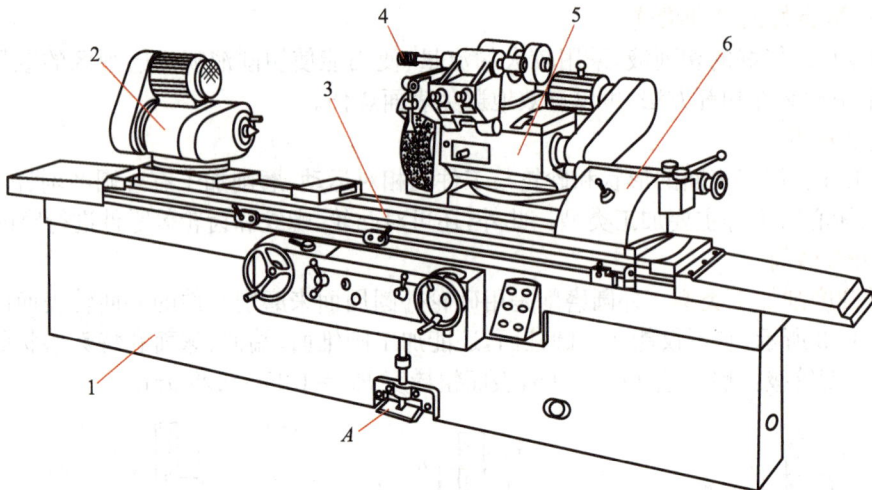

1—床身;2—头架;3—工作台;4—内磨装置;5—砂轮架;6—尾座;A—脚踏操纵板。

图 3-83　M1432A 型万能外圆磨床

床身 1 是机床的基础支承件。床身的纵向导轨上装有工作台 3。工作台由上下两个台面构成。下台面的底面以—V—矩形组合导轨与床身导轨相配合,由液压系统驱动沿床身导轨作纵向进给运动,也可作手柄进给或调整。上台面相对于下台面可在水平面方向偏转一定角度,用以磨削长圆锥面。上台面上装有头架 2 和尾座 6。头架可绕垂直轴逆时针偏转 $0°～90°$,用以磨削锥度较大的圆锥面。尾座在台面上可以作纵向位置调整。装有外圆磨砂轮主轴和内圆磨头 4 的砂轮架 5 安装在横向滑板上,并可随同滑板沿床身横向导轨作横向进给运动。外圆磨和内圆磨砂轮主轴分别由各自的电动机经带传动旋转。内磨装置 4 以铰链连接方式装在砂轮架的上方,磨削内孔时,可将其扳转到下方工作位置。砂轮架可绕垂直轴偏转 $\pm30°$,以便磨削大锥度短圆锥表面。

(2) 内圆磨削

1) 内圆磨削方法　普通内圆磨削方法如图 3-84 所示,砂轮高速旋转作主运动 n,工件旋转作圆周进给运动 n_w,同时砂轮或工作沿其轴线往复移动作纵向进给运动 f_a,工件沿其径向作横向进给运动 f_r。磨削精度等级一般可达 IT7～IT6,表面粗糙度 $Ra=1.25～0.63~\mu m$。

2) 内圆磨削机床　内圆磨床主要用于磨削各种内孔,如圆柱孔、圆锥孔、阶梯孔、不通孔,还能磨削端面等。图 3-85 所示为普通内圆磨床的外形图。

头架 3 装在工作台 2 上并由它带着沿床身 1 的导轨作纵向往复运动。头架主轴由电动机经带传动作圆周进给运动。砂轮架 4 上装有磨削内孔的砂轮主轴,砂轮架可手动或液压驱动,砂轮架沿滑鞍 5 的导轨做周期性的横向进给。头架可绕竖直轴调整一定的角度,以磨削锥孔。

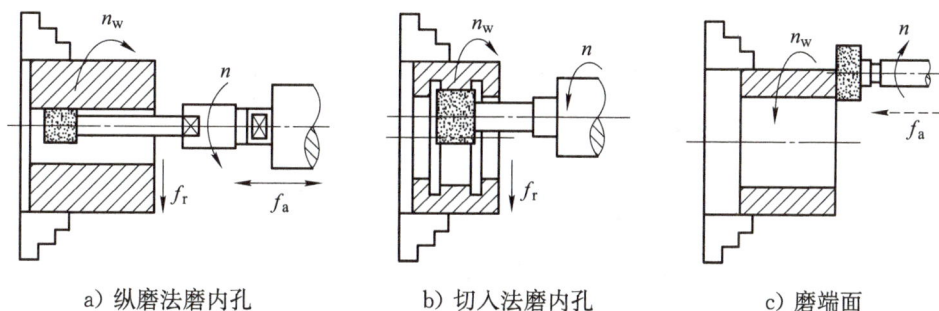

a) 纵磨法磨内孔　　　　b) 切入法磨内孔　　　　c) 磨端面

图 3-84　内圆磨削方法

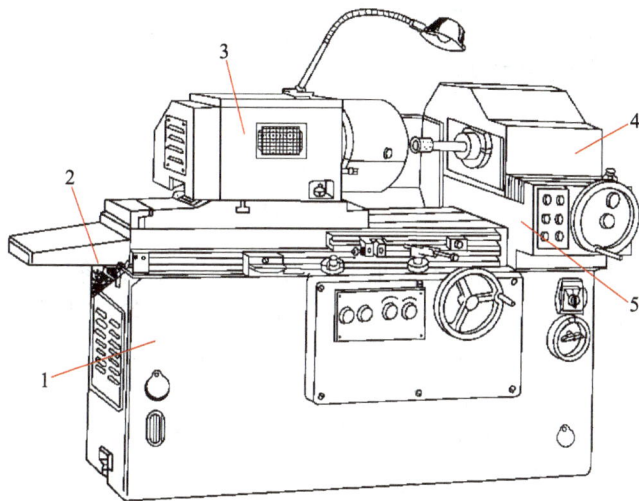

1—床身;2—工作台;3—头架;4—砂轮架;4—滑鞍。

图 3-85　普通内圆磨床

普通精度内圆磨床的加工精度:对于最大磨削孔径为 50～200 mm 的机床,当试件的孔径为机床最大磨削孔径的一半、磨削孔深为机床最大磨削深度的一半时,精磨后能达到圆度≤0.006 mm、圆柱度≤0.005 mm 及表面粗糙度 $Ra=0.32\sim0.63\ \mu m$。

普通内圆磨床的自动化程度不高,磨削尺寸通常是靠人工测量来加以控制的,仅适用于单件和小批生产。

3) 内圆磨削特点　与外圆磨削相比,内圆磨削有以下特点:

① 磨削孔时砂轮直径受到工件孔径的限制,直径较小。小直径的砂轮很容易磨钝,需要经常修整或更换。

② 为了保证正常的磨削速度,小直径砂轮转速要求较高,目前生产的普通内圆磨床砂轮转速一般为 10 000～24 000 r/min,专用内圆磨床砂轮转速可达 80 000～100 000 r/min。

③ 砂轮轴的直径由于受孔径的限制比较细小,而悬伸的长度较大,刚性较差,磨削时容易发生弯曲和振动,使工件的加工精度和表面粗糙度难以控制,限制了磨削用量的提高。

(3) 平面磨削

平面磨削精度等级一般可达 IT7～IT5,表面粗糙度 $Ra=0.8\sim0.2\ \mu m$。

1) 平面磨削方式　常见的平面磨削方式如图 3-86 所示。

a) 周边磨削

b) 端面磨削

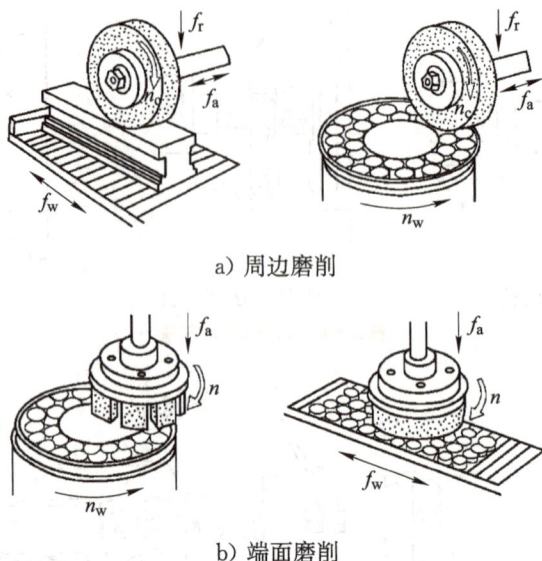

图 3-86 平面磨削方式

① **周边磨削** 如图 3-86a 所示,砂轮的周边为磨削工作面,砂轮与工件的接触面积小,摩擦发热小,排屑及冷却条件好,工件受热变形小,且砂轮磨损均匀,所以加工精度较高,适合于工件的精磨。但是,砂轮主轴处于水平位置,呈悬臂状态,刚性较差,不能采用较大的磨削用量,生产率较低。

② **端面磨削** 如图 3-86b 所示,用砂轮的一个端面作为磨削工作面,砂轮直径通常大于矩形工作台的宽度和圆形工作台的半径,所以无须横向进给。端面磨削时,砂轮轴伸出较短,磨头架主要承受轴向力,所以刚性较好,可以采用较大的磨削用量;另外,砂轮与工件的接触面积较大,同时参加磨削的磨粒数较多,生产率较高。但是,由于磨削过程中发热量大,冷却条件差,脱落的磨粒及磨屑从磨削区排出比较困难,所以工件热变形大,表面易烧伤,且砂轮端面沿径向各点的线速度不等,使砂轮磨损不均匀,因此磨削质量比周边磨削时较差,故端面磨削适于粗磨。

1—工作台纵向移动手轮;2—砂轮架;3—滑板座;
4—砂轮横向进给手轮;5—砂轮修整器;
6—立柱;7—撞块;8—工作台;
9—砂轮垂直进给手轮;10—床身。

图 3-87 M7120A 型平面磨床

2) **平面磨削机床**

① **卧轴矩台平面磨床** 图 3-87 所示为 M7120A 型平面磨床,该机床主要由床身 10、工作台 8、立柱 6、滑板座 3、砂轮架 2 及砂轮修整器 5 等部件组成。

砂轮主轴由内装式异步电动机直接驱动。砂轮架 2 可沿滑板座 3 上的燕尾导轨作横向间歇或连续进给运动,这个进给运动可以由液压驱动,也可由手轮 4 作手动进给。转动手轮 9,可使滑板座 3 连同砂轮架 2 沿立柱 6 的导轨作

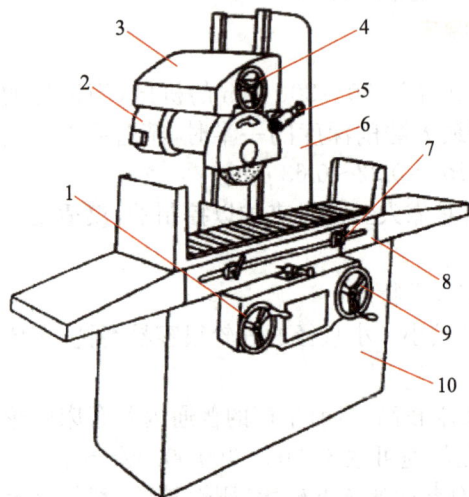

垂直移动,以调整切削深度。工作台 8 由液压驱动沿床身 10 顶面上的导轨作纵向往复运动,其行程长度、位置及换向动作均由工作台前面 T 形槽内的撞块 7 控制,转动手轮 1,也可使工作台 8 作手动纵向移动,工作台上可安装电磁吸盘或其他夹具。

目前我国生产的卧轴矩台平面磨床能达到的加工质量为:普通精度级在试件精磨后,加工面对基准面的平行度为 0.015 mm/1 000 mm,表面粗糙度 $Ra=0.32\sim0.63\ \mu m$;高精度级在试件精磨后,加工面对基准面的平行度为 0.005 mm/1 000 mm,表面粗糙度 $Ra=0.04\sim0.01\ \mu m$。

② 立轴圆台平面磨床　如图 3-88 所示,砂轮架 3 的主轴由内连式异步电动机直接驱动。砂轮架 3 可沿立柱 4 的导轨作间歇的竖直切入运动,圆工作台旋转作圆周进给运动。为了便于装卸工件,圆工作台 2 还能沿床身导轨纵向移动。由于砂轮直径大,所以常采用镶片砂轮。这种砂轮使切削液容易冲入切削区,砂轮不易堵塞。这种机床生产率高,用于成批生产。

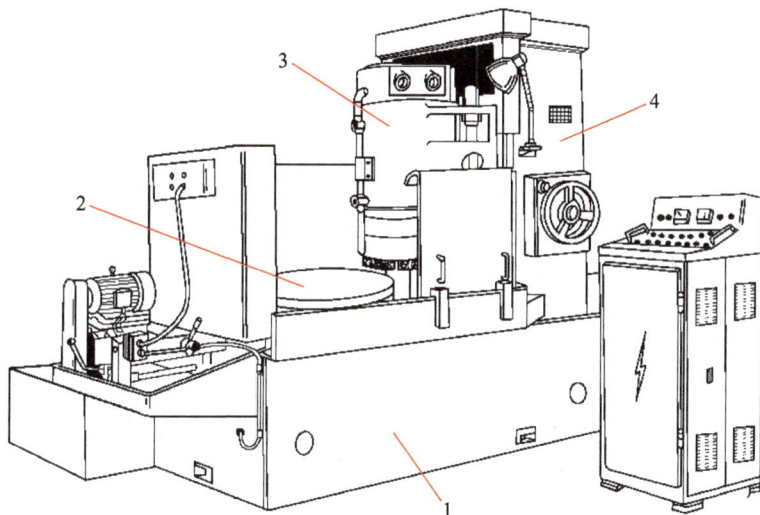

1—床身;2—圆工作台;3—砂轮架;4—立柱。
图 3-88　立轴圆台平面磨床

(4) 无心磨削

无心磨削是工件不定中心的磨削,主要有无心外圆磨削和无心内圆磨削两种方式。无心磨削不仅可以磨削外圆柱面、内圆柱面和内外锥面,还可磨削螺纹和其他形状表面。磨削精度等级一般可达 IT7～IT6,表面粗糙度 $Ra<1.6\ \mu m$。

1) 无心外圆磨削

① 工作原理　无心外圆磨削与普通外圆磨削方法不同,工件不是支承在顶尖上或夹持在卡盘上,而是放在磨削轮与导轮之间,以被磨削外圆表面作为基准,支承在托板上,如图 3-89 所示。砂轮与导轮的旋转方向相同,由于磨削砂轮的圆周速度很大(为导轮圆周速度的 70～80 倍),通过切向磨削力带动工件旋转,但导轮(用摩擦系数较大的树脂或橡胶作结合剂制成的刚玉砂轮)则依靠摩擦力限制工件的旋转,使工件的圆周速度基本等于导轮的线速度,从而在砂轮和工件间形成很大的速度差,产生磨削作用。改变导轮的转速,便可调节工件的圆周进给速度。无心外圆磨床及导轮架如图 3-90 所示。

视频

无心外圆磨削

a)

b) c)

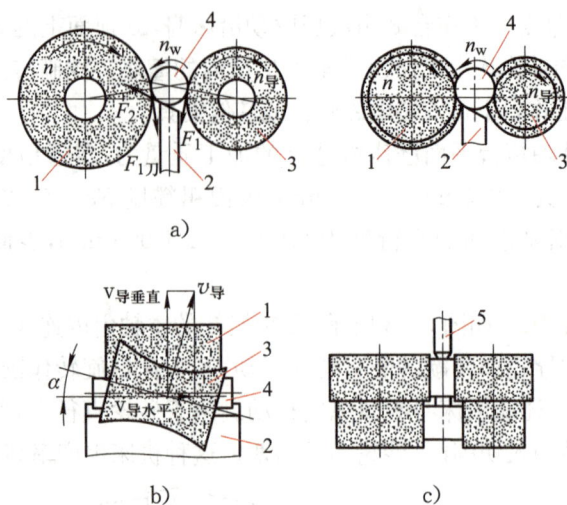

1—砂轮；2—托板；3—导轮；4—工件；5—挡块。

图 3-89　无心外圆磨削

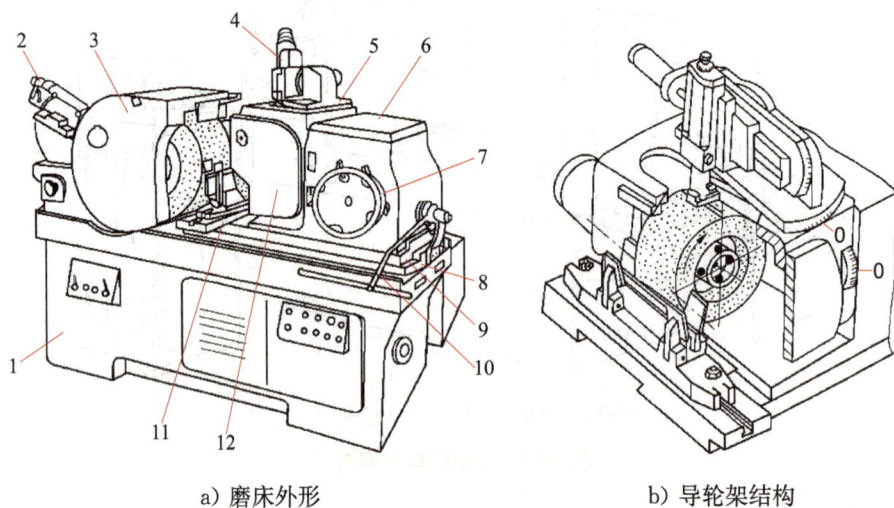

a) 磨床外形　　　　　　　　b) 导轮架结构

1—床身；2—砂轮修整器；3—砂轮架；4—导轮修整器；5—转动体；6—座架；7—微量进给手柄；
8—回转底座；9—滑板；10—快速进给手柄；11—支座；12—导轮架。

图 3-90　无心外圆磨床及导轮架

为了加快成圆过程和提高工作圆度，工件的中心必须高于磨削轮和导轮中心连线，这样工件与磨削砂轮和导轮的接触点不可能对称，从而使工件上凸点在多次转动中逐渐磨圆。实践证明：工件中心越高，越易获得较高圆度，磨削过程越快。但高出距离不能太大，否则导轮对工件的向上垂直分力会引起工件跳动。一般取 $h=(0.15\sim0.25)d$，d 为工件直径。

② **磨削方式**　无心外圆磨削有两种磨削方式：贯穿磨削法（纵磨法）和切入磨削法（横磨法）。

a) **贯穿磨削法**　使导轮轴线在垂直平面内倾斜一个角度 α（图 3-89b），这样把工件从前面推入两砂轮之间,它除了作圆周进给运动以外,还由于导轮与工件间水平摩擦力的作用,同时沿轴向移动,完成纵向进给。导轮偏转角 α 直接影响工件的纵向进给速度,α 越大,进给速度越大,磨削表面粗糙度值越高。通常粗磨时取 $\alpha=2°\sim6°$,精磨时取 $\alpha=1°\sim2°$。

贯穿磨削法适用于磨削不带凸台的圆柱形工件,磨削表面长度可大于或小于磨削轮宽度。磨削加工时一个接一个连续进行,生产率高。

b) 切入磨削法　先将工件放在托板和导轮之间,然后使磨削砂轮横向切入进给,磨削工件表面。这时,导轮中心线仅需偏转一个很小的角度(约 $30'$),使工件在微小轴向推力的作用下紧靠挡块,得到可靠的轴向定位,如图 3-89c 所示。

③ 特点与应用范围　无心磨削调整费时,只适于成批及大量生产;又因工件的支承及传动特点,只能用来加工尺寸较小、形状比较简单的零件。

此外,无心磨削不能磨削不连续的外圆表面,如带有键槽、小平面的表面,也不能保证加工面与其他被加工面的相互位置精度。

2) 无心内圆磨削　在无心内圆磨床上加工的工件,通常是那些不宜用卡盘夹紧的薄壁,而其内外同心度要求又较高的工件,如轴承环类型的零件。其工作原理如图 3-91 所示。工件 4 支承在滚轮 1 和导轮 3 上,压紧轮 2 使工件紧靠导轮,并由导轮带动旋转,实现圆周进给运动(f_1)。磨削轮除完成旋转主运动(v)外,还作纵向进给运动(f_2)和周期性横向进给运动(f_3)。加工循环结束时,压紧轮沿箭头 A 方向摆开,以便装卸工件。磨削锥孔时,可将导轮、滚轮连同工件一起偏转一定角度。

由于所磨零件的外圆表面已经精加工了,所以,这种磨床具有较高的精度,且自动化程度也较高,适用于大批大量生产。

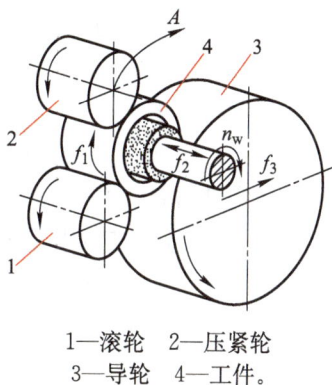

1—滚轮　2—压紧轮
3—导轮　4—工件。

图 3-91　无心内圆磨床的工作原理

第六节　先进加工技术

一、精密加工和超精密加工

1. 精密加工和超精密加工的范畴

机械加工分为一般加工、精密加工与超精密加工。精密加工指加工精度和表面质量达到较高程度的加工工艺。超精密加工指加工精度和表面质量接近现行的公差标准中最高程度的加工工艺。

(1) 一般加工

一般加工指加工精度在 $9\ \mu m$ 左右,相当于 IT5～IT7 级精度,表面粗糙度 $Ra=0.2\sim0.8\ \mu m$ 的加工方法。适用于汽车制造、拖拉机制造和机床制造等制造行业。

（2）精密加工

精密加工指加工精度在 $1\sim0.1\ \mu m$，相当于 IT5 级精度和 IT5 级精度以上，表面粗糙度 $0.025\ \mu m<Ra\leqslant0.1\ \mu m$ 的加工方法。适用于精密机床、精密测量仪器等制造业关键零件加工，如精密丝杠、精密齿轮、精密蜗轮、精密导轨和精密轴承等。

（3）超精密加工

超精密加工指工件的加工精度高于 $0.1\ \mu m$、表面粗糙度 $Ra\leqslant0.025\ \mu m$ 的加工方法。它用于精密元件制造，如大规模、超大规模集成电路和计量标准元件制造。超精密加工已达到纳米级，甚至向更高水平发展。它是国家制造工业水平的重要标志之一。

2. 精密加工和超精密加工的特点

（1）**加工对象**　以精密元件为加工对象。精密加工的方法、设备和对象是互相关联的。例如金刚石刀具切削机床多用来加工天文、激光仪器中的一些零件等。

（2）**加工环境**　具有超稳定的加工环境，加工环境极微小的变化都可能影响加工精度。超稳定的加工环境包括恒温、防振和超净三个方面。

（3）**切削性能**　能均匀地切去不大于工件加工精度要求的极薄金属层，对刀具刃磨、砂轮修整和机床要求高。

（4）**加工机床**　高精密加工机床的条件是：机床的主轴具有极高的回转精度、高的刚性和热稳定性；机床的进给系统应能提供超精确的匀速直线运动，保证在低速条件下进给均匀，不爬行；机床应能实现微量进给。机床广泛采用微机控制系统、自适应控制系统。

（5）**工件材料**　选择工件材料不仅要从强度、刚度等方面考虑，更要注重材料加工工艺性。材料本身必须具有均匀性和性能的一致性，不允许存在内部或外部的微观缺陷。

（6）**与测量技术配套**　精密测量是精密和超精密加工的必要条件，采用在线检测、在位检测以及在线补偿等技术，保证加工精度。

3. 常用光整加工方法

零件表面精加工后，常进行光整加工，提高零件加工精度和表面质量。光整加工的方法有高精度磨削、珩磨、超精加工、研磨、滚压、抛光等。

（1）珩磨

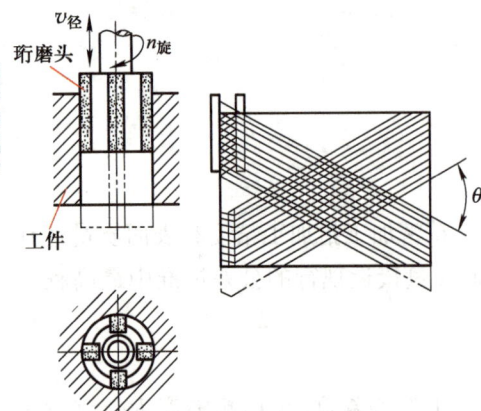

视频

珩磨孔

图 3-92　珩磨原理及磨粒运动轨迹

珩磨是利用珩磨工具对工件表面施加一定压力，同时作相对旋转和直线往复运动，切除工件上极小余量的一种光整加工方法。珩磨后工件圆度和圆柱度控制在 $0.003\sim0.005\ mm$，尺寸精度为 IT6～IT5，表面粗糙度为 $Ra0.2\sim0.025\ \mu m$。

珩磨工作原理如图 3-92 所示，它利用安装在珩磨头圆周上的若干条细粒度油石，由涨开机构将油石沿径向张开，压向工件孔壁，产生一定的面接触，同时珩磨头作回转和轴向往复运动，实现对孔的低速磨削。油石上的磨粒在已加工表面上留下的切削痕迹呈交叉、不相重复的网纹,利于润滑油的储存和油膜的保持。

珩磨头和机床上轴是浮动连接,机床主轴回转运动误差对工件的加工精度没有影响。珩磨头的轴向往复运动是以孔壁作导向,按孔的轴线运动,不能修正孔的位置偏差。孔的轴线直线性和孔的位置精度由前道工序(精镗或精磨)保证。珩磨时,虽然珩磨头的转速低,但往复运动的速度高,参加切削的磨粒多,能很快地切除金属,生产率较高,应用范围广。

(2)超精加工

超精加工是在良好的润滑冷却和较低的压力条件下,用细粒度油石以快而短促的往复振动频率,对低速旋转的工件进行光整加工。它是降低工件表面粗糙度值简单而高效的方法。

超精加工工作原理如图 3-93a 所示。加工时有三种运动,即工件低速回转运动、磨头轴向进给运动和油石往复振动。为增加切削效果,增加径向振动。前三种运动的合成使磨粒在工件表面上形成不重复的轨迹。如果不考虑磨头的轴向进给运动,则磨粒在工件表面上形成的轨迹是正弦曲线,如图 3-93b 所示。

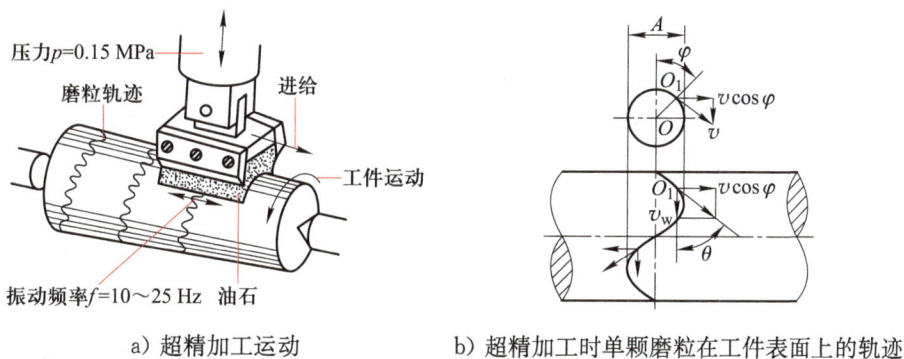

a) 超精加工运动   b) 超精加工时单颗磨粒在工件表面上的轨迹

图 3-93　超精加工原理

图中:v_w——工件表面的线速度,6～30 m/ min。

　　　A——油石振幅,1～5 mm。

　　　p——油石在工件上的压强。

　　　v——油石往复振动速度。

超精加工的切削过程与磨削、研磨不同,当工件粗糙表面磨去之后,油石能自动停止切削。超精加工分为初期切削阶段、正常切削阶段、微弱切削阶段、停止切削阶段。超精加工广泛用于加工内燃机的曲轴、凸轮轴、刀具、轧辊、轴承、精密量仪及电子仪器等精密零件,能对不同材料(如钢、铸铁、黄铜、磷青铜、铝、陶瓷、玻璃和花岗岩等)进行加工,能加工外圆、内孔、平面及特殊轮廓表面等。

(3)研磨

研磨是用研磨工具和研磨剂从工件表面上研去一层极薄金属的光整加工方法。除了采用一定的设备进行研磨外,还可以采用简单的工具,如研磨心棒、研磨套和研磨平板等对工件表面进行手工研磨。研磨后工件的尺寸精度可达到 0.001 mm,表面粗糙度值 $Ra = 0.025 \sim$ 0.006 μm。

以手工研磨外圆为例,说明研磨的工作原理。如图 3-94 所示,工件支承在机床两顶尖之间,作低速旋转。研具套在工件上,在研具与工件之间加入研磨剂,然后用手推研具做轴向往复运动,对工件进行研磨。研磨外圆所用的研具如图 3-95 所示。图 3-96a 所示是粗研套,孔内有油槽可存研磨剂;图 3-95b 所示为精研套,孔内无油槽。

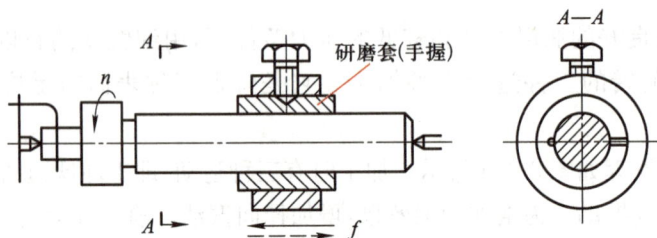

视频

在车床上
研磨外圆

图 3-94　在车床上研磨外圆

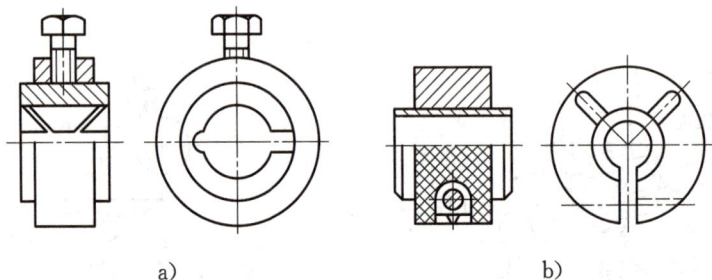

a)　　　　　　　　　　　　　　　　b)

图 3-95　外圆研具

研磨加工的主要目的是获得高的表面质量和加工精度,金属去除率低,所以研磨余量小,一般为 10～20 μm。刚玉磨料适用于碳素工具钢、合金工具钢、高速钢和铸铁工件的研磨,碳化硅磨料和金刚石适用于硬质合金、硬铬等高硬度工件的研磨。

常用的光整加工方法还有高精密磨削、滚压和抛光等。各种光整加工方法的特点及应用见表 3-9。

表 3-9　各种光整加工方法的特点及应用

名　称	精度范围	特　点	应　用
高精密磨削	$Ra = 0.16 \sim 0.01 \mu m$	1. 机床设备精度要求高; 2. 生产率高; 3. 能部分地修正上道工序形状和位置误差; 4. 砂轮表面具微刃性和微刃等高性	适用于关键轴套类零件内、外回转面的光整加工
珩　磨	尺寸精度 IT5～IT6; $Ra = 0.2 \sim 0.025 \mu m$	1. 机床设备精度要求低; 2. 生产率高; 3. 不能修正上道工序留下来的位置误差	常用于各种圆柱形孔的光整加工

续　表

名　称	精度范围	特　点	应　用
超精加工	$Ra=0.1\sim0.01\ \mu m$	1. 设备要求简单,可在卧式车床上进行; 2. 切削速度低,表面无烧伤; 3. 切削余量小,不能修正形状和位置误差	适用于轴类零件表面的光整加工
研　磨	$Ra=0.025\sim0.006\ \mu m$	1. 方法简单可靠,对设备要求低; 2. 能部分修正形状误差,不能修正位置误差; 3. 生产率低,劳动强度大	适用于轴类、套筒类、平面类零件的光整加工
滚　压	尺寸精度 IT7～IT6; $Ra=0.63\sim0.08\ \mu m$	1. 机床设备精度要求低; 2. 可对零件表面光整加工及强化加工; 3. 滚压后的精度取决于零件滚压前的精度、表面粗糙度和材料性质	适用于外圆、内孔或平面等规则表面加工
抛　光	$Ra=0.1\sim0.01\ \mu m$	1. 设备要求简单; 2. 零件表面不易烧伤、退火和热变形; 3. 生产率低	适用各种类零件的光整加工

二、特种加工技术

1. 特种加工的概念

特种加工,是指直接利用电能、化学能、光能、声能、热能或其与机械能的组合等形式去除工件材料多余部分,达到规定的尺寸精度和表面粗糙度的加工方法。

特种加工方法的类型分类:

(1) 力学加工　利用机械能加工,如超声加工、喷射加工和水射流加工等。

(2) 电物理加工　利用电能转化为热能、机械能和光能加工,如电火花成形加工、电火花线切割加工、电子束加工和离子束加工等。

(3) 电化学加工　利用电能转化为化学能加工,如电解加工、电镀、刷镀、镀膜和电铸加工等。

(4) 激光加工　利用激光光能转化为热能加工。

(5) 化学加工　利用化学能或光能转换为化学能加工,如化学铣削和化学刻蚀(即光刻加工)等。

(6) 复合加工　将机械加工和特种加工叠加在一起就形成复合加工,如电解磨削、超声电解磨削等,最多有四种加工方法叠加在一起的复合加工,如超声电火花电解磨削。为区别于现有的金属切削加工,这类加工方法统称为特种加工,国外称为非传统加工(NTM, non-traditional machining, NTM)或非常规机械加工(non-conventional machining, NCM)。

2. 特种加工方法

(1) 电火花加工

电火花加工的原理如图 3-96 所示,由脉冲电源 2 输出的电压加在具有一定绝缘度的液体介质(常用煤油或矿物油或去离子水)中的工件 1 和工具电极(亦称电极)4 上,自动进给调节装置 3(图中仅为该装置的执行部分)电极和工件间保持很小的放电间隙。脉冲电压加到两极之间,将两极间最近点的液体介质击穿,形成放电通道。通道截面积小,放电时间短,能量高度集中(106～107 W/mm²),放电区域的瞬时高温使材料熔化甚至气化,形成一个小凹坑。第一次脉冲放电结束之后,经过很短间隔时间,第二个脉冲在另一极间最近点击穿放电,周而复始高频率地循环,工具电极不断向工件进给,它的形状最终复制在工件上,形成了需要的加工表面。整个加工表面由无数个小凹坑所组成。总能量的一小部分释放到工具电极上,工具损耗。

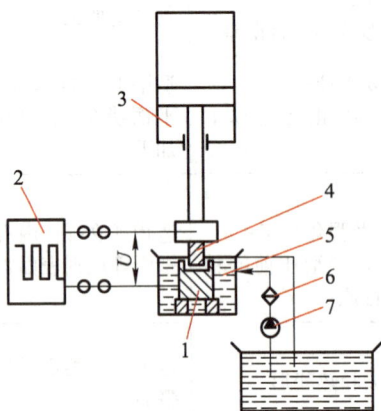

1—工件;2—脉冲电源;3—自动进给装置;
4—工具电极;5—工作液;6—过滤器;7—泵。

图 3-96 电火花加工原理图

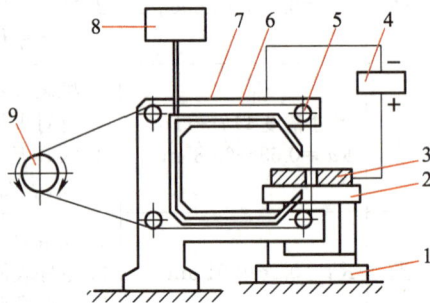

1—坐标工作台;2—夹具;3—工件;4—脉冲电源;5—导轮;
6—电极丝;7—丝架;8—工作液箱;9—贮丝筒。

图 3-97 电火花线切割加工原理图

(2) 电火花线切割加工

电火花线切割加工是在电火花加工基础上发展起来的一种工艺形式,是用线状电极(钼丝或铜丝等)靠火花放电对工件进行切割加工。线切割加工技术迅速发展,成为一种高精度和高自动化的加工方法,在模具、难加工材料、成形刀具和复杂表面零件上得到了广泛应用。

电火花线切割加工的基本原理是利用移动的细金属导线(钼丝或铜丝)作电极,安装工件的工作台按预定的轨迹作纵横向水平运动,利用不断运动的电极丝与工件之间产生的火花放电蚀除金属进行切割加工。图 3-97 是高速走丝电火花线切割加工原理图。

(3) 电化学加工

电化学加工(electro-chemical machining, ECM),是一种特种加工方式,它利用电极在电解液中发生的电化学作用对金属材料进行成形加工,广泛应用于复杂型面、型孔的以及去毛刺等工艺过程。

图 3-98 所示为电化学加工原理图。两片金属铜(Cu)板浸在导电溶液中[图示为氯化铜($CuCl_2$)的水溶液],此时水(H_2O)离解为氢氧根负离子 OH^- 和氢正离子 H^+,$CuCl_2$ 离解为两个氯负离子 $2Cl^-$ 和两价铜正离子 Cu^{2+}。当两铜片接上约 10 V 的直流电源时,即形成导电通路,导线和溶液均有电流流过,金属片(在此处一般称作电极,以下称为电极)和溶液的界面上,有交换电子反应,即电化学反应。溶液中的离子作定向移动,Cu^{2+} 正离子移向阴极,在阴极上得到电子进行还原反应,沉积出铜。在阳极表面 Cu 原子失掉电子而成为 Cu^{2+} 正离子进入溶液。溶液中正、负离子的定向移动称为电荷迁移。在阳、阴电极

视频

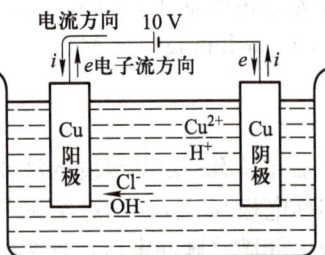

电火花加工

**图 3-98 电解(电镀)液中的
电化学反应**

表面发生得失电子的化学反应称为电化学反应。利用电化学反应原理对金属进行加工（图 3-127 中阳极上为电解蚀除,阴极上为电镀沉积,常用以提炼纯铜）的方法称为电化学加工。任何两种不同的金属放入任何导电的水溶液中,在电场作用下都会有类似情况发生。阳极表面失去电子（氧化作用）产生阳极溶解、蚀除,俗称电解;阴极得到电子,金属离子还原成为原子沉积到阴极表面,称电镀。

（4）快速成型加工

为满足日益变化的个性化市场需求,要求制造技术有较强的灵活性,能够以小批甚至单件生产而不增加产品的成本。因此,产品的开发和制造技术的柔性就变得十分关键。在众多的成型工艺中,具有代表性的有:光敏树脂液相固化成型、选择性激光粉末烧结成型、薄片分层叠加成型和熔丝堆积成型。这些典型工艺的原理、特点如下:

1）光敏树脂液相固化成型

光敏树脂液相固化成型,简称 SL,又称为光固化立体造型或立体光刻。

SL 工艺基于液态光敏树脂的光聚合原理工作。液态材料在波长（325 nm）和功率（30 mW）的紫外激光的照射下,能迅速发生光聚合反应,相对分子量急剧增大,材料也从液态变成固态。

图 3-99 为 SL 工艺原理图。树脂槽 3 中盛满液态光敏树脂 4,激光束在扫描镜 1 的作用下,在液体表面扫描,扫描的轨迹和激光的调节均由计算机控制,光点扫描到的地方,液态树脂变成固态。成型开始时,工作平台托盘 5 在液面下有一个确定深度,液面始终处于激光焦点平面内。聚焦后的光斑在液面上按照计算机的指令逐点扫描即逐点固化。一层扫描完成后,未被光斑照射的树脂仍呈液态。然后 z 轴升降台 2 带动平台托盘 5 下降约 0.1 mm,这样,已经成型的层面上又布满一层液态树脂,利用刮平器将黏度较大的树脂液面刮平,再进行下一层扫描,新的一层固体牢固地黏在前一层上,如此反复,直到整个零件制造完毕,得到一个三维实体模型。

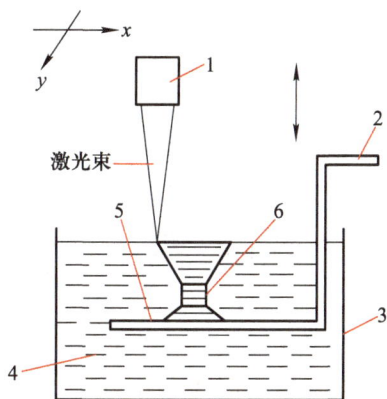

1—扫描镜;2—z 轴升降台;3—树脂槽;
4—光敏树脂;5—托盘;6—零件。

图 3-99　光敏树脂液相固化成型

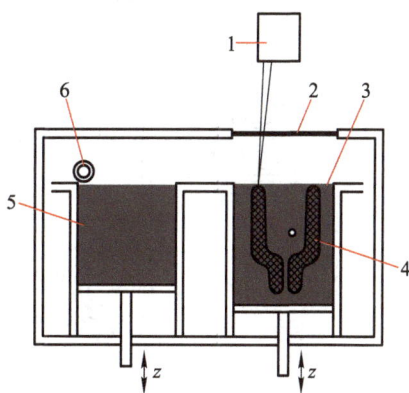

1—激光器;2—激光窗;3—加工平面;
4—生成零件;5—原料粉末;6—铺粉滚筒。

图 3-100　选择性激光粉末烧结成型(SLS)工艺原理图

2）选择性激光粉末烧结成型

选择性激光粉末烧结成型(SLS)工艺又称为选区激光烧结。如图 3-100 所示,SLS 工艺是在一个充满氮气等惰性气体的加工室中作业的。先将一层很薄的可熔性粉末沉积到成型桶底板上,底板可在成型桶内作上下垂直运动。然后由计算机控制 CO_2 激光束运动轨迹,对可熔性粉末进行扫描融化,调整激光束强度正好能将 $0.1\sim0.25$ mm 的粉末烧结成型。激光束按照给定的路径扫描移动就能将所经过区域的粉末进行烧结,生成零件模型的一个个截面。和 SL 工艺一样,SLS 工艺的每一层烧结都是在前一层顶部进行,烧结的当前层能够与前一层牢固黏结。零件模型烧结完成,可用刷子或压缩空气将未烧结的粉末去除。

实际应用中,SLS 工艺可直接制作各种高分子粉末材料的功能件,用于结构验证和功能测试,并可用于装配样机。制造件可用作精密铸造用的蜡模和砂型、型芯,制作的原型件可快速翻制各种模具,如硅胶模具、陶瓷模具、合金模具等。

3) 薄片分层叠加成型

薄片分层叠加成型(LOM)工艺又称叠层实体制造或分层实体制造。LOM 工艺是利用背面带有黏胶的箔材或纸材,通过相互黏结形成。如图 3-101 所示,单面涂有热熔胶的纸卷套在供纸辊上,跨过支撑辊缠绕在收纸辊上。伺服电机带动收纸辊转动,纸卷沿着图中箭头所示的方向移动一定距离,工作台上升与纸面接触,热压辊沿着纸面自右向左滚压,加热纸背面的热熔胶,使纸与工作台基板上的前一层纸黏合。CO_2 激光器发射的激光束跟踪零件的二维截面轮廓数据进行切割,将轮廓外的废纸余料切割出方形小格,成型完成后剥离。每切割完一个截面,工作台连同被切出的轮廓层自动下降至一定高度,重复下一次循环,直到形成一层层截面黏叠的立体原型零件,然后剥离废纸小方格,得到性能似硬木或塑料的"纸质模样"产品。

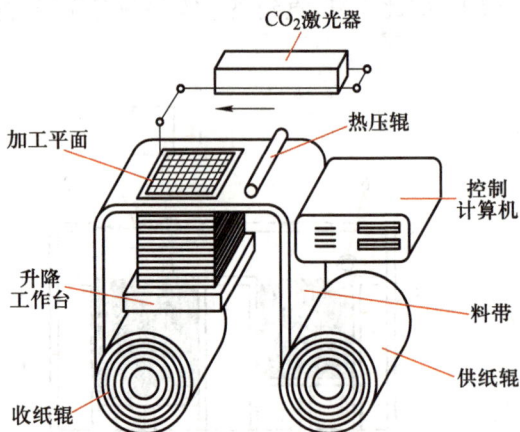

视频

熔丝堆积成型

图 3-101　薄片分层叠加成型(LOM)工艺原理图　　　图 3-102　熔丝堆积成型工艺原理

4) 熔丝堆积成型

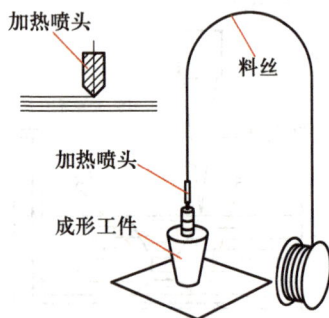

如图 3-102 所示,熔丝堆积成型(FDM)工艺是利用热塑性塑料的热熔性、黏结性,在计算机控制下层层堆积成型。工艺原理,材料抽成丝状,通过送丝机构送进喷头,在喷头内加热融化,喷头在计算机控制下沿着零件截面轮廓或填充轨迹运动,同时将融化的材料挤出,材料迅速固化,与周围材料黏结,从底层开始,层层堆积成型,最后形成二维薄层轮廓堆积并黏结成

的立体原型。

　　FDM 工艺常用 ABS 工程塑料作为成型材料,熔融温度低(80~120 ℃)、黏度低、黏结性好、收缩率小。影响材料挤出过程的因素是黏度。材料黏度低,流动性好、阻力小,有助于材料顺利挤出。材料的流动性差,会增加喷头的启停响应时间,影响成型精度。

　　(5)激光加工

　　激光加工是利用光的能量经过透镜聚焦后,在焦点达到高能量密度,以光热效应加工各种材料的方法。用透镜聚焦太阳光,可将纸张、木材等引燃,但无法用来加工材料。因为地面太阳光能量密度不高;太阳光不是单色光,而是多种不同波长的多色光,聚焦后焦点不在同一个平面。只有激光是可控的单色光,强度高、能量密度大,聚焦后可以在空气介质中将任何材料熔化、气化,高速加工各种材料。

　　激光加工几乎可以加工任何材料,加工热影响区小,光束方向性好,光束斑点可以聚焦到波长级,进行选择性加工、精密加工,这是激光加工的特点和优越性。

　　1)原理与特点

　　激光是由处于激发状态的原子、离子或分子受激辐射而发出的光。电子绕原子核转动距离不同,分成不同的能级。原子处在最低能级状态的称为基态,比基态高的状态称为激发态。处于激发态的原子,没有外界信号作用,能自发地跃迁到低能态时产生的光辐射,称为自发辐射,辐射出的光子频率由两个能级间的能量差来决定。自发辐射的特点是:每个发生辐射原子都可以看作一个相互独立的发光单元,它们彼此毫无联系,发出的光是杂乱无章的。即光子在发射方向、频率(波长)和初始相位上不一致,光四处散开,这就是普通光。原子的自发辐射过程完全是一种随机过程。

　　2)激光加工原理

　　图 3-103 所示为固体激光器加工原理示意图。当激光工作物质 3(红宝石等具有亚稳态能级结构的物质)受到光泵 2(激励光源)激发后,产生受激辐射跃迁,光放大,并通过由两个反射镜 1、4 组成的谐振腔产生振荡,谐振腔一端输出激光,经过透镜 5 将激光束聚焦到工件 6 的待加工表面。该聚焦光斑的直径仅几微米到几十微米,能量密度为 $10^8 \sim 10^{10}$ W/cm^2,温度达 10 000 ℃,能在千分之几秒甚至更短的时间内熔化、气化任何材料。微细加工,它的蚀除速度是其他加工方法无法相比的。

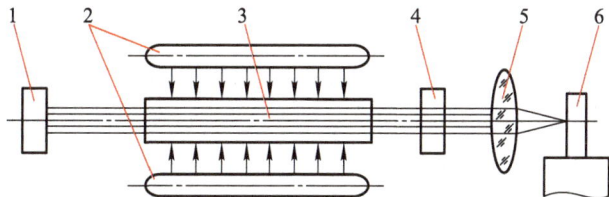

1—全反射镜;2—光泵;3—激光工作物质;4—部分反射镜;5—透镜;6—工件。

图 3-103　固体激光器加工原理示意图

　　激光蚀除加工的物理过程,可以分为材料对激光的吸收和能量转换、材料的加热熔化、气化、蚀除产物抛出等几个连续阶段。

3）激光打孔工艺

激光打孔是激光加工的主要领域之一。激光可以在任何材料上打微型小孔，这项技术应用于火箭发动机、柴油机燃料喷嘴、化学纤维喷丝板打孔、钟表仪表宝石轴承打孔、金刚石拉丝模加工等。

① 激光打孔特点

视频

激光打孔

激光打孔特点是加工能力强，效率高，能实现自动化连续打孔，几乎所有的材料都能用激光打孔；打孔孔径范围大；激光打孔为非接触式加工，不存在工具磨损及更换问题。激光能量在时空内高度集中，打孔效率非常高；还可以打斜孔（不垂直于加工表面）；不需要抽真空，能在大气或特殊成分气体中打孔，这一特点可向被加工表面渗入某种强化元素，实现打孔的同时对成孔表面激光强化。

② 激光打孔方式

比较成熟的激光打孔方式有复制法和轮廓迂回法两种。

复制法是脉冲激光器广泛采用的打孔方法。它采用与被加工孔形状相同的光点进行复制打孔。被加工孔的形状和尺寸，与光线的形状、尺寸、光学、机械等系统及工艺规范有关。

轮廓迂回法加工是用加工的孔以一定的位移量连续地彼此叠加而形成所需要轮廓的。某种意义上说也是激光束的切割。加工工件的轮廓形状和尺寸，取决于光学、机械等系统及其精度。

4）激光束切割

激光切割是应用最为广泛的激光加工技术。激光切割可用于各种材料的切割，可切割金属，也可以切割玻璃、陶瓷、皮革等非金属材料。激光切割分为气化切割、熔化切割和反应熔化切割三种。

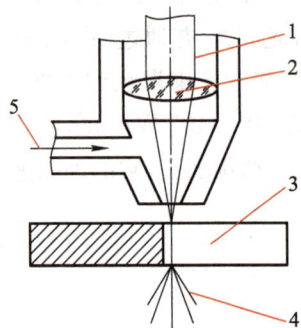

1—激光束；2—聚焦透镜；
3—工件；4—熔渣；
5—辅助气体。

图 3-104　激光切割原理示意图

激光切割是利用经过聚焦的高功率密度激光束照射工件，在超过阈值功率密度的前提下，光束能量以及活性气体辅助切割过程附加的化学反应热能等被材料吸收，引起照射点材料的熔化或气化，形成孔洞；光束在工件上移动，可形成切缝，切缝处的熔渣被一定压力的辅助气体吹除。图 3-104 所示为激光切割原理示意图。

5）激光焊接

激光焊接属于传导焊接，即激光辐照加热工件表面，产生的热量通过热传导向内部传递。通过控制激光脉冲的宽度、能量、峰值功率和重复频率等参数，在工件上形成一定深度的熔池，而表面又无明显的气化。焊接所用的激光功率较低，输入的热量较小。它已经成功地应用于微电子器件等小型精密零部件的焊接与深熔焊接等。

按照用于焊接激光器的工作方式不同，可分为脉冲激光焊接与连续激光焊接。其中，脉冲输出的红宝石激光器和钕玻璃激光器适合于点焊，连续输出的二氧化碳激光器和 YAG 激光器适合于缝焊。

（6）超声加工

超声加工不仅适合加工硬质合金、淬火钢等硬脆金属材料,更适合于不导电非金属脆硬材料加工,如半导体硅或锗片、陶瓷、玻璃等。超声波还可以用于清洗、探伤和焊接等工作,在农业、国防和医疗等方面用途十分广泛。

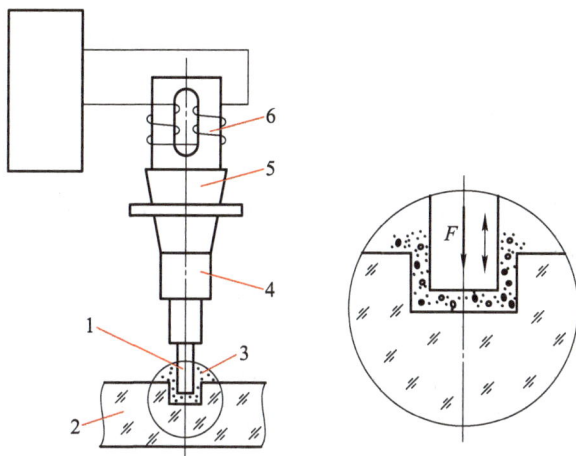

视频

超声波加工

1—工具;2—工件;3—磨料悬浮液;4、5—变幅杆;6—换能器;7—超声波发生器。

图 3-105　超声加工原理图

超声加工是利用工具端面做超声频振动,通过磨料悬浮液加工脆性材料的一种成形加工方法。加工原理如图 3-105 所示,加工时,在工具 1 和工件 2 之间加入液体和磨粒混合的悬浮液 3,工具以小力 F 轻轻压工件。超声波发生器 6 产生 16 000 Hz 以上的超声频纵向振动,并借助变幅杆把振幅放大到 0.05～0.1 mm,驱动工具端面作超声振动,工作液中悬浮的磨粒以大速度和加速度不断撞击、抛磨被加工表面,被加工表面的材料粉碎细微粒,从工件表面上脱落下来。虽然每次打击下来的材料很少,但由于每秒钟打击的次数多达 16 000 次以上,所以仍能获得一定的加工速度。悬浮液受工具端面超声振动作用产生高频、交变液压正负冲击波和"空化"作用,工作液钻入被加工材料的微裂缝处,加剧了工件表面被机械破坏的效果。工具连续进给,加工持续进行,工具形状便"复印"在工件上,达到要求的尺寸。

"空化"作用,是指工具端面以大加速度离开工件表面,加工间隙内形成负压和局部真空,在工件液体内形成很多微空腔,工作液钻入被加工工件表面材料的微裂缝,工具端面又以很大的加速度接近工件表面,空腔闭合,引起极强的液压冲击波,加速磨料对工件表面破碎作用。

（7）电子束和离子束加工

电子束加工（electron beam machining, EBM）和离子束加工（lon beam machining, IBM）是新兴特种加工。在精密微细加工、微电子学领域中应用较多。电子束加工主要用于打孔、焊接等精加工和电子束光刻化学加工。离子束加工则主要用于离子刻蚀、离子镀膜和离子注入加工。亚微米加工和毫微米加工等微细加工技术,主要是采用电子束加工和离子束加工。

1）电子束加工

电子束加工是利用高速电子的冲击动能来加工工件的。在真空条件下,利用聚焦后能量密度极高的电子束,以极高的速度（当加速电压为 50 V 时,电子速度可达 1.6×10^5 km/s）冲击工件表面极小面积,在极短的时间(几分之一微秒)内,电子的动能绝大部分转变为热能,被冲击部分的工件材料达到几千摄氏度以上的高温,引起材料的局部瞬时熔融、气化蒸发而去除,实现加工目的。

2) 离子束加工

离子束加工原理与电子束加工原理基本类似。在真空条件下,离子源产生的离子束经过加速、聚焦后投射到工件表面部位,实现加工。不同的是离子带正电荷,质量比电子大数千倍乃至数万倍,如氩离子的质量是电子的7.2万倍,在电场中加速慢,但离子加速到较高速度时,离子束比电子束具有更大的撞击动能,它是微观机械撞击能量,不靠动能转化为热能加工。

(8) 超高压水射流切割

视频

超高压水
射流切割

超高压水射流切割技术又称液体喷射加工(liguid jet machining, LJM),是20世纪70年代蓬勃崛起的一项高新技术。它是把具有一定压力的水通过较小的喷嘴形成高压高速水射流,直接用它作为工具对工件表面进行喷射,依靠射流产生冲击去除材料,实现工件的切割,简称水切割或水刀。稍微降低水压或增大靶距和流量,还可以进行高压清洗、破碎、表面毛化、去毛刺及强化处理。由于超高压水射流的水压较高,能在很小的区域内集中大能量,例如1 000 MPa的高压水射流的能量束密度高达$1.2×10^8$ W/cm²,具有与激光束相媲美的能量束密度,故与激光、离子束、电子束一样,同属于高能束加工的技术范畴。

超高压水射流切割原理是将过滤后的工业用水,经水泵后通过增压器增压,其压力为$100\sim400$ MPa,再经储液蓄能器使高压液体流动平稳,最后经过直径$\phi0.08\sim0.5$ mm的人造蓝宝石喷嘴孔口后,形成$500\sim900$ m/s(为声速的$1\sim3$倍)的超声速细径水柱,功率密度高达10^6 W/mm²,喷射到工件表面,达到去除材料的目的,可以切割塑料、石棉、碳纤维等软质材料。超高压水射流中混入磨料,磨料颗粒便被加速,形成磨料高压水射流,可以切割石材、金属等硬质材料。

图3-106所示为超高压水射流切割原理图。储存在水箱1中的水,经过过滤器2处理后,由水泵3抽出送至蓄能器4中。液压机构5驱动增压器6,使水压增高,高压水经控制器7、阀门8和喷嘴9喷射到工件10上的加工部位切割,切割过程中产生的切屑和水混合在一起,排入水槽11。

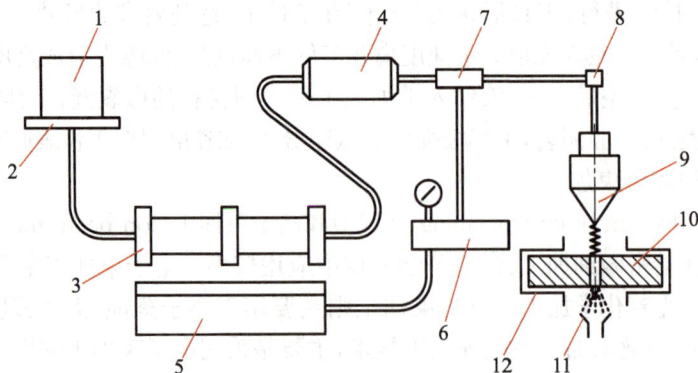

1—水箱;2—过滤器;3—水泵;4—蓄能器;5—液压机构;6—增压器;
7—控制器;8—阀门;9—喷嘴;10—工件;11—水槽;12—夹具。

图3-106 超高压水射流切割原理图

（9）其他特种加工技术

1）等离子体加工

等离子体加工又称为等离子弧加工（plasma arc machining，PAM），是利用电弧放电使气体电离成过热的等离子气体流束，以局部熔化及气化来去除工件材料。

等离子体被称为物质存在的第四种状态。物质存在的通常三种状态是气、液、固三态。等离子体是高温电离的气体，它由气体原子或分子在高温下获得能量电离之后，离解成带正电荷的离子和带负电荷的自由电子所组成，整体的正负离子数目和正负电荷数值仍相等，因此称为等离子体。

图 3-107 所示为等离子体加工的原理示意图。由直流电源供电，钨电极 6 接阴极，工件 10 接阳极，利用高频率振荡或瞬时短路引弧的方法，使钨电极与工件之间形成电弧。电弧温度高，工质气体 7 的原子或分子在高温中获得很高的能量，电子冲破带正电原子核的束缚，成为自由负电子，原来呈中性的原子失去了电子后成为正离子。这种电离化的气体，正负电荷的数量仍然相等，整体上呈电中性，称为等离子体电弧。电弧外围不断送入工质气体，回旋的工质气流形成与电弧柱相应的气体鞘，压缩电弧，电流密度和温度提高。工质气体有氮、氩、氦、氢，或者是这些气体的混合体。

2）磨料喷射加工

磨料喷射加工（abrasive jet machining，AJM）是利用磨料与压缩气体混合后经过喷嘴形成的高速束流，通过对工件的高速冲击和抛磨作用来去除工件上多余的材料，达到加工目的。

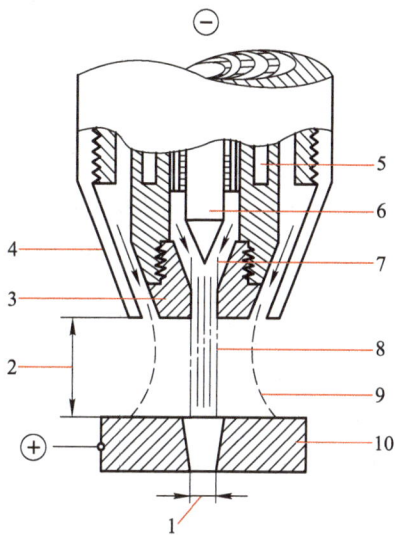

1—切缝；2—距离；3—喷嘴；
4—保护罩；5—冷却水；6—钨电极；
7—工质气体；8—等离子体电弧；
9—保护气体屏；10—工件。

图 3-107　等离子体加工的原理图

磨料喷射加工过程的气源供应的气体必须干燥、清净，并具有适度的压力。磨料室混合腔利用一个振动器进行激励，使磨料均匀混合，喷嘴紧靠工件并具有很小的角度，操作过程封闭在防尘罩中或接近能排气的集收器中。影响加工过程的有磨料、气体压力、磨料流动速度、喷嘴对工件的角度和接近程度等。利用铜、玻璃或橡胶面罩可以控制磨料喷射加工刻蚀的图形。

磨料喷射加工可用于玻璃、陶瓷、脆硬金属切割、去毛刺、清理和刻蚀、小型精密零件，例如液压阀、航空发动机的燃料系统零件、医疗器械上的交叉孔、窄槽以及螺纹的去毛刺等。由尼龙、特氟隆（聚四氯乙烯）和狄尔林（乙缩醛树酯）制成的零件也可以采用磨料喷射加工去除毛刺。磨料束流可以跟随工件的轮廓形状，清理不规则的工件表面，例如螺纹孔等。磨料喷射加工一般不能用于金属材料上钻孔，因为孔壁有很大的锥度，而且加工速度慢。

实际操作时，通常采用手动喷嘴、缩放仪或自动夹具等。可以在玻璃上切割加工直径小于 1.6 mm 的圆盘，厚度 6.35 mm，不会产生表面缺陷。

磨料喷射加工技术还成功地用于剥离绝缘层和清理导线，但不会影响到导体。也应用于微小截面，例如去除皮下注射针头毛刺。常用于磨砂玻璃、微调电路板、硅、镓等的表面清理。

电子工业中,常用于制造混合电路电阻器和微调电容。

　　3) 光刻加工

　　光刻加工技术是用照相复印的方法将光刻掩模上的图形印制在涂有光致抗蚀剂的薄膜或基材表面上,然后进行选择性腐蚀,刻蚀出规定图形。光刻加工技术使用的基材有各种金属、半导体和介质材料。光刻抗蚀剂俗称光刻胶或感光胶,是经光照后能发生交联、分解或聚合等光化学反应的高分子溶液。

　　光刻加工技术的基本过程:涂胶、曝光、显影、坚模、腐蚀、去胶。在制造大规模、超大规模集成电路等场合,需采用计算机辅助设计技术,把集成电路的设计和制版结合起来,进行自动制版。

● 三、表面处理技术

　　20世纪60年代末形成的表面科学有力地促进了表面技术的发展,现在表面技术的应用已经十分广泛,对于固体材料来说,通过表面处理可以提高材料抵御环境作用的能力,赋予表面某种功能特性,包括光、电、磁、热、声、吸附、分离等各种物理和化学性能。

　　表面技术通过以下两条途径提高材料抵御环境作用的能力和赋予材料表面某种功能特性。

　　(1) 施加各种覆盖层。主要采用各种涂层技术,包括电镀、电刷镀、化学镀、涂装、黏结、堆焊、熔络、热喷涂、塑料粉末涂敷、电火花涂敷、热浸镀、搪瓷涂敷、真空蒸镀、溅射镀、离子镀、化学气相沉积、分子束外延制膜、离子束合成薄膜技术等,此外,还有其他形式的覆盖层,如各种金属材料经氧化和磷化处理后的膜层,包箔、贴片的整体覆盖层,缓蚀剂的暂时覆盖层等。

　　(2) 用机械、物理化学等方法,改变材料表面的形貌、化学成分、相组织、微观结构、缺陷状态或应力状态,即各种表面改性技术。主要有喷丸强化、表面热处理、化学热处理、等离子扩渗处理、激光表面处理、电子束表面处理、高密度太阳能表面处理、离子注入表面改性等。

　　1. 表面涂层技术

　　(1) 电镀

　　电镀主要用于提高制件的耐蚀性、耐磨性、装饰或者使制件具有一定的功能。它利用电解作用,把具有导电表面的工件与电解质溶液接触,并作为阴极,通过外电流的作用,在工件表面沉积与基体牢固结合的镀覆层。镀覆层主要是各种金属和合金。单金属镀层有锌、镉、铜、镍、铬、锡、银、金、钴、铁等数十种,合金镀层有锌铜、镍铁、锌镍铁等一百多种。

　　(2) 堆焊

　　堆焊是在金属零件表面或边缘,熔焊上耐磨、耐蚀或特殊性能的金属层,修复外形不合格的金属零件及产品,提高使用寿命,降低生产成本,或者用它制造双金属零部件的工艺技术。主要用于工程构件、零部件、工模具表面强化与修复。

　　(3) 涂装

　　涂装是用一定方法将涂料涂敷于工件表面而形成涂膜的过程。涂料或漆称为有机混合物,可以涂装在各种金属、陶瓷、塑料、木材、水泥、玻璃等制品上。涂装有保护、装饰或特殊性能(如绝缘、防腐、标志等),用于各种工程构件,机械建筑和日常用品等。

　　(4) 热喷涂

　　热喷涂是将金属、合金、金属陶瓷及陶瓷材料加热到熔融或部分熔融状态,以高的动能使其雾化成微粒并喷至工件表面,形成牢固的镀覆层的过程。它可提高工件耐大气腐蚀、耐高温腐蚀、耐化学腐蚀、耐磨性、密封性等。广泛用于工程构件、机械零部件,也用于修复及特种制造。

（5）电火花涂敷

这是一种直接利用电能的高密度能量对金属表面进行涂敷处理的工艺,即通过电极材料与金属零件表面的火花放电作用,把火花放电电极的导电材料（如 WC, TIC）熔渗于工件表层,形成含电极材料的合金化涂层。它可提高工件表层的性能,工件内部组织和性能不改变,适用于工模具和大型机械零件的局部处理,提高工件表面耐磨性、耐蚀性、热硬性和高温抗氧化性等,也用于修复受损工件。

（6）陶瓷涂敷

陶瓷涂层是以氧化物、碳化物、硅化物、硼化物、氮化物、金属陶瓷和其他无机物为基体的高温涂层。在室温和高温下起耐蚀、耐磨等作用。金属材料等基体上主要作保护涂层,也可作功能涂层。能用于磨损件的修复。陶瓷涂敷在许多工业部门取得了广泛应用。

（7）真空蒸镀

将工件放入真空室,用一定方法加热,使镀膜材料蒸发或升华,飞至工件表面凝聚成膜。工件材料可以是金属、半导体、绝缘体,乃至塑料、纸张、织物等,镀膜材料包括金属、合金、化合物、半导体和一些有机聚合物等。镀层分为装饰性和功能性应用两大类。装饰性镀层广泛应用于汽车、器械、五金制品、钟表、玩具和服装珠宝等,功能性镀层用于光学仪器、电气元件、食品包装、各种材料和零部件的防护等。

2. 表面改性技术

（1）喷丸强化

喷丸强化又称受控喷丸,是在受喷材料再结晶温度下进行的一种冷加工技术,弹丸在高速度下撞击受喷工件表面完成。喷丸可应用于表面清理、光整加工、喷丸成型、喷丸校型、喷丸强化等。喷丸强化不同于一般的喷丸工艺,它要求喷丸过程严格控制工艺参数,工件受喷后有预期的表面形貌、表层组织结构和残余应力场,大幅度提高了工件强度、抗应力、耐腐蚀能力。

（2）表面热处理

表面热处理指仅对工件表层进行热处理,改变组织和性能的工艺。主要方法有感应加热淬火、火焰加热表面淬火、接触电阻加热淬火、电解液淬火、激光热处理和电子束加热热处理等,用来提高钢件强度、硬度、耐磨性、耐蚀性和疲劳极限。

（3）化学热处理

化学热处理是将金属或合金工件置于一定温度的活性介质中保温,使一种或几种元素渗入它的表层,改变其化学成分、组织和性能的热处理工艺。按渗入元素可分为渗碳、渗氮、碳氮共渗、渗硼和渗金属等。渗入元素介质可以是固体、液体和气体,但都通过介质中的化学反应、外扩散、相界面化学反应（或表面反应）和工件中扩散等四个过程实现。主要用途是提高钢件的硬度、耐磨性、耐蚀性和疲劳极限。

（4）等离子扩散处理（PDT）

等离子扩散处理又称离子轰击热处理,指在压力低于 0.1 MPa 的特定气氛中利用工件（阴极）和阳极之间产生的辉光放电进行热处理的工艺。常见的有离子渗氮、离子渗碳和离子碳氮共渗等,离子渗氮应用最普遍,优点是渗剂简单,无公害,渗层深,脆性低,工件变形小,对钢铁材料适用面广,工作周期短。

（5）离子注入表面改性

离子注入表面改性是将所需的气体或固体蒸气在真空系统中离子化,引出离子束,用数千电子伏至数百电子伏加速直接注入材料,达一定深度,改变表面的成分和结构,达到改善性能的目的。优点是注入元素不受材料固溶度限制,适用于各种材料,工艺和质量易控制,注入层与基体之间没有不连续界面。缺点是注入层不深,对复杂形状的工件注入困难。它能提高金属材料的力学性能和耐蚀性;在微电子工程中,用于掺杂,制作绝缘隔离层,形成硅化物等;可对无机非金属材料和有机高分子材料进行表面改性。

3. 其他表面技术

（1）钢铁氧化、磷化处理

氧化处理是将钢铁制件放入氧化性溶液中,使钢铁表面形成一层 Fe_3O_4 的氧化物,颜色呈亮蓝色或亮黑色,故又称"发蓝"或"发黑"处理。磷化处理是将钢铁制件放入含磷酸盐的氧化液中,表面形成不溶解的磷酸盐保护膜。

（2）铝和铝合金的阳极氧化或化学氧化

阳极氧化是将具有导电表面的工件放入电解质溶液中,并且作为阳极,在外电流作用下形成氧化膜。化学氧化是将铝制件放入铬酸盐的碱性溶液或铬酸盐、磷酸和氟化物的酸性溶液中进行化学反应,使铝或铝合金表面形成氧化物。

复习思考题

1. 如图所示工件形状,分别选择加工 $\phi55H7$ 外圆及轴间端面、车 $\phi40\times4$ 槽、倒 $3\times45°$ 砂轮越程槽、车 $M55\times3$ 螺纹的车刀类型、焊接刀片型号及硬质合金牌号。

互动练习

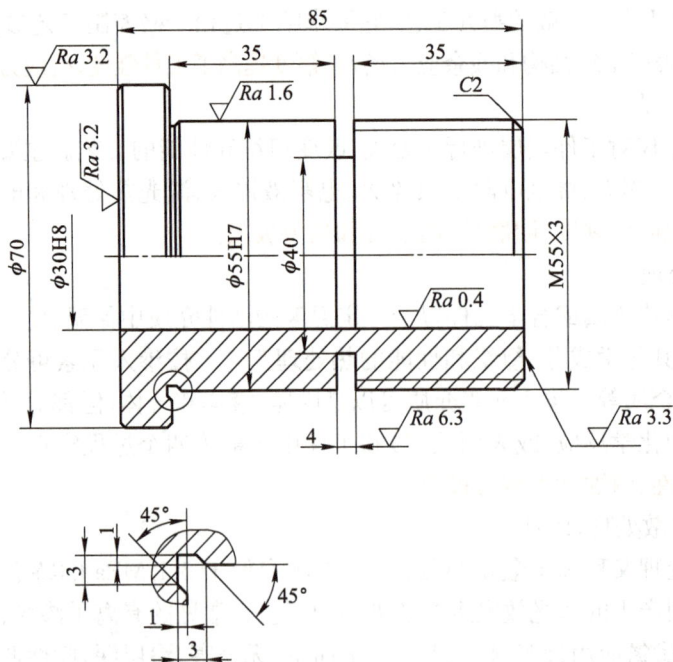

第三章
复习思考题

2. 在如图所示的传动系统中,计算:(1)车刀的运动速度;(2)主轴转一转时车刀移动的距离。

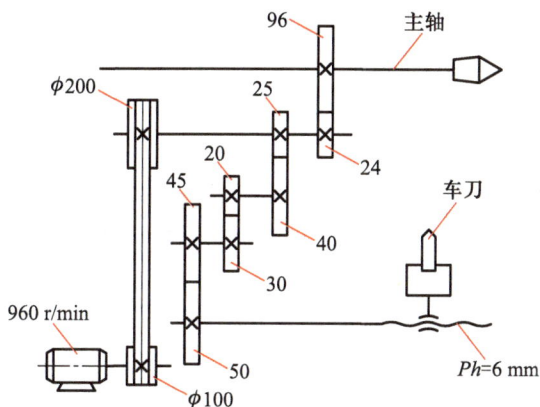

3. 简述车削细长轴时出现的问题及采取的策略。

4. 什么是顺铣、逆铣? 它们各自的特点如何? 如何选用?

5. 合理选用铰刀应注意哪些问题?

6. 简述摇臂钻床上能完成哪些工序内容、相应的刀具是什么。

7. 选择砂轮粒度的原则有哪些?

8. 磨削用量指哪几个基本参数?

9. 什么是磨削循环三阶段? 有何实用意义?

10. 磨削表面烧伤的实质是什么? 如何避免?

第四章 机械加工工艺规程的制订

视频

大国工匠
——谭文波

综述与要求

工艺规程是在具体的生产条件下,规定产品或零件制造工艺过程和操作方法的工艺文件。根据生产过程工艺性质的不同,有毛坯制造、零件机械加工、热处理、表面处理、装配及特种加工等不同的工艺过程。其中规定零部件加工工艺过程和操作方法等的工艺文件称为机械加工工艺规程;规定产品或零部件装配工艺过程和装配方法等的工艺文件称为机械装配工艺过程,它们是在具体的生产条件下确定的最合理或较合理的制造过程、方法,并按照规定的格式书写而成的工艺文件,具有一定的强制性,是制造过程的纪律性文件。通过学习,理解工艺过程的基本概念,熟悉制订工艺规程的步骤,能根据特定的生产条件具体问题具体分析,综合考虑各种因素,以优质、高效,低成本为目标,正确制订典型轴套零件的工艺规程。

第一节 生产过程和工艺过程

● 一、生产过程和生产系统

1. 生产过程

工业产品的生产过程是指由原材料到成品之间的各个相互联系的劳动过程的总和。这些过程包括:

(1) 生产技术准备过程 包括产品投产前的市场调查分析,产品研制,技术鉴定等。

(2) 生产工艺过程 包括毛坯制造,零件加工,部件和产品装配、调试、油漆和包装等。

(3) 辅助生产过程 为基本生产过程能正常进行所必经的辅助过程,包括工艺装备的设计制造、能源供应、设备维修等。

(4) 生产服务过程 包括原材料采购运输、保管、供应及产品包装、销售等。

由于市场全球化、需求多样化以及新产品开发周期越来越短,随着信息技术的发展,企业间采用动态联盟,实现异地协同设计与制造的生产模式是目前制造业发展的重要趋势。

2. 生产系统

（1）系统的概念　任何事物都是由数个相互作用和相互依赖的部分组成并具有特定功能的有机整体，这个整体就是"系统"。

（2）机械加工工艺系统　**机械加工工艺系统由金属切削机床、刀具、夹具和工件四个要素组成，它们彼此关联、互相影响。**该系统的整体目的是在特定的生产条件下，适应环境的要求，在保证机械加工工序质量的前提下，采用合理的工艺过程，降低该工序的加工成本。

（3）机械制造系统　在工艺系统基础上以整个机械加工车间为整体的更高一级的系统，该系统的整体目的是使该车间能最有效地全面完成全部零件的机械加工任务。

（4）生产系统　以整个机械制造厂为整体，为了最有效地经营，获得最高经济效益，一方面把原材料供应、毛坯制造、机械加工、热处理、装配、检验与试车、油漆、包装、运输、保管等因素作为基本物质因素来考虑；另一方面把技术情报、经营管理、劳动力调配、资源和能源利用、环境保护、市场动态、经营政策、社会问题和国际因素等信息作为影响系统效果的要素来考虑。

由此可知，生产系统是包括制造系统的更高一级的系统。

● 二、工艺过程和工艺规程

在生产过程中，那些与由原材料转变为产品直接相关的过程称为工艺过程。它包括毛坯制造、零件加工、热处理、质量检验和机器装配等。而为保证工艺过程正常进行所需要的刀具、夹具制造，机床调整维修等则属于辅助过程。在工艺过程中，以机械加工方法按一定顺序逐步地改变毛坯形状、尺寸、相对位置和性能等，直至成为合格零件的那部分过程称为机械加工工艺过程。本课程的内容主要是研究机械加工工艺过程中的一系列问题。

视频

工艺过程

技术人员根据产品数量、设备条件和工人素质等情况，确定采用的工艺过程，并将有关内容写成工艺文件，这种文件称为工艺规程。

● 三、机械加工工艺过程的组成

为了便于工艺规程的编制、执行和生产组织管理，需要把工艺过程划分为不同层次的单元。它们是工序、安装、工位、工步和工作行程。其中工序是工艺过程中的基本单元。零件的机械加工工艺过程由若干个工序组成。每一个工序可能包含一个或几个安装，每一个安装可能包含一个或几个工位，每一个工位可能包含一个或几个工步，每一个工步可能包含一个或几个工作行程。

1. 工序

一个或一组工人，在一个工作地或一台机床上对一个或同时对几个工件连续完成的那一部分工艺过程称为工序。划分工序的依据是工作地点是否变化和工作过程是否连续。例如，在车床上加工一批轴，既可以对每一根轴连续地进行粗加工和精加工，也可以先对整批轴进行粗加工，然后再依次对它们进行精加工。在第一种情形下，加工只包括一个工序；

视频

工序

而在第二种情形下,由于加工过程的连续性中断,虽然加工是在同一台机床上进行的,但却成为两个工序。

2. 安装

在机械加工工序中,使工件在机床上或在夹具中占据某一正确位置并被夹紧的过程,称为装夹。有时,工件在机床上需经过多次装夹才能完成一个工序的工作内容。安装是指工件经过一次装夹后所完成的那部分工序内容。例如,在车床上加工轴,先从一端加工出部分表面,然后掉头再加工另一端,这时的工序内容就包括两个安装。

3. 工位

工件相对于机床或刀具每占据一个加工位置所完成的那部分工序内容,称为工位。为了减少因多次装夹而带来的装夹误差和时间损失,常采用各种回转工作台、回转夹具或移动夹具,使工件在一次装夹中,先后处于几个不同的位置进行加工。图 4-1 所示是在一台三工位回转工作台机床上加工轴承盖螺钉孔的示意图。操作者在上下料工位 I 处装上工件,当该工件依次通过钻孔工位 II、扩孔工位 III 后,即可在一次装夹后把 4 个阶梯孔在两个位置加工完毕。这样,既减少了装夹次数,又因各工位的加工与装卸是同时进行的,从而节约安装时间,使生产率大为提高。

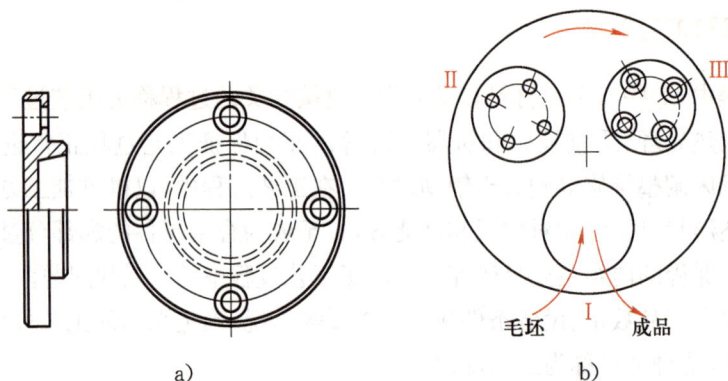

a)   b)

图 4-1 轴承盖螺钉孔的三工位加工

4. 工步

在加工表面不变、加工工具不变的条件下,所连续完成的那一部分工序内容称为工步。为了提高生产率,用几把刀具同时加工几个加工表面的工步称为复合工步,也可以看作一个工步,例如,用组合钻床加工多孔箱体孔。

5. 工作行程

有些工步由于加工余量较大或其他原因,需要同一把刀具以同一切削用量对同一表面进行多次切削。在切削速度和进给量不变的前提下,刀具完成一次进给运动称为一个工作行程。图 4-2 所示是一个带半封闭键槽阶梯轴两种生产类型的工艺过程实例,从中可看出各自的工序、安装、工位、工步、工作行程之间的关系。

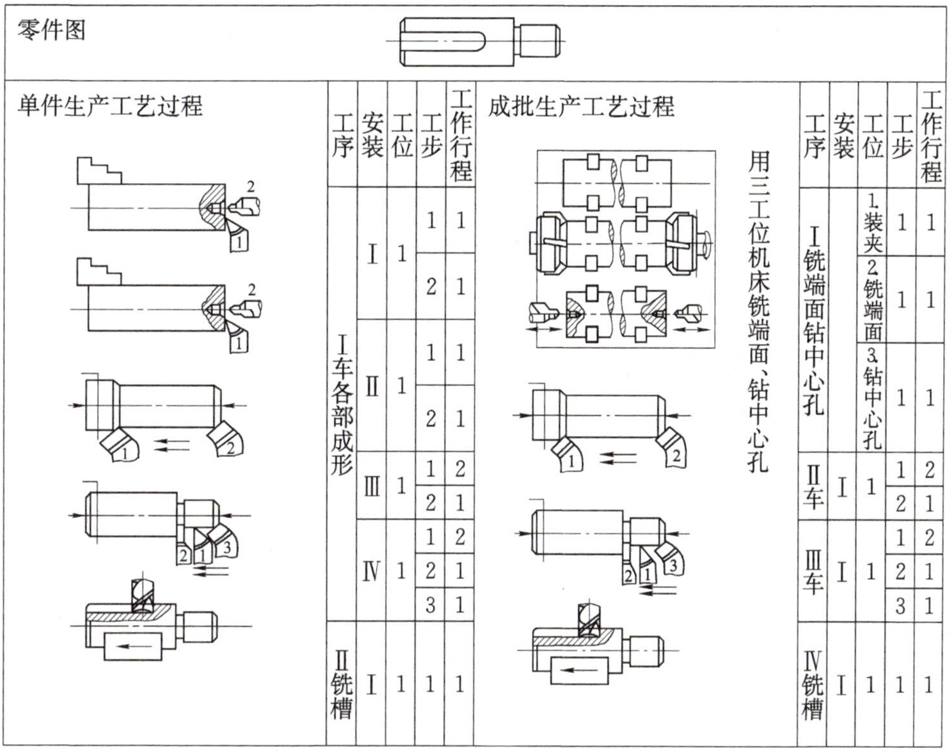

图 4-2　阶梯轴加工工序划分方案比较

第二节　生产纲领和生产类型

● **一、生产纲领**

机械产品结构和技术要求不同,其加工工艺也显然不同,同一产品如果生产的批量不同,其工艺也会有很大区别,因而研究加工技术必须分析产品的生产批量。

1. 产品生产纲领

产品生产纲领是企业在计划期内应生产的产品产量。计划期一般定为一年,所以有时称为年产量。

2. 零件生产纲领

零件生产纲领是企业依据产品生产纲领在计划期内生产的零件数量。

零件生产纲领与产品生产纲领的关系为

$$N = Qn(1+\alpha)(1+\beta)$$

式中　N——零件的生产纲领,件;

　　　Q——产品的生产纲领,台;

　　　n——每台产品中生产该零件的数量,件/台;

α——备品的百分率；

β——废品的百分率。

当 α、β 均很小时，上式可近似为

$$N = Qn(1 + \alpha + \beta)$$

通常，工厂并不是把全年产量一次投入车间生产，而是根据产品生产周期、销售和库存量以及车间生产均衡情况，分批投入生产车间。每批投入生产的零件数叫作批量。

二、生产类型

生产类型是企业生产专业化程度的分类。根据产品的尺寸大小和特征、产品生产纲领、批量及投入生产的连续性，可分为三种生产类型：大量生产、成批生产和单件生产。

1. 大量生产

大量生产是连续地大量生产同一种产品，一般每台生产设备都固定地完成某种零件的某一工序的加工，例如汽车、电动自行车、轴承、彩电、冰箱、洗衣机等的制造就属于这一生产类型。

2. 成批生产

成批生产是指一年中分批轮流地制造若干不同产品，每种产品都有一定的数量，生产呈周期性重复。按批量大小及产品特征，成批生产又分为小批生产、中批生产及大批生产三种。对小批生产来说，零件虽按批量投产，但批量不稳定，生产连续性不明显，其工艺过程及生产组织类似于单件生产。中批生产系指产品品种规格有限，而且生产有一定周期性的情况，例如通用机床、纺织机械等产品的生产。大批生产系指产品品种较为稳定，零件投产批量大，其中主要零件是连续性生产的情况。例如液压元件、水泵等产品的生产。大批生产的工艺特点和生产组织与大量生产相类似。

3. 单件生产

单件生产是产品品种多而很少重复，同一种零件数量很少的生产类型，例如重型机器、大型船舶的制造等。

由于小批生产与单件生产工艺特点及生产组织形式相似，大批生产与大量生产工艺特点及生产组织形式相似，所以实际生产类型分为单件小批生产、中批生产及大批大量生产。

在一个企业里，生产类型一般取决于生产纲领、产品尺寸大小及复杂程度。它们之间的大致关系见表4-1。

表 4-1　生产类型与生产纲领的关系

生产类型	重型机械产品	中型机械产品	小型机械产品
单件生产	<5	<20	<100
小批生产	5～100	20～200	100～500
中批生产	—	200～500	500～5 000
大批生产	—	500～5 000	5 000～50 000
大量生产	—	>5 000	>50 000

注：重型、中型、小型机械产品可分别以轧钢机、柴油机和电动自行车为代表。

生产类型还可利用成批性系数 K_c 来划分。成批性系数是指在同一工作地（或机床上）完成的不同工序数。

当 $K_c=1\sim3$ 时为大量生产，$K_c=3\sim5$ 时为大批生产，$K_c=5\sim20$ 时为中批生产，$K_c>20$ 时为单件小批生产。

不同的生产类型具有不同的工艺特点，即毛坯种类、机床及工艺装备、采取的技术措施、达到的技术经济效果平均不一样。各种生产类型的工艺特点见表 4-2。

表 4-2　各种生产类型的工艺特点

工艺特点	单件、小批生产	中批生产	大批、大量生产
零件互换性	钳工试配	普遍应用互换性，同时保留某些试配	全部互换，某些精度较高的配合用配磨、配研、选择装配保证
毛坯的制造方法与加工余量	木模手工造型及自由锻造。毛坯精度低，加工余量大	部分采用机器造型及模锻。毛坯精度和加工余量中等	广泛采用机器造型、模锻或其他少无切削及高效率毛坯生产工艺。毛坯精度高，加工余量小
机床布置及生产组织形式	通用机床，机群式布置，工作很少专业化	机床按工艺路线布置成流水线，按周期变换流水生产组织形式	机床严格按生产环节和工艺路线配置
工艺装备	大多采用通用工具、标准附件、通用刀具和万能量具。靠划线和试切达到精度要求	部分采用专用夹具，部分靠找正达到精度要求。较多采用专用刀具和量具	广泛采用专用夹具、复合刀具、专用量具或自动检验装置。靠调整法达到精度要求
装配组织形式	装配对象固定不动，熟练程度很高的装配工人对一个产品由始至终装配完成	装配对象固定不动，装配工人在同类工种中实行专业化	采用移动式流水装配，每一装配工人只完成某一二项装配工作
对工人技术等级要求	高	中等	对操作工技术等级要求低，对调整工技术等级要求高
工艺文件的详细程度	只编制简单的工艺过程卡片	除工艺卡外，重要工序需编制工序卡	详细编制工艺规程所有文件
生产率	低	中	高
生产成本	高	中	低

第三节　机械加工的经济精度

机械加工的经济精度概念非常重要。各种加工方法的经济精度是确定机械加工工艺路线时选择经济上合理的工艺方案的主要依据。任何一种加工方法,可以获得的加工精度和表面质量均有一个相当大的范围,但只有在一定的精度范围内才是经济的,这种一定范围的加工精度即为该种加工方法的经济精度。选择加工方法时,应根据工件的精度要求选择与经济精度相适应的加工方法,尤其是现代的加工行业已经进入微利时代。各种加工方法的经济精度见表 4-3。

需要指出,表 4-3 所列的经济精度数据不是一成不变的。随着机床、刀具、夹具和传感技术的不断发展,特别是电子计算机技术、激光技术、数字控制技术在机械制造业中的大量应用,使某些机械加工方法的加工精度和生产率不断提高,加工成本不断降低,从而促使经济精度数据发生变化。有资料显示:目前世界上的先进企业,每隔 4～5 年就要更新一次工艺。

表 4-3　各种加工方法经济精度的参考数据

加工方法	精　度　等　级		基本尺寸为 30～50 mm 的误差/mm	
	平均经济精度	经济精度范围	平均经济精度	经济精度范围
粗车、粗镗和粗刨	IT12～13	IT11～14	0.34	0.1～0.62
半精车、半精镗、半精刨	IT11	IT10～11	0.17	0.1～0.2
精车、精镗和精刨	IT9	IT6～10	0.05	0.02～0.1
细车和金刚镗	IT6	IT4～8	0.017	0.01～0.03
粗铣	IT11	IT10～13	0.17	0.1～0.34
半精铣和精铣	IT9	IT8～11	0.05	0.03～0.17
钻孔	IT12～13	IT11～14	0.34	0.17～0.62
粗铰	IT9	IT8～10	0.05	0.04～0.10
精铰	IT7	IT6～8	0.027	0.01～0.04
拉削	IT8	IT7～9	0.04	0.015～0.05
精拉	IT7	IT6～7	0.027	0.01～0.03
粗磨	IT10	IT9～11	0.10	0.05～0.17
精磨	IT6	IT6～8	0.017	0.01～0.03
细磨(镜面磨)	IT4		0.008	0.002～0.011
研磨	高于 IT4		<0.008	0.001～0.011

第四节　工艺规程概述

● 一、工艺规程的作用

以一定文件形式规定的产品生产过程称为工艺规程。其中将毛坯加工成机械零件的机械加工工艺过程称为机械加工工艺规程,本章所述的“工艺规程”仅指机械加工工艺规程。它有以下几个方面的作用:

（1）工艺规程是指导生产的主要技术文件。

合理的工艺规程是依据机械加工工艺学原理和工艺试验,结合广大工人和技术人员的实践经验而制订的指导生产的技术文件,是科学技术和广大人民群众智慧的结晶。因此,工艺规程在生产中应具有法规性效力,必须严格遵守。实践证明,不按科学的工艺进行生产,往往会引起产品质量严重下降,造成安全事故,生产率显著降低,过量消耗原材料和工时,增加产品成本。

（2）工艺规程是新建或扩建机械制造厂或车间的基本文件。

新建厂或车间的机床种类和数量、工人工种和人数、车间面积及布置、辅助部门的设置等都是依据产品年产量及产品工艺规程计算出来,再加以适当对比调整而确定的。

（3）工艺规程是现有生产方法和技术的总结,是工艺改革的基础。

（4）工艺规程是生产外协的技术和经济合约的基础。

二、制订工艺规程的原则和所需的原始资料

1. 制订工艺规程的原则

制订工艺规程的原则是,在一定的生产条件下,以最少的劳动消耗和最低的费用,按计划规定的速度,可靠地加工出符合图样要求的零件,并尽可能在现有生产条件的基础上采用国内外先进工艺技术和检测技术,保证有良好的劳动条件。

由于工艺规程是直接指导生产和操作的主要文件,因此工艺规程要求正确、完整、规范、清晰,所用术语、符号、计量单位、编号都要符合相应的标准。

视频

大国工匠
——方文墨

2. 制订工艺规程所需的原始资料

（1）产品的全套图样,有关产品质量验收标准的技术文件;

（2）零件的生产纲领及投产批量;

（3）毛坯和半成品资料、毛坯制造方法、生产能力及供货状态;

（4）本厂现有质量管理体系、生产设备、生产能力、技术水平、外协条件等有关资料;

（5）工艺设计及夹具设计方面的手册及技术资料;

（6）国内外同类产品的参考工艺文件及资料。

三、制订工艺规程的步骤

机械加工工艺规程的编制是一个复杂的循环设计过程,细分为 4 个阶段 15 个步骤,如图 4-3 所示。

1. 准备性工作阶段

准备性工作阶段包括收集原始资料和基本数据、对零件进行工艺分析、生产纲领计算和生产类型确定、毛坯选择等 4 个步骤。

2. 工艺路线拟定阶段

这是工艺规程制订的主要工作阶段,这一阶段要确定整个工艺过程路线（工序顺序）。完成这一工作要考虑到很多方面的影响因素,这在相当程度上依靠工艺编制人员的工作经验。因而,同一种零件,在同样生产条件下,不同的工艺员设计出的工艺路线可能有较大的不同,尤其是定位基准选择方案不同,工艺路线相差更大。该过程可以用图 4-4 表示。

1.	收集原始资料及基本数据
2.	零件工艺分析
3.	生产纲领、生产类型确定及生产拍节计算

准备性工作阶段

4.	毛坯选择
5.	定位基准选择
6.	单个表面加工方法及步骤的确定
7.	整个零件加工顺序确定

工艺路线拟定阶段

8.	工序划分及工艺路线确定
9.	加工余量确定
10.	工序尺寸及其公差确定
11.	机床设备及工艺装备选择
12.	切削参数确定
13.	工时定额确定

工序设计阶段

| 14. | 不同工艺过程评价比较 |
| 15. | 填写工艺规程文件 |

循环设计过程

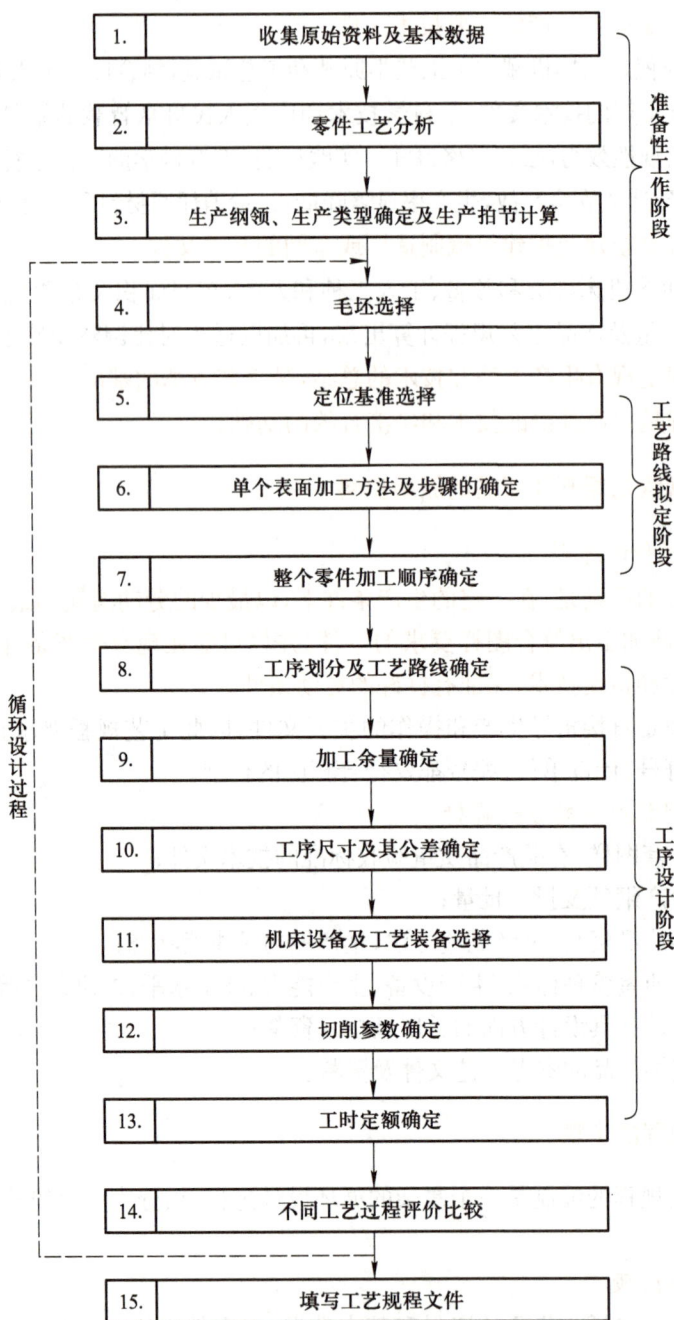

图 4-3　工艺过程拟定步骤图

（1）在分析零件技术要求的基础上，根据定位基准选择的原则，确定零件上每一加工表面（如零件有组成表面 A、B、C、D 等）的加工方法和获得步骤。例如，表面 A 依次经 A1、A2、A3 三次加工得到，表面 B 经 B1、B2 两次加工得到等。

（2）将所有需要的加工步骤，按一定原则确定其进行的先后顺序排列起来，从而形成一个有序的工步排列，如图中 A1、C1、B1、C2、D1，…

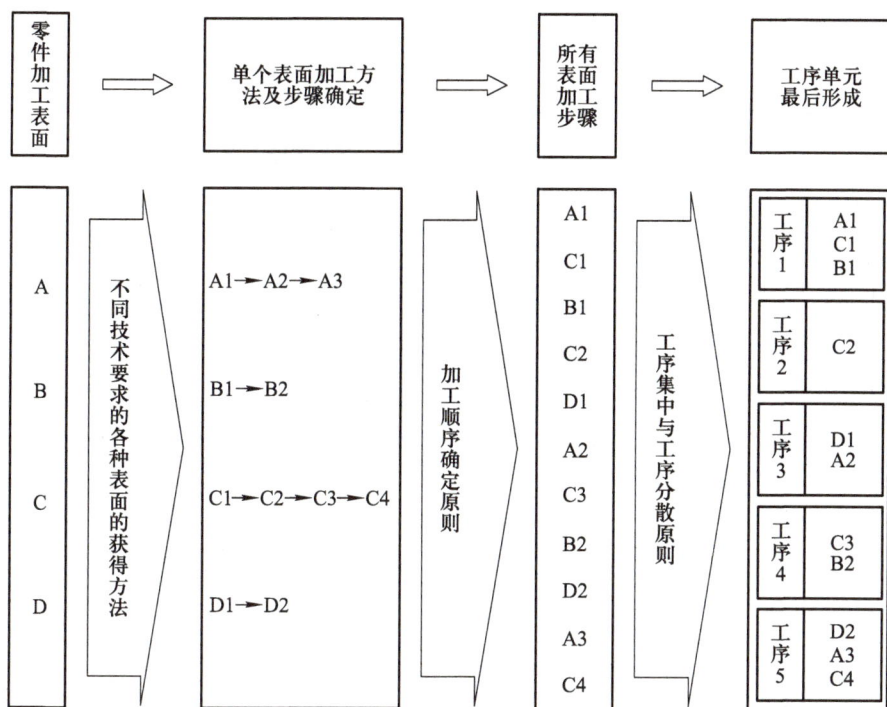

图 4-4　工艺路线确定流程图

（3）对该工步序列中的若干工步进行组合，形成以工序为单位的序列，此过程为工序内容确定。如图中将 A1、C1、B1 组合为一个工序，C3、B2 组合为一个工序等，最后形成工序1、工序2、工序3…的序列。这个序列就是经初步设计形成的零件机械加工工艺路线。

3. 工序设计阶段

工艺路线确定之后，必须进一步设计确定每道工序的具体内容、具体要求、选用的机床和工艺装备，确定切削用量、时间定额等。这既是控制工人操作的技术要求，又是指导工人操作的基本方法，是工艺规程的重要内容。

4. 工艺规程的最终确定阶段

多种工艺设计方案经反复比较修改完善后最终确定一个方案最优的工艺过程。

● 四、机械加工工艺规程的格式

零件机械加工工艺规程经上述 15 个步骤确定后，应将有关内容填入各种卡片，以便在生产过程中贯彻实施。这些称为工艺文件的卡片因生产类型不同而有不同的格式，现行有以下两种格式：

1. 工艺过程卡片

工艺过程卡片通常又称工艺过程综合卡。它是制订其他工艺文件的基础，也是生产技术准备、编制作业计划和组织生产的依据。其中包括工艺过程的工序名称和序号、实施车间、工种及各工序时间定额。由于工艺过程综合卡各工序的说明较简单，一般不直接指导工人操作，而仅用于生产管理。但在单件小批生产中，原则上以这种卡片指导生产而不再编制其他详细的工艺文件。工艺过程卡片见表 4-4。

表 4-4 工艺过程卡片

（工厂名）	机械加工工艺过程卡片	产品名称及型号		零件名称		零件图号			
		材料	名称	毛坯	种类	零件重量(kg)	毛重		第 页
			牌号		尺寸		净重		共 页
			性能	每料件数		每台件数	每批件数		

工序号	工序内容	加工车间	设备名称及编号	工艺装备名称及编号			技术等级	时间定额(min)	
				夹具	刀具	量具		单件	准备～终结

更改内容									

编制		抄写		校对		审核		批准	

2. 机械加工工序卡片

机械加工工序卡片又称工序卡，是用来具体指导工人操作的文件。它是分别为零件工艺过程中的每一工序制订的、详细说明该工序加工所必需的工艺资料。卡片中还附有工序简图。工序卡一般用于大批大量生产和重要零件的批量生产。机械加工工序卡片见表 4-5。

五、工序简图

工序卡片中的工序简图可以清楚直观地表达出工序的内容，其绘制要求必须注意以下几点：

表 4-5　机械加工工序卡片

（工厂名）	机械加工工序卡片	产品名称及型号		零件名称		零件图号		工序名称		工序　号		第　　页
												共　　页
				车　　间		工　　段		材料名称		材料牌号		机械性能
				同时加工件数		每料件数		技术等级		单件时间（min）		准备～终结时间（min）
				设备名称		设备编号		夹具名称		夹具编号		切　削　液
					更改内容							

工步号	工　步　内　容	计算数据（mm）			走刀次数	切削用量				工时定额（min）			刀具、量具及辅助工具				
		直径或长度	走刀长度	单边余量		切削深度（mm）	进给量（mm/r 或 mm/min）	每分钟转数或双行程数	切削速度（m/s）	基本时间	辅助时间	工作地点服务时间	工步号	名　称	规　格	编　号	数　量

编制		抄写		校对		审核		批准	

（1）工序简图可按比例缩小,并尽量用较少的投影绘出,可以略去视图中的次要结构和线条。

（2）工序简图主视图方向应尽量与零件在机床上的安装方向相一致。

（3）本工序加工表面用粗实线或红色粗实线表示。

（4）零件的结构、尺寸要与本工序加工后的情况相符,不能将后面工序中形成的结构形状在前面工序的简图中反映出来。

（5）工序图中应使用规定的符号和方式表示工件的安装状态。

（6）工序简图中应标注本工序的工序尺寸和技术要求。

第五节 零件的工艺分析

一、零件的结构及其工艺分析

1. 零件组成表面分析

零件工艺性分析首先必须分析零件由哪些表面组成。任何一个零件尽管形状、尺寸、结构不同,但都是由一些基本表面(内外回转面、平面等)和特形表面(螺旋、齿面等)组成的。在分析组成表面的基础上,根据基本表面和特形表面选择出相应的加工方法。如对于平面,可以选择刨削、铣削、车削、拉削、磨削等;对于孔,可依据孔的大小选择钻削、铰削、车削、镗削、拉削、磨削等。

2. 零件结构分析

零件结构分析是对零件表面组合情况和尺寸进行分析。正是由于零件结构上的差异引起加工方法和方案(方法的组合)有很大的差异。因而,对零件结构分析是确定合理加工方案的关键。

3. 零件结构工艺性分析

零件结构工艺性是指设计的零件能否在现有的条件下被经济、方便地制造出来,是否可能使用高效率的制造方法和充分发挥设备能力。结构工艺性不好的零件有时根本制造不出来,在此种情况下,要与设计者协商修改,以改善其工艺性。

零件结构工艺性涉及零件结构设计、尺寸标注、技术要求、材质等多方面内容,见表4-6。

表4-6 部分零件机械加工工艺性对比情况

工艺性内容	不合理的结构	合理的结构	说　明
1. 加工面积应尽量小	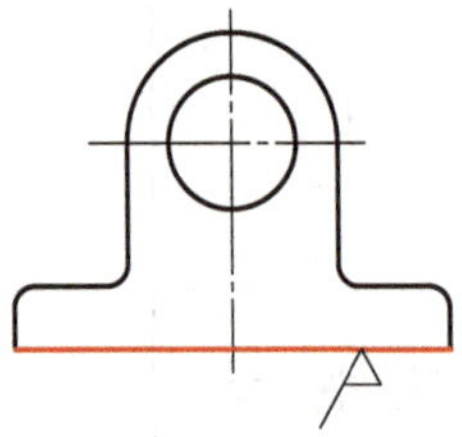	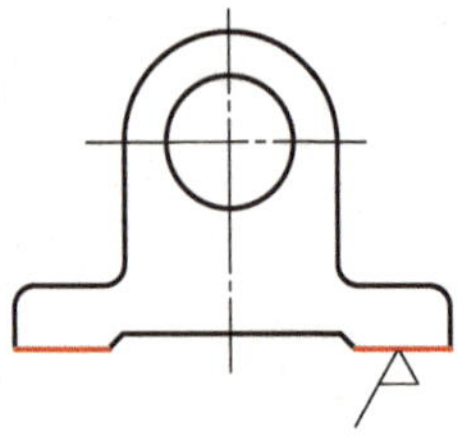	1. 减少加工量; 2. 减少刀具及材料的消耗量

工艺性内容	不合理的结构	合理的结构	说 明
2. 钻孔的入端和出端应避免斜面	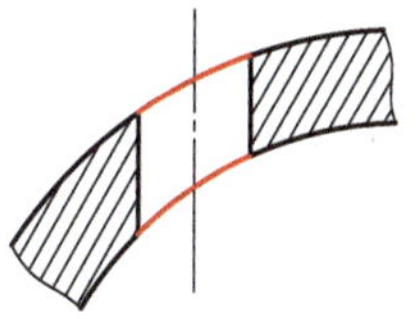	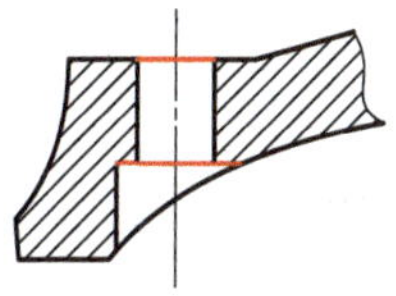	1. 避免钻头折断； 2. 提高生产率； 3. 保证精度
3. 槽宽尺寸尽量一致	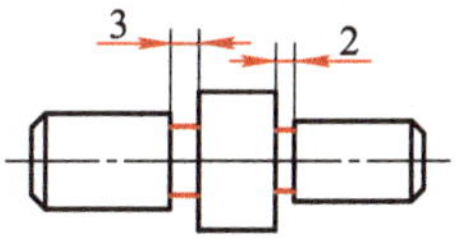	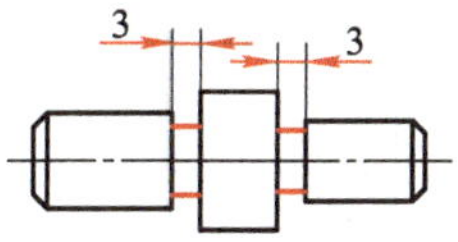	减少换刀次数
4. 装配轴颈尺寸尽量短	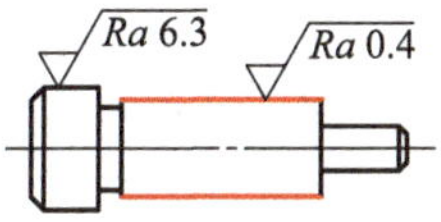	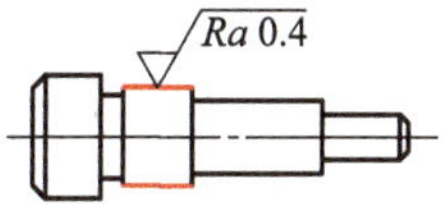	1. 便于满足加工要求； 2. 便于装配
5. 留有退刀槽或砂轮越程槽	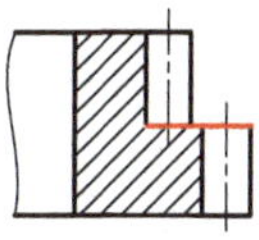	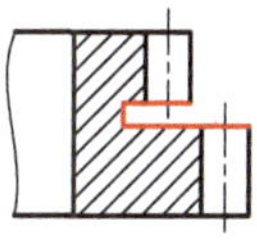	1. 便于小齿轮加工； 2. 便于轴肩的根部加工； 3. 便于槽的根部加工； 4. 便于螺纹加工
6. 避免深孔加工	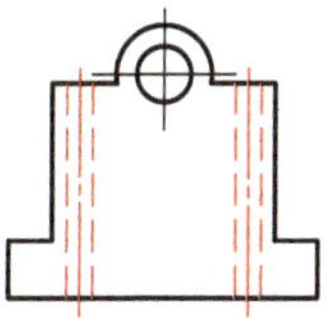	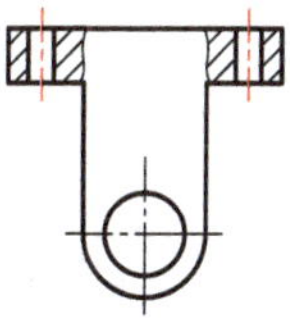	1. 便于孔加工； 2. 节约零件材料
7. 直径沿一个或两个方向递减	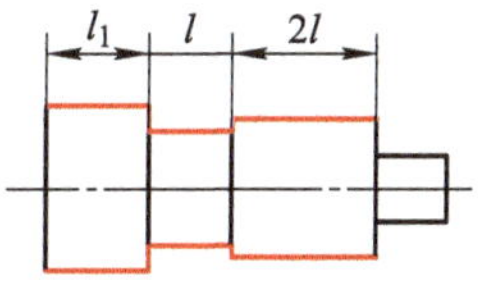	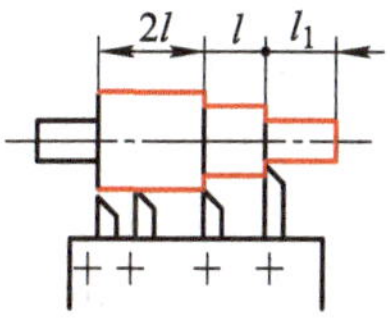	便于在多刀半自动车床上加工
8. 键槽布置在同一方向上	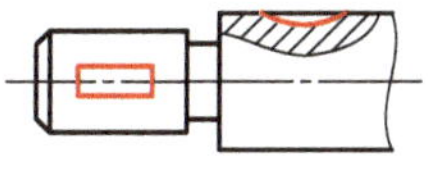	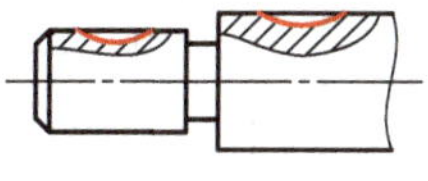	1. 减少调整次数； 2. 保证位置精度
9. 孔的位置不能距壁太近	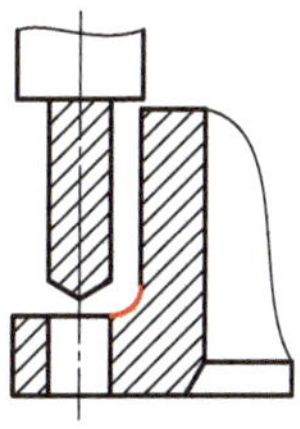	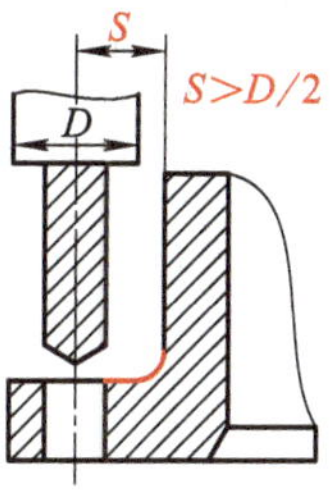	便于加工

续　表

工艺性内容	不合理的结构	合理的结构	说　　明
10. 槽的底面不应与其他加工面重合			避免损伤已加工表面
11. 螺纹根部应有退刀槽			避免损伤刀具
12. 凸台表面应位于同一平面上			生产率高
13. 轴上两相接精加工表面间应设退刀槽或砂轮越程槽			便于加工

● 二、零件材料选用及热处理要求的工艺性问题

如果零件的材料选用及热处理要求不合理，会影响工艺过程的安排。

图 4-5 所示为一材料选用及热处理要求考虑工艺性实例。图中方头销原选用材料为 T8A，方头要求淬硬，而 $\phi2H11$ 孔要求在装配时配钻，因该零件长度仅为 15 mm，热处理时要求只把方头部分淬硬，而保留 $\phi8k6$ 圆柱面不被淬硬很困难，致使在装配时 $\phi2H11$ 孔因材料硬度太高而难以加工。如果材料改用 20Cr，对方头部分渗碳淬火，$\phi8k6$ 圆柱部分预加保护，则这一工艺问题即可得到解决。

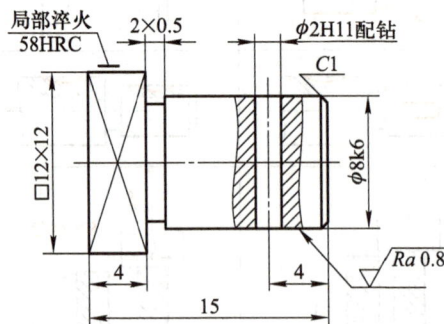

图 4-5　方头销

● 三、零件技术要求分析

技术要求分析是制订工艺规程的重要环节。通过认真仔细地分析零件的技术要求，确定

零件的主要加工表面和次要加工表面,从而确定整个零件的加工方案。一般零件技术要求分析从下面几个方面进行:

（1）精度分析。包括主要精加工表面的尺寸精度、形状和位置精度的分析。一般尺寸精度取决于加工方法,位置精度决定于安装方法和加工顺序。

（2）表面粗糙度及其他表面质量要求分析。

（3）热处理要求及有关材料性能分析。

（4）其他技术要求(如动平衡、去磁等)的分析。

在认真分析和研究技术要求基础上,基本上就可以确定主要加工表面和次要加工表面,进而确定主要工序和次要工序等加工内容。

第六节　零件精度获得的方法

一、尺寸精度获得方法

1. 试切法

通过试切—测量—调整—再试切,反复进行直到达到要求的尺寸精度为止。例如,箱体孔系的试镗加工。

试切法达到的精度可能很高,但这种方法费时(需做多次调整、试切、测量、计算),效率低,依赖技工水平,质量不稳定,所以只用于单件小批生产。

2. 调整法

预先用样件或标准件调整好机床、夹具、刀具和工件的准确相对位置,用以保证工件的尺寸精度。因为尺寸事先调整到位,所以加工时,不用再试切,尺寸自动获得,并在一批零件加工过程中保持不变,这就是调整法。例如,采用铣床夹具时,刀具的位置靠对刀块确定。

调整法比试切法的加工精度稳定性好,并有较高的生产率,因此,适用于成批及大量生产。

3. 定尺寸法

定尺寸法是利用标准尺寸的刀具加工,加工面的尺寸由刀具尺寸决定。定尺寸法加工精度比较稳定,几乎与工人技术水平无关,生产率较高,在各种类型的生产中广泛应用,例如钻孔、铰孔等。

4. 自动控制法

这种方法是由测量装置、进给装置和控制系统等组成。尺寸测量、刀具补偿调整和切削加工以及机床停车等一系列工作自动完成,自动达到所要求的尺寸精度。例如在数控机床上加工时,零件就是通过程序的各种指令控制加工顺序和加工精度的。

二、形状精度获得方法

1. 轨迹法

让刀具相对于工件作有规律的运动,以其刀尖轨迹获得所要求的表面几何形状。图 4-6

所示为用轨迹法车圆锥面。

2. 成形法

动画

成形法

用成形刀具取代普通刀具,成形刀具的切削刃就是工件外形。这种方法可以简化机床或切削运动,提高生产率,其精度取决于成形运动的精度,也取决于刀刃的形状精度。图4-7所示为用成形法车球面。

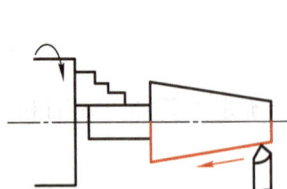

图4-6　轨迹法

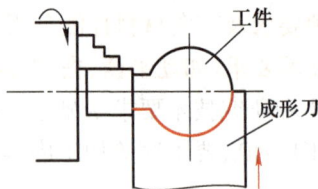

图4-7　成形法

3. 展成法(范成法)

这种方法用于各种齿轮齿廓、花键键齿、蜗轮轮齿等表面的加工,其特点是刀刃的形状与所需表面几何形状不同。例如齿轮加工,刀刃为直线(滚刀、齿条刀),而加工表面为渐开线。展成法形成的渐开线是滚刀与工件按严格速比转动时,刀刃的一系列切削位置的包络线。

● 三、位置精度获得方法

1. 一次安装法

有位置精度要求的零件各有关表面是在工件同一次安装中完成并保证的,如轴类零件外圆与端面的垂直度,箱体孔系中各孔之间的平行度、垂直度、同一轴线上各孔的同轴度。

动画

直接找正

2. 多次安装法

零件有关表面间的位置精度是由加工表面与工件定位基准面之间的位置精度决定的。如轴类零件键槽对外圆之对称度,箱体平面与平面之间的平行度、垂直度等。

根据工件安装方式不同又分为:

动画

划线找正

（1）直接安装法　工件直接安装在机床上,从而保证加工表面与定位基准面之间的位置精度。例如,在车床上加工与外圆同轴的内孔,可用三爪卡盘直接安装工件,如图4-8所示。

（2）找正安装法　通过找正(包括划线找正)保证加工表面与定位基准面之间的位置精度。例如,在车床上用四爪卡盘和百分表找正后将工件夹紧,可加工出与外圆同轴度很高的孔,如图4-9所示。

动画

夹具装夹

（3）夹具安装法　通过夹具保证加工表面与定位基准面之间的位置精度(详见本书第五章)。图4-10所示为在平面磨床上用夹具安装法磨削楔铁。

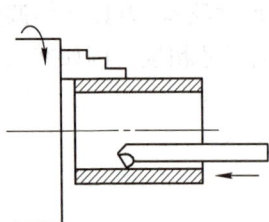

图4-8　直接安装法

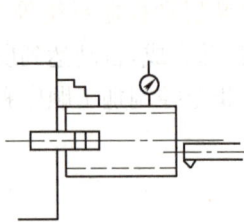

图4-9　找正安装法

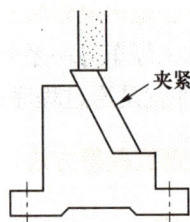

图4-10　夹具安装法

第七节 毛坯的选择

零件是由毛坯按其技术要求经过一系列的切削加工及热处理过程而最后形成的。毛坯选择合理与否对零件质量、金属消耗、机械加工生产率和加工过程有直接影响。

● 一、机械零件常用的毛坯种类

1. 铸件

毛坯的铸造方法有砂型铸造、精密铸造、离心铸造等，常用材料有铸铁、钢、铜、铝等，其中铸铁因其成本低、吸振性好和工艺性好而得到广泛的应用。铸造一般宜用于形状复杂的毛坯。少数尺寸较小的优质铸件宜采用特种铸造，如金属型铸造、熔模铸造和压力铸造等。铸件的主要缺点是力学性能较差。

2. 锻件

锻件适用于力学性能要求高、形状较为简单的零件的毛坯。采用先进的精密锻造方法可以使毛坯形状及尺寸非常接近零件，从而使机械加工余量大为减少。目前锻造方法主要分为自由锻和模锻两种。

自由锻件的加工余量大，精度低，生产率不高，适用于单件小批以及大型锻件生产。

模锻件加工余量小，锻件精度高，生产率高，适用于大批大量生产的小型锻件。

3. 型材下料

型材下料是指从各种不同截面形状的热轧和冷拔型材上切下的毛坯件。热轧型材的精度较低，适用于一般零件的毛坯；冷拔型材的精度较高，多用于毛坯精度要求较高的中小型零件和在自动机床上加工零件的毛坯。

4. 焊接件

焊接件毛坯可由同种材料或不同种材料焊接组合而成。它可以小拼大，简化毛坯制造过程，大大缩短制造周期。焊接的方法多用于大型、复杂毛坯的制造。

5. 冲压件

板料冲压毛坯可以非常接近成品要求，在小型机械、仪表、轻工、电子产品等方面应用广泛。冲压件主要用于大批大量生产。

6. 其他形式的毛坯

粉末冶金制品、工程塑料制品、新型陶瓷、复合材料制品等毛坯，在机械零件中的应用日益增多。

● 二、毛坯选择

毛坯种类选择是否正确，直接影响零件加工质量使用性能和经济效益，一般以下面几个因素为主要选择依据：

1. 零件工作条件要求的材料及力学性能

材料为灰口铸铁等零件要用铸造毛坯。钢质零件在形状不复杂及力学性能要求不太高时用型材毛坯,而在设计形状较为复杂、轴类零件直径差很大或力学性能要求较高时用锻造毛坯。非铁金属零件常用型材或铸造毛坯。

2. 零件的结构形状及外形尺寸

阶梯轴零件各阶直径相差不大时可用棒材毛坯;阶梯轴直径相差较大时,一般采用锻造毛坯或焊接件毛坯;形状复杂的零件一般不用自由锻毛坯;封闭零件不可用砂型铸造毛坯。

3. 零件制造经济性

选择的毛坯应使材料费、毛坯制造费用和零件加工费用之和为最小。

4. 生产类型

大批大量生产时,应选择毛坯精度和生产率都高的先进的毛坯制造方法,使毛坯的形状、尺寸尽量接近零件的形状、尺寸,以节约材料,减少机械加工工作量,由此而节约的费用一般会超过毛坯制造费用,获得好的经济效益,如机器造型或特种铸造的铸件、模锻的锻件等。单件小批生产时,用先进的毛坯制造方法所节约的材料和机械加工成本,相对于毛坯制造所增加专用工艺装备所增加的成本就得不偿失。故应选择毛坯精度和生产率均比较低的一般毛坯制造方法,如手工砂型铸造或自由锻等。

5. 生产条件

选择毛坯时,应考虑现有生产条件和技术水平,以及工厂所在地区通过外协获得毛坯的可能性。

6. 充分考虑利用新技术、新工艺和新材料

随着科学技术的进步,毛坯制造的新工艺、新技术、新材料的应用也越来越普及,特别是工程塑料和粉末冶金的广泛应用,大大减少机械加工量和节约大量材料,降低了生产成本。

● 三、毛坯形状与尺寸

视频

开合螺母

现代机械制造业的发展趋势之一,是通过毛坯精化使毛坯的形状和尺寸尽量与零件成品接近。但是由于毛坯制造技术的限制和零件加工要求的提高,毛坯上某些表面仍需留有一定的加工余量,以便通过机械加工来达到零件的质量要求。毛坯尺寸和零件尺寸的差值称为毛坯加工余量。毛坯制造尺寸的公差称为毛坯公差。毛坯加工余量及公差与毛坯的制造方法有关,生产中可参照有关工艺手册和部门或企业的标准确定。

毛坯加工余量确定后,毛坯的形状和尺寸,除了将毛坯加工余量附加在零件相应的加工表面上之外,还要考虑毛坯制造、机械加工以及热处理等工艺因素的影响。下面仅从机械加工工艺的角度分析确定毛坯形状和尺寸时应注意的问题。

(1)为了加工时工件安装方便,有些铸件毛坯需要铸出工艺搭子。工艺搭子在零件加工后一般可予以保留,当影响外观和使用性能时才予以切除。

(2)在机械加工中,有时会遇到一些磨床主轴部件中的三块瓦轴承、连杆以及车床走刀系统中的开合螺母外壳等零件。为了保证这些零件的加工质量,同时也为了加工方便,常将这些分离零件先做成一个整体毛坯,加工至一定阶段后再切割分离。

(3)为了提高零件机械加工的生产率,对于一些小零件,可以将若干零件先合用一件尺寸较大的毛坯,加工至一定阶段时再切割分离成单个零件。显然,在确定毛坯的尺寸时,应考虑切割零件所用刀具的厚度和切割的零件数。

生产中,对于许多短小的轴套、垫圈和螺母等零件,在选择棒料、钢管及六角钢等为毛坯时都可采用上述方法,即采用较长的毛坯以提高机械加工的生产率。

(4) 为了减少工件装夹变形,确保加工质量,对一些薄壁环类零件,也应将多件合成一个毛坯。零件安装后,经过车外圆、切槽和套车分离成单件。这种方法既提高了生产率,零件加工中变形又很小,保证了加工质量。

第八节 定位基准及其选择

一、基准的概念及其分类

基准就其一般意义来说,是用来确定生产对象上几何要素间的几何关系所依据的那些点、线、面。对一个机械零件而言,基准就是确定其上的某些点、线、面的位置关系所依据的那些点、线、面。根据作用和应用场合的不同,基准可分为设计基准和工艺基准两大类。

1. 设计基准

设计基准是零件图上用以确定其他点、线、面的基准。

设计人员常从零件的工作条件和性能要求出发,在零件图上以设计基准为依据标出一定的尺寸或相互位置要求(如平面度、垂直度、同轴度等)。

对于整个零件来说,有众多的位置尺寸和位置关系的要求,但在一个方向上往往只有一个主要设计基准。它是在这个方向上多个尺寸的起始点。主要设计基准又往往是在装配时用来确定该零件在产品中的位置所依据的基准。

2. 工艺基准

工艺基准是零件在加工和装配过程中所使用的基准。在制订零件的加工工艺过程时,为了加工和测量方便,需要分析和选择工艺基准。

在机械加工中的工艺基准有工序基准、定位基准、测量基准和装配基准。

(1) 工序基准 工序基准是零件工序图上,用来确定本工序加工表面加工后应达到的尺寸、形状和位置的基准。

图 4-11 所示为钻套车削加工的工序简图,其上所注尺寸为确定本工序加工表面位置的工序尺寸。各外圆及内孔表面的工序基准仍为 O—O 轴心线,加工台肩端面及左端面的工序基准为右端面 P。这是因为,在该工序中端面 P 最先加工出来,然后是车外圆 $\phi46$ mm,再车外圆 $\phi40.2$ mm,同时车出台肩端面保证尺寸 31.8 mm。接着钻、镗内孔,最后切断时保证尺寸 37.3 mm。

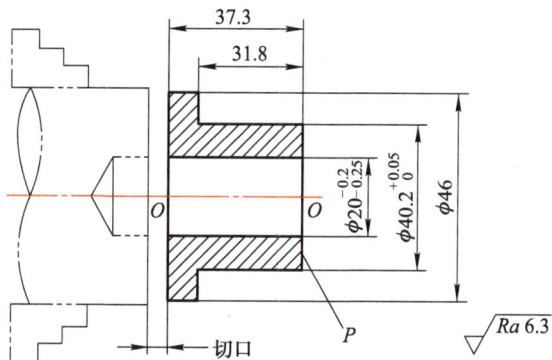

图 4-11 钻套车削工序简图

（2）**定位基准** 定位基准是在加工中用作定位的基准（有关定位概念在下一章介绍）。当工件的定位基准与夹具上定位元件相接触并夹紧后，工件相对于刀具即获得确定的位置。

应当指出，作为定位基准的点、线、面在工件上并不一定具体存在，如表面的几何中心、对称面或对称线等。此时需选择具体的表面来体现定位基准，此具体的表面称为定位基面。

（3）**测量基准** 零件检验时，用以测量已加工表面尺寸和位置时所用的基准，称为测量基准（有时也称度量基准）。

图 4-12a 所示为钻套外圆及台肩磨削后对台肩厚度的测量，此时钻套左侧端面为测量基准。图 4-12b 所示为将工件内孔穿于测量心轴之上，再将心轴支在两顶尖之间，转动工件并借助百分表测量其外圆及台肩端面的圆跳动。此时，钻套的内孔即为其测量基准。

（4）**装配基准** 装配时用以确定零件或部件在机器中位置的基准，称为装配基准。

图 4-13 所示为前上述钻套在钻模板（钻床夹具的一个零件）上的装配关系。钻套通过 $\phi 40n6$ 外圆表面决定其在钻模板上横向（水平方向）的位置，另外通过其台肩端面与钻模板上平面的接触来决定它在夹具上的轴向位置。所以，$\phi 40n6$ 外圆表面以及台肩端面是该钻套在夹具上的装配基准。零件上用作装配基准的表面一般都是主要加工表面。

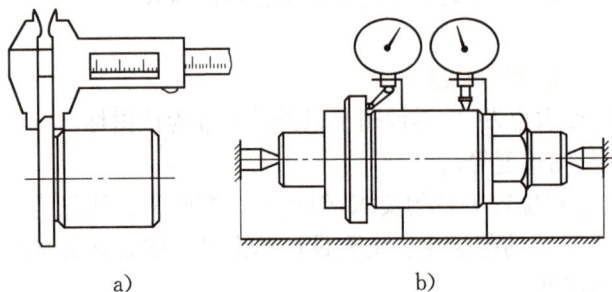

a)　　　　　　　　b)

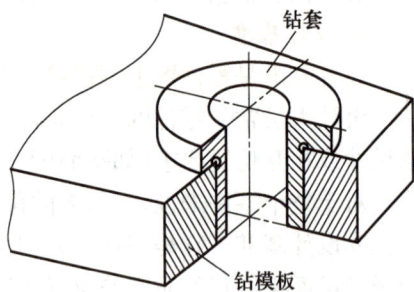

图 4-12　测量基准　　　　　　　　**图 4-13　钻套的装配**

● 二、定位基准的选择

定位基准的选择对零件的加工尺寸和位置精度、零件各表面的加工顺序及夹具结构等都会产生举足轻重的影响，正确选择定位基准是制订机械加工工艺规程和进行夹具设计的关键内容。

在加工过程中定位基准一般分为精基准和粗基准两类。在起始工序中，只能选用未经加工过的毛坯面作为定位基准，这种基准称为粗基准。用已加工过的表面作为定位基准称为精基准。根据加工基准先行原则，在选择基准时应先考虑精基准选择，后考虑粗基准选择。因为加工精基准时需使用粗基准。

1. 精基准的选择

精基准的选择主要应从保证零件的加工精度要求出发，同时考虑装夹准确、可靠和方便，以及夹具结构简单。选择精基准一般应遵循下列原则：

（1）**基准重合原则** 零件加工时，应尽量选择设计基准作为定位基准，以避免由于基准不重合带来的定位误差，这一原则通常称为"基准重合原则"。

图 4-14a 所示为具有相交孔的轴承座准备镗以 $O—O$ 为中心线的孔。在该工序之前，零

件的 M、H、K 平面已加工好,并且 M—H、H—K 之间的尺寸为 $C+T_C$ 及 $B+T_B$。本工序要求镗出的孔中心线 O—O 距 K 表面的距离为 $A+T_A$。为此,工件可以考虑几个定位加工方案:

图 4-14b 所示方案以 M 面为定位基准,采用"调整法"加工,即镗杆中心线距机床工件台或夹具定位元件工作表面间的位置已经调好,固定不变。这时获得的尺寸 A 将和 M—K 面间的可能相对位置变化有关,其最大可能位置变化为尺寸 B 和 C 的公差之和,即

$$\Delta_B = T_B + T_C$$

图 4-14c 所示方案以 H 面为定位基准。因工序基准与定位基准不重合而引起的尺寸 A 的误差仅是 H—K 间的位置变化,即

$$\Delta_B = T_B$$

图 4-14d 所示方案以设计基准 K 面为定位基准,此时 $\delta_{\text{基准不重合}} = 0$

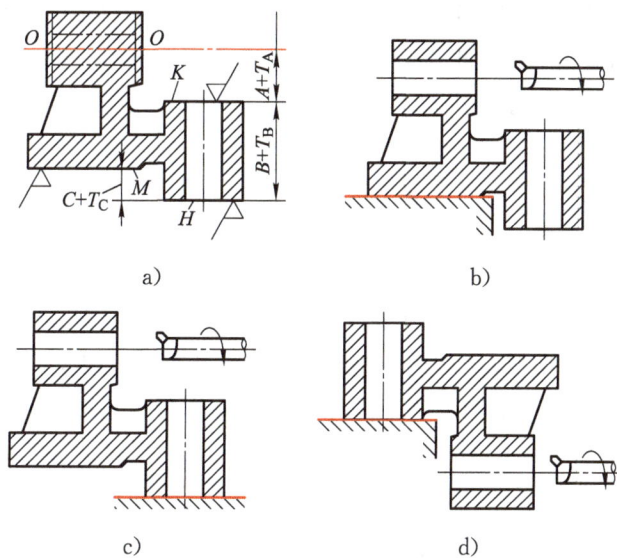

图 4-14 轴承座镗孔基准选择

由上例可知,加工中最好直接用设计基准作为定位基准,以便消除基准不重合误差。

(2) 基准统一原则 如果工件以某一组精基准定位,可以比较方便地加工出其他各表面,则应尽可能在多数工序中都采用这组精基准进行定位。这一原则通常称为"基准统一"原则。因此,应该尽早地在开始几道工序中就把这组基准面加工出来,并达到一定的精度。

采用基准统一原则既可以避免因基准转换而带来的误差,又因定位元件相同而简化夹具的设计制造过程和简化工艺规程的制订。但基准统一可能产生基准不重合误差。

通常,轴类零件用两端的中心孔做统一的精基准,圆盘类零件用内孔和一个端面、箱体类零件则常用一个较大的平面和在该平面上的两个相距较远的一组孔作为统一的精基准。

基准统一原则并不排斥在个别工序中更换基准。如图 4-15 所示柴油机活塞零件,在其

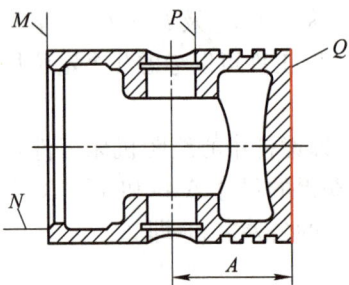

图 4-15　活塞的加工定位基准

制造过程的多数工序中以底面 M 和止口 N 做统一的精基准,但在精镗活塞销孔 P 的工序中,要求孔中心至顶面的尺寸 A 保证 $0.1\sim0.3$ mm 的公差,而孔中心至底面无公差要求。如仍以底面 M 和止口 N 为基准,则要先把底面至顶面的长度尺寸控制在一定公差之内才行。这将使加工困难,故该工序以顶面 Q 为精基准,使之符合基准重合原则,便很容易保证加工要求。

(3) 互为基准原则(反复加工的原则)　为了使重要表面间有较高的相互位置精度,或使加工余量小而均匀,可采用互为基准进行多次反复加工。

例如精密齿轮的加工,当用高频淬火把齿面淬硬,需再进行磨齿时,因其淬硬层较薄,所以要求磨削余量小而均匀。此时,就需先以齿面为基准磨内孔,再以孔为基准磨齿面,以保证齿面磨削余量均匀。

车床主轴磨削加工也是互为基准的例子。由于主轴支承轴颈和主轴锥孔间有很高的同轴度要求及加工精度要求,因此需要以锥孔为基准磨削轴颈,再以轴颈为基准磨前锥孔。这样经过多次反复,可逐步提高基准精度和加工表面精度,从而最终达到高的技术要求。

(4) 自为基准　当精加工或光整加工工序要求余量尽量小而均匀时,或是在某些特殊情况下,可选择加工表面本身作为精基准。但该加工表面与其他表面之间的相互位置精度,则由先行工序保证。

如图 4-16 所示,车床床身在最后磨削导轨面时,为使加工余量小而均匀,以便提高导轨面的加工精度和减小精磨余量,经常在导轨磨床的磨头上装百分表,用可调支承将床身工件支承在导轨磨床工作台上,以待加工的工件导轨面本身作为精基准进行找正,找正定位后再进行加工。

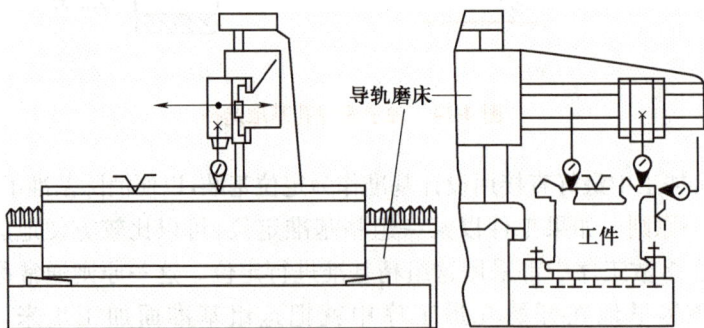

图 4-16　床身导轨的自为基准找正磨削

图 4-17 所示凿岩机机头内孔的磨削加工是自为基准的又一个例子。机头零件 1 仅内孔及两端面为加工表面,其外侧表面均为不加工毛坯表面。工件车削后进行渗碳淬火,然后再进行内孔及一端面的磨削。这时,只有利用被加工表面本身(内孔表面)作为精基准,才能进行正确定位和加工。为此使用了一个笼形夹具 2,用可拔出的心轴 3 作为定位元件,工件以心

轴 3 定位后,用布置于前后两个截面上的六个螺钉 4 予以夹紧固定,然后将心轴 3 拔出后即可对内孔进行磨削。

其他,如用浮动铰刀铰孔、用圆拉刀拉孔、用圆推刀推孔、用珩磨头珩孔以及用无心磨床磨削外圆等,都是以加工表面本身作为精基准的例子。

此外,作为定位基准,应保证工件定位准确,夹紧可靠安全,操作方便,省力省时。

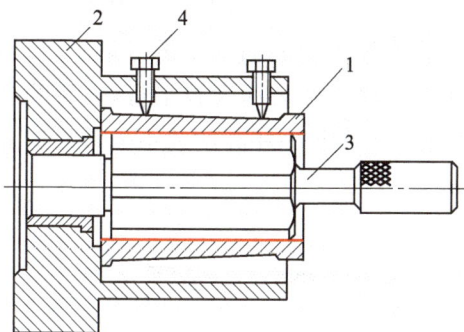

图 4-17　自为基准磨削内孔的例子　　图 4-18　不加工表面较多时粗基准的选择

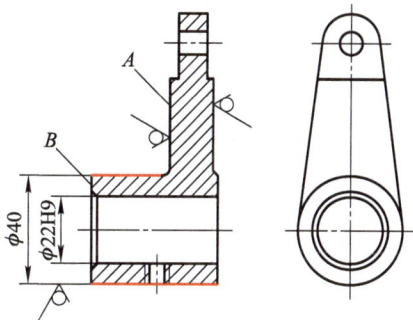

2. 粗基准的选择

粗基准选择时,应考虑到加工表面和不加工表面之间的位置尺寸、合理分配各表面的加工余量、毛坯误差对加工的影响等。因此,粗基准的选择需注意下列几点:

(1) 为了保证工件上加工与不加工表面之间的相互位置和尺寸要求,应选用不加工表面作为粗基准。

例如图 4-18 所示的拨杆,有多个不加工面,但 $\phi22H9$ 孔与 $\phi40$ mm 外圆有同轴度要求,为保证壁厚均匀,在钻 $\phi22H9$ 孔时,应选择 $\phi40$ mm 外圆做粗基准。而在加工 B 面时,要选 A 面做粗基准,以保证它们之间的尺寸要求。当工件上有多个不加工面与加工面有位置要求时,应选择其中要求较高的不加工面做粗基准。

(2) 对于有较多加工表面或不加工表面与加工表面间相互位置要求不严格的零件,粗基准的选择应能保证合理地分配各加工表面的余量。

合理地分配各表面上的加工余量是指:

① 应保证各加工表面都有足够的加工余量。

② 尽可能地使某些重要表面(如机床床身的导轨表面或重要箱体的内孔表面等)上的余量均匀。对有较高耐磨性要求的铸造工作表面,要使其加工余量尽量小,从而保留结晶细密耐磨性好的金属层。

③ 应使零件各加工表面上总的金属切除量为最少。

为保证各加工表面有足够的加工余量,应选择毛坯上余量最小的表面做粗基准。如图 4-19 所示的阶梯轴毛坯,应选择 $\phi55$ mm 外圆做粗基准。如以 $\phi108$ mm 外圆做粗基准来加工

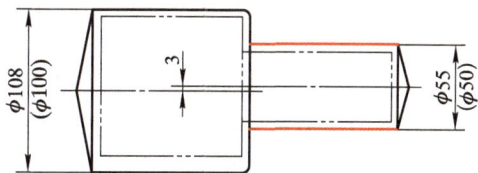

图 4-19　阶梯轴的粗基准选择

$\phi50\,$mm 外圆，则有可能因余量不足而使工件报废。

为保证重要表面的余量均匀应选择那些重要表面本身作为粗基准。如图 4-20 所示为车床床身在龙门刨床上刨削导轨面及床腿平面时粗基准的选择方案。方案一为先以导轨面定位加工床腿，然后以床腿为精基准加工导轨面。方案二为先以床腿面为粗基准加工导轨，然后再以导轨面为精基准加工床腿。其中方案一是合理的。这是因为，铸件表面不同深度处的耐磨性能和组织致密程度相差很多，距表面越深处耐磨性越低。为使加工后的导轨表面有均匀的金相组织和较高的耐磨性能，就要求导轨面的加工余量尽量小而且均匀。方案一以导轨面为粗基准，加工床腿时走刀方向与导轨毛坯表面大致平行，大量的余量可由床腿处去除，这样就可以保证上述要求。而方案二会由于毛坯高度的不一致而造成导轨面加工余量不均匀。

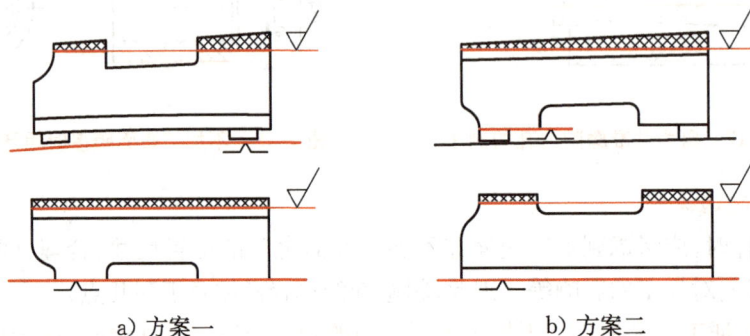

a) 方案一   b) 方案二

图 4-20　车床床身的粗基准选择

上例中的方案一还可满足前述的第三条要求。在加工长度短的床腿面时去除尽可能大的加工余量会使总的加工余量为最小，从而可以减少刀具磨损和动力消耗，也减少了金属损失。

(3) 选做粗基准的毛坯表面应尽量光滑平整，不应有浇口、冒口的残迹及飞边等缺陷，以使零件夹紧可靠，以免增大定位误差。

(4) 粗基准应尽量避免重复使用，在同一方向一般只允许用一次。这是因为，毛坯制造精度低时粗基准本身的精度很低，在两次安装中重复使用同一粗基准会造成很大定位误差。

第九节　工艺路线的拟定

基准的确定决定了工艺过程的顺序，工艺路线拟定是工艺规程制订的核心。在具体工作中应在充分调查研究的基础上，提出多种方案进行分析比较，注意到工艺路线不仅影响加工的质量和效率，而且还影响到工人的劳动强度、设备安排、车间面积、生产成本等，必须认真分析，使拟定的加工工艺路线科学合理。

● **一、单个表面加工方法及步骤确定**

根据每个加工表面的技术要求和几何特征,确定其加工方法及分几次加工。而表面达到同样质量要求的加工方法很多。在选择时应依据下面几个因素:

1. 被加工表面的几何特点

不同的加工表面是由不同的机床运动关系和加工方法获得的。如外圆表面主要由车削和磨削方法获得,内孔表面主要由钻削、铰削、镗削、磨削及拉削方法获得,平面主要由刨削、铣削和磨削方法获得,所以,被加工表面的几何特点决定了加工方法的选择范围。

2. 被加工表面的技术要求

不同的加工方法可得到不同的加工精度范围和表面粗糙度范围。加工精度高一般成本就高,精度低则成本就低。因此,在选择表面加工方法时,应选择加工经济精度与零件表面要求精度相一致的加工方法。

一般地说,加工精度越高的加工方法,材料切除率(单位时间内切除的材料体积)越小,如果全部余量都用精加工方法去除将极不经济。所以,在精加工之前要安排半精加工,在半精加工之前要安排粗加工作为预备加工。这样,对不同精度及粗糙度要求的加工表面就形成了若干加工方法组合,即表面加工路线。

表 4-7～表 4-9 是外圆、内孔加工的典型加工路线及所能达到的加工经济精度和表面粗糙度。

表 4-7 外圆表面加工路线

序号	加 工 方 案	经济精度级	表面粗糙度 $Ra/\mu m$	适 用 范 围
1	粗车	IT11 以下	50～12.5	适用于淬火钢以外的各种金属
2	粗车—半精车	IT8～IT10	6.3～3.2	
3	粗车—半精车—精车	IT7～IT8	1.6～0.8	
4	粗车—半精车—精车—滚压(或抛光)	IT7～IT8	0.2～0.025	
5	粗车—半精车—磨削	IT7～IT8	0.8～0.4	主要用于淬火钢,也可用于未淬火钢,但不宜加工硬度低的非铁金属
6	粗车—半精车—粗磨—精磨	IT6～IT7	0.4～0.1	
7	粗车—半精车—粗磨—精磨—超精加工(或轮式超精磨)	IT5	0.1～0.012	
8	粗车—半精车—精车—金刚车	IT6～IT7	0.4～0.025	主要用于要求较高的非铁金属加工
9	粗车—半精车—粗磨—精磨—超精磨或镜面磨	IT5 以上	0.025～0.05	极高精度的外圆加工
10	粗车—半精车—粗磨—精磨—研磨	IT5 以上	0.1～0.05	

表 4-8　内孔表面加工路线

序号	加工方案	经济精度级	表面粗糙度 $Ra/\mu m$	适用范围
1	钻	IT11～IT12	12.5	加工未淬火钢及铸铁毛坯，也可用于加工非铁金属(孔径小于 15～20 mm)
2	钻—铰	IT9	3.2～1.6	
3	钻—铰—精铰	IT7～IT8	1.6～0.8	
4	钻—扩	IT10～IT11	12.5～6.3	同上，但孔径大于 15～20 mm
5	钻—扩—铰	IT8～IT9	3.2～1.6	
6	钻—扩—粗铰—精铰	IT7	1.6～0.8	
7	钻—扩—机铰—手铰	IT6～IT7	0.4～0.1	
8	钻—扩—拉	IT7～IT9	1.6～0.1	大批大量生产(加工精度由拉刀的精度决定)
9	粗镗(或扩孔)	IT11～IT12	12.5～6.3	除淬火钢外的各种材料，毛坯有铸出孔或锻出孔
10	粗镗(粗扩)—半精镗(精扩)	IT8～IT9	3.2～1.6	
11	精镗(扩)—半精镗(精扩)—精镗(铰)	IT7～IT8	1.6～0.8	
12	粗镗(扩)—半精镗(精扩)—精镗—浮动镗刀精镗	IT6～IT7	0.8～0.4	
13	粗镗(扩)—半精镗—磨孔	IT7～IT8	0.8～0.2	主要用于淬火钢，也可用于未淬火钢，但不宜用于非铁金属
14	粗镗(扩)—半精镗—粗磨—精磨	IT6～IT7	0.2～0.1	
15	粗镗—半精镗—精镗—金刚镗	IT6～IT7	0.4～0.05	主要用于精度要求高的非铁金属加工
16	钻—(扩)—粗铰—精铰—珩磨；钻—(扩)—拉—珩磨；粗镗—半精镗—精镗—珩磨	IT6～IT7	0.2～0.025	精度要求很高的孔
17	以研磨代替上述方案中的珩磨	IT6 级以上		

表 4-9　平面加工路线

序号	加工方案	经济精度级	表面粗糙度 $Ra/\mu m$	适用范围
1	粗车—半精车	IT9	6.3～3.2	对产品尺寸、粗糙度要求不高的平面
2	粗车—半精车—精车	IT7～IT8	1.6～0.8	端面
3	粗车—半精车—磨削	IT8～IT9	0.8～0.2	

续 表

序号	加　工　方　案	经济精度级	表面粗糙度 $Ra/\mu m$	适　用　范　围
4	粗刨(或粗铣)—精刨(或精铣)	IT8～IT9	6.3～1.6	一般不淬硬平面(端铣表面粗糙度值较小)
5	粗刨(或粗铣)—精刨(或精铣)—刮研	IT6～IT7	0.8～0.1	精度要求较高的不淬硬平面;批量较大时宜采用宽刃精刨方案
6	以宽刃刨削代替上述方案	IT7	0.8～0.2	
7	粗刨(或粗铣)—精刨(或精铣)—磨削	IT7	0.8～0.2	精度要求高的淬硬平面或不淬硬平面
8	粗刨(或粗铣)—精刨(或精铣)—粗磨—精磨	IT6～IT7	0.4～0.02	
9	粗铣—拉	IT7～IT9	0.8～0.2	大量生产,较小的平面(加工精度由拉刀精度决定)
10	粗铣—精铣—磨削研磨	IT6 级以上	0.1～0.05	高精度平面

3. 零件材料的性质

零件材料对加工方法选择也有影响。淬火钢件精加工多采用磨削方法,但硬度较低的非铁金属就应采用金刚镗或高速细车作为精加工方法。

4. 零件结构形状和尺寸大小

中、小尺寸零件上的孔可采用磨削或拉削方法加工,大尺寸零件上的孔宜采用镗削或铰削方法精加工。大直径的孔采用拉削或铰削加工就不适宜,而应采用镗孔方法加工。

5. 生产纲领和投产批量

在大批大量生产中应采用高生产率的加工方法,如拉削平面、冷轧花键等,而在单件小批生产中则应采用较常见的通用设备所能采用的方法。

6. 工厂现有设备能力、技术条件及设备负荷的平衡

综上所述,选择零件表面加工方法时,要首先根据表面种类和技术要求,找出可供选用的最后精加工方法,再选定前面一系列的预备加工方法。对于选出的几种加工路线再综合考虑各方面因素,最终确定一套最优的加工方法和路线。

● 二、加工顺序的确定

单个表面加工方法和加工顺序确定之后,即可确定各加工表面的整个加工顺序。

1. 加工阶段的划分

按先粗后精的顺序可分为下述几个阶段:

(1) 粗加工阶段　该阶段要切除毛坯上大部分多余的金属,使毛坯形状和尺寸基本接近零件成品。该阶段的主要问题是如何提高生产率。

(2) 半精加工阶段　该阶段切除的金属余量介于粗、精加工之间,其任务是使主要表面达到一定精度并留有适当的余量,为进一步的精加工做准备,同时要完成一些次要表面的加工，如钻孔、攻螺纹、铣键槽等。

(3) **精加工阶段** 该阶段切除的余量很少，其任务是保证各主要表面达到图样规定的尺寸精度、表面粗糙度以及相互位置精度要求（IT7～IT10 级、$Ra=1.6～0.4\ \mu m$ 以下）。

(4) **光整加工和超精加工阶段** 珩磨、镜面磨削、超精加工等光整加工方法的余量极小，主要是在精加工基础之上进一步提高表面尺寸精度和降低表面粗糙度数值（IT5～IT9 级，Ra 在 $0.2\ \mu m$ 以下），不能用于纠正表面形状及位置误差。

零件加工阶段的划分不是绝对的，对于要求不高、加工余量很小或重型零件可以不划分加工阶段而一次加工完成。

零件加工过程要划分加工阶段的理由如下：

(1) **保证加工质量** 粗加工中切除的金属层厚，夹紧力及切削力大，切削热量多，产生的加工误差大。这些误差可以通过以后的加工纠正。加工阶段间的工件周转时间有利于工件冷却和内应力重新分布。精加工阶段夹紧力小，可以减小夹紧变形。这些都有利于加工精度的逐步提高。

(2) **合理使用机床设备** 粗加工可采用功率大、刚性好但精度较低的机床，精加工则应使用高精度机床确保加工精度。精加工的切削力小，还有利于机床长期保持高的精度。

(3) **便于安排热处理工序** 在粗加工之前，要进行毛坯件的退火或正火处理。粗加工后安排时效处理，可以减少精加工后工件因内应力产生的变形等。最终热处理安排在精加工或半精加工之前进行，可以通过精加工或半精加工去除热处理变形。

(4) **粗、精加工分开，便于及时发现毛坯缺陷** 精加工集中在后面进行，还能减少加工表面在运输中受到损伤。

2. 机械加工工序安排

在安排机械加工顺序时，应注意以下几个原则：

(1) **划分加工阶段** 根据零件功用和技术要求，先将零件的主要表面和次要表面区分开，然后着重考虑主要表面的加工顺序，次要表面加工可适当穿插在主要表面加工工序之间。

(2) **先主后次** 当零件需要分阶段进行加工时，先安排各表面的粗加工，中间安排半精加工，最后安排主要表面的精加工和光整加工。由于次要表面精度要求不高，一般在粗、半精加工阶段即可完成，但对于那些与主要表面相对位置关系密切的表面，通常多置于主要表面精加工之后加工。例如，许多零件主要孔周围的紧固螺孔的钻孔和攻螺纹，多在主要孔精加工之后完成。

(3) **先加工基准面** 零件加工一般多从精基准的加工开始，然后以精基准定位加工其他主要表面和次要表面。例如，轴类零件先加工中心孔、齿轮先加工孔及基准端面等。为了定位可靠且使其他表面加工达到一定的精度，精基准一开始即应加工到足够高的尺寸精度和较低的表面粗糙度值，并且往往在精加工阶段开始时，还要进一步精整加工，以保证其他主要表面精加工和光整加工的需要。

(4) **先面后孔** 对于箱体、支架和连杆等零件，由于平面比较平整，安放和定位比较稳定可靠，如果先加工好平面，就能以平面定位加工孔（即先面后孔），保证平面和孔的位置精度。

（5）**考虑车间布置**　为了缩短工件在车间内的运输距离，避免工件的往返流动，加工顺序应考虑车间设备的布置情况，当设备呈机群式布置时，尽可能将同工种的工序相继安排。

3. 热处理工序安排

机械零件常采用的热处理工艺有退火、正火、调质、时效、淬火回火、渗碳及氮化等。按照热处理的目的，热处理工艺可分为预备热处理和最终热处理两大类。

（1）**预备热处理**　预备热处理包括退火、正火、时效和调质等。这类热处理的目的是改善加工性能，消除内应力和为最终热处理做好组织准备。其工序位置多在粗加工前后。

① **退火和正火**　为改善毛坯切削加工性能和消除毛坯的内应力，常进行退火和正火处理。例如，碳的质量分数大于 0.7% 的非合金钢和合金钢，为降低硬度便于切削，常采用退火；碳的质量分数低于 0.3% 的低碳钢和低合金钢，为避免硬度过低切削时黏刀而采用正火。退火和正火还能细化晶粒，均匀组织，为以后的热处理做好组织准备。退火和正火常安排在粗加工之前。

② **调质**　调质即淬火加高温回火，能获得均匀细致的索氏体组织，为以后表面淬火和氮化处理做好组织准备，因此调质可作为预备热处理工序。由于调质后零件的综合力学性能较好，对某些硬度和耐磨性要求不太高的零件，也可作为最终的热处理工序。调质处理常置于粗加工之后和半精加工之前。

③ **时效处理**　时效处理主要用于消除毛坯制造和机械加工中产生的内应力。对形状复杂的铸件，一般在粗加工后安排一次时效即可，但对于高精度的复杂铸件（如坐标镗床的箱体），应安排两次时效工序，即：铸造→粗加工→第一次时效→半精加工→第二次时效→精加工。简单铸件则不必时效处理。

对一些刚性差的精密零件（如精密丝杠），为消除加工中产生的内应力，稳定零件的加工精度，在粗加工、半精加工和精加工之间安排多次的时效工序。

（2）**最终热处理**　最终热处理包括各种淬火、渗碳和氮化处理等。这类热处理的目的主要是提高零件材料的硬度和耐磨性，常安排在精加工之前进行。

① **淬火**　淬火分为整体淬火和表面淬火两种，其中表面淬火因变形、氧化及脱碳较小而应用较多。为提高表面淬火零件的心部材料性能和获得细马氏体的表层淬火组织，常需预先进行调质及正火处理。其一般加工路线为：铸造或锻造→正火（退火）→粗加工→调质→半精加工→表面淬火→精加工。

② **渗碳淬火**　渗碳淬火适用于低碳钢和低碳合金钢，其目的是使零件表层碳含量增加，经淬火后使表层获得高的硬度和耐磨性，而心部仍保持一定的强度和较高的韧性及塑性。渗碳处理按渗碳部位分整体渗碳和局部渗碳两种，局部渗碳时对不渗碳部位要采取防渗措施。由于渗碳淬火变形较大，加之渗碳时一般渗碳层深度为 0.5～2 mm，所以渗碳淬火工序常置于半精加工和精加工之间。其加工路线一般为：铸造或锻造→正火→粗、半精加工→渗碳→淬火→精加工。当局部渗碳零件的不需渗碳部位采用加大加工余量消除渗碳层时，渗碳后淬火前，对防渗部位要增加一道切除渗碳层的工序。

视频

渗碳淬火

③ **氮化处理**　氮化是一种表面热处理工艺，其目的是通过氮原子的渗入使表层获得含

氮化合物,以提高零件硬度、耐磨性、疲劳强度和耐蚀性。由于氮化温度低,变形小且氮化层较薄,氮化工序应尽量靠后安排。为减少氮化时的变形,氮化前要增加去除应力工序。氮化零件的加工路线一般为:铸造或锻造→退火→粗加工→调质→半精加工→去应力→粗磨→氮化→精磨、超精磨或研磨。

4. 辅助工序安排

在机械加工工艺过程中使用的辅助工序很多,包括检验、去毛刺、洗涤防锈、表面处理、平衡去重等。

(1) 检验工序　检验工序是保证零件质量、及时发现并剔除废品的主要措施。零件加工过程中的检验工序有中间检验工序、最终(成品)检验工序、表面质量检验工序、特种检验工序。通常在下列场合安排检验工序:

① 粗加工全部结束后、精加工之前;

② 转入外车间加工之前;

③ 花费工时多的工序和重要工序的前后;

④ 最终加工之后。

(2) 表面处理工序　为了提高零件的耐蚀性、耐磨性和电导率等,可以采用表面处理方法,如电镀、涂漆、发蓝、表面氧化等。表面处理工序一般安排在工艺过程的最后进行。

(3) 洗涤防锈工序　在零件经抛光或磁力探伤后,在最终检验工序前均需将工件洗净。在气候潮湿地区,为清除工件(特别是铝、镁合金工件)氧化生锈层,在工序间需安排洗涤防锈工序。在零件成品入库前也要安排洗涤上油工序。

(4) 其他辅助操作工序　包括去毛刺、打磨锐边、修圆、做标记、打钢印、手工研磨、抛光等。这些工作要根据加工过程的需要安排。

三、工序的组合

通过前述工作,已可大致得到零件各表面加工的前后顺序。但是,这个顺序中的每一工步不一定就是工艺过程中的一个工序。例如,在车床上加工套筒时,可以在一次安装后依次完成外圆表面、内孔表面、端面、台肩、沟槽和棱角等多个表面的加工工作,即多个工步在一个工序中进行。所以,在确定加工顺序后,还要把工步序列进行适当组合,形成以工序为单位的工艺过程。在工序的组合中,主要考虑以下两个方面:

1. 工序组合的前提条件

几个工步是否能在同一机床上加工,以及是否需要在一次安装中加工,以保证高的相互位置精度。

几个工步能在同一机床上完成是它们能被组合成一个工序的先决条件。零件的一组表面在一次安装中加工,可以保证这些表面间的相互位置精度。例如,在一次安装中同时车削工件的外圆、内孔及若干端面,就可以获得较高的表面间的同轴度、垂直度及平行度等相互位置精度。所以,对于有较高相互位置精度要求的一组表面,应安排在一个工序甚至一次安装内加工,与主要表面有位置关系的次要表面(如外圆表面上的沟槽、倒棱等),也应安排在同一工序之中。

2. 根据工序集中或工序分散原则组合工序

工序集中是力求将加工零件的所有工步集中在少数几个工序内完成,而每道工序内的加工工步较多。

工序分散则正好相反,它是力求每一工序的加工内容简单,因而整个零件的加工工序数较多。

工序集中有利于采用高效专用机床和工艺装备,工件安装次数少,在一次安装中可加工多个表面,便于保证高的表面间相互位置精度;机床及操作工人少,生产面积小,在制品数量少,而利于提高劳动生产率、保证产品质量及降低制造成本。但使用的机床及工艺装备复杂,要求工人技术水平高。

工序分散时使用的机床及工艺装备简单,生产、技术准备工作量小,投产期短,可以使用通用机床组织大批量生产。但设备、工人数量多,生产面积大,车间在制品数量多,资金占用量大。

通常,大批量生产倾向于工序分散。随着目前高效多工位、多主轴箱机床,加工中心、数控机床及计算机集成制造系统等的运用与发展,批量生产也有采用工序集中的趋势。

在工序组合过程中,对初步选定的加工顺序或定位基准可能还要做个别变动。这种相互影响、不断修改的循环设计情况,在工艺过程拟定中是无法避免的。

第十节 工序设计

拟定零件机械加工工艺路线是确定工艺规程的整体框架,而每道工序的加工内容及具体技术要求的确定称为工序设计。在工序设计中关键就是确定和计算每道工序的尺寸及技术要求。工序尺寸是零件在加工过程中各工序应该保证的尺寸。在机械加工过程中,毛坯的形状和尺寸通过机械切削加工逐步向成品演变,演变过程中的各工序尺寸能否满足一定要求,决定零件最终能否满足设计技术要求。因而,工序尺寸确定与加工余量和定位基准转换有联系。

一、加工余量及其公差的确定

1. 加工余量的基本概念

加工余量是指为使加工表面达到所需要的精度和表面质量而应从毛坯上去除的金属层厚度。加工余量可分为工序余量和加工总余量。

(1) 工序余量 指某一工序所切除的金属层厚度,即相邻两工序的工序尺寸之差。

旋转表面(外圆和内孔)的加工余量为对称的双面加工余量,可按下式计算(图 4-21):

$$轴(外表面) \quad 2Z_b = d_a - d_b \tag{4-1}$$

$$孔(内表面) \quad 2Z_b = d_b - d_a \tag{4-2}$$

式中　Z_b——本工序的单边工序余量；

　　　d_a——前工序完成后的轴(孔)径；

　　　d_b——本工序完成后的轴(孔)径。

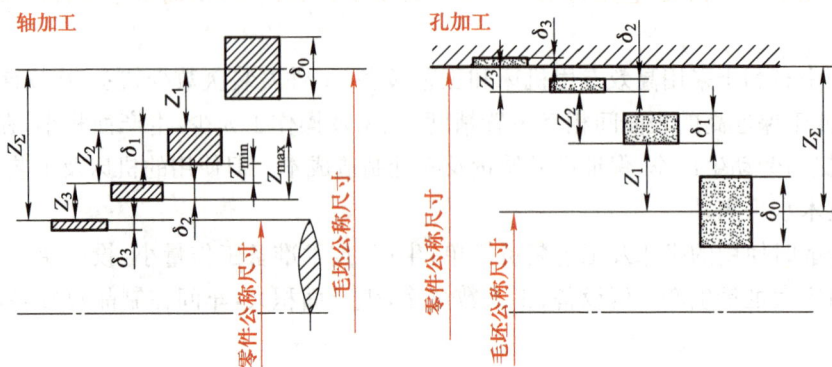

图 4-21　机械加工余量

(2) 加工总余量　加工总余量是指零件从毛坯变为成品的整个加工过程中,某一表面所去除金属层的总厚度,即零件上同一表面处的毛坯尺寸与零件尺寸之差。显然,零件上某一表面的总加工余量等于各工序余量之和,即

$$Z_\Sigma = Z_1 + Z_2 + \cdots + Z_n = \sum_{i=1}^{n} Z_i \tag{4-3}$$

式中　Z_Σ——加工总余量；

　　　Z_i——第 i 道工序的工序余量；

　　　n——该表面总的加工工序数。

由于毛坯尺寸和各个工序尺寸都不可避免地存在着误差,因而无论加工总余量还是工序余量都是变动值。所以,加工余量又可分为基本加工余量(Z)、最大加工余量(Z_{max})和最小加工余量(Z_{min})。对于第 i 道工序而言,基本加工余量(Z)与第 i 道工序的工序余量(Z_i)一致,加工余量之间的关系如图 4-21 所示。最小加工余量 Z_{min} 是保证该工序加工表面的精度和表面质量所需去除的金属层最小深度。图上以外表面(轴)的情况加以说明。内表面(孔)的情况与此相类似。

由图 4-21 可知,轴的最小工序余量 Z_{min} 为上道工序的最小工序尺寸 a_{min} 和本工序最大工序尺寸 b_{max} 之差,而最大工序余量 Z_{max} 为上道工序的最大工序尺寸 a_{max} 与本工序最小工序尺寸 b_{min} 之差,即

$$Z_{min} = a_{min} - b_{max} \tag{4-4}$$

$$Z_{max} = a_{max} - b_{min} \tag{4-5}$$

显然,工序余量变动值为

$$\delta_Z = Z_{max} - Z_{min} = (a_{max} - b_{min}) - (a_{min} - b_{max})$$

$$= (a_{max} - a_{min}) + (b_{max} - b_{min}) = \delta_a + \delta_b \tag{4-6}$$

即工序余量变动值为上道工序尺寸公差(δ_a)与本工序尺寸公差(δ_b)之和。

对第一道工序而言,δ_a 即毛坯尺寸公差,一般采用双向标注,即 $\square^+_-$;对最后一道工序,即零件图上标注的该表面的设计尺寸公差;而对中间工序的工序尺寸公差,规定按"入体"原则标注,即对包容表面(孔),其基本尺寸是最小工序尺寸,标注为 $\square^+_0$;对被包容表面(轴),其基本尺寸是最大工序尺寸,标注为 $\square_{-\square}^0$。

2. 加工余量的影响因素

加工余量对零件加工质量和生产率都有较大影响。加工余量不足,不能去除和修正上道工序残留的表面层缺陷和位置误差,不能保证加工质量。加工余量过大,又将使切削工时、材料、刀具和电力的消耗增大,从而使成本提高,生产率降低。因此,在工序设计中应选取合理的加工余量。

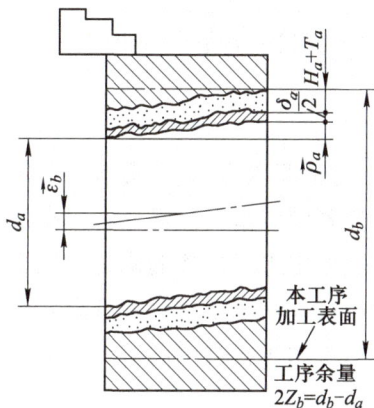

图 4-22 最小加工余量的确定

最小工序余量的选取,应保证在本工序加工中去除足够的金属层以获得一个完整的新的加工表面,这取决于(图 4-22):

(1) 上工序加工后获得的表面粗糙高度 H_a 和表面缺陷层深度 T_a。 这里的表面缺陷层指毛坯铸造冷硬层、气孔夹渣层,锻造氧化层、脱碳层、切削加工残余应力层、表面裂纹、组织过渡、塑性变形或其他破坏层等。

(2) 上道工序的工序尺寸公差 δ_a 对第一道加工工序则是毛坯尺寸公差。

(3) 上道工序加工的表面位置误差 ρ_a 包括轴心线弯曲、偏移、偏斜,以及平行度、垂直度、同轴度误差等。

(4) 本工序加工时工件的装夹误差 ε_b 包括定位误差、夹紧误差和夹具误差。ε_b 和 ρ_a 都具有方向性,是矢量误差。

这样,最小工序余量的组成可由下式表示:

对称加工表面(取双面余量):

$$2Z_b = \delta_a + 2(H_a + T_a) + 2\left|\vec{\rho}_a + \vec{\varepsilon}_b\right| \tag{4-7}$$

非对称加工表面(取单面余量):

$$Z_b = \delta_a + (H_a + T_a) + \left|\vec{\rho}_a + \vec{\varepsilon}_b\right| \tag{4-8}$$

式中,$\left|\vec{\rho}_a + \vec{\varepsilon}_b\right|$ 是误差 ρ_a 和 ε_b 的矢量和的绝对值,计算时取

$$\left|\vec{\rho}_a + \vec{\varepsilon}_b\right| = \sqrt{\rho_a^2 + \varepsilon_b^2} \approx \begin{cases} 0.96\rho_a + 0.4\varepsilon_b & (\rho_a > \varepsilon_b \ \text{时}) \\ 0.4\rho_a + 0.96\varepsilon_b & (\rho_a < \varepsilon_b \ \text{时}) \\ \rho_a & (\rho_a \geqslant 4\varepsilon_b \ \text{时}) \\ \varepsilon_b & (\rho_a \leqslant 0.25\varepsilon_b \ \text{时}) \end{cases}$$

需要注意的是,对于不同零件和不同的工序,上述公式中各组成部分的数值与表现形式也各有不同。例如,对拉削、无心磨削、采用浮动铰刀的铰削等,以加工表面本身定位进行加工的工序,其值取为 0;对某些主要用来降低表面粗糙度值的超精抛光等工序,工序加工余量仅与 H_a 值有关。

3. 加工余量的确定方法

(1) 经验估计法　是工艺人员根据积累的生产经验来确定加工余量的方法。为避免产生废品,所估计的加工余量值一般偏大,常用于单件、小批生产。

(2) 查表修正法　是以生产实践和有关加工余量的资料数据为基础,并按具体生产条件加以修正来确定加工余量的方法。该方法应用比较广泛。应用的数据表格可在《金属机械加工工艺人员手册》等有关手册中找到,但需注意表中所列数据未考虑零件热处理变形、机床及夹具在使用中的磨损等许多具体情况,此时应适当加大余量数值。应注意表中数据是基本值,对称表面的余量是双面的,非对称表面的余量是单面的。

(3) 分析计算法　最小余量的分析计算法由于缺少具体数据目前尚很少应用。

● 二、工序尺寸及其公差的确定

工序尺寸是各工序应该控制或保证的尺寸,是工序设计的重要内容,只有最后一道工序的尺寸是零件图中的尺寸,除此之外,中间各工序的尺寸及公差则应由工艺设计者根据加工工序间尺寸演变的联系进行确定和计算。在机械加工工艺过程中工序尺寸的确定有以下几种情况:工艺基准与设计基准重合时各工序尺寸、工艺基准与设计基准不重合需要重新确定工序尺寸、设计基准有待进一步加工导致工序尺寸不断变化、表面工艺处理时工序尺寸。其计算方法需要借助于尺寸链原理。

1. 尺寸链

(1) 尺寸链定义

尺寸链是在零件机械加工和机器装配过程中,由若干个相互连接的尺寸形成的封闭形式的尺寸组合。以下为两个尺寸链的例子。

如图 4-23a 所示的结构中,轴承内环端面与轴用弹性挡圈侧面间的间隙 A_Σ 由不同零件上的尺寸 A_1、A_2 和 A_3 决定。各尺寸与间隙之间的相互关系可用如图 4-23b 所示的尺寸链表示。

如图 4-24a 所示,台阶形零件的 B_1、B_Σ 尺寸在零件图中已注出。当上下表面加工完毕,欲使用表面 M 作定位基准加工表面 N 时,需要给出尺寸 B_2,以便按该尺寸对刀后用调整法加工 N 面。尺寸 B_2 及公差虽未在零件图中注出,但却与尺寸 B_1 和 B_Σ 相互关联。它们的关系可用图 4-24b 所示的尺寸链表示出来。

由此可知,尺寸链包含两个意义:一是尺寸链中各尺寸应构成封闭形式,二是尺寸链中任何一个尺寸变化都直接影响其他尺寸的变化。

(2) 尺寸链的组成

① 环　组成尺寸链中的每一尺寸,如图 3-21b 所示的 A_Σ、A_1、A_2 和 A_3。

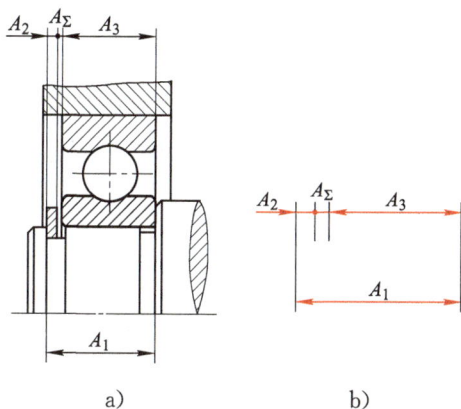

图 4-23　机器装配中的尺寸链

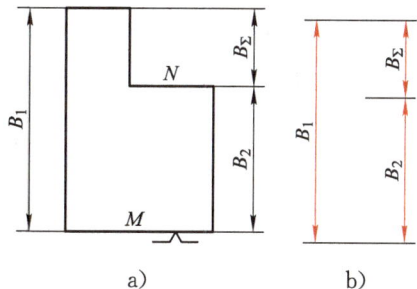

图 4-24　零件加工中的尺寸链

② **封闭环**　在装配过程中最后形成的或在加工过程中间接获得的一环,如图 3-21b 所示的 A_Σ 及图 3-22b 中的 B_Σ。

③ **组成环**　除封闭环外的全部其他环。

④ **增环**　该环尺寸增大封闭环随之增大,该环减小封闭环随之减小的组成环。通常在增环符号上标以向右的箭头,如 $\overrightarrow{A_1}$、$\overrightarrow{B_1}$。

⑤ **减环**　该环尺寸增大使封闭环减小,该环减小使封闭环增大的组成环。通常在减环符号上标以向左的箭头,如 $\overleftarrow{A_2}$、$\overleftarrow{A_3}$、$\overleftarrow{B_2}$。

(3) 尺寸链的计算形式

① **正计算**　已知全部组成环的尺寸以及偏差,计算封闭环尺寸及偏差。尺寸链正计算主要用于设计尺寸校核。

② **反计算**　已知封闭环尺寸及偏差,计算各组成环尺寸及偏差。它主要用于根据机器装配精度,确定各零件尺寸及偏差的设计计算。

③ **中间计算**　已知封闭环及某些组成环的尺寸及偏差,计算某一组成环的尺寸及偏差。求解工艺尺寸链经常用到中间计算。

(4) 极值法解尺寸链的基本计算公式

尺寸链的计算方法有极值法和概率法两种。极值法适用于组成环数较少的尺寸链计算,概率法适用于组成环数较多的尺寸链计算。工艺尺寸链计算主要应用极值法,故本节仅介绍尺寸链的极值法计算公式,概率法将在装配工艺一章中介绍。

① **封闭环的基本尺寸**　封闭环的基本尺寸 A_Σ(或用 B_Σ、L_Σ 表示)等于所有增环基本尺寸之和减去所有减环基本尺寸之和,即

$$A_\Sigma = \sum_{i=1}^{m} \overrightarrow{A_i} - \sum_{j=m+1}^{n-1} \overleftarrow{A_j} \tag{4-9}$$

式中　A_Σ——封闭环的基本尺寸;

$\overrightarrow{A_i}$——组成环中增环的基本尺寸;

$\overleftarrow{A_j}$——组成环中减环的基本尺寸;

m——增环数；

n——包括封闭环在内的总环数。

② **封闭环的极限尺寸**　封闭环的最大极限尺寸等于所有增环的最大极限尺寸之和，减去所有减环的最小极限尺寸之和。而其最小极限尺寸等于所有增环的最小极限尺寸之和，减去所有减环的最大极限尺寸之和，即

$$A_{\Sigma,\,\max} = \sum_{i=1}^{m} \overrightarrow{A}_{i,\,\max} - \sum_{j=m+1}^{n-1} \overleftarrow{A}_{j,\,\min} \tag{4-10}$$

$$A_{\Sigma,\,\min} = \sum_{i=1}^{m} \overrightarrow{A}_{i,\,\min} - \sum_{j=m+1}^{n-1} \overleftarrow{A}_{j,\,\max} \tag{4-11}$$

式中　$A_{\Sigma,\,\max}$、$A_{\Sigma,\,\min}$——封闭环的最大及最小极限尺寸；

$\quad\quad \overrightarrow{A}_{i,\,\max}$、$\overrightarrow{A}_{i,\,\min}$——增环的最大及最小极限尺寸；

$\quad\quad \overleftarrow{A}_{j,\,\max}$、$\overleftarrow{A}_{j,\,\min}$——减环的最大及最小极限尺寸。

③ **封闭环的极限偏差**　封闭环的上极限偏差等于所有增环上极限偏差之和，减去所有减环下极限偏差之和；封闭环的下极限偏差等于所有增环下极限偏差之和，减去所有减环上极限偏差之和，即

$$ESA_{\Sigma} = \sum_{i=1}^{m} \overrightarrow{ESA}_i - \sum_{j=m+1}^{n-1} \overleftarrow{EIA}_j \tag{4-12}$$

$$EIA_{\Sigma} = \sum_{i=1}^{m} \overrightarrow{EIA}_i - \sum_{j=m+1}^{n-1} \overleftarrow{ESA}_j \tag{4-13}$$

式中　ESA_{Σ}、EIA_{Σ}——封闭环的上、下极限偏差；

$\quad\quad \overrightarrow{ESA}_i$、$\overrightarrow{EIA}_i$——增环的上、下极限偏差；

$\quad\quad \overleftarrow{ESA}_j$、$\overleftarrow{EIA}_j$——减环的上、下极限偏差。

④ **封闭环的极值公差**　封闭环的极值公差 T_{Σ}（即按极值法计算所得的可能出现的误差范围）等于各组成环公差之和，即

$$T_{\Sigma} = \sum T_i \tag{4-14}$$

式中　T_{Σ}——封闭环公差；

$\quad\quad T_i$——组成环公差。

⑤ **封闭环中间极限偏差**　封闭环的中间极限偏差 Δ_{Σ}，等于所有增环中间极限偏差之和减去所有减环中间极限偏差之和，即

$$\Delta_{\Sigma} = \sum_{i=1}^{m} \Delta_i - \sum_{j=m+1}^{n-1} \Delta_j \tag{4-15}$$

式中 Δ_{Σ}、Δ_i、Δ_j 分别是封闭环、增环、减环的中间极限偏差。而中间极限偏差为上极限偏差与下极限偏差的平均值，即

$$\Delta = (ES + EI)/2$$

上式又可表示为
$$ES = \Delta + T/2$$
$$EI = \Delta - T/2$$

（5）工艺尺寸链问题的解题步骤

① 确定封闭环 解工艺尺寸链问题时能否正确找出封闭环是求解关键。工艺尺寸链的封闭环必须是在加工过程中最后间接形成的尺寸,即该尺寸是在获得若干直接得到的尺寸后而自然形成的尺寸。

② 查明全部组成环、画出尺寸链图 确定封闭环后,由该封闭环尺寸循一个方向按照尺寸的相互联系依次找出全部组成环,并把它们与封闭环一起,按尺寸联系的相互顺序首尾相接,即得到尺寸链图。

③ 判定组成环中的增、减环,并用箭头标出 箭头向左为减环,箭头向右为增环。

④ 利用基本计算公式求解 在计算中同一问题可用不同公式求解,而不影响题解的正确性。

需要指出的是,当出现已知的若干组成环公差之和,等于或大于封闭环公差的情况时,则欲求的组成环必须是零公差或负公差才能有解,而负公差是不存在的。这时需要适当压缩某些组成环的公差。一般工艺人员无权放大封闭环公差,因为这样会降低产品技术要求。解尺寸链得到的工艺尺寸一般按"入体"原则标注。

2. 几种情况下工序尺寸的确定和计算

（1）设计基准与工艺基准重合时工序尺寸的确定与计算

例 4-1 某法兰盘零件上有一个孔,孔径 $\phi 60^{+0.03}_{0}$ mm,表面粗糙度 Ra 为 0.8 μm。工艺上考虑需经过粗镗、半精镗和磨削加工。各工序的公称加工余量如下:

磨削余量	0.4 mm
半精镗余量	1.6 mm
粗镗余量	7 mm

各工序的尺寸计算如下:

磨削后孔径应达到图样要求的尺寸,故磨削工序尺寸即图样上的尺寸。

即
$$D = 60^{+0.03}_{0} \text{ mm}$$

半精镗后的孔径基本尺寸为
$$D_1 = 60 \text{ mm} - 0.4 \text{ mm} = 59.6 \text{ mm}$$

粗镗后的孔径基本尺寸为
$$D_2 = 59.6 \text{ mm} - 1.6 \text{ mm} = 58 \text{ mm}$$

毛坯孔径基本尺寸为
$$D_3 = 58 \text{ mm} - 7 \text{ mm} = 51 \text{ mm}$$

按照加工方法能达到的经济精度给各工序尺寸确定公差如下:磨削前半精镗取 IT9 级精

度,查表得 $T_1 = 0.074\ mm$。

粗镗孔取 IT12 级精度,查表得 $T_2 = 0.3\ mm$。

毛坯公差 $T_3 = \pm 2\ mm$。

按规定各工序尺寸的公差应取"入体"方向,则各工序尺寸及其公差如图 4-25 所示。

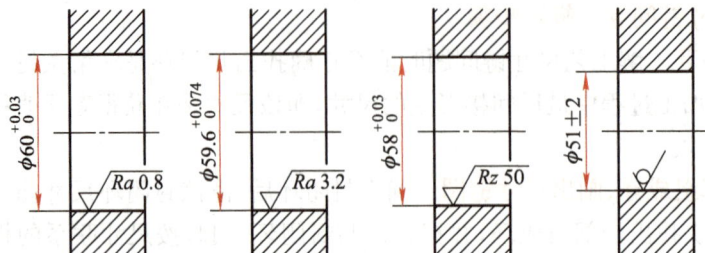

图 4-25 内孔工序尺寸计算

(2) 设计基准与工艺基准不重合时工序尺寸的确定与计算

① 设计基准与定位基准不重合时工序尺寸的确定与计算。

在零件加工过程中有时为方便定位或加工,选用不是设计基准的几何要素作为定位基准。在这种定位基准与设计基准不重合的情况下,需要通过尺寸换算,改注有关工序尺寸及公差,并按换算后的工序尺寸及公差加工,以保证零件的原设计要求。现举两例说明这类问题的计算。

例 4-2 图 4-26a 所示零件以底面 N 为定位基准镗 O 孔,确定 O 孔位置的设计基准是 M 面(设计尺寸为 100 mm ± 0.15 mm)。 用镗夹具镗孔时,镗杆相对于定位基准 N 的位置(即 L_1 尺寸)预先由夹具确定。这时设计尺寸 L_0 是在 L_1、L_2 尺寸确定后间接得到的。如何确定 L_1 尺寸及公差,才能使间接获得的 L_0 尺寸在规定的公差范围之内?

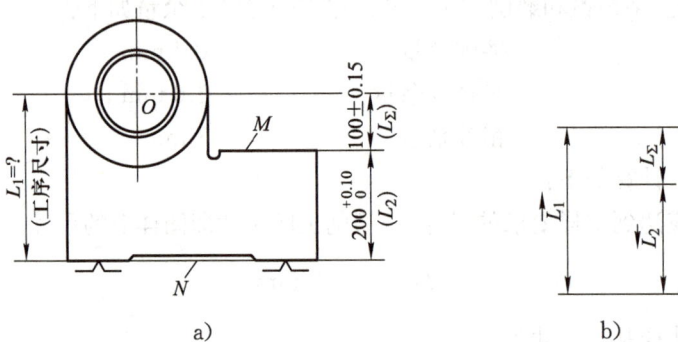

图 4-26 轴承座镗孔工序尺寸的换算

解 (1) 画尺寸链图并判断封闭环。

根据加工情况,设计尺寸 L_Σ 是加工过程中间接获得的尺寸,因此 L_Σ(100 ± 0.15)是封闭环。然后从封闭环任一端出发,按顺序将 L_Σ 与 L_1、L_2 连接为一封闭尺寸组,即为求解的工艺尺寸链图 4-26b。

(2) 判定增、减环。

由定义或用画箭头的方法可判定 L_1 为增环,L_2($200^{+0.10}_{0}$)为减环。将其标于尺寸链图上。

(3) 按公式计算工序尺寸 L_1 基本尺寸。

由式 $\qquad\qquad 100\ \mathrm{mm}=L_1-200\ \mathrm{mm}$

故 $\qquad\qquad L_1=100\ \mathrm{mm}+200\ \mathrm{mm}=300\ \mathrm{mm}$

(4) 按公式计算工序尺寸 L_1 的极限偏差。

由式

$$+0.15\ \mathrm{mm}=ESL_1-0\ \mathrm{mm}$$

故 L_1 上极限偏差 $\qquad ESL_1=+0.15\ \mathrm{mm}$

由式 $\qquad\qquad -0.15\ \mathrm{mm}=EIL_1-0.10\ \mathrm{mm}$

故 L_1 的下极限偏差 $\quad EIL_1=(-0.15)\ \mathrm{mm}+0.10\ \mathrm{mm}=-0.05\ \mathrm{mm}$

因此工序尺寸 L_1 及其上、下极限偏差为

$$L_1=300^{+0.15}_{-0.05}\ \mathrm{mm}$$

L_1 作为中心高按双向标注,则为

$$L_1=300.05\ \mathrm{mm}\pm 0.10\ \mathrm{mm}$$

例 4-3 图 4-27a 所示零件的 A、B、C 面均已加工完毕,现欲以调整法加工 D 面,并选端面 A 为定位基准,且按工序尺寸 L_3 对刀进行加工。为保证车削过 D 面后间接获得的尺寸 L 符合图样要求,试求工序尺寸 L_3 及其极限偏差。

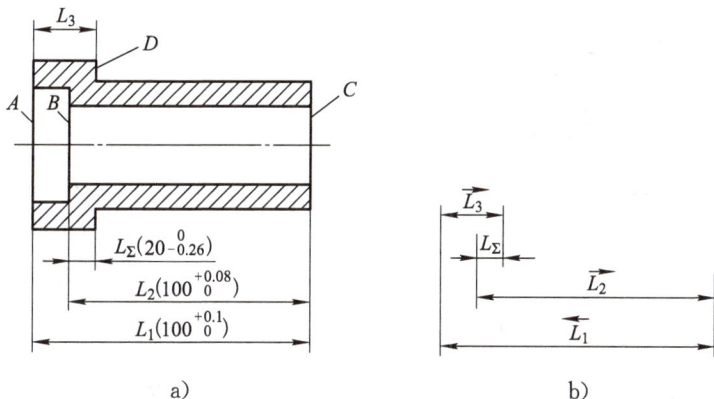

图 4-27 轴套零件加工工序尺寸换算

解 (1) 画尺寸链图并判断封闭环。

根据加工情况判断 L_Σ 为封闭环,并画出尺寸链,如图 4-27b 所示。

(2) 判断增、减环(图 4-27b)。

(3) 计算工序尺寸的极限偏差。

由式 $\qquad\qquad 20\ \mathrm{mm}=(100\ \mathrm{mm}+L_3)-120\ \mathrm{mm}$

故 $\qquad L_3 = 20\ \text{mm} + 120\ \text{mm} - 100\ \text{mm} = 40\ \text{mm}$

（4）计算工序尺寸的极限偏差。

由式 $\qquad 0\ \text{mm} = (0.08\ \text{mm} + ESL_3) - 0\ \text{mm}$

得 L_3 的上极限偏差为 $\qquad ESL_3 = -0.08\ \text{mm}$

由式 $\qquad -0.26\ \text{mm} = (0 + EIL_3) - 0.1\ \text{mm}$

得 L_3 的下极限偏差为 $\qquad EIL_3 = -0.16\ \text{mm}$

因此工序尺寸 L_3 及其上、下极限偏差为

$$L_3 = 40^{-0.08}_{-0.16}\ \text{mm}$$

按入体方向标注为

$$L_3 = 39.92^{0}_{-0.08}\ \text{mm}$$

此即为该问题的解。

② 设计基准与测量基准不重合时工序尺寸及其公差的计算。

在加工中，有时会遇到某些加工表面的设计尺寸不便测量，甚至无法测量的情况，为此需要在工件上另选一个容易测量的测量基准。因此，要求通过对该测量尺寸的控制，能够间接保证原设计尺寸的精度。这就产生了测量基准与设计基准不重合时测量尺寸及公差的计算问题。

例 4-4 图 4-28a 所示零件外圆及两端面已车好，现欲加工台阶状内孔。因设计尺寸 $10^{0}_{-0.4}\ \text{mm}$ 难以测量，现欲通过控制 L_1 尺寸间接保证 $10^{0}_{-0.4}\ \text{mm}$ 尺寸。求 L_1 基本尺寸及上、下极限偏差。

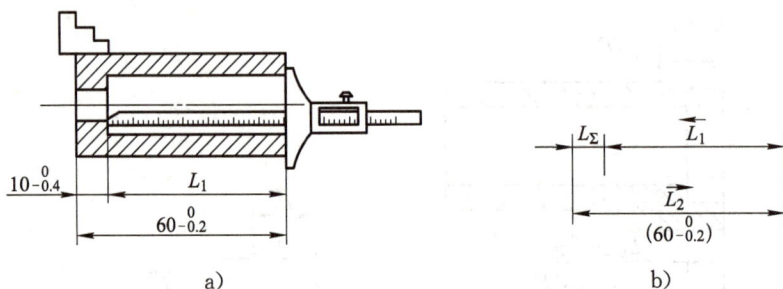

图 4-28 测量基准与设计基准不重合时测量尺寸计算

解 据题意，$10^{0}_{-0.4}\ \text{mm}$ 尺寸为封闭环 L_Σ，作尺寸链并确定增、减环，如图 4-28b 所示。

由式 $\qquad 10\ \text{mm} = 60\ \text{mm} - L_{1,\,\min}$

故 L_1 的最小极限尺寸 $\qquad L_{1,\,\min} = 60\ \text{mm} - 10\ \text{mm} = 50\ \text{mm}$

由式 $\qquad 9.6\ \text{mm} = 59.8\ \text{mm} - L_{1,\,\max}$

故 L_1 的最大极限尺寸 $\qquad L_{1,\,\max} = 59.8\ \text{mm} - 9.6\ \text{mm} = 50.2\ \text{mm}$

L_1 按入体方向标注为 $\qquad L_1 = 50^{+0.2}_{0}\ \text{mm}$

此即换算所得测量尺寸及公差。

需要指出的是,利用这种换算控制设计加工尺寸时,会出现"假废品"的情况,即从测量尺寸看已经超差,似乎是废品,但实际上 $L_3 = 9.7$ mm 并未超差。由此可见,当测量尺寸超差数值不超过其他组成环公差之和时,就有可能出现"假废品"。但按换算结果控制尺寸,得到的一定是合格品。

(3) 设计基准有待进一步加工而成合理控制中间工序尺寸

在工件加工过程中,有时一个基准面的加工会同时影响两个设计尺寸的变化。这时,需要直接保证其中公差要求较严的一个设计尺寸,另一设计尺寸需由该工序前面的某一中间工序的合理间接保证。为此,需要对中间工序尺寸进行计算。

例 4-5 图 4-29a 所示齿轮内孔孔径设计尺寸为 $\phi 40^{+0.05}_{0}$ mm,键槽设计深度为 $43.6^{+0.34}_{0}$ mm,内孔需淬硬。内孔及键槽加工顺序为:①镗内孔至 $\phi 39.6^{+0.1}_{0}$ mm;②插键槽至尺寸 L_1;③淬火热处理;④磨内孔至设计尺寸 $\phi 40^{+0.05}_{0}$ mm,同时要求保证键槽深度为 $43.6^{+0.34}_{0}$ mm。试问:如何规定镗后的插键槽深度 L_1 值,才能最终保证得到合格产品?

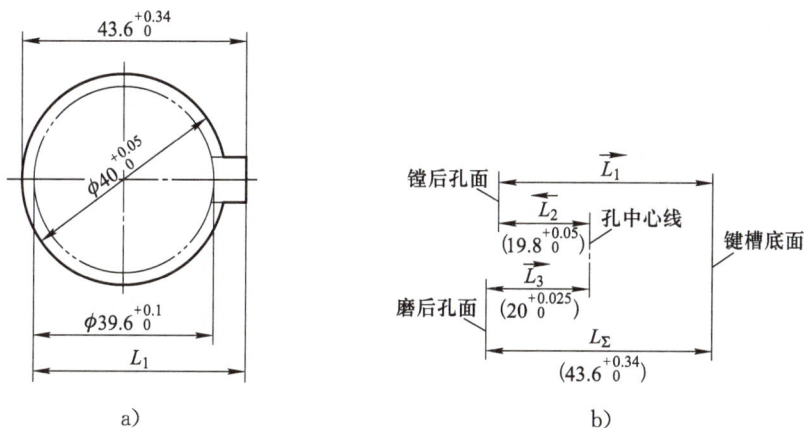

图 4-29　内孔和键槽加工中的尺寸换算

解 由加工过程知,尺寸 $43.6^{+0.34}_{0}$ mm 的一个尺寸界限——键槽底面,是在插槽工序时按尺寸 L_1 确定的,另一尺寸界限——孔表面,是在磨孔工序由尺寸 $\phi 40^{+0.05}_{0}$ mm 确定的,故尺寸 $43.6^{+0.34}_{0}$ mm 是一间接获得的尺寸,为封闭环。在不将磨孔余量作为一环列入尺寸链时可得到如图 4-29b 所示尺寸链,并确定增、减环。

由式有　　　　　　$43.6 \text{ mm} = (L_1 + 20 \text{ mm}) - 19.8 \text{ mm}$

故 L_1 的基本尺寸　$L_1 = 43.6 \text{ mm} + 19.8 \text{ mm} - 20 \text{ mm} = 43.4 \text{ mm}$

由式有　　　　　　$0.34 \text{ mm} = (ESL_1 + 0.025 \text{ mm}) - 0 \text{ mm}$

故 L_1 的上极限偏差　$ESL_1 = 0.34 \text{ mm} - 0.025 \text{ mm} = 0.315 \text{ mm}$

由式有　　　　　　$0 \text{ mm} = (EIL_1 + 0 \text{ mm}) - 0.05 \text{ mm}$

故 L_1 的下极限偏差 $\qquad EIL_1 = 0.05 \text{ mm}$

因此 $\qquad\qquad L_1 = 43.4^{+0.315}_{+0.05} \text{ mm}$

按入体原则标注 $\qquad L_1 = 43.45^{+0.265}_{0} \text{ mm}$

例 4-6 一阶梯轴某段的设计尺寸如图 4-30a 所示,其加工工艺方案(图 4-30b)为车削工序后各部分留磨量(车削时保证 L_2 尺寸),然后磨削各部达到图样要求。磨削靠大台肩面时要求直接保证 $40^{+0.1}_{0} \text{ mm}$ 尺寸(因其公差小,要求严格),而 $160 \text{ mm} \pm 0.15 \text{ mm}$ 为间接获得尺寸。试问,在前面车削工序中 L_2 尺寸及公差为多少,才能使间接获得的 $160 \text{ mm} \pm 0.15 \text{ mm}$ 尺寸恰在公差范围之内?

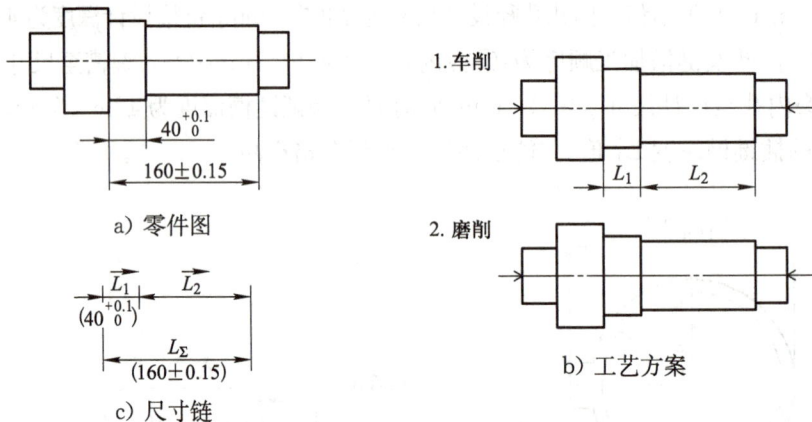

图 4-30 阶梯轴车削工序中轴向工序尺寸的确定

解 据题意,$160 \text{ mm} \pm 0.15 \text{ mm}$ 尺寸为封闭环。建立尺寸链如图 5-28c 所示,并确定 L_1,L_2 均为增环。由式

$$160 \text{ mm} = 40 \text{ mm} + L_2$$

故 L_2 的基本尺寸 $\qquad L_2 = 160 \text{ mm} - 40 \text{ mm} = 120 \text{ mm}$

由式 $\qquad\qquad +0.15 \text{ mm} = 0.1 \text{ mm} + ESL_2$

L_2 的上极限偏差 $\quad ESL_2 = 0.15 \text{ mm} - 0.1 \text{ mm} = 0.05 \text{ mm}$

由式 $\qquad\qquad -0.15 \text{ mm} = 0 \text{ mm} + EIL_2$

L_2 的下极限偏差 $\qquad EIL_2 = -0.15 \text{ mm}$

因此工序尺寸 $L_2 = 120^{+0.05}_{-0.15} \text{ mm}$。 按入体原则标注为

$$L_2 = 119.75^{+0.20}_{0} \text{ mm}$$

此即为要求的解。

(4) 有关渗碳工艺尺寸计算

零件渗碳或渗氮后,表面一般要经磨削保证尺寸精度,同时要求磨削后保留有规定的渗层深度。这就要求进行渗碳或渗氮热处理时按一定渗层深度及公差进行(用控制热处理时间

保证),并对这一合理渗层深度及公差进行计算。

例 4-7 图 4-31a 所示材料为 38CrMoAlA 的衬套内孔要求渗氮,其加工工艺过程及要求为:先粗磨内孔至 $\phi 144.76^{+0.04}_{0}$ mm;再氮化处理,深度为 L_1;最终精磨内孔至 $\phi 145^{+0.04}_{0}$ mm,并保证保留渗层深度为 0.4 mm ± 0.1 mm。 氮化处理深度 L_1 及公差应为多大?

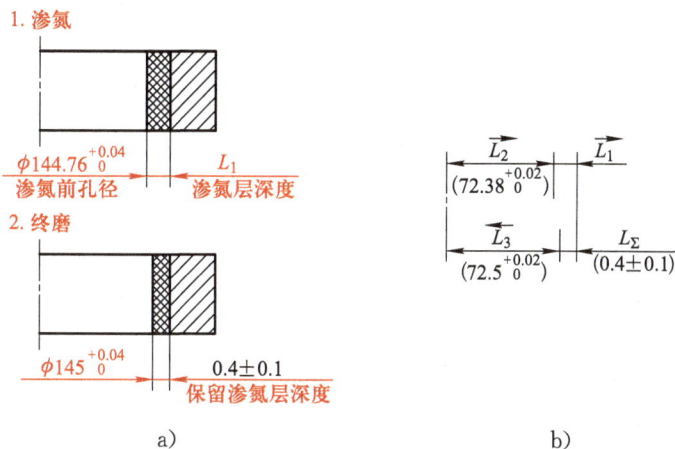

图 4-31 保证渗氮层深度的工序尺寸换算

解 由题意知,精磨后保留的渗氮层深度 0.4 mm ± 0.1 mm 是间接获得的尺寸,为封闭环。可列出尺寸链,如图 4-31b 所示,并确定增、减环(注意,其中 L_2、L_3 为半径尺寸)。

由式

$$0.4 \text{ mm} = (72.38 \text{ mm} + L_1) - 72.5 \text{ mm}$$

L_1 基本尺寸　　$L_1 = 72.5 \text{ mm} - 72.38 \text{ mm} + 0.4 \text{ mm} = 0.52 \text{ mm}$

由式计算各环中间偏差:

封闭环中间极限偏差　$\Delta_\Sigma = 1/2 \times [0.1 \text{ mm} + (-0.1) \text{ mm}] = 0 \text{ mm}$

L_2 中间极限偏差　$\Delta_2 = 1/2 \times (0.02 \text{ mm} + 0 \text{ mm}) = 0.01 \text{ mm}$

L_3 中间极限偏差　$\Delta_3 = 1/2 \times (0.02 \text{ mm} + 0 \text{ mm}) = 0.01 \text{ mm}$

由式有　　　　　$0 \text{ mm} = (\Delta_1 + 0.01 \text{ mm}) - 0.01 \text{ mm}$

得 L_1 中间极限偏差　$\Delta_1 = 0.01 \text{ mm} - 0.01 \text{ mm} = 0 \text{ mm}$

另由式有　　　　$0.2 \text{ mm} = T_1 + 0.02 \text{ mm} + 0.02 \text{ mm}$

得 L_1 的公差　$T_1 = 0.2 \text{ mm} - 0.02 \text{ mm} - 0.02 \text{ mm} = 0.16 \text{ mm}$

再由式　　　　$ESL_1 = \Delta_1 + T_1/2 = 0.08 \text{ mm}$

$$EIL_1 = \Delta_1 - T_1/2 = -0.08 \text{ mm}$$

因此工序尺寸 L_1 为　　　$L_1 = 0.52 \text{ mm} \pm 0.08 \text{ mm}$

或 $$L_1 = 0.44^{+0.16}_{0} \text{ mm}$$

即渗氮处理深度为 0.44～0.60 mm。

(5) 电镀零件工序尺寸计算

① 电镀后无须加工而要求达到设计要求的情况。

例 4-8 一销轴磨削后电镀,电镀时要求镀铬厚度为 0.025～0.04 mm,要求镀后销轴直径为 $\phi 28^{0}_{-0.045}$ mm。求镀前销轴直径尺寸及公差应为多少(图 4-32a)?

解 镀前轴径由磨削工序获得,镀层厚度由电镀时控制保证,而镀后直径(或半径 $14^{0}_{-0.0225}$)是由镀前直径及镀层厚度间接得到的,故为封闭环。尺寸链如图 4-32b 所示,其中 L_1、L_2 均为增环。

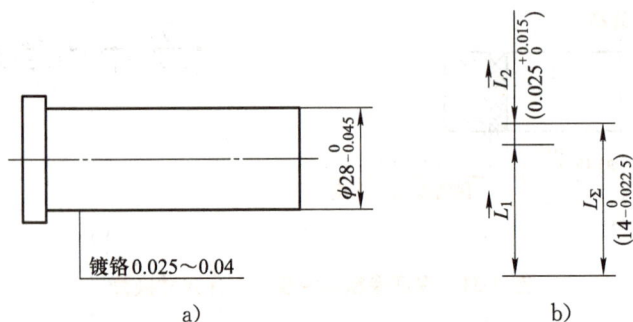

图 4-32 电镀零件的工序尺寸计算

由式 $$14 \text{ mm} = L_1 + 0.025 \text{ mm}$$

L_1 的基本尺寸 $$L_1 = 14 \text{ mm} - 0.025 \text{ mm} = 13.975 \text{ mm}$$

由式 $$0 \text{ mm} = ES_1 + 0.015 \text{ mm}$$

L_1 的上极限偏差 $$ES_1 = -0.015 \text{ mm}$$

由式 $$-0.0225 \text{ mm} = EI_1 + 0 \text{ mm}$$

L_1 的下极限偏差 $$EI_1 = -0.0225 \text{ mm}$$

故 $$L_1 = 13.975^{-0.015}_{-0.0225} \text{ mm}$$

或 $$L_1 = 13.96^{0}_{-0.0075}$$

即磨削前直径应为 $\phi 27.92^{0}_{-0.015}$ mm。

② 电镀后需经加工而达到设计尺寸要求的,和前述渗氮层厚度尺寸求算情况相类似,取加工后所保留的镀层厚度为封闭环。

用工艺尺寸链图解法计算多工序尺寸的有关内容本节不予介绍,必要时请参考其他资料。

● **三、机床及工艺装备的选择**

在工艺文件中需要确定每一工序所使用的机床及工艺装备。机床的选择主要依据以下几个方面：

(1) 机床的加工尺寸范围应与零件外廓尺寸相适应；

(2) 机床精度应与工序要求的加工精度相适应；

(3) 机床功率应与工序加工需要的功率相适应。

在没有适宜的机床可供选用时，要考虑外协加工、修改工艺规程或是改装、制造专用机床。

机床夹具的选择主要依据生产类型和技术要求，单件小批生产应尽量选用通用夹具，大批大量生产要多使用高生产率专用夹具。

刀具的选择主要取决于所采用的加工方法、工件材料、要求加工的尺寸、精度和表面粗糙度、生产率要求以及加工经济性等，并应尽量采用标准刀具，因为外购标准刀具要比自己制造专用刀具价格低廉。在大批大量生产中可采用高生产率的复合刀具或专用刀具。

量具主要根据零件生产类型和要求检验的尺寸及精度来选择。单件小批生产中尽量采用通用量具，在大批大量生产中则应广泛使用各种量规和高效率的专用检验夹具及检验仪器等。

当需要设计制造专用机床、专用夹具和专用的刀具、量具时，应由工艺人员根据工序中的具体要求提出设计任务书。

四、切削用量的确定

在工艺文件中还要规定每一工步的切削用量（背吃刀量、进给量及切削速度），尤其在数控加工中，选择合理的加工用量是非常重要的。选择切削用量可以采用查表法或计算法。其步骤为：

(1) 由工序余量确定背吃刀量。为提高生产率，应在保证加工精度的前提下，尽量加大背吃刀量。

(2) 按本工序加工表面粗糙度确定进给量。对粗加工工序，进给量按加工表面粗糙度初选后还要校验刀片强度及机床进给机构强度。

(3) 确定刀具磨钝标准及耐用度。

(4) 确定切削速度，并按机床主轴转速表选取接近的主轴转速。

(5) 最后校验机床功率。

在单件小批生产中，为简化工艺文件，常不具体规定切削用量，而由操作工人在加工时自行确定。

五、时间定额的确定

时间定额是指在一定的生产规模下，当生产条件正常时，为完成某一工序所规定的时间。它是安排生产计划、进行成本核算、考核工人任务完成情况的主要依据，在新场地设计中它还是计算确定所需设备及工人数量的主要依据。确定工时定额是工序设计的重要任务之一。工时定额由以下几部分组成：

(1) 基本时间 $T_基$　基本时间是直接改变生产对象的尺寸、形状、相对位置、表面状态或材料特性等工艺过程所消耗的时间。对于机械加工来说,是指从工件上切除金属层所耗费的时间,其中包括刀具的切入和切出时间。每种加工方法的切入、切出时间等可查阅有关手册确定。

(2) **辅助时间 $T_\text{辅}$** 辅助时间是为实现工艺过程所必须进行的各种辅助动作所消耗的时间。这些辅助动作包括装夹和卸下工件,开动和停止机床,改变切削用量,进、退刀具,测量工件尺寸等。

基本时间和辅助时间的总和称为作业时间,即直接用于制造产品或零、部件所消耗的时间。

(3) **布置工作地时间 $T_\text{布}$** 布置工作地时间,是指工人在工作班时间内,照管工作地点及保持正常工作状态所耗费的时间分摊到一个零件一道工序内的部分。布置工作地的工作包括加工过程中调整或更换刀具、修整砂轮、润滑和擦拭机床、清理切屑、刃磨刀具等所耗费的时间。布置工作地时间可按工序作业时间的 $\alpha\%(\alpha=2\sim7)$ 估算。

(4) **休息和生理需要时间 $T_\text{休}$** 休息和生理需要时间是指在工作班时间内,工人休息、喝水、如厕等生理自然需要的时间分摊到一个零件一道工序内的部分。它按工序作业时间的 $\beta\%(\beta$ 一般取 2) 估算。

因此,单件时间为

$$
\begin{aligned}
T_\text{单} &= T_\text{基} + T_\text{辅} + T_\text{布} + T_\text{休} \\
&= (T_\text{基} + T_\text{辅})\left(1 + \frac{\alpha + \beta}{100}\right)
\end{aligned}
\tag{4-16}
$$

(5) **准备与终结时间 $T_\text{准终}$** 对于成批生产还要考虑准备与终结时间。准备与终结时间是在成批生产中,每当加工一批零件的开始和终了时进行准备和终结工作所耗费的时间。这些工作包括熟悉工艺文件、安装工艺装备、调整机床、归还工艺装备和送交成品等。

准备终结时间对一批零件只消耗一次,零件批量 n 越大,则分摊到每个零件上的这部分时间越少。所以,**成批生产时的单件时间为**

$$
T_\text{单件} = (T_\text{基} + T_\text{辅})\left(1 + \frac{\alpha + \beta}{100}\right) + \frac{T_\text{准终}}{n}
\tag{4-17}
$$

计算得到的单件时间以 min(分)为单位填入工艺文件相应的栏目中。

第十一节 提高机械加工生产率的工艺途径

尽管提高机械加工生产率不仅是工艺问题,但工件工序时间定额反映了生产率的高低。因此分析研究时间定额,对提高生产率有根本性的意义。

1. 缩短基本时间($T_\text{基}$)

工件加工的基本时间与工件加工表面的长度及走刀次数成正比,而与切削速度和进给量成反比。因此，为缩短基本时间，可从以下几方面考虑：

（1）提高切削用量　切削用量即切削速度、切削深度和进给量。首先考虑加大切削深度，再加大进给量，最后提高切削速度。随着各种新型刀具材料和各种高性能机床的出现，切削用量得到很大提高。现在，高速切削速度已达 600～1 000 m/min，高速磨削速度可达 100 m/s 以上，切削深度达 20 mm 以上，磨削深度达 10 mm 以上。

（2）缩短切削行程　工件上需加工的表面长度虽不能改变，但如采用多刀或多件加工则可缩短切削行程长度，从而提高劳动生产率。图 4-33 所示为多件加工的例子。

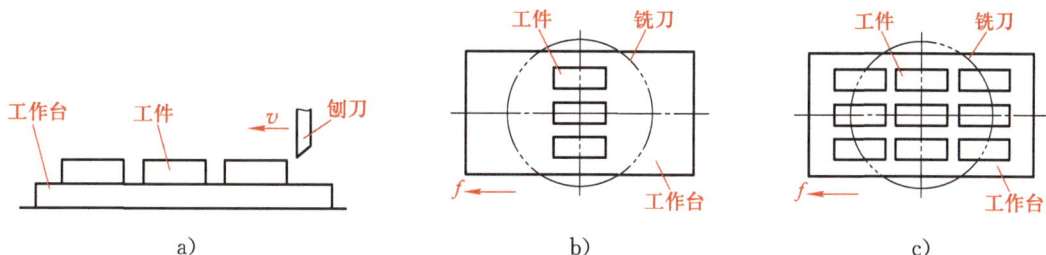

图 4-33　多件加工

图 4-34 所示为多刀加工，在前刀架进行镗孔和车削两端面时，后刀架完成车外圆和倒角。多刀和多件加工还有效地缩短了切入和切出长度。

（3）采用高生产率的加工方法　拉削、滚压在大批量生产中可显著提高生产率。有关资料表明，拉削一台柴油机机体的平面，所需的时间仅为铣削的二十分之一；滚压一只油缸比磨削快十多倍。因此在大量生产时，常用拉削和滚压来分别代替铣削和磨削；在中小批生产中采用精刨或精磨来代替研刮，也是行之有效的方法。一些传统的工艺方法经过不断的试验和研究，生产率也大大提高，例如强力珩磨工艺，其生产率较普通珩磨提高了五倍以上。

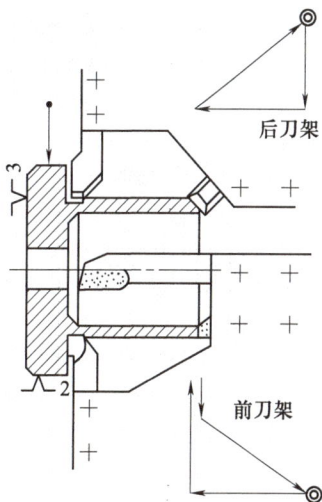

图 4-34　多刀加工

2. 缩短辅助时间（$T_{辅}$）

单件小批生产中，辅助时间在单件生产时间中占有较大的比例，一般超过一半以上。在这种情况下，缩短辅助时间，可显著提高劳动生产率。在生产实际中，常用的缩短辅助时间的措施有：

（1）采用先进的工具、夹具和量具　这种方法不仅可以保证加工质量，而且可以大大减少工件的装卸、找正和测量的时间。例如对于小型零件，由于切削速度的要求，其转速很高，如果每加工一只零件，机床都要停车装卸，则辅助时间将大为增加。使用不停车装卸零件，可使辅助时间大为减少。又如，在加工过程中，采用在线测量的方法主动测量，可使测量时间缩短。图 4-35 所示为磨削外圆时使用的在线测量装置。在此装置的弓形架上装有两个硬质合金触点的测头，它与工件相接触，测头在弹簧力的作用下压向工件。在加工过程中，工件尺寸的变化，可通过测量杆上端的斜面在百分表上反映出来，操作工人根

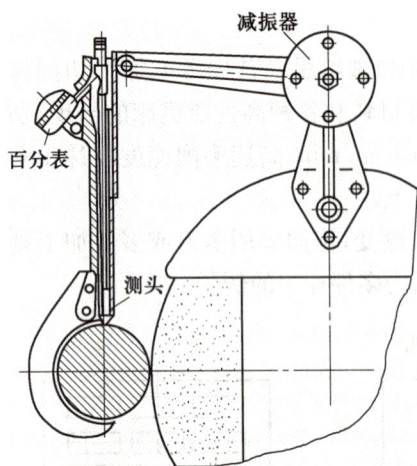

图 4-35　外圆磨床上的主动测量装置

据百分表中的读数来控制机床,从而减少停机测量的辅助时间。图 4-36 所示为钻床上常用的快换钻夹头,操作时,只要将外环 1 推上一定位置(上端面碰到限位钢丝 4 为止),即可使刀具连同可换钻套 3 迅速取下(此时钢球 2 压入外环 1 的环槽内),换上新刀具(连同可换钻套)并将外环 1 下移后,即可继续切削。

(2)使辅助时间和基本时间相重合　采用多工位加工方法,将其中一个工位用作装卸工件。图 4-37a 所示为工作台平移的双工位铣削加工,图 4-37b 所示为转动工作台多工位铣削加工,它们都在工件加工时进行装卸。

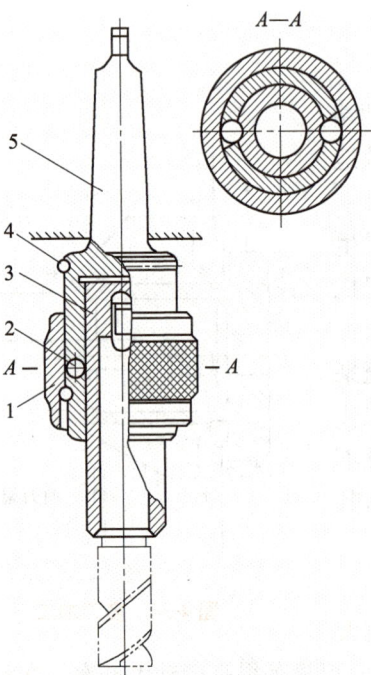

图 4-36　快换钻夹头

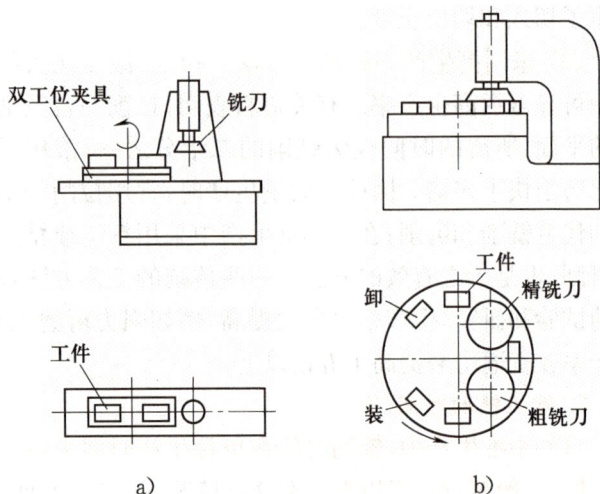

图 4-37　辅助时间与基本时间重合的示例

3. 缩短布置工作地的时间($T_布$)

主要是减少刀具的小调整和更换刀具的时间,或提高刀具或砂轮的耐用度,以增加在一次刃磨或修整中加工工件的数量,从而使折算到每个工件上的布置工作地的时间得以缩短。

采用各种快换刀夹、刀具微调装置、专用对刀样板或对刀样件以及自动换刀机构等,可以减少刀具的装卸和对刀所需时间。

4. 缩短准备与终结时间（$T_{准终}$）

成批生产中,除了缩短安装刀具和调整机床等的时间外,还应尽可能加大加工零件的批量,以减少分摊到每个工件上的准备时间。

采用易于调整的先进加工设备,可以灵活地改变加工对象,并大大缩短准备与终结时间。如采用液压仿形机床、数控机床、计算机控制机床、加工中心及柔性加工单元等,能显著提高多品种零件加工的生产率和加工精度,还可保证加工质量的稳定性。

制订机械加工工艺规程时,在保证达到零件加工质量的前提下,可以有几种不同的加工方案。有些方案的生产率较高,但在某种批量范围内,由于设备和工艺装备的投资比较大,可能在经济上不甚合理;还有些方案虽然生产率比较低,但投资费用也比较小,为此,需进行技术经济方面的论证和比较,以便确定一个经济可行的加工方案,这对提高经济效益有着十分重要的意义。

机械加工的工艺成本:

工艺成本是指生产成本中与工艺过程直接有关的那一部分成本。与工艺过程无关的那一部分成本,如厂房折旧费、修理费和行政总务人员的工资等,在各方案的评比中并非完全相等,不予考虑。

工艺成本一般分为两部分,即可变费用和不变费用。

(1) 可变费用　可变费用是与零件年产量直接有关的费用。一般包括毛坯或材料费用、操作工人的工资、机床电费、通用机床的折旧费和维修费,通用夹具、刀具和辅具等的折旧费和维修费等。

(2) 不变费用　不变费用与零件的年产量无直接关系。一般包括专用机床和专用工装的折旧费、维修费和调整工人的工资等。这部分费用专为某种零件加工所用,不能用于其他零件,不论该零件的年产量是多少,也不论这些专用设备是否满负荷,一律折算到不变成本中去。

工艺方案的经济性比较:

工艺成本可按年度计算,也可按单件计算。

年度工艺成本 $$E_{年} = VN + S(元/年) \tag{4-18}$$

单件工艺成本 $$E_{单} = V + S/N(元/件) \tag{4-19}$$

式中　V——工艺成本中单件可变费用,元/件;

　　　S——工艺成本中年度不变费用,元/年;

　　　N——年产量,件/年。

复习思考题

1. 什么是生产过程和工艺过程? 举例说明。

2. 什么是工序、安装、工位、工步和工作行程? 怎样确定工序内容? 举例说明。

3. 获得零件加工精度有哪些方法?

互动练习

第四章
复习思考题

4. 什么是基准? 什么是工序基准? 什么是工序尺寸? 什么是定位基准?

5. 为什么要先考虑选择精基准,后考虑选择粗基准?

6. 选择精基准的原则有哪些?

7. 在哪几种情况下要进行工序尺寸换算,为什么?

8. 试选择图 4-38 所示摇臂加工时的粗基准。

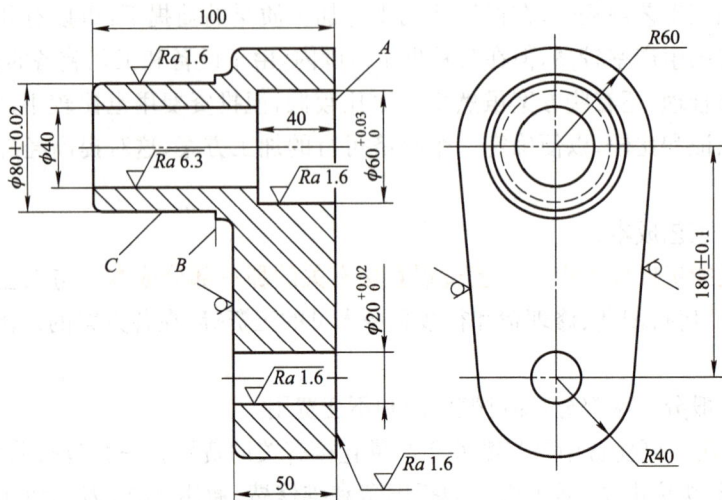

图 4-38

9. 试选择图 4-39 所示端盖加工时的粗基准。

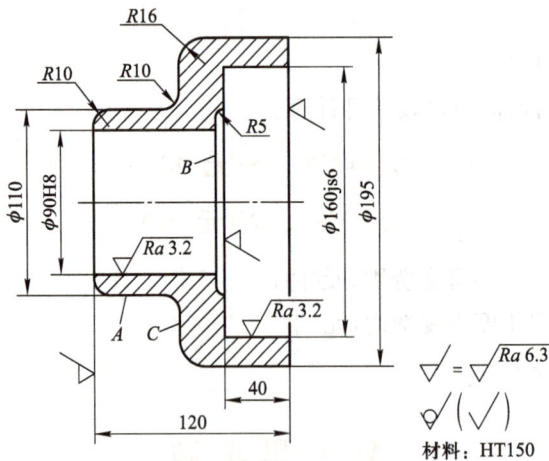

图 4-39

10. 图 4-40 所示零件为一拨杆,试选择加工 $\phi 10H7$ 孔的定位基面。已知条件:其余被加工面均已加工好,毛坯为铸件。

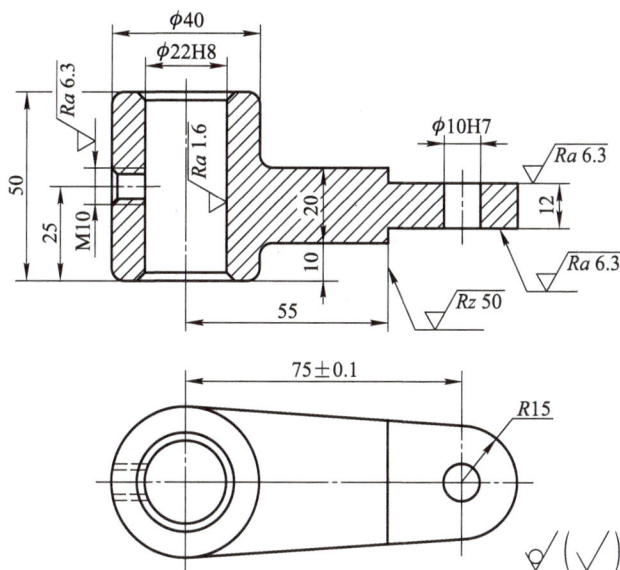

图 4-40

11. 图 4-41 所示零件的 M、N 面及 $\phi25\text{H}8$ 孔均已加工。试确定加工 K 面时便于测量的测量尺寸。求出的数值标注在图中,并分析这种标注对零件工艺过程有何影响。

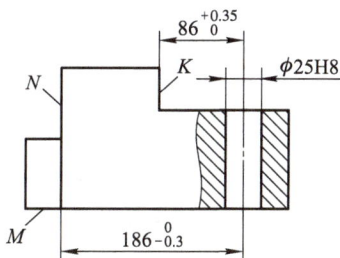

图 4-41

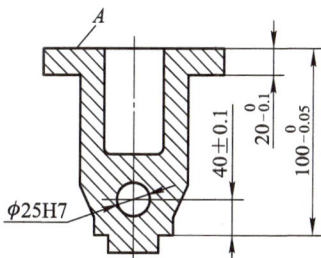

图 4-42

12. 图 4-42 所示零件除 $\phi25\text{H}7$ mm 孔外,其他各表面均已加工。试求:当以 A 面定位加工 $\phi25\text{H}7$ mm 孔时的工序尺寸。

13. 图 4-43 为一零件简图。三个圆弧槽的设计基准为母线 A,当圆弧槽加工后,A 点就不存在。为了测量方便,必须选择母线 B 或内孔母线 C 作为测量基准。试确定在工序图上应标注的工序尺寸,并确定测量尺寸。

14. 图 4-44 所示为轴套零件。其外圆、内孔及各端面均已加工。试确定以 B 面定位钻 $\phi10$ mm 孔的工序尺寸。

15. 在卧式铣床上采用调整法对车床滑板箱Ⅶ轴零件(图 4-45)进行铣削加工,在加工中选取大端端面轴向定位,试确定应标注的工序尺寸。

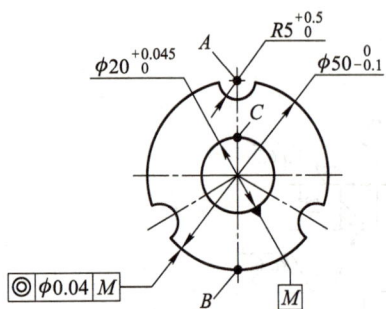

图 4-43

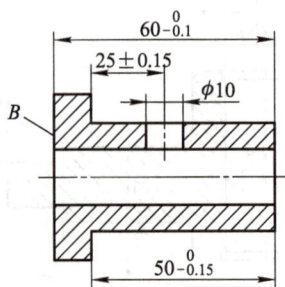

图 4-44

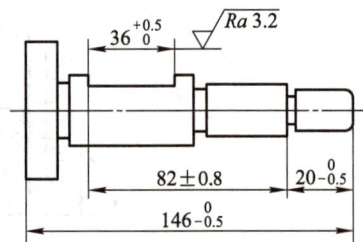

图 4-45

16. 图 4-46 所示零件已给出各轴向尺寸及有关工序草图。试问：

(1) 零件图中 $40_{-0.035}^{0}$ mm 尺寸是否能够保证？并指出采取什么工艺措施才能解决。

(2) 工序 15 中 $H_{-\Delta H} = ?$

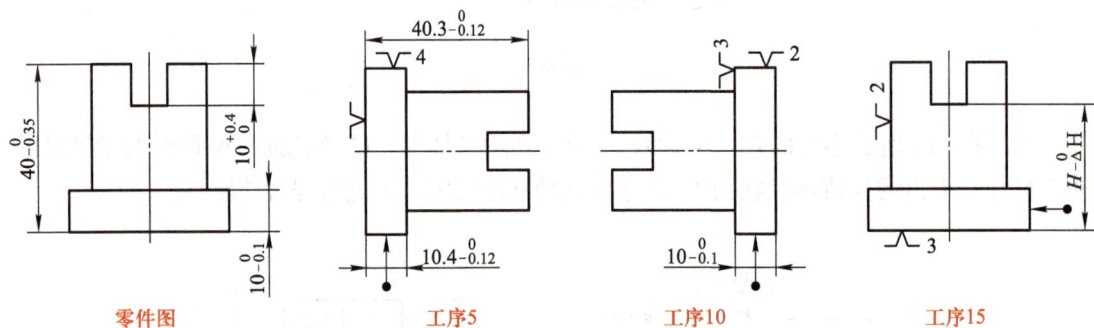

图 4-46

17. 图 4-47 所示零件为销轴，要求电镀。工艺过程为车削→粗磨→精磨→电镀。成批生产时镀层厚度为 0.025～0.015 mm，由电镀工艺保证。试确定精磨工序的工序尺寸及其极限偏差。

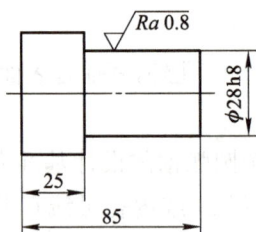

图 4-47

第五章　机床夹具设计基础

综述与要求

在机械加工过程中,为了保证加工精度,必须固定工件,使工件相对于机床或刀具有准确的加工位置,以完成零件的加工和检验。夹具是完成这一工艺过程的工艺装备,它广泛应用于机械加工、装配、检验、焊接、热处理等工艺中。金属切削机床上使用的夹具称为机床夹具,工件在夹具中的定位精度直接影响工件的加工精度,机床夹具在机械加工中占有十分重要的地位。通过学习,了解夹具的作用与组成,能运用六点定位原理、定位基准的选择原则、夹紧方案的确定等基本工艺原理,根据不同机床夹具的设计要点进行夹具设计,力求夹具结构简单、工作可靠,有效提高零件加工精度和效率,培养学生理论联系实际的工程素养。

第一节　概述

一、机床夹具的作用

夹具是机械制造厂的一种工艺装备,用来迅速、方便、安全地安装工件,有机床夹具、装配夹具、焊接夹具、检验夹具等。各种金属切削机床上使用的夹具称为机床夹具(简称夹具),如三爪自定心卡盘、平口虎钳等都是机床夹具。

在现代生产中,工件安装是通过机床夹具来实现的。工件安装得正确、迅速、方便和可靠与否,将直接影响工件的加工质量、生产率、制造成本和操作安全。因此,根据具体的生产条件和工件加工要求,正确、合理地选择工件的安装方法,是机械制造工艺与工装研究的重要问题之一。

在机械加工过程中,使用机床夹具的目的主要有以下五个方面,但在不同的生产条件下应该有不同的侧重点。

1. 保证加工精度

用夹具安装工件后,工件在加工中的正确位置就由夹具来保证,不会受工人操作习惯和技术差别等因素的影响,每一批零件基本上都达到相同的精度,使产品质量稳定。

2. 提高生产率

采用机床夹具后,能使工件迅速定位和夹紧,既可以提高工件加工时的刚度,有利于选用较大的切削用量,又可以省去划线找正等辅助工作,因而提高了劳动生产率。

3. 改善劳动条件

用夹具装夹工件方便、省力、安全,降低了对工人的技术要求。当采用气动或液动等夹紧装置后,可以减轻工人的劳动强度,保证生产安全。

4. 降低生产成本

在成批生产中使用夹具时,由于生产率的提高和对工人技术要求的降低,故可明显地降低生产成本,且批量越大,生产成本降低越显著。

5. 扩大工艺范围

在单件小批生产时,零件品种多而数量少,又不可能为了满足所有的加工要求而购置相应的机床,采用夹具就可以扩大机床的加工范围。如在车床上安装镗孔夹具后,就可以进行箱体的孔系加工;安装磨头后,就可以进行磨削加工等。采用夹具是在生产条件有限的企业中常用的一种技术改造措施。

● **二、机床夹具的组成**

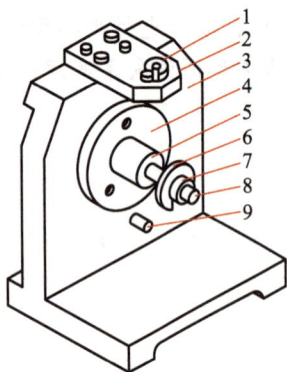

1—钻套;2—钻模板;3—夹具体;
4—支承板;5—圆柱销;6—开口垫圈;
7—螺母;8—螺杆;9—菱形销。

图 5-1　后盖钻孔夹具

机床夹具虽然有不同的类型和结构,但它们的工作原理基本相同。为此,可以把各类夹具中的元件或机构,按照功能相同的原则进行归类,从而得出组成夹具的几个主要部分,如图 5-1 所示。

1. 定位元件

定位元件的作用是使工件在夹具中占据正确的位置。如图 5-1 所示,夹具上的圆柱销 5、菱形销 9 和支承板 4 都是定位元件。通过它们使工件在夹具中占据了正确位置。

2. 夹紧装置

夹紧装置的作用是将工件压紧夹牢,保证工件在加工过程中受到切削力作用时不离开已占据的正确位置。图 5-1 中的螺杆 8(与圆柱销合成一个零件)、螺母 7 和开口垫圈 6 就起到上述作用。

3. 夹具体

夹具体是机床夹具的基础件,如图 5-1 中的夹具体 3,通过它将夹具的所有元件连接成一个整体。

4. 对刀元件和引导元件

对刀元件和引导元件用于确定和引导刀具,使其与夹具有一个正确的相对位置,图 5-1 中的钻套 1 与钻模板 2 就是引导钻头而设置的两种元件。

5. 其他装置或元件

除了定位装置、夹紧装置和夹具体之外,各种夹具还根据需要设置一些其他装置或元件,如分度装置、工件顶出装置、上下料装置等。

夹具的组成并非上述每一个部分缺一不可,但其中的定位元件、夹紧装置和夹具体则是构成机床夹具最主要的组成部分。

● 三、机床夹具的分类

机床夹具的种类繁多,可以从不同的角度对机床夹具进行分类。常用的分类方法有以下几种:

1. 按夹具的使用特点分类

(1) 通用夹具 已经标准化的、可加工一定范围内不同工件的夹具,称为通用夹具,如三爪自定心卡盘、平口虎钳、万能分度头、磁力工作台等。这些夹具已作为机床附件由专门工厂制造供应,只需选购即可。

(2) 专用夹具 专为某一工件的某道工序设计制造的夹具称为专用夹具。专用夹具一般在批量生产中使用,本章主要介绍专用夹具的设计。

(3) 可调夹具 夹具的某些元件可调整或可更换,以适应多种工件加工的夹具,称为可调夹具。它还分为通用可调夹具和成组夹具两类。

(4) 组合夹具 采用标准的组合夹具元件、部件,专为某一工件的某道工序组装的夹具,称为组合夹具。

(5) 拼装夹具 用专门的标准化、系列化的拼装夹具零部件拼装而成的夹具,称为拼装夹具。它具有组合夹具的优点,但比组合夹具精度高、效能高、结构紧凑。它的基础板和夹紧部件中常带有小型液压缸。此类夹具更适合在数控机床上使用。

2. 按使用机床分类

夹具按使用机床可分为车床夹具、铣床夹具、钻床夹具、镗床夹具、齿轮机床夹具、数控机床夹具、自动机床夹具、自动线随行夹具以及其他机床夹具等。

3. 按夹紧的动力源分类

夹具按夹紧的动力源可分为手动夹具、气动夹具、液压夹具、气液增力夹具、电磁夹具以及真空夹具等。

第二节 工件在夹具中的定位

● 一、基本概念

工件在夹具中的定位,对保证加工精度起着决定性的作用。工件在加工之前,必须首先使它相对于机床和刀具占有正确的加工位置,这就是工件的定位。在使用夹具的情况下,就要使机床、刀具、夹具和工件之间保持正确的加工位置。显然,工件的定位是其中极为重要的一个环节。

工件在夹具中定位的目的,是使同一批工件在夹具中占有一致的正确的加工位置。为此,必须选择和设计合理的定位方法及相应的定位元件或定位装置,并保证有一定的定位精度。

1. 基准及定位副

基准的种类很多(详见本书第四章),这里只讨论夹具设计中直接涉及的几种基准。

在工件加工的工序图中,用来确定本工序加工表面位置的基准,称为工序基准。可通过工序图上标注的加工尺寸与几何公差来确定工序基准。

关于定位基准,有几种不同看法。本书采用下述观点:当工件以回转面(圆柱面、圆锥面、球面等)与定位元件接触(或配合)时,工件上的回转面称为定位基面,其轴线称为定位基准。如图 5-2a 所示,工件以圆孔在心轴上定位,工件的内孔面称为定位基面,它的轴线称为定位基准。与此对应,心轴的圆柱面称为限位基面,心轴的轴线称为限位基准。工件以平面与定位元件接触时,如图 5-2b 所示,工件上那个实际存在的面是定位基面,它的理想状态(平面度误差为零)是定位基准。如果工件上的这个平面是精加工过的,形状误差很小,可认为定位基面就是定位基准。同样,定位元件以平面限位时,如果这个面的形状误差很小,也可认为限位基面就是限位基准。

工件在夹具上定位时,理论上,定位基准与限位基准应该重合,定位基面与限位基面应该接触。

当工件有几个定位基面时,限制自由度最多的定位基面称为主要定位基面,相应的限位基面称为主要限位基面。

为了简便,将工件上的定位基面和与之相接触(或配合)的定位元件的限位基面合称

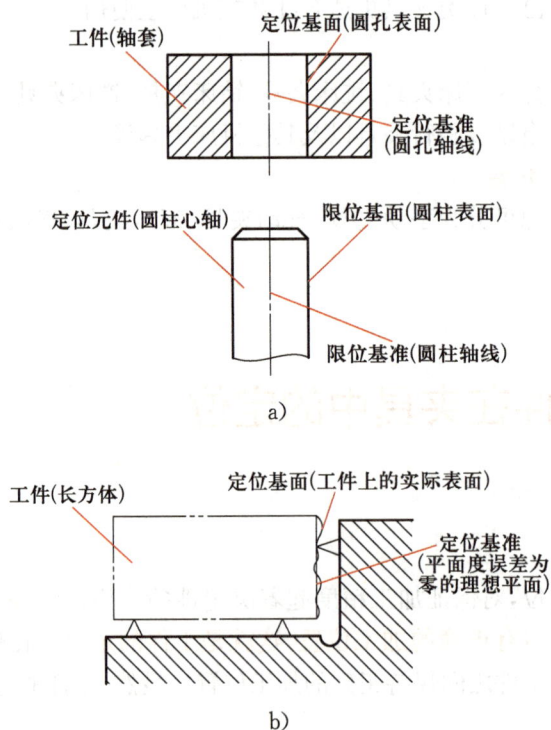

a)

b)

图 5-2　定位基准与限位基准

为定位副。图 5-2a 中,工件的内孔表面与定位元件心轴的圆柱表面就合称为一对定位副。

2. 定位符号和夹紧符号的标注

在选定定位基准及确定了夹紧力的方向和作用点后,应在工序图上标注定位符号和夹紧符号。定位、夹紧符号可参看机械工业部的部颁标准(JB/T 5061—2006)。图 5-3 所示为典型零件定位、夹紧符号的标注。

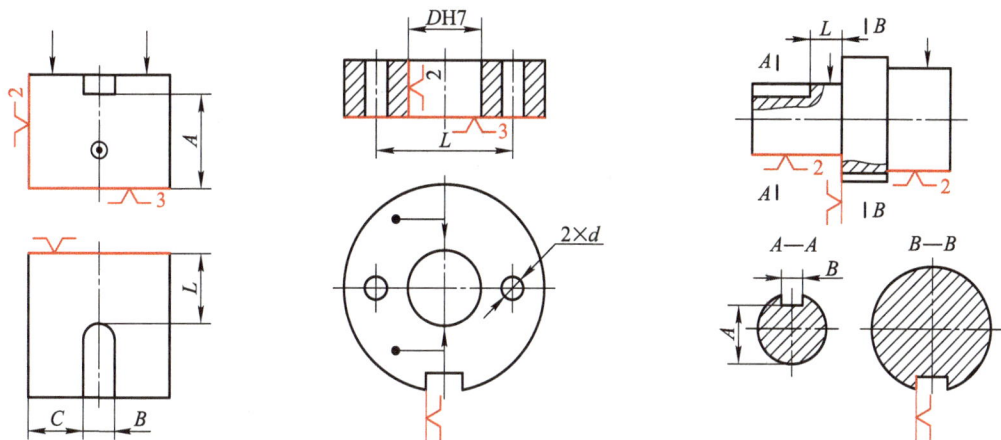

a) 长方体上铣不通槽   b) 盘类零件上加工两个直径为 d 的孔   c) 轴类零件上铣小端键槽

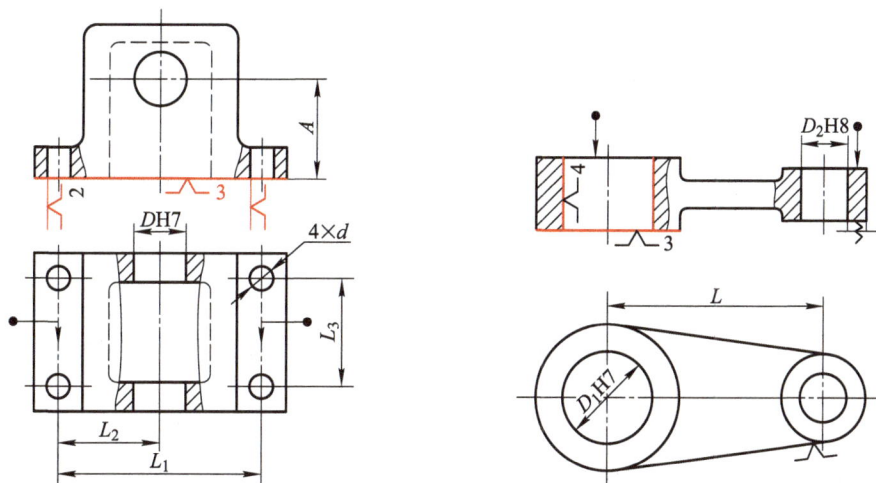

d) 箱体类零件镗直径为 $DH7$ 的孔   e) 杠杆类零件钻小端直径为 D_2H8 的孔

图 5-3 典型零件定位、夹紧符号的标注

二、工件定位的基本原理

一个尚未定位的工件,其空间位置是不确定的。这种位置的不确定性可描述如下:如

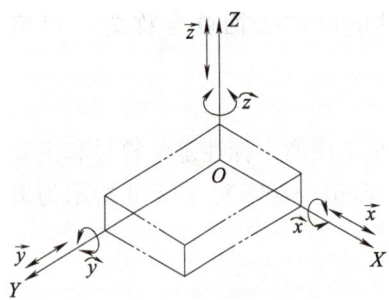

图 5-4 未定位工件的 6 个自由度

图 5-4 所示,将未定位的工件(细双点画线所示长方体)放在空间直角坐标系中,工件可以沿 X、Y、Z 轴有不同的位置,称为工件沿 X、Y 和 Z 轴的位置自由度,用 $\vec{x}$、$\vec{y}$、$\vec{z}$ 表示;也可以绕 X、Y、Z 轴有不同的位置,称为工件绕 X、Y 和 Z 轴的角度自由度,用 $\hat{x}$、$\hat{y}$、$\hat{z}$ 表示。用以描述工件位置不确定性的 $\vec{x}$、$\vec{y}$、$\vec{z}$ 和 $\hat{x}$、$\hat{y}$、$\hat{z}$,称为工件的 6 个自由度。

工件定位的实质就是要限制对加工有不良影响的自由度。 设空间有一固定点,工件的底面与该点保持接触,那么工件沿 Z 轴的位置自由度便被限制了。如果按图 5-5 所示设置 6 个固定点,工件的三个面分别与这些点保持接触,工件的 6 个自由度便都限制了。这些用来限制工件自由度的固定点称为定位支承点,简称支承点。

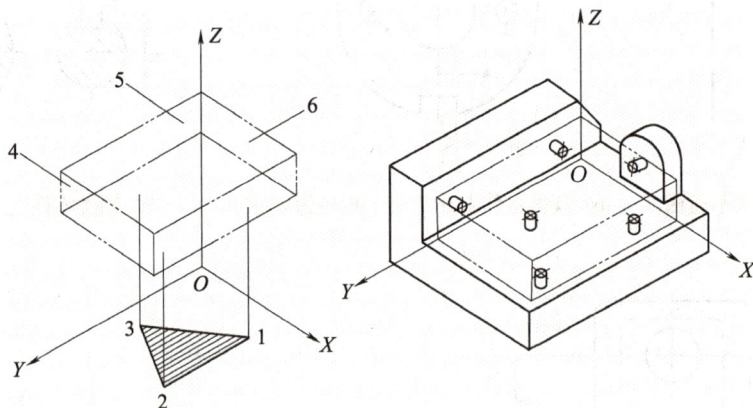

图 5-5 长方体工件定位时支承点的分布

无论工件的形状和结构怎么不同,它们的 6 个自由度都可以用 6 个支承点限制,只是 6 个支承点的分布不同罢了。

用合理分布的 6 个支承点限制工件 6 个自由度的方法,称为六点定位原理。

支承点的分布必须合理,否则 6 个支承点限制不了工件的 6 个自由度,或不能有效地限制工件的 6 个自由度。 例如,图 5-5 中工件底面上的 3 个支承点,限制了 $\vec{z}$、$\hat{x}$、$\hat{y}$ 自由度,它们应放成三角形,三角形的面积越大,定位越稳。工件侧面上的两个支承点限制 $\vec{x}$、$\hat{z}$ 自由度,它们不能垂直放置,否则工件绕 Z 轴的角度自由度 $\hat{z}$ 便不能限制。

六点定位原理是工件定位的基本原理,用于实际生产时,起支承点作用的是一定形状的几何体,这些用来限制工件自由度的几何体就是定位元件。

常用定位元件能限制的工件自由度见表 5-1。

表 5-1　常用定位元件能限制的工件自由度

工件定位基面	定位元件	定位简图	定位元件特点	限制的自由度
平面 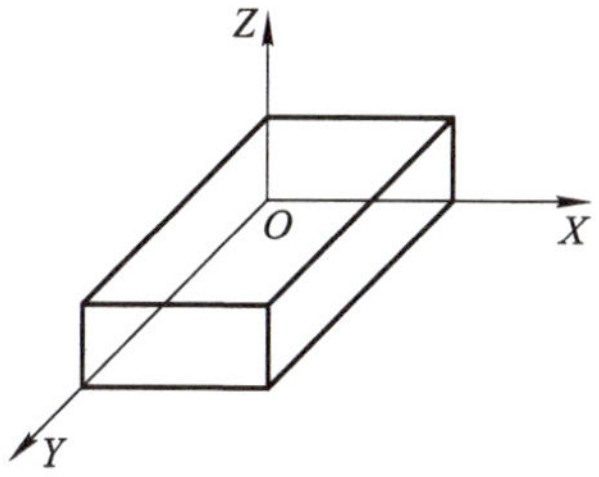 	支承钉	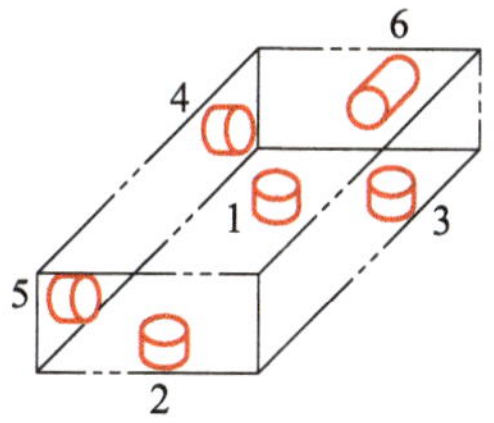		1、2、3——$\vec{z}$、$\hat{x}$、$\hat{y}$ 4、5——$\vec{x}$、$\hat{z}$ 6——$\vec{y}$
	支承板	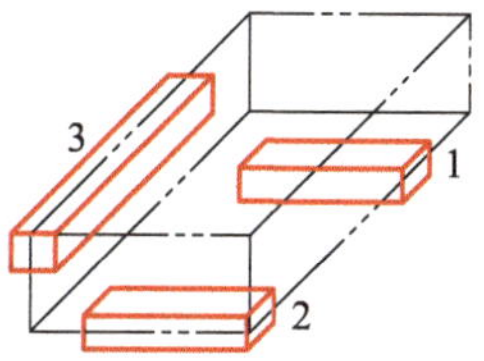		1、2——$\vec{z}$、$\hat{x}$、$\hat{y}$ 3——$\vec{x}$、$\hat{z}$
圆柱孔 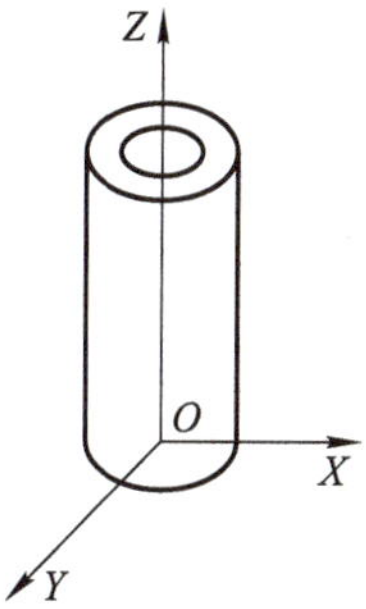 	定位销（心轴）	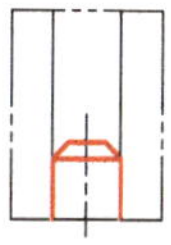	短销（短心轴）	$\vec{x}$、$\vec{y}$
		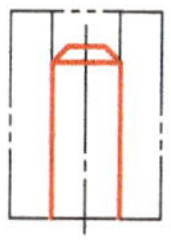	长销（长心轴）	$\vec{x}$、$\vec{y}$ $\hat{x}$、$\hat{y}$
	菱形销	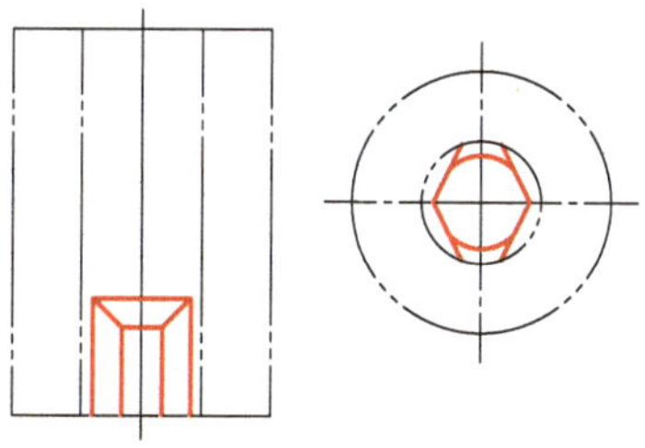	短菱形销	$\vec{y}$

工件定位基面	定位元件	定位简图	定位元件特点	限制的自由度
圆柱孔	菱形销	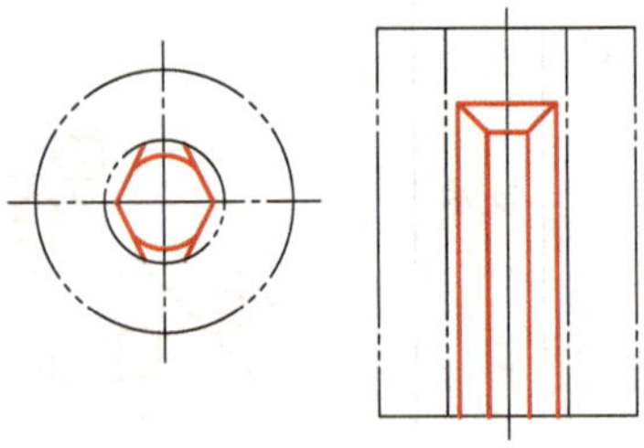	长菱形销	$\vec{y}$、$\widehat{x}$
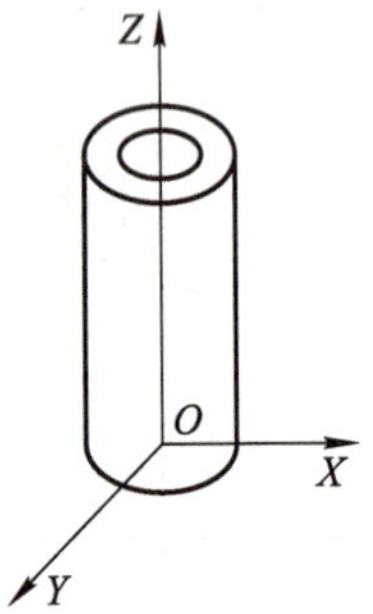	锥销	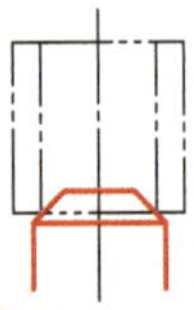		$\vec{x}$、$\vec{y}$、$\vec{z}$
		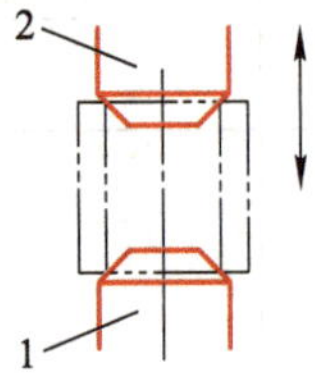 2 1	1—固定锥销 2—活动锥销	$\vec{x}$、$\vec{y}$、$\vec{z}$ $\widehat{x}$、$\widehat{y}$
外圆柱面	支承板或支承钉	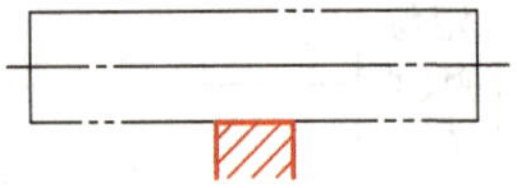	短支承板或支承钉	$\vec{z}$
		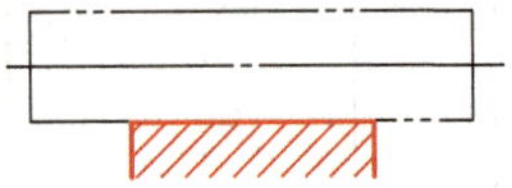	长支承板或两个支承钉	$\vec{z}$、$\widehat{x}$
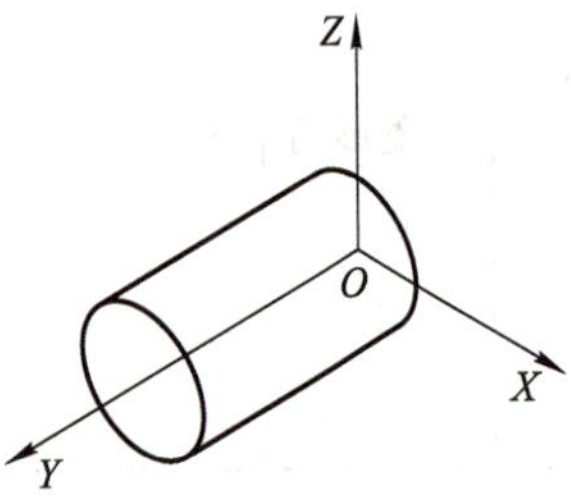	V形块	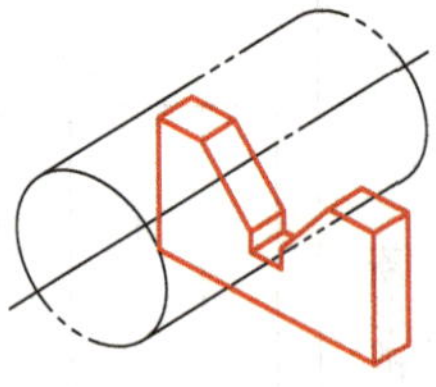	窄V形块	$\vec{x}$、$\vec{z}$
		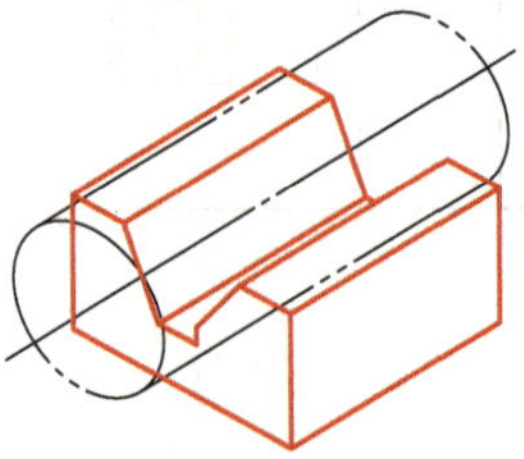	宽V形块	$\vec{x}$、$\vec{z}$ $\widehat{x}$、$\widehat{z}$

续 表

工件定位基面	定位元件		定位简图	定位元件特点	限制的自由度
外圆柱面	定位套			短套	$\vec{x}$、$\vec{z}$
				长套	$\vec{x}$、$\vec{z}$ $\hat{x}$、$\hat{z}$
	半圆套			短半圆套	$\vec{x}$、$\vec{y}$
				长半圆套	$\vec{x}$、$\vec{z}$ $\hat{x}$、$\hat{z}$
	锥套				$\vec{x}$、$\vec{y}$、$\vec{z}$
				1—固定锥套 2—活动锥套	$\vec{x}$、$\vec{y}$、$\vec{z}$ $\hat{x}$、$\hat{z}$

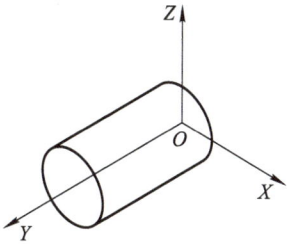

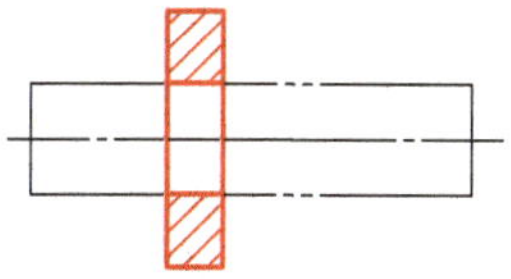

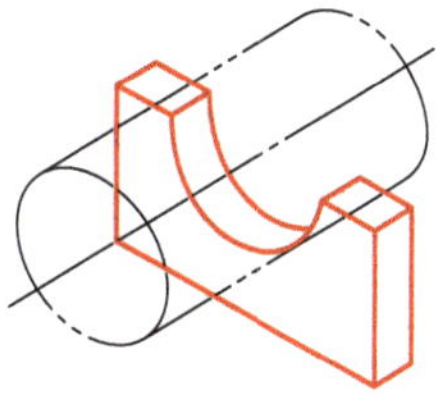

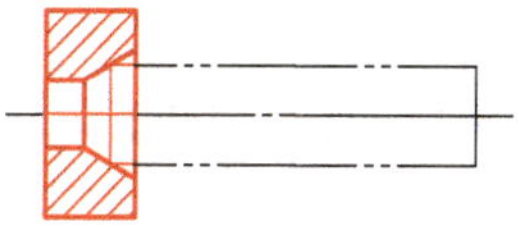

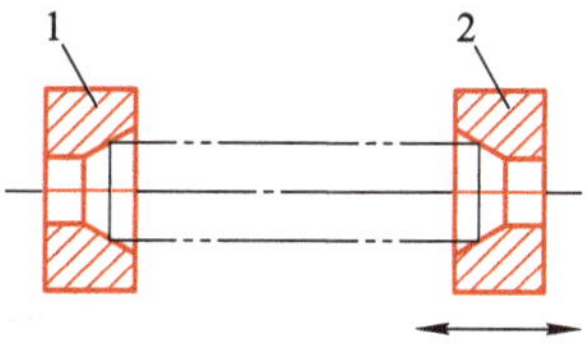

三、应用六点定位原理应注意的问题

1. 正确的定位形式

正确的定位形式就是在满足加工要求的情况下,适当地限制工件的自由度数目。如图 5-6 所示,要加工压板上的导向槽,由于要求保证槽深度方向的尺寸 A_2,故要限制自由度 $\vec{z}$;由于要求保证槽长度方向的尺寸 A_1,故要限制自由度 $\vec{x}$;由于要求槽底面与 C 面平行,故要限制自由度 $\hat{x}$ 和 $\hat{y}$;由于要求导向槽应在压板的中心,并与长圆孔的轴线方向一致,故要限制自由度 $\vec{y}$ 和 $\hat{z}$。可见,压板在加工导向槽时 6 个自由度都被限制了。这种定位称为完全定位。如

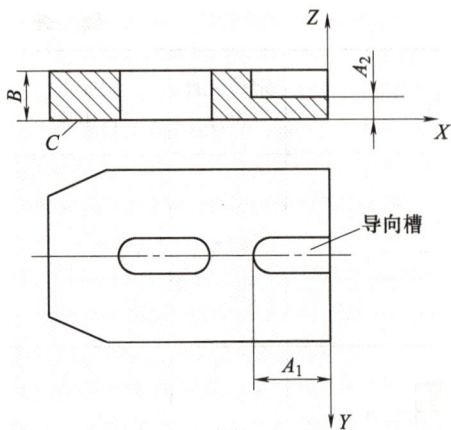

图 5-6 零件定位分析

要在平面磨床上磨削压板的上表面,加工要求保证板厚尺寸 B,并与 C 面平行。这时,只要限制自由度 $\vec{z}$、$\widehat{x}$ 和 $\widehat{y}$ 就可以了。这种根据零件加工要求限制部分自由度的定位,称为对应定位(也称不完全定位)。在满足加工要求的前提下,工件所要限制的自由度必须通过各种支承来完成。一个支承究竟限制几个自由度,要看具体情况具体分析。例如在图 5-7 所示平行六面体上加工键槽时,为保证加工尺寸 $A \pm \delta_a$,需限制工件的 $\vec{z}$、$\widehat{x}$、$\widehat{y}$ 三个自由度;为保证 $B \pm \delta_b$,还需限制 $\vec{x}$、$\widehat{z}$ 两个自由度;为保证:$C \pm \delta_c$,最后还需限制 $\vec{y}$ 自由度。

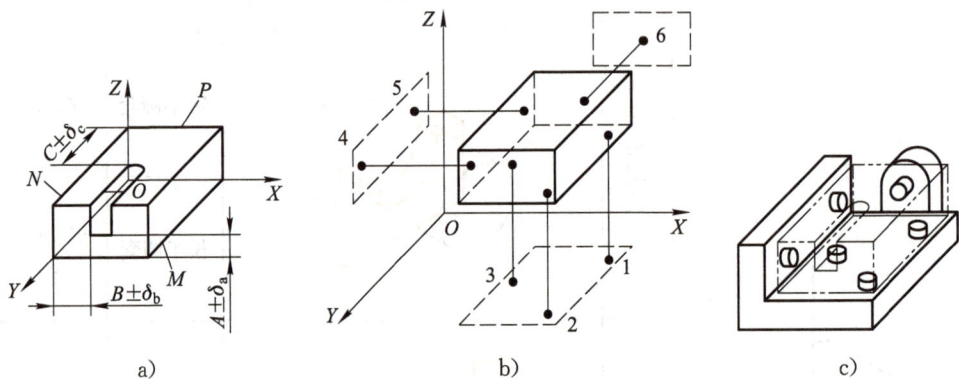

图 5-7 平行六面体上加工键槽时定位情况

2. 防止产生欠定位

根据零件的加工要求,而未能满足应该限制的自由度数目时,称为欠定位。如图 5-6 所示加工压板的导向槽时,减少限制任何一个自由度都是欠定位。欠定位是不允许的,因为工件在欠定位的情况下,将不可能保证加工精度的要求。

3. 正确处理过定位

如果工件的同一个自由度被多于一个的定位元件限制,称为过定位(也称为重复定位)。图 5-8 所示为齿轮毛坯的定位,其中图 5-8a 是短销、大平面定位,短销限制自由度 $\vec{x}$ 和 $\vec{y}$,大平

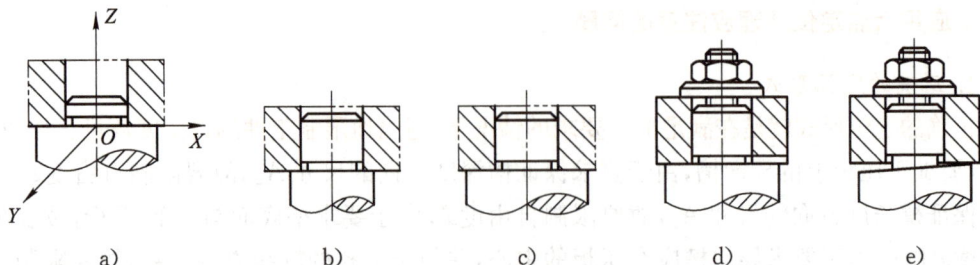

图 5-8 过定位情况分析

面限制自由度 $\vec{z}$、$\hat{x}$ 和 $\hat{y}$，无过定位。图 5-8b 是长销、小平面定位，长销限制自由度 $\vec{x}$、$\vec{y}$、$\hat{x}$ 和 $\hat{y}$，小平面限制自由度 $\vec{z}$，也无过定位。图 5-8c 是长销、大平面定位，长销限制自由度 $\vec{x}$、$\vec{y}$、$\hat{x}$ 和 $\hat{y}$，大平面限制自由度 $\vec{z}$、$\hat{x}$ 和 $\hat{y}$，这里的自由度 $\hat{x}$ 和 $\hat{y}$ 同时被两个定位元件限制，所以产生了过定位。

过定位一般是不允许的，因为它可能产生破坏定位、工件不能装入、工件变形或夹具变形（图 5-8d、e）等后果，导致同一批工件在夹具中位置的不一致性，影响加工精度。但工件与夹具定位面的精度都较高时，过定位又是允许的，因为它可以提高工件的安装刚度和加工的稳定性。

第三节　定位方式与定位元件

● 一、工件以平面定位

在机械加工过程中，大多数工件都以平面为主要定位基准，如箱体、机座、支架等。初始加工时，工件只能以粗基准平面定位，进入后续加工时，工件才能以精基准平面定位。

1. 工件以粗基准平面定位

粗基准平面通常是指经清理后的铸、锻件毛坯表面，其表面粗糙，且有较大的平面度误差。如图 5-9a 所示，当该面与定位支承面接触时，必然是随机分布的三个点接触。这三点所围的面积越小，其支承的稳定性越差。为了控制这三个点的位置，就应采用呈点接触的定位元件，以获得较稳定的定位（图 5-9b）。但这并非在任何情况下都是合理的，例如，定位基准为狭窄平面时就很难布置呈三角形的支承，而应采用面接触定位。

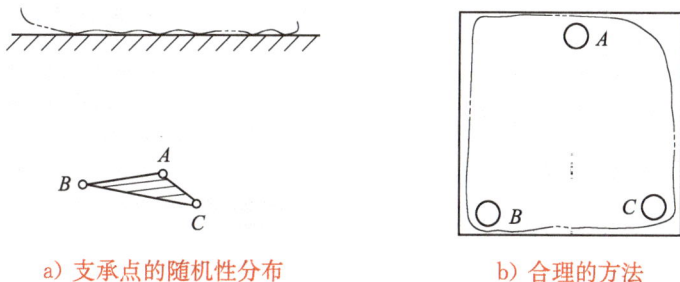

a) 支承点的随机性分布　　　　b) 合理的方法

图 5-9　粗基准平面定位的特点

粗基准平面常用的定位元件有固定支承钉、可调支承钉和可换支承钉等。

（1）固定支承钉　固定支承钉已标准化，有 A 型（平头）、B 型（球头）和 C 型（齿纹）三种。粗基准平面常用 B 型和 C 型支承钉，如图 5-10 所示。支承钉用 H7/r6 过盈配合压入夹具中。B 型支承钉能与定位基准面保持良好的接触；C 型支承钉的齿纹能增大摩擦系数，可防止工件在加工时滑动，常用于较大型工件的定位。这类定位元件磨损后不易更换。

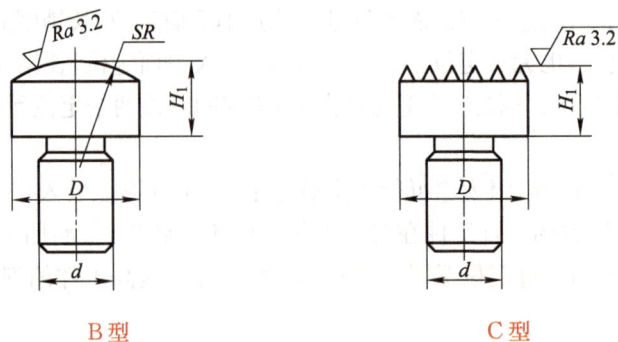

B型　　　　　　　　C型

图 5-10　固定支承钉

（2）可调支承钉　可调支承钉的高度可以根据需要进行调节，其螺钉的高度调整后用螺母锁紧，如图 5-11 所示。可调支承钉已标准化，主要用于毛坯质量不高，而且是以粗基准平面定位，特别是用于不同批次的毛坯差别较大时，往往在加工每批毛坯的最初几件时需要按划线来找正工件的位置，或者在产品系列化的情况下，可用同一夹具装夹结构相同而尺寸规格不同的工件。图 5-12 所示为可调支承钉定位的应用示例，工件以箱体的底面为粗基准定位，铣削顶面，由于毛坯的误差，将使后续镗孔工序的余量偏向一边（如 H_1 或 H_2），甚至出现余量不足的现象。为此，定位时应按划线找正工件的位置，以保证同一批次的毛坯有足够而

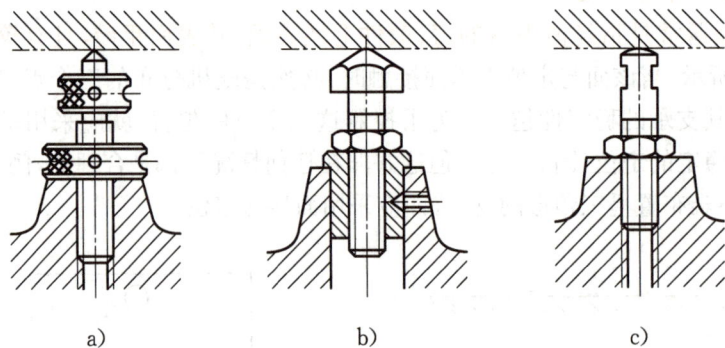

a)　　　　　b)　　　　　c)

图 5-11　可调支承钉

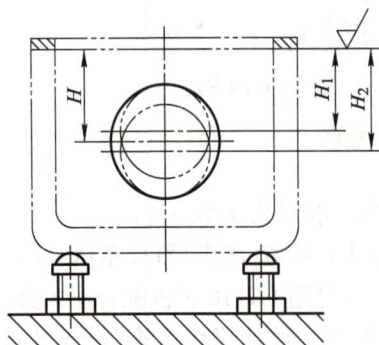

图 5-12　可调支承的应用实例

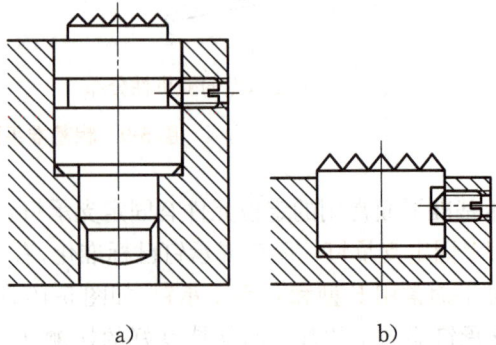

a)　　　　　b)

图 5-13　可换支承钉

均匀的加工余量。

(3) 可换支承钉　可换支承钉的两端面都可作为支承面,但一端为齿面,另一端为球面或平面。它主要用于批量较大的生产中,以降低夹具的制造成本。如图 5-13 所示,支承钉为图示位置时,用于粗基准的定位;若松开紧定螺钉,将支承钉掉头,即可作为精基准的定位。

2. 工件以精基准平面定位

工件经切削加工后的平面可作为精基准平面,定位时可直接放在已加工的平面上。此时的精基准平面具有较小的表面粗糙度值和平面度误差,可获得较高的定位精度。常用的定位元件有平头支承钉和支承板等。

(1) 平头支承钉　平头支承钉如图 5-14 所示。它用于工件接触面较小的情况,多件使用时必须使高度尺寸 H 相等,故允许产生过定位,以提高安装刚度和稳定性。

(2) 支承板　支承板如图 5-15 所示,它们都已标准化,A 型为光面支承板,用于垂直方向布置的场合;B 型为带斜槽的支承板,用于水平方向布置的场合,其上斜槽可防止细小切屑停留在定位面上。

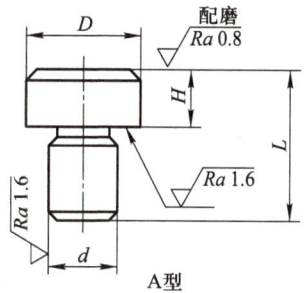

图 5-14　平头支承钉

工件以精基准平面定位时,所用的平头支承钉或支承板在安装到夹具体上后,其支承面须进行磨削,以使位于同一平面内的各支承钉或支承板等高,且与夹具底面保持必要的位置精度(如平行度或垂直度)。

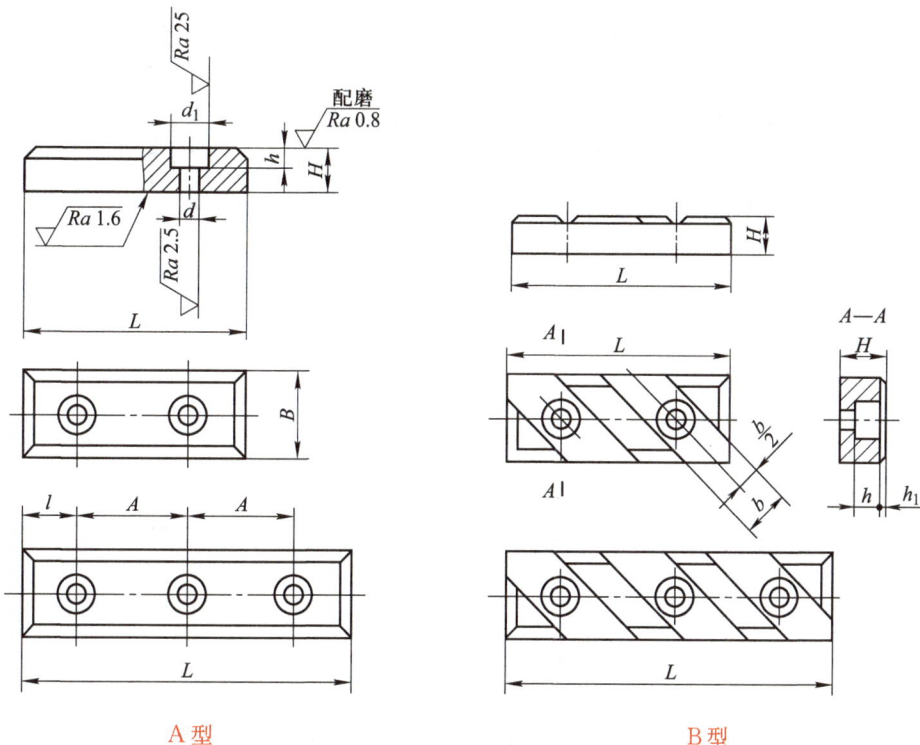

A 型　　　　　　　　　　　B 型

图 5-15　支承板

3. 提高平面支承刚度的方法

在加工大型机体或箱体零件时,为了避免因支承面的刚度不足而引起工件的振动和变形,通常需要考虑提高平面的支承刚度。对刚度较低的薄板状零件进行加工时,也需考虑这一问题。常用的方法是采用浮动支承或辅助支承,这既可减小工件加工时的振动和变形,又不致产生过定位。

(1) 浮动支承   浮动支承是指支承本身在对工件的定位过程中所处的位置,可随工件定位基准面位置的变化而自动与之适应,如图 5-16 所示。浮动支承是活动的,一般具有两个以上的支承点,其上放置工件后,若压下其中一点,就迫使其余各点上升,直至各点全部与工件接触为止,其定位作用只限制一个自由度,相当于一个固定支承钉。由于浮动支承与工件接触点数的增加,有利于提高工件的定位稳定性和支承刚度。通常用于粗基准平面、断续平面和台阶平面的定位。

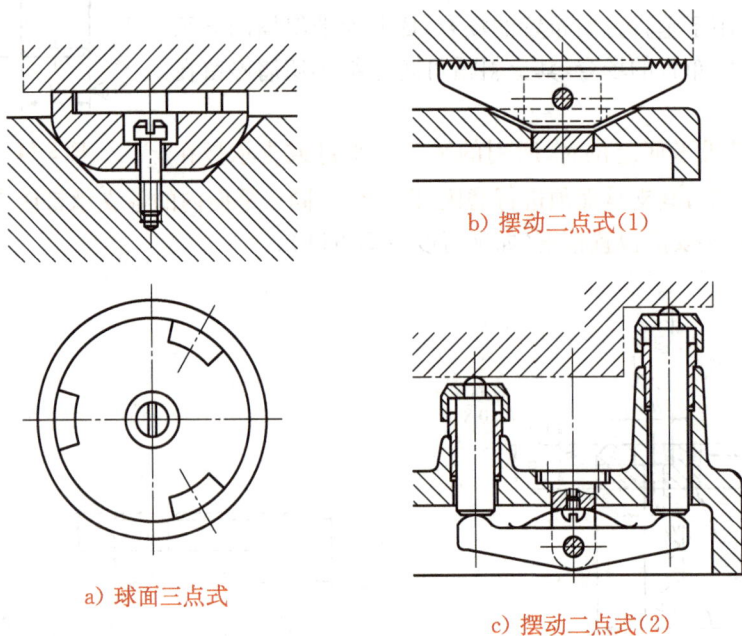

动画

自位支承

b) 摆动二点式(1)

a) 球面三点式

c) 摆动二点式(2)

图 5-16　浮动支承

采用浮动支承时,夹紧力和切削力不要正好作用在某一支承点上,应尽可能位于支承点的几何中心。

(2) 辅助支承   辅助支承是在夹具中对工件不起限制自由度作用的支承。它主要用于提高工件的支承刚度,防止工件因受力而产生振动或变形。图 5-17 所示为自动调节支承,支承由弹簧的作用与工件保持良好的接触,锁紧顶销即可起支承作用。图 5-17b 表示了平面用辅助支承的支承作用,可见其与定位的区别。

辅助支承不能确定工件在夹具中的位置,因此,只有当工件按定位元件定好位以后,再调节辅助支承的位置,使其与工件接触。这样每装卸一次工件,必须重新调节辅助支承。凡可调节的支承都可用作辅助支承。

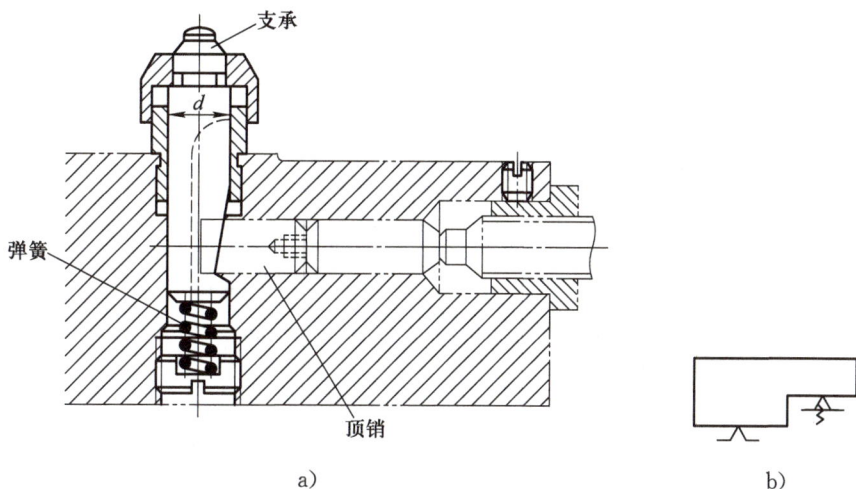

图 5-17　自动调节支承

二、工件以圆柱孔定位

工件以圆孔内表面作为定位表面时,常用以下定位元件:

1. 圆柱销(定位销)

图 5-18 所示为常用定位销的结构。当定位销直径为 3 ~ 10 mm 时,为增加刚性,避免使用中折断或热处理时淬裂,通常把根部倒成圆角。夹具体上应设有沉孔,使定位销的圆角部分沉入孔内而不影响定位。大批大量生产时,为了便于定位销的更换,可采用图 5-18d 所示的带衬套的结构形式。为便于工件装入,定位销的头部有 15°倒角。定位销的有关参数可查阅有关国家标准。

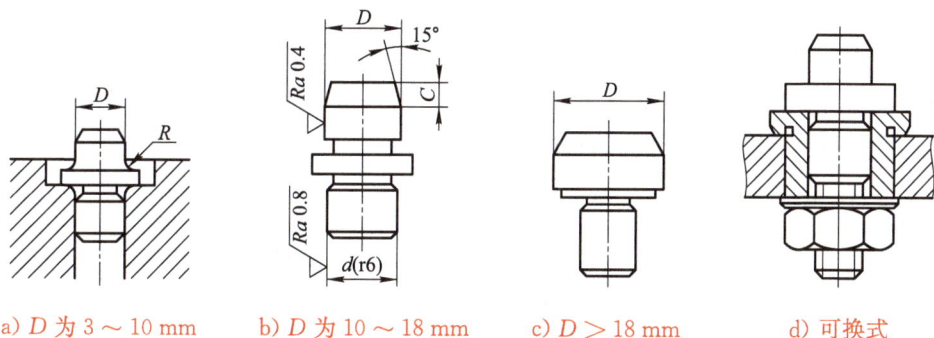

a) D 为 3 ~ 10 mm　　b) D 为 10 ~ 18 mm　　c) $D > 18$ mm　　d) 可换式

图 5-18　定位销

2. 圆锥销

为了保证孔的后续加工余量均匀,圆孔常用圆锥销定位的方式,如图 5-19 所示。这种定位方式是圆柱面与圆锥面的接触,所以两者的接触迹线是在某一高度上的圆。

可见,这种定位方式较之用短圆柱销定位,多限制了一个高度方向的移动自由度,即共限制了工件的 3 个自由度 $\vec{x}$、$\vec{y}$ 和 $\vec{z}$。圆锥销定位常和其他定位元件组合使用,这是由于圆柱孔与圆锥销只能在圆周上做线接触,定位时工件容易倾斜。

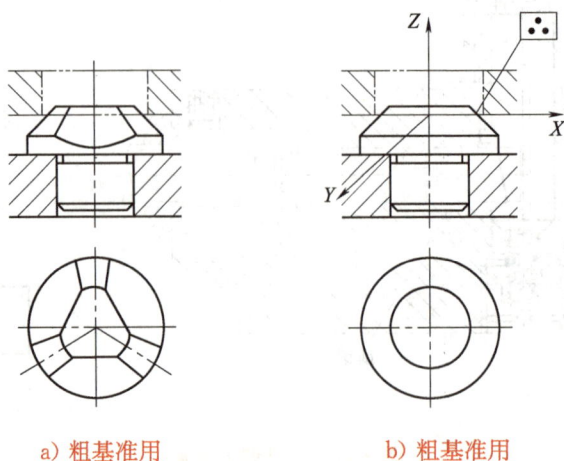

a) 粗基准用   b) 粗基准用

图 5-19   圆孔用圆锥销定位

3. 定位心轴

定位心轴常用于盘类、套筒类零件及齿轮加工中的定位,以保证加工面(外圆柱面、圆锥面或齿轮分度圆)对内孔的同轴度。定位心轴的结构形式很多,除以下介绍的刚性心轴外,还有胀套心轴、液性塑料心轴等。它的主要定位面可限制工件的 4 个自由度,若再设置防转支承等,即可实现组合定位。

(1) 圆柱心轴   圆柱心轴与工件的配合形式有间隙配合和过盈配合两种。间隙配合心轴装卸工件方便,但定心精度不高。为了减小因配合间隙造成的工件倾斜,工件常以孔和端面组合定位,故要求工件定位孔与定位端面之间、心轴的圆柱工作表面与其端面之间有较高的垂直度。

图 5-20 所示为过盈配合圆柱心轴,它由引导部分、工作部分和传动部分组成。这种心轴制造简单,定心精度较高,不用另外设置夹紧装置,但装卸工件比较费时,且容易损伤工件定位孔,故多用于定心精度要求较高的精加工中。

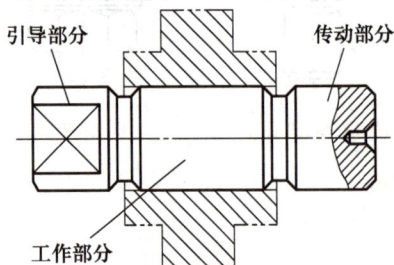

动画

圆柱心轴

图 5-20   过盈配合圆柱心轴

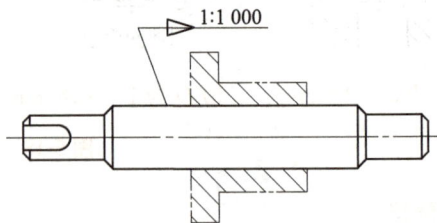

图 5-21   锥度心轴

(2) 锥度心轴   锥度心轴(图 5-21)的锥度一般都很小,通常锥度 $K = 1:1\,000 \sim 1:8\,000$。装夹时以轴向力将工件均衡推入,依靠孔与心轴接触表面的均匀弹性变形,使工件楔

紧在心轴的锥面上,加工时靠摩擦力带动工件旋转,故传递的转矩较小,装卸工件不方便,且不能加工工件的端面。但这种定位方式的定心精度高,同轴度公差为 $\phi0.02 \sim \phi0.01$ mm,工件轴向位移误差较大,一般只用于工件定位孔的精度高于 IT7 级的精车和磨削加工。

锥度心轴的锥度越小,定心精度越高,夹紧越可靠。当工件长径比较小时,为避免因工件倾斜而降低加工精度,锥度应取较小值,但减小锥度后工件轴向位移误差会增大。同时,心轴增长,刚度下降,为保证心轴有足够的刚度,当心轴长径比 $L/d > 8$ 时,应将工件定位孔的公差范围分成 2 或 3 组,每组设计一根心轴。

三、工件以外圆柱面定位

工件以外圆柱面作为定位基准,是生产中常见的定位方法之一。盘类、套筒类、轴类等工件就常以外圆柱面作为定位基准。根据工件外圆柱面的完整程度、加工要求等,可以采用 V 形块、半圆套、定位套等定位元件。

1. V 形块

图 5-22 所示为已标准化的 V 形块,它的两半角($\alpha/2$)对称布置,定位精度较高,当工件用长圆柱面定位时,可以限制 4 个自由度;若以短圆柱面定位,则只能限制工件的 2 个自由度。V 形块的结构形式较多,如图 5-23 所示。图 5-23a 用于较短的精基准定位;图 5-23b 用于较长的粗基准(或阶梯轴)定位;图 5-23c

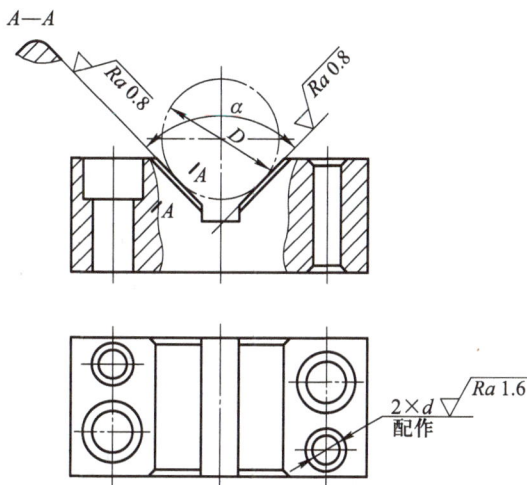

图 5-22 V 形块

用于较长的精基准或两个相距较远的定位基准面的定位;图 5-23d 为在铸铁底座上镶淬硬支承板或硬质合金板的 V 形块,以节省钢材。

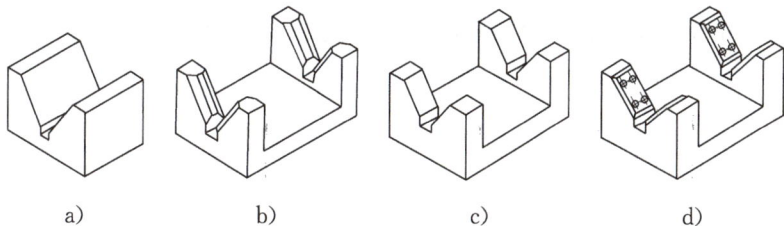

图 5-23 V 形块的结构形式

V 形块有活动式与固定式之分。图 5-24a 所示为加工轴承座孔时的定位方式,此时活动 V 形块除限制工件的 1 个自由度以外,还兼有夹紧的作用。图 5-24b 中的活动 V 形块只起定位作用,限制工件的 1 个自由度。

不论定位基面是否经过加工,也不论外圆柱面是否完整,都可用 V 形块定位。其特点是对中性好,即能使工件定位基准的轴线对中在 V 形块两斜面的对称平面上,而不受定位基准直径误差的影响,并且安装方便,生产中应用很广泛。

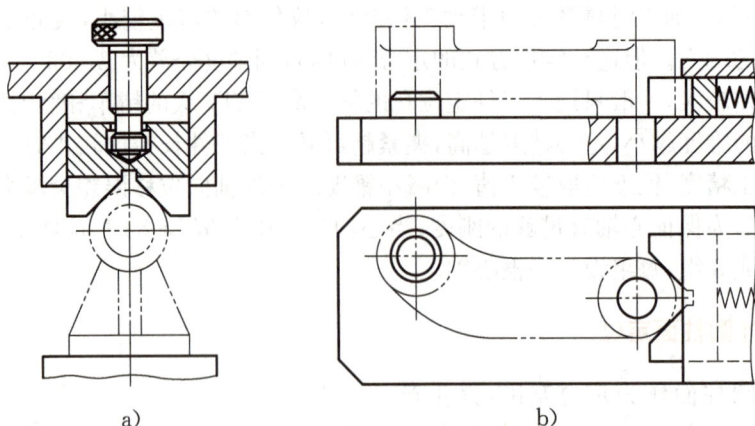

a)   b)

图 5-24   活动 V 形块的应用

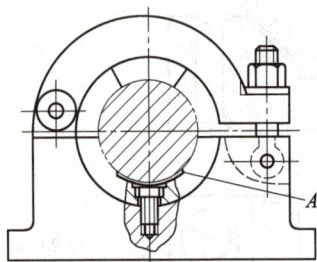

图 5-25   半圆套

2. 半圆套

如图 5-25 所示，下半部分半圆套装在夹具体上，其定位面 A 置于工件的下方，上半部分半圆套起夹紧作用。这种定位方式类似于 V 形块，常用于不便轴向安装的大型轴套筒类零件的精基准定位中，其稳定性比 V 形块更好。半圆套与定位基准面的接触面积较大，夹紧力均匀，可减小工件基准面的接触变形，特别是空心圆柱定位基准面的变形。工件定位基准面的精度不应低于 IT9 级，半圆套的最小内径应取工件定位基准面的最大直径。

3. 定位套

工件以外圆柱面作为定位基准面在定位套中定位时，其定位元件常做成钢套装在夹具体中，如图 5-26 所示。图 5-26a 用于工件以端面为主要定位基准时，短定位套只限制工件的 2 个移动自由度；图 5-26b 用于工件以外圆柱面为主要定位基准时，应考虑垂直度误差与配合间隙的影响，必要时应采取工艺措施，以避免重复定位引起的不良后果。长定位套可限制工

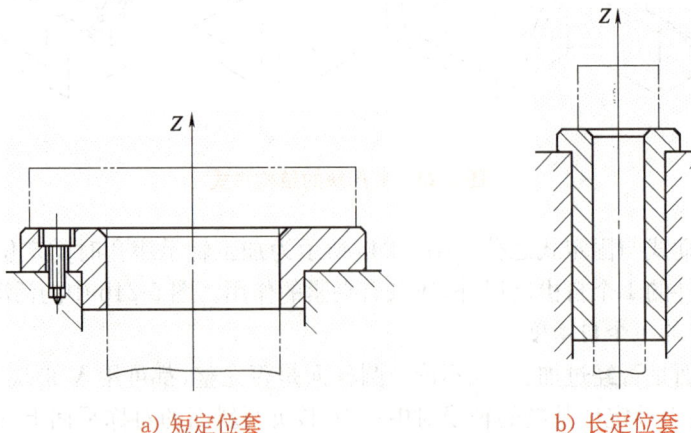

a) 短定位套   b) 长定位套

图 5-26   定位套

件的 4 个自由度。这种定位方式为间隙配合的中心定位,故对定位基准面的精度要求较高(不应低于 IT8 级)。定位套应用较少,常用于小型、形状简单的轴类零件定位。

第四节 定位误差分析

● 一、基本概念

工件在夹具中的位置是以其定位基面与定位元件相接触(配合)来确定的。然而,由于定位基面、定位元件的工作表面的制造误差,会使一批工件在夹具中的实际位置不相一致。加工后,各工件的加工尺寸必然大小不一,形成误差。这种由于工件在夹具上定位不准而造成的加工误差称为定位误差,用 Δ_D 表示。它包括基准位移误差和基准不重合误差。在采用调整法加工一批工件时,定位误差的实质是工序基准在加工尺寸方向上的最大变动量。采用试切法加工,不存在定位误差。

定位误差产生的原因是工件的制造误差和定位元件的制造误差、两者的配合间隙及工序基准与定位基准不重合等。

1. 基准不重合误差

当定位基准与设计基准不重合时便产生基准不重合误差。因此选择定位基准时应尽量与设计基准相重合。当被加工工件的工艺过程确定以后,各工序的工序尺寸也就随之而定,此时在工艺文件上,设计基准便转化为工序基准。

设计夹具时,应当使定位基准与工序基准相重合。当定位基准与工序基准不重合时,将产生基准不重合误差,其大小等于定位基准与工序基准之间尺寸的公差,用 Δ_B 表示。

2. 基准位移误差

工件在夹具中定位时,由于工件定位基面与夹具上定位元件限位基面的制造公差和最小配合间隙的影响,导致定位基准与限位基准不能重合,从而使各个工件的位置不一致,给加工

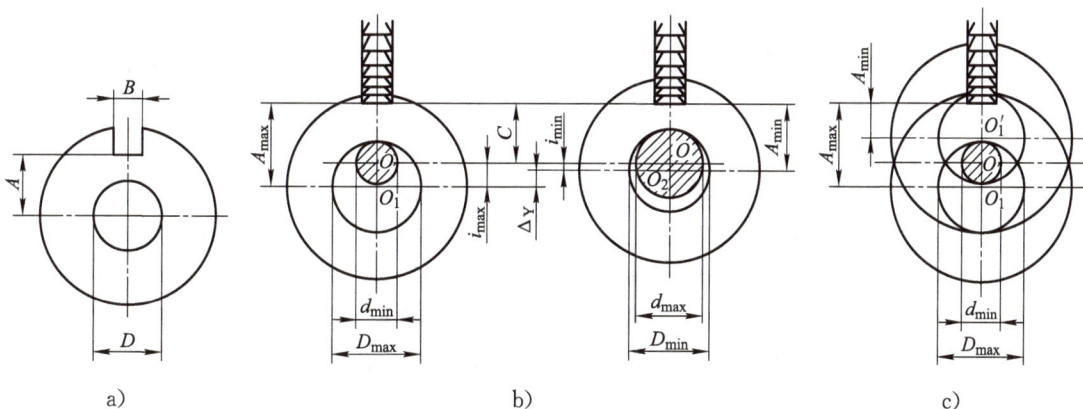

图 5-27 基准位移误差

尺寸造成误差,这个误差称为基准位移误差,用 Δ_Y 表示。图 5-27a 所示为圆套铣键槽的工序简图,工序尺寸为 A 和 B。图 5-27b 是加工示意图,工件以内孔 D 在圆柱心轴上定位,O 是心轴轴心,C 是对刀尺寸。

尺寸 A 的工序基准是内孔轴线,定位基准也是内孔轴线,两者重合,$\Delta_B = 0$。但是,由于工件内孔面与心轴圆柱面有制造公差和最小配合间隙,使得定位基准(工件内孔轴线)与限位基准(心轴轴线)不能重合,定位基准相对于限位基准下移了一段距离,由于刀具调整好位置后在加工一批工件过程中位置不再变动(与限位基准的位置不变)。所以,定位基准的位置变动影响到尺寸 A 的大小,给尺寸 A 造成了误差,这个误差就是基准位移误差。

基准位移误差等于因定位基准与限位基准不重合造成工序尺寸的最大变动量。

由图 5-27b 可知,一批工件定位基准的最大变动量为

$$\Delta_i = A_{max} - A_{min}$$

式中　Δ_i——一批工件定位基准的最大变动量;

　　　A_{max}——最大工序尺寸;

　　　A_{min}——最小工序尺寸。

当定位基准的变动方向与工序尺寸的方向相同时,基准位移误差等于定位基准的变动范围,即

$$\Delta_Y = \Delta_i \tag{5-1}$$

当定位基准的变动方向与工序尺寸的方向不同时,基准位移误差等于定位基准的变动范围在加工尺寸方向上的投影,即

$$\Delta_Y = \Delta_i \cos \alpha \tag{5-2}$$

式中　α——定位基准的变动方向与工序尺寸方向间的夹角。

● 二、定位误差的计算

一般情况下,定位误差由基准位移误差和基准不重合误差组成。但并不是在任何情况下两种误差都存在。当定位基准与工序基准重合时,$\Delta_B = 0$;当定位基准无变动时,$\Delta_Y = 0$。

定位误差由基准位移误差与基准不重合误差两项组合而成。计算时,先分别算出 Δ_Y 和 Δ_B,然后将两者组合而成 Δ_D。组合方法为:

如果工序基准不在定位基面上　　$\Delta_D = \Delta_Y + \Delta_B$

如果工序基准在定位基面上　　　　$\Delta_D = \Delta_Y \pm \Delta_B$

式中"＋""－"号的确定方法如下:

(1) 分析定位基面直径由小变大(或由大变小)时,定位基准的变动方向。

(2) 定位基面直径同样变化时,假设定位基准的位置不变,分析工序基准的变动方向。

(3) 两者的变动方向相同时,取"＋"号,两者的变动方向相反时,取"－"号。

1. 工件以圆柱配合面定位

(1) 定位副固定单边接触　如图 5-27b 所示,当心轴水平放置时,工件在自重作用下与心

轴固定单边接触,此时

$$\Delta_Y = \Delta_i = OO_1 - OO_2 = \frac{D_{max} - d_{min}}{2} - \frac{D_{min} - d_{max}}{2}$$

$$= \frac{D_{max} - D_{min} + d_{max} - d_{min}}{2} = \frac{T_D + T_d}{2}$$

(2) 定位副任意边接触　如图 5-27c 所示,当心轴垂直放置时,工件与心轴任意边接触,此时

$$\Delta_Y = \Delta_i = OO_1 + OO_1' = D_{max} - d_{min} = T_D + T_d + X_{min} \tag{5-3}$$

式中　T_D——工件孔的公差,mm;

　　　T_d——心轴的公差,mm;

　　　X_{min}——工件孔与心轴的最小间隙,mm。

例 5-1　在图 5-27 中,设 $A = 40\ mm \pm 0.1\ mm$,$D = 50_{\ 0}^{+0.03}\ mm$,$d = 50_{-0.04}^{-0.01}\ mm$,求加工尺寸 A 的定位误差。

解　① 定位基准与工序基准重合,$\Delta_B = 0$。

② 定位基准与限位基准不重合,定位基准单方向移动。其最大移动量为

$$\Delta_i = \frac{T_D + T_d}{2}$$

$$\Delta_Y = \Delta_i = \frac{0.03 + 0.03}{2}\ mm = 0.03\ mm$$

③ $\Delta_D = \Delta_Y = 0.03\ mm$。

例 5-2　钻铰图 5-28a 所示凸轮上的 $2 \times \phi16\ mm$ 孔,定位方式如图 5-28b 所示。定位销直径为 $\phi22_{-0.021}^{\ 0}\ mm$,求加工尺寸 $100\ mm \pm 0.1\ mm$ 的定位误差。

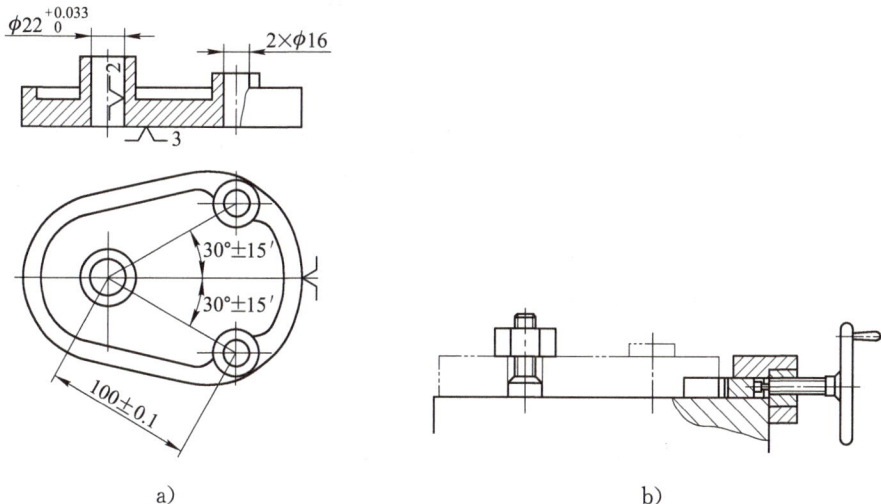

a)　　　　　　　　　　　　b)

图 5-28　凸轮工序图及定位简图

解 ① 定位基准与工序基准重合，$\Delta_B = 0$。

② 定位基准与限位基准不重合，定位基准单方向移动，移动方向与加工尺寸方向间的夹角为 $30° \pm 15'$。因

$$\Delta_i = \frac{T_D + T_d}{2}$$

根据式(5-2)知

$$\Delta_Y = \Delta_i \cos \alpha = \frac{0.033 \text{ mm} + 0.021 \text{ mm}}{2} \times \cos 30° \approx 0.02 \text{ mm}$$

③ $\Delta_D = \Delta_Y = 0.02 \text{ mm}$。

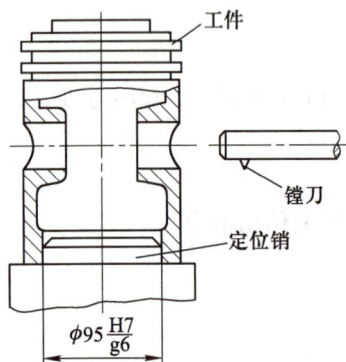

图 5-29 镗活塞销孔示意图

例 5-3 如图 5-29 所示，在金刚镗床上镗活塞销孔。活塞销孔轴线对活塞裙部内孔轴线的对称度要求为 0.2 mm，活塞以裙部内孔及端面定位，内孔与限位销的配合为 $\phi 95 \dfrac{H7}{g6}$，求对称度的定位误差。

解 查表：$\phi 95 H7 = \phi 95^{+0.035}_{0} \text{ mm}$

$$\phi 95 g6 = \phi 95^{-0.012}_{-0.034} \text{ mm}$$

① 对称度的工序基准是裙部内孔轴线，定位基准也是裙部内孔轴线，两者重合，$\Delta_B = 0$。

② 定位基准与限位基准不重合，定位基准可任意方向移动。

根据式(5-3)知

$$\Delta_i = T_D + T_d + X_{min}$$

$$\Delta_Y = \Delta_i = (0.035 + 0.022 + 0.012) \text{mm} = 0.069 \text{ mm}$$

③ $\Delta_D = \Delta_Y = 0.069 \text{ mm}$。

2. 工件以外圆柱面在 V 形块上定位

如图 5-30 所示，如不考虑 V 形块的制造误差，则定位基准在 V 形块对称平面上。它在水平方向的定位误差为零，但在垂直方向上由图 5-30 可知，因工件外圆柱面直径有制造误差，由此产生基准位移误差为

$$\Delta_Y = OO_1 = \frac{d}{2\sin \frac{\alpha}{2}} - \frac{d - T_d}{2\sin \frac{\alpha}{2}} = \frac{T_d}{2\sin \frac{\alpha}{2}}$$

$$\Delta_Y = \Delta_i = \frac{T_d}{2\sin \frac{\alpha}{2}}$$

对于图 5-30b 中的三种工序尺寸标注，其定位误差分别为：

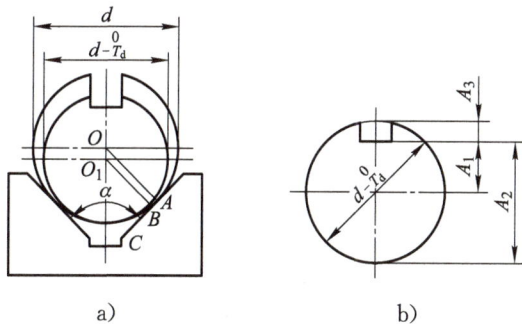

图 5-30　工件以外圆柱面在 V 形块上定位

（1）当工序尺寸标为 A_1 时，因基准重合

$$\Delta_D = \Delta_Y = \frac{T_d}{2\sin\dfrac{\alpha}{2}}$$

（2）当工序尺寸标为 A_2 和 A_3 时，工序基准是圆柱母线，存在基准不重合误差，又因工序基准在定位基面上，因此

$$\Delta_D = \Delta_Y \pm \Delta_B$$

对于尺寸 A_2，当定位基面直径由大变小时，定位基准向下变动；当定位基面直径由大变小时，假设定位基准位置不动，工序基准朝上变动。两者的变动方向相反，取"—"号，为

$$\Delta_D = \Delta_Y - \Delta_B = \frac{T_d}{2\sin\dfrac{\alpha}{2}} - \frac{T_d}{2} = \frac{T_d}{2}\left(\frac{1}{\sin\dfrac{\alpha}{2}} - 1\right)$$

对于尺寸 A_3，当定位基面直径由大变小时，定位基准向下变动；当定位基面直径由大变小时，假设定位基准位置不动，工序基准也朝下变动。两者的变动方向相同，取"＋"号，为

$$\Delta_D = \Delta_Y + \Delta_B = \frac{T_d}{2\sin\dfrac{\alpha}{2}} + \frac{T_d}{2} = \frac{T_d}{2}\left(\frac{1}{\sin\dfrac{\alpha}{2}} + 1\right)$$

当 $\alpha = 90°$ 时，上述三种情况下，Δ_D 可以计算为：

当工序尺寸为 A_1 时

$$\Delta_D = \Delta_Y = \frac{T_d}{2\sin 45°} \approx 0.707 T_d$$

当工序尺寸为 A_2 时

$$\Delta_D = \Delta_Y - \Delta_B = \left(\frac{1}{2\sin 45°} - \frac{1}{2}\right) T_d$$

$$\approx 0.207 T_d$$

当工序尺寸为 A_3 时

$$\Delta_D = \Delta_Y + \Delta_B = \left(\frac{1}{2\sin 45°} + \frac{1}{2}\right) T_d$$

$$\approx 1.207 T_d$$

计算结果列表于 5-2。

表 5-2　工件以外圆柱面在 V 形块上定位时的定位误差

工序尺寸	基准位移误差 Δ_D	基准不重合误差 Δ_B	定位误差 Δ_D
A_1		0	$\dfrac{T_d}{2\sin 45°} \approx 0.707 T_d$
A_2	$\dfrac{T_d}{2\sin 45°}$	$\dfrac{1}{2} T_d$	$\left(\dfrac{1}{2\sin 45°} - \dfrac{1}{2}\right) T_d \approx 0.207 T_d$
A_3		$\dfrac{1}{2} T_d$	$\left(\dfrac{1}{2\sin 45°} + \dfrac{1}{2}\right) T_d \approx 1.207 T_d$

第五节　工件的夹紧

夹紧是工件装夹过程的重要组成部分。工件定位后,必须通过一定的机构产生夹紧力,把它固定,使工件保持准确的定位位置,以保证加工过程中,在切削力等外力的作用下不产生位移或振动。这种产生夹紧力的机械称为夹紧装置。

● 一、夹紧装置的组成和基本要求

1. 夹紧装置的组成

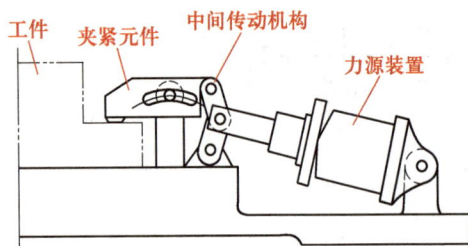

图 5-31　夹紧装置组成示意图

夹紧装置的结构形式虽然很多,但其组成主要包括以下三部分(图 5-31):

(1) **力源装置**　是产生夹紧原始作用力的装置,对机动夹紧机构来说,有气动、液压、电力等动力装置。

(2) **中间传动机构**　是把力源装置产生的力传给夹紧元件的中间机构。其作用是能改变力的作用方向和大小,当手动夹紧时能可靠地自锁。

(3) **夹紧元件**　是夹紧装置的最终执行元件,直接和工件接触,把工件夹紧。中间传动机构和夹紧元件合称为夹紧机构。

2. 夹紧装置的基本要求

(1) **夹紧过程可靠**　夹紧过程中不破坏工件在夹具中的正确位置。

(2) **夹紧力大小适当**　夹紧后的工件变形和表面压伤程度必须在加工精度允许的范围内。

（3）结构性好　结构力求简单、紧凑，便于制造和维修。

（4）使用性好　夹紧运作迅速，操作方便，安全省力。

● 二、夹紧力的确定

确定夹紧力包括确定其大小、方向和作用点。

1. 夹紧力作用点的选择

（1）夹紧力作用点必须选在定位元件的支承表面上或作用在几个定位元件所形成的稳定受力区域内，如图 5-32 所示。

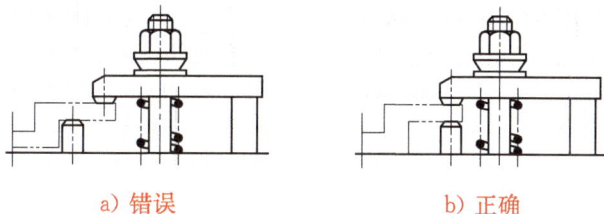

a) 错误　　　　　　b) 正确

图 5-32　夹紧力作用点与工件稳定的关系

（2）夹紧力作用点应选在工件刚性较好的部位。

如图 5-33a 所示，夹紧薄壁箱体时，夹紧力不应作用在箱体的顶面，而应作用在刚性好的凸边上。箱体没有凸边时，如图 5-33b 所示，将单点夹紧改为三点夹紧，从而改变了着力点的位置，减小了工件的变形。

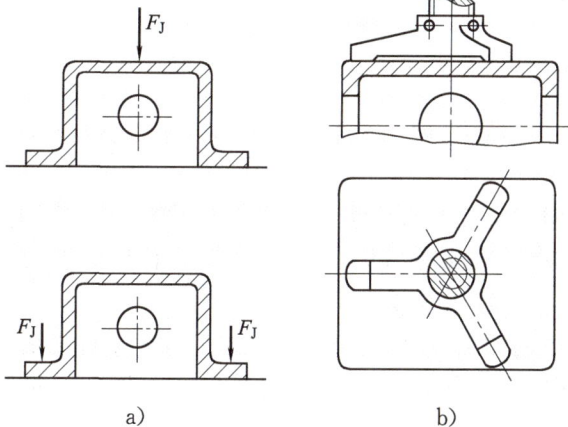

图 5-33　夹紧力作用点与夹紧变形的关系

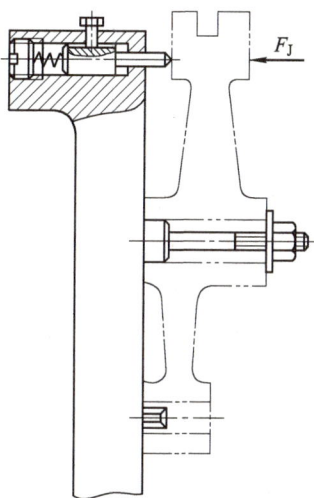

动画

夹紧点
作用点

图 5-34　夹紧力作用点靠近加工表面

（3）夹紧力的作用点应适当靠近加工表面。图 5-34 所示为在拨叉上铣槽，由于主要夹紧力的作用点距加工表面较远，故在靠近加工表面的部位设置了辅助支承，增加了夹紧力 F_J。这样，提高了工件的装夹刚性，减小了加工时的工件振动。

2. 夹紧力方向的选择

（1）夹紧力的作用方向不应破坏工件的定位。工件在夹紧力的作用下要确保其定位基面紧贴在定位元件的工作表面上。为此要求主夹紧力的方向应指向主要定位基准面。如图 5-35 所示，工件上要镗的孔与 A 面有垂直度要求，A 面为主要定位基面，应使夹紧力垂直于 A 面（图 5-35a），才能保证镗出的孔与 A 面垂直；如果夹紧力垂直于 B 面（图 5-35b），则镗出的孔与 A 面的垂直度不能保证。

动画

夹紧力
方向

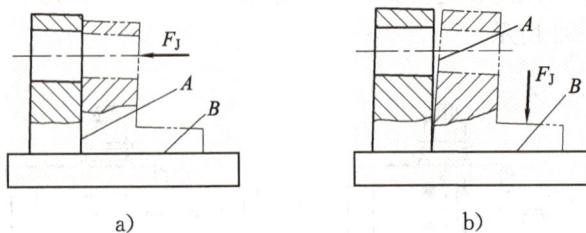

图 5-35　夹紧力方向垂直指向主要定位支承表面

（2）夹紧力作用方向应与工件刚度最大的方向一致，使工件的夹紧变形小。加工薄壁套筒时，由于工件的径向刚度很差，若用卡爪径向夹紧，工件变形大（图 5-36a）；改为沿轴向施加夹紧力，变形就会小得多（图 5-36b）。

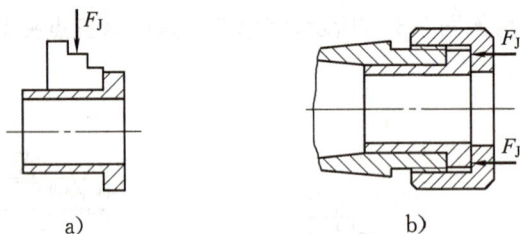

图 5-36　夹紧力的作用方向对工件变形的影响

（3）夹紧力的作用方向应尽量与工件的切削力、重力等方向一致，有利于减小夹紧力。

3. 夹紧力大小的确定

夹紧力的大小，从理论上讲应该与作用在工件上的其他力（力矩）相平衡。而实际上，夹紧力的大小还与工艺系统的刚度、夹紧机构的传力效率等因素有关，计算是很困难的。因此，在实际工作中常用估算法、类比法或经验法来确定所需夹紧力的大小。

用估算法确定夹紧力的大小时，首先根据加工情况，确定工件在加工过程中对夹紧最不利的瞬时状态，分析作用在工件上的各种力，再根据静力平衡条件计算出理论夹紧力，最后再乘以安全系数，即可得到实际所需夹紧力，即

$$F_{WK} = KF_W \tag{5-4}$$

式中　F_{WK}——实际所需夹紧力，N；

　　　F_W——由静力平衡计算出的理论夹紧力，N；

　　　K——安全系数，通常取 1.5～2.5，精加工和连续切削时取较小值，粗加工或断续切削

时取较大值,当夹紧力与切削力方向相反时,取 2.5~3。

对于一般中、小型工件的加工,主要考虑切削力的影响;对于大型工件的加工,必须考虑重力的影响;对于高速回转的偏心工件和往复运动的大型工件的加工,还必须考虑离心力和惯性力的影响。

● 三、基本夹紧机构

夹紧机构的种类虽然很多,但其结构都以斜楔夹紧机构、螺旋夹紧机构和偏心夹紧机构为基础,这三种机构合称为基本夹紧机构。

1. 斜楔夹紧机构

图 5-37 所示为几种用斜楔夹紧机构夹紧工件的实例。图 5-37a 是手动斜楔夹紧机构,工件装入后锤击斜楔大头即可夹紧工件;加工完毕后,锤击斜楔小头,即可松开工件。由于是用斜楔直接夹紧工件,夹紧力较小,且操作费时,所以实际生产中应用不多。多数情况下是将斜楔与其他机构组合起来使用。图 5-37b 是将斜楔与滑柱组合成一种夹紧机构,一般用气压或液压作动力源。图 5-37c 是由端面斜楔与压板组合而成的夹紧机构。

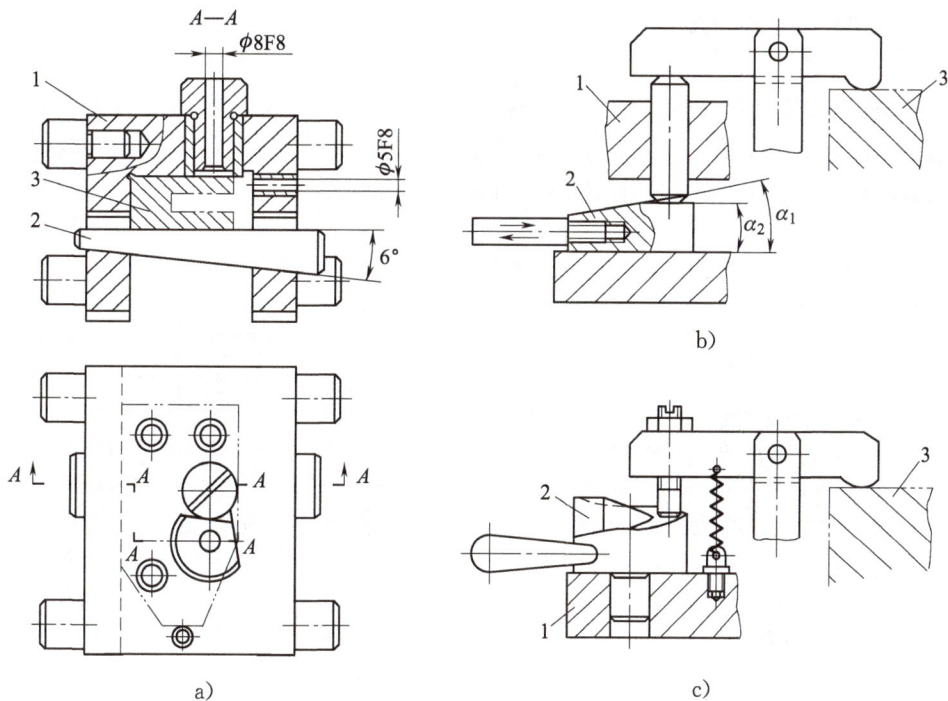

动画

斜楔夹紧机构

1—夹具体;2—斜楔;3—工件

图 5-37 斜楔夹紧机构

斜楔的自锁条件是:斜楔的升角小于斜楔与工件、斜楔与夹具体之间的摩擦角之和。为保证自锁可靠,手动夹紧机构一般取升角 $\alpha = 6° \sim 8°$。用气压或液压装置驱动的斜楔不需要自锁,可取 $\alpha = 15° \sim 30°$。

2. 螺旋夹紧机构

由螺钉、螺母、垫圈、压板等元件组成的夹紧机构称为螺旋夹紧机构。图 5-38 所示是应用这种机构来夹紧的实例。

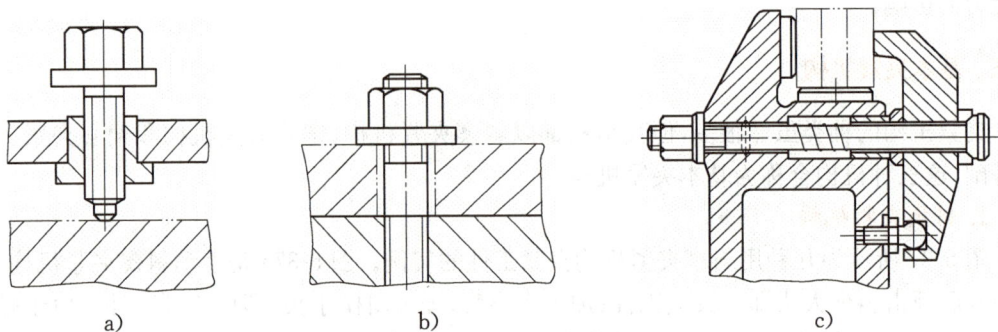

动画
螺旋夹紧机构

a)　　　　b)　　　　c)

图 5-38　螺旋夹紧机构

螺旋夹紧机构的实质是绕在圆柱体上的斜楔,因此它不仅结构简单、容易制造,而且由于其升角很小,所以螺旋夹紧机构的自锁性能好,夹紧行程较大,是手动夹紧中用得最多的一种夹紧机构,只是夹紧动作较慢。

3. 偏心夹紧机构

用偏心件直接或间接夹紧工件的机构称为偏心夹紧机构。常用的偏心件是圆偏心轮和偏心轴。图 5-39 所示是偏心夹紧机构的应用实例,其中图 5-39a 用的是圆偏心轮,图 5-39b 用的是凸轮,图 5-39c 用的是偏心轴,图 5-39d 用的是偏心叉。

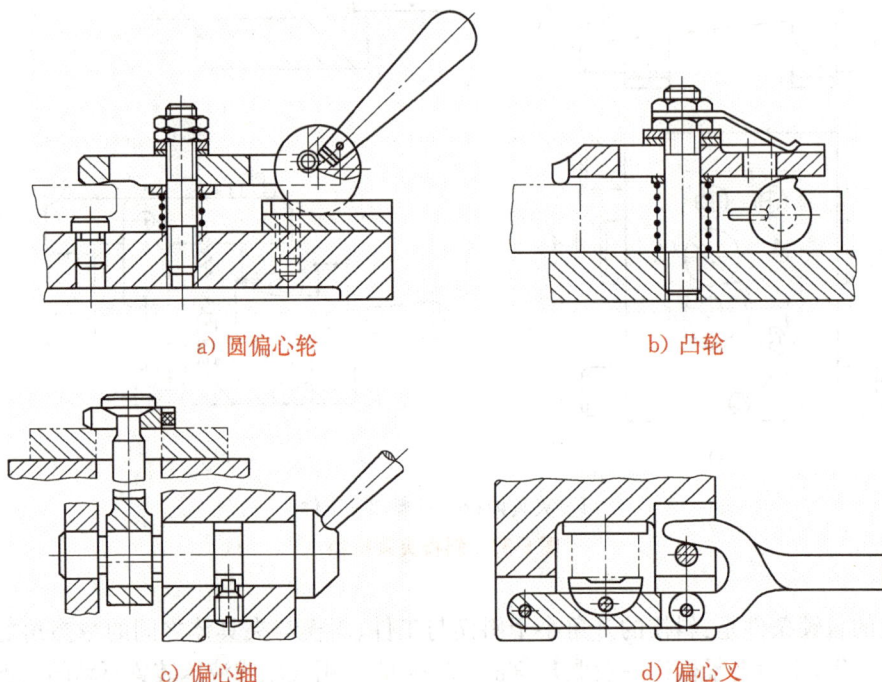

动画
偏心夹紧机构

a) 圆偏心轮　　　b) 凸轮

c) 偏心轴　　　d) 偏心叉

图 5-39　圆偏心夹紧机构

偏心夹紧机构操作方便、夹紧迅速,缺点是夹紧力和夹紧行程都较小,且自锁可靠性较差。一般用于切削力不大、振动小、夹压面公差小的加工中。为避免夹紧时带动工件而破坏定位,一般不直接用偏心件夹工件。偏心轮相当于绕在原盘上的斜楔,故其自锁条件与斜楔的自锁条件相同。

第六节　典型夹具应用实例

● 一、车床夹具

车床夹具多数安装在车床主轴上,少数安装在床身或拖板上。第二种安装方式属机床改装范畴,在此不予介绍。

1. 车床夹具实例

(1) 角铁式车床夹具　在车床上加工箱体类零件上的圆柱面及端面时,由于这些零件的形状比较复杂,难以装在通用卡盘上,因而需设计专用夹具。这类车床夹具一般具有类似角铁的夹具体,故称其为角铁式车床夹具。

图 5-40 所示为加工轴承座内孔角铁式车床夹具,工件以两孔在圆柱销和削边销上定位,端面在支承板上定位,用两块压板夹紧工件。

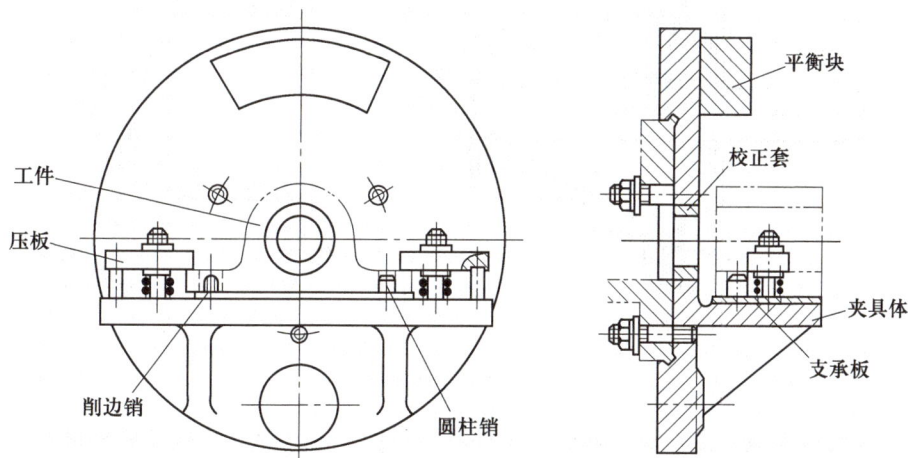

动画
弯板式
车床夹具

动画
花盘式
车床夹具

图 5-40　角铁式车床夹具

(2) 心轴类车床夹具　心轴类车床夹具多用于工件以内孔作主要定位基准加工外圆柱面的情况。常见的车床心轴有圆柱心轴、弹簧心轴、顶尖式心轴等。

图 5-41a 所示为飞球保持架加工外圆 $\phi 92_{-0.5}^{\ 0}$ mm 及两端倒角的工序,图 5-41b 所示为加工时所使用的圆柱心轴。心轴上装有定位键,工件以 $\phi 33$ mm 孔、一端面及槽的侧面作定位基准套在心轴上,每次装夹 22 件,每件之间装一垫套,以便加工倒角 $C0.5$。旋转螺母,通过快

换垫圈和压板将工件连续夹紧。卸下工件时需取下压板。

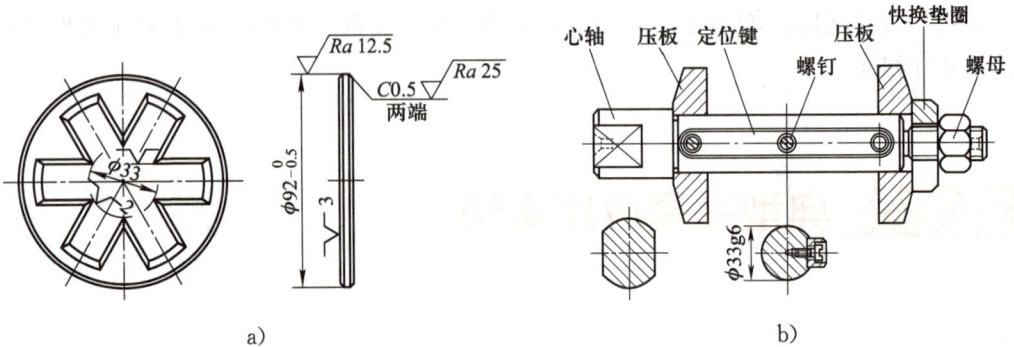

图 5-41　飞球保持架工序图及心轴

图 5-42 所示为弹簧心轴。工件以内孔和端面在弹性筒夹和定位套上定位。当拉杆带动螺母和弹性筒夹向左移动时，夹具体上的锥面迫使轴向开槽的弹性筒夹径向胀大，从而使工件定心并夹紧。加工结束后，拉杆带动弹性筒夹向右移动，弹性筒夹收缩复原，便可卸下工件。

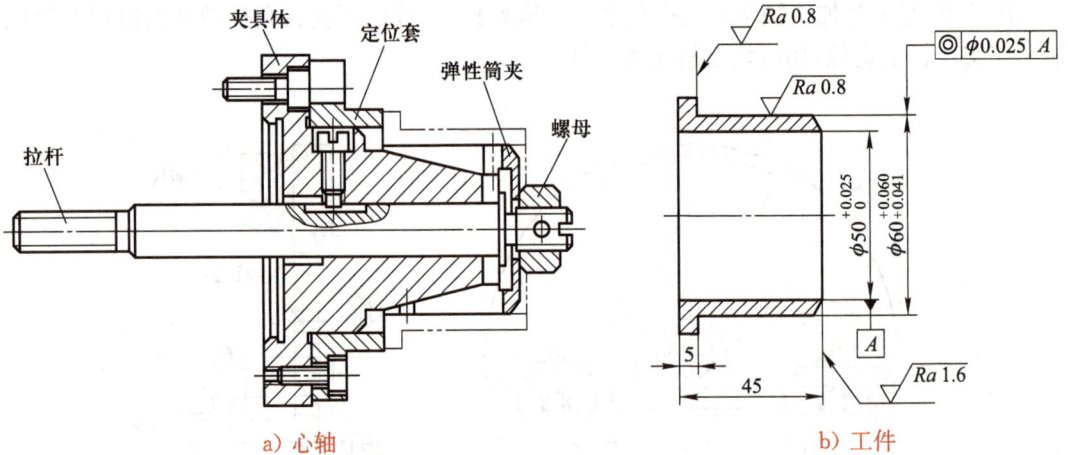

a）心轴　　　　　　　　　　　　　　b）工件

图 5-42　弹簧心轴

图 5-43 所示为顶尖式心轴。圆柱形工件在 60°锥角的顶尖上定位车削外圆柱表面。当旋紧螺母时，即可使工件定心夹紧。卸下工件时需取下活动顶尖套。顶尖式心轴的结构简单，夹紧可靠，操作方便，适用于加工内、外圆同轴度要求不高，或只需加工外圆柱面的套筒类零件。

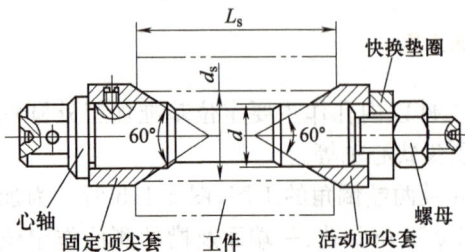

图 5-43　顶尖式心轴

（3）回转分度车床夹具　图 5-44 所示是阀体四孔偏心回转车床夹具装配图。该夹具用于普通车床,车削阀体上的 4 个均布孔。工件以端面、中心孔和侧面在转盘、定位销及销上定位。分别拧紧螺母,通过压板将工件压紧。一孔车削完毕后,松开螺母,拔出对定销,转盘旋转 90°,对定销插入分度盘的另一个定位孔中,拧紧螺母,即可车削第二个孔,以此类推,车削其余各孔。该夹具利用偏心原理,一次安装,可车削多孔。

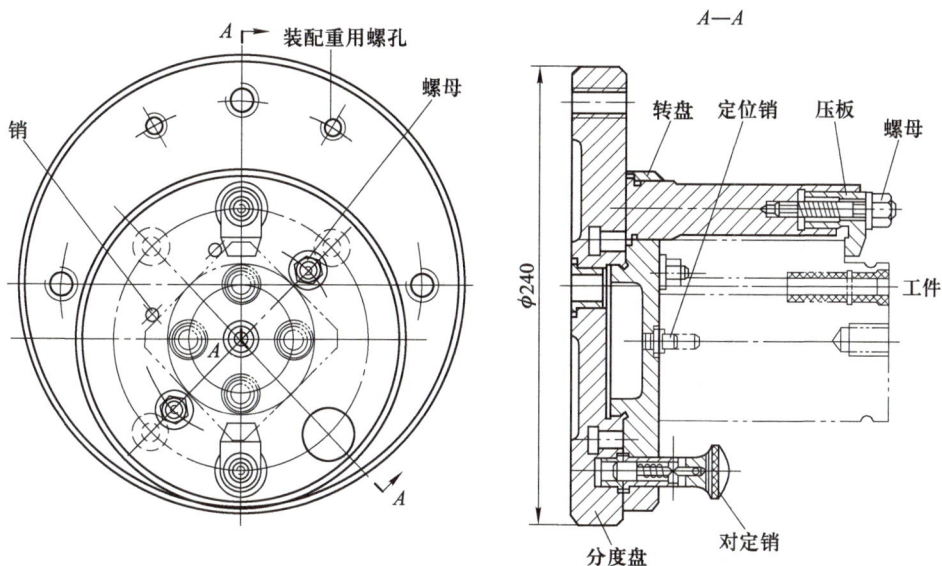

图 5-44　阀体四孔偏心回转车床夹具

2. 车床夹具的结构特点

(1) **车床主轴的回转轴线与工件被加工面的轴线重合**　在车床上加工回转表面时,夹具上定位装置的结构和布置,必须保证主轴的回转轴线与工件被加工面的轴线重合(图 5-45)。

(2) **结构要紧凑以及悬伸长度要短**　车床夹具的悬伸长度过大,会加剧主轴轴承的磨损,同时引起振动,影响加工质量。因此,夹具结构应尽量紧凑,悬伸长度要短。

夹具的悬伸长度 L 与轮廓直径 D 之比应控制如下:直径小于 150 mm 的夹具,$L/D \leqslant 2.5$;直径在 150~300 mm 之间的夹具,$L/D \leqslant 0.9$;直径大于 300 mm 的夹具,$L/D \leqslant 0.6$。

(3) **夹具应基本平衡**　角铁式车床夹具的定位装置及其他元件总是偏在主轴轴线的一边,不平衡现象严重。应设置配重块或加工减重孔来达到夹具的基本平衡,以减小振动和主轴轴承的磨损。

(4) **夹具体应制成圆形**　车床夹具的夹具体应设计成圆形,夹具上(包括工件)的各个元件不应伸出夹具体的圆形轮廓之外,以免工作时碰伤操作者。

3. 车床夹具的定位及夹具与机床的连接

工件在夹具中的正确位置是由夹具定位元件的定位面所确定的。而夹具定位元件的定位面相对机床刀具和切削成形运动也必须处于正确位置,它是由夹具与机床连接和配合精度来保证的。不同的机床,夹具在其上的定位及与机床的连接方式也不相同。

对于工件回转类型的机床,如车床、内圆磨床和外圆磨床等,夹具随主轴一起回转,夹具一般连接在主轴的端部,其定位和连接方式取决于机床主轴端部的结构。图 5-45 所示为常用的连接形式。图 5-45a 是短锥法兰式结构,它以短锥和轴肩作为定位面。车床夹具通过卡盘座,用 4 个螺栓固定在主轴上,转矩由固定在圆锥面上的圆形端面键传递。图 5-45b 是长锥带键式结构,它以较长而锥度较小的圆锥面定位,用套在主轴轴肩的环形螺母紧固卡盘,由平键传递扭矩。图 5-45c 是螺纹圆柱式结构,卡盘座在轴端上,以外圆柱面和轴肩端面定位,用螺纹紧固卡盘并传递扭矩。

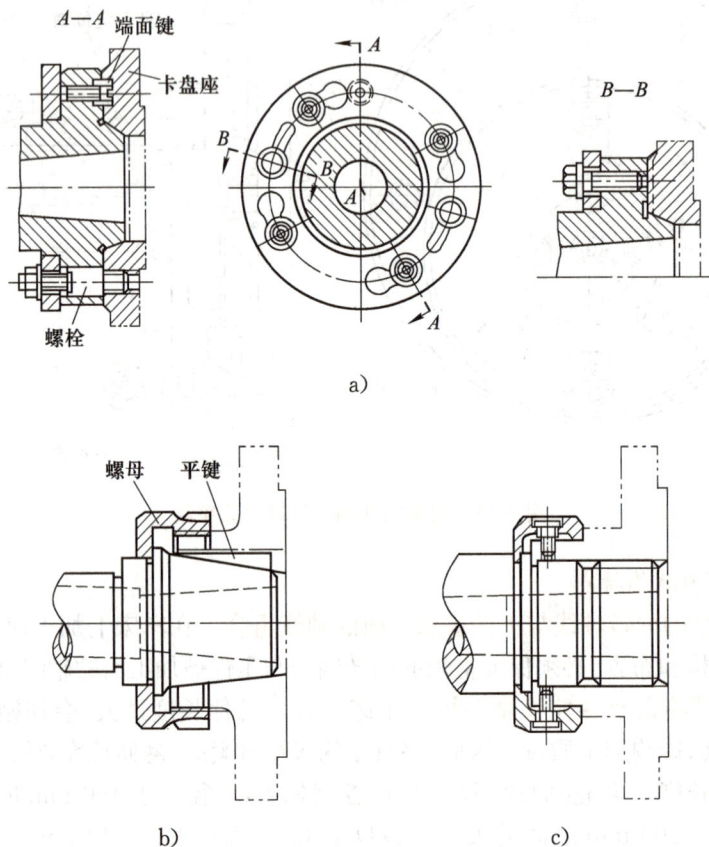

图 5-45　车床夹具与机床主轴的连接

对外轮廓尺寸较小的夹具,可通过夹具的莫氏锥柄,在机床主轴端部的锥孔内定位并连接,为安全起见,可用拉杆从主轴尾部将锥柄拉紧。这种连接方式简便,安装迅速,锥面定心无间隙,定位精度高,但刚性差,适用于车削短小零件和精加工套筒类零件。

二、铣床夹具

铣床夹具主要用于加工零件上的平面、凹槽、花键及各种成形面。

按照铣削时的进给方式,通常将铣床夹具分为直线进给式、圆周进给式和靠模式三种。

1. 铣床夹具实例

(1) **直线进给式铣床夹具**　图 5-46 所示为铣槽的直线进给铣床夹具。工件以一面两孔定位,夹具上相应的定位元件为支承板、一个圆柱销和一个菱形销。工件的夹紧是使用螺旋压板夹紧机构来实现的。卸工件时,松开压紧螺母,螺旋压板在弹簧作用下抬起,转离工件的夹紧表面。使用定位键和对刀块,确定夹具与机床、刀具与夹具正确的相对位置。

图 5-47a 所示为带装料框的直线进给铣床夹具。夹具由两部分组成:一部分是可装卸的装料框,如图 5-47b 所示;另一部分固定在机床工作台上。前者有定位元件,后者有夹紧装置。工件在支架的右端面、圆柱销和菱形销上定位,拧紧螺母,通过压板、压块将工件压紧。为提高效率,减少安装工件的辅助时间,一个夹具应准备两个以上装料框,操作者利用切削的基本时间装好工件,与装料框一起装在夹具体上,再由夹具体上的夹紧机构夹紧。

(2) 圆周进给式铣床夹具 圆周进给式铣床夹具一般在有回转工作台的专用铣床上使用。在通用铣床上使用时,应进行改装,增加一个回转工作台。图 5-48 所示为铣削拨叉上、下两端面。工件以圆孔、端面及侧面在定位销和挡销上定位,由液压缸驱动拉杆通过快换垫圈将工件夹紧。夹具上可同时装夹 12 个工件。工作台由电动机通过蜗杆蜗轮机构带动回转。图中 *AB* 段是工件的切削区域,*CD* 段是工件的装卸区域,可在不停车的情况下装卸工件,使切削的基本时间和装卸工件的辅助时间重合。因此,它生产率高,适用于大批大量生产的中、小件加工。

动画

铣工件四方头夹具

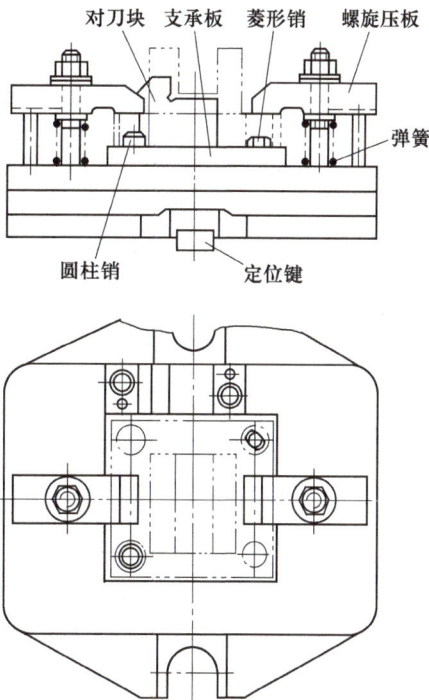

图 5-46　铣槽夹具

动画

铣连杆槽夹具

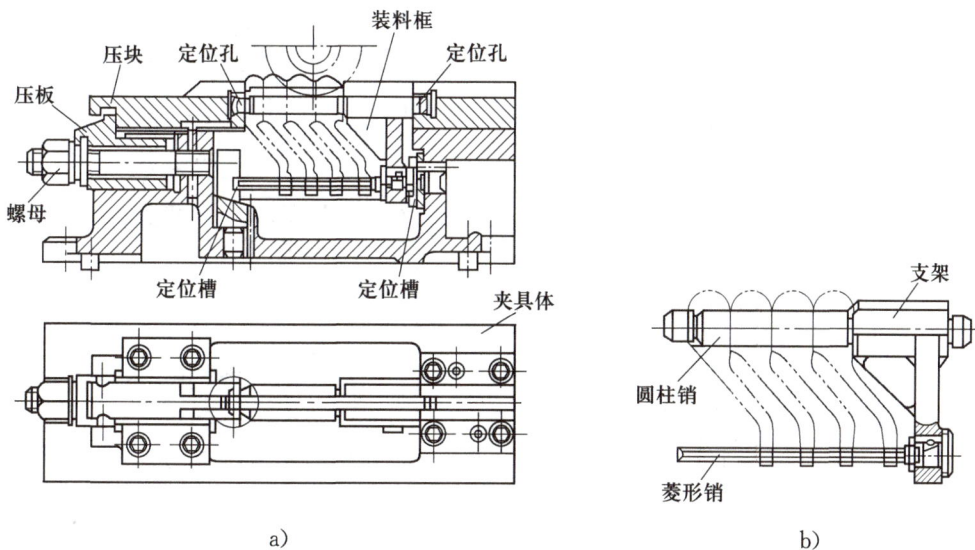

图 5-47　带装料框的铣床夹具

a)

b)

动画

铣工件
斜面夹具

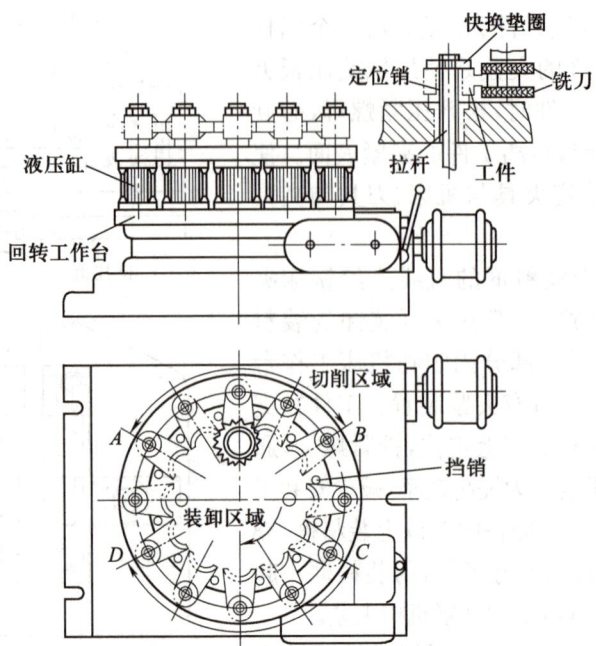

图 5-48　圆周进给铣床夹具

（3）**铣床靠模夹具**　铣床靠模夹具用于专用或通用铣床上加工各种成形面。靠模夹具的作用是使主进给运动和靠模获得的辅助运动合成加工所需的仿形运动。按照主进给运动的运动方式，铣床靠模夹具可分为直线进给和圆周进给两种。

① **直线进给铣床靠模夹具**　如图 5-49a 所示为直线进给铣床靠模夹具。靠模板和工件分别装在夹具上，滚柱滑座和铣刀滑座连成一体，它们的轴线距离 k 保持不变。滑座在强力

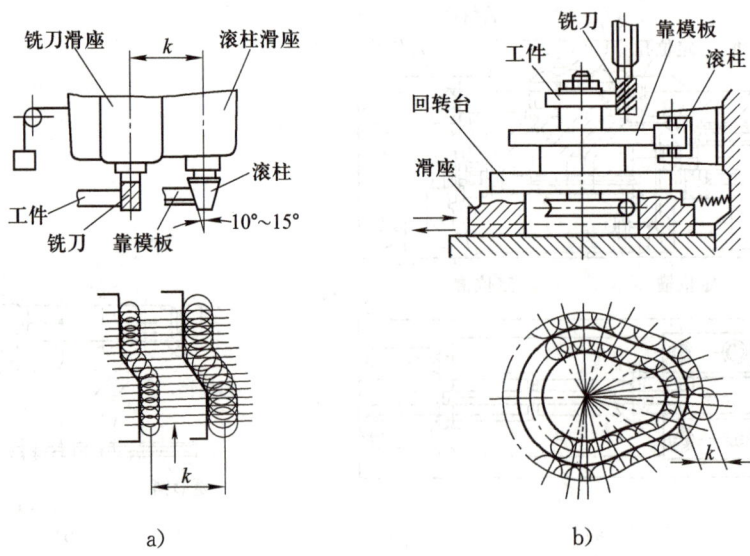

a)　　　　　　　　　　b)

图 5-49　铣床靠模夹具

弹簧或重锤拉刀作用下沿导轨滑动,使滚柱始终压在靠模板上。当工作台作纵向进给时,滑座即获得一横向辅助运动,使铣刀仿照靠模板的曲线轨迹在工件上铣出所需的成形表面。此种加工方法一般应用在靠模铣床上。

② 圆周进给铣床靠模夹具　如图 5-49b 所示为装在普通立式铣床上的圆周进给靠模夹具。靠模板和工件装在回转台上,回转台由蜗杆蜗轮带动作等速圆周运动。在强力弹簧的作用下,滑座带动工件沿导轨相对于刀具作辅助运动,从而加工出与靠模外形相仿的成形面。

2. 铣床夹具结构特点

铣床夹具除了具有定位元件、夹紧机构和夹具体以外,和其他机床夹具不同的是还具有定位键(对刀块与塞尺)和对刀装置。

(1) 定位键　铣床夹具常用装在夹具体底面上的定位键来确定夹具相对于机床进给方向的正确位置。图 5-50 所示为常用定位键的结构及使用实例。

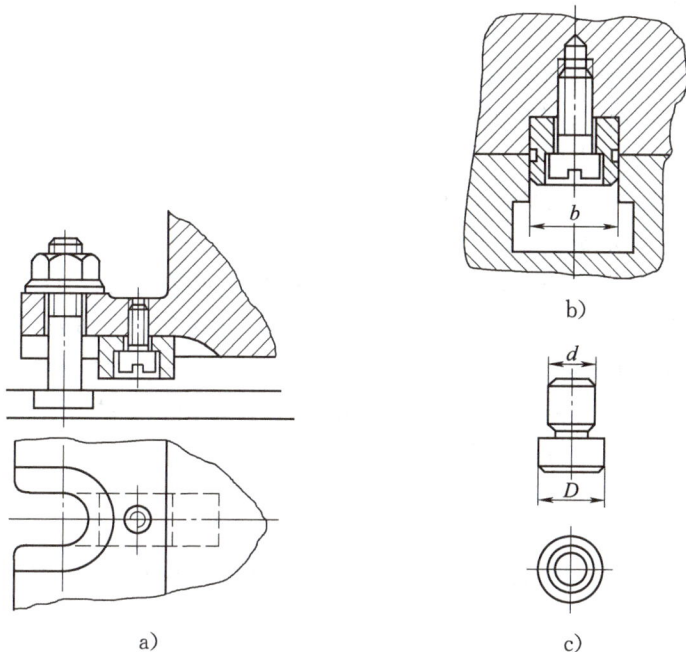

图 5-50　定位键

为了提高定向精度,定位键上部与夹具体底面的槽配合,下部与机床工作台的 T 形槽配合。两定位键,在夹具允许范围内应尽量布置得远一些,以提高夹具的安装精度。定向精度要求高的铣床夹具,常不放置定位键,而在夹具体的侧面加工出一窄长平面作为夹具安装时的找正基面,通过找正获得较高的定向精度。

矩形定位键已经标准化,其规格尺寸、材料和热处理等可从有关夹具的手册中查到。

(2) 对刀装置　图 5-51 所示的对刀块用来确定夹具与刀具的相对位置。对刀装置的结构型式取决于工件加工表面的形状,如图 5-51 所示为几种常见的对刀装置。其中图 5-51a 所示装置用于铣平面,图 5-51b 所示装置用于铣槽,图 5-51c、d 所示装置用于铣削成形面。

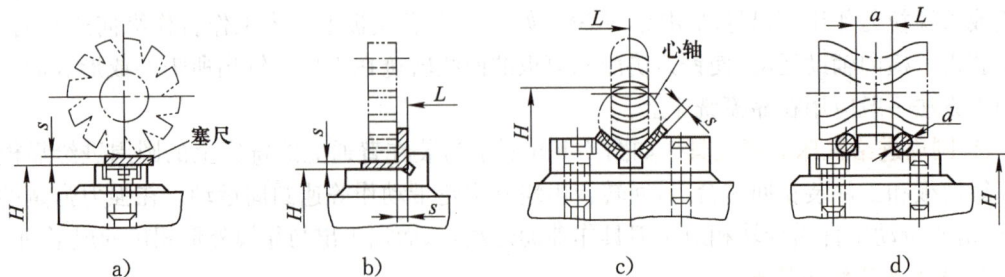

图 5-51 对刀装置

对刀时,在刀具与对刀块之间加一塞尺,使刀具与对刀块不直接接触,以免损坏刀刃或造成对刀块过早磨损。塞尺有平塞尺和圆柱形塞尺两种,其厚度 s 或直径 d 一般为 $3\sim5$ mm。对刀块与塞尺均已标准化,其结构尺寸、材料、热处理等都可从夹具手册中查到。

3. 铣床夹具设计注意事项

由于铣削过程中不是连续切削,极易产生振动,铣削的加工余量一般比较大,铣削力也较大,且方向是变化的,因此设计夹具时要注意:

(1) 夹具体要有足够的刚度和强度;

(2) 夹具要有足够的夹紧力,夹紧装置自锁性要好;

(3) 夹紧力应作用在工件刚度较大的部位,且着力点和施力方向要恰当;

(4) 夹具的重心应尽量低,高度与宽度之比不应大于 $1\sim1.25$;

(5) 要有足够的排屑空间,切屑和切削液能顺利排出,必要时可设计排屑孔。

此外,为方便铣床夹具在铣床工作台上的固定,夹具体上应设置耳座,常见的耳座结构如图 5-50a 所示,其结构尺寸可查阅有关夹具手册。小型夹具体一般两端各设置一个耳座,夹具体较宽时,可在两端各设置两个耳座,两耳座的距离应与工作台上两 T 形槽的距离一致。对于重型铣床夹具,夹具体两端还应设置吊装孔或吊环等。

三、钻床夹具

在钻床上进行孔的钻、扩、锪、攻螺纹等加工时所用的夹具称为钻床夹具,又称钻模。

1. 钻模的主要类型

钻模的种类繁多,常用的有固定式、回转式、移动式、盖板式、滑柱式、翻转式等。

(1) 固定式钻模 固定式钻模的特点是在加工中钻模固定不动,用于在立式钻床上加工单孔或在摇臂钻床上加工位于同一方向上的平行孔系。如图 5-52 所示,钻模板用若干个螺钉和两个圆柱定位销固定在夹具体上。除用上述连接方法外,钻模板和夹具体还可以采用焊接结构或直接铸造成一体。固定式钻模结构简单,制造方便,定位精度高,但有时装卸工件不方便。

(2) 回转式钻模 回转式钻模用于加工工件上围绕某一轴线分布的轴向或径向孔系。工件一次安装,经夹具分度机构转位而顺序加工各孔。图 5-53 所示为加工套筒上三圈径向孔

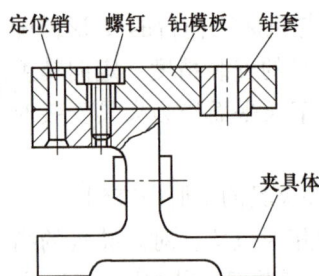

动画

固定式钻模

图 5-52 固定式钻模

定位销 螺钉 钻模板 钻套

夹具体

的回转式钻模。工件以内孔和一个端面在定位轴和分度盘的端面 A 上定位,用螺母夹紧工件。钻完一排孔后,将分度销拉出,松开螺母,即可转动分度盘至另一位置,再插入分度销,拧紧螺母,进行另一排孔的加工。

(3) **移动式钻模** 移动式钻模用在立式钻床上,先后钻削工件同一表面上的多个孔,属于小型夹具。移动方式有两种:一种是自由移动;另一种是定向移动,用专门设计的导轨和定程机构来控制移动的方向和距离。

(4) **盖板式钻模** 盖板式钻模无夹具体,其定位元件和夹紧装置直接安装在钻模板上。图 5-54 所示为加工车床滑板箱上多个小孔的盖板式钻模。在钻模板上装有钻套和定位元件等。它的主要特点是钻模在工件上定位,夹具结构简单,轻便,易清除切屑。盖板式钻模适合在体积大而笨重的工件上加工小孔。但是,盖板式钻模每次需从工件上卸载,比较费时。

(5) **滑柱式钻模** 这是一种钻模板装在可升降的滑柱上的钻模。图 5-55 所示为手动滑柱式钻模,它由钻模板、斜齿轮轴、齿条轴、两根导向滑柱以及夹具体等组成。这种夹具结构和尺寸系列已经标准化。

使用时,转动手柄使斜齿轮轴转动,并带动齿条轴、钻模板上下移动,从而实现松开和夹紧工件。当钻模板向下与工件接触,并将工件夹紧后,继续转动手柄,由于斜齿轮轴的锥体 A 的

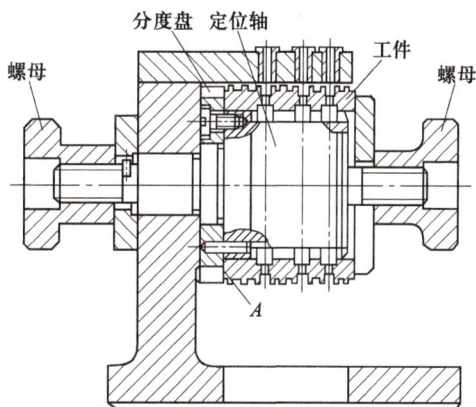

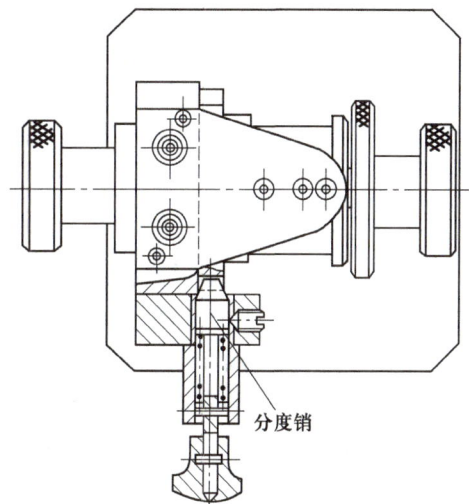

动画

回转式钻模

图 5-53 回转式钻模

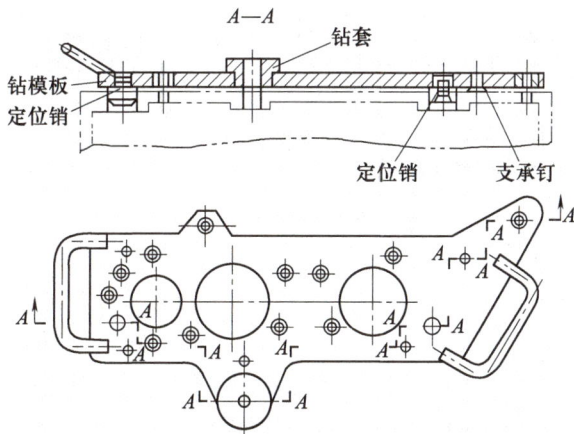

图 5-54 盖板式钻模

作用,即可完成锁紧。

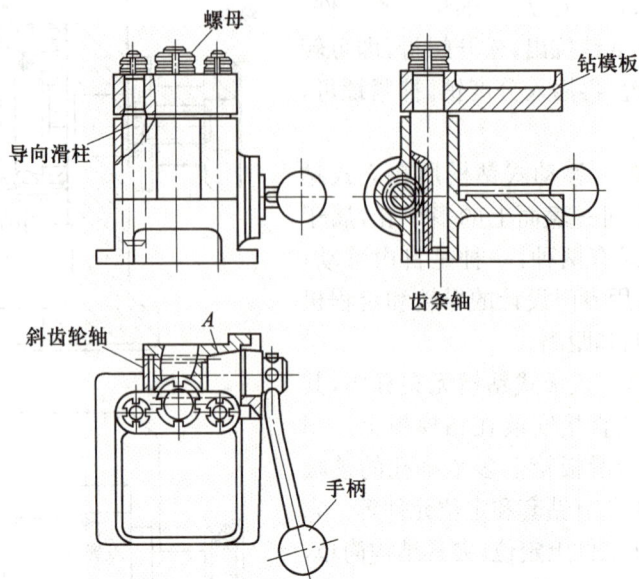

图 5-55　滑柱式钻模

动画

翻转式
钻模

（6）**翻转式钻模**　翻转式钻模主要用于加工中、小型工件分布在不同表面上的孔。图 5-56 所示为加工套筒上 4 个径向孔的 60°翻转式钻模。工件以内孔及端面在台肩和定位轴的圆柱面上定位,用快换垫圈和螺母夹紧。钻完一组孔后,翻转 60°,钻另一组孔。该夹具的结构比较简单,但每次钻孔都需找正钻套相对钻头的位置,所以辅助时间较长,且手动翻转费力,因此工件连同夹具总重量不能太重,生产批量不宜过大。

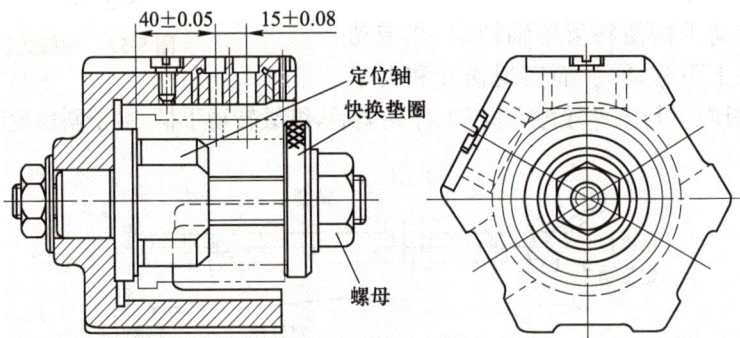

图 5-56　60°翻转式钻模

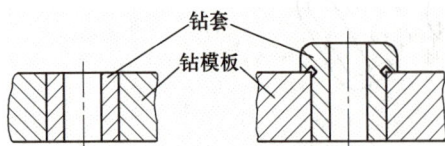

图 5-57　固定钻套

2. 钻床夹具的结构特点

（1）**钻套**　图 5-57 所示为固定钻套。钻套直接压装在钻模板上。固定钻套结构简单,钻孔精度高,但磨损后不能更换。固定钻套适用于单一钻孔工序的小批生产。

图 5-58 所示为可换钻套。钻套装在衬套中,衬套压装在钻模板上,由螺钉将钻套压紧,以防止钻套转动或退刀时脱出。钻套磨损后,将螺钉松开可迅速更换。可换钻套适用于大批生产时的单一钻孔工序。

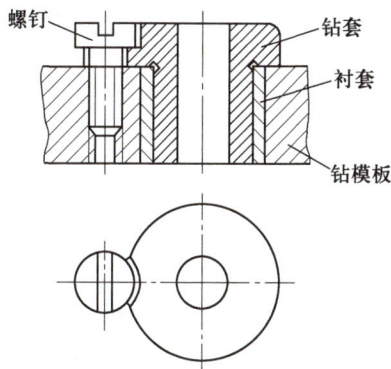

图 5-58　可换钻套

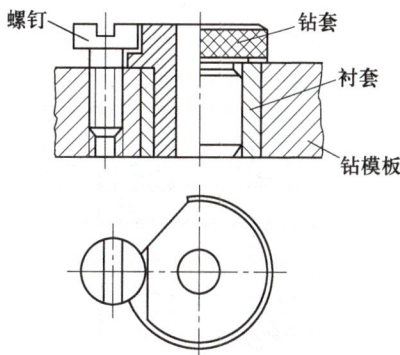

图 5-59　快换钻套

图 5-59 所示为快换钻套,其结构与可换钻套相似。当一个工序中工件同一孔需经多种方法加工(如钻、扩、铰或攻螺纹等)时,能快速更换不同孔径的钻套。更换时,将钻套缺口转至螺钉处,即可取出。

图 5-60 所示是特殊钻套,当工件的结构形状不适合采用标准钻套时,可自行设计与工件相适应的特殊钻套。

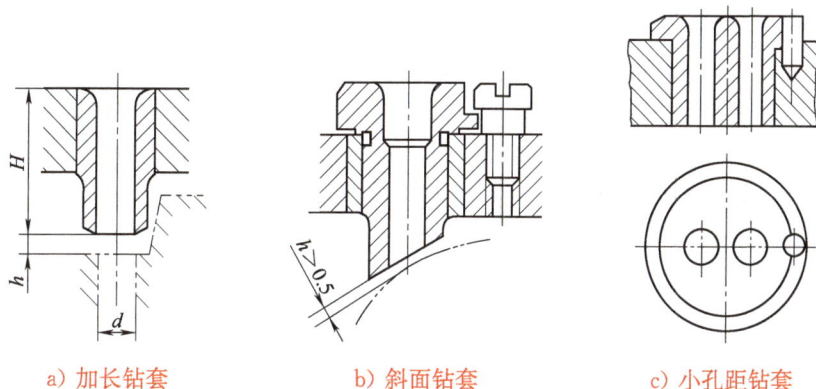

a) 加长钻套　　　　b) 斜面钻套　　　　c) 小孔距钻套

图 5-60　特殊钻套

钻套的高度 H 增大,则导向性能好,刀具刚度提高,加工精度高,但钻套与刀具的磨损加剧,一般取 $H = (1 \sim 2.5)d$。

排屑空间 h 增大,排屑方便,但刀具的刚度和孔的加工精度都会降低。对较易排屑的铸铁,$h = (0.3 \sim 0.7)d$;对较难排屑的钢件,$h = (0.7 \sim 1.5)d$。

(2) 钻模板　钻模板用于安装钻套,并确保钻套在钻模上的正确位置。钻模板多装配在夹具体或支架上。常用的钻模板有以下几种:

① 固定式钻模板　如图 5-61 所示。

② **铰链式钻模板** 当钻模板妨碍工件装卸或钻孔后需攻螺纹时,可采用图 5-61 所示的铰链式钻模板。钻套导向孔与夹具安装面的垂直度可通过调整两个支承钉的高度来保证。加工时,钻模板由菱形螺母锁紧。由于铰链销孔之间存在配合间隙,用此类钻模板加工的工件精度比固定式钻模板低。

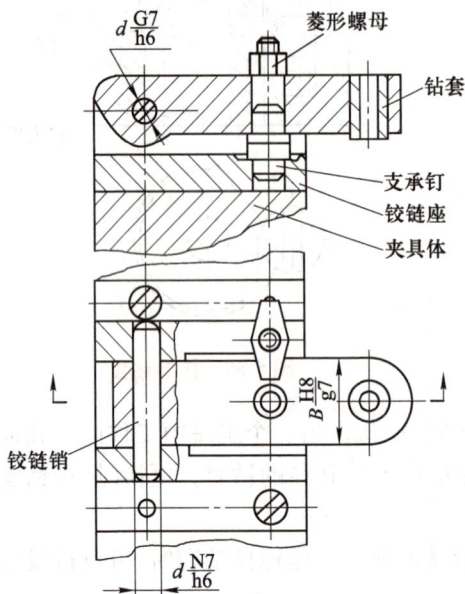

图 5-61 铰链式钻模板

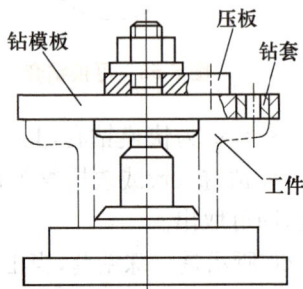

图 5-62 可卸式钻模板

③ **可卸式钻模板** 可卸式钻模板又称分离式钻模板,如图 5-62 所示。它与夹具体做成可分离的,钻模板卸下才能装卸工件,比较费事,且定位精度低,一般多用于不便装卸工件的情况。

(3) 分度装置 加工同一圆周上的平行孔、同一截面内的径向孔系或同一直线上的等距孔系时,钻模上应设置分度装置。工件一次装夹后,能按一定规律依次改变工件加工位置的装置,称为分度装置。

分度装置有直线式、回转式两类。回转式又可分为立式、卧式和斜式三种。分度装置一般由以下几部分组成:

① **转动部分** 实现工件的转位。

② **固定部分** 是分度装置的基体,常与夹具体构成一整体。

③ **对定机构** 保证工件正确的分度位置并完成插销、拔销动作。

④ **锁紧机构** 将转动(或移动)部分与固定部分紧固在一起,起减小加工时振动和保护对定机构的作用。

3. 钻床夹具设计注意事项

在设计钻模时,需根据工件的尺寸、形状、质量和加工要求,以及生产批量、工厂的具体条件来考虑夹具的结构类型。设计时注意以下几点:

(1) 工件上被钻孔的直径大于 10 mm 时(特别是钢件),钻床夹具应固定在工作台上,以保证操作安全。

（2）翻转式钻模和自由移动式钻模适用于中小型工件的孔的加工。夹具和工件的总质量不宜超过 10 kg，以减轻操作工人的劳动强度。

（3）当加工多个不在同一圆周上的平行孔系时，如夹具和工件的总质量超过 15 kg，宜采用固定式钻模在摇臂钻床上加工，若生产批量大，可以在立式钻床或组合机床上采用多轴传动头进行加工。

（4）对于孔与端面精度要求不高的小型工件，可采用滑柱式钻模。以缩短夹具的设计与制造周期。但对于垂直度公差小于 0.1 mm、孔距精度小于±0.15 mm 的工件，则不宜采用滑柱式钻模。

（5）钻模板与夹具体的连接不宜采用焊接的方法。因焊接应力不能彻底消除，影响夹具制造精度的长期保持性。

（6）当孔的位置尺寸精度要求较高（其公差小于±0.05 mm）时，则宜采用固定式钻模板和固定式钻套的结构形式。

复习思考题

1. 机床夹具由哪几部分组成？各部分起什么作用？
2. 工件在夹具中定位、夹紧的任务是什么？
3. 什么是六点定位原理？
4. 试分析图 5-63 中的各定位方案中定位元件所限制的自由度。判断有无欠定位或过定位？是否合理？如何改进？

互动练习

第五章
复习思考题

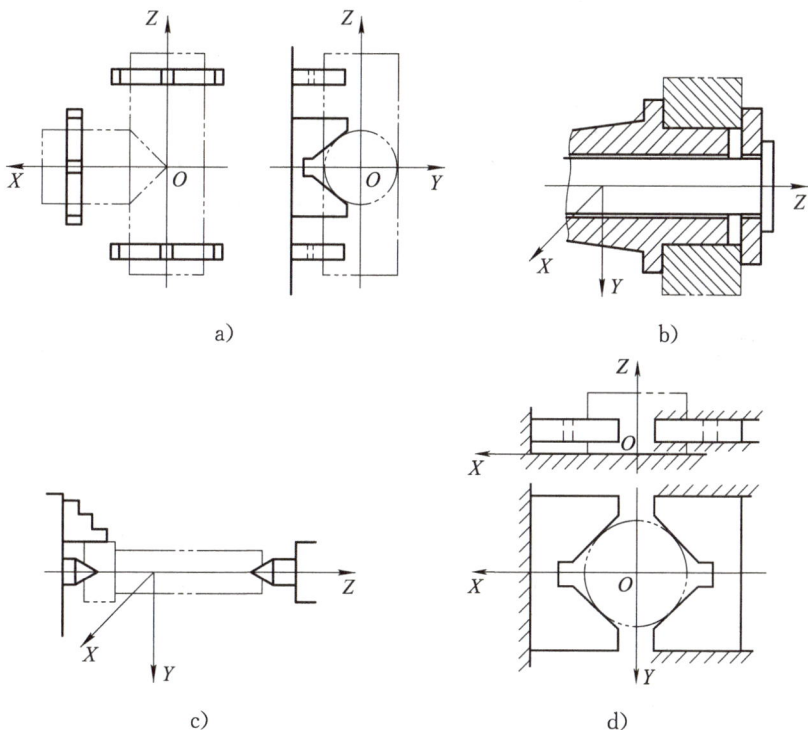

a)

b)

c)

d)

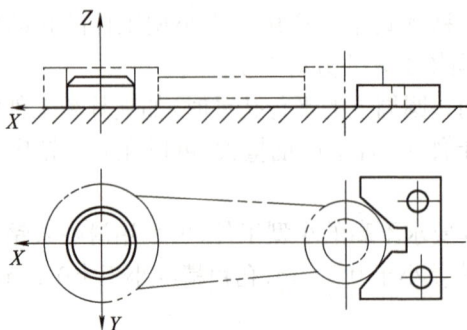

e)

图 5-63

5. 工件的装夹方式有哪几种？试说明它们的特点和应用场合。

6. 工件以平面定位时,常用的定位元件有哪些？各适合于什么场合？

7. 辅助支承有何作用？说明自动调节支承的结构和工作原理。

8. 试举例说明浮动支承的特点。

9. 造成定位误差的原因是什么？

10. 用图 5-64 所示的定位方式铣削连杆的两个侧面,计算加工尺寸 $12^{+0.3}_{0}$ mm 的定位误差。

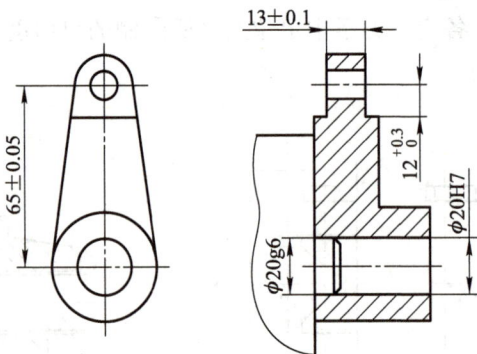

图 5-64

11. 用图 5-65 所示定位方式在阶梯轴上铣槽,V 形块的 V 形角 $\alpha = 90°$,试计算加工尺寸 74 mm $\pm$ 0.1 mm 的定位误差。

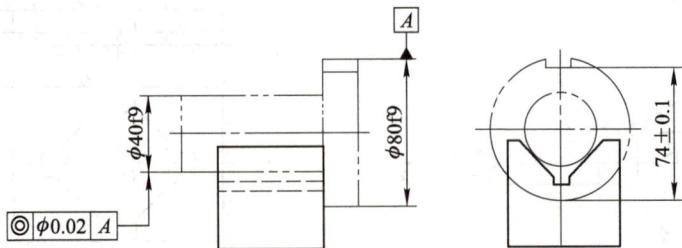

图 5-65

12. 影响加工精度的因素有哪些？保证加工精度的条件是什么？

13. 对夹紧装置的基本要求有哪些？

14. 分析图 5-66 中夹紧力的作用点与方向是否合理，为什么？如何改进？

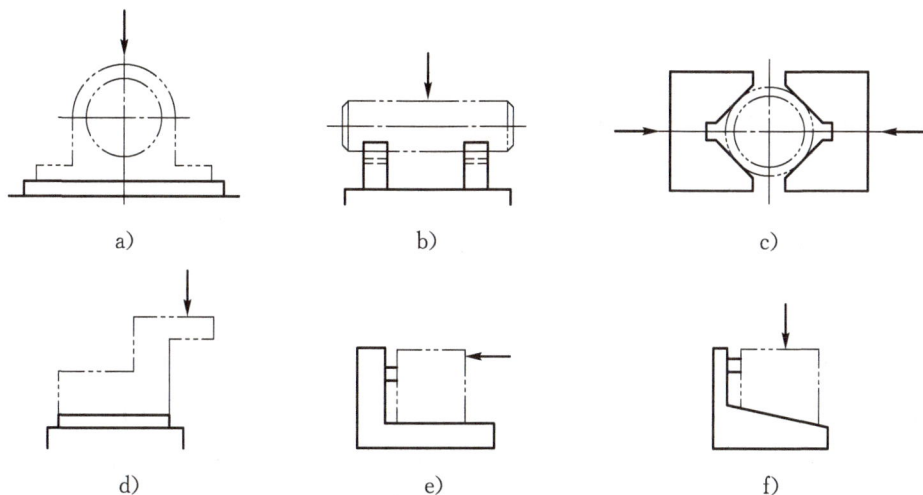

图 5-66

15. 分析三种基本夹紧机构的优缺点。

16. 确定夹紧力的方向和作用点应遵循哪些原则？

17. 车床夹具在机床上有哪几种定位连接形式？

18. 钻床夹具分哪些类型？各类钻模有何特点？

19. 何谓分度装置？它由哪些部分组成？

第六章　机械加工精度

视频

精益求精

综述与要求

　　产品的质量与零件的加工质量和装配质量有着密切的联系,它直接影响产品的性能和寿命。而零件的加工质量是由加工精度和表面质量两方面决定的。零件的加工精度与加工工艺过程有关,各种加工方法所获得的实际几何参数(形状、位置、尺寸)都不会绝对准确一致,存在加工误差,加工误差不超过图样规定的公差即为合格品。加工精度是以国家公差标准来表示的。分析加工误差产生的原因,掌握其变化规律,是提高和保证零件加工精度的主要任务。

第一节　概述

一、基本概念

视频

大国工匠
——李峰

　　机械加工精度是指零件加工后的实际几何参数(尺寸、形状和位置)与理想几何参数相符合的程度。它们之间的差异称为加工误差。加工误差的大小反映了加工精度的高低。误差越大加工精度越低,误差越小加工精度越高。

　　加工精度包括三个方面:

1. 尺寸精度　指加工后零件的实际尺寸与零件尺寸的公差带中心的符合程度。
2. 形状精度　指加工后零件表面的实际几何形状与理想的几何形状的符合程度。
3. 位置精度　指加工后零件有关表面之间的实际位置与理想位置的符合程度。

二、分析加工精度的意义

　　在机械加工过程中,刀具和工件加工表面之间位置关系合理时,加工表面精度就能达到加工要求,否则就不能达到加工要求,加工精度分析就是分析和研究加工精度不能满足要求时的各种因素,即各种原始误差和加工误差之间的关系,并采取有效的工艺措施减小或清除误差,从而提高加工精度。

● 三、原始误差与加工误差的关系

视频

原始误差

在机械加工中,机床、夹具、工件和刀具构成了一个完整的系统,称为工艺系统,由于工艺系统本身的结构和状态、操作过程以及加工过程中的物理力学现象而使刀具和工件之间的相对位置关系发生偏移的各种因素称为原始误差,它可以照样、放大或缩小地反映给工件,使工件产生加工误差而影响零件加工精度。一部分原始误差与切削过程有关,还有一部分原始误差与工艺系统本身的初始状态有关。这两部分误差又受环境条件、操作者技术水平等因素的影响。

1. 与工艺系统本身初始状态有关的原始误差

(1) 原理误差　即加工方法原理上存在的误差。

(2) 工艺系统几何误差　它可归纳为两类:

① 工件与刀具的相对位置在静态下已存在的误差,如刀具和夹具制造误差、调整误差以及安装误差;

② 工件和刀具的相对位置在运动状态下存在的误差,如机床的主轴回转运动误差、导轨的导向误差、传动链的传动误差等。

2. 与切削过程有关的原始误差

(1) 工艺系统力效应引起的误差,如由于工艺系统受力变形引起的误差、由于工件内应力的产生和消失导致工件变形而产生的误差。

(2) 工艺系统热效应引起的误差,如机床、刀具、工件因受热变形而引起的误差。

第二节　工艺系统的制造误差和磨损

● 一、机床的几何误差

机床是工艺系统中重要的组成部分,机床的制造误差、安装误差、使用中的磨损都直接影响工件的加工精度。这里着重分析对工件加工精度影响较大的主轴回转运动误差、导轨导向误差和传动链传动误差。

(一) 主轴回转运动误差

1. 主轴回转精度的概念

主轴回转时,在理想状态下,主轴回转轴线在空间的位置应是稳定不变的,但是,由于主轴、轴承、箱体的制造和装配误差以及受静力、动力作用引起的变形、温升热变形等,主轴回转轴线瞬时都在变化(漂移),通常以各瞬时回转轴线的平均位置作为平均轴线来代替理想轴线。主轴回转精度是指主轴的实际回转轴线与平均回转轴线相符合的程度,它们的差异称为主轴回转运动误差。主轴回转运动误差可分解为纯径向跳动、轴向窜动和纯角度摆动三种形

式,如图 6-1 所示。

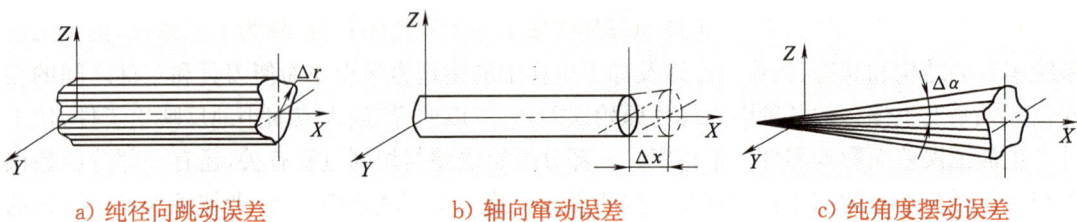

a) 纯径向跳动误差　　　　　b) 轴向窜动误差　　　　　c) 纯角度摆动误差

图 6-1　主轴回转轴线的运动误差

2. 影响主轴回转精度的主要因素

实践和理论分析表明,影响主轴回转精度的主要因素有主轴的误差、轴承的误差、主轴箱体主轴孔的误差以及与轴承配合零件的误差等。当采用滑动轴承时,影响主轴回转精度的因素有主轴颈和轴瓦内孔的圆度误差以及轴颈和轴瓦内孔的配合精度。对于车床类机床,轴瓦内孔的圆度误差对加工误差影响很小,如图 6-2a 所示。

对于镗床类机床,轴瓦内孔的圆度误差对主轴回转精度影响较大,主轴轴颈的圆度误差对主轴回转精度影响较小,如图 6-2b 所示。

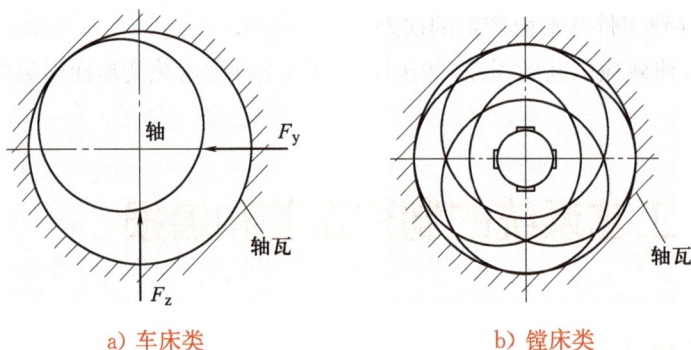

a) 车床类　　　　　　　　b) 镗床类

图 6-2　滑动轴承对主轴回转精度的影响

3. 主轴回转运动误差对加工精度的影响

考察原始误差对加工误差的影响要分析误差的敏感方向和非敏感方向。在误差的敏感方向,原始误差对加工误差影响最大,而在误差的非敏感方向,原始误差对加工误差的影响最小。如图 6-3 所示,设主轴瞬时回转中心与刀尖位置沿法向和切向产生了偏移,从零件表面形状的形成过程看,回转误差沿刀具与工件接触点法线方向的分量 Δy(图 6-3b)对精度影响最大,而切向分量 Δz(图 6-3a)对精度影响最小,切向分量所产生的半径误差为 $(R+\Delta R)^2 = (\Delta z)^2 + R^2$。整理并略去 $(\Delta R)^2$(高阶微小量)项,得 $\Delta R = \dfrac{(\Delta z)^2}{2R}$。此值很小,完全可以忽略不计。因此,一般称法线方向为误差敏感方向,切线方向为误差非敏感方向。分析主轴回转误差对加工精度影响应着重分析误差敏感方向的影响。

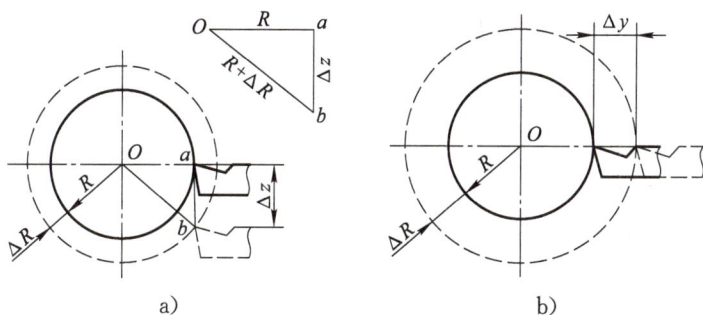

图 6-3　主轴回转误差对加工精度的影响

（1）主轴纯径向跳动误差对加工精度的影响

主轴回转误差对加工精度的影响随加工方法而异。如图 6-4 所示，在镗床上镗孔时，设主轴的纯径向跳动的轨迹是一个方程为 $x = a\cos\theta$、$y = b\sin\theta$ 的椭圆。如果镗孔半径为 R，则实际孔的形状和尺寸应是镗刀刃尖的运动轨迹，如图 6-4 中的实线所示。由于存在主轴回转误差（纯径向跳动），镗刀刃尖的瞬时位置为

$$x = R\cos\theta + x_M = R\cos\theta + a\cos\theta$$
$$= (R + a)\cos\theta$$

同样

$$y = (R + b)\sin\theta$$

进一步整理得

$$\frac{x^2}{(R+a)^2} + \frac{y^2}{(R+b)^2} = 1$$

上式为一长轴是 $a + R$、短轴是 $b + R$ 的椭圆。说明主轴的纯径向跳动在镗孔时直接影响零件加工误差。

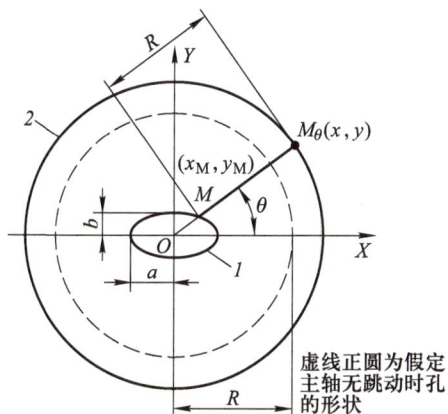

1—主轴的纯径向跳动轨迹；2—镗刀刃尖的运动轨迹。

图 6-4　镗孔时纯径向跳动对孔的圆度的影响

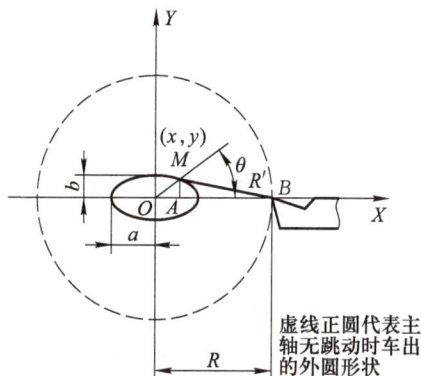

图 6-5　车削时纯径向跳动对圆度影响

车削时，主轴的纯径向跳动对工件的圆度影响较小。以车外圆为例，如图 6-5 所示，在工

件回转一圈时,刀尖与工件的回转中心的距离

$$R'=\sqrt{\overline{AM}^2+\overline{AB}^2}=\sqrt{y^2+(R-x)^2}=\sqrt{b^2\sin^2\theta+a^2\cos^2\theta+R^2-2Ra\cos\theta}$$

讨论上式:当 $\theta=0$ 时,$R'=R-a$;

当 $\theta=180°$ 时,$R'=R+a$;

当 $\theta=90°$ 时,$R'=\sqrt{R^2+b^2}$;

当 $\theta=270°$ 时,$R'=\sqrt{R^2+b^2}$;

上式说明,纯径向跳动对工件圆度有较小的影响。

(2) 主轴轴向窜动误差对加工精度的影响

主轴的纯轴向窜动对内、外圆加工没有影响,但所加工的端面却与内外圆中心线不垂直,所加工的螺纹产生螺距的小周期误差。

(3) 纯角度摆动误差对加工精度的影响

主轴的纯角度摆动也因加工方法而异。车外圆时会产生圆柱度误差(锥体);镗孔时,孔将成为椭圆形。

4. 提高主轴回转精度的措施

视频

高精度
轴承

(1) 提高主轴、主轴箱箱体的制造精度。主轴回转精度只有 20% 决定于轴承精度,而 80% 取决于主轴和主轴箱箱体的精度和装配质量。

(2) 高速主轴部件要进行动平衡,以消除激振力。

(3) 滚动轴承采用预紧的方法装配。轴向施加适当的预加载荷(为径向载荷的 20%~30%),消除轴承间隙,使滚动体产生微量弹性变形,可提高刚度、回转精度和使用寿命。

(4) 采用多油楔动压轴承(限于高速主轴)。

(5) 采用静压轴承。静压轴承由于是纯液体摩擦,摩擦系数为 0.000 5,因此,摩擦阻力较小,可以均化主轴颈与轴瓦的制造误差,具有很高的回转精度。

(6) 采用固定顶尖结构。如果磨床前顶尖固定,不随主轴回转,则工件圆度只和一对顶尖及工件顶尖孔的精度有关,而与主轴回转精度关系很小,主轴回转只起传递动力带动工件的作用。

(二) 导轨的导向误差

导轨在机床中起导向和承载作用。它既是确定机床主要部件相对位置的基准,也是运动的基准。导轨的各项误差直接影响工件的加工质量。

1. 水平面内导轨直线度的影响

由于车床的误差敏感方向在水平面(Y 方向),所以这项误差对加工精度影响极大,如图 6-6 所示,导轨误差为 Δy,使刀尖在水平面内产生位移 Δy,造成工件在半径方向上的误差 $\Delta d=2\Delta y$。使工件产生圆柱度误差(鞍形或鼓形)。

2. 垂直面内导轨直线度的影响

对车床来说,垂直面内(Z 方向)不是误差的敏感方向,但也会产生直径方向误差。如图 6-7 所示,刀尖产生 Δz 的位移,造成工件在半径方向上产生误差 $\Delta R=(\Delta z)^2/2R$。

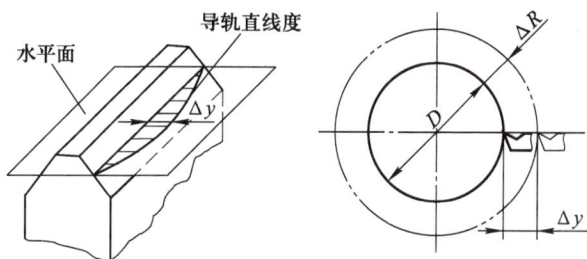

图 6-6　车床导轨在水平面内直线度引起的误差

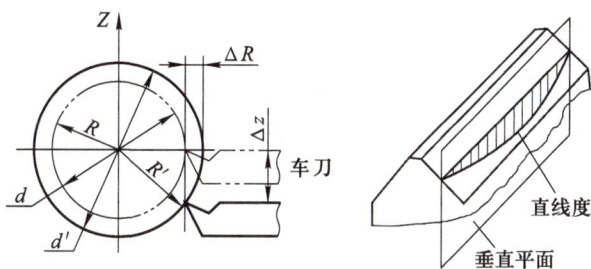

图 6-7　车床导轨在垂直平面内直线度引起的误差

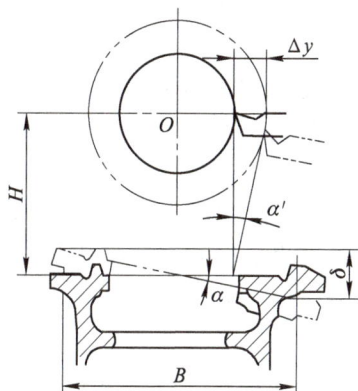

图 6-8　车床导轨平行度误差

3. 两导轨平行度误差(扭曲)对加工精度的影响

如图 6-8 所示,车床的三角形导轨与平导轨之间有扭曲 δ,使刀架倾斜,工件产生误差 Δy,由图可知:

$$\Delta y : \delta = H : B$$

即

$$\Delta y = \frac{\delta H}{B}$$

车床类导轨跨距

$$B = (1.2 \sim 2.0)H$$

所以

$$\Delta y = \delta / (1.2 \sim 2.0) \approx (0.5 \sim 0.8)\delta$$

如果 $\delta = 0.1\,mm$,则 $\Delta y = (0.05 \sim 0.08)mm$。可见两条导轨不平行对加工精度的影响大于垂直面内导轨的直线度的影响,使工件产生形状误差(锥度)。

(三) 传动链传动误差

切削过程中,工件表面的成形运动是通过一系列的传动机构来实现的。传动机构的传动元件有齿轮、丝杠、螺母、蜗轮及蜗杆等。这些传动元件由于其加工、装配和使用过程中磨损而产生误差,这些误差就构成了传动链的传动误差。传动机构越多、传动路线越长,则传动误差越大。为了减小这一误差,除了提高传动机构的制造精度和安装精度外,还可缩短传动路线或附加校正装置。

二、刀具、夹具的制造误差及磨损

一般刀具(如车刀、镗刀及铣刀等)的制造误差对加工精度没有直接的影响。

定尺寸刀具(如钻头、铰刀、拉刀及槽铣刀等)的尺寸误差,直接影响被加工零件的尺寸精度。同时,刀具的工作条件,如机床主轴的跳动或因刀具安装不当引起径向或端面跳动等,都会使加工面的尺寸扩大。

成形刀(成形车刀、成形铣刀及齿轮滚刀等)的误差主要影响被加工面的形状精度。

夹具的制造误差一般指定位元件、导向元件及夹具体等零件的加工和装配误差。这些误差对被加工零件的精度影响较大。所以在设计和制造夹具时,凡影响零件加工精度的尺寸都控制较严。

刀具的磨损会直接影响刀具相对被加工表面的位置,造成被加工零件的尺寸误差;夹具的磨损会引起工件的定位误差。所以,在加工过程中,上述两种磨损均应引起足够的重视。

第三节 工艺系统的受力变形

一、基本概念

视频

细长轴车削会遇到哪些问题?

由机床、夹具、工件、刀具所组成的工艺系统是一个弹性系统,在加工过程中由于切削力、传动力、惯性力、夹紧力以及重力的作用,会产生弹性变形,从而破坏刀具与工件之间的准确位置,产生加工误差。例如车削细长轴(图 6-9)时,在切削力中的径向分力的作用下,工件因弹性变形而出现"让刀"现象。随着刀具的进给,在工件的全长上切削深度将会由多变少,然后再由少变多,结果使零件产生腰鼓形。

加工后工件的形状

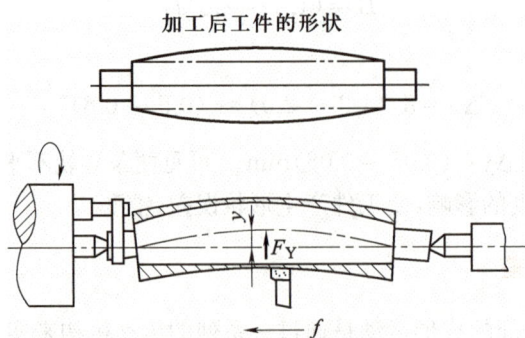

图 6-9 细长轴车削时受力变形

弹性系统抵抗外力使其变形的能力称为刚度。切削加工中,工艺系统各部分在各种外力作用下,将在各个受力方向产生相应的变形。其中,以对加工精度影响最大的那个方向上的力和变形的分析计算更有意义。因此,工艺系统刚度 K 定义为:零件加工表面法向分力 F_Y 与刀具在切削力作用下,相对工件在该方向上位移 Y_s 的比值,即

$$K = \frac{F_Y}{Y_s}$$

二、工艺系统受力变形对加工精度的影响

1. 切削过程中受力点位置变化引起的加工误差

切削过程中,工艺系统的刚度随切削力着力点位置的变化而变化,引起系统变形的差异,使零件产生加工误差。

(1) 在两顶尖间车削粗而短的光轴时,由于工件刚度较大,在切削力作用下的变形相对机床、夹具和刀具的变形要小得多,故可忽略不计。此时,工艺系统的总变形完全取决于机床头、尾架(包括顶尖)和刀架(包括刀具)的变形,工件产生的误差为双曲线圆柱度误差。

(2) 在两顶尖间车削细长轴时,由于工件细长,刚度小,在切削力作用下,其变形大大超过机床夹具和刀具的受力变形。因此,机床、夹具和刀具承受力变形可略去不计,工艺系统的变形完全取决于工件的变形,工件产生腰鼓形圆柱度误差。

2. 切削力大小变化引起的加工误差——误差复映

工件的毛坯外形虽然具有粗略的零件形状,但它在尺寸、形状以及表面层材料硬度不均匀上都有较大的误差。毛坯的这些误差在加工时使切削深度不断发生变化,从而导致切削力的变化,进而引起工艺系统产生相应的变形,使得零件在加工后还保留与毛坯表面类似的形状或尺寸误差。当然,工件表面残留的误差比毛坯表面误差要小得多,这种现象称为"误差复映规律",所引起的加工误差称为"复映误差"。

三、减小工艺系统受力变形的措施

1. 提高工件加工时的刚度

有些工件因其自身刚度很差,加工中将产生变形而引起加工误差,因此必须设法提高工件自身刚度。

(1) 减小工件支承长度 l 为此常采用跟刀架或中心架及其他支承架。例如在工件中部安装一中心架,则工件刚度可提高 8 倍。

(2) 减小工件所受法向切削力 F_Y 通常可采取增大前角 γ_o、主偏角 κ_r 选为 90°以及适当减小进给量 f 和切削深度 a_p 等措施减小 F_Y。

(3) 采用反向走刀法   使工件从原来的轴向受压变为轴向受拉。

2. 提高工件安装时的夹紧刚度

对薄壁件,夹紧时应选择适当的夹紧方法和夹紧部位,否则会产生很大的形状误差。如图 6-10 所示的薄板工件,由于工件本身有形状误差,用电磁吸盘吸紧时,工件产生弹性变形,磨削后松开工件,因弹性恢复工件表面仍有形状误差(翘曲)。解决办法是在工件和电磁吸盘之间垫入一橡胶垫(厚度在 0.5 mm 以下)。当吸紧时,橡胶垫被压缩,工件变形减小,经几次

反复磨削,逐渐修正工件的翘曲,将工件磨平。

3. 提高机床部件的刚度

机床部件的刚度在工艺系统中占有很大的比重,在机械加工中常采用一些辅助装置来提高其刚度。图 6-11a 所示为在转塔车床上采用固定导向支承套,图 6-11b 所示为采用转动导向支承套,用加强杆和导向支承套提高部件刚度。

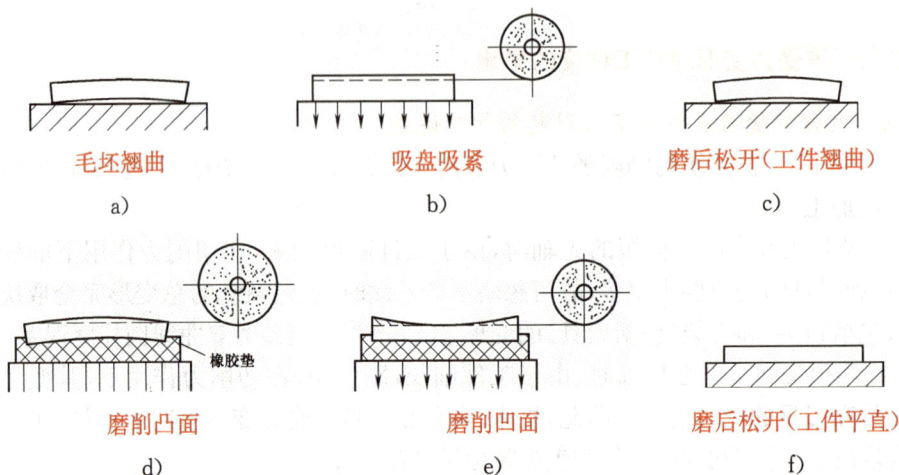

毛坯翘曲
a)

吸盘吸紧
b)

磨后松开(工件翘曲)
c)

磨削凸面
d)

磨削凹面
e)

磨后松开(工件平直)
f)

图 6-10　薄板零件的磨削

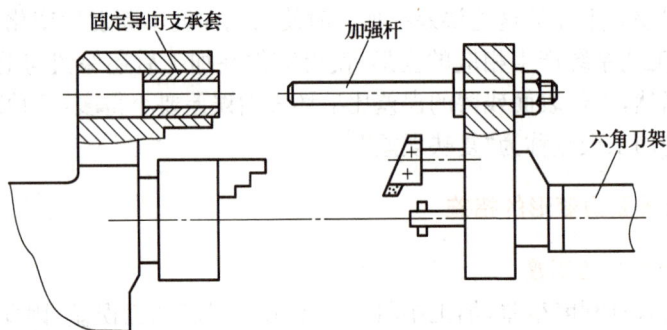

a) 采用固定导向支承套

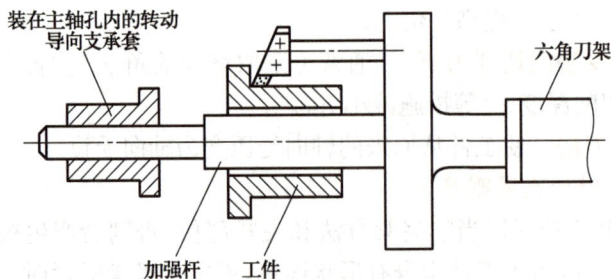

b) 采用转动导向支承套

图 6-11　提高部件刚度的装置

第四节 工艺系统的热变形

机械加工中,工艺系统在各种热源的作用下产生一定的热变形。由于工艺系统热源分布的不均匀性及各环节结构、材料的不同,使工艺系统各部分的变形产生差异,从而破坏了刀具与工件的准确位置及运动关系,产生加工误差,尤其对于精密加工,热变形引起的加工误差占总误差的一半以上。因此,在近代精密自动化加工中,控制热变形对加工精度的影响已成为重要的任务和研究课题。

在加工过程中,工艺系统的热源主要有两大类:内部热源和外部热源。内部热源来自切削过程,主要包括切削热、摩擦热、派生热源;外部热源主要来自外部环境,主要包括环境温度和热辐射。这些热源产生的热造成工件、刀具和机床的热变形。

● 一、工件热变形

切削加工中,工件的热变形主要是切削热引起,有些大型精密零件同时还受环境温度的影响。随着工件形状、尺寸大小以及加工方法的不同,传入工件的热量也不一致,其温升和热变形对加工精度的影响也不尽相同。

轴类零件在车削或磨削加工时,一般是均匀受热,温度逐渐升高,其直径逐渐增大,增大部分将被刀具切去,故当工作冷却后,则形成圆柱度和尺寸误差。

细长轴在顶尖间车削时,热变形将引起工件内部的热应力,造成工件热伸长导致其弯曲变形。

精密丝杠磨削时,工件的热伸长会引起螺距累积误差。

床身导轨面的磨削,由于零件的加工面与底面的温差所引起的热变形也是很大的。

粗加工时,工件的热变形一般不引起人们的注意,但在流水线、自动线以及工序高度集中的加工中,应给予足够的重视,否则将给紧接着的精加工工序带来很大的危害。例如某厂在流水线上加工箱体零件的孔系时,粗镗孔后接着进入精镗工序,由于粗精工序间停留时间太短,粗加工的热变形精镗孔时尚未稳定,精镗孔后,零件内部的热效应还继续作用,从而造成孔的尺寸和形状误差。

● 二、刀具热变形

切削过程中,一部分切削热传给刀具,尽管这部分热量很少(高速车削时只占1%～2%),但由于刀体较小,热容量较小,因此,刀具的温度仍然很高,高速钢车刀的工作表面温度可达700～800 ℃。刀具受热伸长量一般情况下可达到0.03～0.05 mm。从而产生加工误差,影响加工精度。

1. 刀具连续工作时热变形引起的加工误差

当刀具连续工作时,如车削长轴或在立式车床上车削大端面,传给刀具的切削热随时间的延长不断增加,刀具产生变形而逐渐伸长,工件产生圆度误差或平面度误差。

2. 刀具间歇工作

当采用调整法加工一批短轴零件时,由于每个工件切削时间较短,刀具的受热与冷却间歇进行,故刀具的热伸长比较缓慢。

总的来说,刀具能够迅速达到热平衡,刀具的磨损又能与刀具的受热伸长进行部分的补偿,故刀具热变形对加工质量影响并不显著。

● **三、机床热变形**

由于机床的结构和工作条件差别很大,因此引起热变形的主要热源也大不相同,大致分为以下三种:

(1) **主要热源来自机床的主传动系统** 如普通机床、六角车床、铣床、卧式镗床、坐标镗床等。

(2) **主要热源来自机床导轨的摩擦** 如龙门刨床、立式车床等。

(3) **主要热源来自液压系统** 如各种液压机床。

热源的热量,一部分传给周围介质,另一部分传给热源近处的机床零部件和刀具,以致产生热变形,影响加工精度。由于机床各部分的体积较大,容量也大,因而机床热变形进行得缓慢,如车床主轴箱一般不高于 60 ℃。实践表明,车床部件中受热最多、变形最大的是主轴箱,其他部分(如刀架、尾座等)温升不高,热变形较小。

如图 6-12 所示的细虚线表示车床的热变形。可以看出,车床主轴前轴承的温升最高。对加工精度影响最大的因素是主轴轴线的抬高和倾斜。实践表明,主轴抬高是主轴轴承温度升高而引起主轴箱变形的结果,它约占主轴总抬高量的 70%。由床身热变形所引起的抬高量一般小于 30%。影响主轴倾斜的主要原因是床身的受热弯曲,它约占总倾斜量的 75%。主轴前后轴承的温差所引起的主轴倾斜只占 25%。

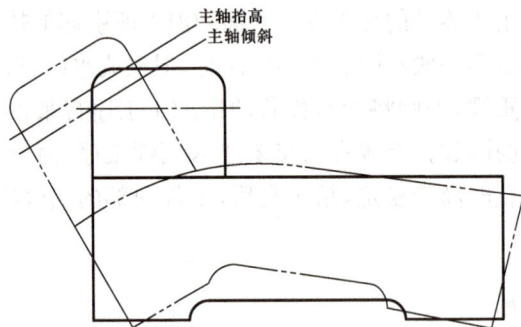

图 6-12　车床的热变形

● **四、减小工艺系统热变形的措施**

1. 减少工艺系统的热源及其发热量

加工过程中机床的热变形主要由内部热源产生,因此,为减少机床的热变形,首先应减少热源。例如,机床上的变速箱、电动机、液压装置、油池、冷却箱等热源尽可能与主机分离,成为独立的单元,如不能分离出来,则采用隔热材料将其与主机隔开。

对于无法从主机中分离出去的热源,如主轴轴承、丝杠螺母副、离合器等的摩擦热以及切削热和外部热源,应采取适当的冷却、润滑措施并改进结构,以改善摩擦特性,减少发热。

此外,为防止切下的切屑把热量传给机床工作台或床身,可在工作台等处放上隔热塑料板并及时清理切屑。

2. 加强冷却,提高散热能力

为了抑制机床内部热源引起的热变形,近年来广泛采用对机床受热部位进行强制冷却的方法。

3. 控制温度变化,均衡温度

由于工艺系统温度变化,引起工艺系统热变形变化,从而产生加工误差,并且具有随机性。因而,必须采取措施控制工艺系统温度变化,保持温度稳定。使热变形产生的加工误差具有规律性,便于采取相应措施给予补偿。

图 6-13 所示为立轴平面磨床,为了平衡主轴箱发热对立柱前壁的影响,用管道将主轴箱的热空气输送给立柱后壁,使前后壁温度分布均匀、对称,从而减少立柱的倾斜。采取这一措施后,使被加工的工件平面度误差降低 1/4～1/3。

对于床身较长的导轨磨床,为了均衡导轨面的热伸长,可利用机床润滑系统回油的余热来提高床身下部的温度,使床身上下表面的温差减小,变形均匀。

当机床(工艺系统)达到热平衡时,工艺系统的热变形趋于稳定,因此,设法使工艺系统尽快达到热平衡,既可控制温度变化,又能提高生产率。缩短预热期的方法有两种:

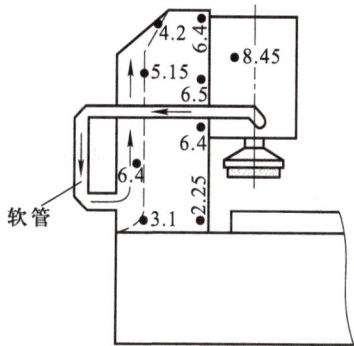

图 6-13 用热空气均衡立柱前后壁的温度场

一种方法是加工前让机床高速空转,使机床迅速达到热平衡,然后采用工作转速进行加工;另一种方法是在机床适当部位上增设附加热源,在预热期内人为向机床供热,加快其热平衡,然后采用工作转速进行加工。

对于精密机床,如数控机床、螺纹磨床、齿轮磨床等,还应安装在恒温室使用,以减小环境温度变化对加工精度的影响。

4. 采用补偿措施

当加工中工艺系统热变形不可避免存在时,常采取一些补偿措施予以消除。例如数控机床中,滚珠丝杠工作时产生的热变形可采用"预拉法"予以消除。即丝杠加工时,螺距小于其规定值。装配时对丝杠施加拉力,使其螺距增大到标准值。由于丝杠内的拉应力大于其受热时的压应力(热应力),故丝杠不产生受热变形。

5. 改善机床结构

除上述措施外,还应注意改善机床结构,减小其热变形,首先考虑结构的对称性。一方面传动元件(轴承、齿轮等)在箱体内安装应尽量对称,使其传给箱壁的热量均衡,变形相近;另一方面,有些零件(如箱体)应尽量采用热对称结构,以便受热均匀。

此外,还应注意合理选材,对精度要求高的零件尽量选用膨胀系数小的材料。

第五节 加工过程中的其他原始误差

● 一、加工原理误差

加工原理误差是由于采用了近似的加工运动方式或者近似的刀具轮廓而产生的误差。因此,它在加工原理上存在误差,故称加工原理误差。只要加工原理误差在允许范围内,是可行的。

1. 采用近似的加工运动造成的误差

在许多场合,为了得到一定要求的工件表面,必须在工件或刀具的运动之间建立一定的联系。从理论上讲,应采用完全准确的运动联系。但是,采用理论上完全准确的加工原理有时使机床或夹具极为复杂,致使制造困难,反而难以达到较高的加工精度。有时甚至是不可能做到的。如在车削或磨削模数螺纹时,由于其导程 $t = \pi m$,式中有 π 这个无理因子,在用配换齿轮来得到导程数值时,就存在加工原理误差。

2. 采用近似的刀具轮廓造成的误差

用成形刀具加工复杂的曲面时,要使刀具刃口做得完全符合理论曲线的轮廓,有时非常困难,往往采用圆弧、直线等简单近似的线型代替理论曲线。如用滚刀滚切渐开线齿轮时,为了滚刀的制造方便,多用阿基米德蜗杆或法向直廓基本蜗杆来代替渐开线基本蜗杆,从而产生了加工原理误差。

● 二、调整误差

零件加工的每一个工序中,为了获得被加工表面的形状、尺寸和位置精度,总得对机床、夹具和刀具进行这样或那样的调整。任何调整工作必然会带来一些原始误差,这种原始误差即调整误差。

调整误差与调整方法有关。

1. 试切法调整

试切法调整,就是对被加工零件进行"试切→测量→调整→再试切",直至达到所要求的精度。它的调整误差来源有:

(1) 测量误差 测量工具的制造误差、读数的估计误差以及测量温度和测量力等引起的误差都将进入测量所得的读数中,这无形中扩大了加工误差。

(2) 微量进给机构灵敏度所引起的误差 在试切中,总是要微量调整刀具的进给量,以便最后达到零件的尺寸精度。但是,在低速微量进给中,常会出现进给机构的"爬行"现象,结果使刀具的实际进给量比手轮转动的刻度数总要偏大或偏小一些,以致难以控制尺寸精度,造成加工误差。

(3) 切削厚度影响 在切削加工中,刀具所能切掉的最小切削厚度是有一定限度的。锐利的刀刃可切下 5 μm,已钝的刀刃只能切下 20~50 μm。切削厚度再小时刀刃就切不下金属而打滑,只起挤压作用。精加工时试切的金属层总是很薄的,由于打滑和挤压,试切的金属实际上可能没有切下来,这时如果认为试切尺寸已合格,就合上纵走刀机构切削下去,则新切到部分的切削深度将比已试切的部分要大,因此最后所得的工件尺寸会比试切部分小一些(图 6-14)。

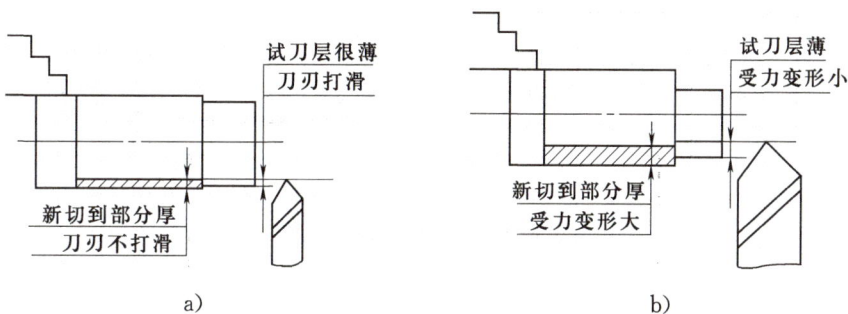

図 6-14 试切调整

2. 用定程机构调整

在半自动机床、自动机床和自动线上,广泛应用行程挡块、靠模及凸轮等机构来保证加工精度。这些机构的制造精度和刚度,以及与其配合使用的离合器、控制阀等的灵敏度就成为影响调整误差的主要因素。

3. 用样件或样板调整

在各种仿形机床、多刀机床和专用机床加工中,常采用专门的样件或样板来调整刀具、机床与工件之间的相对位置,以此保证零件的加工精度。在这种情况下,样件或样板本身的制造误差、安装误差和对刀误差就成为影响调整误差的主要因素。

● 三、工件残余应力引起的误差

残余应力也称内应力,是指当外部载荷去掉以后仍存留在工件内部的应力。残余应力是由于金属内部组织发生了不均匀的体积变化而产生的。其外界因素来自热加工和冷加工。有内应力的零件,其内部组织处于一种不稳定状态。它内部的组织有强烈的倾向要恢复到一个稳定的没有内应力的状态。在这一过程中,工件的形状逐渐变化(如翘曲变形),从而丧失其原有精度。

1. 内应力产生的原因

(1) 毛坯制造中产生的内应力

在铸、锻、焊及热处理等毛坯热加工中由于毛坯各部分受热不均或冷却速度不等,以及金相组织的转变都会引起金属不均匀的体积变化,从而在其内部产生较大的内应力。如图 6-15a 所示,一内外壁厚不等的铸件,浇注后在冷却过程中,由于壁1、壁2较薄,冷却较快,而壁3较厚,冷却较慢。因此,当壁1、壁2从塑性状态冷却到弹性状态时,壁3尚处于塑性状态。这时,壁1、壁2在收缩时并未受到壁3的阻碍,铸件内部不产生内应力。但当壁3也冷却到弹性状态时,壁1、壁2基本冷却,故壁3收缩受到壁1、壁2的阻碍,使壁3内部产生残余拉应力,壁1、壁2产生残余压应力,拉、压应力处于平衡状态。此时,若在壁2上开一个缺口,如图 6-15b 所示,则壁2的压应力消失,壁1、壁3分别在各自的压、拉内应力作用下产生伸长和收缩变形、工件弯曲,直到内应力重新分布达到新的平衡。

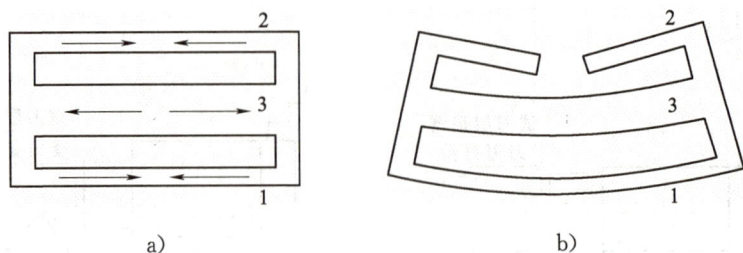

图 6-15 铸造内应力及变形

(2) 冷校直产生的内应力

一些细长轴工件(如丝杠等)由于刚度低,容易产生弯曲变形,常采用冷校直的办法使之变直。如图 6-16a 所示,一根无内应力向上弯曲的长轴,当中部受到载荷 F 作用时,将产生内应力,其轴心线以上产生压应力、轴心线以下产生拉应力(图 6-16b),两条细虚线之间是弹性变形区、细虚线之外是塑性变形区。当工件去掉外力后,工件的弹性恢复受到塑性变形区的阻碍,致使内应力重新分布(图 6-16c),由此可见,工件经冷校直后内部产生残余应力,处于不稳定状态,若再进行切削加工,将重新产生弯曲变形。

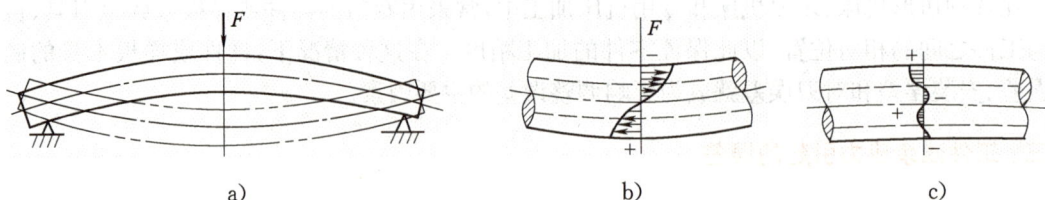

图 6-16 冷校直引起的内应力

(3) 切削加工产生的内应力

在切削加工形成的力和热的作用下,使被加工表面产生塑性变形,也能引起内应力,并在加工后引起工件变形。

2. 减小或消除内应力的措施

(1) 采用适当的热处理工序 对于铸、锻、焊接件,常进行退火、正火或人工时效处理,以后再进行机械加工。对重要零件、在粗加工和半精加工后还要进行时效处理,以消除毛坯制造及加工中的内应力。

(2) 给工件足够的变形时间 对于精密零件,粗、精加工应分开;对于大型零件,由于粗、精加工一般安排在一个工序内进行,故粗加工后先将工件松开,使其自由变形,再以较小夹紧力夹紧工件进行精加工。

(3) 零件结构要合理 结构要简单,壁厚要均匀。

第六节 加工误差的统计分析

● 一、系统性误差和随机性误差

生产实际中,影响加工精度的工艺因素往往是错综复杂的。由于多种误差同时作用,有的可以互相补充或抵消,有的则互相叠加,不少原始误差又带有一定的随机性,因此,很难用前述单因素的估算方法来分析,这时只能通过对生产现场实际加工出的一批工件进行检查测量,运用数理统计的方法加以处理和分析,从中找出误差的规律,并加以控制和消除。这就是加工误差的统计分析法,它是全面质量管理的基础。

由各种工艺因素所产生的加工误差,可分为两大类,即系统性误差和随机性误差。

1. 系统性误差

在顺次加工一批工件中,误差的大小和方向保持不变,或按一定规律变化。前者称为常值系统性误差,后者称为变值系统性误差。

加工原理误差,机床、刀具、夹具的制造误差,机床的受力变形等引起的加工误差均与加工时间无关,其大小和方向在一次调整中也基本不变,故都属于常值系统性误差。机床、夹具、量具等磨损引起的加工误差,在一次调整的加工中也均无明显的差异,故也属于常值系统性误差。机床、刀具未达到热平衡时热变形过程中所引起的加工误差,是随加工时间而有规律地变化的,故属于变值系统性误差。

2. 随机性误差

在依次加工一批工件时,加工误差的大小或方向成不规则变化的误差称为随机性误差。复映误差、工件的残余应力引起变形产生的加工误差都属于随机性误差。随机性误差虽然是不规则变化的,但只要统计的数量足够多,仍可找出一定的变化规律来。

● 二、加工误差的统计分析法

常用的统计分析方法有分布曲线法和点图分析法两种。

(一) 分布曲线法

1. 实际分布图

用调整法加工出来的一批工件,尺寸总是在一定范围内变化的,这种现象称为尺寸分散。尺寸分散范围就是这批工件最大和最小尺寸之差。如果将这批工件的实际尺寸测量出来,并按一定的尺寸间隔分成若干组,然后,以各组的尺寸间隔宽度(组距)为底,以频数(同一间隔组的零件数)或频率(频数与该批零件总数之比)为高作出若干矩形,即直方图。如果以每个区间的中点(中心值)为横坐标,以每组频数或频率为纵坐标得到的一些相应的点,将这些点连成折线即为分布折线图。当所测零件数量增多,尺寸间隔很小时,此折线便非常接近于一条曲线,这就是实际分布曲线。

图 6-17 所示为一批 $\phi 28_{-0.015}^{0}$ mm 活塞销孔镗孔后孔径尺寸的直方图和分布折线图。它

根据表 6-1 中数据绘制。

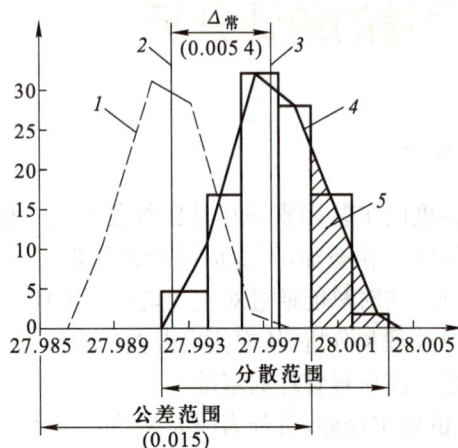

1—理论分布位置;2—公差范围中心(22.992 5);3—分散范围中心(27.997 9);
4—实际分布位置;5—废品区。

图 6-17　活塞销孔直径尺寸分布图

表 6-1　活塞销孔直径频数统计表

组别 k	尺寸范围/mm	组中心值 x/mm	频数 m	频率 m/n
1	27.992～27.994	27.993	4	4/100
2	27.994～27.996	27.995	16	16/100
3	27.996～27.998	27.997	32	32/100
4	27.998～28.000	27.999	30	30/100
5	28.000～28.002	28.001	16	16/100
6	28.002～28.004	28.003	2	2/100

由图 6-17 可以看出:

① 尺寸分散范围（28.004 mm － 27.992 mm ＝ 0.012 mm）小于公差带宽度（$T＝$ 0.015 mm），表示本工序能满足加工精度要求。

② 部分工件超出公差范围(阴影部分)成为废品,究其原因,是尺寸分散中心(27.997 9 mm)与公差带中心(27.992 5 mm)不重合,存在较大的常值系统性误差($\Delta_常＝0.002\,7$ mm),如果设法使尺寸分散中心与公差带中心重合,把镗刀伸出量调短 0.002 7 mm,使分布折线左移到理想位置,则可消除常值系统性误差,使全部尺寸都落在公差带内。

2. 直方图和分布折线图的作法

① **收集数据**:通常在一次调整好机床加工的一批工件中取 100 件(称样本容量),测量各工件的实际尺寸或实际误差,并找出其中的最大值 X_{max} 和最小值 X_{min}。

② **分组**:将抽取的工件按尺寸大小分成 k 组。通常每组至少有 4 个数据。

③ **计算组距**。

组距
$$h = \frac{X_{max} - X_{min}}{k - 1} \tag{6-1}$$

④ 计算组界。

各组组界 $\qquad X_{\min} \pm (j-1)h \pm h/2$ (6-2)

式中 $j = 1, 2, 3, 4, \cdots, k$。

各组的中值 $\qquad X_{\min} + (j-1)h$ (6-3)

⑤ 统计频数 mj。

⑥ 绘制直方图和分布折线图。

3. 正态分布曲线

实践表明,在正常生产条件下,无占优势的影响因素存在。加工的零件数量足够多时,其尺寸分布总是按正态分布的,因此在研究加工精度问题时,通常都是用正态分布曲线(高斯曲线)来代替实际分布曲线,使加工误差的分析计算得到简化

(1) 正态分布曲线方程式

$$y = \frac{1}{\sigma\sqrt{2\pi}} e^{\frac{(X-\bar{X})^2}{2\sigma}}$$

其曲线形状如图 6-18 所示。

当采用正态分布曲线代替实际分布曲线时,上述方程的各个参数如下所述:

X——分布曲线的横坐标,表示工件的实际尺寸或实际误差;

$\bar{X}$——工件的平均尺寸,尺寸的分散中心,$\bar{X} = \dfrac{1}{n}\sum\limits_{i=1}^{n} X_i$

$= \dfrac{1}{n}\sum\limits_{j=1}^{k} m_j X_j$;

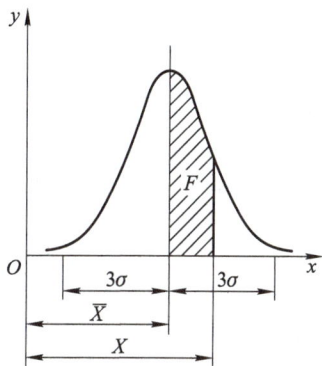

图 6-18 正态分布曲线

σ——均方根偏差,$\sigma = \sqrt{\dfrac{1}{n}\sum\limits_{i=1}^{n}(X_i - \bar{X})^2} = \sqrt{\dfrac{1}{n}\sum\limits_{j=1}^{k}(X_j - \bar{X})m_j}$;

y——分布曲线纵坐标,表示分布曲线概率密度(分布密度);

n——样本总数;

X_j——组中心值;

k——组数;

e——自然对数底(e = 2.718 3)。

正态分布曲线下面所包含的全部面积

$$\int \frac{1}{\sigma\sqrt{2\pi}} e^{\frac{(X-\bar{X})^2}{2\sigma}} \, dx = 1$$

代表了全部工件,即 100%。令

$$\frac{X - \bar{X}}{\sigma} = Z$$

则

$$F = \phi(Z) = \frac{1}{\sqrt{2\pi}} \int_0^Z e^{-\frac{z^2}{2}} \, dZ \tag{6-4}$$

函数 $\phi(Z)$ 的值见表 6-2。

表 6-2　$\phi(Z) = \dfrac{1}{\sqrt{2\pi}} \displaystyle\int_0^Z e^{-\frac{z^2}{2}}\, dZ$ 的值

Z	$\phi(Z)$	Z	$\phi(Z)$	Z	$\phi(Z)$	Z	$\phi(Z)$	Z	$\phi(Z)$	Z	$\phi(Z)$	Z	$\phi(Z)$
0.01	0.004 0	0.17	0.067 5	0.33	0.129 3	0.49	0.187 9	0.80	0.288 1	1.30	0.403 2	2.20	0.480 1
0.02	0.008 0	0.18	0.071 4	0.34	0.133 1	0.50	0.191 5	0.82	0.293 9	1.35	0.411 5	2.30	0.489 3
0.03	0.012 0	0.19	0.075 3	0.35	0.136 8	0.52	0.198 5	0.84	0.299 5	1.40	0.419 2	2.40	0.491 8
0.04	0.016 0	0.20	0.079 3	0.36	0.140 6	0.54	0.205 4	0.86	0.305 1	1.45	0.426 5	2.50	0.493 8
0.05	0.019 9	0.21	0.083 2	0.37	0.144 3	0.56	0.212 3	0.88	0.310 6	1.50	0.433 2	2.60	0.495 3
0.06	0.023 9	0.22	0.087 1	0.38	0.148 0	0.58	0.219 0	0.90	0.315 9	1.55	0.439 4	2.70	0.496 5
0.07	0.027 9	0.23	0.091 0	0.39	0.151 7	0.60	0.225 7	0.92	0.321 2	1.60	0.445 2	2.80	0.497 4
0.08	0.031 9	0.24	0.094 8	0.40	0.155 4	0.62	0.232 4	0.94	0.326 4	1.65	0.450 5	2.90	0.498 1
0.09	0.035 9	0.25	0.098 7	0.41	0.159 1	0.64	0.238 9	0.96	0.331 5	1.70	0.455 4	3.00	0.498 65
0.10	0.039 8	0.26	0.102 3	0.42	0.162 8	0.66	0.245 4	0.98	0.336 5	1.75	0.459 9	3.20	0.499 31
0.11	0.043 8	0.27	0.106 4	0.43	0.166 4	0.68	0.251 7	1.00	0.341 3	1.80	0.464 1	3.40	0.499 66
0.12	0.047 8	0.28	0.110 3	0.44	0.170 0	0.70	0.258 0	1.05	0.353 1	1.85	0.467 8	3.60	0.499 841
0.13	0.051 7	0.29	0.114 1	0.45	0.173 6	0.72	0.264 2	1.10	0.364 3	1.90	0.471 3	3.80	0.499 928
0.14	0.055 7	0.30	0.117 9	0.46	0.177 2	0.74	0.270 3	1.15	0.374 9	1.95	0.474 4	4.00	0.499 968
0.15	0.059 6	0.31	0.121 7	0.47	0.180 8	0.76	0.276 4	1.20	0.384 9	2.00	0.477 2	4.50	0.499 997
0.16	0.063 6	0.32	0.125 5	0.48	0.184 4	0.78	0.282 3	1.25	0.394 4	2.10	0.482 1	5.00	0.499 999 97

（2）正态分布曲线的特点

① 曲线呈钟形，中间高，两边低。这表示尺寸靠近分散中心的工件占大部分，尺寸远离分散中心的工件占极少数。

② 曲线以 $X = \bar{X}$ 竖线为轴对称分布，表示工件尺寸大于 $\bar{X}$ 和小于 $\bar{X}$ 的频率相等。

③ 均方根差 σ 是决定曲线形状的重要参数。如图 6-19 所示，σ 越大，曲线越平坦，尺寸越分散，也就是加工精度越低；σ 越小，曲线越陡峭，尺寸越集中，加工精度越高。

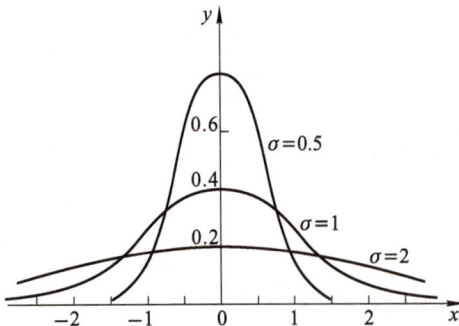

图 6-19　正态分布曲线的性质

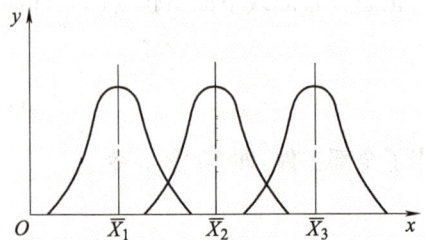

图 6-20　σ 不变时 $\bar{X}$ 使分布曲线移动

④ 曲线分布中心 $\overline{X}$ 改变时，整个曲线将沿 X 轴平移，但曲线的形状保持不变，如图 6-20 所示。这是常值系统性误差影响的结果。

⑤ 工件尺寸在 $\pm 3\sigma$ 的频率占 99.7%，故一般取 6σ 为正态分布曲线的尺寸分散范围。

例 6-1 已知 $\sigma = 0.005\,\text{mm}$，零件公差带 $T = 0.02\,\text{mm}$，且公差对称于分散范围中心，$X = 0.01\,\text{mm}$，试求此时的废品率。

解
$$Z = X/\sigma = 0.01\,\text{mm}/0.005\,\text{mm} = 2$$

查表 6-2，当 $Z = 2$ 时，$2\phi(Z) = 0.954\,4$。

故废品率为 $[1 - 2\phi(Z)] \times 100\% = [1 - 0.954\,4]100\% \approx 4.6\%$

例 6-2 车一批轴的外圆，其图样规定的尺寸为 $\phi 20_{-0.1}^{0}\,\text{mm}$，根据测量结果，此工序的尺寸分布是按正态分布的，其 $\sigma = 0.025\,\text{mm}$，曲线的顶峰位置和公差中心相差 0.03 mm，偏右端，试求其合格率和废品率。

解 尺寸分布如图 6-21 所示，合格率由 A、B 两部分计算：

$$Z_A = \frac{X_A}{\sigma} = \frac{0.5T + 0.03}{\sigma} = \frac{0.5 \times 0.1 + 0.03}{0.025} = 3.2$$

$$Z_B = \frac{X_B}{\sigma} = \frac{0.5T - 0.03}{\sigma} = \frac{0.5 \times 0.1 - 0.03}{0.025} = 0.8$$

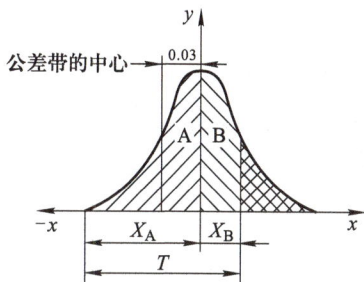

图 6-21 轴直径尺寸分布图

查表得 $Z_A = 3.2$ $\phi(Z_A) = 0.499\,31$，$Z_B = 0.8$ $\phi(Z_B) = 0.288\,1$，故

合格率 $(0.499\,31 + 0.288\,1) \times 100\% = 78.741\%$

不合格率 $(0.5 - 0.288\,1) \times 100\% \approx 21.2\%$

由图 6-21 可知，虽有废品，但尺寸均大于零件的上限尺寸，故可修复。

（3）非正态分布

工件实际尺寸的分布情况，有时并不近似于正态分布，而是出现非正态分布。例如将两次调整下加工的零件混在一起，尽管每次调整下加工的零件是按正态分布的，但由于两次调整的工件平均尺寸及工件数可能不同，于是分布曲线将为图 6-22a 所示的双峰曲线。如果加工中刀具或砂轮的尺寸磨损比较显著，分布曲线就会如图 6-22b 所示形成平顶分布。当工艺

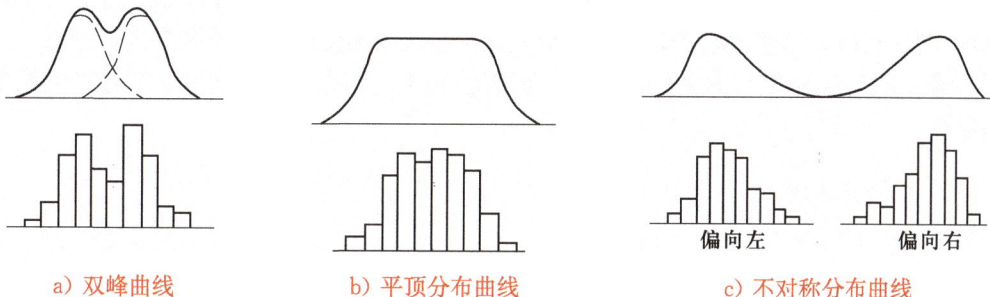

a) 双峰曲线 b) 平顶分布曲线 c) 不对称分布曲线

图 6-22 非正态分布曲线

系统出现显著的热变形时,分布曲线往往不对称,例如刀具热变形严重,加工轴时曲线偏向左,加工孔时则偏向右(图 6-22c)。用试切法加工时,由于操作者主观上存在着宁可返修也不要报废的倾向,也往往出现不对称分布(加工轴宁大勿小,曲线偏向右;加工孔宁小勿大,曲线偏向左)。

(4) 正态分布曲线的应用

① 计算合格率和废品率。

② 判断加工误差的性质。如果加工过程中没有变值系统性误差,那么它的尺寸分布应服从正态分布;如果尺寸分散中心与公差带中心重合,则说明不存在常值系统性误差,若不重合则两中心之间的距离即常值系统性误差;如果实际尺寸分布与正态分布有较大出入,说明存在变值系统性误差。则可根据图 6-25 初步判断变值系统误差是什么类型的。

③ 判断工序的工艺能力能否满足加工精度的要求。工艺能力是指处于控制状态的加工工艺达到产品质量要求的实际能力,可以用工序的尺寸分散范围来表示其工艺能力。大多数加工工艺的分布都接近正态分布,而正态分布的尺寸分散范围是 6σ,因此工艺能力能否满足加工精度要求,可以用下式判断

$$C_{\mathrm{p}} = \frac{T}{6\sigma}$$

式中　T——工件公差。

　　C_{p}——工艺能力系数。当 $C_{\mathrm{p}} \geqslant 1$ 时,可认为工序具有不产生不合格产品的必要条件;当 $C_{\mathrm{p}} < 1$ 时,则该工序产生不合格品是不可避免的。

根据工艺能力系数的大小,可将工艺能力分为 5 级,见表 6-3。

表 6-3　工序能力等级表

工艺能力系数 C_{p}	工艺等级	工艺能力判断	工艺能力系数 C_{p}	工艺等级	工艺能力判断
$C_{\mathrm{p}} > 1.67$	特级	工艺能力很充分	$0.67 < C_{\mathrm{p}} \leqslant 1.00$	三级	工艺能力不足
$1.33 < C_{\mathrm{p}} \leqslant 1.67$	一级	工艺能力足够	$C_{\mathrm{p}} \leqslant 0.67$	四级	工艺能力极差
$1.00 < C_{\mathrm{p}} \leqslant 1.33$	二级	工艺能力勉强			

(5) 分布曲线法的缺点

加工中随机性误差和系统性误差同时存在,由于分析时没有考虑到工件加工的先后顺序,故不能反映误差的变化趋势,因此,很难把随机性误差和变值系统性误差区分开来。由于必须要等一批工件加工完毕后才能得出分布情况,因此,不能在加工过程中及时提供控制精度的资料。

(二) 点图分析法

1. 点图的形式

(1) 个值点图

如果按加工顺序逐个测量一批工件的尺寸,并以横坐标代表工件的加工顺序,以纵坐标

代表工件的尺寸(或误差),就可作出如图 6-23a 所示点图。为缩短点图长度,可将顺次加工出的 m 个工件编成一组,以组序为横坐标,以工件尺寸(或误差)为纵坐标,同组尺寸分别点在同一组号的垂线上,就可得到如图 6-23b 所示的点图。

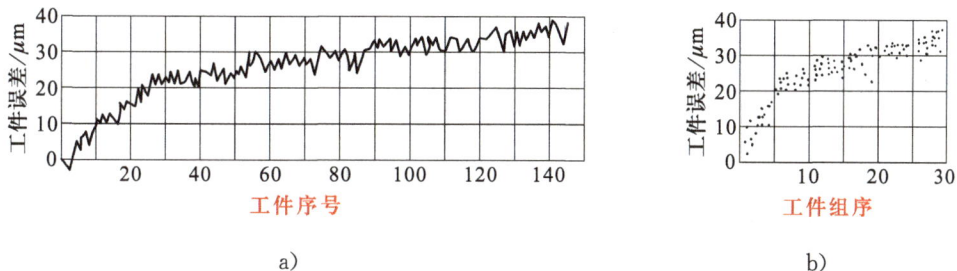

a)

b)

图 6-23　个值点图

假设把点图的上下极限点包络在两根平滑曲线内,并作出其平均值的曲线,如图 6-24 所示,就能较清楚地揭示加工过程中各种误差的性质及其变化趋势。平均值曲线 OO' 表示分散中心随时间延续的变化情况,反映变值系统性误差的变化规律,从起始点 O 的位置可看出常值系统性误差的影响,上下限曲线 AA' 和 BB' 间的宽度表示尺寸分散范围,也反映随机性误差的大小。

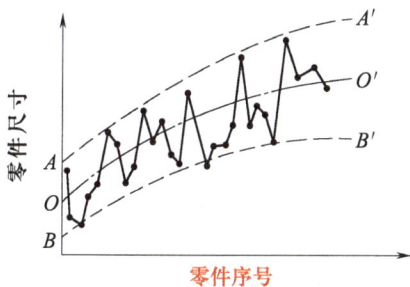

图 6-24　个值点图上反映的误差变化趋势

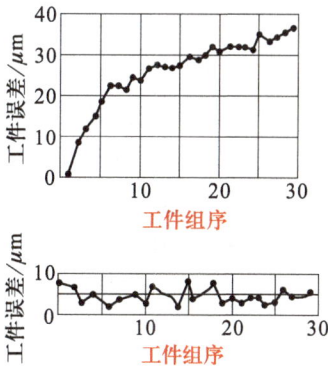

图 6-25　$\overline{X}$-R 点图

(2) $\overline{X}$-R 点图

为了能直接反映变值系统性误差和随机性误差随时间的延续变化的趋势,实际生产中常采用样组点图代替个值点图,最常用的样组点图是 $\overline{X}$-R 点图(平均值-极差点图)。它是将每 m 个工件误差的平均值 $\overline{X}$ 标在点图($\overline{X}$ 图)上,同时把每一组的极差(最大与最小尺寸之差 R)画在另一张点图(R 图)上。由此可清楚地了解到尺寸分散及变化情况,如图 6-25 所示,两者合称 $\overline{X}$-R 点图。由于 $\overline{X}$ 在一定程度上代表瞬时分散中心,$\overline{X}$ 点图主要反映系统性误差及其变化趋势。R 代表瞬时尺寸分散范围,故 R 图反映的是随机性误差及其变化趋势。单独的 $\overline{X}$ 图或 R 点图均不能全面反映加工误差的情况,必须结合起来应用。

在 $\overline{X}$-R 图上各画上中心线(平均线)和控制线。控制线是用来判断工艺是否稳定的界线。工艺稳定是指一个过程（工序）的质量参数的总体分布，其平均值 $\overline{X}$ 和均方根误差 σ 在整个过程（工序）中能保持不变。中心线在图上用粗实线表示。界线用细虚线表示，它们的位置可按下式计算：

$\overline{X}$ 图中心线
$$\overline{\overline{X}} = \frac{1}{k} \sum_{i=1}^{k} \overline{X}_i \tag{6-5}$$

R 图中心线
$$\overline{R} = \frac{1}{k} \sum_{i=1}^{k} R_i \tag{6-6}$$

式中　k——组数；

　　　　$\overline{X}_i$——第 i 组的平均值；

　　　　R_i——第 i 组的极差。

$\overline{X}$ 图的上控制线
$$\overline{X}_s = \overline{\overline{X}} + A\overline{R} \tag{6-7}$$

$\overline{X}$ 图的下控制线
$$\overline{X}_x = \overline{\overline{X}} - A\overline{R} \tag{6-8}$$

$\overline{R}$ 图的上控制线
$$R_s = D_1 \overline{R} \tag{6-9}$$

式中　A 与 D_1 按表 6-4 选取。

表 6-4　A 与 D_1 系数表

每组个数 m	4	5	6	7	8	9	10
A	0.729	0.577	0.463	0.419	0.373	0.337	0.303
D_1	2.28	2.10	1.98	1.90	1.85	1.80	1.76

2. 点图法的应用

点图法是全面质量管理中用以控制产品质量的主要方法之一，在实际生产中应用广泛，主要用于工艺验证和分析加工过程的质量。

工艺验证的目的是确定现行工艺或准备投产的新工艺能否稳定地满足产品的质量要求。办法是通过抽样检查，确定工艺能力及其系数，从而判断工艺稳定与否。

在 $\overline{X}$-R 图上作出平均线和控制线后就可根据图中点的情况判断工艺过程是否稳定，判别的标志见表 6-5。

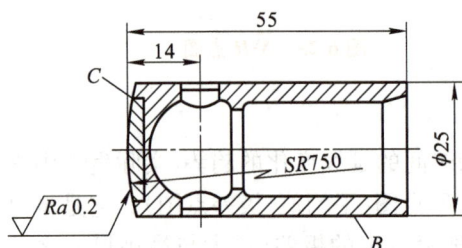

图 6-26　球面 C 沿边缘检查时 B 面的端跳动不大于 0.05 mm

下面以验证挺杆（图 6-26）在球面磨床上磨削球面工序为例，说明工艺验证的方法和步骤。

（1）抽样并测量　样本容量一般应不小于 50～100 件，现取 100 件。挺杆磨球面工序测定值技术要求为：球面端部跳动不大于 0.05 mm，采用最小分度值为 0.01 mm 的百分表，用目测可估计的值为 0.005 mm。依加工顺序分为 25 组，每组件数取 4，记录观测数据并列入表内（见表 6-6）。

表 6-5　正常波动与异常波动的标志

正　常　波　动	异　常　波　动
1. 没有点子超出控制线； 2. 大部分点子在平均线上下波动,小部分点子在控制线附近； 3. 点子没有明显规律性	1. 有点子超出控制线； 2. 点子密集在平均线上下附近； 3. 点子密集在控制线附近； 4. 连续 7 点以上出现在平均线一侧； 5. 连续 11 点中有 10 点出现在平均线一侧； 6. 连续 14 点中有 12 点以上出现在平均线一侧； 7. 连续 17 点中有 14 点以上出现在平均线一侧； 8. 连续 20 点中有 16 点以上出现在平均线一侧； 9. 点子有上升或下降倾向； 10. 点子有周期性波动

表 6-6　$\overline{X}$-R 记录表

组号	测定值/μm				总计 $\sum X$/μm	平均值 $\overline{X}$/μm	极差 R/μm
	X_1	X_2	X_3	X_4			
1	30	18	20	20	88	22	12
2	15	22	25	20	82	20.5	10
3	15	20	10	10	55	13.75	10
4	30	10	15	15	70	17.5	20
5	25	20	20	30	95	23.75	10
6	20	35	25	20	100	25	15
7	20	20	30	30	100	25	10
8	10	30	20	20	80	20	20
9	25	20	25	15	85	21.25	10
10	20	30	10	15	75	18.75	20
11	10	10	20	25	65	16.25	15
12	10	10	10	30	60	15	20
13	10	50	30	20	110	27.5	40
14	30	10	10	30	80	20	20
15	30	30	20	10	90	22.5	20
16	30	10	15	25	80	20	20
17	15	10	35	20	80	20	25
18	30	40	20	30	120	30	20
19	20	30	10	20	80	20	20
20	10	35	10	40	95	23.75	30
21	10	10	20	20	60	15	10
22	10	10	10	30	60	15	20
23	15	20	45	20	100	25	30
24	10	20	20	30	80	20	20
25	15	10	15	20	60	15	10

$\overline{X}$ 控制图 $\overline{X}_s = \overline{\overline{X}} + A\overline{R} = 33.82$ $\overline{X}_x = \overline{\overline{X}} - A\overline{R} = 7.18$	R 控制图 $R_s = D_1\overline{R} = 41.71$	总和	512.50	457
		$\overline{\overline{X}} = 20.50$		$\overline{R} = 18.28$

（2）计算 $\overline{X}$ 和 σ　本例按组距 0.005 mm 分组，分组统计后得

$$\overline{X} = \frac{1}{n} \sum_{i=1}^{n} X_i = 20.50 \ \mu m$$

$$\sigma = \sum_{i=1}^{n} \sqrt{\frac{(X_i - \overline{X})^2}{n}} = 8.96 \ \mu m$$

（3）画 $\overline{X}$-R 图　先计算出各样组的平均值 $\overline{X}$ 和极差 R，然后算出 $\overline{X}$ 的平均值 $\overline{\overline{X}}$ 和 R 的平均值 $\overline{R}$，$\overline{X}$ 点图的上、下控制线位置 $\overline{X}_s$ 和 $\overline{X}_x$，R 点图的上控制线位置 R_s。将上述计算数据填入 $\overline{X}$-R 点图记录表内，并据此作出如图 6-27 所示的 $\overline{X}$-R 点图。

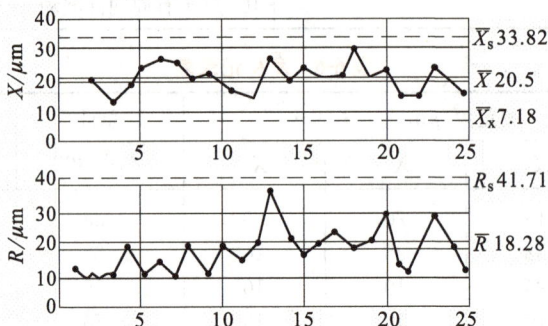

图 6-27　磨挺杆球面工序端面跳动的 $\overline{X}$-R 图

（4）计算工艺能力系数，确定工艺等级

$$\sigma = 8.96 \ \mu m$$

$$C_p = \frac{T}{6\sigma} = \frac{0.05}{6 \times 0.008\ 96} \approx 0.93$$

查表 6-3 可知属于三级工艺。

（5）分析总结　从 $\overline{X}$-R 图上可看出没有点子超出控制线，$\overline{X}$ 点图还表明无明显的变值系统性误差，但在 R 点图上连续 8 个点出现在平均线上侧，同时还有逐渐上升趋势，说明随机性误差在逐渐增加，虽影响尚不严重，但也不能认为本工序是非常稳定的。

第七节　提高加工精度的工艺措施

保证和提高加工精度的方法，大致可概括为减少原始误差法、补偿原始误差法、转移原始误差法、均分原始误差法、均化原始误差法、"就地加工"法等几种。

视频

减少原始误差

一、减少原始误差

这种方法是生产中应用较广的一种基本方法。它是在查明产生加工误差的主要因素

之后,设法消除或减少这些因素。例如细长轴的车削,现在采用了大走刀反向车削法,基本消除了轴向切削力引起的弯曲变形。若辅之以弹簧顶尖装夹,则可进一步消除热变形引起的热伸长的影响,如图 6-28 所示。再如薄片磨削中,由于采用了弹性加压和树脂胶合以加强工件刚度的办法,使工件在自由状态下得到固定,解决了薄片零件加工平面度不易保证的难题。

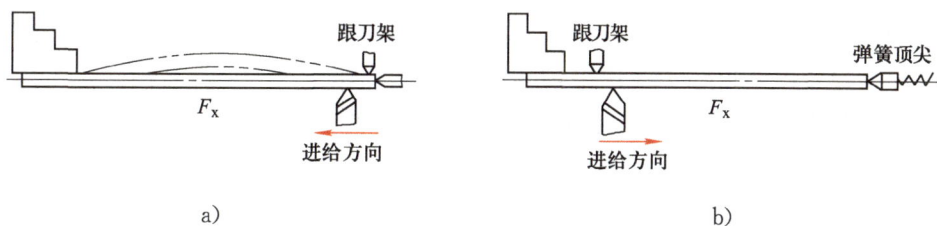

图 6-28　不同进给方向加工细长轴的比较

二、补偿原始误差

误差补偿法,是人为地造出一种新的误差,去抵消原来工艺系统中的原始误差。当原始误差是负值时,人为的误差就取正值,反之,取负值,并尽量使两者大小相等;或者利用一种原始误差去抵消另一种原始误差,也是尽量使两者大小相等、方向相反,从而达到减少加工误差,提高加工精度的目的。

如用预加载荷法精加工外圆磨床床身导轨,借以补偿装配后受部件自重作用而产生的变形。外圆磨床床身是一个狭长结构,刚性比较差,虽然在加工时床身导轨的各项精度都能达到,但装上横向进给机构、操纵箱以后,往往发现导轨精度超差。这是因为这些部件的自重引起床身变形的缘故。为此某些磨床厂在加工床身导轨时采取用"配重"代替部件重量,或者先将该部件装好再磨削,如图 6-29 所示,使加工、装配和使用条件一致,以保持导轨的高精度。

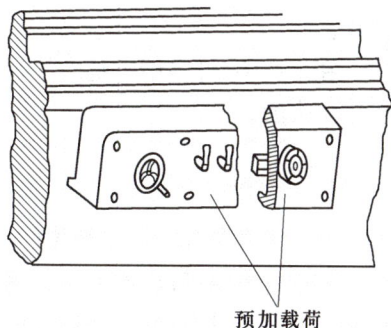

图 6-29　"配重"加工床身导轨

三、转移原始误差

误差转移法实质上是转移工艺系统的几何误差、受力变形和热变形等。

误差转移法的实例很多。如当机床精度达不到零件加工要求时,常常不是一味地提高机床精度,而是从工艺上或夹具上想办法,创造条件,使机床的几何误差转移到不影响加工精度的方面去。如磨削主轴锥孔保证其和轴颈的同轴度,不是靠机床主轴的回转精度来保证的,而是靠夹具保证。当机床主轴与工件主轴之间用浮动连接以后,机床主轴的原始误差就被转移掉了。在箱体的孔系加工中,介绍过用坐标法在普通镗床上保证孔系的加工精度。其要点就是采用了精密量棒、内径千分尺和百分表等进行精密定位。这样,镗床上因丝杠、刻度盘和刻线尺而产生的误差就不反映到工件的定位精度上去了。

四、均分原始误差

在加工中,由于毛坯或上道工序误差(以下统称"原始误差")的存在,往往造成本工序的加工误差,或者由于工件材料性能改变,或者上道工序的工艺改变(如毛坯精化后,把原来的切削加工工序取消),引起原始误差发生较大的变化,这种原始误差的变化,对本工序的影响主要有两种情况:

(1) 误差复映,引起本工序误差;

(2) 定位误差扩大,引起本工序误差。

解决这个问题,最好是采用分组调整均分误差的办法。这种办法的实质就是把原始误差按其大小均分为 n 组,每组毛坯误差范围就缩小为原来的 $\frac{1}{n}$,然后按各组分别调整加工。

视频

均化原始
误差

五、均化原始误差

对配合精度要求很高的轴和孔,常采用研磨工艺。研具本身并不要求具有高精度,但它却能在和工件作相对运动过程中对工件进行微量切削,高点逐渐被磨掉(当然,研具也被工件磨去一部分),最终使工件达到很高的精度。这种表面间的摩擦和磨损的过程,就是误差不断减小的过程,这就是误差均化法。它的实质是利用有密切联系的表面相互比较,相互检查,从对比中找出差异,然后进行相互修正或互为基准加工,使工件被加工表面的误差不断缩小和均化。

在生产中,许多精密基准件(如平板、直尺、角度规、端齿分度盘等)都是利用误差均化法加工出来的。

六、"就地加工"法

视频

就地
加工法

在加工和装配中有些精度问题,牵涉到零件或部件间的相互关系,相当复杂,如果一味地提高零部件本身精度,有时不仅困难,甚至不可能,若采用"就地加工"的方法,就可能很方便地解决看起来非常困难的精度问题。

例如,在六角车床制造中,转塔上 6 个安装刀架的大孔,其轴心线必须保证和主轴旋转中心线重合,而且 6 个端面又必须和主轴中心线垂直。如果把转塔上的这些表面完全加工后再装配,上述两项要求是很难达到的,因为包含了很复杂的尺寸链关系。因而实际生产中采用了"就地加工"法。这些表面在装配前不进行精加工,等它装配到机床上以后,用机床本身加工这 6 个大孔及端面。

复习思考题

互动练习

第六章
复习思考题

1. 试分析:

(1) 在车床三爪自定心卡盘上镗孔时,引起内孔与外圆不同轴度、端面与外圆的不垂直度的原因(图 6-30)。

(2) 在车床上镗孔时,引起被加工孔圆度误差的原因(图 6-31)。

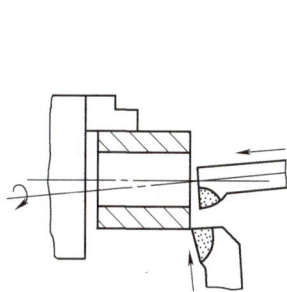

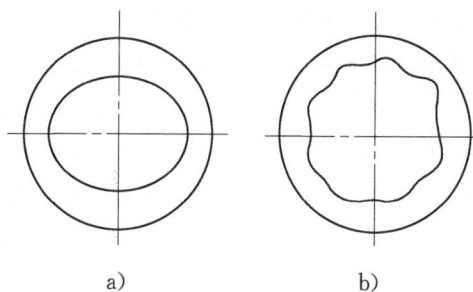

a)   b)

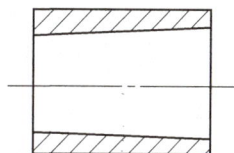

图 6-30   图 6-31   图 6-32

（3）在车床上镗孔引起圆柱度误差的原因（图 6-32）。

（4）在车床上镗锥孔或车外锥体时，由于刀尖高于或低于工件轴心线，将会引起什么样的误差？

（5）在车床上用顶尖安装车削外圆和轴肩时，产生外圆不同轴、两轴肩端面不平行（图 6-33）的原因。应采取什么措施去除或减少此项误差？

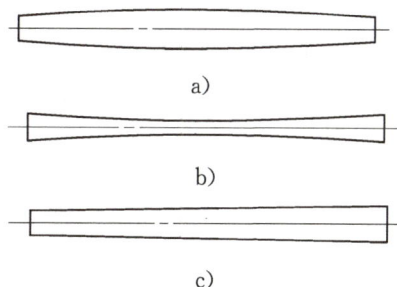

a)

b)

c)

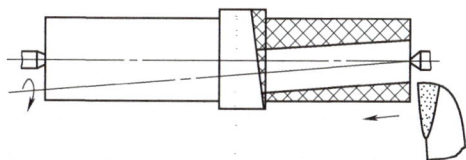

图 6-33   图 6-34

（6）在车床上用两顶尖安装工件，车削细长轴时，出现如图 6-34 所示误差的原因，并指出分别采用什么措施加以消除或减少。

2. 车削前，工人经常在刀架上装上镗刀修整三爪的工作面或花盘的端面（图 6-35），目的是什么？试分析此措施能否提高主轴轴线的回转精度和减少主轴轴向跳动。

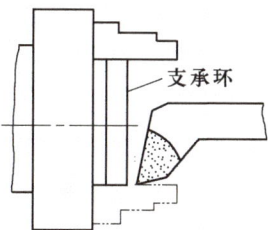

支承环

图 6-35   图 6-36

3. 试说明细长轴车削的工艺特征和细长轴先进车削法（或称细长轴反向走刀车削法）的工艺特点。

4. 在卧式铣床上铣削键槽（图 6-36），经测量发现，靠工件两端的铣削深度大于中间的深度,但都比调整的深度尺寸小。试分析产生这一现象的原因。

5. 车削细长轴时,工人经常在一次走刀后,将后顶尖松一下再重新顶紧。试分析其原因何在。

6. 有一批小轴,其直径尺寸为 $\phi 18\,\text{mm} \pm 0.012\,\text{mm}$,属正态分布,$\sigma = 0.005$。实测发现分布中心与公差带中心不重合,相差 $+5\,\mu\text{m}$。试求该批零件的合格率及废品率(图 6-37)。

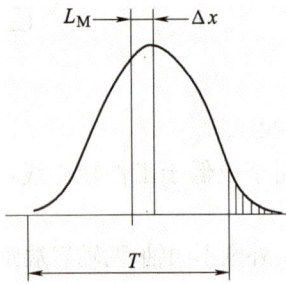 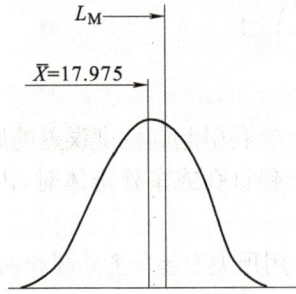

图 6-37   图 6-38

7. 有一批小轴,其直径尺寸为 $\phi 18_{-0.035}^{0}\,\text{mm}$,测量后得 $\overline{X} = 17.975\,\text{mm}$,$\sigma = 0.01\,\text{mm}$,属正态分布。求合格率 Q_h 和废品率 Q_f,并分析废品特性及减少废品率的可能性(图 6-38)。

第七章 机械加工表面质量

综述与要求

机械零件的加工质量,除了加工精度以外,还有表面质量。任何机械加工所获得的表面,实际上都不是完全理想的表面,实践表明,机械零件的破坏,一般都是从表面层开始的。产品的使用性能,如耐磨性、耐蚀性、耐疲劳强度、配合性质等,影响着产品工作的可靠性和耐久性,在很大程度上取决于其主要零件的表面质量。因此探讨和研究机械加工表面质量,对保证产品质量具有重要意义。通过学习,理解机械加工表面质量的内涵,掌握机械加工中各种工艺因素对表面粗糙度和表面物理力学性能的影响规律,以便应用这些规律控制加工过程,最终达到提高表面质量、提高产品使用性能的目的。

第一节 基本概念

零件的机械加工质量不仅指加工精度,还有表面质量。机械加工表面质量,是指零件在机械加工后表面层的微观几何形状误差和物理化学及力学性能。产品的工作性能、可靠性、寿命在很大程度上取决于主要零件的表面质量。

机器零件的破坏,在多数情况下都是从表面开始的,这是由于表面是零件材料的边界,常常承受工作负荷所引起的最大应力和外界介质的侵蚀,表面上有着引起应力集中而导致破坏的根源,所以这些表面直接与机器零件的使用性能有关。在现代机器中,许多零件是在高速、高压、高温、高负荷下工作的,对零件的表面质量,提出了更高的要求。

一、机械加工表面质量的含义

任何机械加工方法所获得的加工表面都不可能是绝对理想的表面,总存在着表面粗糙度、表面波度等微观几何形状误差。表面层的材料在加工时还会发生物理、力学性能变化,以及在某些情况下产生化学性质的变化。图 7-1a 所示为加工表层沿深度方向的变化情况。在最外层生成氧化膜或其他化合物,并吸收、渗进了气体、液体和固体的粒子,称为吸附层,其厚度一般不超过 8 μm。压缩层即为表面塑性变形区,由切削力造成,厚度为几十至几百微米,随加工方法的不同而变化。其上部为纤维层,是由被加工材料与刀具之间的摩擦力所造成的。另外,切削热也会使表面层产生各种变化,如同淬火、回火一样使材料产生相变以及晶粒大小的变化等。因此,表面层的物理力学性能不同于基体,产生了如图 7-1b、c 所示的显微硬度和残余应力变化。综上所述,表面质量的含义有两方面的内容。

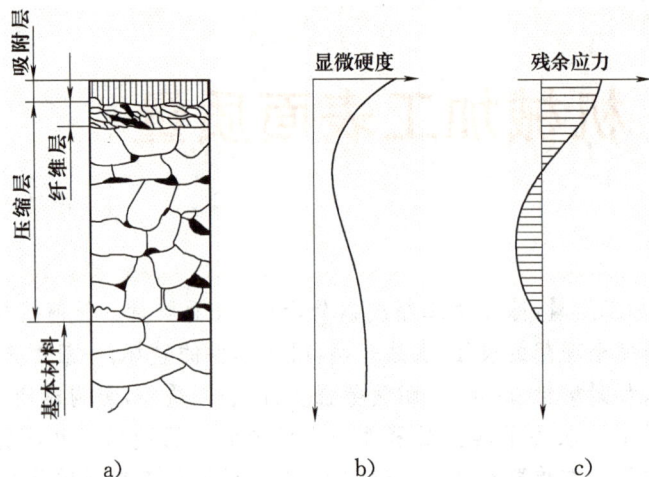

图 7-1 加工表面层沿深度方向的变化情况

视频

表面
粗糙度

1. 表面的几何特征

(1) 表面粗糙度 它是指加工表面的微观几何形状误差,主要由刀具的形状以及切削过程中塑性变形和振动等因素决定。如图 7-2 所示,其波长 L_3 与波高 H_3 的比值一般小于 50,我国表面粗糙度现行标准是 GB/T 1031—2009。在确定表面粗糙度时,可在 Ra、Rz 两项特性参数中选取,并推荐优先选用 Ra。

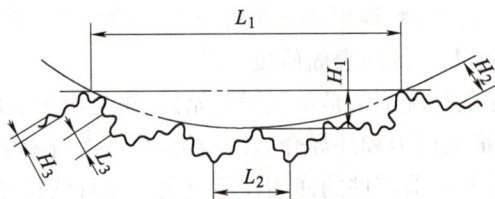

图 7-2 形状误差、表面粗糙度及波度的示意关系

(2) 表面波度 它是介于宏观几何形状误差($L_1/H_1 > 1\,000$)与微观表面粗糙度($L_3/H_3 < 50$)之间的周期性几何形状误差。它主要是由机械加工过程中工艺系统低频振动所引起的,如图 7-2 所示,其波长 L_2 与波高 H_2 的比值一般为 $50\sim1\,000$。一般按 GB/T 3505—2009 改写以波高为波度的特征参数,用测量长度上五个最大的算术平均值 w 表示

$$w = (w_1 + w_2 + w_3 + w_4 + w_5)/5$$

（3）**表面纹理方向**　它是指表面刀纹的方向，取决于该表面所采用的机械加工方法及其主运动和进给运动的关系。一般对运动副或密封件有纹理方向的要求。

（4）**伤痕**　在加工表面的一些个别位置上出现的缺陷。它们大多是随机分布的，例如砂眼、气孔、裂痕和划痕等。

2. 表面层物理、化学和力学性能

由于机械加工中切削力和切削热的综合作用，加工表面层金属的物理、力学和化学性能发生一定的变化，主要表现在以下几个方面：

（1）表面层加工硬化（冷作硬化）。

（2）表面层金相组织变化及由此引起的表层金属强度、硬度、塑性及耐蚀性的变化。

（3）表面层产生残余应力或造成原有残余应力的变化。

● **二、加工表面质量对零件使用性能的影响**

1. 表面质量对零件耐磨性的影响

零件的耐磨性与摩擦副的材料、润滑条件和零件的表面质量等因素有关。特别是在前两个条件已确定的前提下，零件的表面质量就起着决定性的作用。

零件的磨损可分为三个阶段，如图 7-3 所示。第 I 阶段称为初期磨损阶段。由于摩擦副开始工作时，两个零件表面互相接触，一开始只是在两表面波峰接触，实际的接触面积只是名义接触面积的一小部分。当零件受力时，波峰接触部分将产生很大的压强，因此磨损非常显著。经过初期磨损后，实际接触面积增大，磨损变缓，进入磨损的第 II 阶段，即正常磨损阶段，这一阶段零件的耐磨性最好，持续的时间也较长。最后，由于波峰被磨平，表面粗糙度值变得非常小，不利于润滑油的储存，且使接触表面之间的分子亲和力增大，甚至发生分子黏合，使摩擦阻力增大，从而进入磨损的第 III 阶段，即急剧磨损阶段。

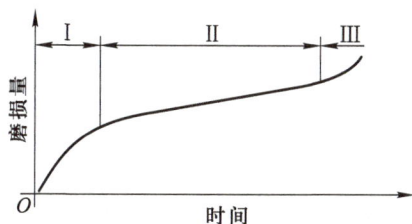

图 7-3　磨损过程的基本规律

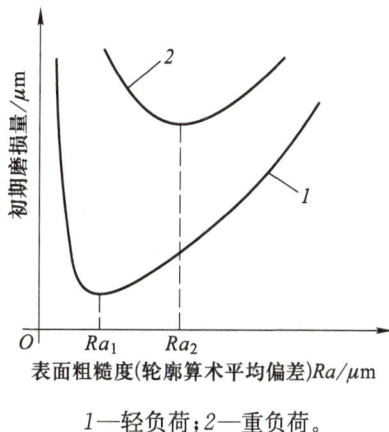

图 7-4　表面粗糙度与初期磨损量的关系

1—轻负荷；2—重负荷。

表面粗糙度对摩擦副的初期磨损影响很大，但也不是表面粗糙度值越小越耐磨。图 7-4 所示是表面粗糙度对初期磨损量影响的实验曲线。从图中看出，在一定工作条件下，摩擦副表面总是存在一个最佳表面粗糙度值，最佳表面粗糙度 Ra 为 $0.32\sim1.25~\mu m$。

表面纹理方向对耐磨性也有影响,这是因为它能影响金属表面的实际接触面积和润滑液的存留情况。轻载时,两表面的纹理方向与相对运动方向一致时,磨损最小;当两表面纹理方向与相对运动方向垂直时,磨损最大。但是在重载情况下,由于压强、分子亲和力和润滑液的储存等因素的变化,其规律与上述有所不同。

表面层的加工硬化,一般能提高耐磨性 50%～100%。这是因为加工硬化提高了表面层的强度,减少了表面进一步塑性变形和咬焊的可能性。但过度的加工硬化会使金属组织疏松,甚至出现疲劳裂纹和产生剥落现象,从而使耐磨性下降。所以零件的表面硬化层必须控制在一定的范围之内。

2. 表面质量对零件疲劳强度的影响

零件在交变载荷的作用下,其表面微观不平的凹谷处和表面层的缺陷处容易引起应力集中而产生疲劳裂纹,造成零件疲劳破坏。试验表明,减小零件表面粗糙度值可以使零件的疲劳强度有所提高。因此,对于一些承受交变载荷的重要零件,如曲轴的曲拐与轴颈交接处,精加工后常进行光整加工,以减小零件的表面粗糙度值,提高其疲劳强度。

加工硬化对零件的疲劳强度影响也很大。表面层的适度硬化可以在零件表面形成一个硬化层,它能阻碍表面层疲劳裂纹的出现,从而使零件疲劳强度提高。但零件表面层硬化程度过大,反而易于产生裂纹,故零件的硬化程度与硬化深度也应控制在一定的范围之内。

表面层的残余应力对零件疲劳强度也有很大影响,当表面层有残余压应力时,能延缓疲劳裂纹的扩展,提高零件的疲劳强度;当表面层有残余拉应力时,容易使零件表面产生裂纹并使其扩展而降低其疲劳强度。

3. 表面质量对零件耐蚀性的影响

零件的耐蚀性在很大程度上取决于零件的表面粗糙度。零件表面越粗糙,越容易积聚腐蚀性物质,凹谷越深,渗透与腐蚀作用越强烈。因此,减小零件表面粗糙度值,可以提高零件的耐蚀性。

零件表面残余压应力使零件表面紧密,腐蚀性物质不易进入,可增强零件的耐蚀性,而表面残余拉应力则降低零件的耐蚀性。

4. 表面质量对配合性质及零件其他性能的影响

相配零件间的配合关系是用过盈量或间隙值来表示的。在间隙配合中,如果零件的配合表面粗糙,则会使配合件很快磨损而增大配合间隙,改变配合性质,降低配合精度;在过盈配合中,如果零件的配合表面粗糙,则装配后配合表面的凸峰被挤平,配合件间的有效过盈量减小,降低配合件间连接强度,影响配合的可靠性。因此对有配合要求的表面,必须规定较小的表面粗糙度参数值。

零件的表面质量对零件的使用性能还有其他方面的影响。例如,对于液压缸和滑阀,较大的表面粗糙度值会影响密封性;对于工作时滑动的零件,恰当的表面粗糙度值能提高运动的灵活性,减少发热和功率损失;零件表面层的残余应力会使加工好的零件因应力重新分布而在使用过程中逐渐变形,从而影响其尺寸和形状精度等。

总之,提高加工表面质量,对保证零件的使用性能、提高零件的使用寿命是很重要的。

第二节 加工表面几何特性的形成及其影响因素

加工表面几何特性包括表面粗糙度、表面波度、表面加工纹理几个方面。表面粗糙度是构成加工表面几何特征的基本单元。因此,这一节主要分析表面粗糙度的形成及其影响因素。

用金属切削刀具加工工件表面时,表面粗糙度主要受几何因素、物理因素和工艺因素三个方面因素的作用和影响。

● 一、几何因素

从几何的角度考虑,刀具的形状和几何角度,特别是刀尖圆弧半径 r_ε、主偏角 κ_r、副偏角 κ_r' 和切削用量中的进给量 f 等对表面粗糙度有较大的影响。图 7-5a 所示为刀尖圆弧半径为零时,主偏角 κ_r、副偏角 κ_r' 和进给量 f 对残留面积最大高度 R_{max} 的影响,由图中几何关系可推出

$$H = R_{max} = f/(\cot \kappa_r + \cot \kappa_r') \tag{7-1}$$

当用圆弧刀刃切削时,刀尖圆弧半径 r_ε 和进给量 f 对残留面积高度的影响如图 7-5b 所示,推导可得

$$H = R_{max} \approx f^2/8r_\varepsilon \tag{7-2}$$

以上两式是理论计算结果,称为理论粗糙度。切削加工后表面的实际粗糙度与理论粗糙度有较大的差别,这是由于存在着与被加工材料的性能及切削机理有关的物理因素的缘故。

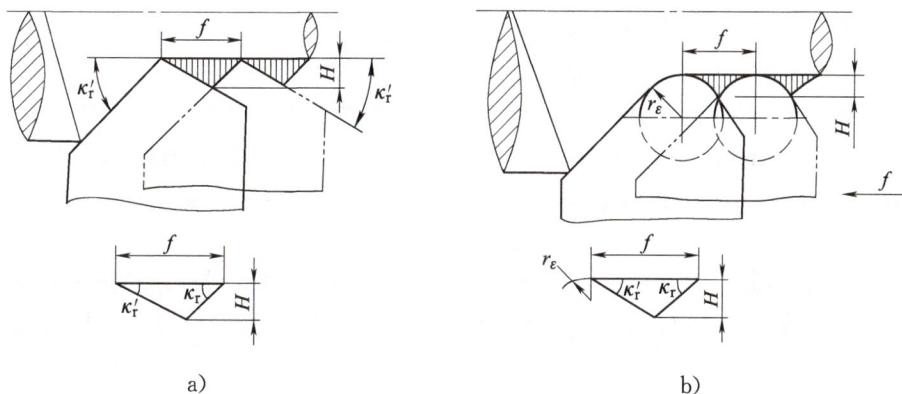

a)   b)

图 7-5 残留面积高度

● 二、物理因素

从切削过程的物理实质考虑,刀具的刃口圆角及后面的挤压与摩擦使金属材料发生塑性变形,严重恶化了表面质量。在加工塑性材料而形成带状切屑时,在刀具前面上容易形成硬

度很高的积屑瘤。它可以代替刀具前面和切削刃进行切削,使刀具的几何角度、背吃刀量发生变化。其轮廓很不规则,因而使工件表面上出现深浅和宽窄都不断变化的刀痕,有些积屑瘤嵌入工件表面,增大了表面粗糙度值。

切削加工时的振动,使工件表面粗糙度值增大。关于机械加工时的振动将在本章第四节中详细介绍。

● 三、工艺因素

从工艺的角度考虑对工件表面粗糙度的影响,可以分为与切削刀具有关的因素、与工件材质有关的因素和与加工条件有关的因素。现就切削加工和磨削加工分别叙述。

1. 切削加工后的表面

(1) 刀具的几何形状、材料及刃磨质量对表面粗糙度的影响

从几何因素看,减小刀具的主、副偏角,增大刀尖圆弧半径,均能有效地降低表面粗糙度值。

刀具的前角值适当增大,刀具易于切入工件,可以减小切削变形和切削力,降低切削温度,能抑制积屑瘤的产生,有利于减小表面粗糙度值。但前角太大,刀刃有嵌入工件的倾向,反而使表面变粗糙。图 7-6 所示为在一定条件下加工钢件时刀具前角与工件加工表面粗糙度的关系曲线。

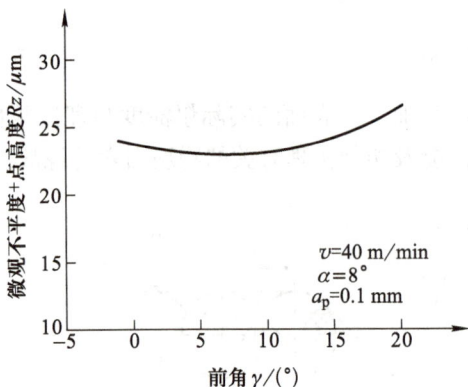

图 7-6　前角对表面粗糙度的影响

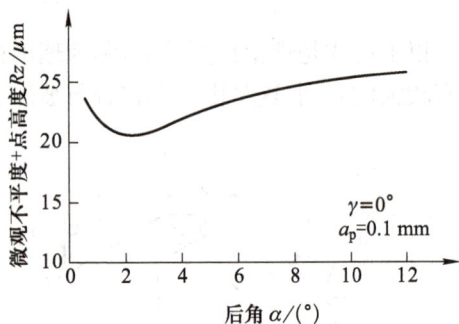

图 7-7　后角对表面粗糙度的影响

当前角一定时,后角越大,切削刃钝圆半径越小,刀刃越锋利;同时,还能减小刀具后面与加工表面间的摩擦和挤压,有利于减小表面粗糙度值。但后角太大削弱了刀具的强度,容易产生切削振动,使表面粗糙度值增大。图 7-7 所示为在一定条件下刀具后角与工件加工表面粗糙度的关系曲线。

刀具的材料及刃磨质量影响积屑瘤、鳞刺的产生,如用金刚石车刀精车铝合金时,由于摩擦系数小,刀面上就不会产生切屑的黏附、冷焊现象,因此,能降低表面粗糙度值。

(2) 工件材料性能对表面粗糙度的影响

与工件材料相关的因素包括材料的塑性、韧性及金相组织等,一般地讲,韧性较大的塑性材料,易于产生塑性变形,与刀具的黏结作用也较大,加工后表面粗糙度值大;相反,脆性材料

则易于得到较小的表面粗糙度值。

（3）切削用量对表面粗糙度的影响

① 切削速度 v_c 一般情况下，低速或高速切削时，因不会产生积屑瘤，故表面粗糙度值较小，如图 7-8 所示。但在中等速度下，塑性材料由于容易产生积屑瘤和鳞刺，因此，表面粗糙度值大。

② 背吃刀量 a_p 它对表面粗糙度的影响不明显，一般可忽略，但当 $a_p < 0.02 \sim 0.03$ mm 时，刀尖与工件表面发生挤压与摩擦，从而使表面质量恶化。

③ 进给量 f 减小进给量 f 可以减少切削残留面积高度 R_{max}，减小表面粗糙度值。但进给量太小，刀刃不能切削而形成挤压，增大了工件的塑性变形，反而使表面粗糙度值增大。

另外，合理选择切削液，提高冷却润滑效果，减小切削过程中的摩擦，能抑制积屑瘤和鳞刺的生成，有利于减小表面粗糙度值，如选用含有硫、氯等表面活性物质的切削液，润滑性能增强，作用更加显著。

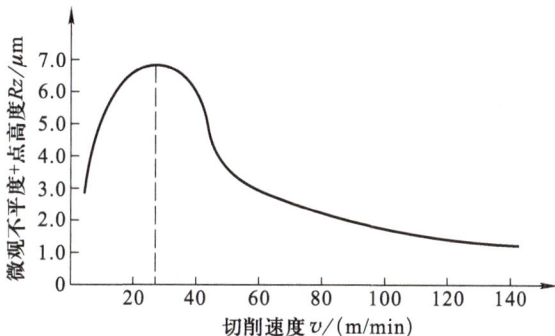

图 7-8 切削速度与表面粗糙度的关系

2. 磨削加工后的表面

磨削加工是通过表面具有随机分布磨粒的砂轮和工件的相对运动来实现的。在磨削过程中，磨粒在工件表面上滑擦、耕犁和切下切屑，把加工表面刻划出无数微细的沟槽，沟槽两边伴随着塑性隆起，形成表面粗糙度。

（1）磨削用量对表面粗糙度的影响

提高砂轮速度，可以增加在工件单位面积上的刻痕，同时，塑性变形造成的隆起量随着砂轮速度的增大而下降，所以表面粗糙度值减小。

在其他条件不变的情况下，提高工件速度，磨粒在单位时间内，在工件表面上的刻痕数减少，因而将增大磨削表面粗糙度值。

磨削深度增加，磨削过程中磨削力及磨削温度都增加，磨削表面塑性变形增大，从而增大表面粗糙度值。

（2）砂轮对表面粗糙度的影响

① 砂轮的粒度 砂轮的粒度越细，单位面积上的磨粒数越多，工件表面上的刻痕密而细，则表面粗糙度值越小。但磨粒过细时，砂轮易堵塞，磨削性能下降，反而使表面粗糙度值增大。

② 砂轮的硬度　砂轮的硬度应合适。砂轮太硬,磨粒钝化后仍不能脱落,使工件表面受到强烈摩擦和挤压作用,塑性变形程度增加,表面粗糙度值增大或使磨削表面烧伤;砂轮太软,磨粒易脱落,常会产生磨损不均匀现象,而使表面粗糙度值变大。

③ 砂轮的修整　砂轮修整的目的是去除外层已钝化的或被磨屑堵塞的磨粒,保证砂轮具有足够的等高微刃。微刃等高性越好,磨出工件的表面粗糙度值越小。

(3) 工件材料对表面粗糙度的影响

工件材料硬度太大,砂轮易磨钝,故表面粗糙度值变大。工件材料太软,砂轮易堵塞,磨削热增大,也得不到较小的表面粗糙度值。塑性、韧性大的工件材料,其塑性变形程度大,导热性差,不易得到较小的表面粗糙度值。

第三节　加工表面物理力学性能的变化及其影响因素

机械加工过程中,工件由于受到切削力、切削热的作用,其表面与基体材料性能有很大不同,发生了物理力学性能的变化。

一、表面层的加工硬化

1. 加工硬化的产生

机械加工时,工件表面层金属受到切削力的作用产生强烈的塑性变形,使晶格扭曲,晶粒间产生滑移剪切,晶粒被拉长、纤维化甚至碎化,从而使得表面层的硬度增加,塑性降低,这种现象称为加工硬化。

另一方面,机械加工时产生的切削热提高了工件表层金属的温度,当温度高到一定程度时,已强化的金属会回复到正常状态。回复作用的速度大小取决于温度的高低、温度持续时间的长短。加工硬化实际上是硬化作用与回复作用综合作用的结果。

2. 表面层加工硬化的衡量指标

衡量表面层加工硬化程度的指标有下列三项:

(1) 加工后表面层的显微硬度 HV;

(2) 硬化层深度 h;

(3) 硬化程度 N。

$$N = [(HV - HV_0)/HV_0] \times 100\% \tag{7-3}$$

式中　HV_0——工件原表面层的显微硬度。

3. 影响表面层加工硬化的因素

(1) 切削力　切削力越大,塑性变形越严重,则硬化程度和硬化层深度就越大。例如,当进给量 f 和背吃刀量 a_p 增大或刀具前角 γ_0 减小时,都会增大切削力,使加工硬化严重。

(2) 切削温度　切削温度增高时,回复作用增强,使得加工硬化程度减小。如切削速度很高或刀具钝化后切削,都会使切削温度不断上升,部分地消除加工硬化,使得硬化程度减小。

（3）**工件材料**　被加工工件的硬度越低,塑性越好,切削后的硬化现象越严重。

各种机械加工方法在加工钢件时表面层加工硬化的情况见表 7-1。

● 二、表面层金相组织的变化与磨削烧伤

1. 表面层金相组织的变化与磨削烧伤的产生

机械加工过程中,在工件的加工区及其邻近的区域,温度会急剧升高,当温度超过工件材料金相组织变化的临界点时,就会发生金相组织变化。对于一般切削加工而言,温度还不会上升到如此程度。但对于磨削加工来说,由于单位面积上产生的切削热比一般刀具切削方法要大几十倍,加之磨削时约 70% 以上的热量传给工件,致使工件表面层的温度高于工件金属的相变温度,导致表层的金相组织发生变化,从而使表面层的硬度和强度下降,产生残余应力甚至引起显微裂纹。这种现象称为磨削烧伤,它严重地影响了零件的使用性能。

表 7-1　各种机械加工方法加工钢件时表面层加工硬化的情况

加工方法	材料	硬化层深度 $h/\mu m$		硬化程度 $N/\%$	
		平均值	最大值	平均值	最大值
车　　削		30～50	200	20～50	100
精细车削		20～60		40～80	120
端　　铣		40～100	200	40～60	100
圆周铣		40～80	110	20～40	80
钻孔、扩孔	低碳钢	180～200	250	60～70	
拉　孔		20～75		50～100	
滚齿、插齿	未淬硬中碳钢	120～150		60～100	
外 圆 磨		30～60		60～100	150
		30～60		40～60	100
平 面 磨		16～35		50	
研　　磨		3～7		12～17	

磨削烧伤时,表面因磨削热产生的氧化层厚度不同,往往会出现黄、褐、紫、青等颜色变化。有时在最后精磨时,磨去了表面烧伤变化层,实际上烧伤层并未完全去除,这会给工件带来隐患。

磨削淬火钢时,在工件表面层上形成的瞬时高温将使表面金属产生三种金相组织变化。

（1）如果工件表面层温度未超过相变温度 Ac_3（一般中碳钢约为 820 ℃）,但超过马氏体的回火转变温度（一般中碳钢为 300 ℃）,这时马氏体将转变为硬度较低的回火屈氏体或回火索氏体,这叫回火烧伤。

（2）若工件表面层温度超过相变温度 Ac_3,则马氏体转变为奥氏体,如果这时有充分的切削液,则表面层将急冷形成二次淬火马氏体,硬度比回火马氏体高,但很薄,只有几微米厚,其下为硬度较低的回火索氏体和屈氏体,导致表面层总的硬度降低,这称为淬火烧伤。

（3）当工件表面层温度超过相变温度 Ac_3 时,表层硬度比马氏体低得多,如果这时无切削液,奥氏体的冷却速度大大降低,则表面硬度急剧下降,工件表面层被退火,这种现象称为退火烧伤。干磨时很容易产生这种现象。

2. 影响磨削烧伤的因素

磨削烧伤与磨削温度有十分密切的关系,因此一切影响磨削温度的因素都在一定程度上对烧伤有影响,所以研究磨削烧伤问题可以从研究磨削时的温度入手。

(1) **磨削用量**　当径向进给量 f_r 增大时,塑性变形程度增大,工件表面层及里层温度都将提高,极易造成烧伤。故 f_r 不能选得太大。

工件轴向进给量 f_a 增大时,砂轮与工件接触面积增大,散热条件得到改善,工件表面及里层的温度都将降低,故可减轻烧伤。但 f_a 增大会导致工件表面粗糙度值增大,可采用较宽的砂轮来弥补。

工件速度 v_w 增大时,磨削区表面温度虽然增高,但此时热源作用时间减少,因而可减轻烧伤。但提高 v_w 会导致其表面粗糙度值增大,为弥补此不足,可提高砂轮速度 v。实践证明,同时提高 v_w 和 v,既可减轻工件表面烧伤,又不致降低生产率。

(2) **砂轮**　硬度太高的砂轮,钝化砂粒不易脱落,自锐性不好,使总切削力增大,温度升高,容易产生烧伤,因此用软砂轮较好。

为了防止烧伤,可采用有弹性的黏结剂,如用橡胶、树脂等材料制成的黏结剂,磨削时磨粒受到大切削力时可以弹让,使磨削厚度减小,从而使总切削力减小。

立方氮化硼砂轮热稳定性好,与铁族元素的化学反应很小,磨削温度低,而立方氮化硼磨粒本身硬度、强度仅次于金刚石,磨削力小,能磨出较好的表面质量。

此外,采用粗粒度砂轮、松组织砂轮都可提高砂轮的自锐性,改善散热条件,使砂轮不易被切屑堵塞,因此都可大大减小磨削烧伤的产生。

(3) **工件材料**　工件材料对磨削区温度的影响主要取决于它的硬度、强度、韧性和热导率。

工件材料硬度高、强度高或韧性大都会使磨削区温度升高,因而容易产生磨削烧伤。导热性能比较差的材料,如耐热钢、轴承钢、不锈钢等,在磨削时也容易产生烧伤。

(4) **冷却方法**　采用切削液带走磨削区热量可以避免烧伤。然而,目前通用的冷却方法效果较差,实际上没有多少切削液能进入磨削区。如图 7-9 所示,切削液不易进入磨削区 AB,而是大量倾注在已经离开磨削区的加工面上,这时烧伤早已发生。因此采取有效的冷却方法有其重要意义。生产中常采用以下措施来提高冷却效果:

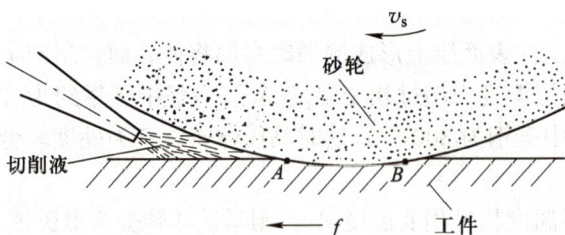

图 7-9　常用的冷却方法

① **采用内冷却砂轮**。如图 7-10 所示,将切削液引入砂轮的中心腔内,由于离心力的作用切削液再经过砂轮内部的孔隙从砂轮四周的边缘甩出,这样,切削液即可直接进入磨削区,发挥有效的冷却作用。

② 采用浸油砂轮,把砂轮放在熔化的硬脂酸溶液中浸透,取出冷却后即成为含油砂轮。磨削时,磨削区的热源使砂轮边缘部分硬脂酸熔化而洒入磨削区起冷却润滑作用。

③ 采用高压大流量切削液,并在砂轮上安装带有可调气流挡板的切削液喷嘴,如图 7-11 所示,以减轻高速旋转砂轮表面的高压附着气流作用,使切削液顺利地喷注到磨削区。这对于高速磨削更为重要。

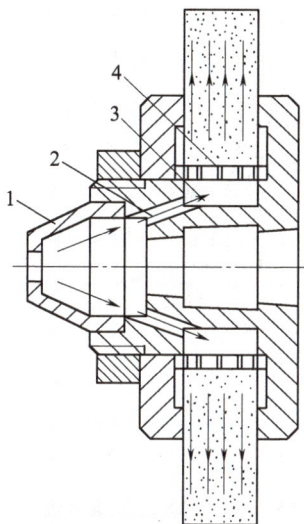

1—锥形盖;2—切削液通孔;3—砂轮中心腔;
4—有径向小孔的薄壁套。

图 7-10　内冷却砂轮结构

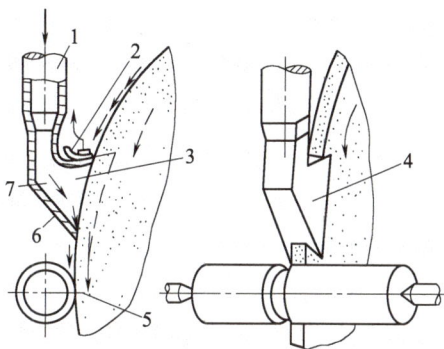

1—液流导管;2—可调气流挡板;3—空腔区;
4—喷嘴罩;5—磨削区;6—排液区;7—液嘴。

图 7-11　带有可调气流挡板的切削液喷嘴

三、表面层残余应力

1. 表面层残余应力的产生

由于机械加工中力和热的作用,在机械加工以后,工件表面层及其与基体材料的交界处仍旧保留互相平衡的弹性应力。这种应力称为表面层的残余应力。表面层残余应力的产生,有以下三种原因:

(1) 冷态塑性变形引起的残余应力　在切削或磨削过程中,工件表面受到刀具后面或砂轮磨粒的挤压和摩擦,表面层产生伸长塑性变形,此时基体金属仍处于弹性变形状态。切削过后,基体金属趋于弹性恢复,但受到已产生塑性变形的表面层金属的牵制,从而在表面层产生残余压应力,里层产生残余拉应力,如图 7-12 所示。

(2) 热态塑性变形引起的残余拉应力　切削或磨削过程中,工件加工表面在切削热作用下产生热膨胀,此时基体金属温度较低,因此表面层产生热压应力。当切削过程结束时,工件表层温度下降,如果此前表层已产生热塑性变形,受到基体的限制,则表层产生残余拉应力,里层产生残余压应力,如图 7-13 所示。

(3) 金相组织变化引起的残余应力　切削或磨削过程中,若工件加工表面温度高于材料的相变温度,则会引起表面层的金相组织变化。不同的金相组织有不同的密度,如马氏体密

视频

表面层
残余应力

度 $\rho_马 = 7.75\ \mathrm{g/cm^3}$，奥氏体密度 $\rho_奥 = 7.96\ \mathrm{g/cm^3}$，珠光体密度 $\rho_珠 = 7.78\ \mathrm{g/cm^3}$，铁素体密度 $\rho_铁 = 7.88\ \mathrm{g/cm^3}$。以淬火钢磨削为例，淬火钢原来的组织是马氏体，磨削加工后，表层可能产生回火，马氏体变为接近珠光体的回火屈氏体或回火索氏体，密度增大而体积缩小，表层金属的体积收缩受到里层基体的阻碍，工件表面层将产生残余拉应力。

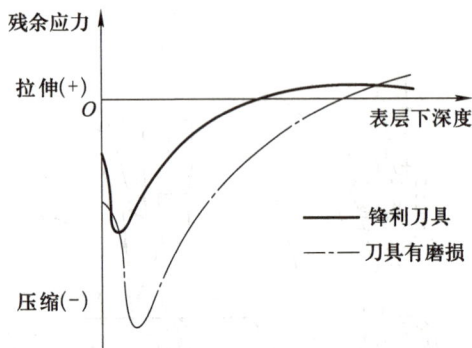

图 7-12 切削时表面层残余应力的分布

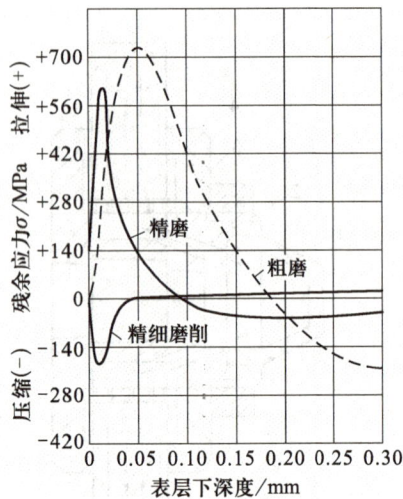

图 7-13 磨削时表面层残余应力的分布

机械加工后表面层的残余应力，是由上述三方面的因素综合作用的结果。在一定的条件下，其中某一种或两种因素可能会起主导作用，从而决定工件表层残余应力的状态。

2. 磨削裂纹的产生

磨削裂纹和残余应力有着十分密切的关系。在磨削过程中，当工件表层产生的残余拉应力超过工件材料的强度极限时，工件表面就会产生裂纹。磨削裂纹的产生会使零件承受交变载荷的能力大为降低，因而造成工件报废。

3. 影响表面残余应力的主要因素

如上所述，机械加工后工件表面层的残余应力是冷态塑性变形、热态塑性变形和金相组织变化三者综合作用的结果。在不同的加工条件下，残余应力的大小、符号及分布规律可能有明显的差别。刀具切削时起主要作用的往往是冷态塑性变形，表面层常产生残余压应力。磨削加工时，通常热态塑性变形或金相组织变化引起的体积变化是产生残余应力的主要因素，所以表面层常存有残余拉应力。

● 四、提高和改善零件表面层物理力学性能的措施

1. 零件破坏形式和最终工序的选择

零件表面层金属的残余应力将直接影响机器零件的使用性能。一般来说，零件表面残余应力的数值及性质主要取决于零件最终工序加工方法的选择；而零件最终工序加工方法的选择，须考虑零件的具体工作条件及零件可能发生的破坏形式。

（1）**疲劳破坏** 在交变载荷的作用下，起初在机器零件表面上局部产生微观裂纹，继而在拉应力作用下使原生裂纹扩大,最后导致零件破坏。从提高零件抵抗疲劳破坏的角度考虑,最终工序应选能在加工表面产生残余压应力的加工方法。

(2) 滑动磨损 两个零件作相对滑动,滑动面逐渐磨损。滑动磨损机理既有滑动摩擦的机械作用,又有物理化学方面的综合作用(如黏磨损、扩散磨损、化学磨损)。滑动摩擦工作应力分布如图 7-14a 所示,当表面层的压缩工作应力超过材料的许用应力时,将使表面层金属磨损。从提高零件抵抗滑动摩擦引起的磨损考虑,最终工序应选择能在加工表面产生残余拉应力的加工方法。从抵抗黏磨损、扩散磨损、化学磨损考虑,对残余应力的性质无特殊要求时,应尽量减小表面残余应力值。

(3) 滚动磨损 两个零件作相对滚动,滚动面将逐渐磨损。滚动磨损主要来自滚动摩擦的机械作用和来自物理化学方面的综合作用。如图 7-14b 所示,引起滚动磨损的决定性因素是表面层下深 h 处的最大拉应力。从提高零件抵抗滚动摩擦引起的磨损考虑,最终工序应选择能在表面层下深 h 处产生残余压应力的加工方法。

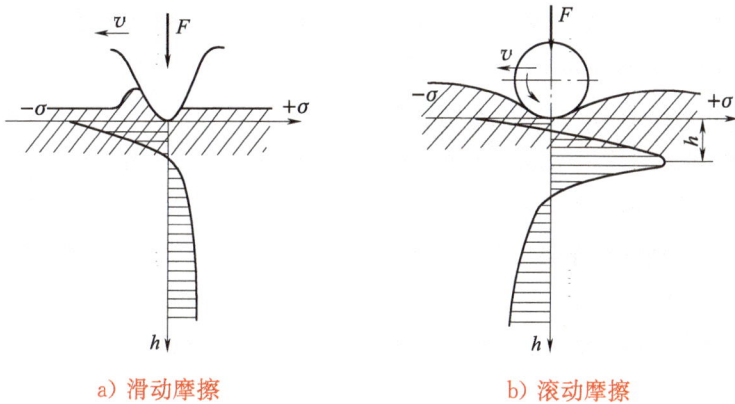

a) 滑动摩擦   b) 滚动摩擦

图 7-14 应力分布图

各种加工方法在工件表面残留的内应力情况见表 7-2。此表可供选择最终工序的加工方法时参考。

表 7-2 各种加工方法在工件表面上残留的内应力

加工方法	残余应力符号	残余应力值 σ/MPa	残余应力层深度 h/mm
车　　削	一般情况下,表面受拉、里层受压;$v_c = 500$ m/min 时,表面受压、里层受拉	$200 \sim 800$,刀具磨损后达 1 000	一般情况下,h 为 $0.05 \sim 0.10$;当用大负前角($\gamma = -30°$)车刀、v_c 很大时,h 可达 0.65
磨　　削	一般情况下,表面受压、里层受拉	$200 \sim 1\,000$	$0.05 \sim 0.30$
铣　　削	同车削	$600 \sim 1\,500$	—
非合金钢淬硬	表面受压、里层受拉	$400 \sim 750$	—
钢珠滚压钢件	表面受压、里层受拉	$700 \sim 800$	—
喷丸强化钢件	表面受压、里层受拉	$1\,000 \sim 1\,200$	—

续　表

加工方法	残余应力符号	残余应力值 σ/MPa	残余应力层深度 h/mm
渗碳淬火	表面受压、里层受拉	1 000～1 100	—
镀　铬	表面受拉、里层受压	400	—
镀　铜	表面受拉、里层受压	200	—

视频

表面强化工艺

2. 表面强化工艺

由前述可知,表面质量尤其是表面层的物理力学性能,对零件的使用性能及寿命影响很大,如果最终工序不能保证零件表面获得预期的表面质量要求,则可在工艺过程的后期增设表面强化工序。表面强化工艺是指通过冷压加工方法使表面层金属发生冷态塑性变形,以降低表面粗糙度值,提高表面硬度,并在表面层产生残余压应力。这种方法的工艺简单、成本低廉,在生产中应用十分广泛。用得最多的是喷丸强化和滚压加工,也有采用液体磨料强化等加工方法的。

第四节　机械加工中的振动

视频

主轴轴承的噪音和震动控制

一、机械加工中的振动现象

1. 振动对机械加工的影响

机械加工过程中,在工件和刀具之间常常产生振动。产生振动时,工艺系统的正常切削过程便受到干扰和破坏,从而使零件加工表面出现振纹,降低了零件的加工精度和表面质量。强烈的振动会使切削过程无法进行,甚至会引起刀具崩刃打刀现象。振动的产生加速了刀具或砂轮的磨损,使机床连接部分松动,影响运动副的工作性能,并导致机床丧失精度。此外,强烈的振动及伴随而来的噪声,还会污染环境,危害操作者的身心健康。尤其对于高速回转的零件和大切削用量的加工方法,振动更是一种限制生产率提高的重要障碍。

随着现代工业的发展,许多难加工材料不断问世,这些材料在进行切削加工时,极易产生振动。另一方面,现代工业所需的精密零件对加工精度和表面质量的要求却越来越高。例如,精密加工的尺寸精度要求高达 0.1 μm,表面粗糙度要求在 Ra0.02 μm 以下。超精密加工的尺寸精度要求高达 0.01 μm,表面粗糙度要求在 Ra0.001 μm 以下,甚至更小。因此,在切削过程中,哪怕出现极其微小的振动,也会导致工件无法达到设计的质量要求。

2. 机械加工中振动的种类及其主要特点

机械加工过程中产生的振动,按其性质可分为自由振动、受迫振动和自激振动三种类型。

(1) 自由振动　当振动系统受到初始干扰力激励破坏了其平衡状态后,去掉激励或约束之后所出现的振动,称为自由振动。机械加工过程中的自由振动往往是由于切削力的突然变化或其他外界力的冲击等原因所引起的。这种振动一般可以迅速衰减,因此对机械加工过程的影响较小。

（2）**受迫振动**　外界的周期性激励所激起的稳态振动称为受迫振动。受迫振动的稳态过程是简谐振动，只要有激振力存在，振动系统就不会被阻尼衰减掉。

（3）**自激振动**　系统在一定条件下，没有外界交变干扰力，而由振动系统吸收了非震荡的能量转化产生的交变力维持的一种稳定的周期性振动称为自激振动。切削过程中产生的自激振动也称为颤振。

● 二、机械加工过程中的受迫振动

1. 受迫振动产生的原因

（1）**系统外部的周期性干扰力**　如机床附近的振动源经过地基传入正进行加工的机床，从而引起工艺系统的振动。

（2）**机床运动零件的惯性力**　如电动机带轮、齿轮、传动轴、砂轮等的质量偏心，在高速回转时产生离心力，往复运动部件换向时的冲击等都将成为引起振动的激振力。

（3）**机床传动件的缺陷**　如齿轮啮合时的冲击、平带接头、滚动轴承滚动体的误差、液压系统中的冲击现象等均可能引起振动。

（4）**切削过程的不连续**　如铣、拉、滚齿等加工，将导致切削力的周期性改变，从而产生振动。

2. 受迫振动的特性

受迫振动的稳态过程是简谐振动，只要有激振力存在，振动系统就不会被阻尼衰减掉。它的频率总是与外界激振力的频率相同，而与系统的固有频率无关。它的振幅 A 取决于激振力 F、阻尼比 ζ 和频率比 λ。

● 三、自激振动

切削加工时，在没有周期性外力作用的情况下，有时刀具与工件之间也可能产生强烈的相对振动，并在工件的加工表面上残留下明显的、有规律的振纹。这种由振动系统本身产生的交变力激发和维持的振动称为自激振动，通常也称为颤振。

1. 自激振动的产生条件

实际切削过程中，工艺系统受到干扰力作用产生自由振动后，必然要引起刀具和工件相对位置的变化，这一变化若又引起切削力的波动，则使工艺系统产生振动，因此通常将自激振动看成是由振动系统（工艺系统）和调节系统（切削过程）两个环节组成的一个闭环系统。如图 7-15 所示，自激振动系统是一个闭环反馈自控系统，调节系统把持续工作用的能源能量转变为交变力对振动系统进行激振，振动系统的振动又控制切削过程产生激振力，以反馈制约进入振动系统的能量。

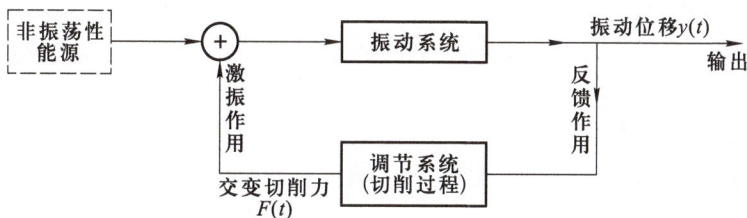

图 7-15　自激振动系统的组成

2. 自激振动的特性

（1）自激振动的频率等于或接近系统的固有频率，即由系统本身的参数所决定。

（2）自激振动是由外部激振力的偶然触发而产生的一种不衰减运动，但维持振动所需的交变力是由振动过程本身产生的，在切削过程中，停止切削运动，交变力也随之消失，自激振动也就停止。

（3）自激振动能否产生和维持取决于每个振动周期内输入和消耗的能量，自激振动系统维持稳定振动的条件是，在一个振动周期内，从能源输入到系统的能量（E^+）等于系统阻尼所消耗的能量（E^-）。如果吸收能量大于消耗能量，则振动会不断加强；如果吸收能量小于消耗能量，则振动将不断衰减而被抑制。

● 四、机械加工中振动的控制

机械加工中控制振动的途径有四个方面：消除或减弱产生振动的条件、改善工艺系统的动态特性、增强工艺系统的稳定性、采用各种消振减振装置。

1. 消除或减弱产生受迫振动

（1）受迫振动的诊断方法

在着手消除机械加工中的振动之前，首先应判别振动是属于受迫振动还是自激振动。受迫振动的频率与激振力的频率相等或是它的整数倍，可根据这个规律去查找振源。查找振源的基本途径就是测出振动的频率。

测定振动频率最简单的方法是数出工件表面的波纹数，然后根据切削速度计算出振动频率。测量振动频率较完善的方法是对机床的振动信号进行功率谱分析，功率谱中的尖峰点对应的频率就是机床振动的主要频率。

一般诊断步骤如下：

① 拾取振动信号，作机床工作时的频谱图。

② 做环境试验，查找机外振源。在机床处于完全停止的状态下拾取振动信号，进行频谱分析。此时所得到的振动频率成分均为机外干扰力源的频率成分。然后将这些频率成分与现场加工的振动频率成分进行对比。如两者完全相同，则可判定机械加工中产生的振动属于受迫振动，且干扰力源在机外环境中。如现场加工的主振频率成分与机外干扰力频率不一致，则需继续进行空运转试验。

③ 做空运转试验，查找机内振源。机床按现场所用运动参数进行空运转，拾取振动信号，进行频谱分析，然后将这些频率成分与现场加工的频谱图对比。如果两者的谱线成分完全相同，除机外干扰力源的频率成分外，则可判断切削加工中产生的振动是受迫振动，且干扰力源在机床内部。如果切削加工的谱线图上有与机床空运转试验的谱线成分不同的频率成分，则可判断切削加工中除有受迫振动外，还有自激振动。

（2）消除或减弱产生受迫振动的条件

① 减小激振力　对于机床上转速在 600 r/min 以上的零部件，如砂轮、卡盘、电动机转子及刀盘等，必须进行平衡以减小和消除激振力；提高带传动、链传动、齿轮传动及其他传动装置的稳定性，如采用完善的带接头、以斜齿轮或人字齿轮代替直齿轮等；使动力源与机床本体放在两个分离的基础上。

② 调整振源频率　在选择转速时,尽可能使旋转件的频率远离机床有关元件的固有频率,以免发生共振。

③ 采取隔振措施　隔振有两种方式,一种是阻止机床振源通过地基外传的主动隔振,另一种是阻止外干扰力通过地基传给机床的被动隔振。不论哪种方式,都是用弹性隔振装置将需防振的机床或部件与振源之间分开,使大部分振动被吸收,从而达到减小振源危害的目的,常用的隔振材料有橡胶、金属弹簧、空气弹簧、泡沫、乳胶、软木、矿渣棉、木屑等。

2. 消除或减弱产生自激振动的条件

(1) 合理选择切削用量

图 7-16 所示是切削速度与振幅的关系曲线,从图中可看出,在低速或高速切削时,振动较小。图 7-17 和图 7-18 所示是切削进给量和切削深度与振幅的关系曲线。它们表明,选较大的进给量和较小的切削深度有利于减小振动。

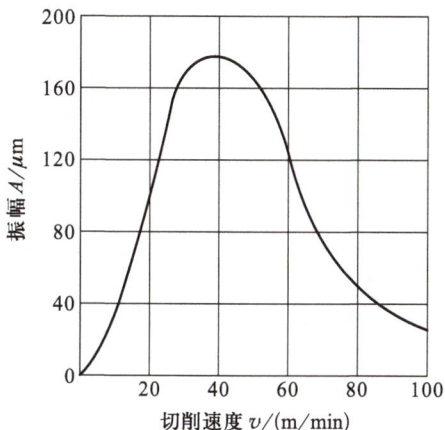

图 7-16　切削速度与振幅的关系

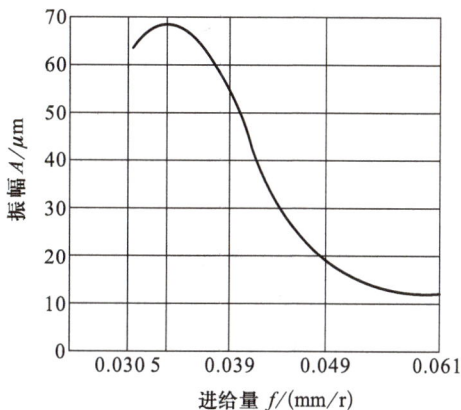

图 7-17　进给量与振幅的关系

(2) 合理选择刀具几何参数

刀具几何参数中对振动影响最大的是主偏角 κ_r 和前角 γ_o。主偏角 κ_r 增大,则垂直于加工表面方向的切削分力 F_y 减小,实际切削宽度减小,故不易产生自振。如图 7-19 所示,$\kappa_r = 90°$

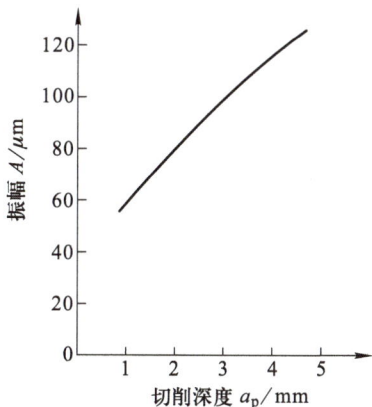

图 7-18　切削深度与振幅的关系

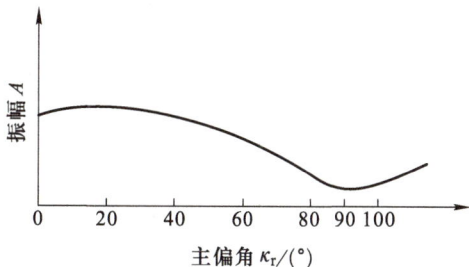

图 7-19　主偏角 κ_r 对振幅的影响

时,振幅最小;$\kappa_r > 90°$ 时,振幅增大。前角 γ_o 越大,切削力越小,振幅也越小,如图 7-20 所示。

(3) 增加切削阻尼

适当减小刀具后角($\alpha_o = 2° \sim 3°$),可以增大工件与刀具后面之间的摩擦阻尼,还可在刀具后面上磨出带有负后角的消振棱,如图 7-21 所示。

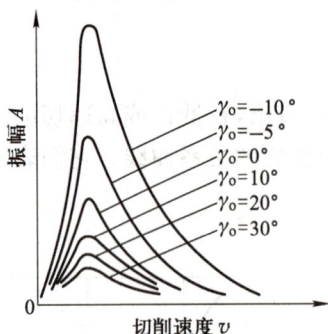

图 7-20 前角 γ_o 对振幅的影响

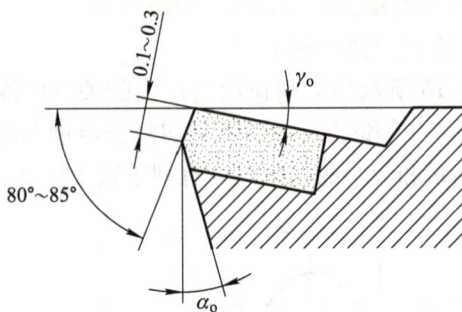

图 7-21 车刀消振棱

3. 增强工艺系统抗振性和稳定性的措施

(1) 提高工艺系统的刚度

首先要提高工艺系统薄弱环节的刚度,合理配置刚度主轴的位置,使小刚度主轴位于切削力和加工表面法线方向的夹角范围之外。如调整主轴系统、进给系统的间隙,合理改变机床的结构,减小工件和刀具安装中的悬伸长度,车刀反装切削以及如图 7-22 所示削扁镗杆等。其次是减轻工艺系统中各构件的质量,因为质量小的构件在受动载荷作用时惯性力小。

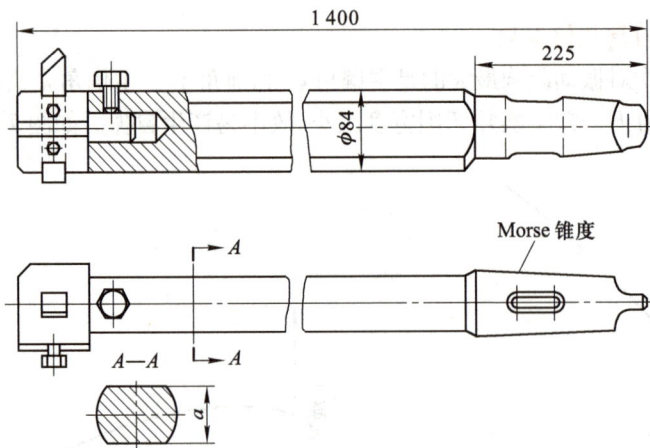

图 7-22 削扁镗杆

(2) 增大系统的阻尼

工艺系统的阻尼主要来自零部件材料的内阻尼、结合面上的摩擦阻尼以及其他附加阻尼。要增大系统的阻尼,可选用阻尼比大的材料制造零件;还可把高阻尼的材料加到零件上去,如图 7-23 所示的薄壁封砂的床身结构,可提高抗振性。其次是增加摩擦阻尼,机床阻尼大多来自零部件结合面的摩擦阻尼,有时可占到总阻尼的 90％。对于机床的活动结合面,要注意间隙调整,必要时施加预紧力增大摩擦;对于固定结合面,选用合理的加工方法、表面粗糙度等级、结合面上的比压以及固定方式等来增加摩擦阻尼。

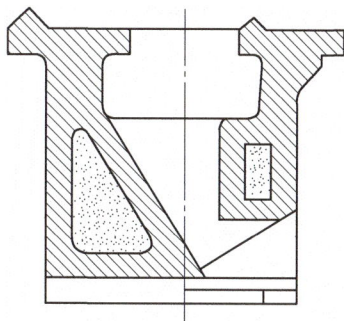

图 7-23 薄壁封砂床身

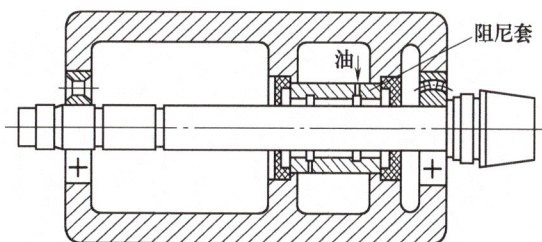

图 7-24 主轴系统液体摩擦阻尼减振器

4. 采用各种消振减振装置

如果不能从根本上消除产生机械振动的条件,又不能有效地提高工艺系统的动态特性,为保证加工质量和生产率,就要采用消振减振装置。按工作原理不同,常用的减振装置分为以下三类:

(1) 摩擦式减振器 它是利用固体或液体的摩擦阻尼来消耗振动能量的。在机床主轴系统中附加阻尼减振器,如图 7-24 所示。它相当于一个间隙很大的滑动轴承,通过阻尼套和主轴间隙中的黏性油的阻尼作用来减振。

(2) 动力式减振器 它是用弹性元件把一个附加质量块连接到振动系统中,利用附加质量的动力作用,使弹性元件加在系统上的力与系统的激振力相抵消。

(3) 冲击式减振器 它是由一个与振动系统刚性连接的壳体和一个在壳体内自由冲击的质量块所组成的,当系统振动时,自由质量块反复冲击壳体,以消耗振动能量,达到减振的目的。冲击式减振器虽有因碰撞产生噪声的缺点,但由于结构简单、质量小、体积小以及在较大的频率范围内都适用的优点,所以应用较广。

复习思考题

1. 机械加工表面质量包括哪些具体内容?它们对机器使用性能有哪些影响?

2. 试述影响零件表面粗糙度的几何因素。

3. 采用粒度为 30 号的砂轮磨削钢件外圆,其表面粗糙度 Ra 为 1.6 μm;在相同条件下,采用粒度为 60 号的砂轮可使 Ra 值降低为 0.2 μm,这是为什么?

4. 什么是加工硬化?影响加工硬化的因素有哪些?

5. 什么是回火烧伤、淬火烧伤和退火烧伤?

互动练习

第七章
复习思考题

6. 为什么磨削高合金钢比普通非合金钢容易产生烧伤现象?

7. 为什么表面层金相组织的变化会引起残余应力?

8. 试述加工表面产生残余拉应力和残余压应力的原因。

9. 什么是自激振动? 它有哪些主要特征?

10. 受迫振动产生的原因有哪些? 消除或减小受迫振动的措施有哪些?

第八章 典型零件加工工艺

综述与要求

　　本章将前述各章的知识以典型机械零件为载体进行综合应用,通过对传动轴、箱体、连杆、齿轮、轴套等几种常见的典型零件工艺过程进行分析,为工艺规程的拟定做示范。通过学习,了解典型机械零件的功用、结构特点和技术要求,掌握典型机械零件材料的选择、毛坯的确定和加工工艺路线的编制,以及保证典型机械零件加工质量的方法。

第一节　轴类零件加工工艺

一、概述

视频

轴类零件
的功用与
结构特点

(一)轴类零件的功用与结构特点

　　轴类零件是机器中最常见的一类零件。它主要起支承传动件(如齿轮、带轮、离合器等)、传递转矩和承受载荷的作用。轴是旋转体零件,其长度 L 大于直径 d,若 $L/d \leqslant 12$,通常称

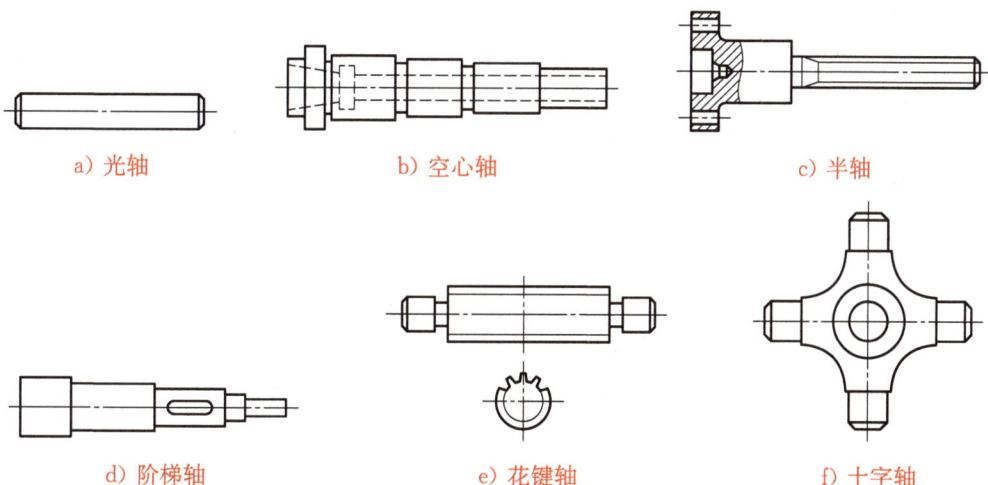

a) 光轴　　　　　b) 空心轴　　　　　c) 半轴

d) 阶梯轴　　　　　e) 花键轴　　　　　f) 十字轴

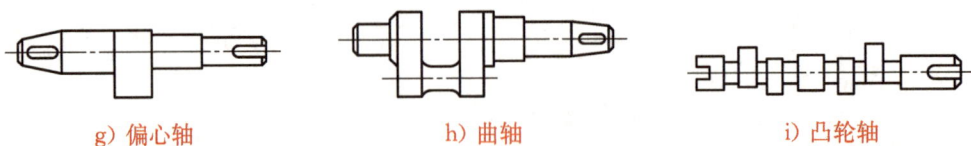

g) 偏心轴　　　　　　　　　h) 曲轴　　　　　　　　　i) 凸轮轴

图 8-1　轴的种类

为刚性轴,而 $L/d > 12$ 则成为挠性轴。其加工表面主要由内外圆柱面、内外圆锥面、螺纹、花键及内孔等组成。轴类零件根据其结构不同可分为光轴、空心轴、半轴、阶梯轴、花键轴、十字轴、偏心轴、曲轴及凸轮轴等,如图 8-1 所示。

(二) 轴类零件的主要技术要求

一切零件的技术要求总是根据其功用和工作条件制订的。轴类零件常以某两段外圆表面装配在轴承或基准件上。因此,与轴承孔相配合的两段轴颈是轴类零件的主要表面,一般也是确定各项技术要求的基准。

1. 尺寸精度和几何形状精度

轴的轴颈是轴类零件的重要表面,它的加工质量直接影响轴工作时的回转精度。轴颈直径的精度根据使用要求通常为 IT6,有时可达 IT5。轴颈的几何形状精度(圆度、圆柱度)应限制在直径公差之内。精度要求高的轴则应在图上专门标注形状公差。

2. 位置精度

配合轴颈(装配传动件的轴颈)与相对支承轴颈(装配轴承的轴颈)的同轴度以及轴颈与支承端面的垂直度通常要求较高。普通精度轴的配合轴颈相对支承轴颈的径向圆跳动一般为 0.01~0.03 mm,精度高的轴为 0.001~0.005 mm。端面圆跳动为 0.005~0.01 mm。

3. 表面粗糙度

轴类零件的各加工表面均有表面粗糙度的要求。一般来说,支承轴颈的表面粗糙度要求最严,为 $Ra0.63~0.16\ \mu m$,配合轴颈的表面粗糙度次之,为 $Ra2.5~0.63\ \mu m$。

(三) 轴类零件的材料、毛坯及热处理

1. 轴类零件的材料

轴类零件材料常用 45 钢;对于中等精度而转速较高的轴,可选用 40Cr 等合金结构钢;精度较高的轴,可选用轴承钢 GCr15 和弹簧钢 65Mn 等;对形状复杂的轴,可选用球墨铸铁;对于高转速、重载荷条件下工作的轴,选用 20CrMnTi、20Mn2B、20Cr 等合金渗碳钢或 38CrMoAl 氮化钢。

2. 轴类零件的毛坯

轴类零件最常用的毛坯是圆棒料和锻件,有些大型轴或结构复杂的轴采用铸件。钢料经过加热锻造后,可使金属内部获得纤维组织,杂质的分布也比较均匀,从而获得较高强度和韧性,故一般比较重要的轴,多采用锻件。

依据生产批量的大小,毛坯的锻造方式分为自由锻和模锻两种。

3. 轴类零件的热处理

轴类零件的加工性能和使用性能除与所选钢材种类有关外,还与所采用的热处理方法有

关。锻造毛坯在加工前,均需安排正火或退火处理(碳的质量分数大于 0.7% 的非合金钢和合金钢),以使钢材内部晶粒细化,消除锻造应力,降低材料硬度,改善切削加工性能。

为了获得较好的综合力学性能,轴类零件常要求调质处理。毛坯余量大时,调质一般安排在粗车之后、半精车之前,以便消除粗车时产生的残余应力;毛坯余量小时,调质可安排在粗车之前进行。如要进行局部表面淬火,调质一般安排在精加工之前,这样可纠正因淬火引起的局部变形。对精度要求高的轴,在局部淬火后或粗磨之后,还需进行低温时效处理(在 160 ℃ 油中进行长时间的低温时效),以保证尺寸的稳定。

对于氮化钢(如 38GrMoAl),需在渗氮之前进行调质和低温时效处理。对调质的质量要求也很严格,不仅要求调质后索氏体组织要均匀细化,而且要求离表面 8~10 mm 层内铁素体碳的质量分数不超过 5%,否则会造成氮化脆性而影响其质量。

二、减速器传动轴加工工艺过程分析

轴类零件的加工工艺过程随结构形状、技术要求、材料种类、生产批量等因素有所差异。日常工艺工作中遇到的大量工作是一般轴的工艺编制。图 8-2 所示为 JSQ2006001 型减速器输出轴,具有一定的代表性,输出轴的作用是支承传动齿轮、传递扭矩和运动。

视频

主轴加工

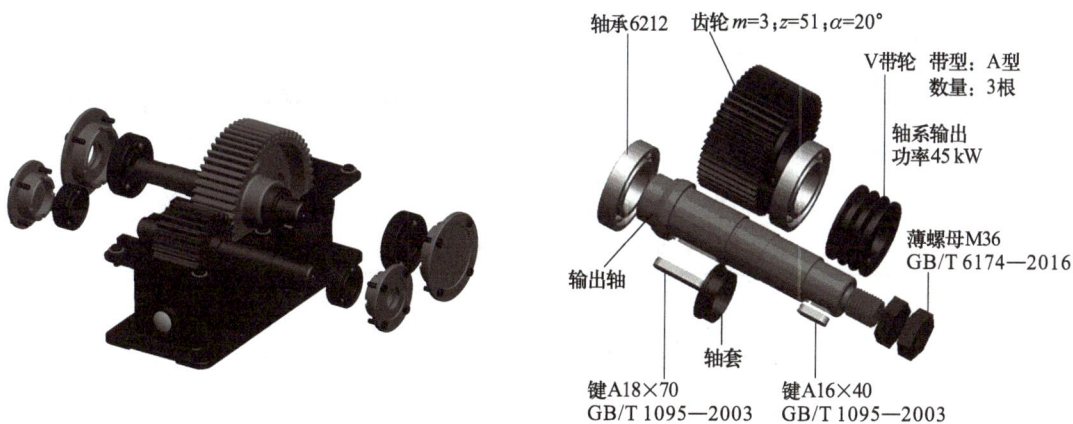

图 8-2 JSQ2006001 型减速器输出轴

(一) 零件分析

(1) 在 JSQ2006001 型减速器输出轴上,有外圆柱面、圆锥面、螺纹、键槽、退刀槽等结构,如图 8-3 所示。

(2) 支承轴颈 $\phi60k6$ 是输出轴在减速器上的安装基面和运动基准,配合轴颈 $\phi65n6$、$\phi52n6$ 上安装传动齿轮,为齿轮安装面。两支承轴颈的圆度误差与同轴度误差、配合轴颈对于支承轴颈的径向跳动误差将直接影响输出精度。

(3) 保证键槽加工质量,以保证轴承压紧螺母不偏斜,保证齿轮安装精度。

从以上分析可以看出,输出轴上的支承轴颈、配合轴颈、键槽等表面的加工要求较高,是主要加工面,其中支承轴颈的尺寸精度、形状精度以及表面结构要求更高,是输出轴加工的主要内容。综上分析,JSQ2006001 型减速器输出轴的主要技术要求见表 8-1。

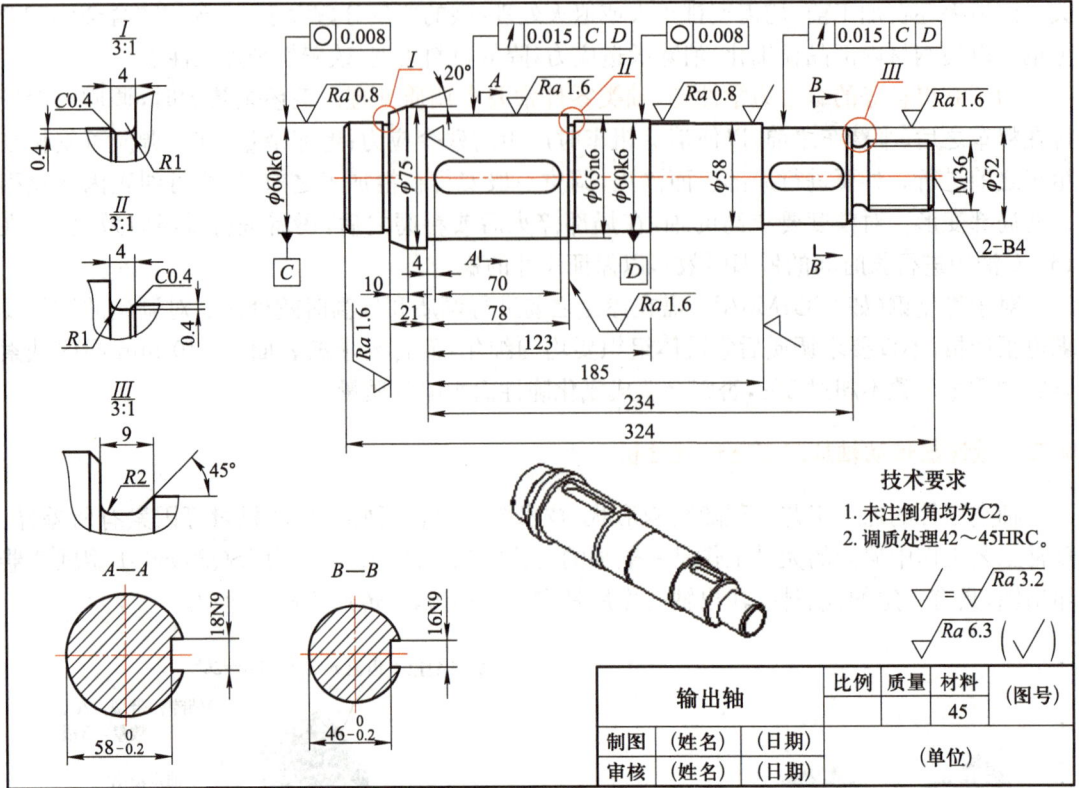

图 8-3 输出轴零件图

表 8-1 JSQ2006001 型减速器输出轴主要技术要求

加工表面	加工内容	允许值
支承轴颈 ϕ60k6	1. 表面粗糙度 2. 尺寸精度 3. 圆度	Ra0.8 μm IT6 0.005～0.008 mm
配合轴颈 ϕ65n6、ϕ52n6（齿轮安装面）	1. 表面粗糙度 Ra 2. 尺寸精度 3. 对支承轴颈的径向跳动	Ra1.6 μm IT6 <0.008 mm
键槽	1. 宽度尺寸精度 2. 对轴线对称度	IT9 <0.02 mm

（二）材料与热处理选择

输出轴是减速器的关键零件之一，与轴承、齿轮、端盖相连接，工作时要承受弯矩和扭矩作用，因此要有足够的刚性、耐磨性。可以选择 45 钢，通过调质处理，获得足够的强度、韧性和耐磨性。

（三）毛坯确定

从零件图中可以看出，输出轴力学性能要求不是特别高，各外圆柱面直径相差不大，可以选取棒料作为毛坯。

（四）JSQ2006001 型减速器输出轴加工过程分析

1. 加工工艺过程

JSQ2006001 型减速器输出轴加工工艺过程见表 8-2。

表 8-2　JSQ2006001 型减速器输出轴加工工艺过程

序号	工序名称	工序简图	设备
10	备料	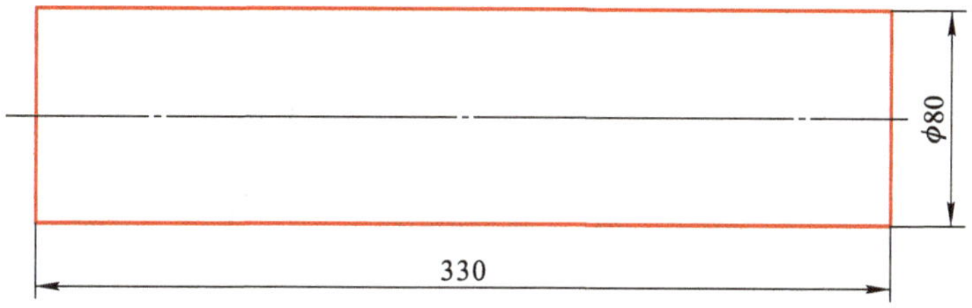 φ80　330	带锯机
20	车端面、钻中心孔	 324　2-B4	车床 C6132A
30	粗车外圆、倒角	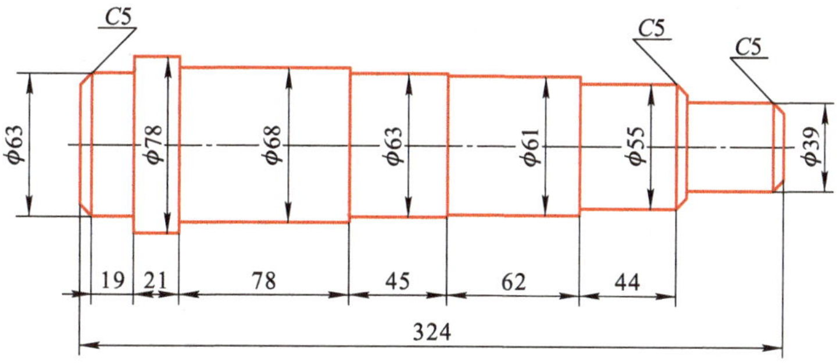 C5　φ63　φ78　φ68　φ63　φ61　φ55　φ39　C5　C5　19　21　78　45　62　44　324	车床 C6132A
40	调质		高温箱式炉
50	修研中心孔		中心孔研磨机

序号	工序名称	工序简图	设备
60	精车外圆、锥面切槽	18.2　$\boxed{/}$ 0.015 $\boxed{C}$ $\boxed{D}$　I　II　$\boxed{/}$ 0.015 $\boxed{C}$ $\boxed{D}$　III　$Ra\,1.6$　$\phi60k6$　$\phi75$　$\phi65.3$　$\phi60.3$　$\phi58$　M36　$\phi52n6$　$\boxed{C}$　$Ra\,1.6$　20°　$\boxed{D}$　$Ra\,1.6$　$\sqrt{\ }=\sqrt{Ra\,3.2}$ $\dfrac{I}{3:1}$　4　$C0.4$　0.4　$R1$　$\dfrac{II}{3:1}$　4　$C0.4$　$R1$　0.4　$\dfrac{III}{3:1}$　9　$R2$　45°	车床 C6132A
70	车螺纹	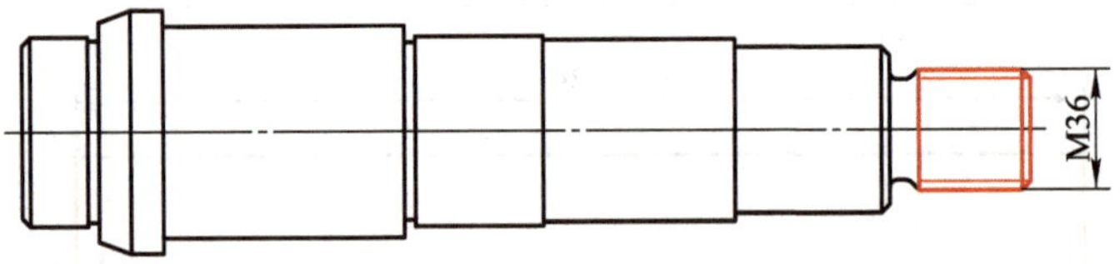 M36	车床 C6132A
80	铣键槽	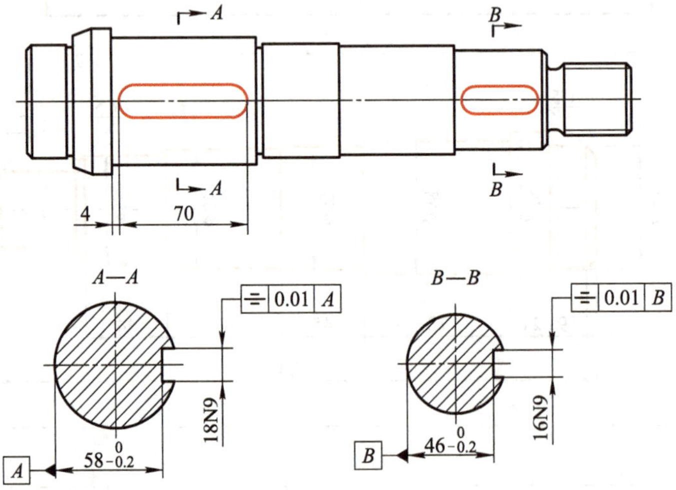 A　B　A　B　4　70 $A—A$　$\boxed{=}$ 0.01 $\boxed{A}$　$18N9$　$\boxed{A}$　$58_{-0.2}^{\ 0}$　$B—B$　$\boxed{=}$ 0.01 $\boxed{B}$　$16N9$　$\boxed{B}$　$46_{-0.2}^{\ 0}$	铣床 X6132

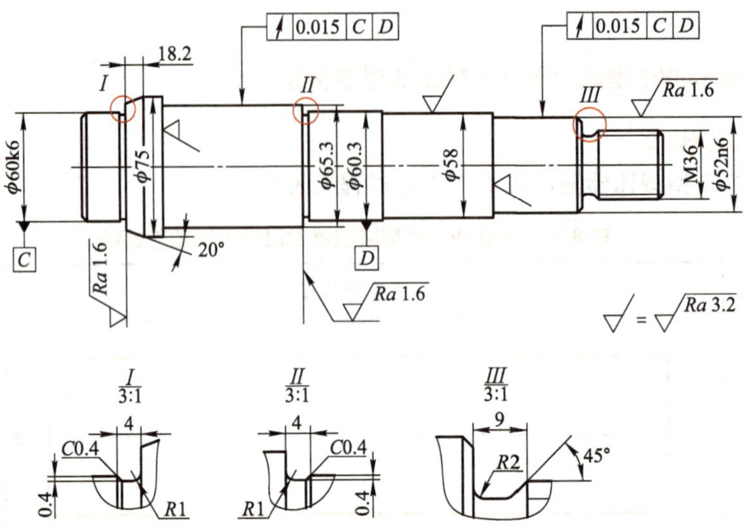

续　表

序号	工序名称	工序简图	设备
90	磨外圆		磨床 M1432A
100	检验		

2. 加工过程分析

（1）热处理工序安排

JSQ2006001 型减速器输出轴通过调质处理不仅可以获得较高的力学性能，还可以有效改善切削加工性。在粗加工阶段，经过粗车工序，大部分余量被切除。粗加工过程中切削力和发热比较大，在力和热的作用下，产生较大的内应力，通过调质处理可以消除内应力，代替时效处理。所以调质处理安排在粗车后、精车之前进行。

（2）定位基准选择

在轴类零件加工过程中，轴类零件本身的结构特征和其上各主要表面的位置精度决定了以轴线为定位基准是最理想的，这样既基准统一，又基准重合。在机加工开始时，先以支承轴颈为（粗）基准定位加工两端面和中心孔，为后续工序准备精基准。

（3）加工顺序的安排

输出轴加工顺序是准备好中心孔后，再加工外圆、键槽等结构，注意粗、精加工分开，以调质处理为标记，调质处理前为粗加工，调质处理后为半精加工和精加工。这样保证了主要加工面的精加工最后进行，不至于因其他表面加工的应力影响主要表面的精度。

整个输出轴的加工工艺过程，就是以主要表面（支承轴颈）的粗加工、半精加工和精加工为主线，适当插入其他表面的加工工序而组成的。工艺路线安排如下：备料→车端面、打中心孔→粗车外圆表面、倒角→调质→修研中心孔→精车外圆、锥面，切槽→车螺纹→铣键槽→磨外圆→检验。

① 加工外圆柱面时，要照顾输出轴本身的刚度，先加工大直径后加工小直径，以免一开始就降低输出轴刚度。

② 键槽加工应安排在精车之后、磨削之前，如果在精车之前就铣出键槽，就会造成断续切削，既影响质量又损坏刀具，而且难以控制键槽的尺寸精度；键槽也不适宜安排在主要表面的精加工之后，以防在反复运输装夹中，碰伤主要表面。

③ 输出轴螺纹对支承轴颈一般有一定同轴度要求，宜安排在半精加工阶段进行，以免受粗加工所产生应力以及热处理变形的影响。

视频

中心孔加工

视频

外圆加工

三、轴类零件加工中几个主要问题

1. 中心孔加工

中心孔是轴类零件加工全过程中使用的定位基准,其质量对加工精度有着重大的影响。成批生产可用铣端面钻中心孔机床来加工中心孔。精密主轴的中心孔加工尤为重要,而且要多次修研。

2. 外圆加工

外圆车削是粗加工和半精加工外圆表面应用最广泛的加工方法。成批生产时采用转塔车床、数控车床;大批量生产时,采用多刀半自动车床、液压仿形半自动车床等。

磨削是外圆表面主要的精加工方法,适于加工精度高、表面粗糙度值较小的外圆表面,特别适用于加工淬火钢等高硬度材料。当生产批量较大时,常采用组合磨削、成形砂轮磨削及无心磨削等高效磨削方法。

3. 主轴锥孔的磨削

主轴锥孔对主轴支承轴颈的径向圆跳动,是一项重要的精度指标,因此锥孔加工是关键工序。主轴锥孔磨削通常采用专用夹具。如图 8-4 所示,夹具由底座、支架及浮动夹头三部分组成。支架固定在底座上,支承前后各有一个 V 形块,其上镶有硬质合金(提高耐磨性),工件放在 V 形块上,工件中心与磨头中心必须等高,否则会出现双曲线误差,影响其接触精度。后端的浮动夹头锥柄装在磨床主轴锥孔内,工件尾部插入弹性套内,用弹簧将夹头外壳连同主轴向左拉,通过钢球压向带有硬质合金的锥柄端面,限制工件轴向窜动。这种磨削方式,可使主轴锥孔磨削精度不受内圆磨床头架主轴回转误差的影响。

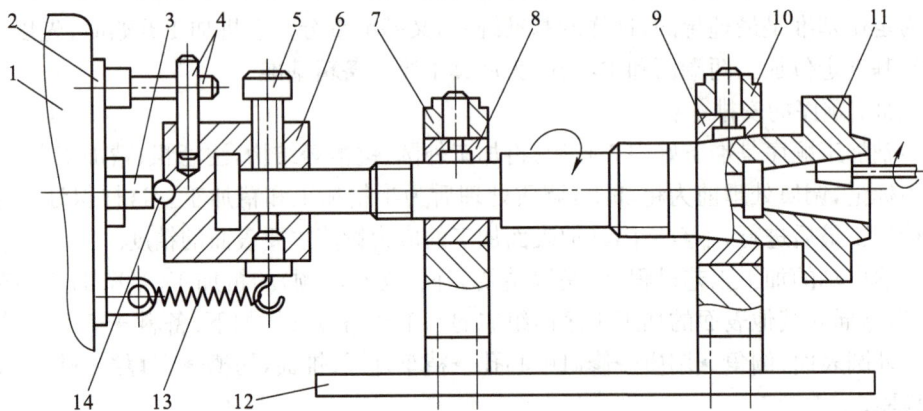

1—磨床头架;2—头架法兰盘;3—平顶尖;4—拨杆;5—铜制螺钉;
6—连接套;7—后支架;8—铜瓦;9—锥孔铜瓦;10—前支架;11—工件(主轴);
12—底座;13—拉簧;14—钢球。

图 8-4　磨主轴锥孔夹具

视频

花键加工

4. 花键加工

花键是轴类零件上的典型表面之一,它与单键比较,具有定心精度高、导向性能好、传递转矩大、易于互换等优点。现将轴类零件花键加工方法简介如下:

（1）在单件小批生产中，轴上花键通常在卧式通用铣床上加工，工件装夹在分度头上，用三面刃铣刀进行切削。这种方法加工质量较差，且生产率也低。如产量较大，则可采用花键滚刀在花键铣床上用展成法加工，如图 8-5 所示（图中花键滚刀为示意图）。其加工质量与生产率均比用三面刃铣刀高。为了提高花键轴加工的质量和生产率，还可采用双飞刀高速铣花键。铣削时，飞刀高速回转，花键轴只作轴向移动，如图 8-6 所示。

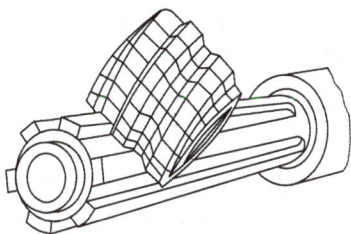

图 8-5　滚花键

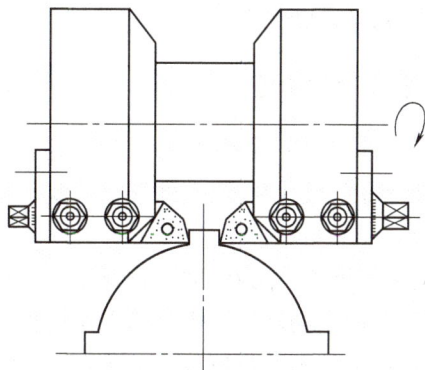

图 8-6　飞刀铣削花键

（2）以大径定心的花键轴，通常只磨削大径，键侧及内径铣出后一般不再磨削，若因淬火而变形过大，则也要对键侧面进行磨削加工。

小径定心的花键，其小径和键侧均需磨削。小批生产可采用工具磨床或平面磨床，借用分度头分度，按图 8-7a、b 分两次磨削。这种方法砂轮修整简单，调整方便，尺寸 B 必须控制准确。大量生产时，使用花键磨床或专用机床，利用高精度等分板分度，一次安装将花键轴磨完，如图 8-7c、d 所示。图 8-7c 砂轮修整简单，调整方便，只要控制尺寸 A 及圆弧面。图 8-7d 要控制尺寸 C，修整砂轮比较麻烦。

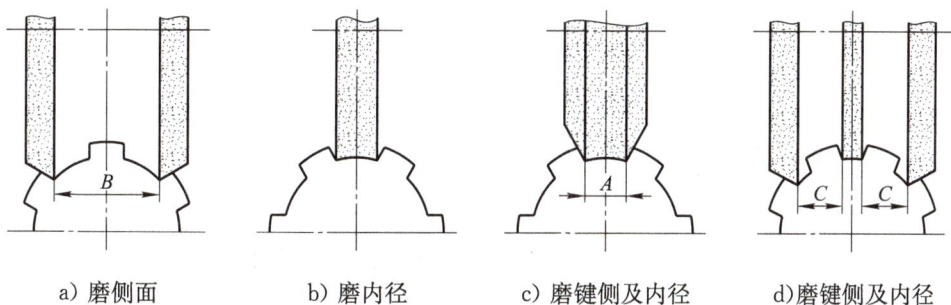

a）磨侧面　　　b）磨内径　　　c）磨键侧及内径　　　d）磨键侧及内径

图 8-7　花键轴磨削

5. 主轴深孔的加工

卧式车床主轴上的通孔属于深孔。深孔加工比一般孔加工难度大，生产率低。深孔加工的难度，一方面在于加工过程中由于刀具刚性差，易使其位置偏斜；另一方面排屑、散热和冷

视频

主轴深孔
的加工

却润滑条件都很差。针对这些问题所采取的措施一般为：

（1）工件作回转运动，钻头作进给运动，使钻头具有自动定心能力。

（2）采用切削性能优良的深孔钻系统，如双进液器深孔钻。

（3）在钻削深孔前，先加工出一个与深孔直径相同（$\phi52$ mm）的导向孔，该孔要求有较高的加工精度，至少不低于 m7，其深度为（$0.1\sim1.5$）d（d 为钻头直径）。导向孔的加工可在 CW6163 卧式车床上进行。深孔钻削若为大批量生产，可在深孔钻床上进行；若为单件小批生产，则仍然选用卧式车床。

● 四、轴类零件的检验

轴类零件在加工过程中和完工后都要按工艺规程的要求进行检验。检验的项目包括表面粗糙度、硬度、尺寸精度、表面形状精度和相互位置精度。

1. 加工中的检验

自动测量装置，作为辅助装置安装在机床上。这种检验方式能在不影响加工的情况下，根据测量结果，主动地控制机床的工作过程，如改变进给量，自动补偿刀具磨损，自动退刀、停车等，使之适应加工条件的变化，防止产生废品，故又称为主动检验。主动检验属于在线检测，即在设备运行、生产不停顿的情况下，根据信号处理的基本原理，掌握设备运行状况，对生产过程进行预测预报及必要调整。在线检测在机械制造中的应用越来越广。

2. 加工后的检验

通常在专用检验夹具上进行加工后的检验，如图 8-8 所示。单件小批生产中，尺寸精度一般用外径千分尺检验；大批大量生产时，常采用光滑极限量规检验，长度大而精度高的工件可用比较仪检验。表面粗糙度可用粗糙度样板进行检验，要求较高时则用光学显微镜或轮廓仪检验。圆度误差可用千分尺测出的工件同一截面内直径的最大差值之半来确定，也可用千分表借助 V 形铁来测量，若条件许可，可用圆度仪检验。圆柱度误差通常用千分尺测出同一轴向剖面内最大与最小值之差的方法来确定。主轴相互位置精度检验一般以轴两端顶尖孔或工艺锥堵上的顶尖孔为定位基准，在两支承轴颈上方分别用千分表测量。

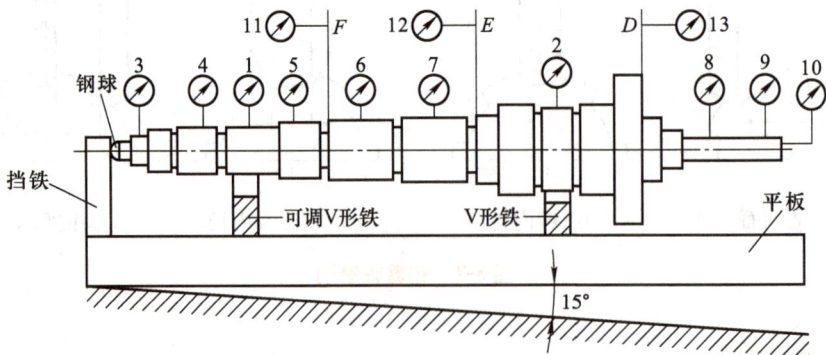

图 8-8　主轴专用检验夹具图

第二节　箱体类零件加工工艺

● 一、概述

箱体类零件是箱体内零部件装配时的基础零件,它的功用是容纳和支承其内的所有零部件,并保证它们相互间的正确位置,使彼此之间能协调地运转和工作。因而,箱体类零件的精度对箱体内零部件的装配精度有决定性影响。它的质量,将直接影响着整机的使用性能、工作精度和寿命。

1. 箱体零件的结构特点

箱体的种类很多,按功用可分为主轴箱、变速箱、操纵箱、进给箱等。由于功用不同,其结构形状往往有较大差别。但各种箱体零件在结构上仍有一些共同点,如:外表面主要由平面构成,结构形状都比较复杂,内部有腔型,箱壁较薄且壁厚不均匀;在箱壁上既有许多精度较高的轴承孔和基准平面需要加工,也有许多精度较低的紧固孔和一些次要平面需要加工。一般来说,箱体零件需要加工的部位较多,且加工难度也较大,因此,精度要求较高的孔、孔系和基准平面构成了箱体类零件的主要加工表面。

(1) 平面　平面是箱体、机座、机床床身和工作台等类零件的主要表面。根据作用不同平面可分为以下几种:

① 非接合平面　这种平面不与任何零件相配合,一般无加工精度要求,只有当表面为了增强耐蚀性和美观时才进行加工,属于低精度平面。

② 接合平面　这种平面多数属于零部件的连接面,如车床的主轴箱、进给箱与床身的连接平面,一般对精度和表面质量的要求均较高。

③ 导向平面　如各类机床的导轨面,这种平面的精度和表面质量要求很高。

④ 精密工具和量具的工作表面　这种平面如钳工的平台、平尺的测量面和计量用量块的测量平面等。这种平面要求精度和表面质量均极高。

(2) 孔系　孔和孔系由轴承支承孔和许多相关孔组成。由于它们加工精度要求高、加工难度大,是机械加工中的关键。

2. 箱体零件的技术要求

为了保证箱体零件的装配精度,达到机器设备对它的要求,对箱体零件的主要技术要求有以下几个方面:

(1) 孔系的技术要求

① 支承孔的尺寸精度、几何形状精度和表面粗糙度　轴承支承孔应有较高的尺寸精度、几何形状精度和较严格的表面粗糙度要求,否则,将影响轴承外圆与箱体上孔的配合精度,使轴的旋转精度降低,影响机床的加工精度。一般机床的主轴箱,主轴支承孔精度为 IT6,表面粗糙度 Ra 为 $1.6 \sim 0.8 \, \mu m$,其他支承孔精度为 IT7 $\sim$ IT6,表面粗糙度 Ra 为 $3.2 \sim 1.6 \, \mu m$。几何形状精度一般应在孔的公差范围内,要求高的应不超过孔公差的 1/3。

② 支承孔之间的孔距尺寸精度及相互位置精度要求　在箱体上有齿轮啮合关系的支承

孔之间,应有一定的孔距尺寸精度及平行度要求,否则会影响齿轮的啮合精度,工作时会产生噪声和振动,并影响齿轮的寿命。该精度主要取决于传动齿轮副的中心距允差与啮合齿轮精度。

一般箱体的中心距允差为 $\pm 0.025 \sim \pm 0.06\ \mu m$,轴心线平行度允差在全长取 $0.03 \sim 0.1\ mm$。

箱体上同轴线孔应有一定的同轴度要求。同轴线孔的同轴度超差,不仅会给箱体中轴的装配带来困难,且使轴的运转情况恶化,轴承磨损加剧,温度升高,影响机器设备的精度和正常运转。一般同轴线各孔的同轴度公差不应超过最小孔径公差之半。

(2) 主要平面的形状精度、相互位置精度和表面质量

主要平面的形状精度是指平面度、直线度等,位置精度是指平面之间或平面对轴线间的平行度、垂直度和倾斜度等,表面质量是指表面粗糙度、表层硬度、残余应力和显微组织等。箱体的主要平面是装配基面或加工中的定位基面,它们直接影响箱体与机器总装时的相对位置及接触刚性,影响箱体加工中的定位精度,因而有较高的平面精度和表面粗糙度要求。如一般机床箱体装配基面和定位基面的平面度允差为 $0.03 \sim 0.1\ mm$,表面粗糙度值 $Ra\ 3.2 \sim 1.6\ \mu m$。

其他平面也有相应的精度要求,如一般平面间的平行度允差在 $0.05 \sim 0.2\ mm/$全长范围内,平面间的垂直度允差为 $0.1\ mm/300\ mm$ 左右。

(3) 支承孔与主要平面的尺寸精度及相互位置精度

箱体上各支承孔对装配基面在水平面内有偏斜,则加工时工件会产生锥度;主轴孔中心线对端面的垂直度超差,装配后将引起机床两端的跳动等。

3. 箱体零件的材料与毛坯

箱体毛坯制造方法有两种,一种是采用铸造,另一种是采用焊接。对金属切削机床的箱体,由于形状较为复杂,而铸铁具有成形容易、可加工性良好,并且吸振性好、成本低等优点,所以一般都采用铸铁件;对于动力机械中的某些箱体及减速器壳体等,除要求结构紧凑、形状复杂外,还要求体积小、质量轻等特点,所以可采用铝合金压铸件为毛坯,压力铸造毛坯,因其制造质量好、不易产生缩孔和缩松而应用十分广泛;对于承受重载和冲击的工程机械、锻压机床的一些箱体,可采用铸钢件或钢板焊接件;某些简易箱体为了缩短毛坯制造周期,也常常采用焊接,但焊接件的残余应力较难消除干净。

箱体铸铁材料采用最多的是各种牌号的灰铸铁,如 HT200、HT250、HT300 等。对一些要求较高的箱体,如镗床的主轴箱、坐标镗床的箱体,可采用耐磨合金铸铁(又称密烘铸铁,例如 MTCrMoCu-300),高磷铸铁(如 MTP-250),以提高铸件质量。

毛坯的加工余量与生产批量、毛坯尺寸、结构和铸造方法等因素有关。

● 二、普通车床主轴箱加工工艺过程分析

(一) 箱体零件机械加工工艺过程

箱体零件的结构复杂,要加工的部位多,依批量大小和各厂家的实际条件,其加工方法是

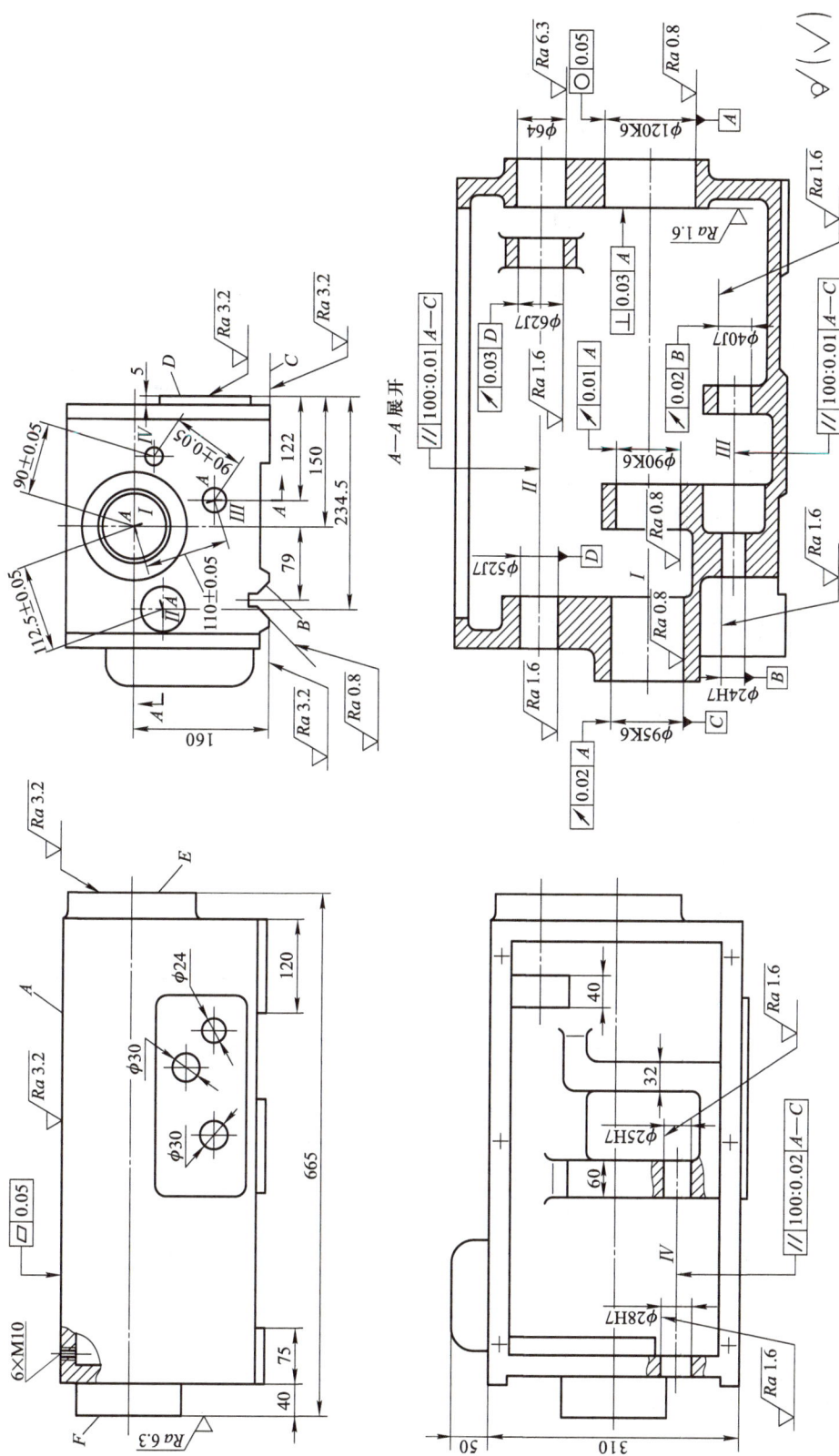

图 8-9 某车床主轴箱简图

不同的。表 8-3 为某车床主轴箱（图 8-9）小批生产的工艺过程，表 8-4 为该车床主轴箱大批生产的工艺过程。

（二）箱体类零件机械加工工艺过程分析

1. 定位基准的选择

（1）精基准的选择　箱体加工精基准的选择也与生产批量的大小有关。

表 8-3　某主轴箱小批生产工艺过程

序号	工　序　内　容	定　位　基　准
1	铸造	
2	时效	
3	漆底漆	
4	划线：考虑主轴孔有加工余量，并尽量均匀。划 C、A 及 E、D 面加工线	
5	粗、精加工顶面 A	按线找正
6	粗、精加工 B、C 面及前面 D	顶面 A 并校正主轴线
7	粗、精加工两端面 E、F	B、C 面
8	粗、半精加工各纵向孔	B、C 面
9	精加工各纵向孔	B、C 面
10	粗、精加工横向孔	B、C 面
11	加工螺孔及各次要孔	
12	清洗、去毛刺	
13	检验	

表 8-4　某主轴箱大批生产工艺过程

序号	工　序　内　容	定　位　基　准
1	铸造	
2	时效	
3	漆底漆	
4	铣顶面 A	I 孔与 II 孔
5	钻、扩、铰 $2\times\phi8H7$ mm 工艺孔（将 $6\times M10$ mm 先钻至 $\phi7.8$ mm，铰 $2\times\phi8H7$ mm）	顶面 A 及外形
6	铣两端面 E、F 及前面 D	顶面 A 及两工艺孔
7	铣导轨面 B、C	顶面 A 及两工艺孔

续　表

序号	工　序　内　容	定　位　基　准
8	磨顶面 A	导轨面 B、C
9	粗镗各纵向孔	顶面 A 及两工艺孔
10	精镗各纵向孔	顶面 A 及两工艺孔
11	精镗主轴孔 I	顶面 A 及两工艺孔
12	加工横向孔及各面上的次要孔	
13	磨 B、C 导轨面及前面 D	顶面 A 及两工艺孔
14	将 $2\times\phi8$H7 mm 及 $4\times\phi7.8$ mm 均扩钻至 $\phi8.5$ mm,攻 $6\times$M10 mm螺纹	
15	清洗、去毛刺、倒角	
16	检验	

对于单件小批生产,用装配基准作定位基准。图 8-9 的车床主轴箱单件小批加工孔系时,选择箱体底面导轨 B、C 面作为定位基准。B、C 面既是主轴箱的装配基准,又是主轴孔的设计基准,并与箱体的两端面、侧面以及各主要纵向轴承孔在位置上有直接联系,故选择 B、C 面作定位基准,符合基准重合原则,装夹误差小。另外,加工各孔时,由于箱口朝上,更换导向套、安装调整刀具、测量孔径尺寸、观察加工情况等都很方便。

但这种定位方式也有不足之处。加工箱体中间壁上的孔时,为了提高刀具系统的刚度,应当在箱体内部相应部位设置刀杆的中间导向支承。由于箱体底部是封闭的,中间导向支承只能用如图 8-10 所示的吊架从箱体顶面的开口处伸入箱体内,每加工一次需装卸一次,吊架与镗模之间虽有定位销定位,但吊架刚性差,经常装卸也容易产生误差,且使加工的辅助时间增加。因此,这种定位方式只适用于单件小批生产。

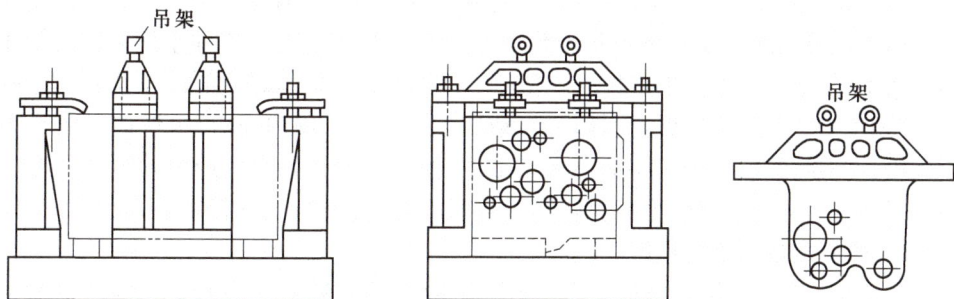

图 8-10　吊架式镗模夹具

批量大时采用顶面及两个销孔(一面两孔)作定位基面,如图 8-11 所示。这种定位方式,加工时箱体口朝下,中间导向支承架可以紧固在夹具体上,提高了夹具刚度,有利于保证各支承孔加工的位置精度,而且工件装卸方便,减少了辅助时间,提高了生产率。

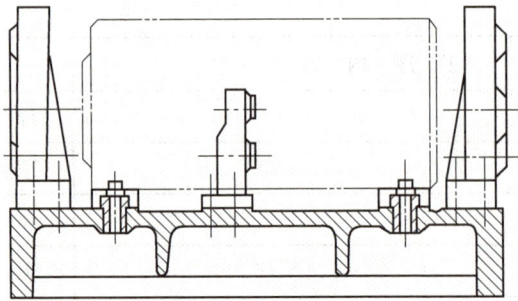

图 8-11　用箱体顶面及两销孔定位的镗模

但这种定位方式由于主轴箱顶面不是设计基准,故定位基准与设计基准不重合,出现基准不重合误差。为了保证加工要求,应进行工艺尺寸的换算。另外,由于箱体口朝下,加工时不便于观察各表面加工的情况,不能及时发现毛坯是否有砂眼、气孔等缺陷,而且加工中不便于测量和调刀。因此,用箱体顶面及两定位销孔作精基面加工时,必须采用定径刀具(如扩孔钻和铰刀等)。

(2) 粗基准的选择　虽然箱体零件一般都选择重要孔(如主轴孔)为粗基准,但随着生产类型不同,实现以主轴孔为粗基准的工件装夹方式是不同的。

中小批生产时,由于毛坯精度较低,一般采用划线找正。大批量生产时,毛坯精度较高,可直接以主轴孔在夹具上定位,采用专用夹具装夹,此类专用夹具可参阅机床夹具图册。

2. 加工顺序的安排和设备的选择

(1) 加工顺序为先面后孔　箱体类零件的加工顺序为先加工面,以加工好的平面定位再来加工孔。因为箱体孔的精度要求较高,加工难度大,先以孔为粗基准加工好平面,再以平面为精基准加工孔,这样既能为孔的加工提供稳定可靠的精基准,同时可以使孔的加工余量较为均匀。由于箱体上的孔都分布在箱体各平面上,先加工好平面,钻孔时钻头不易引偏,扩孔或铰孔时刀具不易崩刃。

上例某车床主轴箱大批生产时,先将顶面 A 磨好后才加工孔系(表 8-4)。

(2) 加工阶段粗、精分开　箱体的结构复杂、壁厚不均匀、刚性不好,而加工精度要求又高,因此,箱体重要的加工表面都要划分粗、精两个加工阶段。对于单件小批生产的箱体或大型箱体的加工,如果从工序上也安排粗、精分开,则机床、夹具数量要增加,工件转运也费时费力,所以实际生产中并不这样做,而是将粗、精加工在一道工序内完成,采取的方法是粗加工后将工件松开一点,然后再用较小的力夹紧工件,使工件因夹紧力而产生的弹性变形在精加工之前得以恢复。导轨磨床磨大的主轴箱导轨时,粗磨后不马上进行精磨,而是等工件充分冷却,残余应力释放后再进行精磨。

(3) 时效处理安排　箱体结构复杂,壁厚不均匀,铸造残余应力较大。为了消除残余应力、减少加工后的变形、保证精度的稳定,铸造之后要安排人工时效处理。人工时效的规范为:加热到 500～550 ℃,保温 4～6 h,冷却速度小于或等于 30 ℃/h,出炉温度低于 200 ℃。

对于普通精度的箱体,一般在铸造之后安排一次人工时效处理;对一些高精度的箱体或形状特别复杂的箱体,在粗加工之后还要安排一次人工时效处理,以消除粗加工所造成的残余应力。对精度要求不高的箱体毛坯,有时不安排时效处理,而是利用粗、精加工工序间的停放和运输时间,使之自然完成时效处理。

箱体时效,除用加温方法外,也可采用振动时效或自然时效来消除残余应力。

(4) 所用设备依批量不同而异　单件小批生产一般都在通用机床上进行;除个别必须用专用夹具才能保证质量的工序(如孔系加工)外,一般不用专用夹具;而大批量箱体的加工则广泛采用专用机床,如多轴龙门铣床、组合磨床等,各主要孔的加工采用多工位组合机床、专用镗床等,专用夹具用得也很多,这就大大地提高了生产率。

3. 主要表面加工方法的选择

箱体的主要加工表面是其接合、导向平面和轴承支承孔。箱体平面的粗加工和半精加工,主要采用刨削和铣削,也可采用车削。刨削的刀具结构简单,机床调整方便,但生产率低,仅用于单件小批生产,在成批和大量生产中,多采用生产率较高的铣削。当生产批量较大时,还可采用各种专用的组合铣床对箱体进行多刀、多面同时铣削;尺寸较大的箱体,也可在多轴龙门铣床上进行组合铣削,如图 8-12a 所示,有效地提高了箱体平面加工的生产率。箱体平面的精加工,单件小批生产时,除一些高精度的箱体仍需采用手工刮研外,一般多以精刨代替传统的手工刮研;当生产批量大而精度又较高时,多采用磨削。为了提高生产率和平面间的相互位置精度,大批量生产时,可采用专用磨床进行组合磨削,如图 8-12b 所示。

箱体上精度 IT7 的轴承支承孔,一般需要经过三四次加工。可采用镗(扩)—粗铰—精铰或镗(扩)—半精镗—精镗的两种工艺方案进行加工(若未铸出预孔应先钻孔)。以上两种工艺方案都能使孔的加工精度达到 IT7,表面粗糙度 Ra 为 2.5~0.63 μm。前者用于加工直径较小的孔,后者用于加工直径较大的孔。当孔的精度超过 IT6、表面粗糙度 Ra 小于0.63 μm 时,还应增加一道精加工或精密加工工序,常用的方法有精细镗、滚压、珩磨等;单件小批生产时,也可采用浮动铰孔。

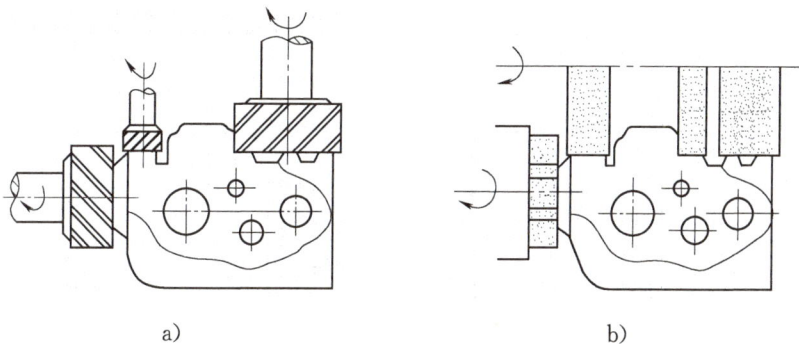

图 8-12　箱体平面的组合铣削与磨削

三、箱体类零件的孔系加工

箱体上一系列有相互位置精度要求的轴承支承孔称为"孔系"。它包括平行孔系、同轴孔系和交叉孔系,如图 8-13 所示。孔系的相互位置精度要求有:各平行孔轴线之间的平行度、孔轴线与基面之间的平行度、孔距精度、各同轴孔的同轴度、各交叉孔的垂直度等。保证孔系加工精度是箱体零件加工的关键。应根据不同的孔系类型、生产类型和孔系精度要求采用不同的加工方法。

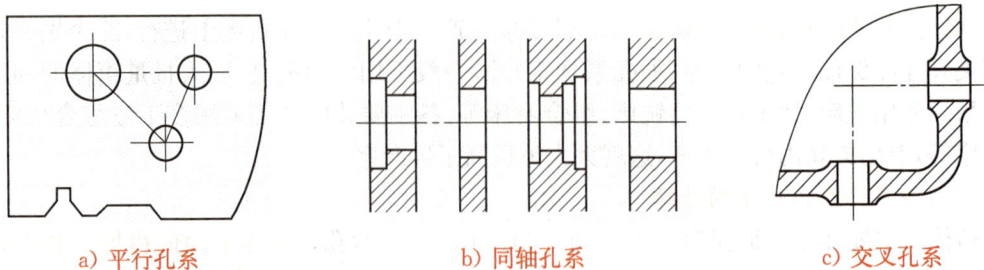

a) 平行孔系　　　　　b) 同轴孔系　　　　　c) 交叉孔系

图 8-13　孔系的分类

1. 平行孔系加工

平行孔系的主要技术要求为各平行孔中心线之间及孔中心线与基准面之间的距离尺寸精度和相互位置精度。生产中常采用以下几种方法保证孔系的位置精度。

（1）用找正法加工孔系　找正法的实质是在通用机床（如铣床、普通镗床）上，依据操作者的技术，并借助一些辅助装置去找正每一个被加工孔的正确位置。根据找正的手段不同，找正法又可分为划线找正法、量块心轴找正法、样板找正法等。

① 划线找正法　加工前先在毛坯上按图样要求划好各孔位置和轮廓线，加工时按划线——找正进行加工。这种方法所能达到的孔距精度一般为 ±0.5 mm 左右。此法操作设备简单，但操作难度大，生产率低，加工精度低，并受操作者技术水平和采用的方法影响较大，仅故适于单件小批生产。

② 量块心轴找正法　如图 8-14 所示，将精密心轴分别插入机床主轴孔和已加工孔中，然后用一定尺寸的块规组合来找正心轴的位置。找正时，在量块与心轴之间要用厚薄规测定间隙，以免量块与心轴直接接触而产生变形。此法可达到较高的孔距精度（±0.3 mm），但只适用于单件小批生产。

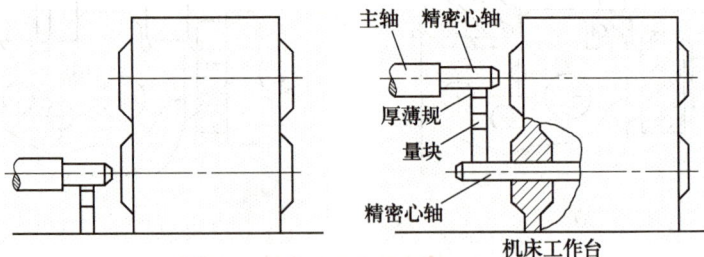

主轴　精密心轴

厚薄规

量块

精密心轴

机床工作台

图 8-14　用量块心轴找正

③ 样板找正法　如图 8-15 所示，将工件上的孔系复制在 10～20 mm 厚的钢板制成的样板上，样板上孔系的孔距精度较工件孔系的设计孔距精度高（一般为 ±0.01～±0.03 mm），孔径较工件的孔径大，以便镗杆通过；孔的直径精度不需要严格要求，但几何形状精度和表面粗糙度要求较高，以便找正。使用时，将样板装于被加工孔的箱体端面上（或固定于机床工作台上），利用装在机床主轴上的百分表找正器，按样板上的孔逐个找正机床主轴的位置进行加

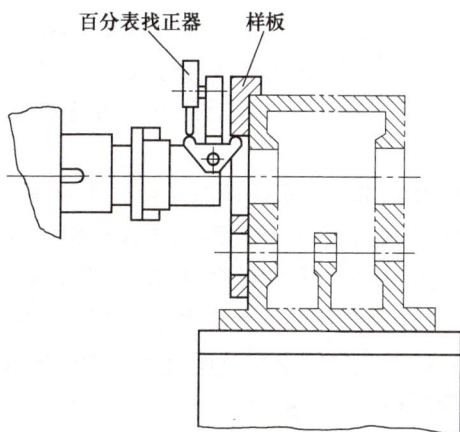

图 8-15 样板找正法

工。用该方法加工孔系不易出差错,找正迅速,孔距精度可达±0.05 mm,工艺装备也不太复杂,常用于加工大型箱体的孔系。

(2) **用镗模加工孔系** 如图 8-16 所示,工件装夹在镗模上,镗杆支承在镗模的导套里,由导套引导镗杆在工件上正确位置镗孔。镗杆与机床主轴多采用浮动连接,机床精度对孔系加工精度影响较小,孔距精度主要取决于镗模的精度,因而可以在精度较低的机床上加工出精度较高的孔系;镗杆刚度大大地提高,有利于采用多刀同时切削;定位夹紧迅速,不需找正,生产率高。因此不仅在中批生产中普遍采用镗模技术加工孔系,而且在小批生产中,对一些结构复杂、加工量大的箱体孔系,采用镗模加工也是合算的。

动画

镗模加工孔系

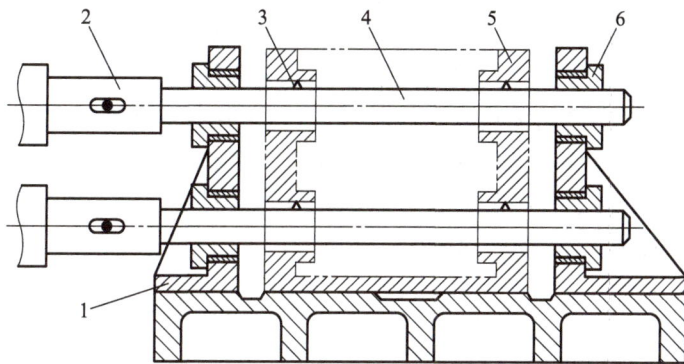

1—镗架支承;2—镗床主轴;3—镗刀;
4—镗杆;5—工件;6—导套。

图 8-16 用镗模加工孔系

由于镗模自身的制造误差和导套与镗杆的配合间隙对孔系加工精度有一定影响,所以,该方法不可能达到很高的加工精度。一般孔径尺寸精度为 IT7 左右,表面粗糙度 Ra 为 1.6～0.8 μm;孔与孔的同轴度和平行度,当从一头开始加工,可达 0.02～0.03 mm,从两头加工可达 0.04～0.05 mm;孔距精度一般为±0.05 mm 左右。对于大型箱体零件来说,由于镗模的尺寸庞大笨重,给制造和使用带来困难,故很少采用。

用镗模加工孔系,既可以在通用机床上加工,也可以在专用机床或组合机床上加工。

(3) 用坐标法加工孔系　坐标法镗孔是在普通卧式镗床、坐标镗床或数控镗铣床等设备上,借助于精密测量装置,调整机床主轴与工件间在水平和垂直方向的相对位置,来保证孔距精度的一种镗孔方法。

采用坐标法加工孔系时,要特别注意选择基准孔和镗孔顺序,否则,坐标尺寸累积误差会影响孔距精度。基准孔应尽量选择本身尺寸精度高、表面粗糙度值小的孔(一般为主轴孔),这样在加工过程中,便于校验其坐标尺寸。孔距精度要求较高的两孔应连在一起加工;加工时,应尽量使工作台朝同一方向移动,因为工作台往复移动,其间隙会产生误差,影响坐标精度。

现在国内外许多机床厂,已经直接用坐标镗床或加工中心机床来加工一般机床箱体。这样就可以加快生产周期,适应机械行业多品种小批生产的需要。

2. 同轴孔系加工

在中批以上生产中,一般采用镗模加工同轴孔系,其同轴度由镗模保证;当采用精密刚性主轴组合机床从两端同时加工同轴线的各孔时,其同轴度则由机床保证,可达 0.01 mm。

单件小批生产时,在通用机床上加工,且一般不使用镗模,保证同轴线孔的同轴度有下列方法:

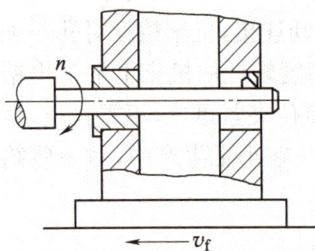

图 8-17　利用已加工孔作支承导向

(1) 利用已加工孔作支承导向　如图 8-17 所示。当箱体前壁上的孔加工完后,在该孔内装一导套,支承和引导镗杆加工后壁上的孔,以保证两孔的同轴度要求。此法适于加工箱体壁相距较近的同轴线孔。

(2) 利用镗床后立柱上的导向套支承镗杆　采用这种方法,镗杆是两端支承,刚性好,但立柱导套的位置调整麻烦、费时,往往需要用心轴块规找正,且需要用较长的镗杆,此法多用于大型箱体的同轴孔系加工。

(3) 采用掉头镗法　当箱体箱壁相距较远时,宜采用掉头镗法。即在工件的一次安装中,当箱体一端的孔加工后,将工作台回转 180°,再加工箱体另一端的同轴线孔。掉头镗不用夹具和长刀杆,准备周期短;镗杆悬伸长度短,刚度好;但需要调整工作台的回转误差和掉头后主轴应处于正确位置,比较麻烦,又费时。掉头镗的调整方法如下:

① 校正工作台回转轴线与机床主轴轴线相交,定好坐标原点。其方法如图 8-18a 所示。

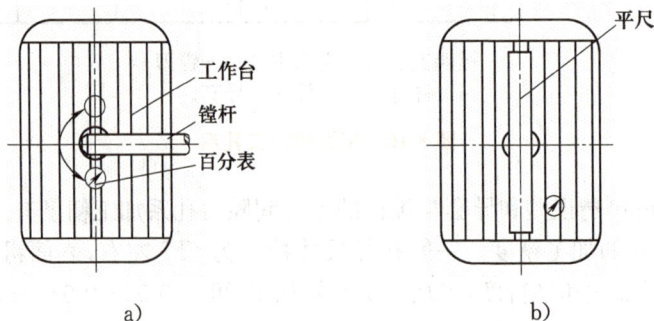

a)　　　　　　　　　　　　　　b)

图 8-18　掉头镗的调整方法

将百分表固定在工作台,回转工作台 180°,分别测量主轴两侧,使其误差小于0.01 mm,记下此时工作台在 x 轴上的坐标值作为原点的坐标值。

② 调整工作台的回转定位误差,保证工作台精确地回转 180°。其方法如图 8-18b 所示,先使工作台紧靠在回转定位机构上,在台面上放一平尺,通过装在镗杆上的百分表找正平尺一侧面后将其固定,再回转工作台 180°,测量平尺的另一侧面,调整回转定位机构,使其回转定位误差小于 0.02 mm/1 000 mm。

③ 当完成上述调整准备工作后,就可以进行加工了。先将工件正确地安装在工作台面上,用坐标法加工好工件一端的孔,各孔到坐标原点的坐标值应与掉头前相应的同轴线孔到坐标原点的坐标值大小相等、方向相反,其误差小于 0.01 mm,这样就可以得到较高的同轴度。

3. 交叉孔系加工

交叉孔系的主要技术条件为控制各孔的垂直度。在普通镗床上主要靠机床工作台上的 90°对准装置。因为它是挡块装置,故结构简单,但对准精度低。每次对准,需要凭经验保证挡块接触松紧程度一致,否则不能保证对准精度。所以,有时采用光学瞄准装置。

当普通镗床的工作台 90°对准装置精度很低时,可用心棒与百分表找正法进行。即在加工好的孔中插入心棒,然后将工作台转 90°,摇工作台用百分表找正,如图 8-19 所示。

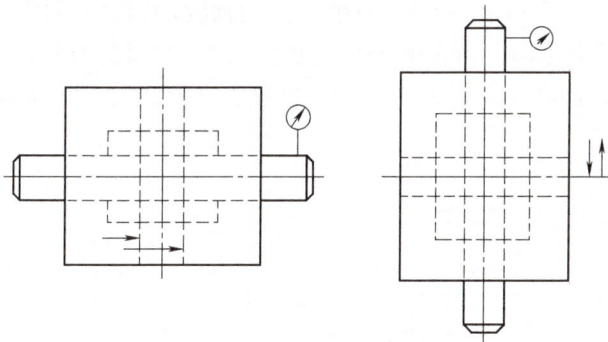

图 8-19 找正法加工交叉孔系

箱体上如果有交叉孔存在,则应将精度要求高或表面要求较精细的孔全部加工好,然后再加工与之相交叉的孔。

4. 孔系加工的自动化

由于箱体孔系的精度要求高,加工量大,实现加工自动化对提高产品质量和劳动生产率都有重要意义。随着生产批量的不同,实现自动化的途径也不同。大批生产箱体,广泛使用组合机床和自动线加工,不但生产率高,而且利于降低成本和稳定产品质量。单件小批生产箱体,大多数采用万能机床,产品的加工质量主要取决于机床操作者的技术熟练程度。但加工具有较多加工表面的复杂箱体时,如果仍用万能机床加工,则工序分散,占用设备多,要求有技术熟练的操作者,生产周期长,生产率低,成本高。为了解决这个问题,可以采用适于单件小批生产的自动化多工序数控机床。这样,可用最少的加工装夹次数,由机床的数控系统自动地更换刀具,连续地对工件的各个加工表面自动地完成铣、钻、扩、镗(铰)及攻螺纹等工序。所以对于单件小批、多品种的箱体孔系加工,这是一种较为理想的设备。

● 四、箱体类的零件检验

1. 箱体的主要检验项目

通常箱体类零件的主要检验项目包括:

(1) 各加工表面的表面粗糙度及外观。

(2) 孔与平面尺寸精度及几何形状精度。

(3) 孔距精度。

(4) 孔系相互位置精度(各孔同轴度、轴线间平行度与垂直度、孔轴线与平面的平行度及垂直度等)。

表面粗糙度检验通常用目测或样板比较法,只有当 Ra 很小时才考虑使用光学量仪。外观检查只需根据工艺规程检查完工情况及加工表面有无缺陷即可。

孔的尺寸精度一般用塞规检验。在需确定误差数值或单件小批生产时可用内径千分尺或内径千分表检验,若精度要求很高可用气动量仪检验。平面的直线度可用平尺和厚薄规或水平仪与桥板检验;平面的平面度可用自准直仪或水平仪与桥板检验,也可用涂色检验。

2. 箱体类零件孔系相互位置精度及孔距精度的检验

(1) 同轴度检验 一般工厂常用检验棒检验同轴度,若检验棒能自由通过同轴线上的孔,则孔的同轴度在允差之内。当孔系同轴度要求不高(允差较大)时,可用图 8-20 所示方法检验;若孔系同轴度允差很小,可改用专用检验棒检验。图 8-21 所示方法可测定孔同轴度误差具体数值。

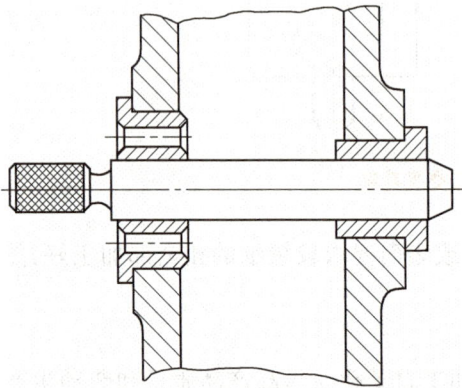

图 8-20 用通用检验棒与检验套检验同轴度 　　　图 8-21 用检验棒及百分表检验同轴度偏差

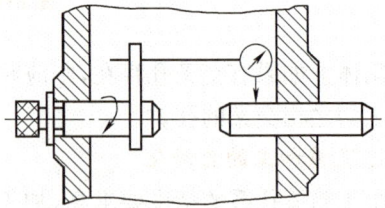

(2) 孔间距和孔轴线平行度检验 如图 8-22 所示,根据孔距精度的高低,可分别使用游标卡尺或千分尺。测量出图示 a_1 和 a_2 或 b_1 和 b_2 即可得出孔距 A 和平行度的实际值。使用游标卡尺时也可不用心轴和衬套,直接量出两孔母线间的最小距离。孔距精度和平行度要求严格时,也可用块规测量。为提高测量效率,可使用图中 K 向视图所示的装置,其结构与原理类似于内径千分尺。

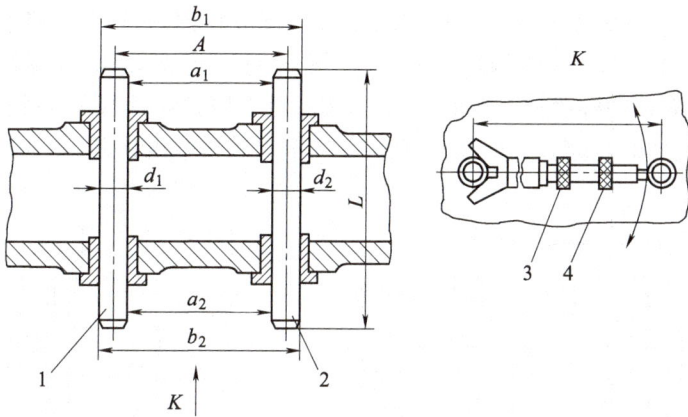

1、2—标准量棒;3—锁紧螺母;4—调整螺钉(与量脚固连为一体)。

图 8-22　检验孔间距和孔轴线的平行度

（3）孔轴线对基准平面的距离和平行度检验　检验方法如图 8-23 所示。

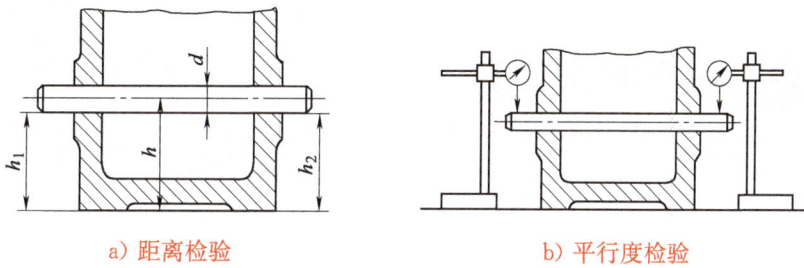

a）距离检验　　　　　　　　b）平行度检验

图 8-23　检验孔轴线对基准平面的距离和平行度

（4）两孔轴线垂直度检验　可用图 8-24a 或 b 的方法检验,基准轴线和被测轴线均用心轴模拟。

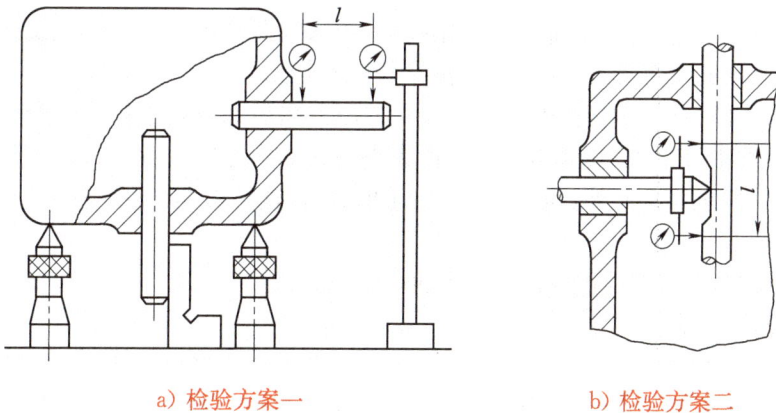

a）检验方案一　　　　　　　　b）检验方案二

图 8-24　两孔轴线垂直度检验

（5）**孔轴线与端面垂直度检验**　在被测孔内装模拟心轴，并在其一端装上千分表，使表的测头垂直于端面并与端面接触，将心轴旋转一周即可测出孔与端面的垂直度误差（图 8-25a）。将带有检验圆盘的心轴插入孔内，用着色法检验圆盘与端面的接触情况，或用厚薄规检查圆盘与端面的间隙 Δ，也可确定孔轴线与端面的垂直度误差（图 8-25b）。

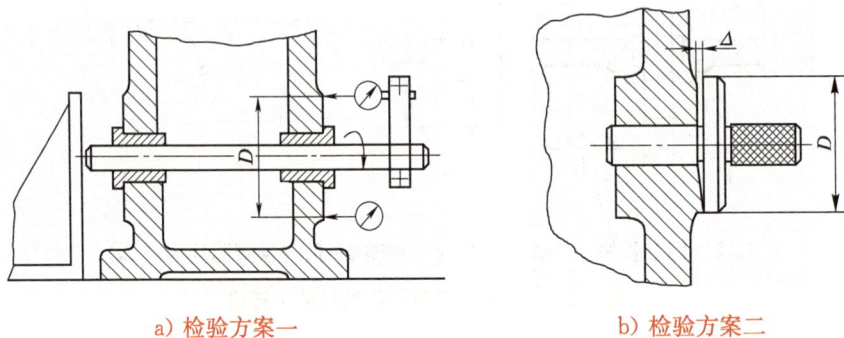

a）检验方案一　　　　　　　　b）检验方案二

图 8-25　检验孔轴线与端面的垂直度

第三节　连杆加工工艺

一、概述

1. 连杆的功用与结构特点

连杆是发动机主要零件之一，其作用是将活塞与曲轴连接起来，在发动机处于工作行程时，活塞推动连杆，使曲轴旋转；在吸气压缩与排气行程中，由曲轴带动连杆而推动活塞，从而使活塞的往复运动转化为曲轴的旋转运动。

连杆的结构如图 8-26 所示，它是一种细长的变截面非圆杆件，由从大头到小头逐步变小的工字形截面的连杆体及连杆盖、螺栓和螺母等组成。虽然各种发动机的结构不尽相同，连杆的结构也略有差异，但基本上都由活塞销孔端（小头）、曲柄销孔端（大头）及连杆体三部分组成。其中曲柄销孔端为分开式结构，体和盖用螺栓连接。

由于连杆承受由活塞销传来的周期性变化的压力和活塞以及连杆本身产生的交变惯性力，连杆常常因弯曲变形而引起活塞歪斜，使大小头孔的中心线失去平行，其后果是使活塞、气缸以及轴瓦磨损加剧。此外，当连杆发生变形时，将使连杆螺栓弯曲，甚至造成连杆螺栓断裂，对连杆的要求如下：

（1）刚度要足够，以避免连杆产生较大的弯曲变形。

（2）要有较大的疲劳强度。

（3）为了减少连杆的惯性力，在保证足够的刚度和强度的前提下，尽量减轻自身的质量。

连杆小头压入耐磨的铜衬套，并在小头和衬套上开有切口和小孔，以便使曲轴转动时，飞溅的润滑油能流到活塞销的表面上，起到润滑的作用。

视频　连杆加工 1

视频　连杆加工 2

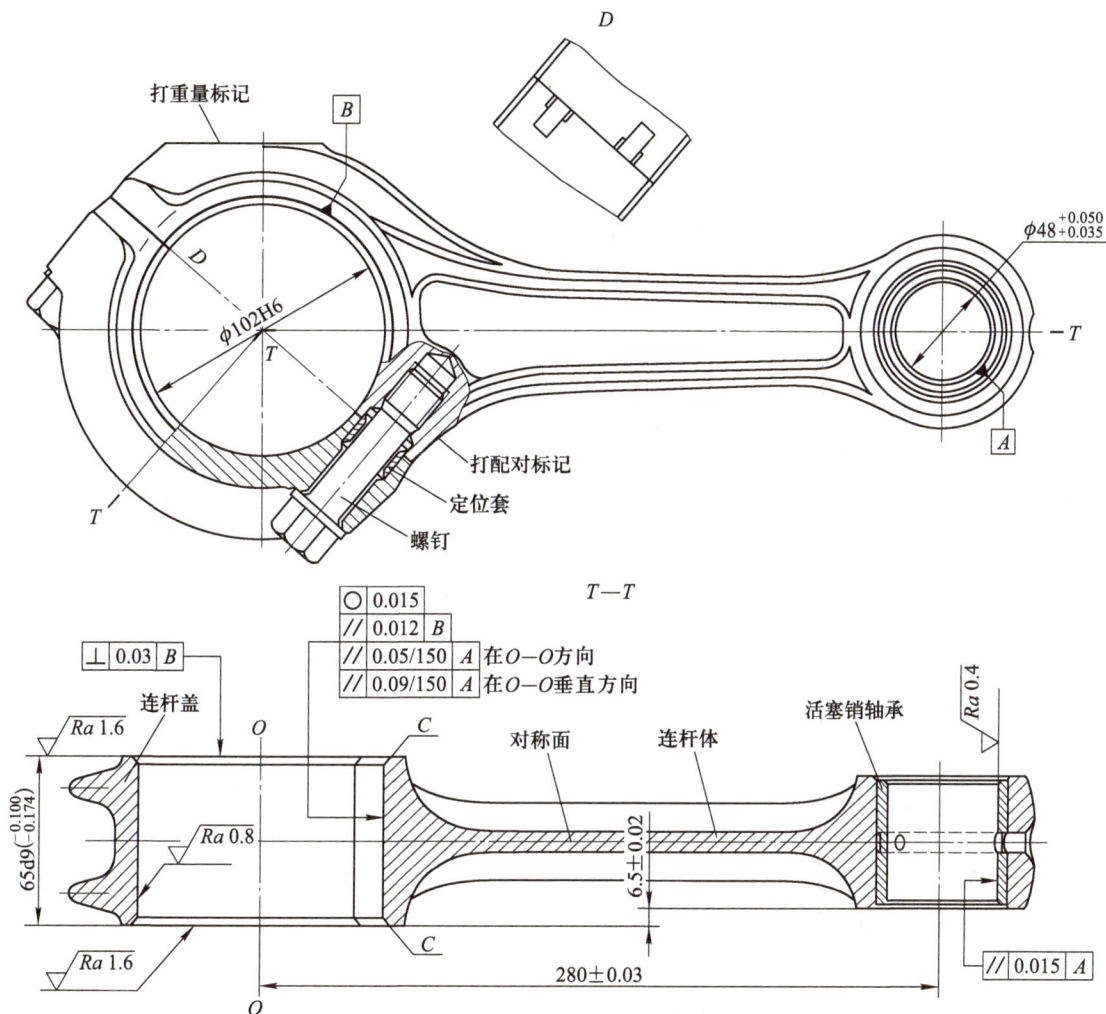

图 8-26　连杆的结构

　　连杆大头孔套在曲轴的连杆轴颈上与曲轴相连,为便于安装,大头孔被均匀切成两半,然后用连杆螺栓连接。为了减少连杆轴径的磨损,在大头孔内镶有连杆轴瓦。轴瓦上的定位唇嵌入连杆大头的凹槽中,可防止轴瓦自由运动。

　　为了保证发动机工作时的平衡性,连杆也应按质量进行分组装配,即一台发动机中,所有连杆具有同一质量组别。

2. 连杆的主要技术要求

　　连杆的装配精度和主要技术要求见表 8-5。

表 8-5　连杆的主要技术要求

技术要求项目	具体要求或数值	满足的主要性能
大、小头孔精度	尺寸公差等级为 IT7~IT6,圆度、圆柱度为 0.004~0.006 mm	保证与轴瓦的良好配合

续 表

技术要求项目	具体要求或数值	满足的主要性能
两孔中心距	±0.03～±0.05 mm	气缸的压缩比
两孔轴线在两个互相垂直方向上的平行度	在连杆轴线平面内的平行度为(0.02～0.04)/100,在垂直连杆轴线平面内的平行度为(0.04～0.06)/100	使气缸壁磨损均匀和曲轴颈边缘减少磨损
大头孔两端面对其轴线的垂直度	0.1/100	减少曲轴颈边缘的磨损
两螺孔(定位孔)的位置精度	在两个垂直方向上的平行度为(0.02～0.04)/100;对结合面的垂直度为(0.1～0.2)/100	保证正常承载能力和大头孔轴瓦与曲轴颈的良好配合
连杆组内各连杆的质量差	±2%	保证运转平稳

3. 连杆的材料与毛坯

连杆材料一般用45钢或45Mn2钢等,近年来有的机型也采用球墨铸铁、钛合金和铝合金制造连杆。

钢制连杆都用锻造制造毛坯,连杆毛坯的锻造工艺有两种方案:将连杆体和盖分开锻造或整体锻造。

从锻造后材料的组织来看,分开锻造的连杆盖金属纤维连续(图8-27a),具有较高的强度;整体锻造的连杆,经切开后,连杆盖的金属纤维是断裂的(图8-27b),削弱了强度,且要增加切开连杆的工序。但是,整体锻造可以提高材料利用率,只需要一套锻模,一次便可锻成,减少结合面的加工余量,机械加工的装夹比较方便,便于组织和管理生产。所以,若不受连杆盖形状和锻造设备的限制,尽可能采用整体锻造工艺。

图8-27 连杆盖的金属纤维组织

为了保证连杆的力学性能和加工精度,必须对毛坯提出比较严格的要求。在金属宏观组织方面,其纤维方向应沿着连杆中心线并与连杆外形相符,不允许有旋涡状和中断现象,对锻造后的折叠、裂纹及夹杂物都有严格的控制范围。对微观的显微组织,应有均匀细晶粒的索氏体结构,铁素体只允许呈细小夹杂物状态存在。应进行磁力探伤检查毛坯表面裂纹和其他缺陷,并根据产品的要求,对毛坯质量公差进行检查。

二、连杆加工工艺过程分析

图8-28所示是某柴油机连杆体零件图,图8-29所示是连杆盖的零件图,这两个零件用螺钉或螺栓连接,用定位套定位。连杆的生产属于一般大批量生产,采用流水线加工,机床按连

杆的机械加工工艺过程连续排列,设备多为专用机床。

该连杆采用分开锻造工艺,机械加工先分别加工连杆体和连杆盖,然后合件加工,其机械加工工艺过程见表 8-6 和表 8-7。

1. 定位基准的选择

连杆加工工艺过程的大部分工序都采用统一的定位精基准:一个端面、小头孔及工艺凸台。这样有利于保证连杆的加工精度,而且端面的面积大,定位也较稳定。其中,端面、小头孔作为定位基准,也符合基准重合原则。

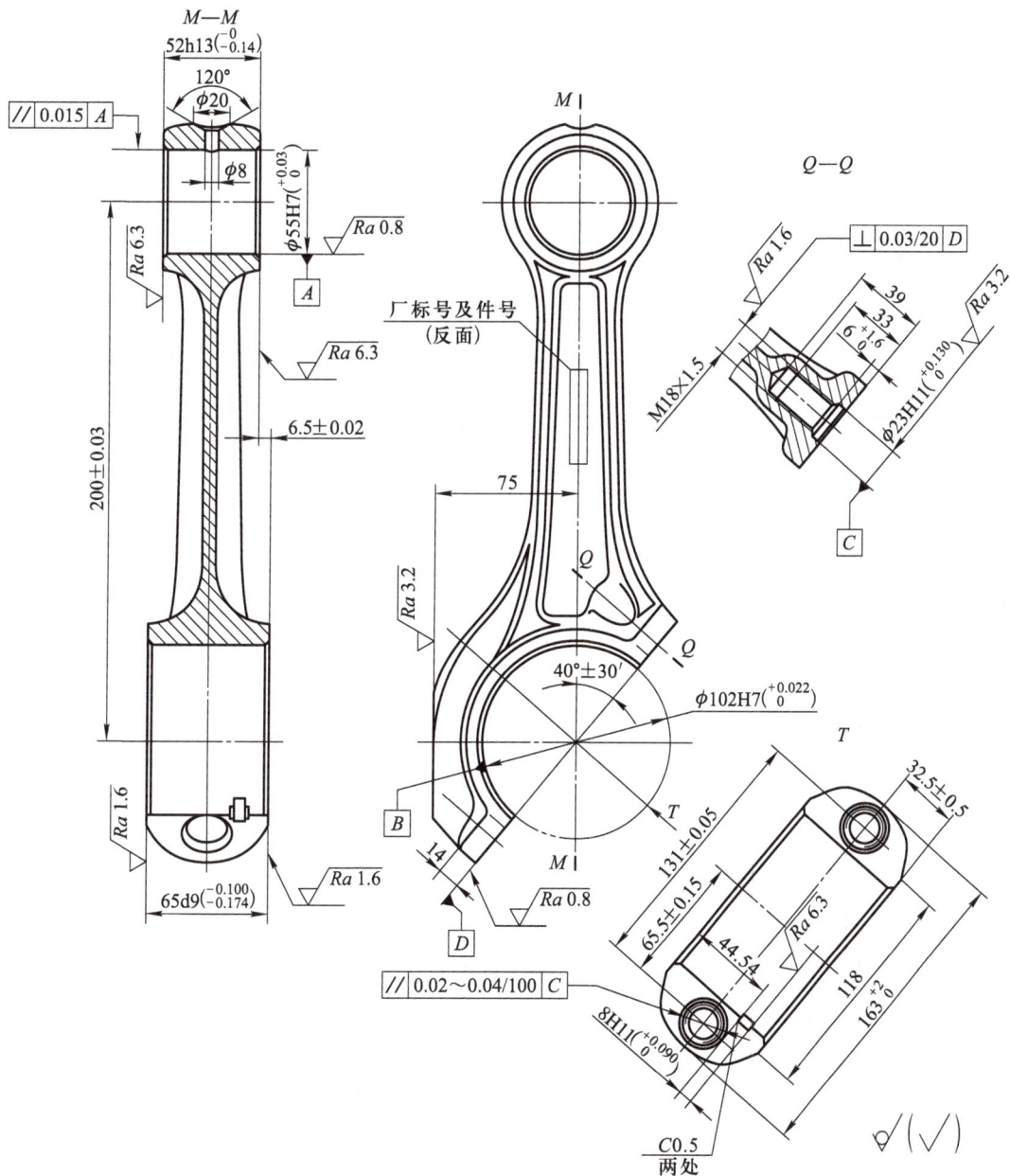

图 8-28　某柴油机连杆体零件图

由于连杆的外形不规则,为了定位需要,在连杆体大头处作出工艺凸台作为辅助基准面。

连杆大、小头端面对称分布在杆身的两侧,有时大、小头端面厚度不等,所以大头端面与同侧小头端面不在一个平面上。用这样的不等高面作定位基准,必然会产生定位误差。制订工艺时,可先把大、小头加工成一样的厚度,这样不但避免了上述缺点,而且由于定位面积加大,使得定位更加可靠,直到加工的最后阶段才铣出这个阶梯面。有时,大、小端面厚度一样,在最后精镗大、小头孔时,只用大头端面作基准而不用小头端面,原因是定位面大。虽然定位可靠,但如定位面没做准也会增加误差。

端面方向的粗基准选择有两种方案:一是选中间不加工的毛面,可保证对称,有利于夹紧;二是选要加工的端面,可保证余量均匀。

2. 加工阶段的划分和加工顺序的安排

由于连杆本身的刚度差,切削加工时产生的残余应力易引起变形。因此,在安排工艺过程时,应把各主要表面的粗、精加工工序分开。这样,粗加工产生的变形就可以在半精加工中得到修正,半精加工中产生的变形可以在精加工中得到修正,最后达到零件的技术要求。

在工序安排上先加工定位基准,如端面加工的铣磨工序放在加工过程的前面,然后再加工孔,符合先面后孔的工序安装原则。

连杆工艺过程可分为以下三个阶段:

(1) 粗加工阶段 粗加工阶段也是连杆体和连杆盖合并前的加工阶段:基准面的加工,包括辅助基准面加工;准备连杆体及盖合并所进行的加工,如两者对口面的铣、磨等。

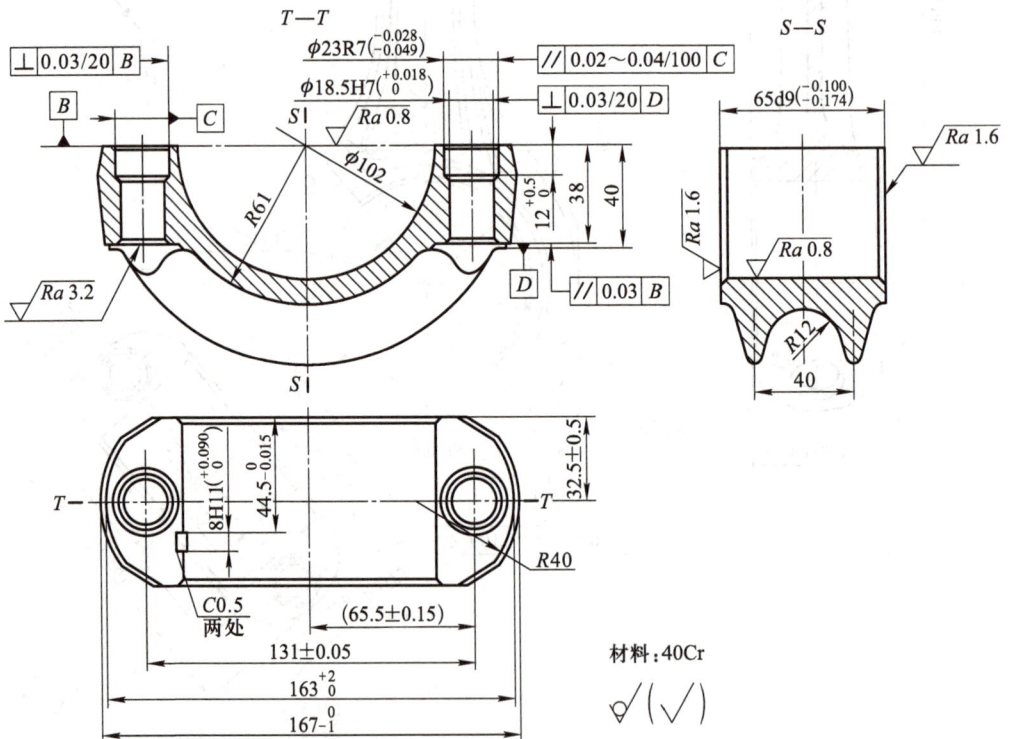

图 8-29 某柴油机连杆盖零件图

表 8-6　连杆体和连杆盖加工工艺过程

连 杆 体			连 杆 盖			机床设备
工序号	工序内容	定位基准	工序号	工序内容	定位基准	
1	模锻		1	模锻		
2	调质		2	调质		
3	磁性探伤		3	磁性探伤		
4	粗、精铣两平面	大头孔壁、小头外廓端面	4	粗、精铣两平面	端面结合面	立式双头回转铣床
5	磨两平面	端面	5	磨两平面	端面	立轴圆台平面磨床
6	钻、扩、铰小头孔,孔口倒角	大、小头端面,小头外廓工艺凸台				立式五工位机床
7	粗、精铣工艺凸台及结合面	大、小头端面,小头孔,大头孔壁	6	粗、精铣结合面	端面肩胛面	立式双头回转铣床
8	两件连杆体粗镗大头孔,倒角	大、小头端面,小头孔,工艺凸台	7	两件连杆盖粗镗大头孔,倒角	肩胛面、螺钉孔外侧	卧式三工位铣床
9	磨结合面	大、小头端面,小头孔,工艺凸台	8	磨结合面	肩胛面	立轴矩台平面磨床
10	钻、攻螺纹孔,钻、铰定位孔	小头孔及端面工艺凸台	9	钻、扩沉头孔,钻、铰定位孔	端面、大头孔壁	卧式五工位机床
11	精镗定位孔	定位孔结合面	10	精镗定位孔	定位孔结合面	
12	清洗		11	清洗		
13	打印件号		12	打印件号		
14	检验		13	检验		

表 8-7　连杆合件加工工艺过程

工序号	工 序 内 容	定 位 基 准	机 床 设 备
1	体与盖对号,清洗,装配		
2	磨两平面	大、小头端面	立轴圆台平面磨床
3	半精镗大头孔及孔口倒角	大、小头端面,小头孔,工艺凸台	立轴镗铣床
4	精镗大、小头孔	大头端面,小头孔,工艺凸台	金刚镗床
5	钻小头油孔及孔口倒角		立轴镗铣床
6	珩磨大头孔		珩磨机
7	小头孔内压入活塞销轴承		专用机床

工序号	工 序 内 容	定 位 基 准	机 床 设 备
8	铣小头两端面	大、小头端面	立式双头回转铣床
9	精镗小头轴承孔	大、小头孔	金刚镗床
10	拆开连杆盖		
11	铣体与盖大头轴瓦定位槽		铣定位槽专用机床
12	对号,装配		
13	退磁		
14	检验		

　　(2) **半精加工阶段**　半精加工阶段也是连杆体和连杆盖合并后的加工,如精磨两平面、半精镗大头孔及孔口倒角等。总之,是为精加工大、小头孔作准备的阶段。

　　(3) **精加工阶段**　精加工阶段主要是最终保证连杆主要表面——大、小头孔全部达到图样要求的阶段,如珩磨大头孔、精镗小头活塞销轴承孔等。

　　3. **确定合理的夹紧方法**

　　连杆是一个刚性较差的工件,应十分注意夹紧力的大小、方向及着力点的位置的选择,以免因受夹紧力的作用而产生变形,降低加工精度。

　　实际生产中,设计粗铣连杆两端面的夹具(图 8-30)时,应使夹紧力主方向与端面平行。在夹紧力作用的方向上,大头端部与小头端部的刚性大,即使有一点变形,也产生在平行于端面的方向上,对端面平行度影响较小。夹紧力通过工件直接作用在定位元件上,可避免工件产生弯曲或扭转变形。从前述粗基准选择中可知,这样还有利于对称。

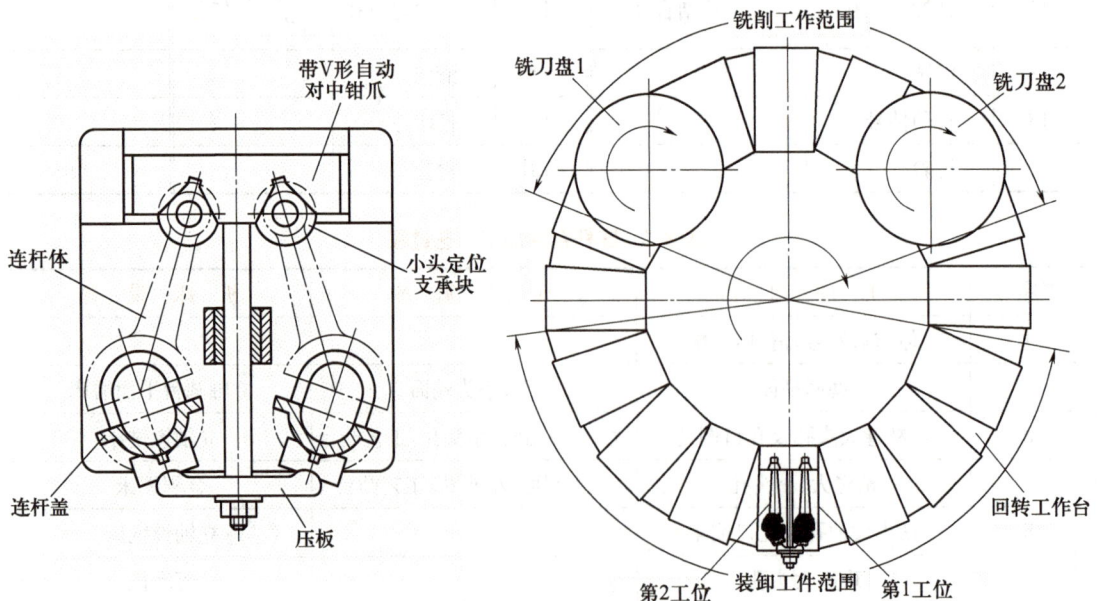

图 8-30　粗铣连杆两端面的夹具

4. 主要表面的加工方法

（1）**两端面的加工**　连杆的两端面是连杆加工过程中主要的定位基准面，而且在许多工序中使用，所以应先加工它，且随着工艺过程的进行要逐渐精化，以提高其定位精度。大批大量生产中，连杆两端面多采用磨削和拉削加工，成批生产多采用铣削加工。

（2）**大、小头孔的加工**　连杆大、小头孔的加工是连杆加工中的关键工序，尤其大头孔是连杆各部位加工中要求最高的部位，直接影响连杆成品的质量。

一般先加工小头孔，后加工大头孔，合装后再同时精加工大、小头孔，最后光整加工大、小头孔。

小头孔直径小，锻坯上不锻出预孔，所以小头孔首道工序为钻削加工。加工方案多为钻—扩—镗。

无论采用整体锻造还是分开锻造，大头孔都会锻出预孔，所以大头孔首道工序都是粗镗（或扩）。大头孔的加工方案多为（扩）粗镗—半精镗—精镗。

在大、小头孔的加工中，镗孔是保证精度的主要方法。因为镗孔能够修正毛坯和上道工序造成的孔的歪斜，易于保证孔与其他孔或平面的位置精度。虽然镗杆尺寸受孔径大小的限制，但连杆的孔径一般不会太小，且孔深与孔径比皆在 1 左右，这个范围镗孔工艺性最好，镗杆悬伸短，刚性也好。

大、小头孔的精镗一般都在专用的双轴镗床同时进行，有条件的厂采用双面、双轴金刚镗床，对提高加工精度和生产率效果更好。

大、小头孔的光整加工是保证孔的尺寸、形状精度和表面粗糙度不可缺少的加工工序，一般有珩磨、金刚镗及脉冲式滚压三种方案。

（3）**工艺路线多为工序分散**　连杆加工多属大批量生产。连杆刚性差，因此工艺路线多为工序分散，大部分工序用高生产率的组合机床和专用机床，并且广泛使用气动、液动夹具，以提高生产率，满足大批量生产的需要。

● 三、连杆加工的几个主要问题

连杆是内燃机的重要零件之一，其形状复杂，不易定位和夹紧；刚度差，容易变形，加工精度不易保证。因此在工艺过程中，必须注意以下问题：

（1）由于采用组机加工，尽量控制毛坯的加工余量，降低切削力对工件的变形影响。

（2）与缸体、曲轴等零件相比，每台发动机连杆数量较多，其生产节拍短，应考虑采用高生产率的机床。

（3）由于连杆零件本身刚性较差，所以在定位与夹紧点选择时需要特别注意，以避免在定位时产生较大误差或不稳定，在夹紧时产生变形而影响加工精度。

（4）由于连杆主要加工面的尺寸精度、形状精度、位置精度及表面粗糙度要求都很高，因此需要采用高精度的机床及工装。

（5）连杆重量在装配时有特殊的要求，所以需配置称重、去重和分组打印的设备。

（6）探伤和去毛刺技术必须妥善解决。探伤应贯穿于整个加工过程的始末，去毛刺是为了便于装配和保证必要的配合精度。

（7）大、小头孔的加工，采用工序分散或工序集中，必须周密考虑，它将影响整个工艺过程和设备及工装的选择。

● 四、连杆的检验

连杆加工工序长，中间又插入热处理工序，因而需经过多次中间检验，最终检查项目和其他零件一样，包括尺寸精度、形状精度和位置精度以及表面粗糙度检验，只不过连杆某些要求较高而已。由于装配的要求，大小头孔要按尺寸分组，连杆的位置精度要在检具上进行检测。如大小头孔轴心线在两个相互垂直方向上的平行度，可采用图 8-31 所示的方法进行检验。将连杆置于直立位置时（图 8-31a），在小头心轴上距离为 100 mm 处测量高度的度数差，即为大小头在连杆轴心线方向的平行度误差值；工件置于水平位置时（图 8-31b），用同样方法测量出来的读数差即为大小头孔在连杆轴心线方向的平行度误差值。连杆还要进行探伤检查其内在质量。

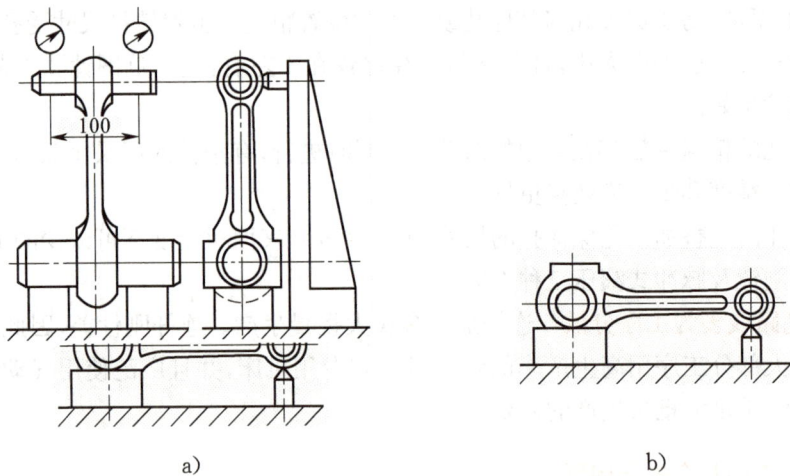

a)

b)

图 8-31 连杆大小头孔在两个相互垂直方向平行度检验

第四节 圆柱齿轮加工工艺

视频

齿轮加工

● 一、概述

1. 圆柱齿轮的功用与结构特点

圆柱齿轮是机械传动中应用极为广泛的零件之一，其功用是按规定的传动比传递运动和动力。

圆柱齿轮一般分为齿圈和轮体两部分。在齿圈上切出直齿、斜齿等齿形，在轮体上有孔或带有轴。

轮体的结构形状直接影响齿轮加工工艺的制订。因此,齿轮可根据齿轮轮体的结构形状来划分。在机器中,常见的圆柱齿轮有以下几类(图8-32):盘类齿轮、套筒类齿轮、内齿轮、轴类齿轮、扇形齿轮、齿条(即齿圈半径无限大的圆柱齿轮),其中,盘类齿轮应用最广。

一个圆柱齿轮可以有一个或多个齿圈。普通单齿圈齿轮的加工工艺性最好。如果齿轮精度要求高,需要剃齿或磨齿时,通常将多齿圈齿轮做成单齿圈齿轮的组合结构。

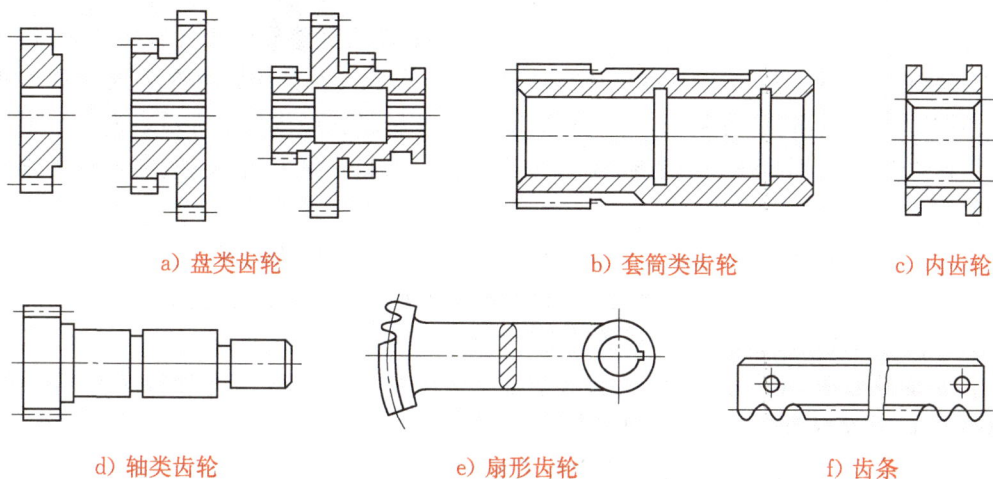

a) 盘类齿轮　　　　　　　b) 套筒类齿轮　　　c) 内齿轮

d) 轴类齿轮　　　　　e) 扇形齿轮　　　　f) 齿条

图 8-32　圆柱齿轮的结构形式

2. 圆柱齿轮传动的技术要求

齿轮传动装置包括齿轮、传动轴、齿轮箱等零件,其中齿轮的加工质量和安装精度直接影响到机器的工作性能、承载能力、噪声和使用寿命,因此根据齿轮的使用要求,对齿轮传动提出四个方面的精度要求。

(1) 传递运动的准确性　齿轮传动传递运动的准确性是指当主动轮转过一个角度时,从动轮应按给定的传动比转过相应角度,即传动比为常数。要求齿轮在一转中,转角误差的最大值不得超过一定的限度,即齿轮精度应符合第 I 公差组中各项要求。

(2) 传递运动的平稳性　要求齿轮传动平稳,无冲击,振动和噪声小,这就需要限制齿轮瞬时传动比的变化,即齿轮精度符合第 II 公差组中各项要求。

(3) 载荷分布的均匀性　齿轮载荷直接作用在齿面上,两齿轮啮合时,接触面积的大小对齿轮的使用寿命影响很大。齿面载荷分布的均匀性,由接触精度来衡量,应符合第 III 公差组中各项要求。

(4) 传动侧隙的合理性　一对相互啮合的齿轮,其非工作表面必须留有一定的间隙,即为齿侧间隙,其作用是储存润滑油,使工作齿面形成油膜,减少磨损;同时可以补偿热变形、弹性变形、加工误差和安装误差等因素引起的侧隙减小,防止卡死,应当根据齿轮副的工作条件,来确定合理的侧隙。

以上几个方面的具体要求,根据齿轮传动装置的用途和工件条件各项要求而有所不同。

3. 齿轮的材料、热处理和毛坯

(1) 材料的选择　齿轮材料的选择对齿轮的加工性能和使用寿命都有直接的影响。

常用的齿轮材料是钢,其次是铸铁,有时也采用非金属材料。

制造齿轮多采用优质非合金结构钢和合金结构钢。通常多用锻造成形方法制成毛坯,毛坯锻造可以改善材料性能;也可用各种热处理方法,获得适用于齿轮不同工作要求的综合力学性能。

对于直径较大或形状复杂的齿轮毛坯,可采用铸造方法制成铸钢毛坯。

一般讲,对于低速、重载的传力齿轮,有冲击载荷的传力齿轮,齿面受压易产生塑性变形或磨损,且轮齿容易折断,应选用 20CrMnTi 等渗碳钢,轮齿经渗碳淬火具有高硬度、高耐磨性,心部具有良好的韧性,齿面硬度可达 56～62 HRC;线速度高的传力齿轮,齿面易产生疲劳点蚀,所以齿面硬度要高,可用 38CrMoAlA 渗氮钢,这种材料经渗氮处理后表面可得到一层硬度很高的渗氮层,而且热处理变形小;非传力齿轮可以用非淬火钢、铸铁、夹布胶木或尼龙等材料。

(2)齿轮的热处理　齿轮加工中根据不同的目的,安排两种热处理工序。

① 毛坯热处理　在齿坯加工前后安排预先热处理正火或调质,其主要目的是消除锻造及粗加工引起的残余应力、改善材料的可切削性和提高综合力学性能。

② 齿面热处理　齿形加工后,为提高齿面的硬度和耐磨性,常进行渗碳淬火、高频感应加热淬火、碳氮共渗和渗氮等热处理工序。

(3)齿轮毛坯　齿轮的毛坯形式主要有棒料、锻件和铸件。棒料用于小尺寸、结构简单且对强度要求低的齿轮;当齿轮要求强度高、耐磨和耐冲击时,多用锻件;直径大于 400～600 mm 的齿轮,常用铸造毛坯。为了减少机械加工量,对大尺寸、低精度齿轮,可以直接铸出轮齿;对于小尺寸、形状复杂的齿轮,可用精密铸造、压力铸造、精密锻造、粉末冶金、热轧和冷挤等工艺制造出具有轮齿的齿坯,以提高劳动生产率,节约原材料。

● 二、圆柱齿轮加工工艺过程分析

齿轮加工的工艺路线根据齿轮材质和热处理要求、齿轮结构及尺寸大小、精度要求、生产批量和车间设备条件而定。一般可归纳成如下的工艺路线:

毛坯制造→毛坯热处理→齿坯加工→齿形加工→齿圈热处理→齿轮定位表面精加工→齿圈的精整加工。

以下介绍常见的普通精度、成批生产齿轮的典型工艺方案。它是采用滚齿(或插齿)、剃齿、珩齿工艺。

图 8-33 是某齿轮零件图,表 8-8 是该齿轮的机械加工工艺过程。

1. 定位基准选择

齿轮加工时的定位基准应尽可能与设计基准相一致,以避免由于基准不重合而产生的误差,要符合"基准重合"原则。在齿轮加工的整个过程(如滚、剃、珩、磨等)中也应尽量采用相同的定位基准,即选用"基准统一"的原则。

对于小直径轴齿轮,可采用两端中心孔或锥体作为定位基准符合"基准统一"原则;对于大直径的轴齿轮,通常用轴径和一个较大的端面组合定位,符合"基准重合"原则;带孔齿轮则以孔和一个端面组合定位,既符合"基准重合"原则,又符合"基准统一"原则。

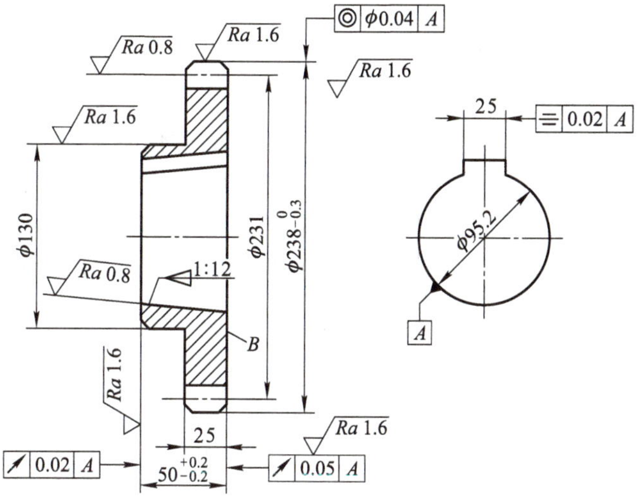

模　　数	m	3.5 mm
齿　　数	z	66
齿 形 角	α	20°
变位系数	x	0
精度等级	7-6-6KM GB/T 10095.1-2022	
公法线长度 变动偏差	F_w	0.036 mm
径向综合 总偏差	F_i''	0.08 mm
一齿径向 综合偏差	f_i''	0.016 mm
螺旋线 总偏差	F_β	0.009 mm
公法线 平均长度	$W = 80.72_{-0.19}^{-0.14}$	

技术条件：

1. 1:12 锥度用塞规检查，接触面不少于 75%。

2. 材料：45 钢。

3. 热处理：齿部 50～55 HRC。

图 8-33　某齿轮简图

表 8-8　某齿轮机械加工工艺过程

序号	工　序　内　容　及　要　求	定位基准	设　备
1	锻造		
2	正火		
3	粗车各部，均留余量 1.5 mm	外圆、端面	普通车床
4	精车各部，内孔至锥孔塞规刻线外露 6～8 mm，其余按图样要求	外圆、内孔、端面	C6132
5	滚齿　$F_w = 0.036$ mm　$F_i'' = 0.10$ mm 　　　$f_i'' = 0.022$ mm　$F_\beta = 0.011$ mm 　　　$W = 80_{-0.19}^{-0.14}$ mm　齿面 $Ra\,2.5$ μm	内孔、B 端面	Y38
6	倒角	内孔、B 端面	倒角机
7	插键槽达图样要求	外圆、B 端面	插床
8	去毛刺		
9	剃齿	内孔、B 端面	Y5714
10	热处理：齿面淬火后硬度达 50～55 HRC		
11	磨内锥孔，磨至锥孔塞规小端平	齿面、B 端面	M220
12	珩齿达图样要求	内孔、B 端面	Y5714
13	终结检验		

2. 齿坯加工

齿形加工前的齿轮加工称为齿坯加工。齿坯的外圆、端面或孔经常作为齿形加工、测量和装配的基准，所以齿坯的精度对于整个齿轮的精度有着重要的影响。另外，齿坯加工在齿轮加工总工时中占有较大的比例，因而齿坯加工在整个齿轮加工中占有重要的地位。

(1) 齿坯精度　齿轮在加工、检验和装夹时的径向基准面和轴向基准面应尽量一致。多数情况下，常以齿轮孔和端面为齿形加工的基准面，所以齿坯精度中主要是对齿轮孔的尺寸精度和形状精度、孔和端面的位置精度有较高的要求；当外圆作为测量基准或定位、找正基准时，对齿坯外圆也有较高的要求。具体要求见表 8-9、表 8-10。

表 8-9　齿坯尺寸和形状公差

齿轮精度等级	5	6	7	8
孔的尺寸和形状公差	IT5	IT6	IT7	
轴的尺寸和形状公差	IT5		IT6	
外圆直径尺寸和形状公差	IT7	IT8		

注：1. 当齿轮的三个公差组的精度等级不同时，按最高等级确定公差值。
　　2. 当外圆不作测齿厚的基准面时，尺寸公差按 IT11 给定，但不大于 0.1 mm。
　　3. 当以外圆作基准面时，本表就指外圆的径向圆跳动。

表 8-10　齿坯基准面径向和端面圆的跳动公差　　　　　　　　　　μm

分度圆直径/mm	齿轮精度等级	
	5 和 6	7 和 8
<125	11	18
125～400	14	22
400～800	20	32

(2) 齿坯加工方案的选择　齿坯加工的主要内容包括：齿坯的孔加工、端面和中心孔的加工（对于轴类齿轮）以及齿圈外圆和端面的加工；对于轴类齿轮和套筒齿轮的齿坯，其加工过程和一般轴、套筒类基本相同，下面主要讨论盘类齿轮齿坯的加工工艺方案。齿坯的加工工艺方案主要取决于齿轮的轮体结构和生产类型。

① 大批大量生产的齿坯加工。大批大量加工中等尺寸齿轮齿坯时，多采用"钻—拉—多刀车"的工艺方案：

- 以毛坯外圆及端面定位进行钻孔或扩孔；
- 拉孔；
- 以孔定位在多刀半自动车床上粗、精车外圆、端面，车槽及倒角等。

由于这种工艺方案采用高效机床组成流水线或自动线，所以生产率高。

② 成批生产的齿坯加工。成批生产齿坯时，常采用"车—拉—车"的工艺方案：

- 以齿坯外圆或轮毂定位，粗车外圆、端面和内孔；
- 以端面支承拉孔（或花键孔）；
- 以孔定位精车外圆及端面等。

这种方案可由卧式车床或转塔车床及拉床实现。它的特点是加工质量稳定,生产率较高。当齿坯孔有台阶或端面有槽时,可以充分利用转塔车床上的转塔刀架来进行多工位加工,在转塔车床上一次完成齿坯的全部加工。

③ 单件小批生产的齿坯加工。单件小批生产齿轮时,一般齿坯的孔、端面及外圆的粗、精加工都在通用车床上经两次装夹完成,但必须注意将孔和基准端面的精加工在一次装夹内完成,以保证位置精度。

3. 齿形加工

齿圈上的齿形加工是整个齿轮加工的核心。尽管齿轮加工有许多工序,但都是为齿形加工服务的,其目的在于最终获得符合精度要求的齿轮。

齿形加工方案的选择主要取决于齿轮的精度等级、结构形状、生产类型和齿轮的热处理方法及生产工厂的现有条件。对于不同精度的齿轮,常用的齿形加工方案如下:

(1)8级精度以下的齿轮 调质齿轮用滚齿或插齿就能满足要求。对于淬硬齿轮,可采用滚(插)齿—剃齿或冷挤—齿端加工—淬火—校正孔的加工方案。根据不同的热处理方式,在淬火前齿形加工精度应提高一级以上。

(2)6~7级精度齿轮 对于淬硬齿面的齿轮可采用滚(插)齿—齿端加工—表面淬火—校正基准—磨齿(蜗杆用砂轮磨齿),该方案加工精度稳定;也可采用滚(插)—剃齿或冷挤—表面淬火—校正基准—内啮合珩齿的加工方案,这种方案加工精度稳定,生产率高。

(3)5级以上精度的齿轮 一般采用粗滚齿—精滚齿—齿端加工—表面淬火—校正基准—粗磨齿—精磨齿的加工方案。磨齿是目前齿形加工中精度最高、表面粗糙度值最小的加工方法,最高精度可达3级。

4. 齿端加工

齿轮的齿端加工方式有倒圆、倒尖、倒棱(图8-34)和去毛刺等。经倒圆、倒尖、倒棱后的齿轮,沿轴向移动时容易进入啮合。齿端倒圆应用最多。图8-35所示为用指状铣刀倒圆的原理图。

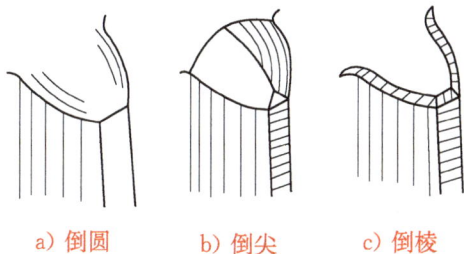

a) 倒圆   b) 倒尖   c) 倒棱

图8-34 齿端形状图

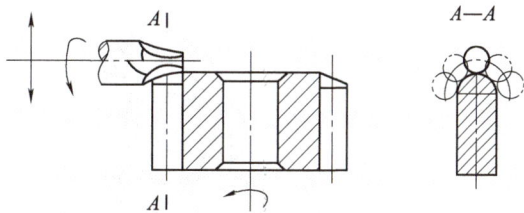

图8-35 齿端倒圆

齿端加工必须安排在齿形淬火之前、滚(插)齿之后进行。

5. 精基准的修整

齿轮淬火后其孔常发生变形,孔直径可缩小0.01~0.05 mm。为确保齿形精加工质量,必须对基准孔予以修整。修整的方法,一般采用磨孔或推孔。对于成批或大批大量生产的未淬硬的外径定心的花键孔及圆柱孔齿轮,常采用推孔。推孔生产率高,并可用加长推刀前导引部分来保证推孔的精度。对于以小径定心的花键孔或已淬硬的齿轮,以磨孔为好,可稳定地保证精度。磨孔应以齿面定位,符合互为基准原则。

三、圆柱齿轮的齿形加工方法

齿轮加工的关键是齿形加工。齿形加工包括齿形的切削加工和齿面的磨削加工。按照加工原理,齿形加工方法可以分为成形法和展成法两大类。表 8-11 为常用的齿形加工方法及设备。

表 8-11　常用齿形加工方法及设备

齿形加工方法		刀具	机床	加工精度和适用范围
成形法	铣齿	模数铣刀	铣床	加工精度和生产率均较低,精度等级为 IT9 以下
展成法	滚齿	齿轮滚刀	滚齿机	一般精度等级为 IT10～IT6,最高达 IT4,生产率较高,通用性好,常用于加工直齿齿轮、斜齿的外啮合圆柱齿轮和蜗轮
	插齿	插齿刀	插齿机	一般精度等级为 IT9～IT7,最高达 IT6,生产率较高,通用性好,常用于加工内外啮合齿轮、扇形齿轮、齿条等
	剃齿	剃齿刀	剃齿机	一般精度等级为 IT7～IT5,生产率较高,用于齿轮滚、插预加工后、淬火前的精加工
	磨齿	砂轮	磨齿机	一般精度等级为 IT7～IT3,生产率较低,加工成本较高,大多数用于淬硬齿形后的精加工
	珩齿	珩磨轮	珩磨机	一般精度等级为 IT7～IT6,多用于经过剃齿和高频淬火后齿形的精加工

1. 铣齿

图 8-36 所示为在卧式或立式铣床上用盘形齿轮铣刀或指状齿轮铣刀加工齿形,是成形法加工齿轮中应用较为广泛的一种。加工时,将齿坯安装在分度头上,铣完一个齿槽后用分度头分齿,再铣完另一个齿槽,依次铣完所有齿槽。齿形由齿轮铣刀的切削刃形状来保证,轮齿分布的均匀性由分度头来保证。

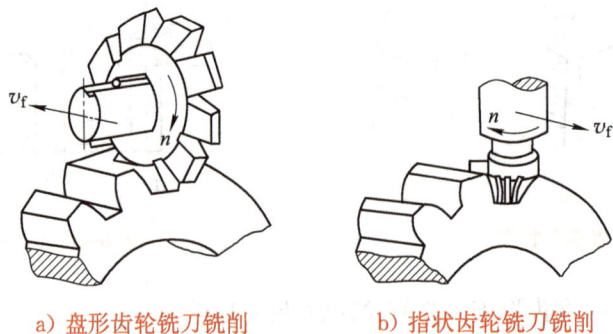

视频 铣齿

a) 盘形齿轮铣刀铣削　　b) 指状齿轮铣刀铣削

图 8-36　直齿圆柱齿轮的成形铣削

铣齿加工的生产率和加工精度都比较低,通常能加工 IT9 级以下的齿轮,使用的是普通

铣床,刀具也容易制造,所以多用于单件小批生产或修配加工低精度的齿轮。

2. 滚齿

视频

滚齿

(1) **滚齿原理**　滚齿加工是按照展成法的原理来加工齿轮的。用滚刀来加工齿轮相当于一对交错轴斜齿轮啮合。在这对啮合的齿轮传动中,一个齿轮的齿数很少,只有一个或几个,螺旋角很大,这就演变成了一个蜗杆,再将蜗杆开槽并铲背,就成为齿轮滚刀。在齿轮滚刀螺旋线法向剖面内各刀齿成了一根齿条,当滚刀连续转动时,相当于一根无限长的齿条沿刀具轴向连续移动。因此在滚齿过程中,在滚刀按给定的切削速度作旋转运动时,齿坯则按齿轮啮合关系转动(即当滚刀转一圈,相当于齿条移动一个或几个齿距,齿坯也相应转过一个或几个齿距),在齿坯上切出齿槽,形成渐开线齿面,如图8-37a所示。渐开线齿廓则由切削刃一系列瞬时位置包络而成,如图8-37b所示。

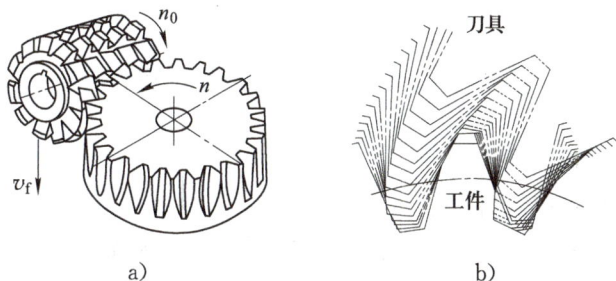

图 8-37　滚齿原理(滚刀与被切齿轮的展成运动)

滚刀的法向模数和齿形角必须与被加工齿轮的法向模数和齿形角相等。

(2) **滚齿的基本运动**　当滚刀旋转时,其螺旋线法向的切削刃就相当于一个齿条在连续地移动。当齿条的移动速度和齿轮分度圆上的圆周速度相等,即相当于被切齿轮的分度圆沿齿条分度线作无滑动的纯滚动时,根据齿轮啮合原理即可在被切齿轮上切出渐开线齿形,滚刀再作垂直进给运动,如图8-37a所示,即能完成整个齿形的加工。因此,滚齿时必须使滚刀的转速和齿坯的转速之间严格地保持如下关系:

$$\frac{n_0}{n} = \frac{z}{k}$$

式中　n_0——滚刀转速,r/min;

　　　n——工件转速,r/min;

　　　z——工件齿数;

　　　k——滚刀的头数。

滚齿时除了滚刀的旋转运动(主运动)、滚刀与齿坯之间的展成运动(也就是连续分齿运动)外,滚刀还需有沿工件轴向(齿宽方向)的进给运动,这三个运动构成了滚齿的基本运动,如图8-37a所示。

(3) **滚齿的精度**　滚刀的精度等级分为4A级、3A级、2A级、A级、B级、C级和D级,4A级精度最高。滚齿时使用不同精度的滚刀,可分别加工出精度为IT7、IT8、IT9、IT10的齿轮。滚齿时,为了提高齿面的加工精度和质量,应将粗、精滚齿加工分开。精滚齿的加工余量为0.5～1 mm,精滚齿时应采取较高的切削速度和较小的进给量。

滚齿既可以用于齿形的粗加工,也可以用于精加工。加工精度等级为 IT7 以上的齿轮时,滚齿通常作为剃齿或磨齿等齿形精加工前的粗加工和半精加工工序。

在齿形加工的诸方法中,滚齿加工所使用的滚刀和滚齿机结构相对比较简单,易于制造,加工时是连续切削的,具有质量好、效率高的优点,因此,在生产中广泛应用。

视频

插齿

3. 插齿

(1)插齿的基本原理 插齿也是一种应用展成原理加工齿轮的方法。插齿刀相当于一个具有与被加工齿轮相同的模数和齿形角,并磨出前角(γ_o)和后角(α_o)而具有切削刃的盘形直齿圆柱齿轮。

(2)插齿的基本运动 插齿时的主要运动有:主运动、展成运动、径向进给运动和让刀运动,如图 8-38 所示。

① 主运动 插齿刀向下为切削行程,向上为空行程,其上下往复运动总称主运动。切削速度以插齿刀每分钟往复行程次数来表示。

② 展成运动 插齿刀与齿坯之间必须保持一对齿轮正确的啮合关系,即传动比为

$$i = n/n_0 = z_0/z$$

式中　n、n_0——齿坯、刀具的转速;

z_0、z——刀具、齿坯的齿数。

插齿刀每往复运动一次,刀具在分度圆上所转过的弧长为加工时的圆周进给量。齿坯旋转一周,插齿刀的各个刀齿便能逐渐地将工件的各个齿切出来。

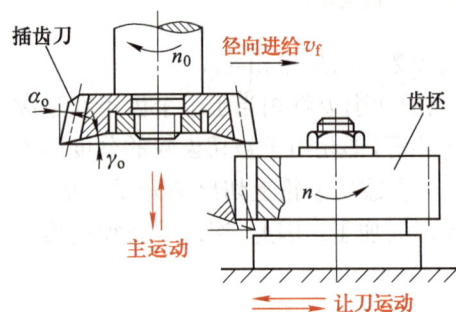

图 8-38 插齿时的工作运动

③ 径向进给运动 插齿时,齿坯上的轮齿是逐渐被切至全齿深的,因此插齿刀应有径向进给。插齿刀的径向进给运动由凸轮机构控制。

④ 让刀运动 为避免刀具返回行程时擦伤已加工齿面和减少刀具的磨损,在插齿刀向上运动时工作台带动工件有一个径向让刀运动。当插齿刀向下作切削运动时,工作台又很快回到原来的位置,以便使切削工作继续进行。

(3)插齿的加工范围 插齿不仅能加工单齿圈圆柱齿轮,而且还能加工间距较小的双联或多联齿轮、内齿轮及齿条等。它的加工范围比铣齿和滚齿要广。插齿时还能控制圆周进给量,可在 0.2~0.5 mm/str 双行程范围内选用,较小值用于精加工,较大值用于粗加工。

(4)插齿的加工精度 插齿刀精度分为 AA 级、A 级和 B 级,插齿时使用不同的刀具可分别加工出 IT8~IT6 级精度的齿轮,齿轮表面粗糙度 Ra 为 1.6~0.4 μm。

4. 剃齿

视频

剃齿

(1)基本原理 剃齿是利用一对交错轴斜齿轮啮合时齿面产生相对滑移的原理,使用剃齿刀从被加工齿轮的齿面上剃去一层很薄金属的精加工方法。剃削直齿圆柱齿轮时,要用斜齿剃齿刀,使剃齿刀和被加工齿轮轴线成的交叉角等于剃齿刀的螺旋角。有了轴交叉角,在啮合运动中齿面上便有相对滑移存在,这相对滑移就是剃齿时的切削运动,剃齿刀的齿侧面上沿渐开线方向开有多条平行的沟槽(图 8-39),沟槽与齿面的交线就是切削刃。在切削运动

中切削刃从被加工齿面上切下薄层切屑。

（2）**基本运动**　剃齿时，应先将被加工齿轮装在心轴上。再连心轴一起安装到机床工作台的两顶尖间，使其可以自由转动，如图 8-39 所示。剃齿具有以下几个运动：

① 装在机床主轴上的工作台作高速正、反转动；被切齿轮由剃刀带动作正、反自由旋转，以实现对两侧齿面的切削。

② 被切齿轮由剃齿刀带动沿轴向作往复运动，以完成对整个齿面的加工，在剃齿刀和被切齿轮进入啮合的齿面时，是从齿顶向着齿根，在脱开啮合的齿面时，是从齿根向着齿顶。

③ 被切齿轮往复运动一次，剃齿刀就作一次径向进给运动，以逐渐剃除全部余量，从而获得要求的齿厚。

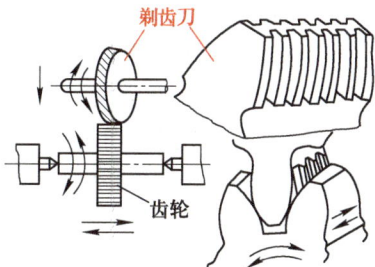

图 8-39　在剃齿机上剃齿

（3）**加工范围及生产率**　剃齿的加工范围较广，可加工内、外啮合的直齿圆柱齿轮和斜齿圆柱齿轮、多联齿轮等。剃齿的生产率很高，加工一个中等模数齿轮通常只需 2～4 min。

（4）**加工精度**　由于剃齿能修正齿圈径向跳动误差、齿距误差、齿形误差和齿向误差等。因此，经过剃齿的齿轮的工作平稳性精度和接触精度会有较大的提高，一般能提高一级；同时可获得精细的表面，其表面粗糙度 Ra 可达 0.8～0.4 μm，由于剃齿时没有强制性的分齿运动，故不能修正被加工齿轮的分齿误差，因此，剃齿对齿轮的运动精度提高不多。

剃齿前的齿坯，除运动精度外，其他精度和表面粗糙度只能比剃齿后低一级。剃齿余量要适当。因为余量不足时，剃齿前的齿轮的误差和齿面缺陷就不能经过剃齿全部去除；余量过大时，剃齿效率低，刀具磨损快，剃齿质量反而下降。剃齿余量可参考表 8-12，并根据剃齿前的齿轮精度状况尽可能选取较小的数值。

表 8-12　剃齿余量

模数/mm	1～1.75	2～3	3.25～4	4～5	5.5～6
剃齿余量/mm	0.07	0.08	0.09	0.10	0.11

剃齿加工采用的是自由啮合的方法，并不需要严格的传动链，大大简化了剃齿机结构，调整也简便，刀具寿命长，因此，剃齿工艺在成批和大量生产中被广泛应用。

剃齿刀分为通用和专用两类。无特殊要求时，应尽量选用通用剃齿刀。剃齿刀的制造精度分为 A、B、C 三级，可分别加工出 IT8～IT6 级精度的齿轮。剃齿刀的螺旋角有 5°、10° 和 15° 三种，其中 5° 和 15° 两种应用较广，15° 的多用于加工直齿圆柱齿轮，5° 的多用于加工斜齿圆柱齿轮和多联齿轮中较小的齿轮。

5. 珩齿

珩磨是一种齿面光整加工的方法，其工作原理与剃齿相同，都是应用交错轴斜齿轮啮合原理进行加工的，所不同的是以珩磨轮代替了剃齿刀。珩磨轮是将磨料和黏结剂等原料混合后，在轮芯（铸铁或钢材）上浇铸而成的螺旋齿轮，如图 8-40 所示。珩磨轮齿面上不做出容

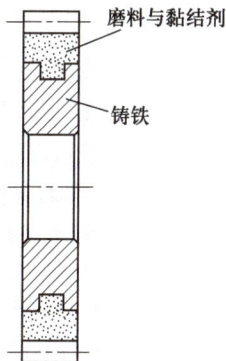

图 8-40　珩磨轮

视频

珩齿

屑槽,只是靠磨粒本身进行研削加工。珩齿时,珩磨轮与被加工齿轮的轮齿之间无侧隙紧密啮合,在一定的压力作用下,由珩磨轮带动被加工齿轮正反向转动,同时被加工齿轮沿轴作往复送进运动。被加工齿轮即工作台作往复运动,以实现对被加工齿轮轮齿两侧全部齿面的加工。

珩齿开始时齿面压力较大,随后压力逐渐减小,接近消失时珩齿加工就结束。珩齿余量一般很小,通常为 0.01～0.02 mm。实际上也可不留余量,剃齿时只要达到齿厚尺寸上限即可。

珩磨轮齿面上分布着许多磨粒,各磨粒之间以黏结剂(环氧树脂)相隔,黏结剂的弹性大,珩磨轮本身的误差不会反映到被珩齿轮上去,因而珩磨轮的精度就不必要求很高。经浇铸成形后的 8 级以下精度的珩磨轮,就可以直接使用。因此珩齿过程的本质就是低速磨削、研磨和抛光的综合。珩磨轮转速一般在 1 000 r/min 以上,生产率很高,珩磨一个齿轮约为 1 min。珩齿加工精度可达 6 级,表面粗糙度 Ra 为 0.8～0.4 μm,减小齿圈径向跳动,还能在一定程度上纠正齿向和齿形的局部误差。因此,珩齿对于提高齿轮工作的平稳性、改善接触精度和减少噪声等极为有利,目前在生产中正逐渐以珩齿代替研齿。

6. 磨齿

按照齿轮加工的原理,磨齿也分为成形法和展成法两类,如图 8-41 所示。

视频

磨齿

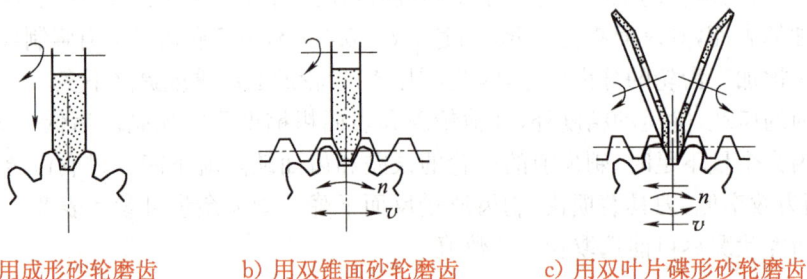

a) 用成形砂轮磨齿   b) 用双锥面砂轮磨齿   c) 用双叶片碟形砂轮磨齿

图 8-41　磨齿加工原理示意图

图 8-41a 所示为成形法磨齿。砂轮的两侧面做成被磨齿轮的齿槽形状,用成形砂轮直接磨出渐开线齿形。由于砂轮与被磨齿轮齿面之间接触面积大,故生产率高。但采用这种方法需要修整砂轮的渐开线表面的专门机构,而且磨削面积大,砂轮磨损不均匀,容易烧伤齿面,加工精度也低,因此成形法磨齿应用不多。

图 8-41b、c 所示是应用展成法原理进行磨齿的两种方法。图 8-41b 所示是双锥面砂轮磨齿,砂轮截面呈锥形,相当于假想齿条的一个齿。由于砂轮修整和分齿运动精度较低,故多用于加工 6 级以下的直齿圆柱齿轮。图 8-41c 所示是双叶片碟形砂轮磨齿。它的加工精度不低于 5 级,是目前磨齿方法中加工精度较高的一种。

磨齿是精加工精密齿轮尤其是加工淬硬精密齿轮的最常用方法,经过磨齿齿轮精度可达4～3 级,齿面粗糙度 Ra 可达 0.4～0.2 μm。

● 四、圆柱齿轮加工质量分析

在齿轮加工中由于机床、夹具、刀具和工件构成的工艺系统存在误差,使得加工出来的齿轮齿形不可能是绝对准确的渐开线齿形,齿轮轮齿沿圆周分布也不可能绝对均匀。下面以滚齿为例,分析产生加工误差的工艺原因,提出降低误差的措施,保证齿轮的加工质量。

1. 影响齿轮传动准确性的因素

影响传动准确性的主要原因是,在加工中滚刀和被加工齿轮的相对位置和相对运动发生了变化。相对位置的变化(几何偏心)产生齿轮径向误差,它以齿圈径向跳动 ΔF_r 来评定;相对运动的变化(运动偏心)产生齿轮切向误差,它以公法线长度变动 ΔF_w 来评定。

(1) 齿轮的径向误差。齿轮的径向误差是指滚齿时,由于齿坯的回转轴线与齿轮工作时的回转轴线不重合(出现几何偏心),使所切齿轮的轮齿发生径向位移而引起的齿距累积误差(图 8-42)。在图 8-42 中,O 为切齿时的齿坯回转中心,O' 为齿坯基准孔的几何中心(即齿轮工作时的回转中心)。滚齿时,齿轮的基圆中心与工作台的回转中心重合于 O,这样切出的各齿形相对基圆中心 O 分布是均匀的(如图中粗实线圆上的 $P_1 = P_2$),但齿轮工作时是绕基准孔中心 O' 转动的(假定安装时无偏心),这时各齿形相对分度圆心 O' 分布不均匀了(如图中细双点画线圆上的 $P_1' \neq P_2'$)。显然这种齿距的变化是由于几何偏心使齿廓径向位移引起的,故又称为齿轮的径向误差。

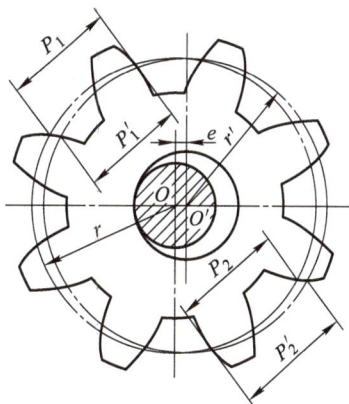

r—滚齿时的分度圆半径;r'—以孔轴心 O' 为旋转中心时,齿圆的分度圆半径。

图 8-42 几何偏心引起的径向误差

减小几何偏心的方法:

① 保证齿坯的加工质量,特别注意孔径尺寸精度和基准端面的跳动;

② 保证夹具的制造精度和安装精度;

③ 改进夹具结构,如设计定位与夹紧分开的夹具,这种结构夹紧时,螺栓的弯曲不会影响齿坯的定位精度。

(2) 齿轮的切向误差 齿轮的切向误差是指:滚齿时因滚齿机分齿传动链误差,引起瞬时传动比不稳定,使机床工作台不等速旋转,工件回转时快时慢,所切齿轮的轮齿沿切向发生位移所引起的齿距累积误差。如图 8-43 所示。为清楚起见,图中只画出 8 个轮齿。设滚切齿1时齿坯的转角误差为 0°,当滚切齿 2 时,理论上齿坯应转过 AOB 角(即 $360°/8$),实际上由于存在转角误差,齿坯多转了个 $\Delta\phi$ 角,转过了 AOC 角,即轮齿由细双点画线所示位置转到粗实线所示位置,结果轮齿沿切向发生了位移。同时,其他各齿也会发生类似的切向位移。由于机床工作台的转角误差在一周内是变化的,因而各轮齿的切向位移也就不相等,必然引起齿距累积误差。在齿轮转动时,就会影响传递运动的准确性。

机床工作台的回转误差,主要取决于分齿传动链的传动误差。在分齿传动链的各传动元件中,影响传动误差的最主要环节是工作台下面的分度蜗轮。分度蜗轮在制造和安装中产生的齿距累积误差,使工作台回转时发生转角误差,这些误差将直接地复映给齿坯使其产生齿距累积误差。

影响传动误差的另一重要环节是分齿挂轮,分齿挂轮的制造和安装误差,也会以较大的比例传递到工作台上。

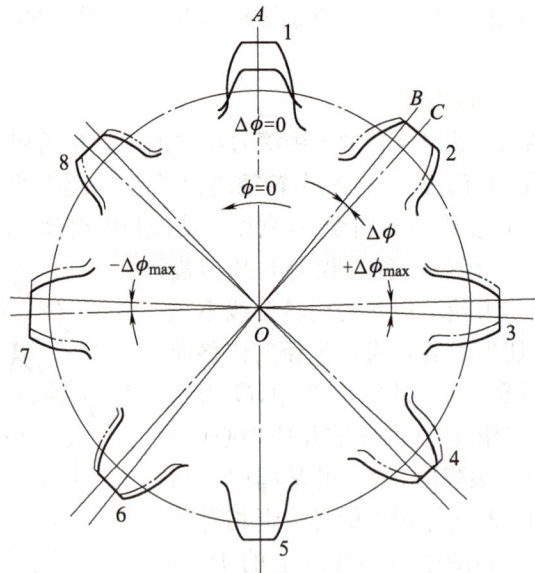

图 8-43 齿轮的切向误差

为了减少齿轮的切向误差,主要应提高机床分度蜗轮的制造和安装精度。对高精度滚齿机还可通过校正装置去补偿蜗轮的分度误差,使被加工齿轮获得较高的加工精度。

2. 影响齿轮工作平稳性的因素

(1) 齿形误差

滚齿后常见的齿形误差如图 8-44 所示。其中齿面出棱、齿形不对称和根切,可直接看出来;而齿形角误差和周期误差需要通过仪器才能测出。应该指出,图 8-44 所示的误差是齿形误差的几种单独表现形式,实际齿形误差常是上述几种形式的叠加。

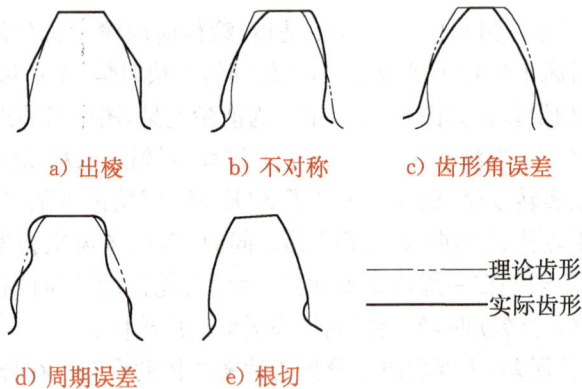

a) 出棱   b) 不对称   c) 齿形角误差

———— 理论齿形
———— 实际齿形

d) 周期误差   e) 根切

图 8-44 常见的齿形误差

齿形误差产生的主要原因是:滚刀在制造、刃磨和安装中存在误差,其次是机床工作台回转中存在的小周期转角误差。

减小齿形误差的措施:

为了保证齿形精度,除了根据齿轮的精度等级正确地选择滚刀和机床外,还要特别注意滚刀的重磨精度和安装精度。

（2）基节偏差

在滚齿加工时,齿轮的基节应等于滚刀的基节。滚刀的基节:

$$P_{bo} = P_{no} \cos \alpha_o = P_{to} \cos \lambda_o \cos \alpha_o \approx P_{to} \cos \alpha_o \qquad (8-1)$$

式中　P_{bo}——滚刀的基节;

　　　P_{no}——滚刀的法向齿距;

　　　P_{to}——滚刀的轴向齿距;

　　　α_o——滚刀的法向齿形角;

　　　λ_o——滚刀的分度圆螺旋升角,一般很小,故 $\cos \lambda_o \approx 1$。

由此可以看出,要减小基节偏差,滚刀制造时应严格控制轴向齿距及齿形角的误差;对影响齿形角误差和轴向齿距误差的刀齿前面的非径向性误差和非轴向性误差,也应加以控制。

3. 影响齿轮接触精度的加工误差分析

齿轮接触精度受到齿宽方向接触不良和齿高方向接触不良的影响。影响齿高方向接触不良的主要因素是齿形误差 Δf_f 和基节偏差 Δf_{pb},影响齿宽方向接触不良的主要因素是齿轮的齿向误差 ΔF_β,此处只分析影响齿向误差 ΔF_β 的主要因素。

齿向误差 ΔF_β 是指在分度圆柱面上,齿宽工作部分范围内,包容实际齿线且距离为最小的两条设计齿线之间的端面距离。

滚齿加工中引起齿向误差的主要因素如下:

（1）滚齿机刀架导轨相对工作台回转轴线存在平行度误差时,齿轮会产生齿向误差（图 8-45）。

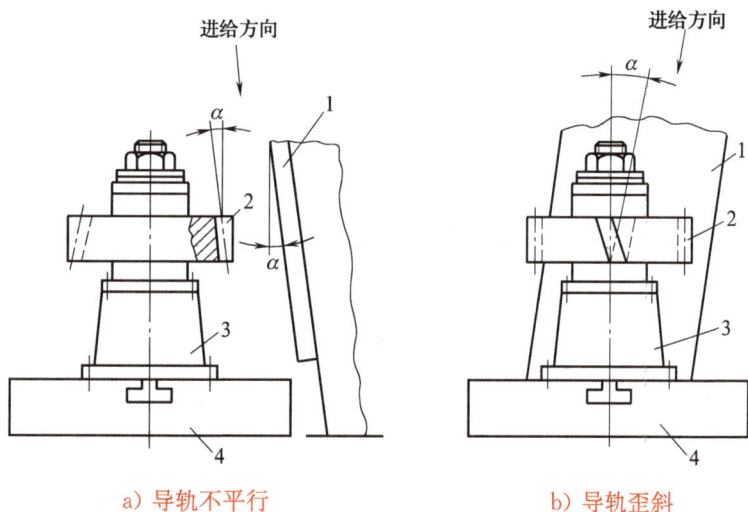

a）导轨不平行　　　　　　　b）导轨歪斜

1—刀架导轨;2—齿坯;3—夹具底座;4—机床工作台。

图 8-45　滚齿机刀架导轨误差对齿向误差的影响

（2）夹具支承端面与回转轴线的垂直度误差，或齿坯孔与定位端面的垂直度误差（图 8-46）等工件的装夹误差均会造成被切齿轮的齿向误差。

（3）滚切斜齿轮时，除上述影响因素外，机床差动挂轮的误差也会影响齿轮的齿向误差。

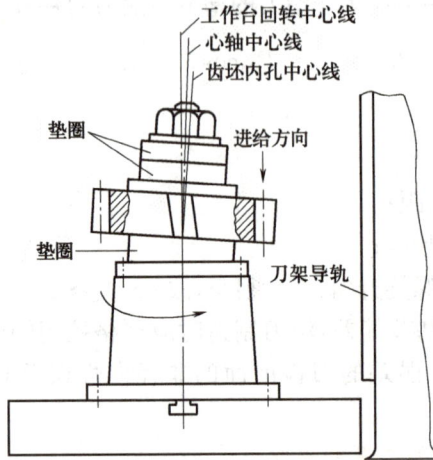

图 8-46　齿坯安装歪斜对齿向误差的影响

第五节　套筒类零件加工工艺

● 一、概述

（一）套筒类零件的功用与结构特点

套筒类零件是机械中最常见的一种零件，通常起支承或导向作用。它的应用很广泛，如

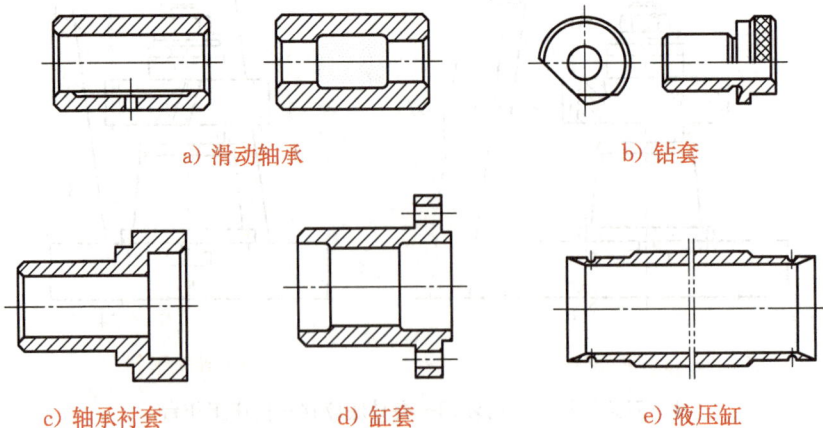

a) 滑动轴承　　　　　　　　　　　　　　b) 钻套

c) 轴承衬套　　　　d) 缸套　　　　e) 液压缸

图 8-47　典型套筒类零件

支承在旋转轴上的各种形式的轴承、夹具上引导刀具的导向套、模具的导套、内燃机的气缸套以及液压缸等,图 8-47 所示为常见的几种套筒类零件。

由于套筒类零件的功用不同,其结构和尺寸有很大的差异,但结构上也有共同特点:零件的主要表面为同轴度要求较高的内外回转表面,内孔表面质量要求高,零件的厚度较薄且容易变形,零件长度一般大于直径,大多数套筒类零件结构相对比较简单。

(二) 套筒类零件的主要技术要求、材料和毛坯

1. 套筒类零件的技术要求

套筒类零件的外圆表面多以过盈或过渡配合与机架或箱体配合起支承作用,内孔主要起导向作用或支承作用,常与传动轴、主轴、活塞、滑阀等相配合,有些套的端面或凸缘端面有定位或承受载荷作用。套筒类零件的主要技术要求为:

(1) 内孔与外圆的尺寸精度一般为 IT7～IT6。为保证内孔的耐磨性和功能要求,其表面粗糙度要求为 $Ra2.5～0.16\ \mu m$,外圆的表面粗糙度为 $Ra5～0.63\ \mu m$。

(2) 通常将外圆与内孔的几何形状精度控制在直径公差以内即可,较精密的可以控制在直径公差的 $1/2～1/3$,甚至更小。较长的套筒零件除有外圆的圆柱度要求外,还有孔的圆柱度要求。

(3) 内外圆表面之间的同轴度公差按零件的装配要求而定。当内孔的最终加工是将套装入机座或箱体之后进行(如连杆小端衬套)时,内、外表面的同轴度公差可以较大;若内孔的最终加工是在装配之前完成,则同轴度公差较小,通常为 0.06～0.01 mm。套的端面(包括凸缘端面)在加工中承受载荷或加工中作为定位面时,端面与外圆或内孔轴线的垂直度要求较高,一般为 0.05～0.02 mm。

2. 套筒类零件的材料和毛坯

套筒类零件的材料一般为优质非合金钢、铸铁、青铜或黄铜,有些滑动轴承采用双金属结构,用离心铸造法在钢或铸铁套筒内壁上浇铸轴承合金材料,既可节省贵重的非铁金属,又能提高轴承的寿命。对一些强度和硬度要求很高的套筒,如镗床的主轴套筒、伺服阀套等,可以用优质合金钢。

套筒的毛坯选择与其材料、结构、尺寸和生产批量有关。孔径小的套筒一般选择热轧或冷拉棒料,也可采用实心铸件;孔径较大的套筒选用无缝钢管或带孔的铸件、锻件。大批量生产时,采用冷挤压和粉末冶金等毛坯制造工艺,既可节省用材,又可提高毛坯精度和生产率。

二、套筒类零件加工工艺过程分析

套筒类零件加工的定位和安装根据其功用、结构形状、材料以及尺寸不同而异。就其结构形状来划分,大体可以分为短套筒和长套筒两大类。它们在加工中,装夹方法和加工方法都有很大差别。其中,保证内孔与外圆的同轴度公差,以及端面与内圆(外圆)轴线的垂直度公差,是拟定工艺规程时需要关注的主要问题。

下面分别以短套和长套为例,分析套筒类零件的工艺过程特点。

1. 短套筒——轴承套的加工工艺过程分析

加工图 8-48 所示的轴承套,材料为 ZQSn6-6-3,每批数量为 200 件。

(1) 轴承套的技术条件　该轴承套属于短套筒,材料为锡青铜。其主要技术要求为:

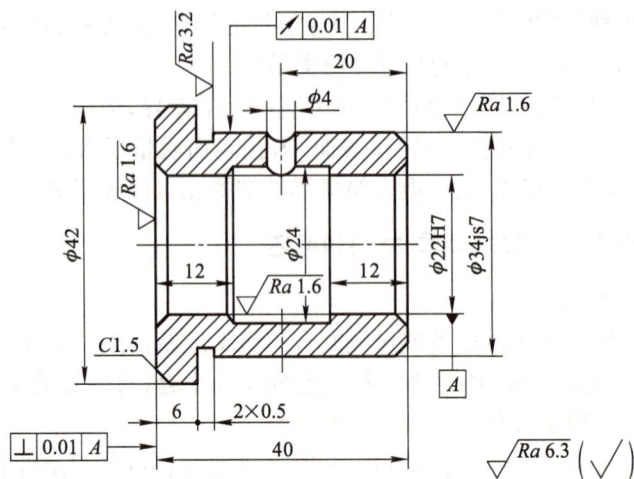

图 8-48 轴承套

$\phi34js7$ 外圆对 $\phi22H7$ 孔的径向圆跳动公差为 0.01 mm,左端面对 $\phi22H7$ 孔轴线的垂直度公差为 0.01 mm。

轴承套外圆为 IT7 级精度,采用精车可以满足要求;内孔精度也为 IT7 级,采用铰孔可以满足要求。内孔的加工顺序为:钻孔—车孔—铰孔。由于外圆对内孔的径向圆跳动要求在 0.01 mm 以内,用软卡爪装夹无法保证。因此精车外圆时应以内孔为定位基准,使轴承套在小锥度心轴上定位,用两顶尖装夹。这样可以使加工基准和测量基准一致,容易达到图样要求。

车、铰内孔时,应与端面在一次装夹中加工出,以保证端面与内孔轴线的垂直度在 0.01 mm 以内。

(2) 轴承套的加工工艺 表 8-13 为轴承套的加工工艺过程。粗车外圆时,可采取同时加工 5 件的方法来提高生产率。

表 8-13 轴承套加工工艺过程

序号	工序名称	工序内容	定位与夹紧
10	备料	棒料,按 5 件合一加工下料	
20	钻中心孔	1. 车端面,钻中心孔; 2. 掉头车另一端面,钻中心孔	三爪自定心卡盘夹持外圆
30	粗车	车外圆 $\phi42$ mm 长度为 6.5 mm,车外圆 $\phi34js7$ 为 $\phi35$ mm,车空刀槽 2×0.5 mm,取总长 40.5 mm,车分割槽 $\phi20\times3$ mm,两端倒角 C1.5,5 件同时加工,尺寸均相同	中心孔
40	钻	钻孔 $\phi22H7$ 至 20 mm	软爪夹持 $\phi42$ mm 外圆
50	车、铰	1. 车端面,取总长 40 mm 至尺寸; 2. 车内孔 $\phi22H7$ 为 $\phi21.8^{+0.084}_{0}$ mm; 3. 车内槽 $\phi24\times16$ mm 至尺寸; 4. 铰孔 $\phi22H7$ 至尺寸; 5. 孔两端倒角	软爪夹持 $\phi42$ mm 外圆

续 表

序号	工序名称	工序内容	定位与夹紧
60	精车	车 ϕ34js7($\pm$0.012 mm)至尺寸	ϕ22H7 孔心轴
70	钻	钻径向油孔 ϕ4 mm	ϕ34 mm 外圆及端面
80	检验		

2.长套筒——液压缸的加工工艺分析

（1）液压缸的技术条件　图 8-49 所示为无缝钢管材料的液压缸。为保证活塞在液压缸内移动顺利，该液压缸内孔有圆柱度要求，内孔轴线有直线要求，内孔轴线与两端面间有垂直度要求，内孔轴线对两端支承外圆（ϕ82h6）的轴线有同轴度要求。除此之外还有特别要求：内孔必须光洁，无纵向刻痕；若为铸铁材料，则要求其组织紧密，不得有砂眼、针孔及疏松。

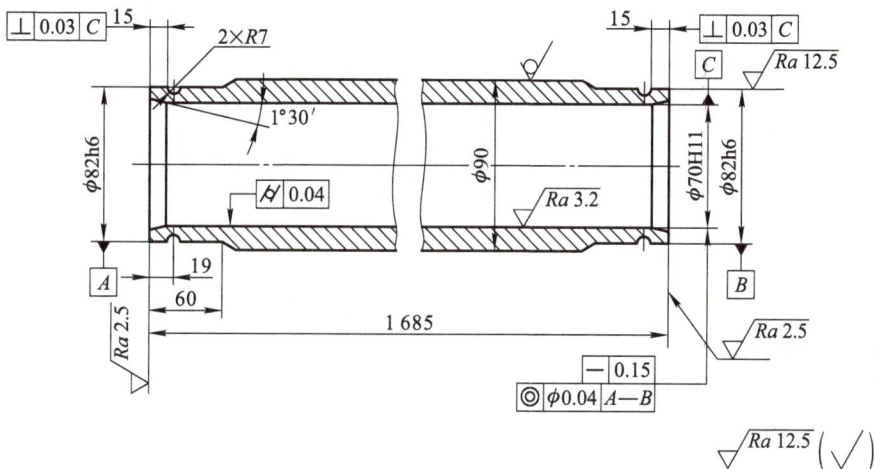

图 8-49　液压缸

（2）液压缸的加工工艺　表 8-14 为液压缸的加工工艺过程。

表 8-14　液压缸的加工工艺过程

序号	工序名称	工序内容	定位与夹紧
10	配料	无缝钢管切断	
20	车	1. 车 ϕ82 mm 外圆到 ϕ88 mm 及 M88×1.5 mm 螺纹(工艺用)	三爪自定心卡盘夹持一端,大头顶尖顶一端
		2. 车端面及倒角	三爪自定心卡盘夹持一端,搭中心架托 ϕ88 mm 处
		3. 掉头,车 ϕ82 mm 外圆到 ϕ84 mm	三爪自定心卡盘夹持一端,大头顶尖顶另一端
		4. 车端面及倒角,取总长 1 686 mm(留加工余量 1 mm)	三爪自定心卡盘夹持一端,搭中心架托 ϕ84 mm 处

序号	工序名称	工序内容	定位与夹紧
30	深孔推镗	1. 半精推镗孔到 $\phi68$ mm 2. 精推镗孔到 $\phi69.85$ mm 3. 精铰(浮动镗刀镗孔)到 $\phi70$ mm$\pm$0.02 mm,表面粗糙度 Ra 为2.5 μm	一端用 M88×1.5 mm 螺纹固定在夹具中,另一端搭中心架
40	滚压孔	用滚压头滚压孔至 $\phi70^{+0.2}_{0}$ mm,表面粗糙度 Ra 为 0.32 μm	一端用螺纹固定在夹具中,另一端搭中心架
50	车	1. 车去工艺螺纹,车 $\phi82h6$ 到尺寸,割 $R7$ 槽	软爪夹持一端,以孔定位顶另一端
		2. 镗内锥孔 $1°30'$ 及车端面	软爪夹持一端,以中心架托另一端(百分表找正孔)
		3. 掉头,车 $\phi82h6$ 到尺寸,割 $R7$ 槽	软爪夹持一端,顶另一端
		4. 镗内锥孔 $1°30'$ 及车端面	软爪夹持一端,顶另一端
60	检验		

三、套筒类零件加工中的主要问题

一般套筒类零件在机械加工中的主要工艺问题是保证内外圆的相互位置精度(即保证内、外圆表面的同轴度以及轴线与端面的垂直度要求)和防止变形。

1. 保证相互位置精度

要保证工件内、外圆表面间的同轴度和轴线与端面的垂直度要求,通常可采用下列三种工艺方案:

(1) 在一次安装中加工内外圆表面与端面　这种工艺方案由于消除了安装误差对加工精度的影响,因而能保证较高的相互位置精度。在这种情况下,影响零件内、外圆表面间的同轴度和孔轴线与端面的垂直度的主要因素是机床精度。该工艺方案一般用于零件结构允许在一次装夹中,加工出全部有位置精度要求的表面的场合。为了便于装夹工件,其毛坯往往采用多件组合的棒料,一般安排在自动车床或转塔车床等工序较集中的机床上加工。

(2) 先加工孔,再以孔为定位基准加工外圆表面　用这种方法加工套筒类零件,可以避免镗孔和磨孔时因镗杆、砂轮杆刚性差而引起的加工误差。当以孔为基准加工套筒的外圆时,常用刚度较好的小锥度心轴安装工件。小锥度心轴结构简单,易于制造,心轴用两顶尖安装,其安装误差很小,因此可获得较高的位置精度。

(3) 先加工外圆,再以外圆表面为定位基准加工内孔　这种工艺方案,需采用定心精度较高的夹具,以保证工件获得较高的同轴度。较长套筒一般多采用这种加工方案。

2. 防止变形的方法

套筒类零件(特别是薄壁套筒)在加工过程中,往往由于夹紧力、切削力和切削热的影响而引起变形,致使加工精度降低。需要热处理的薄壁套筒,如果热处理工序安排不当,也会造

成不可校正的变形。防止薄壁套筒的变形,可以采取以下措施:

(1) 减小夹紧力对变形的影响。

① 夹紧力不宜集中于工件的某一部分,应使其分布在较大的面积上,以使工件单位面积上所受的压力较小,从而减小其变形。例如工件外圆用卡盘夹紧时,可以采用软卡爪,用来增加卡爪的宽度和长度,如图 8-50 所示。同时软卡爪应采取自镗的工艺措施,以减小安装误差,提高加工精度。图 8-51 所示为用开缝套筒装夹薄壁工件,由于开缝套筒与工件接触面大,夹紧力均匀分布在工件外圆上,不易产生变形。当薄壁套筒以孔为定位基准时,宜采用涨开式心轴。

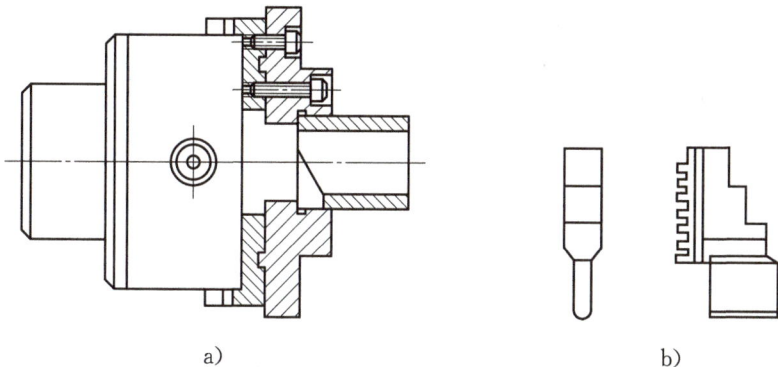

a)   b)

图 8-50   用软卡爪装夹工件

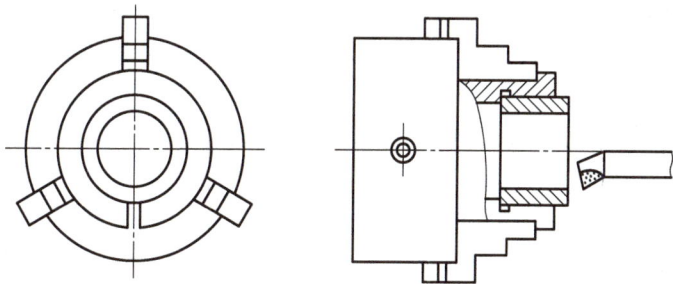

图 8-51   用开缝套筒装夹薄壁工件

② 采用轴向夹紧工件的夹具,如图 8-52 所示,由于工件靠螺母端面沿轴向夹紧,故其夹紧力产生的径向变形极小。

③ 在工件上做出加强刚性的辅助凸边,加工时采用特殊结构的卡爪夹紧,如图 8-53 所示。当加工结束时,将凸边切去。

(2) 减少切削力对变形的影响,常用的方法有以下几种:

① 减小径向力,通常可借助增大刀具的主偏角来达到。

② 内外表面同时加工,使径向切削力相互抵消,如图 8-53 所示。

③ 粗、精加工分开进行,使粗加工时产生的变形在精加工中得到纠正。

(3) 减小热变形引起的误差。工件在加工过程中受切削热后要膨胀变形,从而影响工件的加工精度。为了减小热变形对加工精度的影响,应在粗、精加工之间留有充分冷却的时间,并在加工时注入足够的切削液。

热处理工序应安排在精加工之前进行,以使热处理产生的变形在以后的工序中能得到纠正。

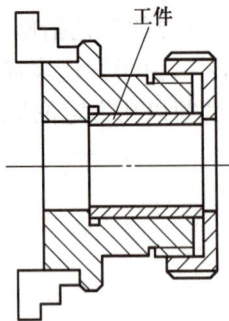

图 8-52 轴向夹紧工件

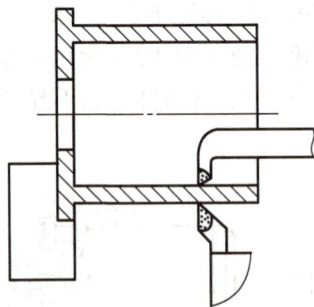

图 8-53 辅助凸边的作用

<h1 style="text-align:center">复 习 思 考 题</h1>

互动练习

第八章
复习思考题

1. 主轴的结构特点和技术要求有哪些?

2. 主轴加工中,常以中心孔作为定位基准,试分析其特点。若工件是空心的,如何实现加工过程中的定位?

3. 中心孔的修研方法有哪些?

4. 主轴加工工艺过程中如何体现"基准统一""基准重合""互为基准""自为基准"原则? 可结合书中例子说明。

5. 主轴深孔加工有哪些特点? 采取什么措施来提高深孔加工质量?

6. 箱体加工顺序安排中应遵循哪些基本原则,为什么?

7. 保证箱体平行孔系孔距精度的方法有哪些? 各适用于哪些场合?

8. 箱体加工的粗基准选择主要考虑哪些问题? 生产批量不同时,工件的安装方式有何不同?

9. 箱体的主要检验项目有哪些?

10. 连杆的主要表面及主要技术要求有哪些? 为什么要有这些技术要求?

11. 连杆加工的主要困难在哪里? 如何解决?

12. 连杆加工中精基准是采用哪些表面组合起来的? 该基准的选用如何体现了精基准的选择原则?

13. 连杆加工中对第一道工序的定位和夹紧方法选择时,应注意哪些问题?

14. 试为某机床齿轮的齿形加工选择加工方案,加工条件如下:生产类型为大批生产;工件材料为 45 钢,要求高频淬火 52 HRC;齿面加工要求为模数 $m=2.25$ mm;齿数 $z=56$;精度等级为 $7-7-6$;表面粗糙度为 $Ra0.8\ \mu m$。

15. 在不同生产类型条件下,齿坯加工是怎样进行的?

16. 选择齿形加工方案的依据是什么?

17. 试比较滚齿和插齿加工原理、工艺特点及适用场合。

18. 珩齿和磨齿有什么异同点？

19. 为保证套筒类零件内外圆的同轴度,可采用哪些工艺措施?

20. 采取哪些工艺措施可以防止薄壁零件加工时产生的受力变形?

21. 综合训练:试编制图 8-54 所示传动轴零件机械加工工艺规程,并对工艺路线进行分析(生产类型:小批生产;材料:45 钢;毛坯:ϕ55 棒料,调质热处理)。

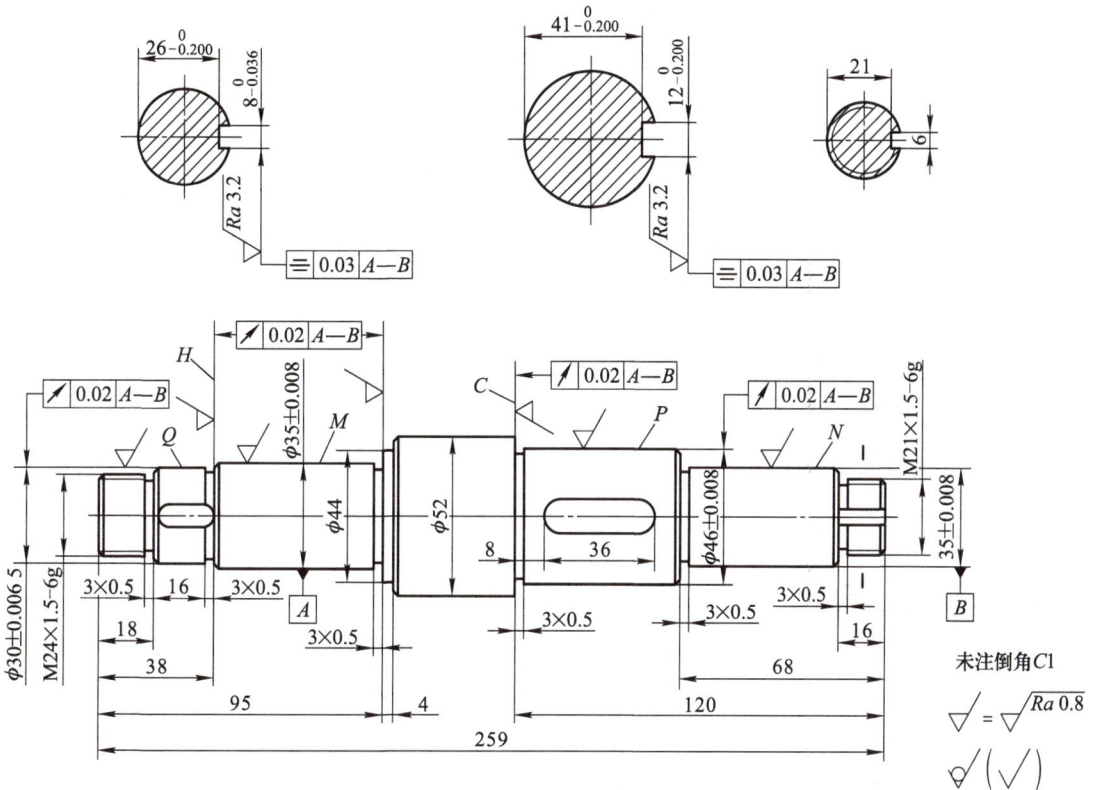

图 8-54 传动轴

第九章　机械装配工艺基础

综述与要求

　　机械产品是由若干个零件和部件组成的。装配是机械制造中的最后一个阶段,它包括装配、调试、检验和试验等工作。机器的质量最终是通过装配保证的,装配质量在很大程度上决定了机器的最终质量。另外,在机器的装配过程中,可以发现机器设计和零件加工质量等方面存在的问题并加以改进,以保证机器的质量。选择合适的装配方法、制订合理的装配工艺规程,不仅是保证装配质量的手段,也是提高产品生产率,降低制造成本的有力措施。通过学习,能从保证产品质量的需求出发,分析装配工艺及其与机械加工工艺间的关系,掌握装配工艺规程制订的流程,具备主管产品工艺的基本能力。

第一节　概述

视频

装配的
概念

一、装配的概念

　　任何机械产品都是由若干零件装配而成的。按照规定的技术要求,将若干个零件组合成部件或将若干个零件、部件组合成半成品或产品的过程,称为装配。

　　装配是整个机械产品制造过程的最后阶段,包括清洗、连接、调整、检验和试验等工作。通过装配,最后保证产品的质量和性能要求,并能发现设计和加工中存在的问题,从而加以完善。

二、装配工作的内容

　　装配不只是将零件进行简单的组合,还必须通过一系列的工艺措施,才能达到最终产品的质量要求。常见的装配工作内容有以下几方面:

1. 清洗

　　零部件清洗的目的是去除零件表面或部件中的油污、杂质等,这对保证产品的装配质量和延长产品使用寿命均有重要的意义。常用的清洗方法有擦洗、浸洗、喷洗和超声清洗等,常用的清洗液有煤油、汽油、碱液和各种化学清洗液等。

2. 连接

在装配过程中有大量的连接工作,连接的方式可分为可拆卸连接和不可拆卸连接两种。螺纹连接、键连接和销连接等连接方式属于可拆卸连接,其特点是在拆卸时不会损伤任何相互连接的零部件,且拆卸后还能重新进行装配,并达到原有的装配技术要求。焊接、铆接和过盈连接等连接方式属于不可拆卸连接,在使用过程中被连接的零部件不可拆卸,如要强行拆卸必然会损坏某些零部件。

3. 校正、调整与配作

校正是指在装配过程中对相关零部件间的相互关系要求进行找正、找平和相应的调整工作,在产品装配和大型基础件的装配中应用较多。

调整是指在装配过程中对相关零部件间的相互关系要求的具体调节工作,其中除了配合校正工作去调整零部件间的相互位置要求外,还要调整运动副的间隙,以保证其运动精度。

配作是指用已加工的零部件为基准来加工与其相配或相连接的其他零部件,或将两个或两个以上的零件组合在一起进行加工的方法。配作包括配钻、配铰、配刮和配磨等。

4. 平衡

对于转速高、运动平稳性要求较高的机械(如电动机、内燃机等),为了防止在使用中出现振动,需要对有关零部件进行平衡试验。常用的方法有静平衡和动平衡试验两种。对不同的零部件进行校正的方法有加配质量法、去除质量法、改变平衡块位置和数量等。

5. 验收试验

在机械产品装配后,应根据产品的有关技术标准和规定,对产品进行全面的检查和试验验收,合格后才允许出厂。

视频 平衡
视频 验收试验

三、机械产品的装配工艺性分析

在制订装配工艺规程时,通常要对机械产品的装配工艺性进行以下几方面的分析评价:

1. 机器结构应能划分成几个独立的装配单元

机器结构如能划分成几个独立的装配单元,则有利于机器的装配,主要有以下几方面:
① 便于平行装配流水作业生产,可以缩短装配周期;
② 便于厂际间的协作生产和专业化生产;
③ 有利于机器的维护、修理和运输。

图 9-1 所示为传动轴结构,图 9-1a 所示结构的齿轮齿顶圆直径大于箱体轴承孔孔径,轴

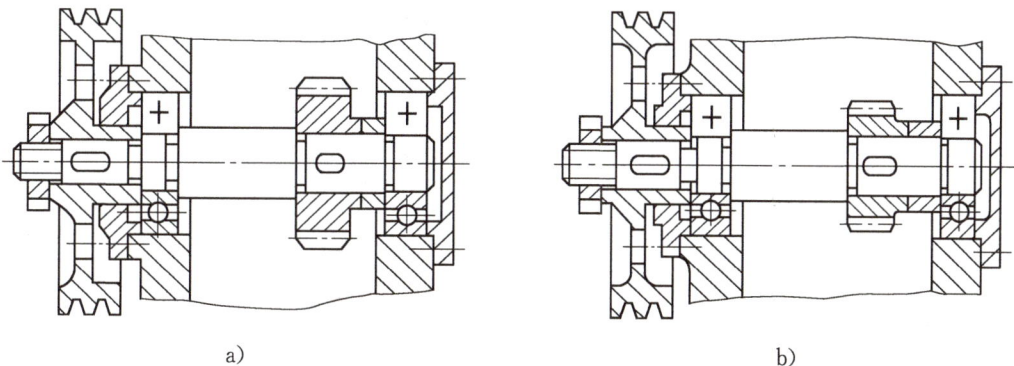

a)   b)

图 9-1　传动轴结构

上各零件须依次逐一装到箱体中去；图 9-1b 所示结构的齿轮齿顶圆直径小于箱体轴承孔孔径，轴上零件可以在箱体外先装配成一个组件，然后再将组件装入箱体中，这样就简化了装配过程，缩短了装配周期。因此，在设计时应尽量采用图 9-1b 所示的装配结构。

2. 尽量减少装配过程中的修配劳动量和机械加工劳动量

图 9-2 所示为车床主轴箱与床身的装配结构。图 9-2a 为主轴箱以 V 形导轨作为装配基准装在车床床身上，装配时装配基面的修刮劳动量大。图 9-2b 为主轴箱以矩形导轨作装配基准，装配时装配基准面的修刮劳动量显著减少，是一种装配工艺性较好的结构，因此在实际生产中得到广泛使用。

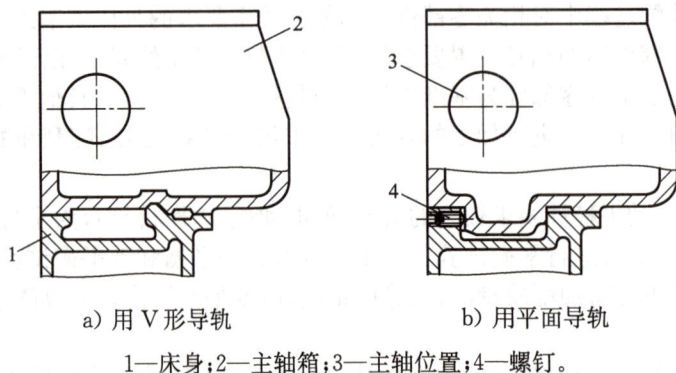

a) 用 V 形导轨   b) 用平面导轨

1—床身；2—主轴箱；3—主轴位置；4—螺钉。

图 9-2　车床主轴箱与床身的装配结构

在机械设计时，采用调整法装配代替修配法装配可以减少修配工作量。图 9-3 所示为车床横刀架底座压板的装配结构，图 9-3a 所示结构需采用修刮压板装配面的方法来保证压板与床身导轨间的装配间隙，其修刮工作量较大；图 9-3b 所示结构采用可调整结构来保证压板与床身导轨间的装配间隙。因此，图 9-3b 所示装配结构比图 9-3a 所示的装配结构工艺性好；并且图 9-3b 所示装配结构在使用和修配过程中，当间隙增大时还可以通过调整调节螺钉来恢复其装配间隙。

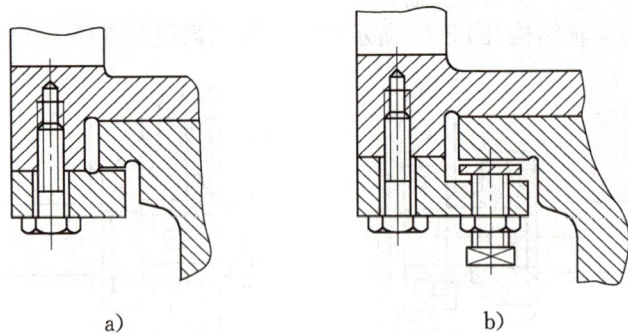

a)   b)

图 9-3　车床横刀架底座压板的装配结构

在机器的装配过程中，安排机械加工不仅会延长装配周期，而且未清除的机械加工切屑会加剧机器的磨损。因此，在机器的装配过程中要尽量减少机械加工工作量。图 9-4 所示为轴润滑结构,图9-4a所示结构为在轴套装配到箱体上后进行配钻油孔,增加了装配过程中的机械加工工作量;图9-4b所示结构轴套上的油孔在装配前就已钻出,其装配工艺性能较好。

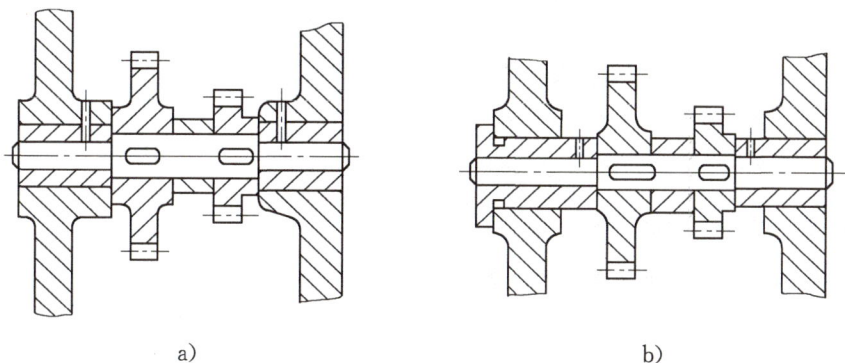

图 9-4　轴润滑结构

3. 机器结构应便于装配和拆卸

在机器的装配和修理过程中经常会对其进行装配和拆卸,因此其结构应便于装配和拆卸。图9-5a所示结构装配时,轴承两段外圆表面需要同时装入壳体零件的配合孔中,这样既不便于观察,也不容易同时对准;图9-5b所示结构装配时,先让轴承座前端装入壳体配合件孔中约 3 mm 后,轴承座后端外圆才开始进入壳体配合孔中,容易进行装配,其装配工艺性较好。

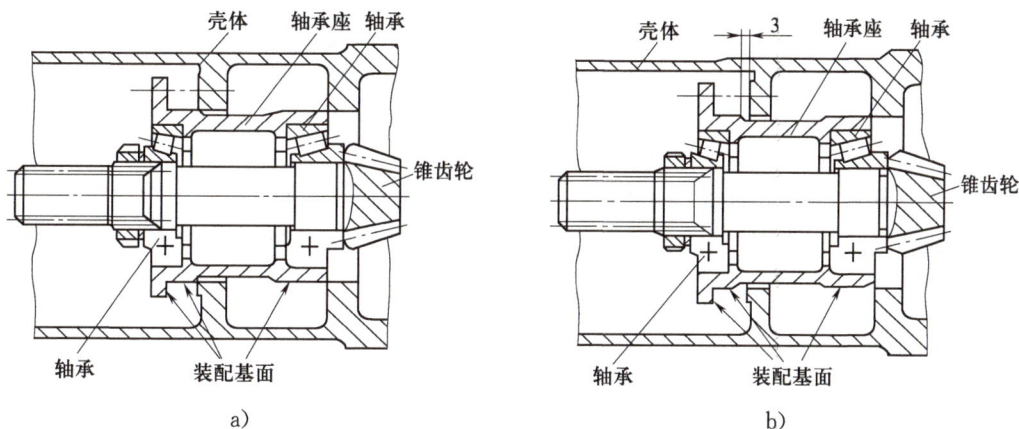

图 9-5　轴承座组件的装配结构

又如图9-6所示的圆锥滚子轴承装配结构,图9-6a所示结构的轴承座台肩内径等于或小于轴承外圈内径,而轴承内圈外径又等于或小于轴肩直径,这样轴承的内外圈均无法拆卸,其装配工艺性较差;图9-6b所示结构的轴承座台肩内径大于轴承外圈内径,而轴承内圈外径大于轴肩直径,拆卸轴承的内外圈都十分方便,其装配工艺性较好。

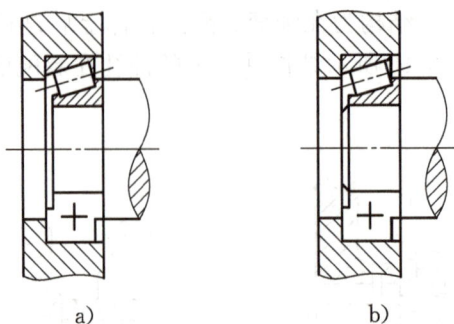

图 9-6　圆锥滚子轴承装配结构

第二节　机械产品的装配精度

● 一、装配精度

装配精度是指机械产品装配后实际达到的精度。机械产品的装配精度主要包括以下几个方面：

1. 距离精度

距离精度是指相关零部件间的距离尺寸精度。例如普通车床前后顶尖对机床床身导轨的等高性要求，就是一个距离精度。

2. 相互位置精度

相互位置精度包括相关零部件间的平行度、垂直度、同轴度以及各种跳动等。例如普通车床滑板移动对尾座顶尖套筒锥孔轴心线的平行度要求，就属于相互位置精度。

3. 相对运动精度

相对运动精度是指产品中有相对运动的零部件间在运动方向和运动速度上的精度。例如普通车床滑板移动对主轴轴心线的平行度要求，就属于相对运动精度。

装配精度除以上三项精度要求外，还包括接触精度要求，如齿轮啮合、锥体配合以及导轨之间的接触精度要求等。

● 二、装配精度与零件精度的关系

任何机械产品都是由零件装配而成的。因此，装配精度与零件精度之间有着密切的关系。零件精度是保证装配精度的基础。例如，普通车床尾座移动对滑板移动的平行度就主要取决于床身导轨 A 与 B 间的平行度，如图 9-7 所示。

但是，产品的装配过程并不是简单地将有关零件连接起来的过程。装配中往往需要进行必要的检测和调

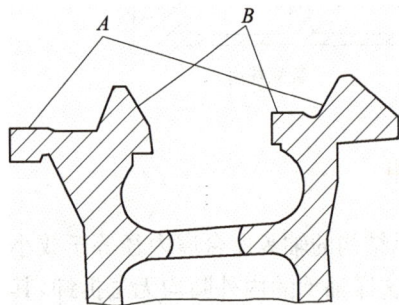

A—滑板移动导轨；B—尾座移动导轨。

图 9-7　床身导轨简图

整,有时还需要进行修配。所以,装配精度并不完全取决于零件的精度。例如,上述车床尾座移动对滑板移动的平行度要求,虽然主要取决于床身导轨的加工精度,但也与滑板、尾座底板和床身导轨间的接触精度有关。为了提高接触精度,装配时一般对滑板及尾座底板进行配刮或配磨。又如图 9-8 所示的车床对等高性要求很高。由于 A_1 及 A_3 实际上是由主轴、轴承、套筒等构成的装配尺寸,因此,仍然靠提高零件精度来保证装配精度不仅不经济,甚至在技术上也是很困难的。在实际生产中,通常是通过对尾座底板的修配来保证其装配精度的。

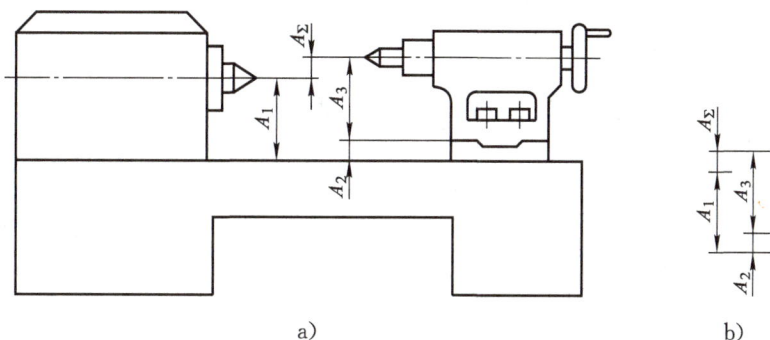

图 9-8　影响车床等高性尺寸链相关零件联系简图

通过以上实例可以看出,产品的装配精度和零件的加工精度有很密切的关系。零件精度是保证装配精度的基础,但装配精度并不完全取决于零件精度。装配精度的合理保证,应从产品结构、机械加工和装配等几方面进行综合考虑,而对装配尺寸链的分析,是进行机械产品综合分析的有效手段。下面讨论装配尺寸链的有关问题。

第三节　装配尺寸链

一、装配尺寸链的基本概念

由于装配精度与有关零件的精度有着密切的关系,为了定量分析这种关系,就必须将尺寸链的基本理论用于装配过程,即建立装配尺寸链进行分析。装配尺寸链是指由相关零件的有关尺寸(如表面或轴线间的距离)或相互位置关系(如同轴度、平行度、垂直度等)所组成的尺寸链。尺寸链原理详见第四章。

装配尺寸链的封闭环通常是指产品装配后的装配精度或其技术要求。因为这种要求是通过把零部件装配好后才最终形成或保证的,因此是一个结果尺寸或位置关系。在装配关系中,对装配精度要求有直接影响的那些零部件的有关尺寸或位置关系,就构成了装配尺寸链的组成环。

二、装配尺寸链的建立

正确建立装配尺寸链是进行尺寸链分析计算的基础。因此,在建立装配尺寸链时首先应明确封闭环,即将装配精度要求定为封闭环,然后对每一封闭环通过装配关系的分析,即可查明其相应的装配尺寸链的组成环。

装配尺寸链的一般查找方法是：首先将装配精度要求定为封闭环，然后再以封闭环两端的那两个零件或部件为起点，沿着装配精度要求的方向，以装配基准面的联系为线索，分别查找装配关系中影响装配精度要求的有关零件，直至找到同一个基准零件或同一基准表面为止。这样，所有有关零件上直接连接相邻零部件装配基准面间的尺寸或位置关系，即为装配尺寸链的组成环。

例如图 9-9 所示的装配关系，主轴与尾座的轴心线对滑板移动的等高性要求（A_Σ）为封闭环，通过对装配关系的分析，即可查出组成环 A_1、A_2 和 A_3。

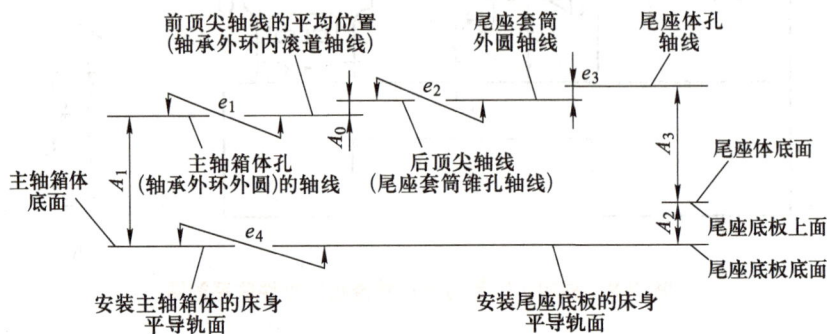

图 9-9 车床等高性能装配尺寸链

A_1：主轴箱箱体的轴承孔轴线至底面尺寸；

A_2：尾座底板厚度；

A_3：尾座体孔轴线至底面尺寸；

e_1：主轴轴承外环内滚道（或主轴前锥孔）轴线与外环外圆（即主轴箱箱体的轴承孔）轴线的同轴度。

e_2：尾座套筒锥孔轴线与其外圆轴线的同轴度；

e_3：尾座套筒与尾座体孔间隙配合所引起的轴线偏移量；

e_4：床身上安装主轴箱体和安装尾座底板的平导轨面之间的平面度。

在建立装配尺寸链时应注意以下几个方面：

1. 按一定层次分别建立产品或部件的装配尺寸链

机械产品通常都比较复杂，为了便于装配和提高装配生产率，一般将整个产品划分为若干个部件，即将装配工作分为部件装配（部装）和总装，因此应分别建立产品部件装配尺寸链和总装尺寸链。这样分层次建立的装配尺寸链比较清晰，表达的装配关系也更加清楚。

2. 在保证装配精度要求的前提下装配尺寸链可以适当简化

例如，在保证装配精度要求的前提下，图 9-9 所示装配尺寸链可简化为图 9-10b 所示的装配尺寸链。

3. 建立装配尺寸链时应遵循"尺寸链最短"（即环数最少）原则

由尺寸链的基本理论可知：封闭环公差等于各组成环公差之和。在装配精度一定的条件下，组成环数越少，各组成环的平均公差就越大，则组成环零件的精度就越容易保证。因此，在建立装配尺寸链时要求组成环的环数应尽可能少一些。图 9-10 所示为车床尾座顶尖套筒的装配图。尾座套筒装配时,要求后盖 3 装入后,螺母 2 在尾座套筒 1 内的轴向窜动不大于某一数值。由于后盖的尺寸标注不同,可建立两条装配尺寸链,如图 9-10b、c 所示。由图可知,图 9-10c 比图 9-10b 多了一个组成环。其原因是和封闭环 A_0 直接有关的凸台高度由尺寸 B_1 和 B_2 间接获得,这是不合理的,而图 9-10b 所示的装配尺寸链,体现了"尺寸链最短"原则,是合理的。

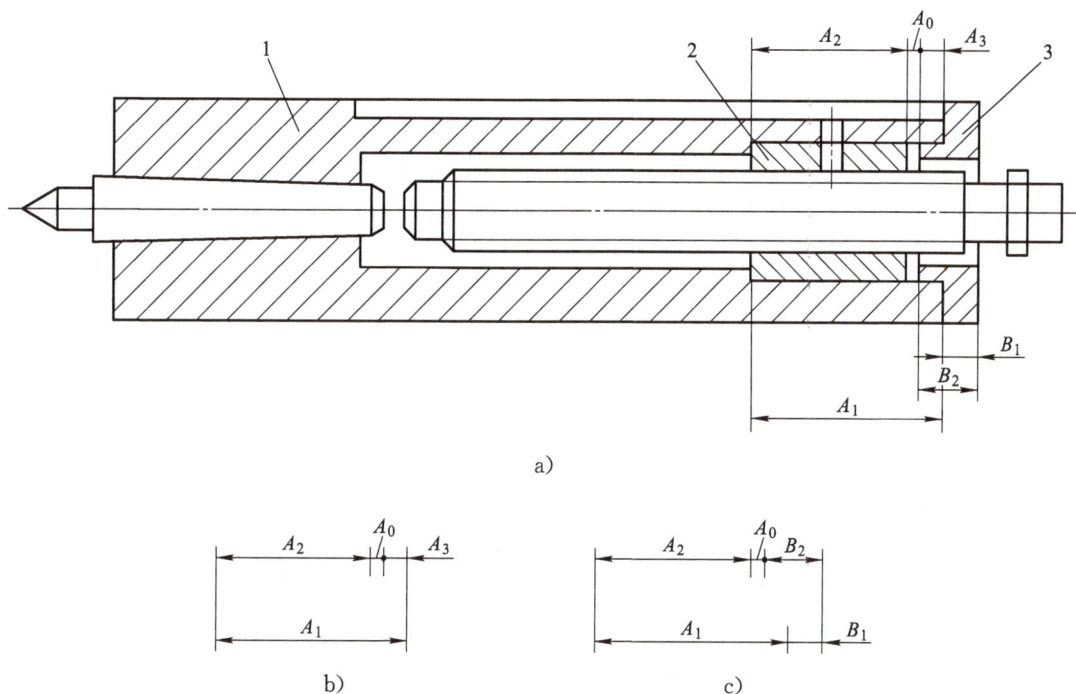

1—尾座套筒;2—螺母;3—后盖。

图 9-10　车床尾座顶尖套筒的装配图

4. 当同一装配结构在不同方向上有装配精度要求时,应按不同方向分别建立装配尺寸链

一个装配精度要求只在其所在的位置方向上形成尺寸链。同一装配结构在不同方向上有装配要求时,应在各自的方向上分别建立装配尺寸链。

第四节　保证产品装配精度的方法

根据产品的结构特点和装配精度要求,在不同的生产条件下应采取不同的装配方法。装配方法可以分为完全互换装配法和不完全互换装配法两大类,不完全互换装配法又可以分为选择装配法、修配法和调节法三种。

一、完全互换装配法

完全互换装配法是指用控制零件的加工误差来保证产品装配精度的方法。即按照零件的技术要求进行制造,装配时各组成环不需经过任何挑选、修配和调节,就能达到规定装配精度的方法。其特点是装配工作简单,生产率高,零件的互换性高,易于组织成流水作业生产线或自动化装配,也便于协作组织专业化生产,有利于产品的售后服务。但是,当装配精度较高特别是装配尺寸链的组成环数较多时,零件的精度要求较高,零件难以按经济精度进行制造。因此,这种装配方法多用于高精度的少环尺寸链或低精度的多环尺寸链的装配结构。

● 二、选择装配法

在成批大量生产的条件下,当装配尺寸链的组成环不多而装配精度要求又很高时,如果采用完全互换装配法将造成各组成环的公差过小,使加工困难而不经济,此时可以采用选择装配法。

选择装配法是将装配尺寸链中各组成环的公差放大到经济可行的程度去制造,装配时选择合适零件装配在一起来保证装配精度的方法。此法既扩大了零件的公差,使加工容易,又能达到很高的装配精度要求。选择装配法有直接选配法、分组选配法和复合选配法三种。

1. 直接选配法

直接选配法是由装配工人从待装配的零件中,凭经验挑选合适的零件通过试凑进行装配的方法。其特点是零件不需要分组,但装配时挑选零件的时间较长,装配质量在很大程度上取决于工人的技术水平。

2. 分组装配法

分组装配法是将装配尺寸链中各组成环零件的公差放大数倍(一般为 2~4 倍)进行制造,然后对零件进行测量,并按实际尺寸分组装配时按照对应组别的零件装配在一起来保证装配精度的方法。

例如,柴油机的活塞销与活塞销孔之间的配合如图 9-11 所示,根据装配技术要求,在冷

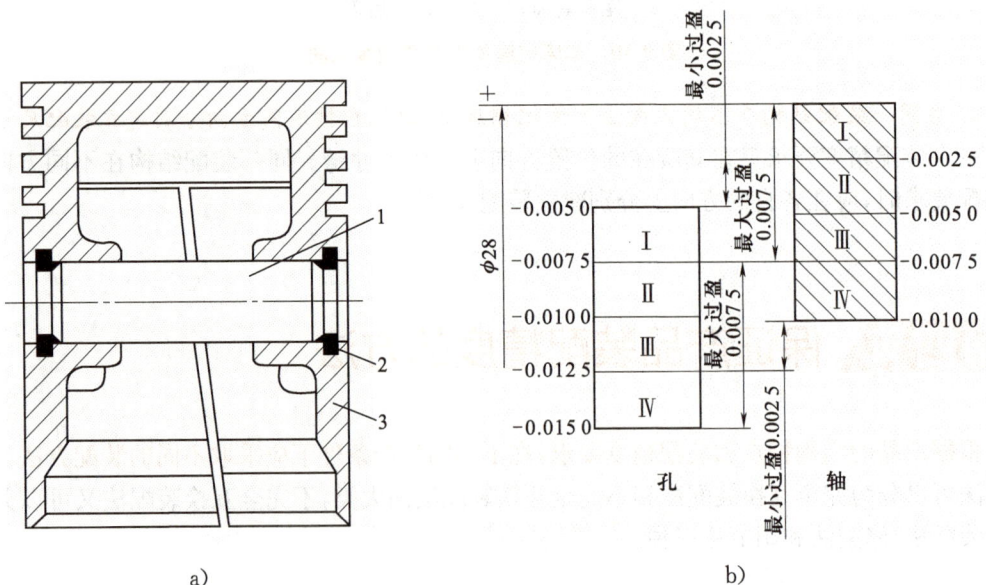

1—活塞销;2—挡圈;3—活塞。

图 9-11　活塞与活塞销的连接

态装配时应有 0.002 5～0.007 5 mm 的过盈量,与此相应的配合公差仅为0.005 mm。若活塞与活塞销配合采用完全互换装配法进行装配,并按"各组成环的公差相等"的原则分配销与孔的公差时,则它们只有 0.002 5 mm 的公差。显然,制造这样精确的销和销孔是非常困难的,也是很不经济的。在实际生产中,是将上述零件的公差放大 4 倍(即 $d = \phi 28_{-0.01}^{0}$ mm, $D = \phi 28_{-0.015}^{-0.005}$ mm)进行制造,然后用精密量具进行测量,并按零件的实际尺寸分成 4 组,做上标记。具体情况见表 9-1。

表 9-1　活塞与活塞销孔尺寸的分组　　　　　　　　　　　　　　　　mm

组别	标记颜色	活塞销直径 $d = 28_{-0.01}^{0}$	活塞销孔直径 $D = 28_{-0.015}^{-0.005}$	配合情况	
				最小过盈	最大过盈
I	红色	$d = 28_{-0.002\,5}^{0}$	$d = 28_{-0.007\,5}^{-0.005}$	0.002 5	0.007 5
II	白色	$d = 28_{-0.005\,0}^{-0.002\,5}$	$d = 28_{-0.010\,0}^{-0.007\,5}$		
III	黄色	$d = 28_{-0.007\,5}^{-0.005\,0}$	$d = 28_{-0.012\,5}^{-0.010\,0}$		
IV	绿色	$d = 28_{-0.010\,0}^{-0.007\,5}$	$d = 28_{-0.015\,0}^{-0.012\,5}$		

由表 9-1 可知:相同组别的销和销孔的公差及装配的配合精度均与原要求相同。采用分组装配法时应注意以下几方面:

(1)为了保证分组后各组的配合性质符合原设计要求,配合件的公差应相等,公差增大的方向要相同,公差增大的倍数应等于分组数。

(2)分组数不宜过多,以便减少零件的测量、分组、贮存和装配工作量。

(3)分组后对应组别的零件数要大致相等,以满足装配时的配套要求。

分组装配法适用于配合精度要求很高而相关零件数又较少(一般只有 2 或 3 个)的大批大量生产的装配。

3. 复合选配法

复合选配法是上述两种方法的综合,即零件先按分组装配法进行加工、测量和分组,装配时再在对应组别内由装配工人凭经验进行直接选配。其特点是装配质量高,配合件的公差可以不等,生产率较高,能满足一定的生产节拍要求。在柴油机的气缸与活塞的装配中多采用这种方法。

三、修配法

在单件小批生产中,当装配尺寸链的环数较多而装配精度的要求又很高时,不宜采用完全互换装配法和选择装配法,否则将使各组成环的公差太小,加工困难且不经济。在实际生产中,是将各组成环按照经济精度进行制造,装配时通过修配某一组成环,使封闭环达到产品装配精度的要求,此法称为修配法。被修配的组成环称为修配环。

1. 修配方法

生产中通过修配来达到装配精度的方法很多,但主要可以归纳为以下三种:

(1)单件修配法　对选定的某一固定零件进行修配,以达到装配精度要求的方法称为单件修配法。此法在实际生产中应用最广。

（2）**合并加工修配法** 将两个或两个以上的零件合并看作一个组成环进行修配，以达到装配精度要求的方法称为合并加工修配法。

例如，在装配图 9-8 所示的普通车床尾座时，一般先将尾座体和底板的配合表面加工好，并配刮横向小导轨面，然后再将两者装配在一起，并以底板底面作为定位基准，镗削尾座体的套筒孔。即将 A_2、A_3 合并成一个组成环 A_{23}，这样减少了组成环的环数和修配工作量（仅需 0.2 mm 左右的修刮量），使加工精度容易保证。

合并加工修配法在装配中由于零件要对号入座，给装配组织工作带来了一定的麻烦。因此，此法多用于单件小批生产。

（3）**自身加工修配法** 在总装时，用自己加工本身来保证装配精度的方法称为自身加工修配法。此法能获得较高的相互位置精度，故广泛应用于成批生产的机床装配中。

例如，总装牛头刨床时，用自刨工作台的方法来保证滑枕运动方向与工作台面的平行度要求。又如在平面磨床上用砂轮来磨削自身工作台面等。

2. 修配环的选择

采用修配法时应正确选择修配环，在选择修配环时一般应满足以下要求：

（1）便于装卸；

（2）形状比较简单，修配面积小，便于修配；

（3）修配的表面不应是经过表面处理的表面，以免破坏表面处理层；

（4）一般不选公共环的零件作为修配件。

所谓公共环，是指那些同属于几个尺寸链的组成环。如果选择公共环作修配环，就可能出现保证了一个尺寸链的精度要求，而又破坏了另一个尺寸链精度的情况。

3. 修配环尺寸的确定

采用修配法时，各组成环（包括修配环）的公差都按经济精度进行制造。各组成环的累积误差使封闭环公差的超差可以通过对修配环的修配予以消除。由此可见，修配环在尺寸链中起着调节作用。

如图 9-12 所示，$A'_{\Sigma max}$ 和 $A'_{\Sigma min}$ 为封闭环的实际极限尺寸；σ'_Σ 为封闭环的实际分散范围，即各组成环（包括修配环）的累积误差；$A_{\Sigma max}$ 和 $A_{\Sigma min}$ 为规定的封闭环极限尺寸；T_Σ 为规定的封闭环的分散范围。

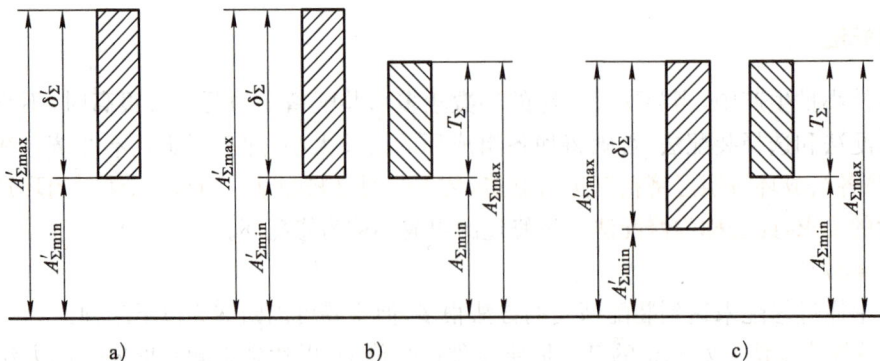

图9-12 封闭环实际值与规定值的相互关系

修配环在修配时对封闭环尺寸变化的影响有两种情况：一种是修配环的修配使封闭环尺寸变小，另一种是修配环的修配使封闭环尺寸变大。

(1) 修配环的修配使封闭环尺寸变小的计算

当修配环的修配使封闭环尺寸变小时，修配前，封闭环的实际分散范围 δ'_Σ 相对其规定值 T_Σ 间的位置关系如图 9-12b 所示。

由图 9-12b 可知，实际得到的封闭环最小极限尺寸 $A'_{\Sigma min}$ 等于规定的封闭环最小极限尺寸 $A_{\Sigma min}$，即 $A'_{\Sigma min}=A_{\Sigma min}$。 根据尺寸链的极值解算法有

$$A_{\Sigma min}=A'_{\Sigma min}=\sum_{i=1}^{m}\overrightarrow{A_{i min}}-\sum_{i=m+1}^{n-1}\overleftarrow{A_{i max}} \tag{9-1}$$

式中 $A_{\Sigma min}$ 和除修配环以外的其余组成环的极限尺寸都是已知的。因此，由式(9-1)即可求出修配环的一个极限尺寸(即修配环为增环时可求出 $\overrightarrow{A_{i min}}$，修配环为减环时可求出 $\overleftarrow{A_{i max}}$)，根据修配环的公差按经济精度确定则可求出修配环的另一个极限尺寸。

装配时，如果每台产品都要做一定的修配工作量，为了防止修配后出现 $A'_{\Sigma min}<A_{\Sigma min}$ 的情况，则在已求出的修配环尺寸的基础上再加上一个最小修配量。

(2) 修配环的修配使封闭环尺寸变大的计算

当修配环的修配使封闭环尺寸变大时，修配前，封闭环的实际分散范围 δ'_Σ 相对其规定值 T_Σ 间的位置关系如图 9-12c 所示。

由图 9-12c 可知，实际的封闭环最大极限尺寸 $A'_{\Sigma max}$ 等于规定的封闭环最大极限尺寸 $A_{\Sigma max}$，即 $A'_{\Sigma max}=A_{\Sigma max}$。 根据尺寸链的极值解算法有

$$A_{\Sigma max}=A'_{\Sigma max}=\sum_{i=1}^{m}\overrightarrow{A_{i max}}-\sum_{i=m+1}^{n-1}\overleftarrow{A_{i min}} \tag{9-2}$$

同理，由式(9-2)可求出修配环的一个极限尺寸，根据修配环的公差按经济精度确定则可求出修配环的另一个极限尺寸。

装配时，如果每台产品都要做一定的修配工作量，为了防止修配后出现 $A'_{\Sigma max}>A_{\Sigma max}$ 的情况，则在已求出的修配环尺寸的基础上再减去一个最小修配量。

(3) 计算实例

如图 9-8 所示的装配尺寸链，设各组成环的基本尺寸为 $A_1=205$ mm，$A_2=49$ mm，$A_3=156$ mm，封闭环 $A_\Sigma=0$ mm，其公差按车床精度标准 $T_\Sigma=0.06$ mm 确定。当采用完全互换装配法装配时，则各组成环的平均公差为

$$T_m=\frac{T_\Sigma}{n-1}=\frac{0.06\text{ mm}}{3}=0.02\text{ mm}$$

这样小的公差给加工带来较大的困难，故一般采用修配法。如果采用合并加工修配法，即将 A_2 和 A_3 两个组成环合并成一个组成环 A_{23}，合并后的尺寸链如图 9-13 所示。

设 $T_1=T_{23}=0.1$ mm，并令 T_1 对尺寸 A_1 呈对称分布，即 $A_1=205$ mm ± 0.05 mm，则修配环 A_{23} 的尺寸计算如下：

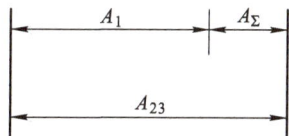

图 9-13 合并加工等高尺寸链

基本尺寸 A_{23} $A_{23}=A_2+A_3=49\text{ mm}+156\text{ mm}=205\text{ mm}$

公差 T_{23} $T_{23}=0.1\text{ mm}$

由图 9-12 可知

$$A_{\Sigma\min}=\overrightarrow{A_{23\min}}-\overleftarrow{A_{1\max}}$$

$$0\text{ mm}=\overrightarrow{A_{23\min}}-205.05\text{ mm}$$

则最小尺寸 $\overrightarrow{A_{23\min}}$ 为

$$\overrightarrow{A_{23\min}}=205.05\text{ mm}$$

最大尺寸 $\overrightarrow{A_{23\max}}$ 为

$$A_{23\max}=\overrightarrow{A_{23\min}}+T_{23}=205.05\text{ mm}+0.1\text{ mm}=205.15\text{ mm}$$

总装配时,如果每台车床的尾座与床身配合的导轨面都要做一定的修配工作,取最小修配量为 0.15 mm,则合并后 A_{23} 的制造尺寸为

$$A_{23}=205.05^{+0.15}_{+0.05}\text{ mm}+0.15\text{ mm}=205^{+0.30}_{+0.20}\text{ mm}$$

● 四、调节法

对于精度要求较高的装配尺寸链,当不能采用完全互换装配法和选择装配法装配时,除了用修配法以外,还可以采用调节法对封闭环的超差部分进行补偿,以保证装配精度要求。采用调节法装配时,各组成环的公差按经济精度确定,由此所产生的封闭环累积误差用调整装配的方法给予补偿。常见的调节法有以下三种:

1. 可动调节法

可动调节法是指通过改变预定调节件的位置来保证装配精度的方法。如图 9-14 所示,图 a 是通过调整衬套的轴向位置来保证齿轮的轴向间隙,图 b 是通过调节螺钉调整镶条的位置来保证导轨副的配合间隙,图 c 是通过调节螺钉使楔块上下移动来调整丝杠与螺母的轴向间隙。

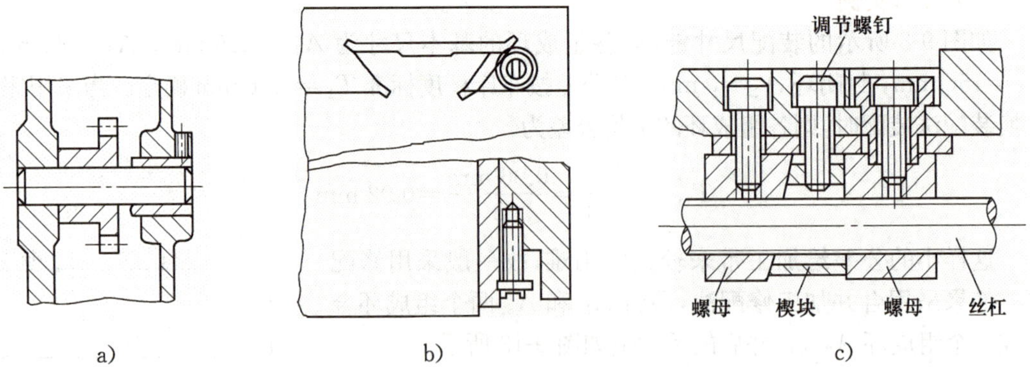

图 9-14 可动调节法的应用

可动调节法能获得比较理想的装配精度,而且在产品的使用过程中,由于某些零件的磨

损使装配精度下降时,还能通过调整可动调节件来给予补偿,使产品恢复到原有的装配精度。因此,在机械产品的装配中可动调节法得到了广泛的应用。

2. 固定调节法

固定调节法是在装配尺寸链中选定(或增加)一个零件作为调节件,将调节件按照一定尺寸间隔级别制作成一组专门零件,除调节件以外的其余各组成环均按经济精度制造,装配时根据各组成环装配后所形成的累积误差的大小,选用合适的某一级别的调节件进行装配,来保证装配精度的方法。常用的调节件有垫圈、轴套等。

如图 9-15 所示,在装配锥齿轮时需要保证其啮合间隙。如果采用完全互换装配法,则零件的公差要求很严格,采用修配法在拆装和修配时又较麻烦。装配时可通过选择两个合适厚度的调整垫圈来保证齿轮的啮合间隙要求。

3. 误差抵消调节法

装配时,根据装配尺寸链中各组成环的误差方向做定向装配,使其误差相互抵消一部分,以提高装配精度的方法称为误差抵消调节法。下面以普通车床主轴的装配为例来说明误差抵消调节法的原理。

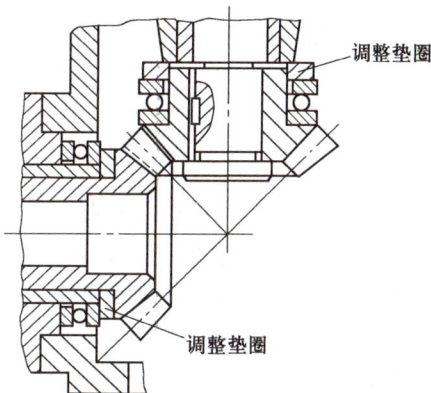

图 9-15　锥齿轮啮合间隙的调整

根据机床精度标准规定,主轴装配后应在 A、B 两处检验主轴中心线的径向跳动。影响此精度的主要因素有:

① 主轴锥孔中心线($C—C$)与轴颈中心线($S—S$)的同轴度误差 e_s;
② 前轴承内环的内孔相对其外滚道的同轴度误差 e_2;
③ 后轴承内环的内孔相对其外滚道的同轴度误差 e_1。

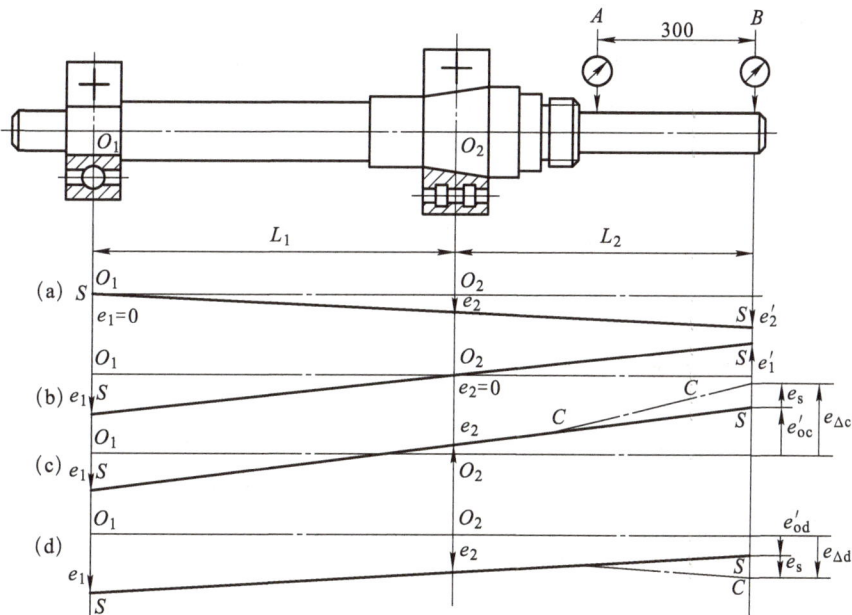

图 9-16　主轴装配中的误差抵消情况

这三个因素对主轴装配精度的影响及相互抵消情况如图 9-16 所示。

设图 9-16 中 O_1 和 O_2 分别为前、后轴承外环内滚道的中心，则 O_1 和 O_2 的连线就是主轴的回转中心线。当存在误差 e_1、e_2 和 e_s 时，主轴的旋转就使得 S—S 线和 C—C 线绕着 O_1—O_2 旋转，结果使主轴在 A、B 处出现径向跳动。

图 9-16a 表示只存在 e_2 时所引起的主轴同轴度误差的情况：

$$e'_2 = \frac{L_1 + L_2}{L_1} e_2 = A_2 e_2$$

式中 A_2 为前轴承的误差传递比，它反映了 e'_2/e_2 的比值。

图 9-16b 表示只存在 e_1 时所引起的主轴同轴度误差的情况：

$$e'_1 = \frac{L_2}{L_1} e_1 = A_1 e_1$$

式中 A_1 为后轴承的误差传递比，它反映了 e'_1/e_1 的比值。

不难得出 $A_2 > A_1$，这表明前轴承的精度对主轴径向跳动的影响比后轴承要大。因此，在实际生产中前轴承的精度应高于后轴承 1 或 2 级。

图 9-16c 表示 e_1、e_2 和 e_s 同时存在，且 e_1 与 e_2 的方向相反时，所引起的主轴同轴度误差的情况。e_1 与 e_2 所引起的主轴 B 点处的同轴度误差为 $e'_{oc} = e'_1 + e'_2$。如果 e_s 与 e'_{oc} 的方向相同，则在 B 点处的总误差为 $e_{\Delta c} = e'_{oc} + e_s$；如果 e_s 与 e'_{oc} 的方向相反，则在 B 点处的总误差为 $e'_{\Delta c} = e'_{oc} - e_s$（不另作图）。

图 9-16d 表示 e_1、e_2 和 e_s 同时存在，且 e_1 与 e_2 的方向相同时，所引起的主轴同轴度误差的情况。e_1 与 e_2 所引起的主轴 B 点处的同轴度误差为 $e'_{od} = e'_2 - e'_1$。如果 e_s 与 e'_{od} 的方向相同，则在 B 点处的总误差为 $e_{\Delta d} = e'_{od} + e_s$；如果 e_s 与 e'_{od} 的方向相反，则在 B 点处的总误差为 $e'_{\Delta d} = e'_{od} - e_s$（不另作图）。

由此可知，$e_{\Delta d} > e'_{\Delta d} < e'_{\Delta c} < e_{\Delta c}$，即在装配车床的前、后轴承时，应按照 e_1 与 e_2 方向相同，且 e_s 与 e'_{od} 方向相反的关系去调节前、后轴承与主轴的相互位置关系，使其误差相互抵消，这样可以使得主轴的径向跳动最小。

第五节 装配方法的选择

● 一、装配方法的选择原则

机械产品的结构、精度要求、生产纲领和生产条件不同，选择的装配方法也不相同；同一机械产品的不同部位的装配方法也可能不相同。因此，选择装配方法时，一般应从机械产品的装配尺寸链着手。在选择装配方法时，一般应遵循以下原则：

（1）优先选择完全互换装配法。

（2）当封闭环的精度要求较高而组成环的环数较少时，可考虑选择装配法。

（3）在采用完全互换装配法和选择装配法使零件加工困难或不经济时，特别是在单件小批生产中才宜选用修配法或调节法。

● 二、装配方法选择实例

例 **9-1** 如图 9-17 所示的普通车床滑板箱小齿轮与齿条啮合的装配尺寸链。滑板的纵向移动是通过滑板箱内小齿轮和床身下面的齿条的啮合传动来实现的。为了保证正常的啮合传动，齿轮与齿条间应有一定的啮合间隙，因此在装配滑板箱与齿条时就应保证这一要求。

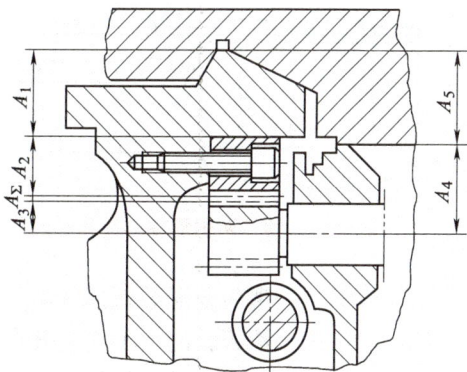

图 9-17　车床滑板箱小齿轮与
齿条啮合的装配尺寸链

由图 9-17 可知，A_Σ 为装配尺寸链的封闭环，是齿轮与齿条的啮合间隙在垂直平面内的折算值，影响此封闭环的组成环有：

A_1——床身菱形导轨顶线至其与齿条接触面间的距离；

A_2——齿条节线至其底面间的距离；

A_3——小齿轮的节圆半径；

A_4——滑板箱齿轮孔轴心线至其与滑板接触面间的距离；

A_5——滑板菱形导轨顶线至其与滑板箱接触面间的距离。

应当指出，上述装配尺寸链是经过简化的，忽略了齿轮节圆与其支承轴颈间的同轴度误差，以及支承轴颈与滑板箱齿轮孔配合间隙所引起的偏移量。

设封闭环 $A_\Sigma = 0.17^{+0.11}_{0}$ mm，如果选择完全互换装配法进行装配，则各组成环的平均公差为

$$T_M = \frac{0.11}{5} \text{ mm} = 0.022 \text{ mm}$$

由于齿轮、齿条的加工要达到这样小的公差比较困难，所以不宜采用完全互换装配法。由于机床生产一般属于中小批生产，而此装配尺寸链的环数较多，零件的几何形状较复杂，装配精度要求较高，因此也不宜采用选择装配法。所以，根据装配结构采用修配法较为合适。

由于齿条尺寸 A_2 装配时便于修配，因此选择 A_2 作为修配环，并取其底面为修配表面。这样，其余零件的公差可以按照经济精度进行制造，使其加工容易且经济。

例 **9-2** 车床总装时，丝杠两轴承轴心线和开合螺母轴心线对床身导轨的不等距度，其要求为在垂直平面和水平平面内误差均小于 0.15 mm（最大回转直径小于 400 mm）。本例仅讨论垂直平面内的不等距度问题。

其装配关系如图 9-18 所示，丝杠的两端分别与进给箱和后支架相连，而开合螺母位于滑板箱内。为了保证丝杠两轴承轴心线和开合螺母轴心线对床身导轨在垂直平面内不等距度要求，在车床总装时，要严格控制进给箱、滑板箱和后支架三个部件在垂直平面内相对床身导轨的位置关系。以垂直平面内的不等距度为尺寸链的封闭环，按照图示的装配关系，则可以分别建立两个并联的装配尺寸链，如图 9-18 所示。其各环的意义如下：

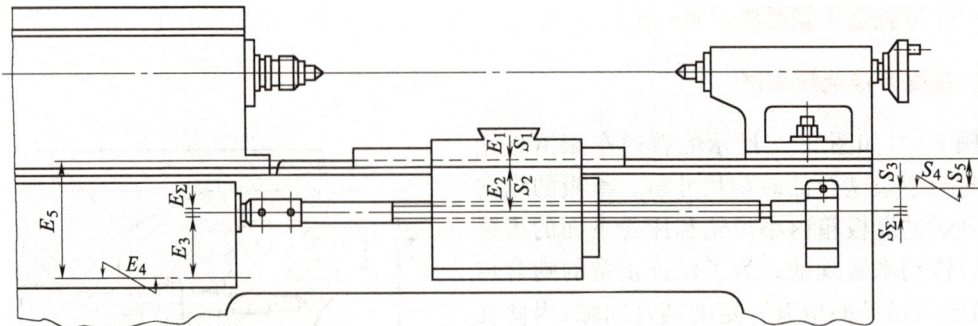

图 9-18 丝杠两轴承轴心线和开合螺母轴心线对床身导轨在垂直平面内不等距度尺寸链

$E_1 = S_1$——滑板菱形导轨顶线至其与滑板箱接触面间的距离；

$E_2 = S_2$——滑板箱的上平面至开合螺母轴心线间的距离；

E_3——进给箱的丝杠轴承轴心线至螺钉过孔轴心线间的距离；

E_4——进给箱上的螺钉过孔与床身上相应螺钉孔轴心线间的偏移量；

E_5——床身上菱形导轨顶线至其螺钉孔轴心线间的距离；

E_Σ——进给箱的丝杠轴承轴心线与开合螺母轴心线对床身导轨的不等距度；

S_3——后支架上丝杠轴承轴心线至其螺钉过孔轴心线间的距离；

S_4——后支架上螺钉过孔与床身上螺钉孔轴心线间的距离；

S_5——床身上菱形导轨顶线至其螺钉孔轴心线间的距离；

S_Σ——后支架的丝杠轴承轴心线与开合螺母轴心线对床身导轨的不等距度。

在上述的并联尺寸链中，封闭环 E_Σ 和 S_Σ 的公差与两轴承轴心线相对于开合螺母轴心线的偏移方向有关。当丝杠两端轴承轴心线相对于开合螺母轴心线向同一方向偏移（即同时向上或向下）时，E_Σ 和 S_Σ 可取标准规定的允差；如果偏移的方向相反（即一端向上，另一端向下），则两封闭环公差之和不得超过标准规定的允差。因此，总装时，进给箱和后支架相对滑板箱的偏移方向应尽可能相同。

在上述并联尺寸链中，由于组成环较多，封闭环的公差又较小，所以进给箱、滑板箱和后支架的装配不应采用完全互换装配法。

根据图示的结构特点，生产批量较大时宜采用可动调节法。采用这种方法时，首先将各组成环按照经济精度进行制造；装配时先将滑板箱与滑板连接起来，然后再分别调整进给箱和后支架的上下位置，使其不等距度符合标准规定的要求。调整时的调节环为 E_4 和 S_4，即进给箱和后支架上的螺钉过孔轴心线相对床身上螺钉孔轴心线的偏移量。偏移量取决于各组成环的累积误差，但装配时实际允许的偏移量则取决于螺钉过孔和螺钉间的径向间隙。在实际生产中，可以通过一定的工艺装备（如钻模和镗床夹具等）使各组成环的累积误差满足上述要求。

对于批量较小的生产，各组成环的加工误差较大，上述要求通常难以保证。因此，在生产中多采用配作的方法进行装配，即床身上的螺钉孔在装配前暂不加工，装配时先按不等距度的要求去调整进给箱、滑板箱和后支架间的相对位置关系，然后再按进给箱和后支架上的螺钉过孔去配钻床身上的螺钉孔。这样螺钉孔与过孔的偏移问题将不再存在。但是这种装配方法的装配工作较复杂，装配周期也较长。

第六节　装配工艺规程的制订

装配工艺规程是指装配工艺过程的文件固定形式。它是指导装配工作和保证装配质量的技术文件,是制订装配生产计划和进行装配技术准备的主要技术依据,是设计和改造装配车间的基本文件。

一、制订装配工艺规程的原则

装配是机器制造和修理的最后阶段,是机器质量的最后保证环节。在制订装配工艺规程时应遵循以下原则:

(1) 保证并力求提高产品装配质量,以延长产品的使用寿命。

(2) 合理安排装配工序,尽量减少钳工装配工作量,以提高装配生产率。

(3) 尽可能减小装配车间的生产面积,以提高单位面积生产率。

二、制订装配工艺规程的原始资料

在制订装配工艺规程时,通常应具备以下原始资料:

(1) 机械产品的总装配图、部件装配图以及有关的零件图。

(2) 机械产品装配的技术要求和验收的技术条件。

(3) 产品的生产纲领及生产类型。

(4) 现有生产条件,包括装配设备、车间面积、工人的技术水平等。

三、制订装配工艺规程的步骤

1. 产品分析

(1) 研究产品的装配图和部件图,审查图样的完整性和正确性。

(2) 明确产品的性能、工作原理和具体结构。

(3) 对产品进行结构工艺性分析,明确各零部件间的装配关系。

(4) 研究产品的装配技术要求和验收标准,以便制订相应措施予以保证。

(5) 进行必要的装配尺寸链的分析与计算。

在产品的分析过程中,如发现问题,应及时提出,并同有关工程技术人员进行协商解决,报主管领导批准后执行。

2. 确定装配组织形式

在装配过程中,产品结构的特点和生产纲领不同,所采用的装配组织形式也不相同。常见的装配组织形式有固定式装配和移动式装配两种。

固定式装配是指产品或部件的全部装配工作都安排在某一固定的装配工作地进行。在装配过程中产品的位置不变,装配所需要的所有零部件都汇集在工作地附近。其特点是要求装配工人的技术水平较高,占地面积较大,装配生产周期较长,生产率较低。因此,它主要适用于单件小批生产以及装配时不便于或不允许移动的产品的装配,如新产品试制或重型机械的装配等。

移动式装配是指在装配生产线上,通过连续或间歇式的移动,依次通过各装配工作地,以完成全部装配工作的装配。其特点是装配工序分散,每个装配工作地重复完成固定的装配工序内容,广泛采用专用设备及工具,生产率高,但要求装配工人的技术水平不高。因此,多用于大批大量生产,如汽车、柴油机等的装配。

装配组织形式的选择主要取决于产品结构特点(包括尺寸、重量和装配精度等)和生产类型。

3. 划分装配单元

装配单元的划分,就是从工艺的角度出发,将产品划分为若干个可以独立进行装配的组件或部件,以便组织平行装配或流水作业装配。这是设计装配工艺规程中最重要的一项工作,这对于大批大量生产中装配那些结构较为复杂的产品尤为重要。

4. 确定装配顺序

在确定各级装配单元的装配顺序时,首先要选定某一零件或比它低一级的装配单元(或

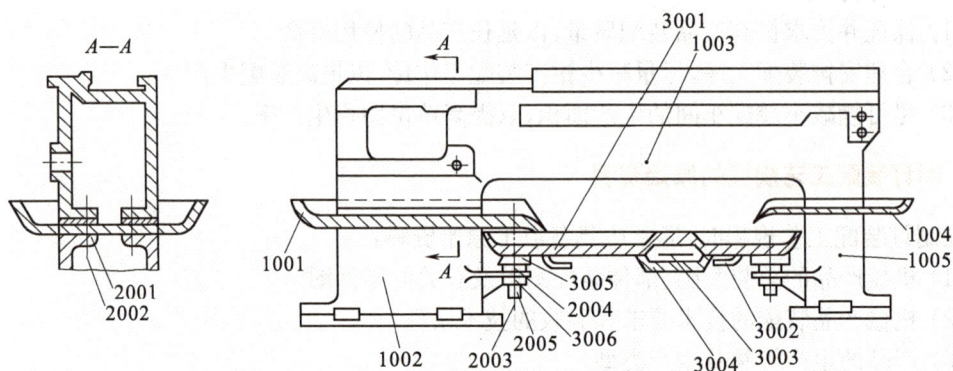

图 9-19 车床床身部件图

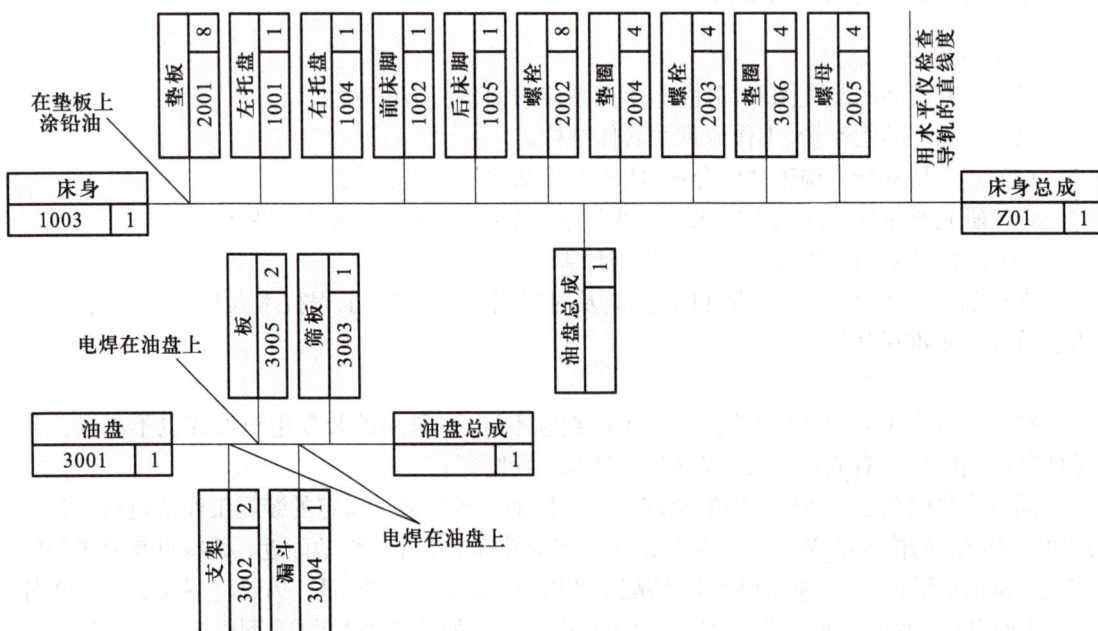

图 9-20 车床床身部件装配工艺系统图

组件或部件)作为装配基准件(装配基准件一般应是产品的基体或主干零件,一般应有较大的体积、质量和足够大的承压面);然后再以此基准件作为装配的基础,按照装配结构的具体情况,根据"预处理工序先行,先下后上,先内后外,先难后易,先重大后轻小,先精密后一般"的原则,确定其他零件或装配单元的装配顺序;最后用装配工艺系统图(图 9-19 所示车床床身部件的装配工艺系统图如图 9-20 所示)或装配工艺卡(见表 9-2、表 9-3)的形式表示出来。

5. 划分装配工序,进行工序设计

根据装配的组织形式和生产类型,将装配工艺过程划分为若干个装配工序。其主要任务是:

(1)划分装配工序,确定各装配工序内容。

(2)确定各工序所需要的设备及工具。如需专用夹具和设备,需提出设计任务书。

(3)制订各工序的装配操作规范,例如过盈配合的压入力、装配温度、拧紧紧固件的额定扭矩等。

(4)规定装配质量要求与检验方法。

(5)确定时间定额,平衡各工序的装配节拍。

6. 填写装配工艺文件

在单件小批生产时,通常不制订装配工艺文件,仅绘制装配系统图即可。成批生产时,应根据装配系统图分别制订总装和部装的装配工艺流程卡,关键工序还需要制订装配工序卡。大批大量生产时,每一个工序都要制订装配工序卡,详细说明该工序的装配内容,用以直接指导装配工人进行操作。

7. 制订产品的试验验收规范

产品装配后,应按产品的要求和验收标准进行试验验收。因此,还应制订试验验收规范,其中包括试验验收的项目、质量标准、方法、环境要求、试验验收所需的工艺装备、质量问题的分析方法和处理措施等。

● 四、减速器装配实例

图 9-21 所示为蜗轮与锥齿轮减速器装配简图,它具有结构紧凑、工作平稳、噪声小、传动比大等特点。减速器的运动由联轴器输入,经蜗杆传给蜗轮,再借助于蜗轮轴上的平键将运动传给锥齿轮副,最后由安装在锥齿轮轴上的圆柱齿轮输出。

视频

减速器
装配

1. 减速器装配的技术要求

(1)按照减速器的装配技术要求,必须将零件和组件正确地安装在规定的位置上,不得装入图样中没有的其他任何零件(如垫圈、衬套等)。

(2)固定连接件必须将零件或组件牢固地连接在一起。

(3)各轴线之间应有正确的相对位置,且轴承间隙合适,旋转机构能灵活地转动。

(4)各运动副应有良好的润滑,且不得有润滑油渗漏现象。

(5)啮合零件(如蜗轮副、齿轮副)必须符合图样规定的技术要求。

2. 减速器的装配工艺过程

(1)零件的清洗、整形及补充加工(如配钻、配铰等)。

(2)减速器的预装配,即将相配合零件先进行试装配。

(3)组件的装配。

(4)总装配及调试。

3. 减速器装配工艺规程

（1）轴承套组件的装配工艺卡见表 9-2。

图 9-21　减速器装配简图

表 9-2　轴承套组件的装配工艺卡

	装配技术要求
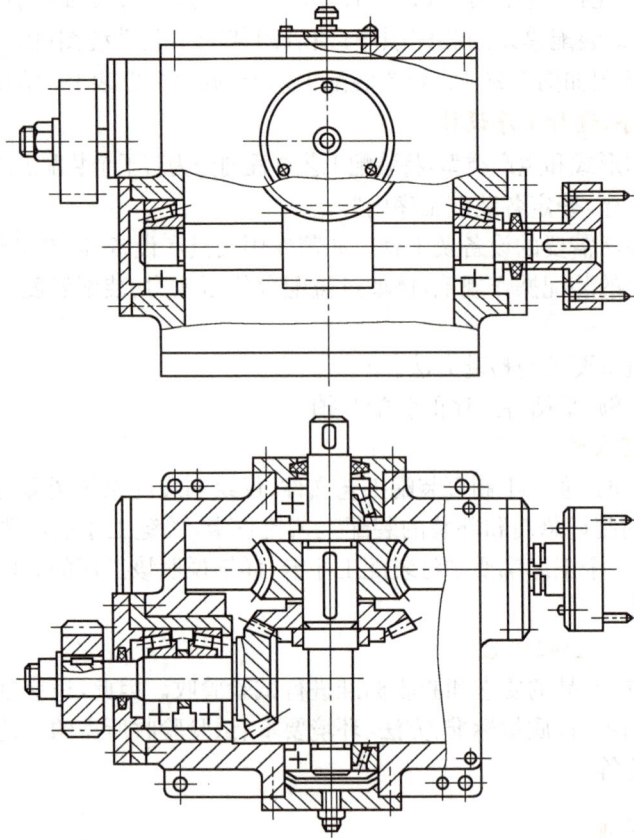	1. 组装时，各装入零件应符合图样要求； 2. 组装后锥齿轮应转动灵活，无轴向窜动

续　表

工　厂	装配工艺卡			产品型号	部件名称	装配图号	
					轴承套		
车间名称	工段		班组	工序数量	组件数	净　重	
装配车间				4	1		
工序号	工步号	装　配　内　容		设备	工艺装备	工人等级	工序时间
					名称	编号	
Ⅰ	1	锥齿轮与衬垫的组件装配 以齿轮轴为基准,将衬套套装在轴上					
Ⅱ	1	轴承盖与毛毡的组件装配 将已剪好的毛毡塞入轴承盖槽内					
Ⅲ	1 2 3	轴承套与轴承外圈的组件装配 用专用量具分别检验轴承套孔及轴承外圈尺寸。 在配合面上涂上机油。 以轴承套为基准,将轴承外圈压入孔内至底面		压力机			
Ⅳ	1 2 3 4 5 6 7	轴承套组件装配 以锥齿轮组件为基准,将轴承套分组件套装在轴上。 在配合面上涂上机油,将轴承内圈压装在轴上,并紧贴衬垫。 套上隔圈,将另一轴承内圈压装在轴上,直至与隔圈接触。 将另一轴承外圈涂上机油,轻压至轴承套内。 装入轴承盖分组件,调整端面的高度,使轴承间隙符合要求后,拧紧轴承盖上螺钉。 安装平键,套装齿轮、垫圈,拧紧螺母,注意配合面涂上机油。 检查锥齿轮转动的灵活性及轴向窜动		压力机			
							共　张
编号	日期	签章	编号	日　期	签章	编制 移交 批准	第　张

（2）减速器总装配工艺卡见表 9-3。

表 9-3　减速器总装配工艺卡

	装配技术要求
减速器总装配图（见图 9-21）	1. 零、组件必须正确安装,不得装入图样未规定的垫圈等其他零件。 2. 固定连接件必须保证将零、组件紧固在一起。 3. 旋转机构必须转动灵活,轴承间隙合适。 4. 啮合零件的啮合必须符合图样要求。 5. 各零件轴线之间应有正确的相对关系

工 厂		装配工艺卡			产品型号	部件名称		装配图号	
						轴承套			
车间名称		工段		班组	工序数量	部件数		净 重	
装配车间					4	1			
工序号	工步号	装 配 内 容			设备	工艺装备		工人等级	工序时间
						名称	编号		
I	1 2 3 4 5	将蜗杆组件装入箱体 用专用量具分别检查箱体孔和轴承外圈尺寸。 从箱体孔两端装入轴承外圈。 装上右端轴承盖组件,并用螺钉拧紧,轻敲蜗杆轴端,使右端轴承消除间隙。 装入调整垫圈和左端轴承盖,并用百分表测量间隙确定垫圈厚度,然后将上述零件装入,用螺钉拧紧。保证蜗杆轴向间隙为 0.01～0.02 mm			压力机				
II	1 2 3 4 5 6	试装 用专用量具测量轴承、轴等相配零件的外圈及孔尺寸。 将轴承装入蜗轮轴两端。 将蜗轮轴通过箱体孔,装上蜗轮、锥齿轮、轴承外圈、轴承套、轴承盖组件。 移动蜗轮轴,调整蜗杆与蜗轮正确的啮合位置,测量轴承端面至孔端面距离,并调整轴承盖台肩尺寸(台肩尺寸 $= H_{-0.02}^{0}$)。 装上蜗轮轴两端轴承盖,并用螺钉拧紧。 装入轴承套组件,调整两锥齿轮正确的啮合位置(使齿背齐平),分别测量轴承套肩面与孔端面的距离以及锥齿轮端面与蜗轮端面的距离,并调整好垫圈尺寸,然后卸下各零件			压力机				
III	1 2	最后装配 从大轴孔方向装入蜗轮轴,同时依次将键、蜗轮、垫圈、锥齿轮、带翅垫圈和圆螺母装在轴上。然后在箱体轴承孔两端分别装入滚动轴承及轴承盖,用螺钉拧紧并调整好间隙。装好后,用手转动蜗杆时应灵活无阻滞现象。 将轴承套组件与调整垫圈一起装入箱体,并用螺钉紧固			压力机				
IV		安装联轴器及箱盖							
V		运转试验 清理内腔,注入润滑油,连接电动机,接通电源,进行空转试车。运转 30 min 左右后,要求传动系统噪声及轴承温度不超过规定要求,并符合其他各项技术要求							
								共 张	

编号	日期	签章		编号	日 期	签章	编制	移交	批准	第 张

复习思考题

互动练习

第九章
复习思考题

1. 什么叫机械产品的装配？它包括哪些内容？在机械产品的生产过程中起何作用？

2. 分析机械产品的装配工艺性时应考虑哪几方面的因素？

3. 试举例说明机械产品的装配精度与零件精度的关系。

4. 如何查找装配尺寸链？查找时应注意什么？

5. 极值法解算装配尺寸链与概率法有什么不同？各用于何种情况？

6. 试查找图 9-22 所示的立式铣床总装时，保证主轴回转轴线与工作台面间的垂直精度的装配尺寸链。

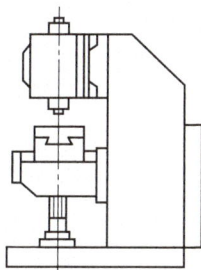

图 9-22

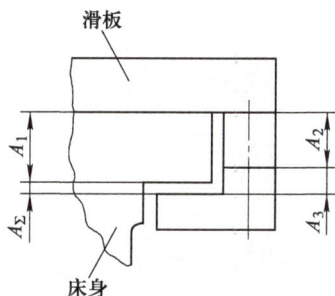

图 9-23

7. 如图 9-23 所示，在滑板与床身装配前有关零件的尺寸分别为 $A_1 = 46_{-0.04}^{0}$ mm，$A_2 = 30_{0}^{+0.03}$ mm，$A_3 = 16_{+0.03}^{+0.06}$ mm。按极值法和概率法分别计算装配后滑板压板与床身下平面间的间隙 $A_\Sigma = ?$ 试分析当间隙在使用过程中因导轨磨损而减小后如何解决。

8. 图 9-24 所示为 CA6140 车床离合器齿轮轴装配图（右段）。装配后要求齿轮的轴向窜动量为 0.05～0.4 mm。试验算各有关零件的公差及其权限偏差制订得是否合理？不合理应如何更改？已知：$A_1 = 34_{+0.05}^{+0.10}$ mm，$A_2 = 22_{-0.20}^{+0.10}$ mm，$A_3 = 12$ mm ± 0.10 mm。

9. 保证产品装配精度的方法有哪些？各用在什么情况下？

10. 当采用完全互换法装配时，如何确定各组成环的尺寸及其极限偏差？

11. 在单件小批生产条件下采用修配法装配时，确定修配零件的原则是什么？如何确定各组成环的尺寸及其极限偏差？

12. 试述在选择装配方法时应遵循的原则。

13. 在认真分析图 9-25 所示的车床尾座装配关系的基础上，试绘制车床尾座部件的装配工艺系统图，标准件编号自定。

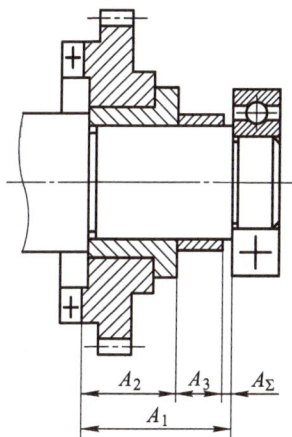

图 9-24

图 9-25

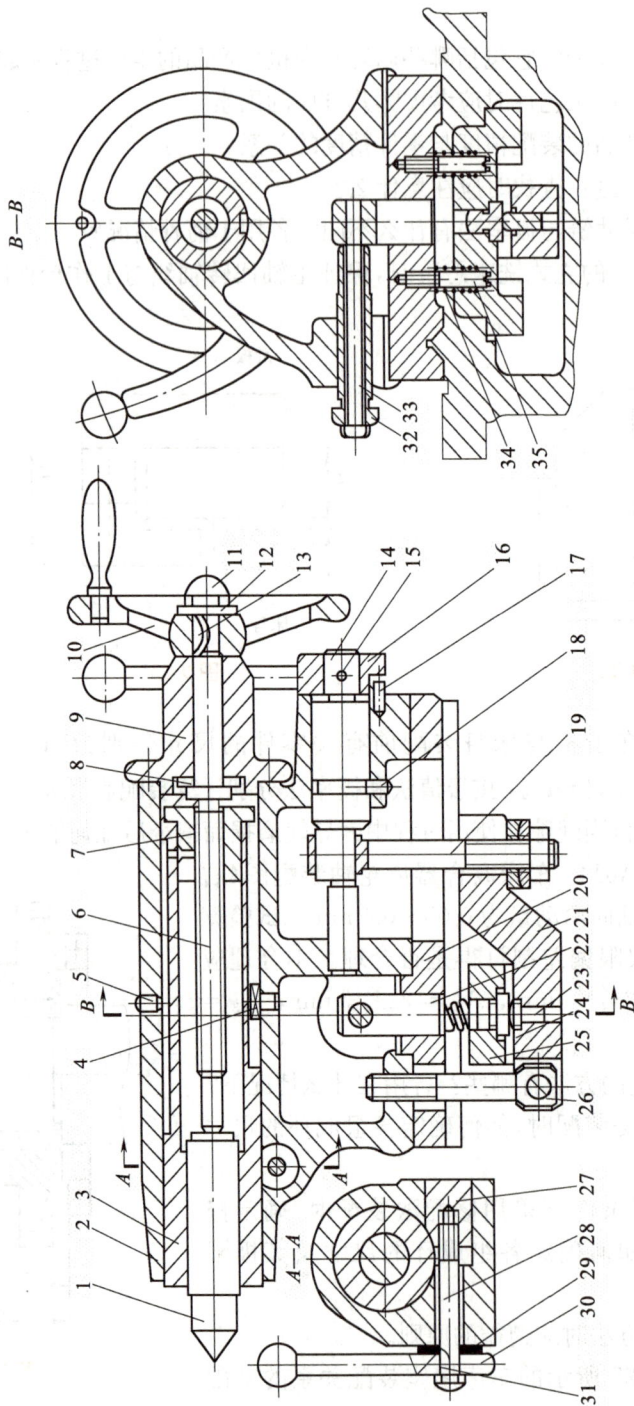

1—顶尖;2—尾座体;3—套筒;4—定位块;5—注油塞;6—丝杠;7—螺母;8—挡油圈;9—后盖;10—手轮;11—螺帽;12—垫圈;13—半圆键;
14—偏心轴;15—销子;16—手柄;17—挡销;18—挡钉;19—挡钉;20—底座;21—拉杆;22—支架;23—支承钉;24—支承钉;25—压板;26—铰链支架;
27—支承块;28—螺栓;29—弹簧垫圈;30—手柄;31—半圆键;32—调整螺套;33—紧定螺钉;34—弹簧;35—导向杆

主要参考文献

[1] 王红军,韩秋实.机械制造技术基础[M].4 版.北京:机械工业出版社,2020.

[2] 张绪祥,熊海涛.机械制造技术基础[M].北京:人民邮电出版社,2013.

[3] 李华.机械制造技术[M].4 版.北京:高等教育出版社,2017.

[4] 卢秉恒.机械制造技术基础[M].4 版.北京:机械工业出版社,2018,

[5] 闵小琪,陶松桥.机械制造工艺[M].3 版.北京:高等教育出版社,2018.

[6] 王琼,谭雪松.机械制造基础[M].4 版.北京:人民邮电出版社,2020.

[7] 刘越.机械制造技术[M].北京:化学工业出版社,2003.

[8] 孙方红,徐萃萍.材料成型技术基础[M].2 版.北京:清华大学出版社,2019.

[9] 冯丰.机械制造工艺与工装[M].北京:机械工业出版社,2015.

[10] 周俊.先进制造技术[M].北京:清华大学出版社,2014.

[11] 余承辉.机械制造工艺与夹具[M].2 版.上海:上海科学技术出版社,2014.

[12] 张四新,关丽.机械制造工艺与夹具设计[M].武汉:华中科技大学出版社,2017.

[13] 朱金钟.机械制造技术[M].北京:清华大学出版社,2017.

[14] 徐勇.机械制造技术[M].北京:北京大学出版社,2016.

[15] 朱仁盛,董宏伟.机械制造技术基础[M].北京:北京理工大学出版社,2019.

[16] 王先逵.机械制造工艺学[M].4 版.北京:机械工业出版社,2019.

[17] 卞洪元.机械制造工艺与夹具[M].3 版.北京:北京理工大学出版社,2021.

[18] 赵战峰,朱派龙.机械制造工艺与夹具设计[M].北京:化学工业出版社,2023.

郑重声明

高等教育出版社依法对本书享有专有出版权。任何未经许可的复制、销售行为均违反《中华人民共和国著作权法》，其行为人将承担相应的民事责任和行政责任；构成犯罪的，将被依法追究刑事责任。为了维护市场秩序，保护读者的合法权益，避免读者误用盗版书造成不良后果，我社将配合行政执法部门和司法机关对违法犯罪的单位和个人进行严厉打击。社会各界人士如发现上述侵权行为，希望及时举报，我社将奖励举报有功人员。

反盗版举报电话　　（010）58581999　58582371
反盗版举报邮箱　　dd@hep.com.cn
通信地址　　北京市西城区德外大街 4 号　高等教育出版社知识产权与法律事务部
邮政编码　　100120